# Auslegung PVD-beschichteter Stirnräder

Von der Fakultät für Maschinenwesen
der Rheinisch-Westfälischen Technischen Hochschule Aachen
zur Erlangung des akademischen Grades eines
Doktors der Ingenieurwissenschaften
genehmigte Dissertation

vorgelegt von

Alexander Johann Bagh



**Berichter:**

Univ.-Prof. Dr.-Ing. Christian Brecher
Univ.-Prof. Dr.-Ing. Peter W. Gold

Tag der mündlichen Prüfung: 18. November 2014

ERGEBNISSE AUS DER PRODUKTIONSTECHNIK

**Alexander Johann Bagh**

# Auslegung PVD-beschichteter Stirnräder

**Herausgeber:**
Prof. Dr.-Ing. Dr.-Ing. E.h. Dr. h.c. Dr. h.c. F. Klocke
Prof. Dr.-Ing. Dipl.-Wirt.Ing. G. Schuh
Prof. Dr.-Ing. C. Brecher
Prof. Dr.-Ing. R. H. Schmitt

Band 3/2015

WZL
RWTHAACHEN

Fraunhofer
IPT

**Bibliografische Information der Deutschen Nationalbibliothek**
Die Deutsche Nationalbibliothek verzeichnet diese Publikation in der Deutschen Nationalbibliografie; detaillierte bibliografische Daten sind im Internet über http://dnb.ddb.de abrufbar.

Alexander Johann Bagh:

Auslegung PVD-beschichteter Stirnräder

1. Auflage, 2015

Gedruckt auf holz- und säurefreiem Papier, 100% chlorfrei gebleicht.

Apprimus Verlag, Aachen, 2015
Wissenschaftsverlag des Instituts für Industriekommunikation und Fachmedien an der RWTH Aachen
Steinbachstr. 25, 52074 Aachen
Internet: www.apprimus-verlag.de, E-Mail: info@apprimus-verlag.de

Druck: KN Digital Printforce GmbH, Stuttgart

ISBN 978-3-86359-287-5

D 82 (Diss. RWTH Aachen University, 2014)

# Vorwort

*Preamble*

Die vorliegende Arbeit entstand während meiner Tätigkeit als wissenschaftlicher Mitarbeiter am Werkzeugmaschinenlabor (WZL) der Rheinisch-Westfälischen Technischen Hochschule (RWTH) Aachen.

Ich danke Herrn Univ.-Prof. Dr.-Ing. Christian Brecher für die wohlwollende Förderung und Betreuung meiner Arbeit. Herrn Univ.-Prof. Dr.-Ing. Peter W. Gold danke ich für die freundliche Übernahme des Koreferats, einhergehend mit einer Reihe von interessanten und lehrreichen Fachdiskussionen. Herrn Univ.-Prof. Dr.-Ing. Wolfgang Schröder gilt mein Dank für den Vorsitz bei meiner mündlichen Doktor-Prüfung.

Für die finanzielle Unterstützung meines Forschungsvorhabens bedanke ich mich bei der Deutschen Forschungsgemeinschaft (DFG), der Forschungsvereinigung Antriebstechnik e.V. (FVA) sowie dem WZL-Getriebekreis. Für die professionelle Zusammenarbeit im Bereich der Oberflächentechnik gilt mein besonderer Dank den Firmen Oerlikon Balzers und Osro.

Aus dem Kreis der Mitarbeiter der Abteilung Getriebetechnik des WZL danke ich all jenen herzlich, die zum Gelingen dieser Arbeit beigetragen haben. Besonders hervorheben möchte ich in diesem Zusammenhang die Herren Markus Brumm, Christof Gorgels und Christoph Löpenhaus, deren Unterstützung für diese Arbeit von wesentlicher Bedeutung war. Aus der Forschungsgruppe Getriebeuntersuchung gilt mein Dank den Herren Jürgen Krause, Ed Winkler und Peter Reinhard, ohne sie wären zahlreiche Prüfstandsversuche nicht möglich gewesen. Für die Fertigung der eingesetzten Prüfverzahnungen danke ich den Herren Lothar Emonts, Erwin Janas und Thomas-Martin Palowski. Frau Brigitte Niederbach und den Herren Thomas Fischer und Bernd Krüger bin ich für die Unterstützung bei metrologischen und metallografischen Untersuchungen zu besonderem Dank verpflichtet. Bei der Erarbeitung simulativer Forschungsergebnisse habe ich weitreichende Unterstützung aus der Forschungsgruppe Getriebeberechnung und Fertigungssimulation erhalten, für die ich stellvertretend den Herren Christian Carl und Rainer Stephan danke. Herrn Rene Greschert danke ich für die gründliche und kritische Durchsicht meiner Arbeit. Meinen studentischen Hilfskräften und Studien-, Projekt- sowie Masterarbeitern danke ich für ihre unermüdliche Mitarbeit im Büro und im Prüffeld und alle eingebrachten Erkenntnisse, Beobachtungen und Diskussionen. Hervorheben möchte ich in diesem Zusammenhang die Herren Philip Konowalczyk, Rafael Fritschtatzky, Daniel Heußen und Alexander Krödel.

Meinen lieben Eltern und Geschwistern danke ich für ihre großzügige Unterstützung und ihren treuen Zuspruch. Mein größter Dank gilt jedoch meiner geliebten Frau Lea, die diesen Weg mit mir gegangen ist und mir stets mit Rat und Tat und sehr viel Nachsicht zur Seite stand.

# Inhaltsverzeichnis

*Content*

# Formelzeichen und Abkürzungsverzeichnis

*Formula Symbols and Abbreviations*

| | | |
|---|---|---|
| $a$ | mm | Randabstand |
| $a_A$ | mm | Achsabstand |
| $a_H$ | mm | Halbe Kontaktlänge nach Hertz |
| $a_V$ | µm | Faktor der Verschleißfunktion |
| $A_V$ | mm² | Planimetrische Verschleißfläche |
| $b$ | mm | Verzahnungsbreite |
| $b_H$ | mm | Halbe Kontaktbreite nach Hertz |
| $b_m$ | mm | Messflächenbreite |
| $b_V$ | m | Verschleißbreite |
| $BG_{KGS}$ | % | Bedeckungsgrad des KGS-Prozesses |
| $c_V$ | µm | Summand der Verschleißfunktion |
| $C_a$ | µm | Kopfrücknahme |
| CHD | mm | Einsatzhärtetiefe |
| $C_i$ | µm | Konstanten der Verschleißfunktion |
| $C_\beta$ | µm | Breitenballigkeit |
| $d_a$ | mm | Kopfkreisdurchmesser |
| $d_b$ | mm | Grundkreisdurchmesser |
| $d_{Ca}$ | mm | Durchmesser Beginn Kopfrücknahme |
| $d_{Ff}$ | mm | Fußformkreisdurchmesser |
| $d_{Korn}$ | mm | Strahlgutdurchmesser |
| $d_{Na}$ | mm | Nutzkreisdurchmesser am Kopf |
| $d_{Nf}$ | mm | Nutzkreisdurchmesser am Fuß |
| $d_S$ | µm | Schichtdicke |
| $d_T$ | mm | Tastkugeldurchmesser |
| $d_w$ | mm | Wälzkreisdurchmesser |
| $E$ | N/mm² | Elastizitätsmodul |
| $E'$ | N/mm² | Ersatzelastizitätsmodul |
| $f_{fm}$ | µm | Profilformabweichung |
| $f_{H\alpha}$ | µm | Profilwinkelabweichung |

| | | |
|---|---|---|
| $f_{H\beta}$ | µm | Flankenlinienwinkelabweichung |
| $F_N$ | N | Normalkraft |
| $F_R$ | N | Reibkraft |
| $F_{\Delta,B}$ | - | Erhöhungsfaktor Wälzfestigkeit durch Beschichtung |
| G | - | Elatizitätsparameter |
| $h_C$ | m | Schmierfilmhöhe am Wälzkreis |
| $h_{min}$ | µm | Minimale Schmierfilmhöhe |
| $H_{min}$ | - | Bezogene minimale Schmierfilmhöhe |
| i | - | Übersetzungsverhältnis |
| $I_{KGS}$ | mm A | Intensität des KGS-Prozesses |
| k | W/mK | Wärmeleitkoeffizent |
| $K_i$ | - | Kraftfaktoren |
| $l_m$ | mm | Messstrecke |
| $L_c$ | N | Kritische Last beim Ritztest |
| $l_{Ca}$ | µm | Länge der Kopfrücknahme |
| $l_E$ | µm | Kantenlänge FE-Element |
| $l_k$ | mm | Kontaktlänge |
| $l_m$ | mm | Messlänge |
| $l_V$ | mm | Verschleißlänge |
| m | kg | Masse |
| $m_n$ | mm | Normalmodul |
| M | Nm | Drehmoment |
| n | 1/min | Drehzahl |
| n (Vektor) | - | Normalenvektor |
| $n_M$ | 1/min | Motordrehzahl |
| $n_P$ | - | Polynomgrad |
| $N_E$ | - | Lastwechselzahl Einlaufprozess |
| $N_G$ | - | Grenzlastspielzahl |
| $N_L$ | - | Lastwechselzahl |
| $N_{LS}$ | - | Lastwechselzahl pro Laststufe |
| $N_{WS}$ | - | Anzahl Wälzstellung pro Teilung (Simulation) |

| | | |
|---|---|---|
| $p$ | N/m² | Druck |
| $p_H$ | N/mm² | Hertzsche Pressung |
| $p_{H,E}$ | - | Hertzsche Pressung im Einlaufprozess |
| $P_A$ | % | Ausfallwahrscheinlichkeit |
| $P_n$ | W | Nennleistung |
| $P_R$ | W | Reibleistung |
| $r$ | mm | Radius |
| $r^*$ | mm | Ersatzkrümmungsradius |
| $r_{Tast}$ | µm | Tastspitzendurchmesser |
| $R^2$ | - | Bestimmtheitsmaß |
| $R_a$ | µm | Arithmetischer Mittenrauwert |
| $R_k$ | µm | Kernrautiefe |
| $R_{pk}$ | µm | Reduzierte Spitzenhöhe |
| $R_{vk}$ | µm | Reduzierte Riefentiefe |
| $R_z$ | µm | Mittlere Rautiefe |
| $s$ | % | Schlupf |
| $s_g$ | mm | Gleitweg |
| $S$ | µm | Streuung Topografiemessung Zahnflanke |
| $S_F$ | - | Zahnfußsicherheit |
| $S_H$ | - | Grübchensicherheit |
| $S_{intS}$ | - | Fress-Sicherheit Integraltemperaturverfahren |
| $t$ | s | Zeit |
| $t_E$ | min | Einlaufzeit |
| $t_k$ | s | Kontaktdauer |
| $t_{LS}$ | min | Prüfzeit pro Laststufe |
| $t_{prüf}$ | s | Prüfdauer |
| $t_{PVD}$ | h | Beschichtungsdauer |
| $t_V$ | µm | Verschleißtiefe |
| $T$ | °C | Temperatur |
| $T_M$ | °C | Massentemperatur |
| $T_{PVD}$ | °C | Beschichtungstemperatur |
| $T_\lambda$ | - | Testbeiwert für Graufleckenberechnung |

| | | |
|---|---|---|
| u | - | Zähnezahlverhältnis |
| U | - | Geschwindigkeitsparameter |
| $v_g$ | m/s | Gleitgeschwindigkeit |
| $v_R$ | m/s | Rollgeschwindigkeit |
| $v_\Sigma$ | m/s | Summengeschwindigkeit |
| $V_{Öl}$ | l | Ölvolumen |
| $V'_{Öl}$ | l/min | Ölvolumenstrom |
| $V_v$ | $mm^3$ | Verschleißvolumen |
| w | m/s | Tangentialgeschwindigkeit |
| W | - | Lastparameter |
| $W_{ij}$ | ° | Messwinkel in i-j-Ebene |
| $W_R$ | J | Reibarbeit |
| $W_R$ | J | Reibarbeit |
| $W_{R,\Sigma}$ | J | Kumulierte Reibarbeit |
| $W_t$ | µm | Wellentiefe |
| $W_t$ | µm | Welligkeit |
| $W_{Tast}$ | ° | Tastspitzenwinkel |
| x | - | Profilverschiebungsfaktor |
| $y_{TS}$ | ° | Tastspitzenwinkel |
| z | - | Zähnezahl |
| $Z_i$ | - | Faktoren Grübchentragfähigkeit |
| $\alpha_n$ | ° | Eingriffswinkel |
| $\alpha_p$ | $m^2/N$ | Druckviskositätskoeffizent bei Massentemperatur |
| $\alpha_t$ | 1/K | Viskositätstemperaturkoeffizient |
| $\alpha_{wt}$ | ° | Betriebseingriffswinkel |
| $\beta$ | ° | Schrägungswinkel |
| $\Delta_{Exz}$ | mm | Exzentrizität |
| $\Delta_\beta$ | µm | Achsschränkungsbetrag |
| $\Delta_\delta$ | µm | Achsneigungsbetrag |
| $\varepsilon$ | - | Profilüberdeckung |
| $\zeta$ | - | Spezifisches Gleiten |

| | | |
|---|---|---|
| $\eta_0$ | (kg·m)/s | Dynamische Ölviskosität bei Umgebungsdruck und Massentemperatur |
| $\Theta$ | °C | Kontakttemperatur |
| $\lambda$ | - | Spezifische Schmierfilmhöhe |
| $\lambda_c$ | mm | Grenzwellenlänge |
| $\mu$ | - | Reibungszahl |
| $\mu_{lok}$ | - | Lokale Reibungszahl |
| $\nu$ | $m^2/s$ | kinematische Viskosität |
| $\rho$ | $kg/m^3$ | Dichte |
| $\rho^*_{Reg}$ | N/mm | Bezogener Beanspruchungsparameter |
| $\rho_{Ers}$ | mm | Ersatzkrümmungsradius |
| $\rho_{Reg}$ | N/mm | Beanspruchungsparameter |
| $\rho_{TS}$ | µm | Tastspitzenradius |
| $\sigma_{ax}$ | $N/mm^2$ | Eigenspannung in axialer Richtung |
| $\sigma_H$ | $N/mm^2$ | Hertzsche Flankenpressung |
| $\sigma_{H0}$ | $N/mm^2$ | Flankenpressung am Wälzkreis |
| $\sigma_{HG}$ | $N/mm^2$ | Grübchen-Grenzfestigkeit |
| $\sigma_{Hlim}$ | $N/mm^2$ | Dauerfestigkeitswert für Flankenpressung |
| $\sigma_{tang}$ | $N/mm^2$ | Eigenspannung in tangentialer Richtung |
| $\omega$ | 1/s | Winkelgeschwindigkeit |

| **Abkürzung** | **Beschreibung** |
|---|---|
| 3D | Dreidimensional |
| a | Amorph |
| A | Eingriffsbeginn |
| AW | Anti-Wear |
| B | Innerer Einzeleingriffspunkt |
| BP | Betriebspunkt |
| C | Wälzpunkt |
| $C_{mod}$ | Modifizierte Prüfverzahnung Typ FZG-C |
| D | Äußerer Einzeleingriffspunkt |
| E | Eingriffsende |

| | |
|---|---|
| EHD | Elastohydrodynamik |
| ell | elliptischer Wälzkontakt |
| EP | Extreme-Pressure |
| FEM | Finite Elemente Methode |
| GF | Bezogen auf Schadensform Graufleckigkeit |
| GFT | Graufleckentest |
| ISF | Isotropic Superfinishing |
| ISF | Oberflächenvariante Isotropic Superfinishing |
| isoth | isothermer Wälzkontakt |
| KGS | Oberflächenvariante kugelgestrahlt |
| KS | Kraftstufe |
| lin | linearer Wälzkontakt |
| LW | Lastwechsel |
| MKS | Oberflächenvariante mikrogestrahlt |
| MS | Mikrostrahlen |
| PVD | Physical Vapour Deposition |
| RAU | Oberflächenvariante mit erhöhter Rauheit (geschl.) |
| REF | Oberflächenvariante Referenz (geschl.) |
| REM | Rasterelektronenmikroskop |
| RPF | Referenzprüffläche |
| RPT | Referenzpunkt Topografiemessung |
| STIRAK | FE-Stirnradkette |
| VR | Versuchsreihe |
| Y | Beliebiger Punkt der Eingriffsstrecke |
| ZKA | Zahnkontaktanalyse |

# 1 Einleitung

Zur Steigerung der Leistungsdichte tribologisch belasteter Komponenten im Bereich der Antriebstechnik werden verschiedene werkstoff- und fertigungstechnische Ansätze verfolgt. Neben der Entwicklung leistungsfähiger Grundwerkstoffe und Verfahren zur Oberflächenbearbeitung wird der Einsatz von Schicht-Substrat-Systemen als vielversprechende Maßnahme angesehen. Durch die Kombination mechanisch hoch beanspruchbarer Substratwerkstoffe und tribologisch wirksamer, extrem dünner Beschichtungen zeigen die Bauteile veränderte Verschleißeigenschaften, die häufig mit einer Steigerung der Tragfähigkeit verbunden sind [FRIE98]. Dabei ist ein wesentlicher Vorteil dieses Ansatzes, dass die hochgenau gefertigte Bauteilgeometrie durch die Beschichtung nur unwesentlich verändert wird.

Der Einfluss von PVD-Hartstoffschichten auf die Tragfähigkeit von Stirnradverzahnungen aus Einsatzstahl ist seit den neunziger Jahren Gegenstand wissenschaftlicher Untersuchungen [WECK96]. Mehrere Arbeiten belegen, dass Hartstoffschichtsysteme auf Kohlenstoffbasis die Entstehung zahnradspezifischer Schadensformen wie Grübchenbildung oder Fressen verzögern und das Reibungsverhalten von Zahnrädern optimieren können [HURA04], [GROS07], [BUGI09]. Trotz der guten Ergebnisse konnte sich die PVD-Beschichtungstechnologie bislang nicht in der Getriebetechnik durchsetzen. Der Einsatz einer PVD-Beschichtung führt zu höheren Bauteilkosten und längeren Fertigungszeiten aufgrund der Bauteilvorbereitung und des Beschichtungsprozesses. Diesen Nachteilen steht der positive Einfluss der PVD-Beschichtung auf die Zahnflankentragfähigkeit gegenüber, der sich nach dem aktuellen Stand des Wissens jedoch nicht quantifizieren lässt, da bislang kein validierter Berechnungsansatz zur Auslegung von PVD-beschichteten Stirnradpaarungen vorliegt. In aktuellen Anwendungen werden PVD-beschichtete Stirnräder daher überwiegend als Maßnahme in reibungs- oder verschleißkritischen Fällen oder zur zusätzlichen Optimierung hinreichender Verzahnungsauslegungen in Spezialanwendungen eingesetzt.

Die zur PVD-Beschichtung von Stirnrädern aus Einsatzstahl vorliegenden wissenschaftlichen Arbeiten konzentrieren sich auf die Entwicklung geeigneter Schichtsysteme für den hochbelasteten Zahnflankenkontakt und deren Erprobung in Kombination mit verschiedenen Schmierstoffen. Aktuell existiert keine Methode, verzahnungsspezifische Einflussgrößen auf die Tragfähigkeit PVD-beschichteter Zahnräder im Auslegungsprozess zu berücksichtigen. Vor diesem Hintergrund stellt die vorliegende Arbeit den Einfluss bauteilspezifischer Eigenschaften vor dem Beschichtungsprozess auf die Zahnflankentragfähigkeit im beschichteten Zustand in den Mittelpunkt, um eine Methode zur Auslegung PVD-beschichteter Stirnräder zu erarbeiten.

# Introduction

Different approaches to material and production technology are pursued to increase the power density of tribologically loaded components in the field of drive technology. The application of coating-substrate-systems is regarded as a promising approach in addition to the development of high-performance materials and surface finishing operations. By combining mechanically highly loaded substrate materials and tribologically effective, extremely thin coatings, the components show modified wear properties, which are often associated with an increase in the load-carrying capacity [FRIE98]. A major advantage of this approach is that precisely manufactured component geometry is only slightly changed by the coating.

The influence of PVD hard coatings on the load-carrying capacity of cylindrical gears made of case hardening steel is the subject of scientific research [WECK96] since the 1990s. Several scientific studies have shown that carbon-based hard coatings can delay the emergence of gear-specific damage such as pitting or scoring and optimize the frictional behavior of gears [HURA04], [GROS07], [BUGI09]. Despite the promising results the PVD coating technology could not prevail so far in the gear technology. Higher component costs and longer production times due to component preparation and coating process face a currently not quantifiable influence of load-carrying capacity of gears as there are no approaches to the design calculation of PVD coated cylindrical gears. In current applications PVD coated gears are either used as a measure in low friction or wear-critical cases, or for optimizing additional sufficient gear designs in special applications.

Current scientific studies within the framework of PVD coating of cylindrical gears made of case hardening steel focus on the development of suitable coatings for high loaded gear flank contacts and their testing in combination with different lubricants. Currently there is no methodological approach to consider gearing specific influencing factors on the load carrying capacity of PVD-coated gears in the gear design process. As a consequence, the present work focuses mainly on the influence of component-specific properties prior to the coating process in order to develop a method for the design of PVD-coated cylindrical gears.

# 2 Stand des Wissens

*State of the Art*

## 2.1 Wälzbeanspruchung metallischer Oberflächen

*Tribological Loads on Metallic Surfaces under Slip-Rolling Conditions*

Die Zahnflanken von Stirnradverzahnungen aus Einsatzstahl unterliegen komplexen tribologischen Bedingungen. Die Kenntnis und Abgrenzung der unterschiedlichen, sich überlagernden Effekte ist für eine nachhaltige Analyse des Zahnflankenkontakts von hoher Bedeutung.

### 2.1.1 Tribologische Systeme und Verschleißmechanismen

*Tribological Systems and Wear Mechanisms*

Die Tribologie (*Griechisch:* Reibungslehre) ist definiert als Wissenschaft und Technik von Wirkflächen in Relativbewegung sowie zugehöriger Technologien und Verfahren. Durch die Bewegung der Wirkflächen unter Last erfüllen tribologische Systeme unterschiedliche Funktionen. Das Wirkflächenpaar (Grund- und Gegenkörper) bildet gemeinsam mit den Strukturelementen Zwischen- und Umgebungsmedium die grundlegende Struktur eines tribologischen Systems. [CZIC10]

Die Funktionserfüllung tribologischer Systeme läuft unter Dissipationseffekten im Kontaktbereich ab, deren Folgen Reibung und Verschleiß sind. Reibung und Verschleiß lassen sich als eine Funktion der Strukturelemente des tribolgischen Systems und der vorliegenden Belastungen betrachten (vgl. **Bild 2-1**).

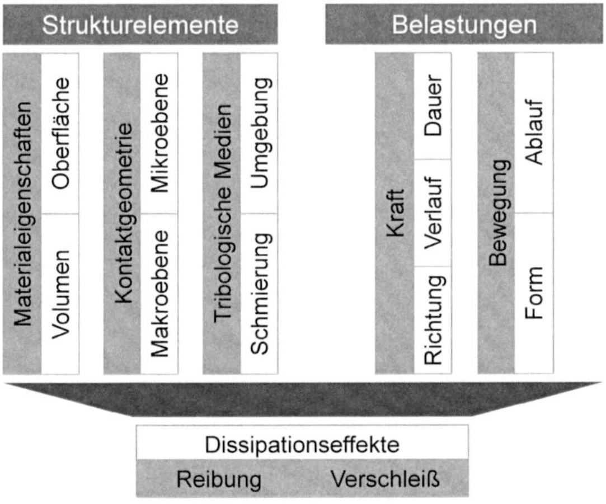


**Bild 2-1:** Einflüsse auf Reibung und Verschleiß
*Influence on friction and wear*

Die Wirkflächen werden über die Materialeigenschaften der beiden Körper und ihrer kontaktierenden Oberflächen sowie durch die vorliegende Kontaktgeometrie auf

Makroebene (Maßeinheit mm) und Mikroebene (Maßeinheit µm) definiert. Neben den Eigenschaften der Wirkflächen beeinflussen weitere Strukturelemente wie tribologisch wirksame Medien im Kontaktbereich und in der Umgebung die auftretenden Dissipationseffekte. Als tribologische Belastungsgrößen werden sowohl Kräfte als auch Bewegungen der Wirkflächen angesehen. Die auf ein tribologisches System wirkenden Kräfte werden hinsichtlich Richtung (z.B. Normalkraft), Verlauf (z.B. schwellend) und Wirkdauer unterschieden. Sie stehen häufig in einem direkten Zusammenhang mit der Form (z.B. Gleiten) und dem Ablauf (z.B. oszillierend) der Bewegung des Systems, die zur Funktionserfüllung durchgeführt wird. [CZIC10]

Verschleißvorgänge in einem tribologischen System lassen sich nach den wirksamen Mechanismen unterteilen, welche die Verschleiß verursachenden chemischen oder physikalischen Prozesse darstellen [DETE02]. Es wird zwischen vier grundlegenden Verschleißmechanismen unterschieden, die in Kapitel 2.1.3 erläutert sind.

### 2.1.2 Strukturelemente und Belastungen im metallischen Wälzkontakt

*Structure Elements and Loads in Metallic Slip-Rolling Contacts*

Ausgehend von den grundlegenden Eigenschaften tribologischer Systeme werden in **Bild 2-2** die Strukturelemente und Belastungen für den kontraformen metallischen Wälzkontakt aufgeführt. Die Werkstoffwahl bildet die Grundlage für das Verschleißverhalten eines metallischen Körpers unter Wälzbeanspruchung. Für die Beanspruchbarkeit tribologisch belasteter Bauteile sind die Zusammensetzung des Gefüges, das Adhäsionsverhalten und das Temperaturverhalten des Grundwerkstoffs wichtige stoffbezogene Volumeneigenschaften [SOMM10].

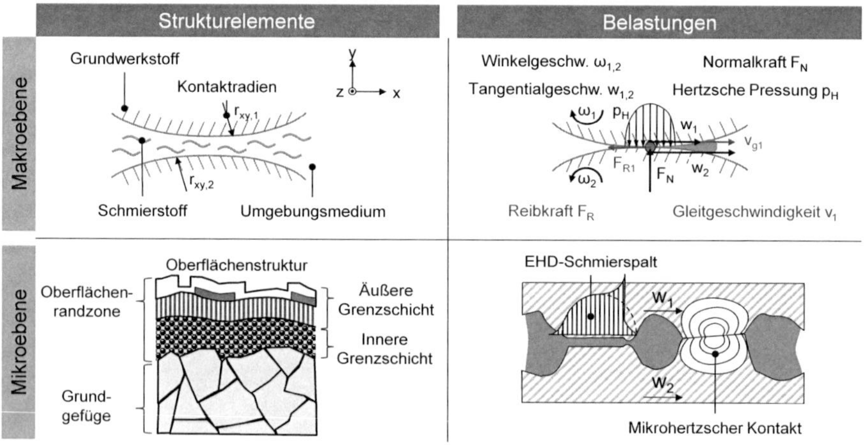


**Bild 2-2:** Strukturelemente und Belastungen im metallischen Wälzkontakt
*Structure elements and loads in metallic slip-rolling contacts*

Die Beanspruchbarkeit des Grundwerkstoffs weicht bei einer randschichtbezogenen Wärmebehandlung von den Stoffeigenschaften der Oberflächenrandzone ab [RÖSC76]. Neben den Materialeigenschaften der Wirkflächen bestimmen ihre geometrischen Eigenschaften das Verschleißverhalten im Wälzkontakt. Auch hier ist zwischen der volumenbezogenen Gestalt auf Makroebene in Form von Kontaktradien und der Feingestalt der Oberfläche auf Mikroebene zu unterscheiden.

Die Feingestalt der Oberfläche wird auch als Oberflächenstruktur bezeichnet und setzt sich im Ordnungssystem nach [DIN82] durch Gestaltabweichungen der 2. Ordnung (Wellen), 3. Ordnung (Rillen) und 4. Ordnung (Riefen, Schuppen, Kuppen) zusammen. Die im Rahmen dieser Arbeit zur Beurteilung der Oberflächenstruktur herangezogenen Kenngrößen sind in [DIN98a] definiert. Tribologisch relevante stoffbezogene Eigenschaften der Oberflächenrandzone sind die Härte, der Härtetiefenverlauf und der Eigenspannungszustand [KLOO74]. Der Eigenspannungszustand wird neben der Wärmebehandlung auch durch fertigungsbedingte Einflüsse bestimmt und verändert sich unter Wälzbeanspruchung [BROS85]. Randzonen unterscheiden sich in der Tiefe, bis zu der die für die Bauteilfunktion wichtigen Eigenschaften reichen [BRIN91] und lassen sich als technische Oberfläche nach [WUTT87] in zwei Grenzschichtbereichen darstellen (vgl. Bild 2-2) Die innere Grenzschicht wird durch Verformung oder Verfestigung der Bauteiloberfläche während des Fertigungsprozesses gebildet. Die äußere Grenzschicht setzt sich aus einer Oxidschicht, einer Adsorptionsschicht und Verunreinigungen zusammen und unterliegt fertigungs- und betriebsbedingten Einflüssen. In Abhängigkeit von ihrer Ausbildung können Grenzschichten das Adhäsionsverhalten der Wirkflächen verändern und zu einer Verringerung von Reibung und Verschleiß führen [CZIC10].

Die Wahl des Strukturelements Schmierstoff beeinflusst das Reibungs- und Verschleißverhalten metallischer Wälzkontakte in erheblichem Maße [MÖLL02]. Charakteristische physikalische Eigenschaften zur Bestimmung des Schmierverhaltens im Wälzkontakt sind die Viskosität und die Kompressibilität des Schmierstoffs [BLUM87]. Darüber hinaus wird das Einsatzverhalten eines Schmierstoffs durch seine Bestandteile (Additive, Wassergehalt) [KLOO74] und durch seine molekulare Struktur [SIMO84] bestimmt.

Ein häufig gasförmiges Umgebungsmedium kann durch physikalische und chemische Prozesse die Eigenschaften der anderen Strukturelemente beeinflussen. Im Fall des metallischen Wälzkontakts kommt es bei entsprechender Zusammenstellung der Strukturelemente zu Tribokorrosion, bei der aktivierte Oberflächenbereiche mit dem Umgebungsmedium reagieren und es zur Bildung von Metalloxiden kommt, welche deutlich veränderte Materialeigenschaften und Verschleißverhalten aufweisen [CZIC10].

Bild 2-2 zeigt die Kraft- und Geschwindigkeitskomponenten der tribologischen Belastung des metallischen Wälzkontakts. Nach [DETE02] stellt eine Wälzbewegung eine Überlagerung aus Roll- und Gleitbewegung dar. Bedingung für eine Rollbewegung zweier rotierender Körper sind entgegen gerichtete Winkelgeschwindigkeiten $\omega_1$ und $\omega_2$. Für die Tangentialgeschwindigkeiten im theoretischen Berührpunkt gilt:

$$w_i = \omega_i \cdot r_i \tag{2-1}$$

Aus der Differenz der Tangentialgeschwindigkeiten ergibt sich die Gleitgeschwindigkeit $v_g$, mit der die jeweils betrachtete Körperoberfläche über die Oberfläche des Gegenkörpers gleitet. Aus der Summe der Tangentialgeschwindigkeiten ergibt sich die Summengeschwindigkeit im Kontaktpunkt. Als Schlupf bezogen auf eine Wirkfläche im Wälzkontakt wird der Quotient aus Gleit- und Tangentialgeschwindigkeit der Wirkfläche bezeichnet. Es gelten folgende Zusammenhänge:

$$v_{gi} = w_i - w_j \tag{2-2}$$

$$v_{\Sigma} = w_i + w_j \tag{2-3}$$

$$s_i = \frac{v_{gi}}{w_i} \tag{2-4}$$

Durch die Normalkraft $F_N$ kommt es zu elastischen Verformungen und Flächenpressungen, die nach der Hertzschen Theorie für den Kontakt ideal glatter Oberflächen berechenbar sind [HERT81]. In den Krümmungsebenen bilden sich charakteristische Pressungsverläufe mit einem jeweiligen Maximalwert $p_H$ aus. In Abhängigkeit von Reibungszahl μ wirkt auf die kontaktierenden Körper im Berührpunkt eine Reibkraft in entgegengesetzter Richtung zur Gleitgeschwindigkeit [COUL85]:

$$F_R = \mu \cdot F_N \tag{2-5}$$

Auf Basis der Hertzschen Theorie lässt sich mit Hilfe der Berechnung von Vergleichsspannungen der Tiefenverlauf der Werkstoffbeanspruchung bestimmen. [BROS85] zeigt, dass sich der Ort der maximalen Beanspruchung bei reiner Normalbeanspruchung unterhalb der Oberfläche befindet und bei Überlagerung von Normal- und Tangentialbeanspruchung in Richtung Oberfläche verlagert.

Auf der Mikroebene des Wälzkontakts muss unter Annahme realitätsnaher Oberflächenstrukturen davon ausgegangen werden, dass sich die nach der Hertzschen Theorie in Kontakt befindlichen Oberflächen nur anteilig berühren, sofern keine vollständige Trennung durch das Schmiermittel vorliegt (vgl. Bild 2-2) [BOWD59, S.225–226]. Aufgrund der stochastischen Verteilung von Rauheitsspitzen innerhalb des ideal-glatten Kontaktbereichs treten mikrohertzsche Kontaktpunkte mit deutlich höheren Pressungen auf [WEST88].

Durch das Zusammenwirken der vorliegenden Belastungen und Eigenschaften der Strukturelemente kommt es zur Ausbildung eines Schmierfilms zwischen den Wirkflächen. Die minimale Höhe des Schmierfilms bestimmt maßgeblich das Reibungs- und Verschleißverhalten im Kontakt und lässt sich nach der Theorie der Elastohydrodynamik unter isothermen Bedingungen näherungsweise für den zylindrischen Kontakt berechnen [DOWS77]:

$$H_{min,lin} = \frac{h_{min,lin}}{r^*_{xy}} = \frac{1{,}6 \cdot G^{0,6} \cdot U^{0,7}}{W_{lin}^{0,13}} \tag{2-6}$$

mit:

$$r^*_{xy} = \frac{r_{xy,1} \cdot r_{xy,2}}{(r_{xy,1} + r_{xy,2})} \tag{2-7}$$

$$G = \propto_p \cdot E' \tag{2-8}$$

$$E' = \frac{2}{\left(\frac{1-\nu_1^2}{E_1} + \frac{1-\nu_2^2}{E_2}\right)} \tag{2-9}$$

$$U = \eta_0 \cdot \frac{v_\Sigma}{2} \cdot \frac{1}{E' \cdot r_{xy}} \tag{2-10}$$

$$W_{lin} = \frac{F_N}{l_k} \cdot \frac{1}{E' \cdot r_{xy}} \tag{2-11}$$

[HAMR77] liefert eine Gleichung vergleichbarer Form, mit der sich die minimale Schmierfilmhöhe für elliptische Wälzkontakte unter isothermen Bedingungen berechnen lässt:

$$H_{min,ell} = \frac{h_{min,ell}}{r_{xy}^*} = \frac{3{,}63 \cdot G^{0{,}49} \cdot U^{0{,}68}}{W_{ell}^{0{,}13}} \cdot (1 - e^{-0{,}68 \cdot k_{ell}}) \tag{2-12}$$

mit:

$$W_{ell} = F_N \cdot \frac{1}{E' \cdot r_{xy}} \tag{2-13}$$

$$k_{ell} = 1{,}03 \cdot \left(\frac{r_{yz}}{r_{xy}}\right)^{0{,}64} \tag{2-14}$$

Zur Verknüpfung der isothermen und nicht-isothermen Theorie wird in [MURC75] ein thermischer Korrekturfaktor $C_{th}$ definiert, mit dem thermische Einflüsse bei der Berechnung der minimalen Schmierfilmhöhe berücksichtigt werden können:

$$h_{min,th} = h_{min,isoth} \cdot C_{th} \tag{2-15}$$

mit:

$$C_{th} = \frac{3{,}94}{3{,}94 + L_{th}^{0{,}62}} \tag{2-16}$$

$$L_{th} = \eta_0 \cdot \frac{\alpha_t \cdot (\frac{v_\Sigma}{2})^2}{k} \tag{2-17}$$

Die aufgeführten Gleichungen werden in dieser Arbeit zur Beurteilung von Reibungszuständen bei unterschiedlichen Kontaktbedingungen herangezogen.

### 2.1.3 Reibung und Verschleiß im metallischen Wälzkontakt

*Friction and Wear in Metallic Slip-Rolling Contacts*

Aufgrund der überlagerten Bewegungsformen treten im Wälzkontakt sowohl Gleitreibungs- als auch Rollreibungsanteile auf (vgl. **Bild 2-3**). In beiden Fällen kommen auf Mikroebene die Reibungsmechanismen Adhäsion und Deformation zur Geltung. Im Fall der Adhäsion wirken Oberflächenbindungen unterschiedlicher Art bei Trennung von Mikrokontakten der Bewegung der Wirkflächen entgegen. Unter den Begriff Deformation fallen plastische Verformungen in den Kontaktbereichen auf Mikroebene. Bei Gleitreibung wirkt der Mechanismus der Furchung, bei dem mikroskopische Spanvorgänge zwischen den Oberflächen zu einer Reibungserhöhung führen. Im Fall der Rollreibung tritt in Bereichen der Hertzschen Abplattung eine Überlagerung von Normal- und Tangentialbeanspruchungen auf, die als Mikroschlupf bezeichnet wird und von der Materialpaarung und den Krümmungsverhältnissen abhängt. Unter Hysterese wird bei Rollreibung der Mechanismus der Spannungsrelaxation verstanden, der zu unterschiedlichen Leistungen bei der Kompression und Dekompression des Materials im Kontaktbereich führt. Aufgrund der Komplexität der Reibungsvorgänge im Wälzkontakt ist für eine exakte Reibungszahlermittlung die Durchführung experimenteller Versuche notwendig. [CZIC10]

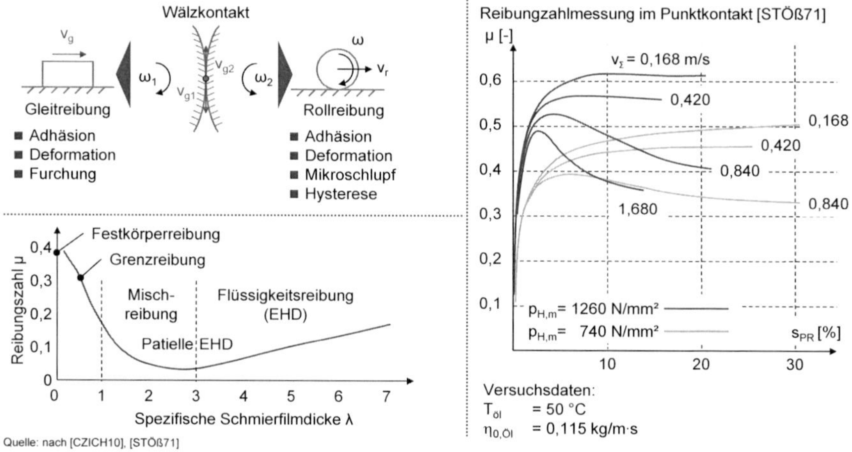


**Bild 2-3:** Reibungsarten und Reibungszustände im Wälzkontakt
*Friction types and friction conditions in slip-rolling contacts*

Neben den wirkenden Reibungsarten und -mechanismen werden auch unterschiedliche Reibungszustände im Wälzkontakt unterschieden, die sich anhand der Zusammenhänge nach [STRI03] beschreiben lassen (vgl. Bild 2-3). Als Kenngröße zur Beschreibung des Reibungszustands wird das Verhältnis aus der minimalen Schmierfilmdicke $h_{min}$ und der mittleren Rauheit R* der Kontaktpartner herangezogen, welches als spezifische Schmierfilmdicke λ bezeichnet wird. Im Rahmen dieser Arbeit wird die mittlere Rauheit R* durch das geometrische Mittel der arithmetischen Mittenrauwerte $R_a$ bestimmt [MÜNN83]:

$$\lambda = \frac{h_{min}}{R^*} \; mit \; R^* = \sqrt{\left(Ra_1{}^2 + Ra_2{}^2\right)} \qquad (2\text{-}18)$$

Nach [MÜNN83] liegt ab λ ≥ 0,5 Mischreibung und ab λ ≥ 2 Flüssigkeitsreibung vor. [STÖß71] führt Reibungszahlmessungen im partiellen EHD-Bereich an polierten Rollen im Punktkontakt durch (vgl. Bild 2-3). Die Ergebnisse zeigen, dass für die vorliegenden Versuchsbedingungen die Reibungszahl bei konstantem Schlupfzustand und steigender Summengeschwindigkeit abfällt. Bei gleichbleibender Summengeschwindigkeit kommt es bei geringen Schlupfbeträgen zunächst zu einem steilen Anstieg der Reibungszahl über dem Schlupf bis zu einem Maximum, welches von der Summengeschwindigkeit abhängt. Nach Erreichen des Maximums sinkt die Reibungszahl mit steigendem Schlupfbetrag, wobei neben dem Schlupf auch der Betrag der Summengeschwindigkeit und die vorliegende Pressung den Verlauf der Reibungszahl beeinflussen.

Unter Wälzbeanspruchung treten im Kontaktbereich die vier grundlegenden Verschleißmechanismen Oberflächenzerrüttung, Abrasion, Adhäsion und chemische Reaktion auf, die als mechanisch und stofflich wirkende Mechanismen unterschieden werden (vgl. **Bild 2-4**). In der Regel ist der auftretende Oberflächenverschleiß auf eine wechselseitige Überlagerung verschiedener Verschleißmechanismen zurückzuführen [DETE02]. Die Bedeutung der einzelnen Mechanismen für den Verschleißverlauf ist von den Strukturelementen und den vorliegenden Belastungen abhängig. Aufgrund der hohen auftretenden Hertzschen Pressungen wird der Oberflächenzerrüttung im Falle des Wälzkontakts eine übergeordnete Rolle zugesprochen [SOMM10].

Die mechanisch wirkenden Verschleißmechanismen Oberflächenzerrüttung und Abrasion werden stark durch die Schmierfilmausbildung beeinflusst. Grenzreibung führt zu ausgeprägten Abrasions- und Ermüdungsvorgängen an den Oberflächen. Bei Mischreibung gehen die ermüdungsbedingten Anrisse von den hochbeanspruchten Kontaktpunkten der Wirkflächen aus, während bei Flüssigkeitsreibung der Anriss unter der Oberfläche im Bereich der maximalen Werkstoffbeanspruchung liegt [GLEß09 S.20-21].

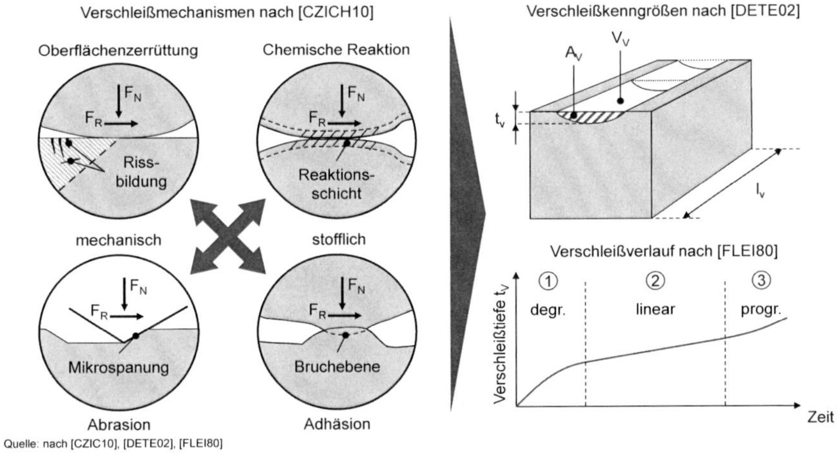


**Bild 2-4:** Verschleißmechanismen und –kenngrößen
*Wear mechanisms and wear parameter*

Hinsichtlich der stofflichen Wechselwirkungen wird zwischen Adhäsion und tribochemischer Reaktion unterschieden. Bei Adhäsionsvorgängen werden die auf den Oberflächen haftenden Deckschichten durchbrochen und an den Grenzflächen bilden sich lokale Bindungen. Diese führen bei Relativbewegung der Wälzpartner zu Materialausbrüchen [DEGE82], [MANG01]. Zu tribochemischen Reaktionen zwischen den

Strukturelementen kommt es durch die mit einer tribologischen Beanspruchung einhergehende erhöhte Reaktionsbereitschaft der beteiligten Partner. In Tribosystemen werden die kontaktierenden Oberflächenbereiche infolge von Reibungsvorgängen zwischen den Kontaktpartnern mechanisch und thermisch aktiviert. In diesen Kontaktbereichen können bevorzugt chemische Reaktionen auftreten.

Verschleiß unter Wälzbeanspruchung kann zur näheren Untersuchung der Verschleißvorgänge durch geeignete Kenngrößen quantifiziert werden [LEHN92]. Absolute Verschleißmessgrößen sind geometrisch oder gravimetrisch messbare Größen, wie beispielsweise die Tiefe einer Verschleißfläche $t_V$ (vgl. Bild 2-4). Die planimetrische Verschleißfläche wird in Anlehnung an [DETE02] mit $A_V$ bezeichnet. Aus den absoluten Verschleißmessgrößen lassen sich relative Kenngrößen durch einen Bezug auf Gleitstrecken, Standzeiten oder andere Verlaufsgrößen ableiten. Bild 2-4 zeigt einen typischen Verschleißverlauf nach [FLEI80]. Es wird zwischen dem degressiven Verlauf in der Einlaufphase (Bereich 1), dem anschließenden linearen Anstieg (Bereich 2) und dem abschließenden progressiven Verlauf der betrachteten Verschleißgröße (Bereich 3) unterschieden.

## 2.2 Wälzbeanspruchung PVD-beschichteter Oberflächen

Aufgrund der in Kapitel 2.1 aufgeführten komplexen Beanspruchungen, denen die Wirkflächen im metallischen Wälzkontakt ausgesetzt sind, werden die meisten Bauteile in Hochtechnologie-Anwendungen als Komposite ausgeführt, deren oberflächennahe Eigenschaften sich von denen des Bauteilvolumens unterscheiden [HAEF87,S.1]. Eine in diesem Zusammenhang weit verbreitete Maßnahme zur Verbesserung des Reibungs- und Verschleißverhaltens stellt die Dünnschichttechnologie dar.

Schichtverbundsysteme zählen neben Teilchenverbundsystemen und Faserverbundsystemen zur Gruppe der Verbundwerkstoffe. In der Gruppe der Schicht-Substrat-Systeme wird gezielt ein technischer Werkstoff erzeugt, dessen vorteilhafte oberflächennahe Eigenschaften sich aus den Eigenschaften der eingesetzten Materialien zusammensetzen [FRIE98, S.18]. Zur Herstellung von Schicht-Substrat-Systemen stehen unterschiedliche Verfahren zur Verfügung, zu denen auch die PVD-Beschichtungstechnologie zählt.

### 2.2.1 PVD-Beschichtungstechnologie

Die Bezeichnung PVD (Physical Vapour Deposition) steht für Verfahren, bei denen dünne Schichten durch physikalische Prozesse aus der Gasphase abgeschieden werden. PVD-Beschichtungsprozesse finden in einer evakuierten Kammer statt, die als Rezipient bezeichnet wird. Die PVD-Beschichtung zeichnet sich durch ein breites Spektrum an beschichtbaren Substraten und Beschichtungswerkstoffen aus. Die erzeugten Schichtdicken liegen üblicherweise in einem Bereich von $d_S$ = 0,1-100 µm [GRAI94, S.167]. Die erforderliche Substrattemperatur im Beschichtungsprozess fällt in der Regel so gering aus, dass die PVD-Beschichtung als abschließender Bearbeitungsschritt ohne anschließende Wärmebehandlung eingesetzt werden kann

[AWT97]. Ein weiteres Merkmal der PVD-Beschichtungstechnologie ist die Sichtliniencharakteristik im Beschichtungsprozess, durch die es zu Abschattungseffekten aufgrund der Geometrie des zu beschichtenden Bauteils kommt [BUGI09].

**Bild 2-5** zeigt die grundlegenden Prozessschritte der PVD-Beschichtung. Der Aufnahme der Bauteile im Rezipienten ist ein intensiver Reinigungsprozess vorgelagert, bei dem das zu beschichtende Bauteil entfettet wird. Zum Einsatz kommen hier tensidhaltige, wässrige Lösungen sowie Ultraschallbäder bei unterschiedlichen Temperaturen [AWT97]. Anschließend erfolgt die Chargierung, bei der die Bauteile eines Beschichtungsloses auf Vorrichtungen aufgenommen werden, die eine optimale Positionierung und Bewegung der Bauteile im Rezipienten gewährleisten. Die Größe der zu beschichtenden Bauteile ist somit durch die Abmessungen der Beschichtungskammer begrenzt [GRAI94,S.166]. Im Rezipienten wird mit der Ionenstrahlreinigung ein weiterer Prozessschritt zur Vorbehandlung der Substratoberfläche durchgeführt. Durch die kathodische Schaltung des Substrats und die substratnahe Glimmentladung eines Inertgases, meist Argon, wird die Oberfläche mit Ionen beschossen. Im Zuge dieses auch als Sputterätzen bezeichneten Prozesses werden die ersten Atomlagen an der Oberfläche des Substrats herausgelöst [AWT97].

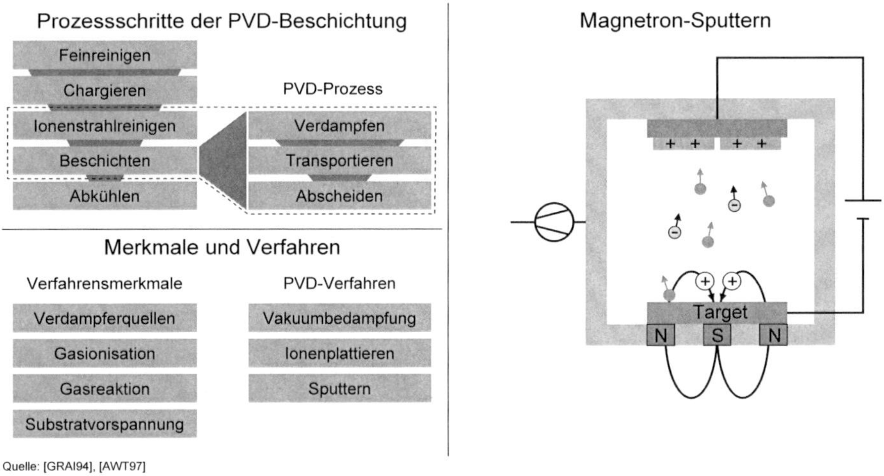


**Bild 2-5:** Prozess, Merkmale und Verfahren der PVD-Beschichtung
*Process and characteristics of PVD-coating*

Der Beschichtungsprozess gliedert sich auf in die drei Schritte Verdampfen von Targetmaterial, Transportieren des Dampfes vom Target zum Substrat und Abscheiden der Teilchen auf der Substratoberfläche [BACH06]. Die Schritte können auf unterschiedliche Arten realisiert werden, so dass verschiedene PVD-Beschichtungsverfahren existieren, auf die im Folgenden näher eingegangen wird. Den Abschluss des Beschichtungsprozesses bildet das Abkühlen der beschichteten Bauteile.

Bild 2-5 führt wichtige Verfahrensmerkmale auf, anhand derer sich Verfahrensvarianten des PVD-Beschichtungsprozesses unterscheiden lassen. Bei der *Vakuumbedampfung* können unterschiedliche Verdampferquellen (z.B. Widerstandsheizung, Elektronenstrahl) zum Einsatz kommen, die das Targetmaterial in Tiegeln im Hochvakuum verdampfen. Aufgrund des geringen Drucks von $p = 10^{-6}$-$10^{-3}$ $N/m^2$ weisen die elektrisch neutralen Dampfatome eine hohe, mittlere, freie Weglänge auf und gelangen geradlinig zum geerdeten Substrat, ohne miteinander in Wechselwirkung zu treten. Dort kommt es zur Kondensation und zum Schichtaufbau [BACH06]. Vakuumbedampfung zeichnet sich durch hohe Abscheideraten aus. Als Beschichtungswerkstoffe kommen einzelne chemische Elemente, chemische Verbindungen oder einfache Metalllegierungen für die Bereiche Elektronik, Optik und Dekoration zum Einsatz [GRAI94, S.73ff].

Durch Verdampfung in ein ionisiertes Gas erlangen die Schichtmaterialteilchen beim *Ionenplattieren* durch Kollisionen mit Gasionen zusätzliche Energie. Durch Anlegen einer negativen Spannung an das Substrat ist dieses dem stetigen Auftreffen von Gasionen ausgesetzt, was zum Aufbau von haftfesten, dichten Beschichtungen führt. Des Weiteren führen die Zusammenstöße der Teilchen im Rezipienten zu einer Streuung des Schichtwerkstoffs, die sich positiv bei der Beschichtung komplexer Geometrien auswirkt [GRAI94 S.123]. Für die Herstellung von verschleißbeständigen Beschichtungen aus Oxiden, Nitiriden und Carbiden wird anstatt des inerten Gases ein Reaktivgas verwendet, wodurch es im Plasma oder an der Substratoberfläche zur Ausbildung entsprechender Verbindungen kommt: Die Abscheideraten fallen etwas geringer aus als bei der Vakuumbedampfung [BACH06]. Eine Variante dieses Verfahrens stellt die Lichtbogenbedampfung (Arc-Bedampfung) dar, bei der es zu einem deutlich erhöhten Ionisierungsgrad und infolgedessen zur Ausbildung von qualitativ hochwertigen Beschichtungen kommt. Allerdings liegt bei dieser Verfahrensvariante die Beschichtungstemperatur des Substrats mit $T_S$ = 550 °C relativ hoch und es kann zu tröpfchenförmigen Fehlstellen in der Schicht (Droplets) kommen [BOBZ99]. Die Verfahrensvarianten des *Ionenplattierens* kommen in einem breiten Spektrum von Anwendungen, unter anderem bei der Werkzeugbeschichtung, zum Einsatz.

Der wesentliche Vorteil des Kathodenzerstäubens oder *Sputterns* ist die direkte Überführung des Schichtmaterials vom festen in den gasförmigen Zustand durch den Impuls auftreffender Ionen bei entsprechend negativ vorgespanntem Target. Aufgrund dieses physikalischen Prinzips bietet das Sputtern eine nahezu unbegrenzte Auswahl an Schichtmaterialien. Demgegenüber steht eine vergleichsweise geringe Abscheiderate, die bei der Verfahrensvariante Magnetron- oder Hochleistungs-Sputtern durch die verstärkte targetnahe Ionisierung infolge eines zusätzlichen Magnetfelds erhöht werden kann [GRAI94, S.105].

Nach [BRAN99] lassen sich tribologisch wirksame Schichten nach ihrer Härte in weiche Schichten (Härte < 1000 HV) und Hartstoffschichten (Härte > 1000 HV) unterteilen. Während weiche Beschichtungen zur Verbesserung des Einlaufverhaltens eingesetzt werden, wird eine Verbesserung des Verschleiß- und Reibungsverhaltens durch Hartstoffschichten erzielt [HURA04]. Nach [HOLL87] werden die Eigenschaften beschichteter Materialien durch die Konstitution des Schicht-Substrat-Systems, den Beschichtungsprozess und das sich ausbildende Gefüge der Beschichtung bestimmt (vgl. **Bild 2-6)**. Unter den Hartstoffschichten wird zwischen den drei in Bild 2-6 aufgeführten grundlegenden Bindungsarten unterschieden, welche im relativen Vergleich gegenläufige Eigenschaften aufweisen. Kovalente Stoffe (z.B. Diamant, kubisches Bornitrit) sind sehr hart, haften jedoch schlecht auf metallischen Oberflächen. Ionische Beschichtungen (z.B. $Al_2O_3$) zeigen eine geringe Reaktionsneigung mit Sauerstoff und sind thermisch stabil, dafür jedoch sehr spröde. Hartstoffe mit metallischem Bindungscharakter (z.B. TiC, TiN) zeichnen sich durch eine hohe Schichthaftung aus und sind vielseitig einsetzbar. Optimale Schichteigenschaften lassen sich durch die Kombination der unterschiedlichen Eigenschaften in Mehrlagenschichten oder durch gradierte Schichtsysteme erreichen. [HOLL87]

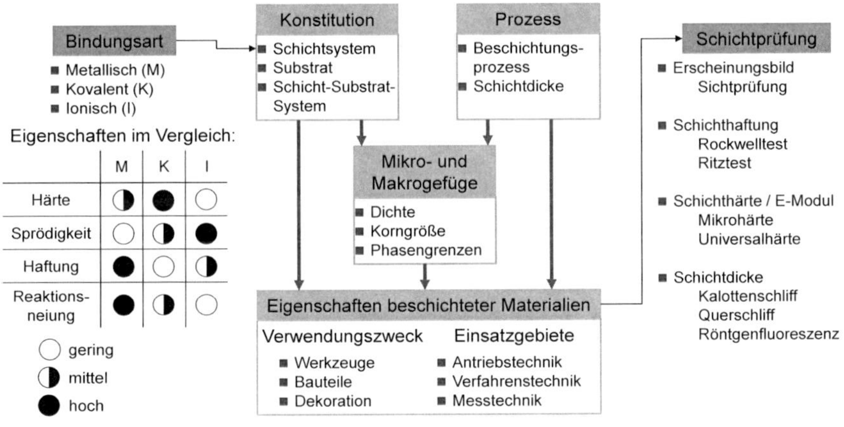


Quelle: [HOLLE87]

**Bild 2-6:** Einflüsse auf die Eigenschaften beschichteter Materialien
*Influence on characteristics of coated materials*

Mögliche Verwendungsbereiche für Hartstoffschichten sind Werkzeuge, Bauteile und medizinische bzw. dekorative Anwendungen. Erfolgreiche Einsatzgebiete sind die Antriebs-, die Verfahrens- und die Messtechnik [VDI02]. Verfahren zur Schichtprüfung werden in [VDI01] aufgeführt. Zur Qualitätssicherung bei der Hartstoffbeschichtung wird demnach die Prüfung des allgemeinen Erscheinungsbilds sowie der Eigenschaften Schichthaftung, Schichthärte und Schichtdicke empfohlen (vgl. Bild 2-6).

Im häufig angeführten Ritztest zur Prüfung der Schichthaftung wird ein Rockwell-Körper unter kontinuierlich oder stufenweise steigender Normalbelastung über eine PVD-beschichtete Oberfläche gezogen [VDI01]. Bei der Beurteilung der Ritzlinie unter dem Lichtmikroskop wird zwischen drei verschiedenen kritischen Lasten $L_{ci}$ unterschieden. Unter der kritischen Last $L_{c1}$ kommt es zu Rissbildung in der Ritzspur, die in der Regel nur durch chemische Reaktionstests sichtbar gemacht werden kann. Die Last $L_{c2}$ bewirkt ein Abplatzen der Schicht im Randbereich der Ritzfurche und lässt auf die Duktilität des getesteten PVD-Schichtsystem schließen. Die Last $L_{c3}$ markiert das erste Schichtversagen im Grund der Ritzfurche [LESL06].

### 2.2.2 Reibung und Verschleiß im PVD-beschichteten Wälzkontakt

*Friction and Wear in PVD-Coated Slip-Rolling Contacts*

Durch den Einsatz einer PVD-Beschichtung auf einer oder auf beiden Wirkflächen im Wälzkontakt verändern sich die Materialeigenschaften der Randzone und die Kontaktgeometrie auf Mikroebene (vgl. **Bild 2-7**). Das Schichtsystem wird auf die innere Grenzschicht aufgebracht, wobei es durch die Prozesstemperatur zu einer Beeinflussung der Randzoneneigenschaften des Substratwerkstoffs kommen kann [NEUM94]. Ein Schichtsystem besteht häufig aus einer Adhäsionsschicht zur Optimierung der Haftung und aus der Verschleißschutzschicht, die wiederum als Ein- oder Mehrlagenbeschichtung sowie gradiert ausgeführt werden kann. [HOLM94,S.236–251] Je nach Reaktionsneigung des begrenzenden Schichtmaterials an der Oberfläche kann es zur Bildung von Reaktionsschichten durch Reaktion mit Bestandteilen des Schmier- oder des Umgebungsmediums kommen [BUGI09].

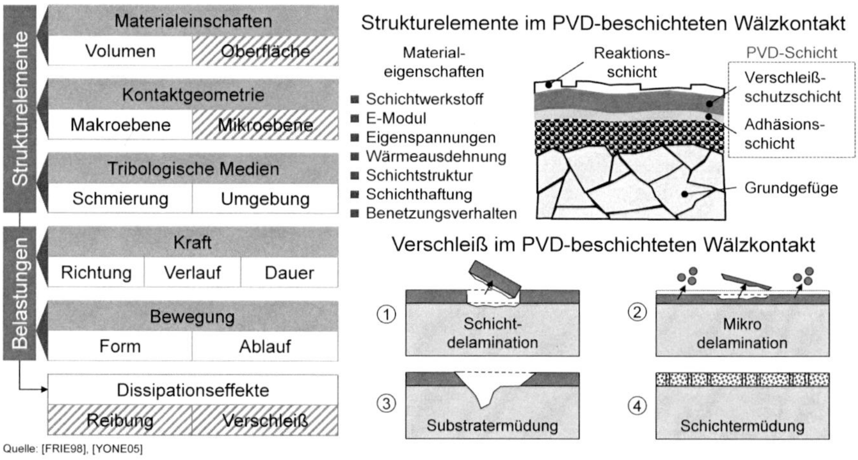


**Bild 2-7:** Strukturelemente, Reibung und Verschleiß im PVD-beschichteten Wälzkontakt
*Structure elements, friction and wear in PVD-coated slip-rolling contacts*

Bild 2-7 zeigt eine Zusammenstellung der gegenüber dem unbeschichteten Wälzkontakt zusätzlichen Einflussgrößen auf das tribologische System nach [FRIE98]. Reibung und Verschleiß im PVD-beschichteten Wälzkontakt werden wesentlich durch die Härte des Schichtwerkstoffs beeinflusst, welche in Abhängigkeit vom Einsatzfall auf die Eigenschaften des Substratwerkstoffs abgestimmt sein muss. [HOLM94,S.93] Darüber hinaus ist das Verhältnis weiterer mechanischer und thermischer Eigenschaften von Schicht- und Substratwerkstoff (E-Modul, Wärmeausdehnungskoeffizent) für das tribologische Einsatzverhalten von Bedeutung. Eine besondere Rolle nimmt die Schichthaftung ein, die eine Grundvoraussetzung für die Ausübung der Verschleißschutzfunktion darstellt [HOLL87]. Die für das Adhäsions- und Schmierungsverhalten wichtige Eigenschaft des Benetzungsverhaltens wird von [BOB700] für unterschiedliche Schichtsysteme untersucht. Dabei zeigt sich der Einfluss der chemischen Zusammensetzung des Schichtwerkstoffs auf die Oberflächenenergie. Neben den Materialeigenschaften haben auch die lokal vorliegende Schichtdicke und die resultierende Oberflächenstruktur als mikrogeometrische Eigenschaft der Strukturelemente eine hohe Bedeutung für den PVD-beschichteten Wälzkontakt [HOLM94 ,S.100-103]. Insgesamt deutet die Vielzahl an zusätzlichen Einflussgrößen darauf hin, dass Reibung und Verschleiß durch den anwendungsgerechten Einsatz von PVD-Beschichtungen im metallischen Wälzkontakt reduziert werden können.

Nach [YONE05] lassen sich im PVD-beschichteten Wälzkontakt vier unterschiedliche Verschleißarten unterscheiden (vgl. Bild 2-7). Bei Schichtdelamination (1) kommt es zu großflächigem Schichtverlust aufgrund von mangelnder Schichthaftung. Als Mikrodelamination (2) werden kohäsive Delaminationsvorgänge bezeichnet, bei denen sich die oberen Lagen des Schichtsystems lösen. Dieser Vorgang geht häufig einher mit abrasiver Partikelbildung. Bei Substratermüdung (3) kommt es zu ermüdungsbedingten Ausbrüchen aus der Substratoberfläche, welche nach [YONE05] stets mit einem Schichtverlust einhergehen. Im Fall der Schichtermüdung (4) werden kohäsive Ausbrüche aus der Schicht festgestellt, die kleine Abmessungen aufweisen.

Ein hohes Potenzial zum Einsatz in tribologischen Systemen weisen Kohlenstoffschichten auf [HOLM94, S.197], [ROBE02, S.264-267], [BRAN09]. Nach [VDI05] lassen sich Kohlenstoffschichten nach der Anordnung der Atome im Schichtwerkstoff in die drei Gruppen Plasmapolymerschichten, amorphe Kohlenstoffschichten und kristalline Kohlenstoffschichten einteilen. Im PVD-beschichteten Wälzkontakt kommen vermehrt amorphe Kohlenstoffschichten zum Einsatz, deren Eigenschaften durch ihren kristallinen Aufbau (diamant- oder graphitähnlich) und ihren Wasserstoffgehalt beeinflusst werden [BRAN99]. **Tabelle 2-1** zeigt die Klassifizierung und grundlegende Eigenschaften amorpher Kohlenstoffschichten [VDI05].

| Abkürzung | a-C | ta-C | a-C:Me | a-C:H | ta-C:H | a-C:H:Me | a-C:H:X |
|---|---|---|---|---|---|---|---|
| Wasserstoffgeh. [At-%] | 0-3 | 0-3 | 0-3 | 3-40 | 3-30 | 3-40 | 3-40 |
| Metallgehalt [At-%] | - | - | 5-30 | - | - | 10-30 | 1-20 |
| Tetratedisch | nein | ja | nein | nein | ja | nein | nein |
| typ. Schichtdicke [µm] | 1-5 | 1-3 | 1-5 | 1-5 | 1-5 | 1-5 | 1-5 |
| Temperaturbest. [°C] | 450 | 500 | 400-600 | 400 | 500 | 350-600 | 350-600 |
| Härte [GPa] | 10-29 | 40-90 | 8-27 | 20-40 | < 50 | 1-20 | 7-40 |
| E-Modul [GPa] | 100-290 | 200-820 | 100-200 | 25-400 | < 300 | 1-20 | 7-40 |
| Oberflächenzerr. | ++ | ++ | ++++ | ++ | ++ | ++++ | ++++ |
| Adhäsion | ++++ | ++++ | +++ | ++++ | ++++ | ++++ | ++ - ++++ |
| Abrasion | ++ | +++ | ++ | ++ | +++ | + | + - ++ |

**Tabelle 2-1:** Klassifizierung und Eigenschaften amorpher Kohlenstoffschichten
*Classification and properties of amorphous Carbon-based coatings*

Eine Reihe von Arbeiten beschäftigt sich mit dem Reibungs- und Verschleißverhalten a-C:H:Me-beschichteter Oberflächen unter Wälzbeanspruchung. Das Schichtsystem a-C:H:W weist nach [HURA04] auf außenrund geschliffenen Prüfrollen im Scratchtest eine vergleichsweise hohe Schichthaftung auf. Über der Lastwechselzahl wird eine Abnahme der Kennwerte der Abbottkurve $R_k$, $R_{vk}$ und $R_{pk}$ festgestellt, die als Beleg für ein günstiges Einlaufverhalten angesehen wird. Unter hoher Belastung führt der Einsatz des Schichtsystems zu einer deutlichen Steigerung der Wälzfestigkeit. In den Laufversuchen kommen als Schmierstoff additivierte und unadditivierte synthetische Ester zum Einsatz. [GROS07] führt Untersuchungen zum Reibungsverhalten im Zwei-Scheiben-Kontakt durch. Unter Verwendung quergeschliffener Scheiben führt die Beschichtung für alle betrachteten Lastfälle zu einer Verringerung der gemessenen Reibungszahl, welche sich mit steigendem Schlupf und steigender Summengeschwindigkeit erhöht. Bemerkenswert ist, dass diese Effekte auch im Falle des EHD-Kontakts gemessen werden.

Als Grundlage zur Beurteilung zweckmäßiger Oberflächenrauheit für beschichtete Zahnflankenoberflächen führt [BUGI09] Einlaufuntersuchungen unter Variation der Oberflächenrauheit außenrund geschliffener, a-C:H:W-beschichteter Rollen durch. Eine qualitative Betrachtung der Ergebnisse zeigt kohäsiven Schichtverschleiß bei geringer Rauheit und adhäsiven Schichtverschleiß bei erhöhter Rauheit. Bei der Rolle mit der geringeren Oberflächenrauheit kommt es zu stärkerem Schichtverschleiß, bei gleicher Rauheit zeigt sich eine vergleichbare Aufteilung des Schichtverschleißes auf die beiden Rollen. In einer quantitativen Betrachtung werden nach regelmäßigen Lastwechselintervallen taktile Oberflächenmessungen vorgenommen und Kennwerte der gemessenen Materialanteilkurven ausgewertet. Es zeigt sich, dass bei Paarungen von Oberflächenrauheiten bis $R_z$ = 3,5 µm auf der Prüfrolle mit Oberflächenrauheiten von $R_z$ = 1 µm die Veränderungen der Traganteilkennwerte ab einer Lastwechselzahl von $N_L$ = 5 Mio. stagnieren. Die größten Veränderungen werden innerhalb einer Lastwechselzahl von $N_L$ = 1 Mio. verzeichnet.

## 2.3 Der unbeschichtete Zahnflankenkontakt

*Uncoated Involute Tooth Contacts*

### 2.3.1 Eingriffsverhältnisse

*Involute Gear Mesh*

Der Eingriff evolventischer Zahnflanken stellt einen metallischen Wälzkontakt mit zeitlich veränderlicher Belastung dar. Entsprechend dem Verzahnungsgesetz verläuft der theoretische Kontakt zwischen zwei Zahnflanken einer geradverzahnten Stirnradpaarung entlang der Eingriffsstrecke, die durch die Punkte A (Eingriffsbeginn) und E (Eingriffsende) begrenzt ist (vgl. **Bild 2-8**). In Abhängigkeit von den geometrischen Eigenschaften der Zahnradpaarung und den vorliegenden Umfangsgeschwindigkeiten lassen sich die tribologisch relevanten Geschwindigkeiten nach [DIN87a] berechnen. Die Tangentialgeschwindigkeiten an den Zahnflanken $w_1$ und $w_2$ weisen stets in Richtung des Zahnfußes des treibenden Ritzels und sind aufgrund des über der Eingriffsstrecke veränderlichen Abstands des Flankenkontaktpunkts von den Zahnradmittelpunkten nicht konstant. Hieraus folgen die für den Zahneingriff charakteristischen Geschwindigkeits- und Schlupfverläufe, die in Bild 2-8 am Beispiel des treibenden Ritzels dargestellt sind. In Abhängigkeit von den Kontaktradien im Zahneingriff und der Anzahl der im Eingriff befindlichen Zähne ergibt sich der charakteristische Verlauf der Hertzschen Pressung $p_H$ nach [NIEM03] und der Kontakttemperatur θ nach [DIN87b] in Bild 2-8.

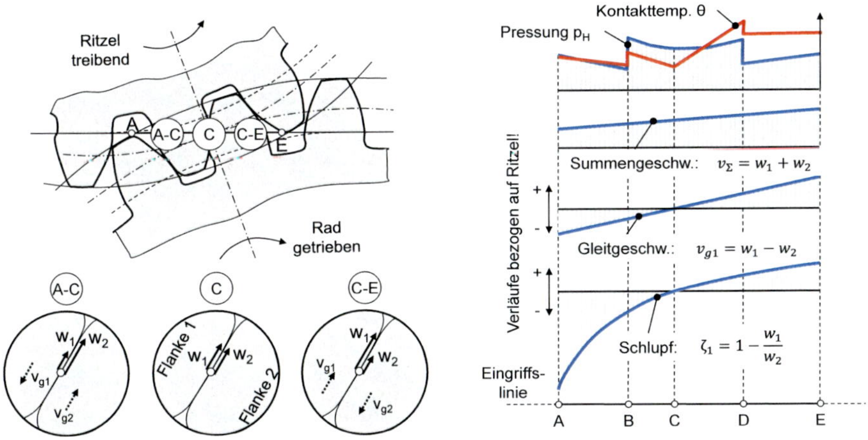


**Bild 2-8:** Tribologische Belastung im Zahnflankenkontakt
*Tribological load of involute tooth contacts*

## 2.3.2 Beanspruchungen und Zahnflankenschäden

*Stresses and Flank Damages at Involute Tooth Contacts*

Zahnräder unterliegen funktionsbedingten Beanspruchungen in den Bereichen der Zahnflankenoberfläche und des Zahnvolumens im Fußbereich. Während der Fußbereich eines Zahns durch die Biegebelastung vorwiegend mechanisch beansprucht wird, unterliegt die Zahnflankenoberfläche tribologischen Beanspruchungen. Als grundlegende Einflussgrößen auf die Zahnradtragfähigkeit lassen sich nach [WECK92] die bauteilspezifischen Eigenschaften Werkstoff und Geometrie und die Betriebsbedingungen hinsichtlich Belastung und Schmierung aufführen. Jede dieser Einflussgrößen umfasst eine Anzahl von Parametern, von denen eine Auswahl im Folgenden aufgeführt ist:

- *Werkstoff:* Zusammensetzung, Wärmebehandlung, Gefüge, Eigenspannungen
- *Geometrie:* Makrogeometrie, Mikrogeometrie, Oberflächenstruktur
- *Belastungen:* Nennlast, dynamische Zusatzkräfte, Geschwindigkeiten
- *Schmierstoff:* Zusammensetzung, Viskosität, Additivierung, Schmierungsart

[DIN79] unterscheidet bei der Klassifizierung von Zahnschäden entsprechend der grundlegenden Beanspruchung zwischen Zahnfuß- und Zahnflankenschäden. Aufgrund der komplexen tribologischen Belastung von Zahnflanken können unterschiedliche betriebs- und fertigungsbedingte Zahnflankenschäden auftreten. Vier häufig auftretende Schadensarten sind in **Bild 2-9** aufgeführt.

Bei *Grübchenbildung (1)* brechen infolge Oberflächenzerrüttung bevorzugt im Gebiet des negativen Schlupfes muschelförmige Partikel aus der Zahnflankenoberfläche [NIEM03] (vgl. Bild 2-9). Zu den wesentlichen Einflussgrößen auf die Grübchenbildung einsatzgehärteter Stirnräder zählen die Makrogeometrie [GOHR82], der Werkstoff [WECK92], die Wärmebehandlung [KÄSE77], [TOBIE01], und Schmierungsbedingungen [SCHO73], [SIMO84], [RADE05]. Darüber hinaus lässt sich die Grübchentragfähigkeit auch durch die Feinauslegung einer Zahnradpaarung erhöhen. [FRIT91] untersucht den Einfluss fertigungsbedingter, oberflächennaher Material- und Geometrieeigenschaften auf die Grübchentragfähigkeit und legt einen Ansatz vor, der die Oberflächenstruktur im Auslegungsprozess berücksichtigt. [HASL91] zeigt, dass es durch eine geeignete Kopfrücknahme möglich ist, die bis zu einem Grübchenschaden erreichbare Lastspielzahl im Zeitfestigkeitsgebiet um den Faktor 4,5 zu erhöhen. [FEHL04] stellt ein Berechnungsprogramm zur Auslegung nichtevolventischer Zahnflankenkorrekturen vor, durch die sich die Grübchentragfähigkeit im Zeitfestigkeitsgebiet aufgrund größerer Kontaktkrümmungsradien steigern lässt.

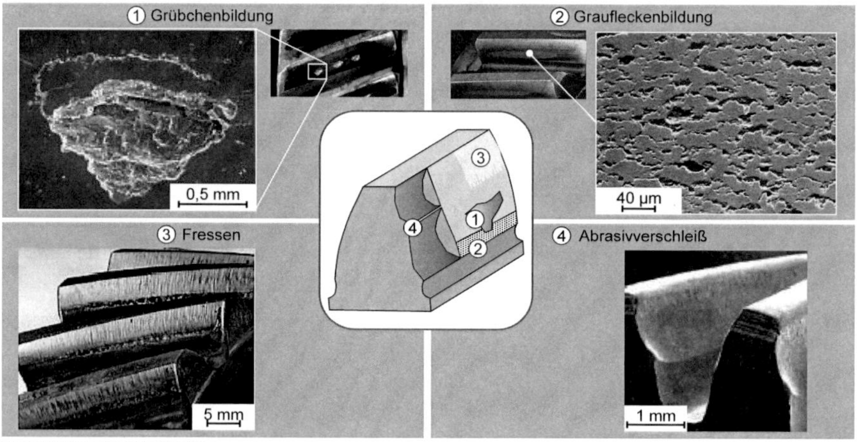


Quelle: Sommer, ZF Friedrichshafen AG

**Bild 2-9:** Zahnflankenschäden an unbeschichteten Stirnrädern
*Flank damages on uncoated cylindrical gears*

Bei *Graufleckigkeit (2)* handelt es sich um Poren von geringer Tiefe, die zu einem mattgrauen Aussehen der Oberfläche führen [DIN79] (vgl. Bild 2-9). Wie bei Grübchenbildung kommt es verstärkt im Bereich des negativen Schlupfes zu Graufleckigkeit und häufig zu Überlagerungen der beiden Schadensarten [LEUB86]. Bei starker Ausprägung der Schadensform treten Profilformabweichungen auf, die zu einer Veränderung des Übertragungsverhaltens der Stirnradpaarung führen [FRIT91]. Als wesentliche Einflussgrößen auf die Graufleckigkeit gelten die Schmierfilmhöhe am Wälzkreis $h_C$, die Rauheit bzw. Oberflächenstruktur [VOLG91] und die Oberflächenhärte der Zahnflanke [SCHÖ84]. [SCHR00] stellt ein Modell zur Berechnung der graufleckenbedingten Auskolkung vor, in dem der Gleitweg $s_g = \zeta \cdot b_H$ als ein Kenngröße für die Anzahl der Lastwechsel von Rauheitsspitzen als Eingangsgröße aufgeführt ist:

$$f_{fm}(Y) = f_{fm,GFT} \cdot \left(\frac{\zeta_{GF}(Y)}{\zeta_{GFT}}\right) \cdot \left(\frac{b_{H,GF}(Y)}{b_{H,GFT}}\right) \cdot \left(\frac{p_{H,GF}(Y)}{p_{H,GFT}}\right)^{0,25} \cdot \left(\frac{\lambda_{GF}(Y)}{T_\lambda \cdot \lambda_{GFT}}\right)^{-1,25} \cdot \left(\frac{N_L}{N_{L,GFT}}\right)^{0,25} \quad (2\text{-}19)$$

Nach [DIN06] tritt ein *Fressschaden (3)* durch Verschweißen von Rauheitsspitzen der kontaktierenden Zahnflanken infolge Versagens des Schmierfilms auf (vgl. Bild 2-9). Sowohl das Durchbrechen der schützenden Oberflächenschicht aus Schmierfilm, Adsorbtions- und Reaktionsschichten als auch das Verschweißen wird wesentlich durch die örtlich vorliegenden Temperaturen bestimmt [MICH87]. Zur Vermeidung von Fressschäden wirken sich geringe Zahnflankenrauheiten und alle Maßnahmen günstig aus, die zu niedrigeren Flankentemperaturen führen. Des Weiteren ist es günstig, wenn die Zahnflanken im Bereich der großen Gleitgeschwindigkeit durch eine Profilrücknahme entlastet werden [NIEM03].

Bei geringen Umfangsgeschwindigkeiten und geringen EHD-Spaltdicken bestimmt häufig der kontinuierliche Materialabtrag durch *Abrasion (4)* die Zahnflankentragfähigkeit. Es kommt zu deutlichen Profilformabweichungen, die das Einsatzverhalten der Zahnräder negativ beeinflussen und in letzter Konsequenz zu Zahnbruch führen können (vgl. Bild 2-9) [NIEM03].

## 2.4 Der PVD-beschichtete Zahnflankenkontakt

*PVD-Coated Involute Tooth Contacts*

### 2.4.1 Oberflächenverschleiß im PVD-beschichteten Zahnflankenkontakt

Aufgrund ihrer günstigen tribologischen Eigenschaften kommen im Zahnflankenkontakt vermehrt Kohlenstoffschichten zum Einsatz, deren Haftung durch eine Adhäsionschicht erhöht wird [HURA04], [GROS07], [BUGI09]. **Bild 2-10** zeigt eine schematische Darstellung einer PVD-beschichteten Zahnflanke mit Adhäsionsschicht. Bruchbildmessungen zeigen, dass die lokale Dicke der Beschichtung aufgrund der Sichtliniencharakteristik deutlich von der nominellen Dicke abweicht [GROS07]. [GROS07] stellt an der Prüfverzahnung vom Typ C eine Verringerung der Schichtdicke von $\Delta d_S$ = 50 % im Fußbereich gegenüber dem Kopfbereich fest. [BUGI09] zeigt, dass das Verhältnis der Schichtdicke im Kopf- und Fußbereich von der Geometrie des zu beschichtenden Zahnrads abhängt und legt eine Methode zur Berechnung und Optimierung des Schichtdickenverhältnisses vor.

Bild 2-10 zeigt zwei Verschleißbilder a-C:H:W-beschichteter Zahnflanken einer Prüfverzahnung vom Typ $C_{mod}$. Die Zahnflankenoberflächen zeigen bei guter Schichthaftung stark verschlissene Oberflächenbereiche im Zahnfußbereich, in denen es in Abhängigkeit von Last und Lastwechselzahl zur Freilegung des Substrats kommen kann [GROS07], [BUGI09]. Als mögliche Verschleißursachen werden sowohl Ermüdungs- als auch Abrasionsvorgänge genannt. Verschleißbild 1 in Bild 2-10 zeigt, dass der entstandene Grübchenschaden aus dem stark verschlissenen Oberflächenbereich heraus entsteht. Bei mangelhafter Schichthaftung wird das Substrat in größeren Zahnflankenbereichen infolge Delamination bereits nach kurzer Belastungsdauer freigelegt [GROS07]. Die für diesen Verschleißfall geringeren erzielten Laufzeiten in Tragfähigkeitsversuchen deuten auf einen Zusammenhang zwischen dem Oberflächenverschleiß und der Zahnflankentragfähigkeit hin [GROS07], auf den im Folgenden näher eingegangen wird.

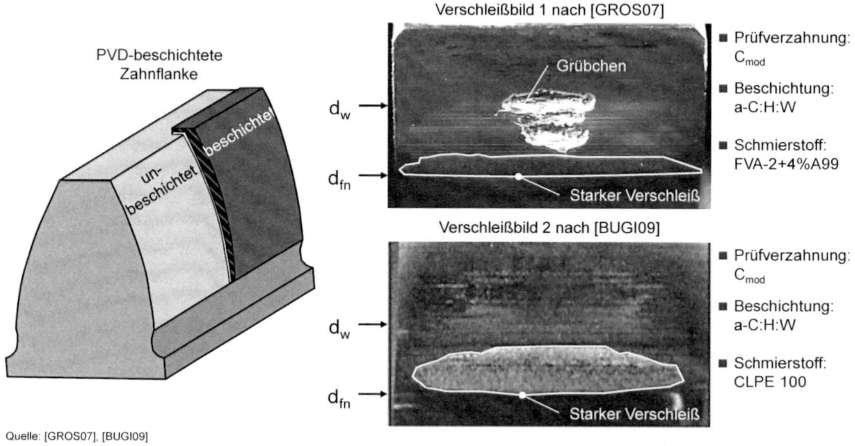


**Bild 2-10:** Schichtdicke und Oberflächenverschleiß an PVD-beschichteten Zahnflanken
*Coating thickness and surface wear on PVD-coated tooth flanks*

### 2.4.2 Ermüdungsverhalten PVD-beschichteter Stirnräder

*Surface Fatigue Behavior of PVD-Coated Gears*

**Bild 2-11** zeigt Ergebnisse zur Substratermüdung bei PVD-beschichteten Stirnrädern im Pittingtest nach [SCHE97] und im Graufleckenstufentest nach [EMME93]. In allen dargestellten Versuchen kommen Prüfradpaarungen zum Einsatz, bei denen sowohl das Ritzel als auch das Rad a-C:H:W-beschichtet sind. Die Ergebnisse der Pittingtests werden an einer Prüfverzahnung vom Typ $C_{mod}$ erzielt und stellen Mittelwerte aus drei Prüfläufen dar. Sowohl [HURA04] als auch [BUGI09] stellen bei der Verwendung des unadditivierten Esters COE 100 und des additivierten Esters CLPE 100 eine Tragfähigkeitssteigerung bezüglich Grübchenbildung durch die PVD-Beschichtung der Zahnräder fest, die für den unadditivierten Ester COE 100 deutlicher ausfällt. In beiden Arbeiten wird darauf geschlossen, dass eine a-C:H-W-Beschichtung die Aufgaben und Funktionen von EP- und AW-Additiven übernehmen können. [GROS07] bestätigt das Potenzial der a-C:H-W-Beschichtung zur Steigerung der Grübchentragfähigkeit für ein additivertes Mineralöl vom Typ FVA 2 +4 % A99 zunächst in Pittingtests (vgl. Bild 2-11). Darüber hinaus wird hier eine um $\Delta\sigma_{H,lim}$ = 30 % höhere dauerfest ertragbare Pressung im Falle einer Beschichtung ermittelt. Im Zeitfestigkeitsgebiet wird eine Steigerung der ertragbaren Lastwechselzahl um den Faktor 3 bis 4 erreicht. [BUGI09] untersucht den Einfluss des Mikrostrahlens zur Reinigung der Oberflächen vor der Beschichtung auf die

Grübchentragfähigkeit. Er stellt bei der unbeschichteten, mikrogestrahlten Variante eine starke Streuung der Versuchsergebnisse, jedoch im Mittel keine Steigerung der ertragbaren Lastspielzahl im Vergleich zur ungestrahlten Referenzvariante fest. Im Falle einer Beschichtung zeigt sich eine deutlich bessere Schichthaftung durch das vorangegange Mikrostrahlen. Diese Ergebnisse stimmen mit [GROS07] überein.

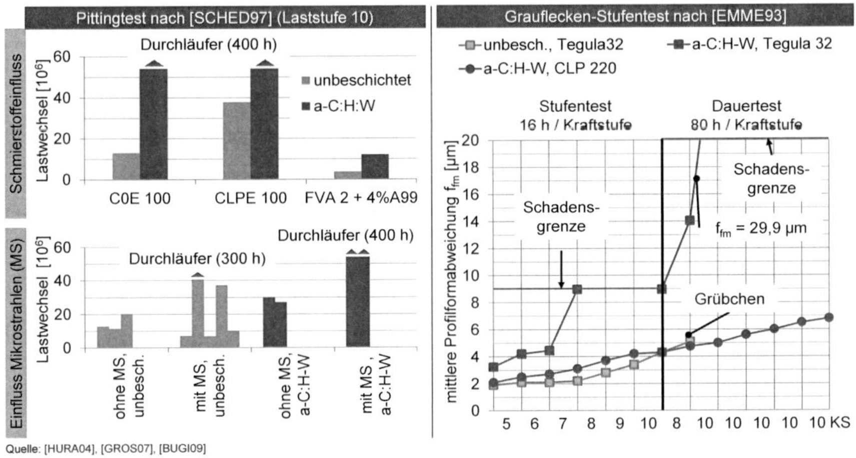


**Bild 2-11:** Grübchenbildung und Graufleckigkeit bei PVD-beschichteten Stirnrädern
*Pittings and micro pittings on PVD-coated cylindrical gears*

[GROS07] verwendet eine unkorrigierte Prüfverzahnung vom Typ C-GF, um unter Verwendung eines Mineralöls der Viskositätsklasse ISO VG 32 den Einfluss der PVD-Beschichtung auf die Graufleckigkeit zu untersuchen (vgl. Bild 2-11). Die unbeschichtete Variante fällt bei KS 7 im Stufentest durch Überschreiten der Schadensgrenze aus. Im Dauertest wird die Schadensgrenze ebenfalls überschritten. Der a-C:H-W-beschichtete Radsatz hingegen durchläuft den Stufentest schadensfrei, im Dauertest kommt es jedoch zu Grübchenbildung. Auf den Zahnflanken werden Riefen und Kratzer, sogenannte Schabemarken, jedoch keine Graufleckigkeit entdeckt. Ab KS 9 kommt es zum Aufbrechen der Schicht im Fußbereich des Ritzels. Dies ist auf den vorzeitigen Zahneingriff und die dadurch erhöhte tribologische Belastung zurückzuführen. [GROS07] untersucht darüber hinaus ein Mineralöl der Viskositätsklasse ISO VG 220. Hier kommt es bei a-C:H-W-beschichteten Prüfzahnrädern ebenfalls nicht zu Graufleckenbildung und der Versuch wird schadensfrei beendet.

In den Arbeiten von [HURA04], [GROS07] und [BUGI09] wird ein Zusammenhang zwischen dem Verschleiß der PVD-beschichteten Zahnflankenoberfläche und der Tragfähigkeitssteigerung hinsichtlich Oberflächenermüdung hergestellt. [BUGI09] zeigt anhand von REM-Querschnittsaufnahmen der oberflächennahen Randzone geschädigter, PVD-beschichteter Zahnflanken, dass in Bereichen mit intakter Beschichtung der Substratwerkstoff vor Oberflächenanrissen geschützt wird. [GROS07] stellt fest, dass bei schlechter Schichthaftung die erreichbaren Lastwechselzahlen in Versuchen zur Grübchentragfähigkeit vergleichbar mit der unbeschichteten Prüfvariante ausfallen. [HURA04], [GROS07] und [BUGI09] stimmen darin überein, dass das günstige Einlaufverhalten der untersuchten a-C:H:W-Beschichtung einen positiven Effekt auf die Grübchentragfähigkeit hat. Nach [GROS07] nimmt bei unbeschichteten Zahnflankenoberflächen der Messwert für den arithmetischen Mittenrauwert $R_a$ innerhalb der ersten $N_L$ = 260.000 Lastwechsel in einem geringeren Maße ab als bei beschichteten Zahnflanken. Dieser Effekt wird als ein Grund für die höher erzielte Grübchentragfähigkeit angesehen, da es bei glatten Oberflächen zu einer ausgewogenen Verteilung der Kontaktkräfte und somit zu weniger lokalen Lastüberhöhungen kommt.

### 2.4.3 Verschleißverhalten PVD-beschichteter Zahnräder

*Wear Behavior of PVD-Coated Gears*

Die Versuchsergebnisse zur Fresstragfähigkeit von [HURA04] und [GROS07] sind in **Bild 2-12** zusammengefasst. Die Versuchsergebnisse werden im Fresstest nach [DIN06] unter Verwendung einer Prüfverzahnung vom Typ FZG-A mit a-C:H:W-Beschichtung auf Ritzel und Rad erzielt. Die angegebenen Massenverluste beziehen sich auf die jeweils im Fresstest erreichte Kraftstufe.

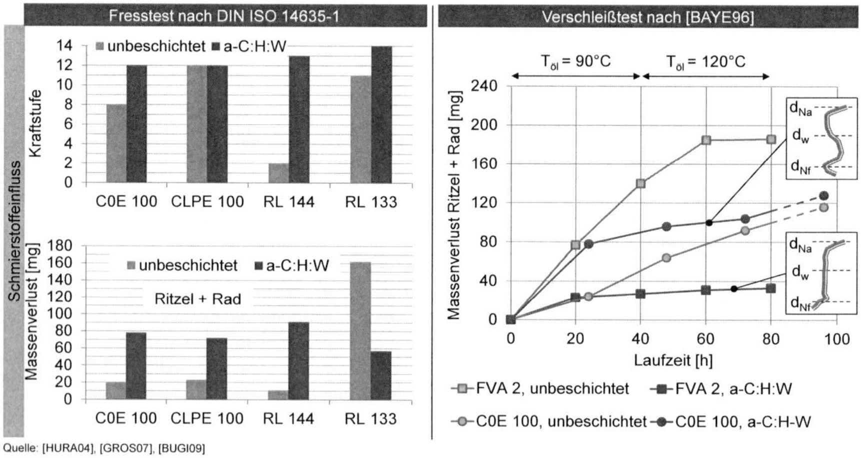


**Bild 2-12:** Substratverschleiß bei PVD-beschichteten Stirnrädern
*Substrate wear on PVD-coated cylindrical gears*

[HURA04] untersucht die Fresstragfähigkeit der Esterschmierstoffe COE 100 (unadditiviert) und CLPE 100 (additiviert). Bei Verwendung des unadditivierten Esters tritt bei unbeschichteten Prüfrädern in KS 8 ein Fressschaden auf, während bei beschichteten Prüfrädern bis einschließlich KS 12 kein Schaden auftritt. Bei Verwendung des additivierten Esters laufen sowohl der unbeschichtete als auch der a-C:H:W-beschichtete Radsatz ohne Fressschaden bis einschließlich KS 12 durch. Den höheren Masseverlust bei Verwendung der a-C:H-W-Beschichtung erklärt [HURA04] mit gegenüber den unbeschichteten Zahnradpaarungen erhöhtem Oberflächenverschleiß der beschichteten Zahnflanken infolge Abrasion, die jedoch nicht zur Freilegung des Substrats führt. Die Beobachtungen werden in [BUGI09] bestätigt. Auch [GROS07] untersucht die Fresstragfähigkeit von PVD-beschichteten Verzahnungen unter Verwendung eines unlegierten (RL 144) und eines legierten Mineralöls (RL 133). In beiden wird eine Erhöhung der schadensfrei erreichbaren KS durch den Einsatz einer a-C:H-W-Beschichtung erreicht. Der Massenverlust an Ritzel und Rad liegt für die beschichteten Zahnradpaarungen in der gleichen Größenordnung wie bei [HURA04].

Ergebnisse zum Einfluss einer beidseitigen a-C:H:W-Beschichtung auf den Schadensmechanismus Abrasion im Zahnflankenkontakt sind ebenfalls in Bild 2-12 dargestellt. Getestet wird die FZG-$C_{mod}$ Verzahnung unter den Betriebsbedingungen nach [BAYE96] bei einem Ritzeldrehmoment von $M_1$ = 378 Nm und einer Ritzeldrehzahl von $n_1$ = 13 $min^{-1}$. [GROS07] verwendet für die Verschleißuntersuchungen additiviertes Mineraöl vom Typ FVA 2. Bei der unbeschichteten Variante ist ein typischer Verschleißverlauf erkennbar (vgl. Bild 2-12). Durch die Verwendung einer a-C:H-W-Beschichtung kann eine deutliche Verschleißminderung festgestellt werden. Während bei der unbeschichteten Variante typische Verschleißriefen in Zahnhöhenrichtung und Auskolkungen des Zahnprofils ober- und unterhalb des Wälzkreises erkennbar sind, kommt es bei der beschichteten Variante zu keiner sichtbaren Veränderung der Oberflächenstruktur. Es wird lediglich eine leichte Auskolkung des Zahnprofils im Fußbereich des Ritzels festgestellt. Bei den Verschleißversuchen von [BUGI09] kommt der unadditivierte Ester C0E 100 zum Einsatz. Durch die Beschichtung kann hier keine deutliche Verschleißminderung erzielt werden. Das Ritzel zeigt eine erhebliche Auskolkung im Bereich unterhalb des Wälzkreises $d_w$, welche durch den Abrasionseffekt der beschichteten Radflanke im Kontakt mit der Ritzelflanke nach Schichtversagen erklärt werden kann. Vergleichbare Ergebnisse erzielt [GROS07] im Verschleißtest mit der Zahnradpaarung beschichtetes und unbeschichtetes Rad.

## 2.5 Auslegung PVD-beschichteter Stirnräder

*Design of PVD-Coated Cylindrical Gears*

### 2.5.1 Einfluss der Zahnradauslegung auf die Tragfähigkeit

**Bild 2-13** zeigt die Ergebnisse von drei Versuchsreihen (VR) zur Grübchentragfähigkeit PVD-beschichteter Stirnräder. In Versuchsreihe 1 nach [GROS07] wird durch Wöhlerlinien für Standard-Prüfverzahnungen nachgewiesen, dass durch den Einsatz einer a-C:H:W-Beschichtung eine deutliche Steigerung sowohl der dauerhaft ertragbaren Zahnflankenspannung $\sigma_H$ einerseits als auch der ertragbaren Lastwechselzahl $N_{LW,Ri}$ für Belastungen im Zeitfestigkeitsgebiet andererseits erzielt werden kann. In den Versuchsreihen 2 und 3 werden Schrägverzahnungen mit dem gleichen Schichtsystem unter gegenüber Versuchsreihe 1 vergleichbaren tribologischen Bedingungen getestet. Die Ergebnisse weisen eine hohe Ambivalenz auf. Während die Steigerung der Grübchentragfähigkeit in Versuchsreihe 2 nach [GROS07] an der Schrägverzahnung nicht bestätigt werden kann, werden in Versuchsreihe 3 nach [BUGI09] deutlich höhere Lastwechselzahlen mit PVD-beschichteten Zahnrädern erreicht. Die Ergebnisse zeigen, dass der tragfähigkeitssteigernde Effekt des untersuchten a-C:H:W-Schichtsystems für die betrachteten Zahnradpaare für vergleichbare tribologische Bedingungen unterschiedlich ausfällt. Darüber hinaus zeigen die vermehrt bei den PVD-beschichteten Zahnrädern auftretenden Zahnbrüche, dass auch die Zahnfußfestigkeit durch die PVD-Beschichtung beeinflusst wird. Diese Zusammenhänge legen den Schluss nahe, dass die Eignung der geometrischen und oberflächennahen Eigenschaften einer Zahnradpaarung für den Einsatz der betrachteten PVD-Beschichtung unterschiedlich ausfällt. Die erzielbare relative Tragfähigkeitssteigerung hinsichtlich Grübchenbildung hängt demnach unter anderem von der Zahnradauslegung ab.

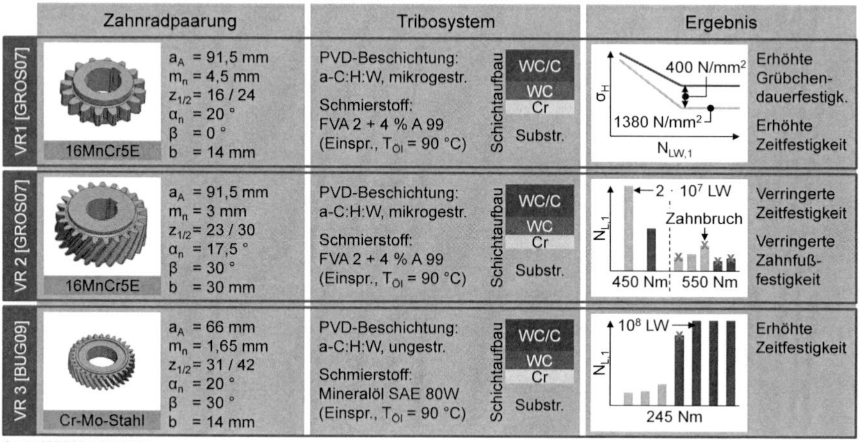


Quelle: [GROS07], [BUGI09]

**Bild 2-13:** Einfluss der Zahnradauslegung auf die Tragfähigkeit PVD-beschichteter Stirnräder
*Influence of gear design on load carrying capacity of PVD-coated gears*

## 2.5.2 Auslegung der Mikrogeometrie

[HURA04] führt Untersuchungen zur Graufleckentragfähigkeit nach [EMME93] mit einem additivierten Ester vom Typ CLPE 100 durch. Als Versuchsverzahnung wird sowohl die Standard-Prüfverzahnung vom Typ C/GF als auch die modifizierte Variante vom Typ $C_{mod}$ mit einer kurzen Kopfrücknahme nach [NIEM03] und einer radseitigen Breitenballigkeit von $C_\beta = 12$ µm eingesetzt. Bei der C-GF Verzahnung ergibt sich sowohl für die unbeschichtete als auch für die a-C:H:W-beschichtete Variante eine lineare Zunahme der mittleren Profilformabweichung über der Lastwechselzahl in Form einer Auskolkung im Fußbereich des Ritzels. Am Versuchsende zeigen beide Varianten eine Abweichung von $f_{fm}$=11 µm, wonach die Graufleckentragfähigkeit des Schmierstoffs CLPE 100 als hoch eingestuft wird. Bei Verwendung der $C_{mod}$ Verzahnung kommt es bei beiden Varianten nur zu geringen Profilformabweichungen. Gleichzeitig fällt die unbeschichtete Variante mit massiven Grübchenschäden im Dauertest aus, während die beschichtete Variante den Versuch schadensfrei durchläuft. Die Ergebnisse zeigen, dass die Zahnflankenmikrogeometrie einen nachhaltigen Einfluss auf die Steigerung der Zahnradtragfähigkeit hinsichtlich ermüdungsbedingter Zahnflankenschäden durch eine a-C:H:W-Beschichtung hat.

Zum selben Ergebnis kommt auch [MURR10], der Untersuchungsergebnisse einer Versuchsreihe zur Flankentragfähigkeit hinsichtlich Oberflächenermüdung an einer Stirnradpaarung eines einstufigen Industriegetriebes vorstellt. **Bild 2-14** zeigt Zahnflankenaufnahmen der im Industriegetriebe unter Tauchschmierung getesteten Stirnradverzahnung. Des Weiteren sind Berechnungsergebnisse für die Verteilung der Hertzschen Pressungen auf der Zahnflanke des Ritzels unter Berücksichtigung der gemessenen Zahnflankentopografie und des vorliegenden Welle-Lager-Systems dargestellt, die mit dem FVA-Simulationsprogramm FE-Stirnradkette erzeugt wurden. Während für die unbeschichteten Zahnräder ein synthetisches, additiviertes Getriebeöl vom Typ SAE 80-W zum Einsatz kommt, werden die beschichteten Zahnräder mit einem umweltverträglichen, synthetischen Getriebe-Ester (HISM/HIGTS) geschmiert. Des Weiteren kommen zwei unterschiedliche Varianten des getriebenen Rads zum Einsatz. Radvariante 1 ist im Profilschleifverfahren im Zweiflankenschliff verschränkungsbehaftet hartfeinbearbeitet, Radvariante 2 wird durch Einflankenschliff verschränkungsarm hergestellt.

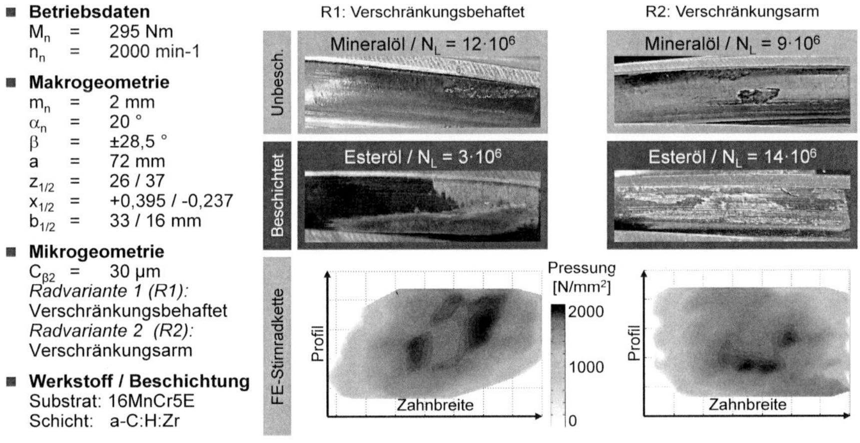


**Bild 2-14:** Einfluss der Mikrogeometrie auf den Oberflächenverschleiß
*Influence of micro geometry on surface wear*

Das Berechnungsergebnis zeigt für Prüfradvariante 1 eine deutliche Pressungserhöhung im Kopfbereich, die hinsichtlich ihrer Lage auf der Ritzelflanke sehr gut mit dem Schadensbild der lokalen Ermüdung im unbeschichteten Zustand und dem riefenartigen Oberflächenverschleiß im beschichteten Zustand übereinstimmt. Für die Prüfradvariante 2 liegen die maximalen Pressungen im Fußbereich der Ritzelflanke. Auch hier treten im unbeschichteten Zustand neben dem Grübchenschaden Markierungen im Kopfbereich auf, die hier in der Zahnflankenmitte liegen und weniger ausgeprägt sind. Bei der beschichteten Variante R2-B kommt es bei hohen Laufzeiten vorwiegend zu dem bekannten Schichtabrieb im hoch belasteten Fußbereich der

Zahnradflanke. Die Ergebnisse der Laufuntersuchungen an der verschränkungsarm geschliffenen Prüfradvariante zeigen, dass ein ausgeglichenes Tragbild beim Einsatz von PVD-Schichtsystemen bei Stirnradverzahnungen von hoher Bedeutung für die Entfaltung der Verschleißschutzwirkung ist. Unter der Voraussetzung einer geeigneten Lastverteilung weist das Tribosystem nach [MURR10] eine Flankentragfähigkeit auf, die mit dem unbeschichteten Zustand unter Mineralölschmierung vergleichbar ist.

## 2.6 Fazit

*Conclusion*

Die bislang durchgeführten Forschungsarbeiten konzentrieren sich auf die Erarbeitung von grundlegenden Erkenntnissen zum Einfluss unterschiedlicher PVD-Beschichtungen in Kombination mit verschiedenen Schmierstoffen auf das Reibungsverhalten und die Tragfähigkeit von Stirnrädern. Bezüglich der Zahnflankentragfähigkeit (Grübchenbildung, Graufleckigkeit, Fressen, Abrasionsverschleiß) zeigen die durchgeführten Untersuchungen ein hohes Potenzial zur Steigerung der Leistungsdichte von Stirnrädern durch den Einsatz von PVD-Beschichtungen vom Typ a-C:H-W auf beiden Zahnrädern einer Paarung. Dem Verschleißverhalten der PVD-beschichteten Zahnflankenoberflächen wird in diesem Zusammenhang eine hohe Bedeutung für die Tragfähigkeitssteigerung zugemessen, was durch die folgenden Erkenntnisse gestützt wird:

- Grübchen entstehen in oder aus Zahnflankenbereichen heraus, in denen die Beschichtung infolge des Oberflächenverschleißes nicht mehr vorhanden ist.
- Der a-C:H:W-beschichtete Zahnflankenkontakt weist eine geringere Graufleckenentwicklung auf und Oberflächenanrisse werden vermehrt in Zahnflankenbereichen festgestellt, in denen die Beschichtung nicht mehr intakt ist.
- Durch die Trennung der metallischen Zahnflankenoberflächen kann die Entstehung von Fressverschleiß verzögert werden, solange die Beschichtung diese Funktion erfüllt.
- Bei beidseitig intakter Beschichtung wird eine Reduktion des Abrasionsverschleißes festgestellt. Im Kontakt beschichtet - unbeschichtet nach Verschleiß der Beschichtung auf einem der Wälzpartner kommt es jedoch zu verstärkten Abrasionseffekten.

Die Analyse der Versuchsreihen zur Untersuchung des Einflusses einer a-C:H:W-Beschichtung auf die Grübchentragfähigkeit an unterschiedlichen Stirnradpaarungen in Abschnitt 2.5.1 zeigt, dass die Zahnradgeometrie eine mögliche Einflussgröße auf das Maß der Tragfähigkeitssteigerung durch die Beschichtung darstellt. Neben der Makrogeometrie der Stirnradpaarung ist hier auch die mikrogeometrische Auslegung von Bedeutung. Bislang liegt jedoch keine Methode vor, die Eignung einer Stirnradpaarung für den Einsatz einer PVD-Beschichtung im Auslegungsprozess zu beurteilen.

# 3 Zielsetzung und Vorgehensweise

*Aim and Task Definition*

Die Ausführungen im Stand des Wissens zeigen, dass sich die Flankentragfähigkeit einsatzgehärteter Stirnräder durch kohlenstoffbasierte PVD-Schichtsysteme vom Typ a-C:H:W erhöhen lässt. Der Vergleich der Ergebnisse der bislang zu diesem Thema vorliegenden Arbeiten wirft jedoch die Frage auf, inwiefern die resultierende Zahnflankentragfähigkeit durch die geometrische Verzahnungsauslegung und die Gestaltung der Zahnflankenoberflächen beeinflusst wird. Bislang liegt keine Methode zur geometrischen Auslegung PVD-beschichteter Stirnräder vor. Die Beurteilung zahnradspezifischer Einflussgrößen hinsichtlich geometrischer Auslegung und Zahnflankenendbearbeitung auf das Einsatzverhalten PVD-beschichteter Zahnräder stellt somit den grundlegenden Forschungsbedarf für die vorliegende Arbeit dar.

Ziel dieser Arbeit ist eine Methode zur Auslegung von PVD-beschichteten Stirnrädern. Im Rahmen vorgegebener tribologischer Randbedingungen ermöglicht die Methode die Auslegung einer Stirnradverzahnung hinsichtlich Makro- und Mikrogeometrie sowie Zahnflankenendbearbeitung unter Berücksichtigung des anschließenden Beschichtungsprozesses. Durch die Vorhersage und Berücksichtigung des Oberflächenverschleißes im Zahnflankenkontakt im Auslegungsprozess gewährleistet die Anwendung der Methode eine verbesserte Ausnutzung der tragfähigkeitssteigernden Wirkung einer PVD-Beschichtung bei Stirnrädern in Bezug auf Oberflächenermüdung (vgl. **Bild 3-1**). Die Entwicklung der Methode erfolgt für den beidseitig beschichteten Zahnflankenkontakt einsatzgehärteter Stirnradverzahnungen unter Verwendung eines kommerziellen Schichtsystems vom Typ a-C:H:W.

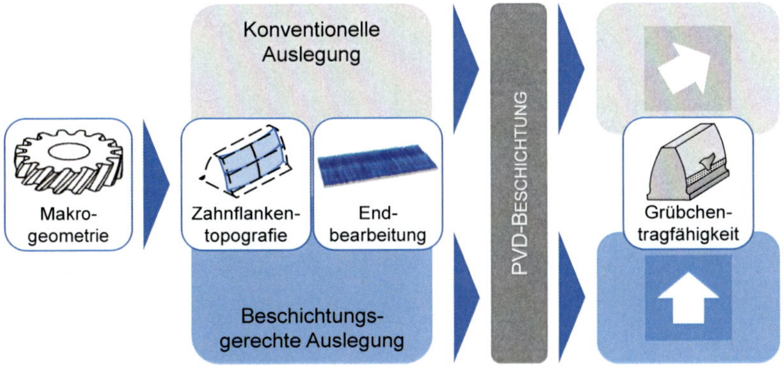


**Bild 3-1:** Zielsetzung der Arbeit
*Objective of the work*

Zur Erreichung des Ziels gilt es, die folgenden Forschungsthesen zu belegen:

- Der Oberflächenverschleiß im PVD-beschichteten Wälzkontakt unter Berücksichtigung unterschiedlicher Endbearbeitungszustände steht in einem direkten Zusammenhang mit der erzielbaren Steigerung der Wälzfestigkeit und stellt eine geeignete Kenngröße zur beschichtungsgerechten Auslegung von Stirnradpaarungen dar.

- Der Einsatz des Rollenprüfstands als Zahnflanken-Analogietest und der FE-basierten Zahnkontaktanalyse ermöglichen die Entwicklung einer Methode zur Vorhersage des Oberflächenverschleißes im PVD-beschichteten Zahnflankenkontakt.
- Die mit der Methode erzielten Berechnungsergebnisse für die Entwicklung des Oberflächenverschleißes im PVD-beschichteten Zahnflankenkontakt können durch Verschleißversuche im Zahnrad-Verspannungsprüfstand verifiziert werden.
- Die Methode kann durch die Anwendung zur beschichtungsgerechten Auslegung und Fertigung einer Stirnradverzahnung in Prüfstandsversuchen zur Zahnflankentragfähigkeit validiert werden.

Nach der Beschreibung der Forschungsmethodik in Kapitel 4 wird in Kapitel 5 als Grundlage für die Methodenentwicklung ermittelt, ob die Verschleißentwicklung beidseitig PVD-beschichteter Oberflächen im Wälzkontakt als Kenngröße für die beschichtungsgerechte Auslegung von Stirnradpaarungen herangezogen werden kann. Im Mittelpunkt der Untersuchungen steht die Bildung von ermüdungsbedingten Oberflächenschäden im PVD-beschichteten Wälzkontakt unter Variation der Endbearbeitung.

Basierend auf den Ergebnissen aus Kapitel 5 wird in Kapitel 6 mit Hilfe der FE-basierten Zahnflankenkontaktberechnung eine simulationsbasierte Methode zur beschichtungsgerechten Auslegung von Stirnradverzahnungen entwickelt. Zentraler Bestandteil der Methode ist die Ermittlung eines Modells zur Vorhersage des lokalen Oberflächenverschleißes auf der Zahnflanke. Zu diesem Zweck erfolgt die Ermittlung von Verschleißkennlinien im Zahnflanken-Analogieversuch unter Variation der tribologischen Belastungen. Durch die Überlagerung der Kennlinien mit Ergebnissen der FE-basierten Zahnkontaktanalyse erfolgt die Vorhersage des Verschleißverlaufs der PVD-beschichteten Zahnflankenoberflächen unter Berücksichtigung der Makro- und Mikrogeometrie der betrachteten Zahnradauslegung.

In Kapitel 7 erfolgt die Verifizierung der entwickelten Methode durch Laufversuche mit PVD-beschichteten Stirnradpaarungen unter Variation der Feinauslegung. Zu diesem Zweck werden für die betrachteten Zahnradpaarungen Verschleißvorhersagen berechnet und mit dem Ergebnis im Laufversuch abgeglichen.

Abschließend wird die erarbeitete Methode in Kapitel 8 am Beispiel einer Stirnradpaarung validiert. Auf Basis einer Variationsrechnung erfolgt die Auslegung einer beschichtungsgerechten Stirnradverzahnung. In Laufversuchen wird gezeigt, dass durch die Anwendung der Methode eine Erhöhung der Zahnflankentragfähigkeit erreicht werden kann. Darüber hinaus wird zur Erklärung der erzielten Prüfergebnisse eine ergänzende Schadensanalyse mit dem FE-Berechnungsprogramm Abaqus durchgeführt.

# 4 Forschungsmethodik, Prüfverfahren und Bauteile

*Research Method, Test Procedures and Specimen*

## 4.1 Forschungsmethodik

*Research Method*

Ziel der vorliegenden Arbeit ist es, eine Methode zur Auslegung von PVD-beschichteten Stirnrädern zu entwickeln und zu erproben. Wichtiger Bestandteil der Methode ist ein Modell zur Vorhersage des Oberflächenverschleißes bei PVD-beschichteten Zahnrädern. Dieses Modell wird in dieser Arbeit für ein Schicht-Substrat-System in Kombination mit einem Schmierstofftyp erarbeitet. **Bild 4-1** zeigt die Forschungsmethodik, nach der bei der Modellentwicklung vorgegangen wird. Ausgehend von einer festgelegten Makrogeometrie einer Stirnradpaarung sowie der zu erwartenden Betriebsparameter werden diskrete Kontaktpunkte auf der Eingriffsstrecke im Rollentest abgebildet, um das Verschleißverhalten der PVD-beschichteten Oberflächen unter variierenden tribologischen Bedingungen zu erfassen. Für die Definition der Betriebsbedingungen im Rollenkontakt erfolgt eine theoretische Analyse der Eingriffsbedingungen im Zahnflankenkontakt der Stirnradpaarung.

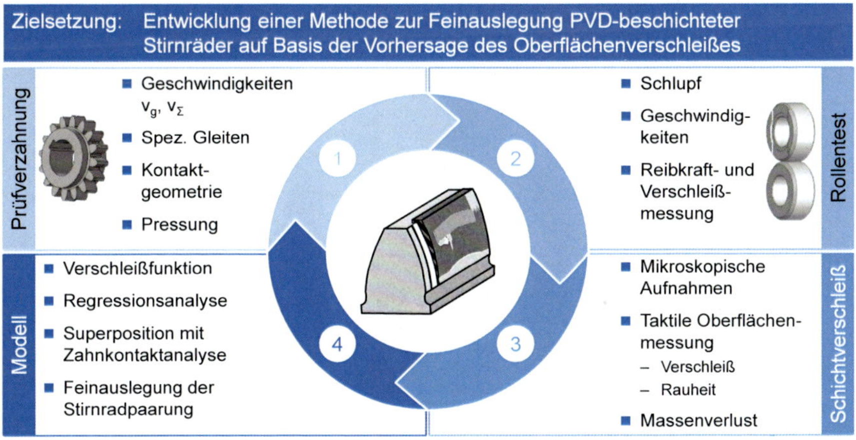


**Bild 4-1:** Forschungsmethodik
*Research methodology*

Für die simulierten Kontaktpunkte werden Reibkraft- und Verschleißuntersuchungen mit PVD-beschichteten Rollen durchgeführt. Die Beurteilung des Verschleißes der PVD-Beschichtung erfolgt anhand von mikroskopischen Aufnahmen der kontaktierenden Oberflächen, taktilen Oberflächen- sowie Rauheitsmessung und Quantifizierung des Massenverlusts der Prüfkörper nach definierten Prüfintervallen. Die Auswertung der Ergebnisse führt zu einer qualitativen und quantitativen Beurteilung des Schichtverschleißes in Abhängigkeit von den vorliegenden Belastungen. Aus der quantitativen Verschleißanalyse wird ein funktionaler Zusammenhang abgeleitet, der sich mit Hilfe einer Regressionsanalyse den Ausgabegrößen des Programms zur FE-basierten Zahnkontaktanalyse überlagern lässt. Zu diesem Zweck werden die Ausgabegrößen der FE-basierten Zahnkontaktanalyse um die Berechnung relevanter tribologischer Daten ergänzt. Im Folgenden werden die verwendeten tribologischen Strukturelemente sowie die eingesetzten Prüfverfahren und Prüfbauteile beschrieben.

## 4.2 Tribologische Strukturelemente

*Tribological Structure Elements*

Die wesentlichen tribologischen Strukturelemente des Systems „PVD-beschichtete Stirnradpaarung" unter Laborbedingungen sind die kontaktierenden Zahnflanken als Wirkflächen und der eingesetzte Schmierstoff. Das Umgebungsmedium Luft wird für alle Untersuchungen als konstante Größe angesehen und nicht näher betrachtet. Unter Berücksichtigung dieser Annahme zeigt **Bild 4-2** eine Zusammenstellung der Einflussgrößen auf das Einsatzverhalten PVD-beschichteter Zahnräder unter den Oberbegriffen Stirnradpaarung, Betriebsbedingungen und PVD-Beschichtung.

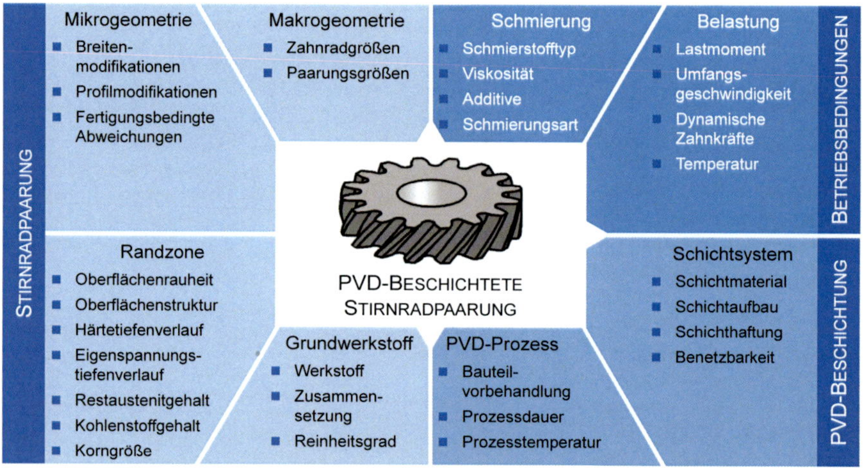


**Bild 4-2:** Einflussgrößen auf das Einsatzverhalten PVD-beschichteter Stirnräder
*Influence parameter on the performance of PVD-coated cylindrical gears*

Die geometrischen Eigenschaften der Wirkflächen auf Makroebene entsprechend der Definition in Kapitel 2.1.2 werden durch die Makro- und die Mikrogeometrie der Stirnradpaarung festgelegt. Die geometrischen Eigenschaften der Substratrandzone wie Oberflächenrauheit und Oberflächenstruktur zählen zur Mikroebene des tribologischen Systems. Darüber hinaus beeinflussen -wie im allgemeinen Wälzkontakt- die metallografischen Eigenschaften der Randzone das Einsatzverhalten der Stirnradpaarung erheblich. Da sie sich von den Werkstoffeigenschaften im Bauteilvolumen unterscheiden können, sind sie getrennt von den Eigenschaften des Grundwerkstoffs zu betrachten. Die PVD-Beschichtung wird auf der inneren Grenzschicht der Zahnradoberfläche abgeschieden. Neben dem Einfluss des eingesetzten PVD-Schichtsystems selbst ist auch der Beschichtungsprozess als Einflussgröße aufzuführen, da es hier zu Veränderungen der metallografischen Eigenschaften der Randzone kommen kann. Wie im unbeschichteten Zahnflankenkontakt bestimmen neben den Bauteileigenschaften die Betriebsbedingungen maßgeblich das Einsatzverhalten PVD-beschichteter Stirnräder. Eine wichtige Rolle nimmt der eingesetzte Schmierstoff ein, welcher durch seine Grundeigenschaften, seine Additivierung und die Art und Weise seiner Einbringung in den Zahnflankenkontakt Verschleißvorgänge beeinflusst. Entscheidend für die Lebensdauer einer Zahnradpaarung ist stets die Art und Ausprägung der aufgebrachten Belastungen, zu denen neben den quasistatischen Zahnkräften auch die auftretenden Umfangsgeschwindigkeiten zählen, welche zum einen die Tribologie des Zahnflankenkontakts und zum anderen die Ausprägung von dynamischen Zusatzlasten bestimmen.

Der Forschungsschwerpunkt der vorliegenden Arbeit liegt auf der Auslegung einer PVD-beschichteten Stirnradpaarung und behandelt damit die Einflussgrößen Makrogeometrie, Mikrogeometrie und Randzoneneigenschaften bei unterschiedlichen Lastzuständen. Alle weiteren in Bild 4-2 aufgeführten Einflussgrößen werden im Rahmen der angewendeten Forschungsmethodik als konstante Randbedingungen betrachtet, um in der Komplexität des tribologischen Systems „PVD-beschichtete Stirnradpaarung" den Einfluss der Verzahnungsauslegung auf die Grübchentragfähigkeit zu ermitteln und für die Auslegung PVD-beschichteter Zahnräder nutzbar zu machen. Im Folgenden werden das betrachtete Schicht-Substrat-System sowie die verwendeten Schmierstoffe vorgestellt.

### 4.2.1 Schicht-Substrat-System

*Coating-Substrate-System*

Als Grundwerkstoffe für die im Rahmen dieser Arbeit getesteten Prüfkörper kommen mit Einsatzstahl vom Typ 16MnCr5 und Vergütungsstahl vom Typ 42CrMo4 typische Zahnradwerkstoffe zum Einsatz. Sämtliche Untersuchungen an PVD-beschichteten Prüfkörpern werden mit dem Substratwerkstoff 16MnCr5 durchgeführt. **Bild 4-3** zeigt wesentliche Eigenschaften von einsatzgehärteten Zahnflankenrandzonen aus 16MnCr5, welche im Folgenden als Zielgrößen bei der Prüfkörperherstellung herangezogen werden. Die lichtmikroskopische Aufnahme zeigt die einsatzgehärtete Randschicht mit feinnadeligem Martensit. Eine wichtige Rolle spielt die Anlasstemperatur während des letzten Arbeitsschritts der Wärmebehandlung, welche während des Beschichtungsprozesses nicht überschritten werden darf. Die Überprüfung der Randzone auf etwaige Anlassvorgänge erfolgt durch Härtemessungen an der Bauteiloberfläche sowie durch Messungen des Härtetiefenprofils im Gefügeschliff.

Als PVD-Beschichtung kommt eine kommerzielle Kohlenstoffbeschichtung vom Typ a-C:H:W nach [VDI05] zum Einsatz, die in vorangegangenen Untersuchungen bei Beschichtung von Ritzel und Rad zu einer Steigerung der Zahnflankentragfähigkeit [HURA04], [GROS07] und zu einer Verbesserung des Reibungsverhaltens [BUGI09] geführt hat. Im Folgenden werden daher grundsätzlich beide Wirkflächen gleichartig beschichtet. Bild 4-3 zeigt neben den grundlegen Schichteigenschaften eine schematische Darstellung des Schichtsystems (Markenname Balinit C) nach [OERL10,S.21]. Es ist zu erkennen, dass eine Haftvermittlungsschicht aus Chrom (Cr) von geringer Dicke ($d_{S,Haft}$ = 0,3 µm) die Grundlage des Schichtsystems bildet, welche in der Bruchaufnahme oberhalb des Substrats als helle Linie zu erkennen ist. Es schließt sich eine reine Wolframcarbitschicht (WC) an, welche stetig in die Wolframcarbit-Kohlenstoff-Schicht (WC/C) übergeht. Der WC/C-Anteil des Schichtsystems ist aufgrund der Rotation der Bauteile und der Anordnung der Targets im Rezipienten lamellar aufgebaut. Bei einer Gesamtdicke von $d_S$ = 1-4 µm liegt die Härte der Beschichtung mit 1000 $HK_{0,01}$ über der Randhärte des Substrats.

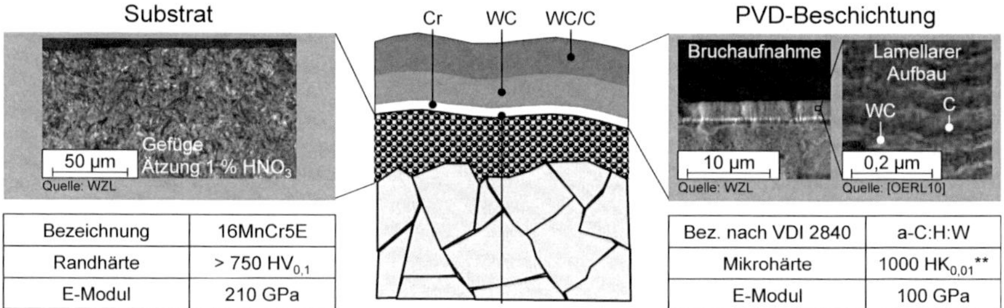


| | |
|---|---|
| Bezeichnung | 16MnCr5E |
| Randhärte | > 750 $HV_{0,1}$ |
| E-Modul | 210 GPa |
| Kohlenstoffgehalt | 0,7-0,9 %* |
| Restaustenitgehalt | 20-30 %* |
| Anlasstemp. | < 200 °C |

*nach [NIEM03]

Kontaktflächenvarianten

- Schleifen (REF)
- Schleifen, erhöhte Rauheit (RAU)
- Schleifen + Mikrostrahlen (MKS)
- Schleifen + Superfinishing (ISF)
- Schleifen + Kugelstrahlen (KGS)

| | |
|---|---|
| Bez. nach VDI 2840 | a-C:H:W |
| Mikrohärte | 1000 $HK_{0,01}$** |
| E-Modul | 100 GPa |
| Schichtdicke | 1-4 µm** |
| Prozess | DC-MS |
| Beschichtungstemp. | < 250 °C** |
| Schichtaufbau | lamellar** |

**nach [OERL10]

Quellen: [NIEM03], [OERL10]

**Bild 4-3:** Eigenschaften des Schicht-Substrat-Systems und Kontaktflächenvarianten
*Characteristics of coating-substrate-systems and contact surface variants*

Im Rahmen der vorliegenden Arbeit wird unter anderem der Einfluss der Kontaktflächenendbearbeitung vor dem PVD-Beschichtungsprozess auf das Einsatzverhalten PVD-beschichteter Stirnräder untersucht. In den verschiedenen Versuchsreihen an Analogieprüfkörpern und Zahnrädern werden fünf verschiedene Oberflächenzustände betrachtet, welche in Bild 4-3 aufgeführt sind und im Folgenden vorgestellt werden.

- Variante REF: Hartfeinbearbeitung der Wirkflächen durch ein Schleifverfahren ohne anschließende Kontaktflächenendbearbeitung. Da sich die Schleifverfahren bauteilbedingt unterscheiden (Außenrund-, Profil-, Teilwälzschleifen), sind detaillierte Angaben zum Bearbeitungsprozess bei der Vorstellung der jeweiligen Prüfkörper aufgeführt.
- Variante RAU: Hartfeinbearbeitung der Wirkflächen mit gegenüber REF erhöhter Rauheit durch ein Schleifverfahren ohne anschließende Kontaktflächenendbearbeitung. Da sich die Schleifverfahren bauteilbedingt unterscheiden (Außenrund-, Profil-, Teilwälzschleifen), sind detaillierte Angaben zum Bearbeitungsprozess bei der Vorstellung der jeweiligen Prüfkörper aufgeführt.

- Variante MKS: Im Anschluss an den jeweiligen Schleifprozess werden die Kontaktflächen zur Vorkonditionierung für den Beschichtungsprozess mit einem Druckluft-Strahlverfahren behandelt. Als Strahlgut kommt Korund mit einer Korngröße von $d_{Korn}$ = 10-20 µm zum Einsatz [OERL10,S.76].
- Variante ISF: Im Anschluss an den jeweiligen Schleifprozess werden die Kontaktflächen mit einem chemisch beschleunigten Gleitschleifverfahren („Isotropic Superfinishing") nach [KOLL13] behandelt. Ziel des Verfahrens ist eine deutliche Reduzierung der Oberflächenrauheit ohne wesentliche Beeinflussung des Eigenspannungszustands der oberflächennahen Randzone.
- Variante KGS: Im Anschluss an den jeweiligen Schleifprozess werden die Kontaktflächen verfestigungsgestrahlt. Als Strahlgut kommt Drahtkorn ($d_{Korn}$ = 0,4 mm, Härte 58 HRC) zum Einsatz. Die Intensität für den Kugelstrahlprozess wird auf $I_{KGS}$ = 0,20-0,30 mm A mit einem Bedeckungsgrad von $BG_{KGS}$ = 150 % festgelegt.

Die aufgeführten Oberflächenvarianten kommen bei Untersuchungen im Rollenkontakt (Kennzeichnung R, z.B. R-REF) und im Zahnflankenkontakt (Kennzeichnung Z, z.B. Z-ISF) zum Einsatz.

### 4.2.2 Schmierstoffe

*Lubricants*

Im Rahmen dieser Arbeit kommen in Abhängigkeit vom jeweiligen Untersuchungsziel zwei unterschiedliche Schmierstoffe zum Einsatz, deren grundlegende Eigenschaften in **Tabelle 4-1** aufgeführt sind.

| Typ | Viskositäts-klasse | API-Klasse | Kin. Visk. $\nu_{40}$ bei 40 °C | Kin. Visk. $\nu_{100}$ bei 100 °C | Dichte $\rho_{15}$ bei 15 °C |
|---|---|---|---|---|---|
| Synth. Getriebeöl, additiviert | SAE 75W-90 | GL5 | 115 mm²/s (110,4 mm²/s) | 15,2 mm²/s | 878 kg/m³ |
| Mineralöl, unadd. (FVA 3) | ISO-VG 100 | GL1 | 90-100 mm²/s | 10,2-11,2 mm²/s | 875-885 kg/m³ |

Herstellerangaben, Messwerte in Klammern

**Tabelle 4-1:** Schmierstoffeigenschaften
*Characteristics of lubricants*

Für die Untersuchungen zur Wälzfestigkeit im Rollentest und zur Flankentragfähigkeit im Zahnkontakt sowie bei den Versuchsreihen zum Oberflächenverschleiß kommt synthetisches, additiviertes Hochleistungsgetriebeöl der SAE-Viskositätsklasse 75W-90 zum Einsatz, welches bei hochbelasteten Stirnradgetrieben in der industriellen Praxis Anwendung findet. Als Schmierstoff für die Reibkraftmessungen in Abschnitt 5.2 wird unadditiviertes Mineralöl vom Typ FVA 3 verwendet, um die Vergleichbarkeit dieser Untersuchungsreihe mit vorangegangenen Untersuchungen zu gewährleisten. Die beiden eingesetzten Schmierstoffe weisen vergleichbare Eigenschaften hinsichtlich Viskosität und Dichte auf, unterscheiden sich jedoch in ihrer Zusammensetzung und Additivierung erheblich.

## 4.3 Der Rollenkontakt als Zahnflanken-Analogieversuch

*Roller Contact as Gear Flank Analogy*

Der Einfluss der Oberflächeneigenschaften auf das Einsatzverhalten im PVD-beschichteten Wälzkontakt wird im Rollentest als Zahnflankenanalogieversuch und im Zahnflankenkontakt untersucht. Der Rollentest kommt als tribologischer Analogieversuch zur Erzeugung der Kontaktverhältnisse unterschiedlicher Komponenten in der Antriebstechnik zum Einsatz und wird auch als Zwei-Scheiben-Test bezeichnet [SCHO73], [STÖß71]. In Analogie zum geradverzahnten Zahnflankenkontakt wird aus den Kontaktverhältnissen in einem beliebigen Punkt der Eingriffsstrecke Y ein Ersatzmodell abgeleitet, in dem zwei zylindrische Körper mit den jeweiligen Evolventenhalbmessern $r_1$ und $r_2$ im Berührpunkt aufeinander abwälzen und im Berührpunkt die Tangentialgeschwindigkeiten $w_1$ und $w_2$ aufweisen (vgl. **Bild 4-4**). Es liegt der gleiche Schlupfzustand vor wie im betrachteten Berührpunkt der Zahnflanken. Aus fertigungstechnischen Gründen wird häufig ein einheitlicher Durchmesser für beide Rollen gewählt und die Normalkraft $F_N$ zwischen den beiden Rollen gegenüber der Flankennormalkraft im Zahneingriff angepasst, so dass die gleiche Hertzsche Pressung $p_H$ wie im Zahnflankenkontakt vorliegt. Die sich ausbildende Kontaktfläche weicht somit trotz gleicher Hertzscher Pressung von der Kontaktfläche im Zahnflankenkontakt ab, was neben den statischen tribologischen Bedingungen bei der Übertragung der Ergebnisse im Rollentest auf den Zahnflankenkontakt berücksichtigt werden muss. Der Rollentest hat sich für grundlegende Untersuchungen zu Reibung und Verschleiß im PVD-beschichteten Wälzkontakt etabliert, da im Gegensatz zur Beschichtung von Verzahnungen keine Abschattungseffekte auftreten [HURA04].

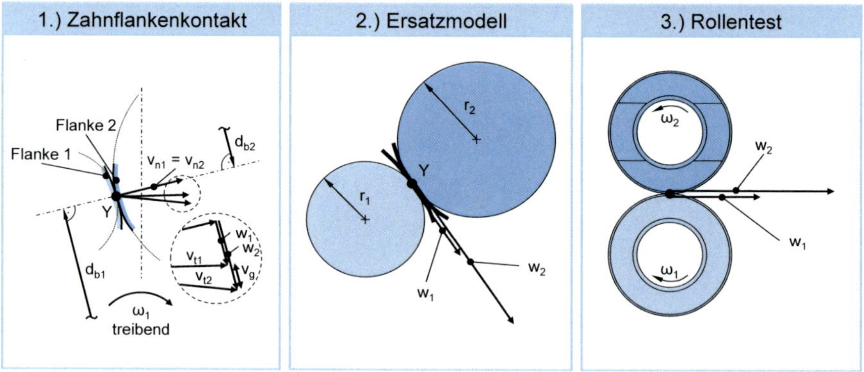


**Bild 4-4:** Ableitung des Rollentests aus dem Verzahnungsgesetz
*Derivation of roller test from gear tooth law*

### 4.3.1 Rollenprüfkörper

*Roller Specimen*

**Bild 4-5** zeigt die Eigenschaften der in dieser Arbeit eingesetzten Rollenprüfkörper ohne Berücksichtigung des PVD-Beschichtungsprozesses. Der Radius der Kontaktoberfläche der Rollen beträgt $r_{xy}$ = 21 mm bei einer Breite von $b_R$ = 18 mm. Eine Rollenpaarung besteht aus einer zylindrischen Prüfrolle (PR) und einer ballig ausgeführten Gegenrolle (GR). Durch die Balligkeit der Gegenrolle ergibt sich im Hertzschen Kontakt eine theoretische elliptische Kontaktzone mit einem Verhältnis der Ellipsenachsen von $a_H/b_H = 6$ [STRE97]. Das Profil der ballig ausgeführten Gegenrolle wird bei der Vorbearbeitung vorgehalten, um nach der Wärmebehandlung und Hartfeinbearbeitung der Rollenoberfläche eine gleichmäßige Randschicht über der Rollenbreite zu gewährleisten. Die Rollenprüfkörper werden aus 16MnCr5E mit chargengleicher Wärmebehandlung hergestellt, deren Vorgabewerte in Bild 4-5 aufgeführt sind. Nach der Wärmebehandlung der in dieser Arbeit eingesetzten Rollenprüfkörper wird eine Einhärtungstiefe von $CHD_{550HV}$ = 0,91 mm gemessen. Die anschließende Hartfeinbearbeitung der Rollen erfolgt im Außenrundschleifverfahren unter Verwendung einer Korund-Schleifscheibe.

Durch eine geeignete Wahl der Prozessparameter werden zwei unterschiedliche Oberflächenvarianten erzeugt, die im Folgenden aufgeführt sind. Die Angaben zur Oberflächenrauheit beziehen sich bei Rollen auf Tastschnittmessungen in axialer Richtung.

- Variante R-REF: Rollenprüfkörper, hergestellt durch Außenrundschleifen mit Zielvorgabe für die Rauheit der Kontaktoberfläche von $R_z = 2 \pm 1$ µm
- Variante R-RAU: Rollenprüfkörper, hergestellt durch Außenrundschleifen mit Zielvorgabe für die Rauheit der Kontaktoberfläche von $R_z = 6 \pm 1$ µm durch Variation der Abrichtparameter (nur Prüfrollen)

- **Prüfrolle**
  $r_{xy}$ = 21 mm
  $r_{yz}$ = ∞ (zylindrisch)
  $r_b$ = 11 mm
  $b_R$ = 18 mm
  $R_z$ = 2 ±1 µm (REF)
  = 6 ±1 µm (RAU)
- **Gegenrolle**
  $r_{xy}$ = 21 mm
  $r_{yz}$ = 166 mm (bombiert)
  $r_b$ = 11 mm
  $b_R$ = 18 mm
  $R_z$ = 2 ±1 µm
- **Werkstoff / Schleifverfahren**
  16MnCr5E
  Gasaufkohlen/Ölabschrecken
  Anlassen: 3 h bei 180 °C
  Oberflächenhärte 60 ±2 HRC
  $CHD_{HV550}$ = 1,0 ±0,2 mm
  Kohlenstoffgehalt C = 0,35 %
  Restaustenitgehalt < 20 %
  Außenrundschleifverfahren

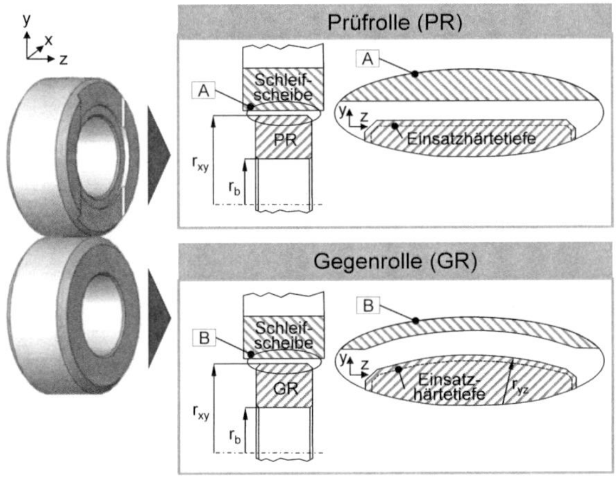


**Bild 4-5:** Eigenschaften der Rollenprüfkörper
*Characteristics of roller specimen*

### 4.3.2 Rollenprüfstände

*Roller Test Rigs*

**Bild 4-6** zeigt den Aufbau der für die Untersuchungen im Rollentest eingesetzten Prüfstände. Im zur Reibkraftmessung eingesetzten Reibkraft-Rollenprüfstand werden beide Rollen von einer drehzahlvariablen Asynchronmaschine mit einer Nennleistung von $P_n$ = 7,5 kW angetrieben, so dass der Schlupfzustand frei einstellbar ist. Die Normalkraft im Rollenkontakt wird durch einen hydraulischen Druckkolben über einen Hebel aufgebracht. Die Einspritzung des Schmierstoffs erfolgt bei geregelter Öltemperatur in Richtung der Tangentialgeschwindigkeiten der Rollen in der Kontaktzone. Das zur Schmierung eingesetzte Ölvolumen beträgt $V_{Öl}$ = 1,5 l, die Durchflussmenge bei Betriebstemperatur wird über einen Beipass auf $V'_{Öl}$ = 1,5 - 2 l/min eingestellt. Die Aufnahme der Gegenrolle ist mit Blattfedern am Gehäuse des Prüfstands befestigt und besitzt einen Freiheitsgrad in horizontaler Richtung. Die im Rollenkontakt vorliegende Reibkraft wird über einen am Gehäuse befestigten DMS-Kraftaufnehmer erfasst. Weitere Messgrößen des zum Prüfstand gehörenden Messsystems sind die Motordrehzahlen $n_{PR}$ und $n_{GR}$ und die Öleinspritztemperatur $T_{Öl}$. Die Drehzahlen der Motoren werden über Inkremental-Drehgeber auf den Motorwellen, die Öleinspritztemperatur mit einem Temperatursensor vom Typ PT 100 aufgenommen. Die Messwerte werden über einen Verstärker einem Analog-Digital-Wandler übermittelt und von einem Messrechner erfasst.

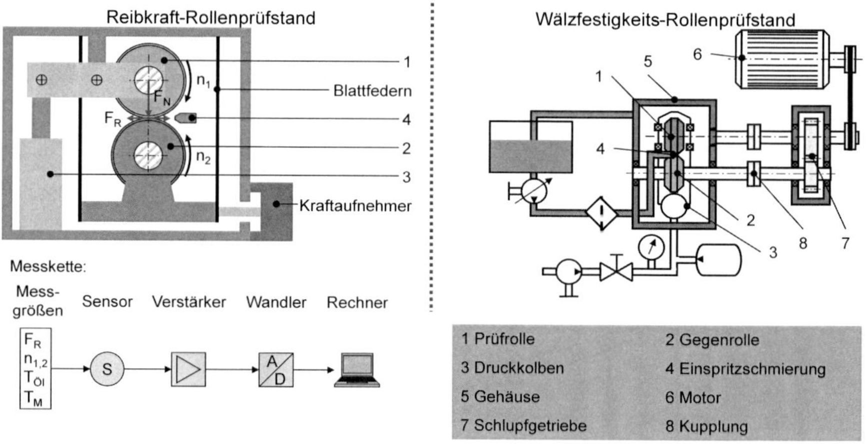


**Bild 4-6** Reibkraft- und Wälzfestigkeits-Rollenprüfstand
*Friction force and surface fatigue roller test rig*

Im Falle des Wälzfestigkeits-Rollenprüfstands wird der Schlupfzustand zwischen den Rollen durch eine Zahnradstufe erzeugt, die durch eine Asynchronmaschine mit einer Nennleistung von $P_n$ = 12 kW angetrieben wird. Durch die Wahl des Zähnezahlverhältnisses im Schlupfgetriebe können unterschiedliche diskrete Schlupfzustände realisiert werden. Wie beim Reibkraft-Rollenprüfstand wird die Normalkraft im Rollenkontakt durch einen hydraulischen Druckkolben über einen Hebel aufgebracht. Die Einspritzung des Schmierstoffs erfolgt bei geregelter Öltemperatur in Richtung der Tangentialgeschwindigkeiten der Rollen in der Kontaktzone. Das zur Schmierung eingesetzte Ölvolumen beträgt $V_{Öl}$ = 2,5 l bei einer Durchflussmenge bei Betriebstemperatur von $V'_{Öl}$ = 2 l/min. Die Abschaltung des Prüfstands erfolgt über einen Schwingungssensor an der Außenwand des Gehäuses, dessen Abschaltschwelle mit grübchengeschädigten Prüfkörpern kalibriert wird.

## 4.4 Der Zahnflankenkontakt im Verspannungsprüfstand

*Gear Flank Contact in Back-to-Back Test Rigs*

Die Untersuchungen zum Einfluss der Feinauslegung auf das Einsatzverhalten PVD-beschichteter Stirnräder erfolgen in Einstufentests auf verschiedenen Zahnrad-Verspannungsprüfständen. Durch die Einstellung definierter Randbedingungen ist es im Zahnrad-Verspannungsprüfstand möglich, den Einfluss einzelner Variationsparameter auf das Einsatzverhalten von Stirnrädern zu quantifizieren. Im Folgenden werden die verwendeten Prüfverzahnungen sowie die eingesetzten Prüfstände vorgestellt.

### 4.4.1 Prüfverzahnungen

*Test Gears*

In den in dieser Arbeit beschriebenen Laufversuchen kommen drei unterschiedliche Prüfverzahnungen zum Einsatz, deren Eigenschaften in **Tabelle 4-2** aufgeführt sind. Für nähere Informationen zu Prüfverzahnung Z1 vgl. [BAGH10], Fertigungszeichnungen der Prüfverzahnungen Z2 und Z3 befinden sich im Anhang der Arbeit,

| | Prüfverzahnung Z1 | | Prüfverzahnung Z2 | | Prüfverzahnung Z3 | | |
|---|---|---|---|---|---|---|---|
| *Eigenschaft* | Zahnrad 1 | Zahnrad 2 | Ritzel | Rad | Zahnrad 1 | | Zahnrad 2 |
| a [mm] | 91,5 | | 91,5 | | 112,5 | | |
| $m_n$ [mm] | 3 | | 4,5 | | 4 | | |
| $\alpha_n$ [°] | 20 | | 20 | | 18 | | |
| $\beta$ [°] | 8 | | 0 | | 0 | | |
| z | 30 | 30 | 16 | 24 | 28 | | 28 |
| x | 0,105 | 0,105 | 0,182 | 0,171 | 0,063 | | 0,063 |
| $d_a$ [mm] | 97,35 | 97,35 | 82,45 | 118,35 | 120 | | 120 |
| b [mm] | 40 | 40 | 14 | 14 | A: 26 | B: 20 | 26 |
| $C_a$ [µm] | 15 ±4 µm | 15 ±4 µm | 35 ±4 µm | 35 ±4 µm | var. | | var. |
| $l_{Ca}$ | 4,9 ±0,5 µm | 4,9 ±0,5 µm | 4,2 ±0,5 µm | 4,2 ±0,5 µm | var. | | var. |
| $C_\beta$ [µm] | 12 ±1,5 µm | 12 ±1,5 µm | 12 ±1,5 µm | 12 ±1,5 µm | 20 / 4 | | 4 |
| Werkstoff | 16MnCr5E | 42CrMo4 | 16 MnCr5E | | 16MnCr5E | | |
| Hartfeinbearbeitung | Profilschleifen | | Profilschl. | Maag-Schl. | Profilschleifen | | |
| Kontaktflächenvariation | ISF | REF | REF / MKS / ISF | | REF / MKS / ISF | | |

**Tabelle 4-2:** Eigenschaften der Prüfverzahnungen
*Characteristics of test gears*

Prüfverzahnung Z1 wird in den Versuchen zur Validierung der Kontaktberechnung der FE-basierten Zahnkontaktanalyse FE-Stirnradkette in Abschnitt 4.5.2 eingesetzt. Durch die gleiche Zähnezahl an beiden Rädern kann die Kontaktberechnung unter Berücksichtigung der vorliegenden Zahnflankentopografie durch den Abgleich mit Tragbildern im Zahnrad-Verspannungsprüfstand überprüft werden.

Bei Prüfverzahnung Z2 handelt es sich um eine Standard-Prüfverzahnung vom Typ $C_{mod}$ mit einer kurzen Kopfrücknahme nach [NIEM03] und einer Breitenballigkeit auf dem Rad. Sie kommt in den Untersuchungen zur Grübchentragfähigkeit und zum Oberflächenverschleiß PVD-beschichteter Zahnflanken zum Einsatz, die in den Kapiteln 5 und 6 beschrieben werden und wird aus 16MnCr5 mit chargengleicher Wärmebehandlung hergestellt. Hinsichtlich der Oberflächenendbearbeitung werden neben profil- bzw. teilwälzgeschliffenen Oberflächen (REF) die Kontaktflächenvarianten MKS und ISF nach der in Abschnitt 4.2.1 aufgeführten Definition untersucht. Der Verzahnungstyp $C_{mod}$ hat sich in vorangegangen Untersuchungen zum Einfluss von PVD-Beschichtungen auf die Zahnflankentragfähigkeit bewährt, da durch die Zahnflankenmodifikationen Schichtabplatzen aufgrund von Kantentragen verhindert wird [GROS07].

Prüfverzahnung Z3 dient zur Validierung und Optimierung sowie zur Anwendung der Methode zur Simulation des Oberflächenverschleißes an PVD-beschichteten Stirnrädern. Wie bei Prüfverzahnung Z1 weisen auch hier beide Räder die gleiche Zähnezahl auf, um eine möglichst genaue Berechnung des Oberflächenverschleißes mit Hilfe der FE-basierten Zahnkontaktanalyse zu ermöglichen. Durch die unterschiedlichen Verzahnungsbreiten der beiden Zahnräder bei Variante Z3B wird am breiten Zahnrad die Verschleißmessung aus dem ungelaufenen in den gelaufenen Bereich ermöglicht. Sämtliche Zahnräder der Prüfverzahnung Z3 werden aus 16MnCr5E mit chargengleicher Wärmebehandlung hergestellt und mit dem Profilschleifverfahren hartfein bearbeitet. Die Oberflächenvarianten stimmen mit den Varianten bei Prüfverzahnung Z2 überein.

### 4.4.2 Zahnrad-Verspannungsprüfstände

*Back-to-Back Gear Test Rigs*

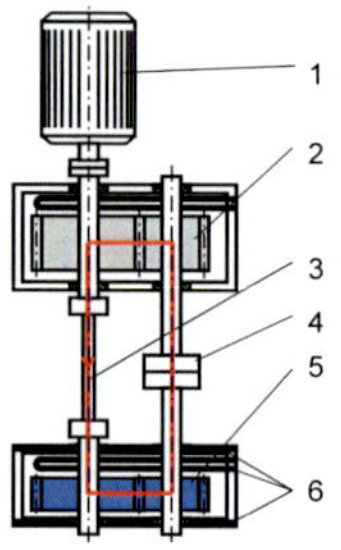


1 Antriebsmotor
2 Übertragungsgetriebe
3 Torsionswelle
4 Verspannkupplung
5 Prüfverzahnung

**Bild 4-7:** Zahnrad-Verspannungsprüfstand
*Back-to-Back Gear Test Rig*

Die Laufversuche im Zahnflankenkontakt erfolgen in Verspannungsprüfständen nach [DIN06] in modifizierter Ausführung. Alle aufgeführten Prüfstände befinden sich im Besitz der WZL-Getriebeabteilung. Die eingesetzten Prüfstände entsprechen in ihrem Grundaufbau der Zahnradprüfmaschine nach [DIN06], welche in **Bild 4-7** dargestellt ist. Es kommen mehrere Verspannungsprüfstände mit den Nennachsabständen $a_A$ = 91,5 mm bzw. $a_A$ = 112,5 mm zum

Einsatz. Alle Prüfstände werden über polumschaltbare Asynchronmaschinen mit einer Nennleistung von $P_n$ =12 kW angetrieben, deren Drehzahl wahlweise bei etwa $n_M$ = 2850 $min^{-1}$ oder $n_M$ = 1450 $min^{-1}$ liegt. Die Antriebsmaschine dreht sich mit Blick von vorne auf den Motor im Uhrzeigersinn (vgl. Bild 4-7). Die Zahnräder im Prüfgetriebe laufen unter Tauchschmierung in einem Ölsumpf bis Achsmittenhöhe. Die Temperaturregelung des Schmierstoffs im Prüfgehäuse erfolgt durch elektrische Heizstäbe im Boden des Gehäuses und eine über ein Magnetventil zuschaltbare Wasserkühlung durch Spiralrohre im Gehäuseinneren.

Zur Einstellung des Tragbilds im Prüfstand sind im Prüfgetriebe auf der Motorseite beide Lagersitze in Exzenterbuchsen mit einer Exzentrizität von $\Delta_{Exz}$ = 0,1 mm angeordnet, die in der zentrischen Bohrung des Getriebegehäuses gedreht und fixiert werden können. Durch eine auf dieses Weise eingestellte Achsneigung bzw. Achsschränkung können etwaige Fertigungsabweichungen auf den zu prüfenden Zahnrädern ausgeglichen werden. Vor Beginn einer Versuchsreihe wird die aktuelle Achslageabweichung mit Hilfe des in **Bild 4-8** dargestellten Prüfaufbaus überprüft und bei Bedarf korrigiert. Dabei werden Zahnräder vom Typ FZG-C (unmodifiziert) unter geringem Moment ($M_1$ = 60,8 Nm) verspannt und die Position der Exzenterbuchse durch eine Messung der Verschiebung in vertikaler Richtung am Prüfbund des motorseitig eingebauten Rads und durch Drehung einer der Exzenterbuchsen festgestellt. Zusätzlich wird eine Tragbildkontrolle durchgeführt, da sich Achslageabweichungen direkt auf die Position des Tragbilds auf den Zahnflanken ausüben. Für die im Rahmen dieser Arbeit durchgeführten Untersuchungsreihen wird die in Bild 4-8 gezeigte optimierte Position eingestellt.

- Motorseitig (radseitig) exzentrische Lagerbuchsen
- Geringes Lastmoment ($M_1$ = 60.8 Nm)
- Positionseinstellung über Rundlaufmessung am Prüfbund des Rads
- Tragbildanalyse und Optimierung der Lagerposition

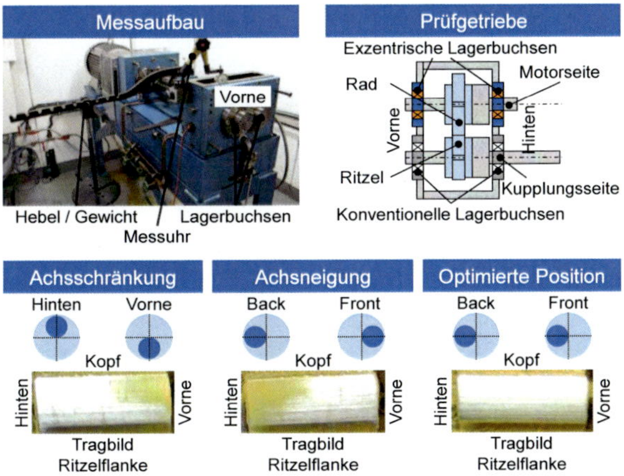


**Bild 4-8:** Achslagekorrektur am Zahnrad-Verspannungsprüfstand
*Correction of axis alignment in Back-to-Back Gear Test Rigs*

## 4.5 Theoretische Analyse des Zahnflankenkontakts

*Theoretical Analysis of Tooth Flank Contacts*

Grundlage einer Verzahnungsauslegung bildet die Vorhersage und Analyse des Einsatzverhaltens einer Stirnradpaarung mit Hilfe von Berechnungsprogrammen. Zu diesem Zweck stehen verschiedene Berechnungsansätze zur Verfügung, die hinsichtlich Aufwand und Detaillierungsgrad der Simulation Unterschiede aufweisen.

### 4.5.1 Gegenüberstellung der eingesetzten Berechnungsverfahren

*Comparison of Calculation Methods*

Grundsätzlich kann zwischen analytischen und numerischen Ansätzen unterschieden werden. **Bild 4-9** führt Vor- und Nachteile von Rechenverfahren auf, welche zur Auslegung und Analyse der im Rahmen dieser Arbeit eingesetzten Prüfverzahnungen verwendet werden.

Normverfahren bieten durch einen analytischen Ansatz die Möglichkeit, Stirnradpaarungen mit vergleichsweise geringem Aufwand bei gleichzeitig hoher Akzeptanz auszulegen. Durch die Gegenüberstellung von Beanspruchung und Beanspruchbarkeit ist zudem die Bestimmung von Sicherheitsfaktoren möglich [ISO07], [NIEM03]. Da die normbasierte Berechnung auf einer empirischen Modellbildung basiert und eine Vielzahl von Approximationen aufweist, ist die erreichbare Simulationsgenauigkeit begrenzt.

| Analytischer Ansatz | Numerische Ansätze | |
|---|---|---|
| **Zahnradauslegung nach Norm** | **Zahnkontaktanalyse FE-Stirnradkette** | **Kommerzielle FEM-Software Abaqus** |
| **+ Vorteile** | **+ Vorteile** | **+ Vorteile** |
| ▪ Manuell durchführbar | ▪ Lokale Beanspruchungsrechnung | ▪ Lokale Beanspruchungsrechnung |
| ▪ Hohe Aussagekraft | ▪ Exakte Kontaktgeometrie | ▪ Exakte Kontaktgeometrie |
| ▪ Allgemeine Akzeptanz | ▪ Moderate Rechenzeit | ▪ Kontaktdefinition unter Last |
| | ▪ Bedienerfreundliche Oberfläche | ▪ Analyse Flächenkontakt möglich |
| **− Nachteile** | **− Nachteile** | **− Nachteile** |
| ▪ Komplexes Formelwerk | ▪ Numerische Einflüsse | ▪ Numerische Einflüsse |
| ▪ Empirisch ermitteltes Modell | ▪ Rechnergestützte Durchführung | ▪ Rechnergestützte Durchführung |
| ▪ Nur globale Aussagen möglich | ▪ Keine Sicherheitsberechnung | ▪ Keine Sicherheitsberechnung |
| ▪ Viele Approximationen notwendig | ▪ Quasistatischer Zahnkontakt | ▪ Quasistatischer Zahnkontakt |
| ▪ Begrenzter Gültigkeitsbereich | ▪ Lastfreie Kontaktdefinition | ▪ Extrem lange Rechenzeit |
| | ▪ Vereinfachung Linienkontakt | ▪ Hoher Bedienungsaufwand |

**Bild 4-9:** Berechnungsansätze für die theoretische Analyse von Zahnflankenkontakten
*Calculation approaches for the theoretical analysis of tooth flank contacts*

Numerische Verfahren auf Basis der FEM (Finite Elemente Methode) bieten durch die Berücksichtigung der exakten Geometrie die Möglichkeit, lokal vorliegende Beanspruchungsgrößen wie Linienlasten oder Kontaktspannungen zu berechnen. Alternativ zu genormten Abweichungen nach DIN 3960 [DIN87a] ist es auch möglich, real gemessene Zahnflanken in das System einzulesen [BREC10, S.49f]. Die Genauigkeit der Ergebnisse dieser Verfahren ist wesentlich von der Qualität der FE-Struktur abhängig. Aus diesem Grund müssen bei der Auswertung der Berechnungsergebnisse mögliche numerische Einflüsse berücksichtigt werden. Die lokale Beanspruchbarkeitsberechnung zur Ermittlung von Sicherheiten ist aktuell Stand der Forschung [LÖPE13]. Bei den in Bild 4-9 gezeigten numerischen Ansätzen zur Zahnradberechnung sind zwei Berechnungsprogramme aufgeführt. Bei der FE-basierten Zahnkontaktanalyse mit dem FVA-Programm FE-Stirnradkette werden auf Basis der theoretischen Zahn- und Radkörpergeometrie mit Hilfe der FEM-Verschiebungseinflusszahlen berechnet, welche anschließend in ein Feder-Ersatzmodell einfließen [NEUP83]. Die hieraus resultierende moderate Rechenzeit und eine bedienerfreundliche Oberfläche führen zu einem vertretbaren Rechenaufwand. Wie die Berechnung nach Norm ist die Zahnkontaktanalyse mit dem Programm FE-Stirnradkette in ihrem Gültigkeitsbereich auf das theoretische Eingriffsfeld beschränkt [ISO07], [CAO02], [BONG90], [SCHÄ08]. Sie lässt daher keine Aussagen über die Lastverhältnisse bei vor- und nachzeitigem Zahneingriff zu.

Unter der kommerziellen FEM wird in dieser Arbeit die direkte Anwendung der allgemeinen FE-Algorithmen auf das Kontaktproblem des Zahneingriffs mit dem Programm Abaqus verstanden. Ein Vorteil dieses Ansatzes ist die sehr hohe Lösungsgenauigkeit. Demgegenüber steht der sehr hohe numerische Aufwand, da für jede Eingriffsstellung ein FE-Kontaktmodell erstellt werden muss [CAO02]. Aufgrund der Lösung des Kontaktproblems unter Last ermöglicht dieser Ansatz die Analyse der vorherrschenden Eingriffsbedingungen auch bei vor- und nachzeitigem Zahneingriff unter quasistatischen Bedingungen.

### 4.5.2 Verifikation der Kontaktberechnung mit dem Programm FE-Stirnradkette

*Verification of Tooth Contact Calculation by means of FE-Stirnradkette*

Für die Entwicklung einer Methode zur Auslegung PVD-beschichteter Stirnräder unter Einbeziehung des Programms FE-Stirnradkette ist die Güte der Berechnung der kontaktierenden Zahnflankenbereiche von wesentlicher Bedeutung. Weicht der berechnete Kontaktbereich stark von dem realen Kontaktbereich der Zahnflanken ab, so ist eine Vorhersage des lokalen Oberflächenverschleißes in Abhängigkeit von der vorliegenden Mikrogeometrie nicht möglich. Aus diesem Grund wird im Folgenden eine Verifizierung der FE-basierten Zahnkontaktberechnung mit dem Programm FE-Stirnradkette nach dem in **Bild 4-10** gezeigten Ansatz vorgenommen. Untersucht wird der Einfluss der resultierenden Flankenlinienwinkelabweichung im Zahnrad-Verspannungsprüfstand auf das Tragbild. Für die Untersuchungen kommt Prüfverzahnung Z1 zum Einsatz (vgl. Tabelle 4-2). Aufgrund der Übersetzung i = 1 eignet sie sich für die Validierung der Kontaktberechnung, da stets die gleichen Zahnflanken miteinander kämmen und das Tragbild nicht durch die Überlagerung verschiedener Kontaktgeometrien gegenüber der Simulation verfälscht wird. Es werden Messungen der resultierenden Lage der Radkörperachsen im Verspannungsprüfstand bei unterschiedlichen Lastmomenten durchgeführt und mit entsprechenden Simulationsergebnissen verglichen.

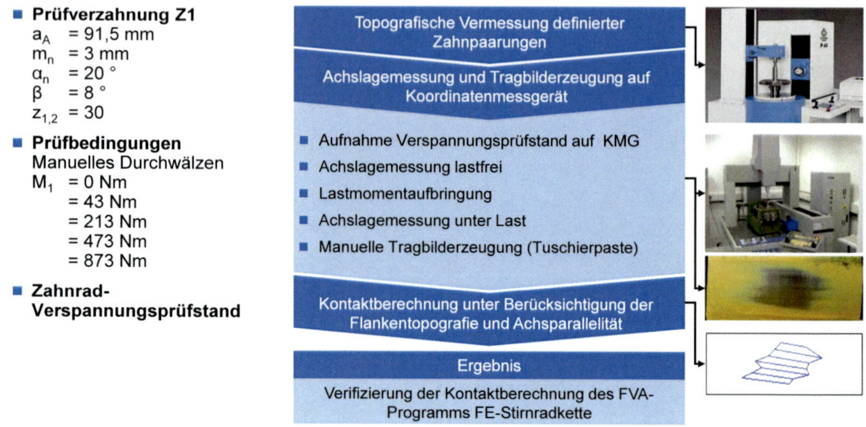


**Bild 4-10:** Ansatz zur Verifizierung der Kontaktberechnung
*Approach for the verification of tooth contact calculation*

**Bild 4-11** zeigt die Anordnung der Prüfräder für die Achsparallelitätsmessung. Die relative Lage der Radkörperachsen wird durch die Veränderung der Winkel $W_{yz}$ für eine Achsschränkung und $W_{xy}$ für eine Achsneigung zwischen den Normalenvektoren der stirnseitigen Referenzprüfflächen gegenüber dem unbelasteten Zustand ermittelt. Damit bei der Tragbildberechnung die exakte Mikrogeometrie des betrachteten Zahnpaars berücksichtigt werden kann, werden definierte Zahnflanken der Prüfzahnräder auf einer Zahnradkoordinatenmessmaschine topografisch vermessen.

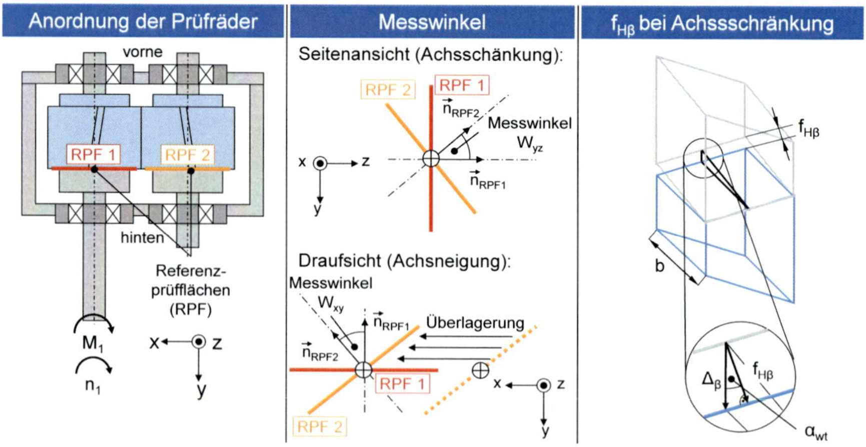


**Bild 4-11:** Vorgehensweise bei der messtechnischen Ermittlung der Achsparallelität
*Approach for the metrological determination of axle alignment*

Der Verspannungsprüfstand wird auf der Messebene eines Portal-Koordinatenmessgeräts aufgenommen und so ausgerichtet, dass sich das geöffnete Prüfgetriebe im Verfahrbereich des Messtasters befindet. Das Versuchsradpaar wird in das Prüfgetriebe des Prüfstands eingebaut und die Lage der Radkörperachsen zueinander im lastfreien Zustand bestimmt. Anschließend wird Tuschierpaste auf die Zahnflanken aufgebracht, der Verspannkreis belastet und die Parallelität der Radkörperachsen an Referenzprüfflächen gemessen. Die Prüfflächen sind mit hoher Genauigkeit senkrecht zur Bohrung plangeschliffen. Für jede Variante werden Messungen bei den in Bild 4-10 angegebenen Lastmomenten durchgeführt. Des Weiteren wird jeder Messpunkt in drei Wiederholungen angefahren, um die Streuung der Messungen beurteilen zu können. Zwischen den einzelnen Messungen werden die Verzahnungen dreifach manuell durchgewälzt, um mögliche Zwangspositionen zu lösen. Die parallel zu den Messungen dokumentierten Tragbilder werden durch das Aufbringen von Tuschierpaste und manuelles Durchwälzen erzeugt und fotografiert. Durch die Fixierung der Kupplungswelle vor jeder Messung wird sichergestellt, dass die Messungen einer Versuchsreihe in derselben Eingriffsstellung durchgeführt werden.

Anhand des Schränkungswinkels $W_{yz}$ und der Verzahnungsbreite b lässt sich der in Bild 4-11 gezeigte Schränkungsbetrag am Wälzkreis $\Delta_\beta$ bestimmen. Es gilt in guter Näherung:

$$\Delta_\beta = \sin W_{yz} \cdot b \tag{4-1}$$

Nach [NIEM03] gilt für die Berechnung der aus einer Achsschränkung resultierenden Flankenlinienwinkelabweichung $f_{H\beta(\beta)}$ folgender Zusammenhang:

$$f_{H\beta(\beta)} = \cos\alpha_{wt} \cdot \Delta_\beta = \frac{d_b}{d_w} \cdot \Delta_\beta \tag{4-2}$$

Äquivalent gilt für die aus einer Achsneigung resultierende Flankenlinienwinkelabweichung $f_{H\beta(\delta)}$:

$$f_{H\beta(\delta)} = \sin\alpha_{wt} \cdot \Delta_\delta = \frac{d_b}{d_w} \cdot \Delta_\delta \tag{4-3}$$

Unter Berücksichtigung dieser Zusammenhänge werden aus dem Messergebnis die aus der Achsschränkung und Achsneigung resultierenden Flankenlinienwinkelabweichungen $f_{H\beta(\beta)}$ und $f_{H\beta(\delta)}$ bestimmt, deren Summe als Eingabewert für die Tragbildberechnung in der Zahnkontaktanalyse herangezogen wird.

**Bild 4-12** zeigt die Ergebnisse für die anhand der Messergebnisse berechneten resultierenden Flankenlinienwinkelabweichungen. Es ist zu erkennen, dass die Flankenlinienwinkelabweichung infolge der Achsschränkung $f_{H\beta(\beta)}$ bei Erstaufbringung der Last gegenüber dem lastfreien Zustand sprunghaft zunimmt. Dieser Zuwachs ergibt sich durch das Durchlaufen der Lagerluft und der daraus resultierenden Wellenschiefstellung. Eine weitere Lastzunahme hingegen hat eine Durchbiegung der Welle und damit eine Abnahme der Flankenlinienwinkelabweichung $f_{H\beta(\beta)}$ zur Folge. Gegenüber der Achsschränkung bleibt die Flankenlinienwinkelabweichung infolge der Achsneigung $f_{H\beta(\delta)}$, die auf fertigungsbedingte Abweichungen bei der Herstellung der Lageraufnahmen und auf prüfstandsseitige Abweichungen zurückzuführen ist, zunächst auf einem konstanten Niveau. Erst bei der Aufbringung eines Lastmoments von $M_1$ = 873 Nm kommt es hier zu einer verstärkten Durchbiegung der Wellen in dieser Ebene. Die an den Ergebniswerten für die resultierende Flankenlinienwinkelabweichung $f_{H\beta,Ref}$ eingefügten Balken markieren den Streubereich, der bei den jeweils drei durchgeführten Messungen auftritt. Es zeigt sich, dass der Streubereich im lastfreien Zustand erheblich größer ausfällt als unter Last. Die hier beschriebenen Effekte im Verlauf der aus der Wellenschiefstellung resultierenden Flankenlinienwinkelabweichung werden qualitativ in allen durchgeführten Messungen festgestellt.

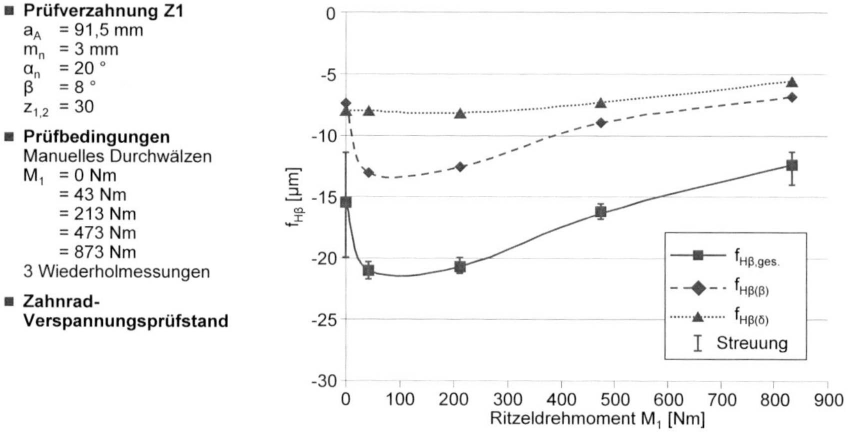


**Bild 4-12:** Resultierende Flankenlinienwinkelabweichung
*Concluding lead angle deviation*

**Bild 4-13** zeigt die im Verspannungsprüfstand aufgenommenen und die mit der FE-Stirnradkette für die entsprechenden Lastmomente berechneten Tragbilder. Die Gegenüberstellung verdeutlicht, dass für die hier betrachtete Zahnradpaarung hohe Übereinstimmung zwischen berechnetem und realem Tragbild vorliegt. Sowohl in der Ausbildung in Zahnhöhen- als auch in Zahnbreitenrichtung zeigen die simulierten und die im Versuch aufgenommenen Tragbilder vergleichbare Abmessungen. Geringe Abweichungen treten bei den vergleichsweise geringen Lastmomenten von $M_1$ = 43 Nm und $M_1$ = 213 Nm auf. Diese können auf die schlechte Ausprägung des realen Tragbilds bei geringer Last zurückgeführt werden.

Die Untersuchungen zur Validierung der Kontaktberechnung im Zahneingriff mit dem Programm FE-Stirnradkette zeigen, dass es mit Hilfe der Simulation möglich ist, die belasteten Oberflächenbereiche im Eingriff befindlicher Zahnflanken mit hoher Übereinstimmung zu ermitteln. Mit der Hertzschen Pressung als Ausgabegröße ist das Programm FE-Stirnradkette somit geeignet, die lokalen Beanspruchungen im Zahnflankenkontakt zu quantifizieren und als Werkzeug bei der Erarbeitung einer Methode zur Feinauslegung PVD-beschichteter Stirnräder herangezogen zu werden.

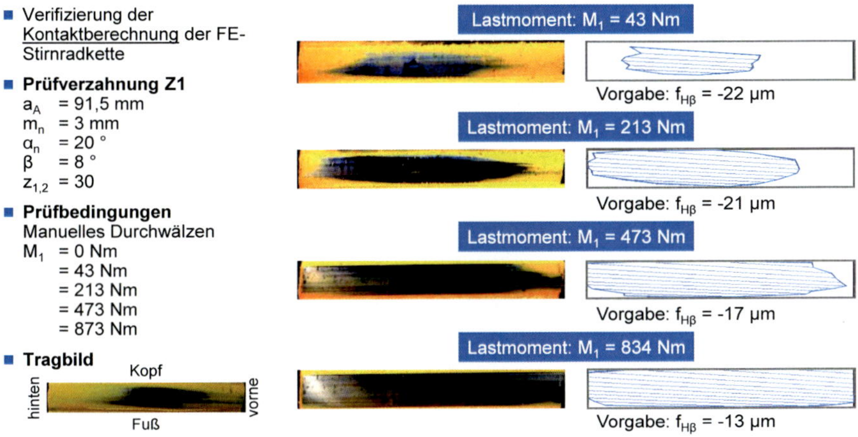


**Bild 4-13:** Tragbildabgleich
*Verification of contact pattern calculation*

# 5 Verschleiß und Schadensbildung im PVD-beschichteten Wälzkontakt

*Friction and Wear in PVD-Coated Slip-Rolling Contacts*

Ziel der im Folgenden vorgestellten Untersuchungen ist es, den Oberflächenverschleiß PVD-beschichteter Wirkflächen im Wälzkontakt als Kenngröße zur Auslegung PVD-beschichteter Stirnräder zu qualifizieren. Zu diesem Zweck werden zunächst im Rollenkontakt Reibungs-, Verschleiß- und Wälzfestigkeitsuntersuchungen durchgeführt und das Verschleißverhalten der Wirkflächen im unbeschichteten und beschichteten Zustand sowie die Bildung von ermüdungsbedingten Oberflächenschäden analysiert. Anschließend erfolgt eine Gegenüberstellung der erzielten Ergebnisse mit Laufversuchen zur Grübchentragfähigkeit im PVD-beschichteten Zahnflankenkontakt. Durch die Variation der Kontaktflächenendbearbeitung vor dem PVD-Beschichtungsprozess wird der Einfluss der Eigenschaften der oberflächennahen Randzone in die Betrachtung einbezogen, um die angewendeten Endbearbeitungsverfahren hinsichtlich ihrer Eignung für den PVD-beschichteten Zahnflankenkontakt zu beurteilen.

## 5.1 PVD-Beschichtung der Rollenprüfkörper

*PVD-Coating of Roller Specimen*

Alle Rollenprüfkörper werden chargengleich wärmebehandelt und nach Variation der Kontaktflächenendbearbeitung in einer Reincharge PVD-beschichtet. Die nominelle Temperatur während des Beschichtungsprozesses mit einer Dauer von $t_{PVD}$ = 6 h beträgt $T_{PVD}$ = 180° C und liegt damit auf dem Niveau der Anlasstemperatur der Prüfrollen. **Bild 5-1** zeigt REM-Oberflächen- und Schliffaufnahmen sowie REM-Bruchbilder und lichtmikroskopische Ritztestaufnahmen der zu untersuchenden Kontaktflächenvarianten. Sowohl in den Schliffaufnahmen als auch in den Bruchbildern der beschichteten Prüfkörper ist zwischen Substrat und Verschleißschutzschicht der eingesetzte Chrom-Haftvermittler als helle Linie zu erkennen. Die Analyse der Bruchaufnahmen ergibt, dass die a-C:H:W-Beschichtung die geforderte Gesamtdicke von $d_s$ = 3 µm aufweist. Die Schichtdicke liegt bei allen Varianten in einer vergleichbaren Größenordnung. Darüber hinaus ist zu erkennen, dass die PVD-Beschichtung die unterschiedlichen Oberflächenstrukturen sehr genau abbildet.

Die REM-Aufnahmen der unbeschichteten Oberflächen der Varianten R-REF und R-RAU zeigen infolge des Außenrundschleifprozesses Riefen in tangentialer Richtung, welche bei Variante R-RAU stärker ausgeprägt sind. Darüber hinaus treten bei Variante R-RAU Materialaufwürfe am Rand der Schleifriefen auf. Variante R-ISF zeigt eine isotrope Oberflächenstruktur, bei der keine Schleifriefen mehr erkennbar sind. Bei Variante R-KGS weist die Oberfläche eine kraterförmige Struktur auf, in der vereinzelt Schleifriefen erkennbar sind. Des Weiteren werden hier Fehlstellen in der Oberfläche sichtbar, die durch das lokale Herauslösen von Material während des Strahlprozesses entstehen. Im Vergleich zu den unbeschichteten Oberflächen weisen die REM-Aufnahmen der PVD-beschichteten Oberflächen nur geringfügige Unterschiede auf. Bei den geschliffenen Oberflächen der Varianten R-REF-B und R-RAU-B zeigen sich Schichthäufungen, die nach dem Stand des Wissens zum bekannten Erscheinungsbild der a-C:H:W-Beschichtung gehören [HURA04]. Diese sind bei den Varianten R-ISF und R-KGS nicht festzustellen. Allerdings zeigt auch die beschichtete Oberfläche der Variante R-KGS-B vereinzelt Fehlstellen. Dies zeigt, dass bei dieser Variante ein Großteil, jedoch nicht alle Fehlstellen der unbeschichteten Oberfläche durch die a-C:H:W-Beschichtung abgedeckt werden.

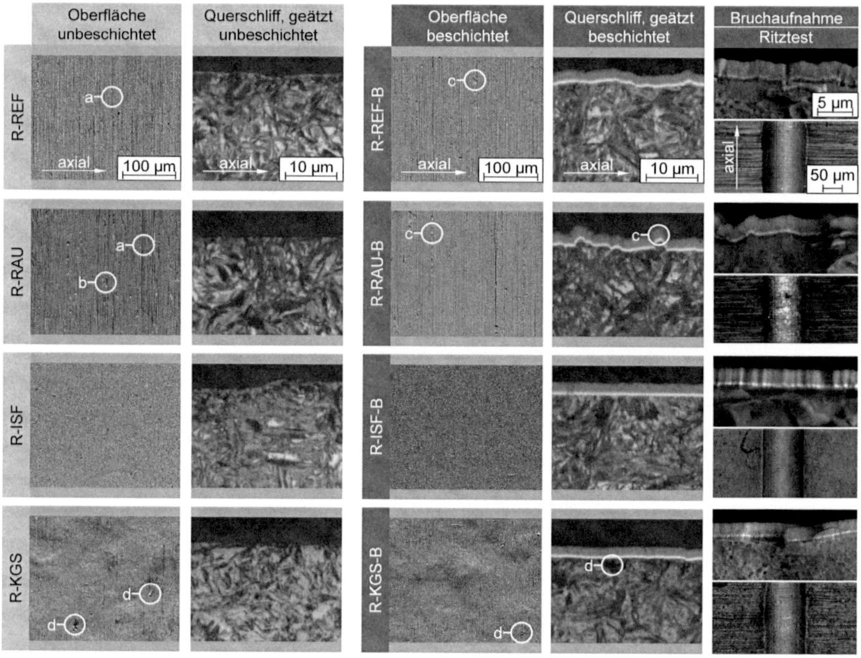


a: Schleifriefe b: Schleifaufwurf c: Schichthäufung d: Fehlstelle

**Bild 5-1:** Qualitative Analyse der Rollenprüfkörper
*Qualitative analysis of roller specimen*

Bis auf die Variante R-KGS zeigen alle unbeschichteten Querschliffe das typische Erscheinungsbild eines angelassenen Einsatzstahls mit dunklem, nadeligem Martensit, hellem Restaustenit und weißen Karbiden. Bei Variante R-KGS ist eine Gefügeveränderung durch die Oberflächenbehandlung festzustellen, durch die das Gefüge im unbeschichteten Zustand ein helleres Erscheinungsbild aufweist. Bei der Betrachtung der Querschliffe im beschichteten Zustand sind bei Variante R-RAU-B Schichtaufwürfe aufgrund der erhöhten Rauheit zu erkennen. Bei Variante R-KGS zeigt sich eine Fehlstelle, welche von der PVD-Beschichtung abgedeckt wird. Gegenüber dem unbeschichteten Zustand weist keine der Oberflächenvarianten wesentliche Unterschiede hinsichtlich des oberflächennahen Gefüges im beschichteten Zustand auf.

Zur Beurteilung der Schichthaftung werden Ritztests nach [LESL06] an den vier unterschiedlichen Prüfvarianten vorgenommen. An einer zylindrischen Prüfrolle jeder Kontaktoberflächenvariante werden an vier über dem Umfang verteilten Stellen jeweils drei axial orientierte Ritztests bei unterschiedlichen Lasten durchgeführt. Bild 5-1 zeigt lichtmikroskopische Aufnahmen der Ritzlinien bei einer Normalkraft von $F_N = 50$ N. Die Aufwürfe am Rand der Furchen zeigen bei allen Varianten ein geschlossenes Erscheinungsbild ohne Abplatzen, was auf eine hohe Duktilität des Schichtwerkstoffs hindeutet. Die vier Varianten unterscheiden sich im Erscheinungsbild der Schicht im Grund der Ritzfurche. Während bei der Variante R-ISF-B der Furchengrund geschlossen erscheint, weisen die Ritzlinien bei Variante R-REF-B und R-KGS-B Bereiche auf, in denen die Schicht durchdrungen und das Substrat erkennbar ist. Am deutlichsten ist dieser Effekt bei der Variante R-RAU-B erkennbar. Hier besteht ein Zusammenhang zwischen dem Schichtversagen unterhalb der Spitze im Ritztest und der Oberflächenrauheit des Substratwerkstoffs vor der Beschichtung. Ausgeprägte Rauheitsspitzen werden stärker verformt und es tritt Schichtversagen ein. Eine Aussage über die auf chemischen Grundlagen basierende Schichthaftung lässt sich unter diesen Voraussetzungen nicht treffen. Bei einem Vergleich der Ergebnisse mit [HURA04] wird erichtlich, dass sich das Erscheinungsbild der Ritzlinie für Variante R-REF-B ähnlich verändert und somit auch die Schichthaftung als vergleichbar angesehen werden kann. Die glatte Oberfläche der Variante R-ISF-B schneidet im Ritztest überzeugend ab.

Zur Beurteilung der Oberflächenstrukturen sind in **Bild 5-2** taktile, dreidimensionale Messungen in axialer Richtung gegenübergestellt. Die Messungen werden auf einem Tastschnittsystem vom Typ Hommel T8000 mit einem Messtaster mit einem Tastspitzenradius von $r_{Tast} = 2$ µm und einem Öffnungswinkel von $W_{Tast} = 60$ ° durchgeführt. Jede Grafik basiert auf einer Zusammenstellung von 20 und über eine Breite von $b_{m,3D} = 1$ mm durchgeführten Tastschnittmessungen. Die Messlänge beträgt $l_{m,3D} = 4{,}8$ mm. Der qualitative Vergleich der topografischen Darstellungen bestätigt, dass sich die Oberflächenstruktur durch den PVD-Beschichtungsprozess unwesentlich verändert. Für einen quantitativen Vergleich der unbeschichteten und PVD-beschichteten Oberfläche werden an jeweils 5 Prüf- und Gegenrollen zweidimensionale Messungen mit einem 2D-Tastschnittsystem durchgeführt. Hierbei kommt ein Absolutmesssystem mit einem Tastspitzenradius von $r_{Tast} = 2$ µm und einem Öffnungswinkel von $W_{Tast} = 90$ ° zum Einsatz. Die genormte Messlänge beträgt $l_{m,2D} = 4$ mm bei einer Grenzwellenlänge von $\lambda c = 0{,}8$ mm nach [DIN97]. Der Vergleich der Mittelwerte für $R_a$ und $R_z$ in Bild 5-2 zeigt, dass sich die Rauheit der Varianten R-REF, R-ISF und R-KGS durch den Beschichtungsprozess geringfügig erhöht. Bei Variante R-RAU tritt eine Verringerung der Rauheitskennwerte ein, was sich durch das Ausfüllen der stark ausgeprägten Schleifriefen durch den Beschichtungswerkstoff erklären lässt.

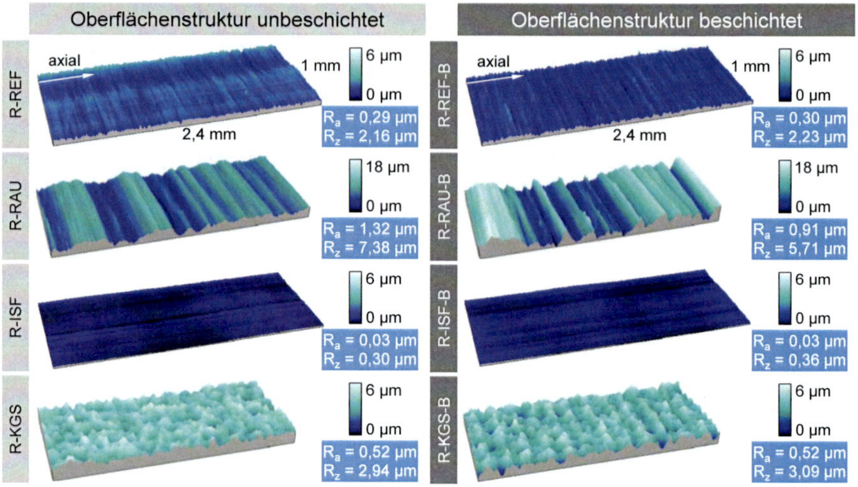


**Bild 5-2:** Quantitative Oberflächenanalyse der Rollenprüfkörper
*Quantitative surface analysis of roller specimen*

**Bild 5-3** zeigt die Untersuchungsergebnisse zum Einfluss des Beschichtungsprozesses auf den Härtetiefenverlauf. Die Diagramme zeigen den Verlauf der Mikrohärte ($HV_{0,1}$) bis zu einer Tiefe von a = 4 mm. Der mittlere Abstand der Messpunkte betragt Δa = 20 µm, im Diagramm sind der Übersicht halber nicht alle Messpunkte eingetragen. Pro Variante ist der mittlere Verlauf aus zwei Messreihen dargestellt. Zusätzlich wird die Messpunktdichte sowie die Anzahl der Wiederholmessungen im oberflächennahen Bereich (a ≤ 100 µm) erhöht, um eine etwaige Beeinflussung der Randhärte durch den Beschichtungsprozess zu erfassen. Die Messungen des Härtetiefenverlaufs vor und nach der Beschichtung zeigen sowohl im oberflächennahen Bereich als auch bei erhöhtem Randabstand für alle Oberflächenvarianten vergleichbare Ergebnisse. Es kann somit kein Härteabfall durch die Temperaturführung während des Beschichtungsprozesses festgestellt werden. Des Weiteren kann festgestellt werden, dass die geforderte Einsatzhärtetiefe von $CHD_{HV550}$ = 1,0 ± 0,2 mm erreicht wurde (vgl. Bild 4-5). Der Vergleich der Varianten untereinander zeigt eine erhöhte Oberflächenhärte bei Variante R-KGS, die auf eine Materialverfestigung im Kugelstrahlprozess schließen lässt. Dieses Ergebnis stimmt mit dem Erscheinungsbild des oberflächennahen Gefüges dieser Variante überein (vgl. Bild 5-1).

Die Grübchentragfähigkeit von Zahnrädern wird unter anderem auch vom Eigenspannungszustand der belasteten Zahnflankenoberfläche beeinflusst [KÖCH96]. Bild 5-3 zeigt die Eigenspannungstiefenverläufe für die betrachteten Prüfvarianten. Die unbeschichtete Rolle der Variante R-REF zeigt direkt an der Rollenoberfläche sowohl in axialer als auch in tangentialer Richtung Druckeigenspannungen auf, die durch den PVD-Beschichtungsprozess bis zu einer Tiefe von a = 10 µm erhöht werden. Eine Zunahme der Druckeigenspannungen wird im Allgemeinen als positiv für die Wälzfestigkeit angesehen. Bei den Varianten R-RAU und R-ISF führt die PVD-

Beschichtung zu keiner wesentlichen Veränderung des Eigenspannungszustands. Die Messungen bei Variante R-KGS zeigen eine deutliche Erhöhung der Druckeigenspannungen gegenüber R-REF. Bei einer Tiefe von a = 40 µm tritt ein Maximum von $\sigma_{ax} = \sigma_{tan}$ = -1250 N/mm$^2$ auf. Der Verlauf wird durch den Beschichtungsprozess nur unwesentlich verändert. Inwiefern der ermittelte Eigenspannungsverlauf dieser Variante die Wälzfestigkeit der Prüfkörper beeinflusst, wird im weiteren Verlauf der Arbeit untersucht.

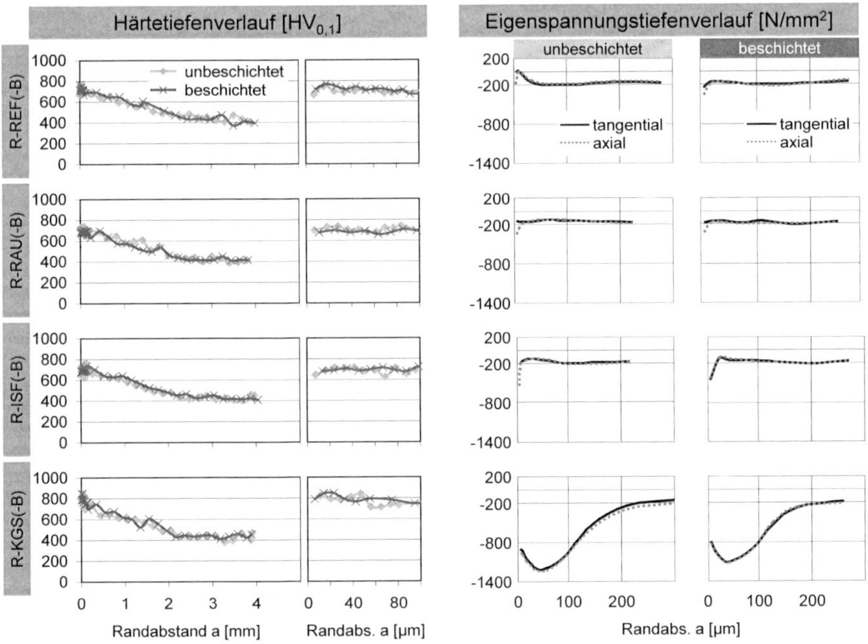


**Bild 5-3:** Einfluss des Beschichtungsprozesses auf Härte und Eigenspannungen
*Influence of coating process on Hardness and residual stresses*

Die Analyse der PVD-beschichteten Rollenprüfkörper zeigt, dass die wesentlichen Eigenschaften der oberflächennahen Randschicht des Substrats durch den PVD-Beschichtungsprozess nicht nachhaltig verändert werden. Sowohl die optische Analyse des oberflächennahen Gefüges als auch die Messungen zur Ermittlung des Härte- und Eigenspannungstiefenverlaufs lassen auf keine Veränderung der Eigenschaften der oberflächennahen Randzone schließen. Die Ergebnisse unterscheiden sich hier von den in [BUGI09] durch die Entwicklung eines Analogieprozesses erarbeiteten Zusammenhängen, nach denen auch ein Beschichtungsprozess auf dem Niveau der Anlasstemperatur zu einer Beeinflussung der metallografischen Eigenschaften der Randzone führt. Darüber hinaus bestätigen die Untersuchungen, dass auch die Struktur der Kontaktoberfläche sowie deren Rauheitskennwerte durch die PVD-Beschichtung nicht nachhaltig verändert werden.

Der Vergleich der Oberflächenvarianten untereinander macht deutlich, dass Variante R-KGS sich unabhängig vom Beschichtungsstatus bezüglich der Eigenschaften des oberflächennahen Gefüges von den drei übrigen Varianten abhebt. Sowohl die optische Analyse des Gefüges als auch der Härte- und Eigenspannungstiefenverlauf weisen deutliche Unterschiede zu den anderen Varianten auf. Die Oberflächenvarianten R-REF, R-RAU und R-ISF weisen Unterschiede bezüglich der Oberflächenstruktur und Rauheit auf, welche im unbeschichteten und beschichteten Zustand vergleichbar ausfallen.

## 5.2 Reibarbeit und Verschleiß im Rollenkontakt

*Friction Work and Wear in Slip-Rolling Contacts*

Ziel der folgenden Versuchsreihe zur Reibung und Verschleißentwicklung unbeschichteten und a-C-H-W-beschichteten Rollenkontakt ist es, den Zusammenhang zwischen Reibung und Oberflächenverschleiß in Abhängigkeit vom Endbearbeitungsverfahren der Kontaktoberfläche zu ermitteln. Zu diesem Zweck werden die vier zuvor eingeführten Oberflächenvarianten im unbeschichteten (R-REF, R-RAU, R-ISF, R-KGS) und beschichteten (R-REF-B, R-RAU-B, R-ISF-B, R-KGS-B) Zustand einem definierten Lastkollektiv auf dem Reibkraft-Rollenprüfstand unterzogen.

**Bild 5-4** zeigt den Versuchsplan zur Reibkraftmessung in Anlehnung an [BUGI09]. Als Schmierstoff für die Reibkraftmessungen wird unadditiviertes Mineralöl vom Typ FVA 3 verwendet. Vorangegangene Untersuchungen zeigen, dass Additivzusätze im Schmierstoff an a-C:H:W-beschichteten Oberflächen keine Reaktionsschichten bilden [BUGI09].

- **Prüfkörper**
  Werkstoff: 16MnCr5E
  Beschichtung: a-C:H:W
  Oberflächenvarianten:
  R-REF / ISF / KGS / RAU
- **Schmierstoff**
  FVA 3
  $T_{Öl}$ = 60°C ±5K
- **Einlauf**
  $n_{PR}$ = $n_{GR}$ = 1500 $min^{-1}$
  $s_{PR}$ = 0%
  $p_{H,E,1}$ = 1000 $N/mm^2$
  $p_{H,E,2}$ = 2000 $N/mm^2$
  $N_{E,i}$ = $4{,}5 \cdot 10^4$ (30 min)
- **Prüfbedingungen**
  $n_{PR}$ = 1500 $min^{-1}$ = konst.
  $n_{GR}$ = 1800/2100/2400 $min^{-1}$
  $N_{LS,PR}$ = $0{,}75 \cdot 10^4$ (5 min)

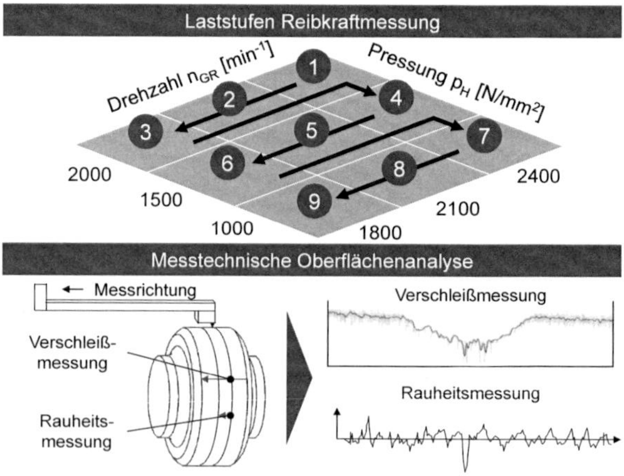


**Bild 5-4:** Versuchsplan zur Reibkraftmessung und Verschleißbeurteilung
*Test plan for friction force measurement and wear analysis*

Basierend auf dieser Erkenntnis wird der Schmierstoff in dieser Versuchsreihe ohne Additive ausgeführt, um die Vergleichbarkeit der Messungen unter Verwendung unbeschichteter und PVD-beschichteter Rollen zu gewährleisten. Die Reibkraftmessung erfolgt unter Einspritzschmierung bei einer geregelten Öleinspritztemperatur von $T_{Öl}$ = 60 °C±5K. Vor jedem Testlauf wird ein zweistufiger Einlauf im schlupffreien Betrieb bei Drehzahlen von $n_{PR} = n_{GR}$ = 1500 $min^{-1}$ vorgenommen. Die Lastwechselzahl für jede der zwei Einlauflaststufen beträgt $N_{E,i} = 4{,}5 \cdot 10^4$ Lastwechsel, was einer Laufzeit von $t_E$ = 30 min entspricht. Die theoretische Hertzsche Pressung im Rollenkontakt beträgt in Einlaufstufe 1 $p_{H,1}$ = 1000 $N/mm^2$ und in Einlaufstufe 2 $p_{H,2}$ = 2000 $N/mm^2$. Durch die Höhe der Hertzschen Pressung in Einlaufstufe 2 soll das Einlaufen der gesamten während des Testlaufs im Kontakt befindlichen Kontaktoberflächen erzielt werden.

Jeder Testlauf zur Reibkraftmessung wird nach derselben in Bild 5-4 dargestellten Vorgehensweise durchgeführt. Die Drehzahl der Prüfrolle wird für die gesamte Versuchslaufzeit konstant auf $n_{PR}$ = 1500 $min^{-1}$ gehalten. Durch Variation der Drehzahl der Gegenrolle $n_{GR}$ und der theoretischen Hertzschen Pressung $p_H$ im Rollenkontakt in jeweils 3 Stufen werden insgesamt neun Testlaststufen angefahren. Jede Laststufe wird für eine Lastwechselzahl von $N_{LS} = 0{,}75 \cdot 10^4$ Lastwechseln bezogen auf die Prüfrolle gehalten, was einer Laufzeit von $t_{LS}$ = 5 min entspricht. Nach Abschluss einer Testlaststufe erfolgt die manuelle Einstellung der Betriebsbedingungen der nächsten Stufe.

Zur Analyse des Verschleißverhaltens der a-C:H:W-Beschichtung im Wälzkontakt werden taktile Messungen der Rollenoberflächen mit einem 2D-Tastschnittgerät entsprechend der Rauheitsmessungen in Kapitel 5.1 durchgeführt. Jeder Verschleißzustand der PVD-beschichteten Oberflächen wird durch mindestens zwei Messungen des Verschleißprofils und der Rauheit dokumentiert. Zu den Messungen werden die Rollen stets gleichartig auf dem Messgerät aufgenommen. Die Messstellen werden zu Beginn der Versuchsreihe markiert, sodass immer an vergleichbaren Stellen gemessen werden kann. Bild 5-4 zeigt die unterschiedlichen Messstrecken. Die Messung des Verschleißprofils erfolgt über der gesamten Rollenbreite von $b_R$ = 14 mm. Die Messung der Oberflächenrauheit erfolgt mit einer Messstrecke von l = 5,6 mm nach [DIN97] über die Laufbahn der Rollen. Die Oberflächenrauheit wird über die Rauheitskennwerte $R_a$ und $R_z$ nach [DIN98a] und die Oberflächenkennwerte der Abbotkurve $R_k$ (Kernrauhtiefe), $R_{pk}$ (reduzierte Spitzenhöhe) und $R_{vk}$ (reduzierte Riefentiefe) nach [DIN98b] erfasst.

In **Bild 5-5** ist der geglättete Reibkraftverlauf der Oberflächenvariante R-REF dargestellt. Der treppenstufenartige Verlauf der Reibkräfte rührt aus den Betriebszuständen der neun Testlaststufen her und wird im Folgenden näher analysiert. Das untere Diagramm zeigt eine Vergrößerung der ersten drei Laststufen. Es ist zu erkennen, dass zu Beginn der Messung auf der Testlaststufe 1 eine degressive Veränderung der gemessenen Reibkraft über der Messdauer für die Testlaststufe vorliegt. Um eine Verfälschung des Testergebnisses durch diesen Effekt zu verhindern, wird der Bereich für die quantitative Auswertung der Messverläufe auf die letzten zwei Fünftel der Messwertreihe für eine Testlaststufe beschränkt. Die Messwerte innerhalb des jeweiligen Auswertebereichs pro Laststufe werden gemittelt, so dass für jede Laststufe ein Ergebnis für die gemessene Reibkraft $F_{R,i}$ angegeben werden kann.

Als Bezugsgröße für den Oberflächenverschleiß soll die im Rollenkontakt geleistete Reibarbeit $W_R$ herangezogen werden. Bild 5-5 zeigt die theoretischen Zusammenhänge zur Berechnung der Reibarbeit. In Abhängigkeit von der Normalkraft $F_N$ ergibt sich im Kontaktbereich von Prüf- und Gegenrolle eine elliptische Kontaktfläche sowie eine maximale Hertzsche Pressung $p_H$, welche sich unter Verwendung der nominellen geometrischen Größen der Prüfkörper berechnen lassen. Aus den Betriebsparametern der betrachteten Laststufe lassen sich die Tangential- und Gleitgeschwindigkeiten im Kontaktbereich bestimmen. Das Produkt aus Gleitgeschwindigkeit $v_g$ und der gemessenen Reibkraft ergibt die Reibleistung $P_R$ für die Kontaktellipse. Die sich für einen Prüflauf insgesamt ergebende Kontaktzeit einer axial gemessenen Verschleißprofillinie $t_K$ lässt sich auf das Produkt aus dem Verhältnis der Kontaktellipse zum Umfang der Rolle und der Prüfdauer pro Laststufe $t_K$ zurückführen. Somit lässt sich auf Basis von Reibkraftmessungen die geleistete Reibarbeit $W_R$ im Rollenkontakt bestimmen.

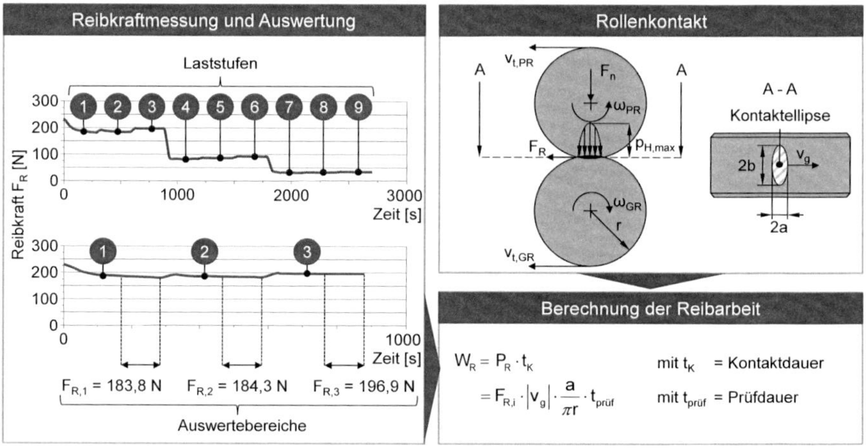


**Bild 5-5:** Reibkraftmessung und Ermittlung der Reibarbeit im Rollenkontakt
*Friction force measurement and analysis of friction work in roller contact*

**Bild 5-6** zeigt den Einfluss der Oberflächenendbearbeitung und des Beschichtungszustands auf die Reibkraft im Rollenkontakt. Die Diagramme zeigen die gemessenen Reibkraftverläufe für die vier betrachteten Oberflächenvarianten im unbeschichteten und beschichteten Zustand über der Versuchsdauer. Es fällt auf, dass alle dargestellten Messungen einen qualitativ vergleichbaren treppenförmigen Verlauf aufweisen, sich jedoch in den gemessenen Reibkraftniveaus unterscheiden. Des Weiteren wird deutlich, dass für alle Oberflächenvarianten die Reibkraftverläufe für den beschichteten Zustand unterhalb der Verläufe für den unbeschichteten Zustand liegen. Im Vergleich der Varianten untereinander zeichnen sich jedoch auch hier Unterschiede ab. Die Tabelle links in Bild 5-6 gibt Aufschluss über die sich für die untersuchten

Schlupfbeträge ergebenden Summengeschwindigkeiten $v_\Sigma$, welche nach [STÖß71] neben dem Schlupf s die Reibung im Wälzkontakt beeinflusst (vgl. Bild 2-3). Bei hohen Pressungen und Schlupfzuständen von s > 10 % haben demnach sowohl eine Senkung des Schlupfs als auch eine Verringerung der Summengeschwindigkeit eine Erhöhung des im Wälzkontakt vorliegenden Reibwerts zur Folge. Dieser Zusammenhang erklärt den sich jeweils für ein konstantes Lastniveau erkennbaren treppenförmigen Anstieg der gemessenen Reibkraft. Eine Verringerung der Pressung hat jeweils eine deutliche Abnahme der Reibkraft zur Folge, woraus sich der insgesamt abfallende Verlauf der Messkurven ergibt.

- **Einlauf**
  $n_{PR}$ = $n_{GR}$ = 1500 $min^{-1}$
  $s_{PR}$ = 0%
  $p_{H,E,1}$ = 1000 $N/mm^2$
  $p_{H,E,2}$ = 2000 $N/mm^2$
  $N_{E,i}$ = $4{,}5 \cdot 10^4$ (30 min)
- **Prüfbedingungen**
  $n_{PR}$ = 1500 $min^{-1}$ = konst.
  $N_{LS,PR}$ = $0{,}75 \cdot 10^4$ (5 min)

| | | Drehzahl $n_{GR}$ [$min^{-1}$] | | |
|---|---|---|---|---|
| | | 2400 | 2100 | 1800 |
| $p_H$ [MPa] | 2000 | 1 | 2 | 3 |
| | 1500 | 4 | 5 | 6 |
| | 1000 | 7 | 8 | 9 |
| $v_{g,PR}$ [m/s] | | -1,98 | -1,32 | -0,66 |
| $v_\Sigma$ [m/s] | | 8,58 | 7,92 | 7,26 |
| $s_{PR}$ [%] | | -60 | -40 | -20 |

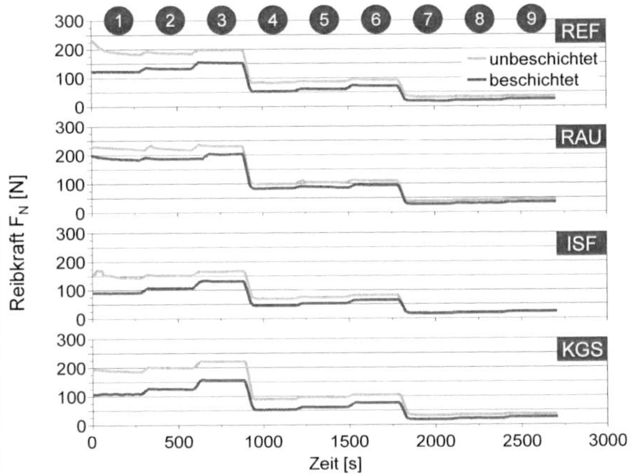


**Bild 5-6:** Reibkraftverlauf in Abhängigkeit von Endbearbeitung und Beschichtung
*Friction force development depending on surface variant and coating*

Der Einfluss der geringeren gemessenen Reibkräfte auf den Verlauf der geleisteten Reibarbeit in Abhängigkeit von der Endbearbeitung und Beschichtung zeigt **Bild 5-7**. Aufgetragen ist hier die kumulierte Reibarbeit $W_{R,\Sigma}$ über den im Versuch angefahrenen Laststufen. Aufgrund der im Betrag zu hohen Laststufen hin sinkenden Reibkräfte zeigen alle Varianten einen degressiven Verlauf der kumulierten Reibarbeit. Nach Laststufe 9 wird für Variante R-RAU im unbeschichteten Zustand die höchste geleistete Reibarbeit berechnet, während die Werte für die Varianten R-REF und R-KGS auf etwa gleichem Niveau liegend geringer ausfallen. Variante R-ISF weist die geringste geleistete Reibarbeit auf. Bezüglich der geleisteten Reibarbeit weisen die glatten Oberflächen von Variante R-ISF im unbeschichteten Zustand das günstigste Reibungsverhalten auf.

Die mit den geringeren gemessenen Reibkräften einhergehende Senkung der Reibarbeit durch die Beschichtung ist für alle Varianten erkennbar. Die Reihenfolge für die geleistete Reibarbeit nach Laststufe 9 bleibt im beschichteten Zustand bestehen, jedoch verändern sich die Größenverhältnisse der Varianten untereinander gegenüber dem unbeschichteten Zustand. Deutlich wird dies in den Differenzwerten für die kumulierte geleistete Reibarbeit $\Delta W_{R,\Sigma}$, welche in Bild 5-7 aufgeführt sind. Es zeigt sich, dass die Beschichtung die Reibarbeit für die betrachteten Oberflächenvarianten in unterschiedlichem Maße senkt. Die prozentuale Senkung fällt für die kugelgestrahlte Oberflächenvariante R-KGS mit $\Delta W_{R,\Sigma}$ = -38 % am höchsten aus. Für die Variante R-REF und R-ISF liegen die Werte bei $\Delta W_{R,\Sigma}$ = -31 % und bei der Variante mit erhöhter Rauheit bei $\Delta W_{R,\Sigma}$ = -16 %. Dies zeigt, dass durch die a-C:H:W-Beschichtung gegenüber dem unbeschichteten Zustand zum Einen eine stärkere Reduzierung der Reibung bei geringen Rauheiten zu erwarten ist und das zum Anderen die Oberflächenstruktur Einfluss auf die Reduzierung der Reibung durch die Beschichtung hat.

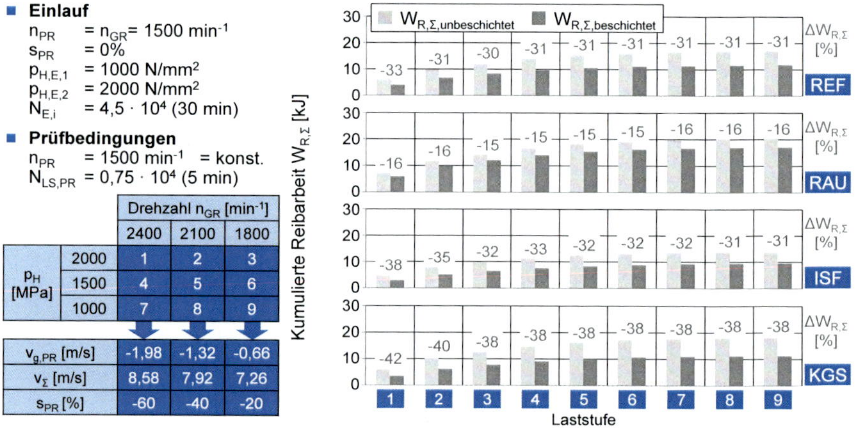


**Bild 5-7:** Einfluss von Endbearbeitung und Beschichtung auf die Reibarbeit
*Influence of surface variant and coating on friction work*

**Bild 5-8** zeigt Ergebnisse einer Oberflächenanalyse der zylindrischen Prüfrollen nach Versuchsende. Zu sehen sind lichtmikroskopische Aufnahmen, Tastschnittmessungen über der Rollenbreite und Rauheitskennwerte der Kontaktoberfläche als Mittelwerte aus vier über dem Umfang verteilten Messungen. Die qualitative Verschleißanalyse im unbeschichteten Zustand zeigt deutlich unterschiedliche Erscheinungsbilder für die vier Oberflächenvarianten. Bei den Varianten R-REF, R-RAU und R-ISF zeigen sich Verschleißriefen in Umfangsrichtung, die in Ihrer Ausprägung in Zusammenhang mit der Oberflächenrauheit stehen. An den Riefen zeigen sich vereinzelt ermüdungsbedingte Mikroausbrüche aus der Substratoberfläche. Variante R-KGS weist eine starke Glättung der Kontaktoberfläche auf, in der die Täler der durch den Strahlprozess veränderten Oberfläche napfförmig erscheinen. Der Vergleich der Aufnahmen der beschichteten Kontaktoberflächen zeigt weniger in Umfangsrichtung orientierten Verschleiß. Anstatt der deutlichen Riefenbildung kommt es hier zu kohäsivem Schichtverschleiß, der wiederum von der Rauheit der Kontaktoberflächen abhängt. Auch bei Variante R-KGS erscheint die Beschichtung nach Versuchsende als geschlossen. Der Vergleich der Reibarbeitsbeträge und Tastschnittprofile der beschichteten Prüfrollen zeigt, dass die der qualitative Verschleißzustand mit der geleisteten Reibarbeit korrespondiert. Da in Bild 5-8 für die Varianten R-REF und R-ISF kein wesentlicher Unterschied hinsichtlich Verschleißprofil und Rauheitskennwerten zwischen dem unbeschichteten und dem beschichteten Zustand besteht, ist die Reduzierung der Reibung auf das Reibungsverhalten des Beschichtungswerkstoff bei Festkörperkontakt zurückzuführen. Für Variante R-RAU ist anhand der geringeren Rauheitskennwerte von einer Beeinflussung der Reibung durch das günstige Einlaufverhalten im beschichteten Zustand auszugehen. Bemerkenswert ist die Tatsache, dass es bei Variante R-KGS durch die isotrope Oberflächenstruktur trotz erhöhter Rauheit im beschichteten Zustand zu einer geringeren geleisteten Reibarbeit kommt.

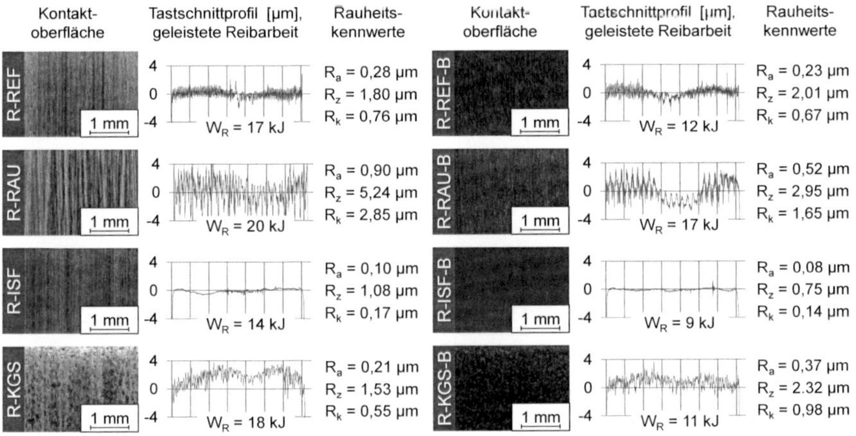


**Bild 5-8:** Verschleißanalyse nach Reibkraftmessung
*Wear analysis after friction force measurement*

Für eine ergänzende quantitative Analyse der Reibkraftmessungen ist in **Bild 5-9** der Einfluss von Oberflächenendbearbeitung und Beschichtung auf den Reibwert µ und die rechnerische Schmierfilmhöhe λ aufgetragen. Der Reibwert errechnet sich für jede Laststufe aus dem Verhältnis aus gemessener Reibkraft $F_R$ und der zur Einstellung der theoretischen Pressung aufgebrachten Normalkraft $F_N$. Des Weiteren wird eine theoretische Beurteilung des Schmierfilms vorgenommen. Bild 5-9 zeigt die spezifischen Schmierfilmhöhen nach [MÜNN83] in Abhängigkeit von Pressung und Schlupf. Für die Berechnung werden jeweils die thermisch korrigierten minimalen Schmierfilmhöhen nach [MURC75] mit $\alpha_t$ = 2,543 1/K herangezogen. Als Oberflächenkennwerte werden die Rauheitskenngrößen nach Versuchsende eingesetzt.

Es zeigt sich, dass der Reibwert für alle Oberflächenvarianten eine steigende Tendenz bei sinkenden Pressungsbeträgen aufweist. Dieser Effekt ist bei Variante R-ISF deutlich schwächer ausgeprägt als bei den übrigen Varianten und steht somit in einem Zusammenhang mit der vorliegenden Oberflächenstruktur. Aufgrund der reibungsmindernden Wirkung der a-C:H:W-Beschichtung weisen im beschichteten Zustand alle Varianten bei nahezu allen Laststufen geringere Reibwerte auf. Im Mittel fällt die Reibwertminderung durch die Beschichtung bei Variante R-REF und Variante

R-KGS deutlicher aus als bei den Varianten R-RAU und R-ISF. Die PVD-Beschichtung der kugelgestrahlten Kontaktoberfläche erzielt den stärksten Effekt mit einer Verringerung der Reibkraft gegenüber dem unbeschichteten Zustand von $\Delta\mu_{mittel}$ = -36 %.

Da diese Prüfvariante im hohen Mischreibungsgebiet läuft, ist der erzielte Effekt auf das günstige Reibungsverhalten der PVD-beschichteten Oberflächen zurückzuführen. Eine Ausnahme bezüglich der Reibwertveränderung stellt Variante R-ISF bei Laststufe 9 dar, bei der eine Erhöhung des Reibwerts von $\Delta\mu$ = +4 % festgestellt wird. Die tabellarische Aufstellung der minimalen und maximalen Reibwertveränderung in Bild 5-9 zeigt, dass die Variante R-ISF eine höhere Streuung der Reibwertveränderung zeigt als die übrigen Varianten. Zusätzlich werden die minimalen und die maximalen Reibwertveränderungen bei anderen Laststufen erreicht. Dieser Umstand deutet darauf hin, dass diese Variante aufgrund der deutlich geringeren Oberflächenrauheit während der Versuchsdurchführung Schmierungszustände durchläuft, bei denen die Reduzierung der Reibung durch die Beschichtung geringer ausfällt. Bei den übrigen Varianten liegen die genannten Kennwerte in einer vergleichbaren Größenordnung bzw. bei vergleichbaren Laststufen. Der Vergleich der spezifischen Schmierfilmhöhen, welche für die Variante R-ISF mit $\lambda \approx 1$ vergleichsweise hoch ausfällt, bestätigt diese These.

- **Einlauf**
  $n_{PR}$ = $n_{GR}$ = 1500 $min^{-1}$
  $s_{PR}$ = 0%
  $p_{H,E,1}$ = 1000 $N/mm^2$
  $p_{H,E,2}$ = 2000 $N/mm^2$
  $N_{E,i}$ = $4{,}5 \cdot 10^4$ (30 min)
- **Prüfbedingungen**
  $n_{PR}$ = 1500 $min^{-1}$ = konst.
  $n_{GR}$ = 1800/2100/2400 $min^{-1}$
  $N_{LS,PR}$ = $0{,}75 \cdot 10^4$ (5 min)

| Variante R- | Δμ [%] (Laststufe) min | max | mittel |
|---|---|---|---|
| REF | -23 (3/6) | -44 (7) | -32 |
| RAU | -12 (3) | -28 (7) | -19 |
| ISF | +4 (9) | -38 (1) | -20 |
| KGS | -26 (6) | -45 (7) | -36 |

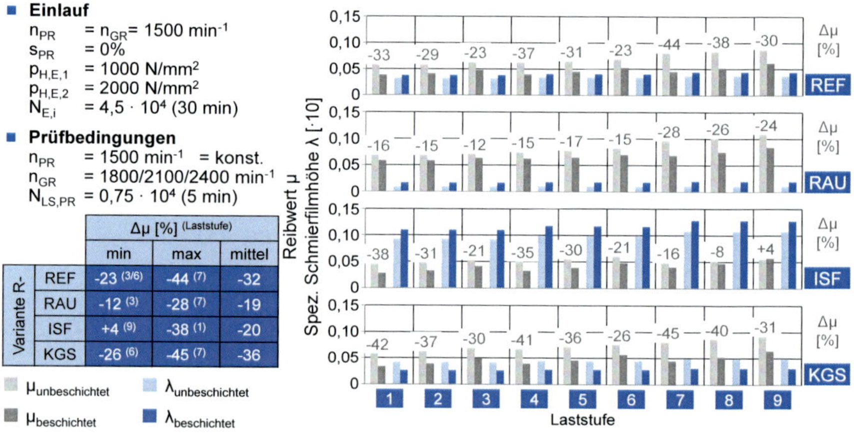


**Bild 5-9:** Reibwert und Schmierfilmhöhe in Abhängigkeit von der Oberflächenendbearbeitung
*Friction coefficient and lubricant film height depending on surface variant*

## 5.3 Einlaufverhalten und Oberflächenermüdung im Rollenkontakt

*Run-In Behavior and Surface Fatigue in Roller Contacts*

### 5.3.1 Einlaufverhalten

*Run-In Behavior*

Ziel der folgenden Untersuchungsreihe ist die Gegenüberstellung und Bewertung des Einlaufverhaltens der Kontaktflächenvarianten R-REF, R-ISF und R-KGS im a-C:H:W-beschichteten Zustand. Durch die Einstellung vergleichbarer Betriebsbedingungen sollen die Untersuchungsergebnisse Aufschluss über das Einlaufverhalten bei der anschließenden Untersuchungsreihe zur Wälzfestigkeit in Kapitel 5.3.2 geben. Nach [BUGI09] kommt es bei a-C:H:W-beschichteten Rollen innerhalb der ersten $N_L = 1 \cdot 10^6$ Lastwechsel zu starken Veränderungen der untersuchten a-C:H:W-beschichteten Rollenoberflächen. Nach wieviel Lastwechseln innerhalb dieses Intervalls die beobachteten Veränderungen eintreten, wird in [BUGI09] nicht näher betrachtet.

Die Untersuchungen werden auf dem Reibkraft-Rollenprüfstand durchgeführt. Als Schmierstoff kommt ein additiviertes Getriebeöl der SAE-Viskositätsklasse 75W-90 zum Einsatz. Die Untersuchungen laufen unter Einspritzschmierung bei einer geregelten Öleinspritztemperatur von $T_{Öl} = 90\ °C \pm 5\ K$. Die Drehzahl der Prüfrolle beträgt $n_{PR} = 2200\ min^{-1}$, die der Gegenrolle $n_{GR} = 2816\ min^{-1}$. Damit stellt sich ein Schlupfzustand von $s_{PR} = -28\ \%$ bezogen auf die Prüfrolle ein. Die theoretische Hertzsche Pressung im Rollenkontakt beträgt während des Einlaufs $p_{H,E} = 1100\ N/mm^2$. Die Lastwechselzahl für den Einlauf beträgt $N_L = 1{,}72 \cdot 10^5$ Lastwechsel. Als Prüflast während der Laststufen nach dem Einlaufvorgang wird eine Hertzsche Pressung von $p_H = 2800\ N/mm^2$ definiert. Sie wird für zwei Lastwechselintervalle von jeweils $N_L = 1 \cdot 10^5$ Lastwechsel aufgebracht. Nach dem Einlauf und nach jeder der beiden Lastwechselintervalle werden an vier über dem Rollenumfang verteilten Stellen taktile Profilmessungen der Laufbahn sowie lichtmikroskopische Aufnahmen der Kontaktoberfläche gemacht, um die Veränderung der Kontaktoberflächen zu dokumentieren. Nach Abschluss des zweiten Lastwechselintervalls erfolgt eine Analyse im Rasterelektronenmikroskop.

**Bild 5-10** zeigt die Ergebnisse der Einlaufuntersuchungen. Für jede der drei PVD-beschichteten Prüfvarianten ist der Verlauf der Oberflächenkennwerte aus der Abbotkurve $R_k$ (Kernrauhtiefe), $R_{pk}$ (reduzierte Spitzenhöhe) und $R_{vk}$ (reduzierte Riefentiefe), der Reibkraftverlauf während der beiden Lastwechselintervalle unter Prüflast sowie eine REM-Aufnahme der Kontaktoberfläche nach Abschluss der Untersuchung abgebildet. Bei der PVD-beschichteten Referenzoberfläche R-REF-B nehmen Kernrauhtiefe $R_k$ und reduzierte Spitzenhöhe $R_{pk}$ während des Einlaufs deutlich ab, während die reduzierte Riefentiefe $R_{vk}$ stagniert. Diese Messwerte resultieren aus der plastischen Verformung der Rauheitsspitzen. Die Reibkraft verändert sich während des Einlaufs mit $\Delta F_R = -3{,}5\ N$ nur geringfügig. Nach dem ersten Lastintervall fällt die Verringerung der reduzierten Riefentiefe deutlicher aus als die der beiden anderen betrachteten Kennwerte. Die Reibkraft steigt während dieses Vorgangs geringfügig an. Der hohe Wert der aufgebrachten Hertzschen Pressung führt während der ersten $N_L$ = 100.000 Lastwechsel zu einer Einebnung der Rauheitsspitzen in der Kontaktoberfläche. Nach dem zweiten Lastintervall zeigt die reduzierte Spitzenhöhe eine weitere Abnahme. Die Kernrautiefe steigt hier etwas an, während die reduzierte Riefentiefe stagniert. Die Reibkraft fällt im Laufe des zweiten Lastwechselintervalls etwas ab. Der Einebnungseffekt erfolgt demnach bereits innerhalb der ersten Lastwechselzahlen von $N_L$ = 200.000 Lastwechseln degressiv. Die REM-Aufnahme der Kontaktoberfläche nach Ende des Versuchs zeigt, dass die Beschichtung unter hoher Last bereits innerhalb der ersten 200.000 Lastwechsel lokal versagt. An mehreren Stellen ist auf in Schleifriefenrichtung gestreckten Flächen das Substrat zu erkennen. Das Erscheinungsbild deutet darauf hin, dass es an den Rauheitsspitzen lokal zu abrasivem Schichtverschleiß kommt. Wie in den Ritztest-Untersuchungen zur Schichthaftung in Abschnitt 5.1 zeigt sich auch hier die gute Schichthaftung, da die a-C:H:W-Schicht nur lokal an den hoch belasteten Rauheitsspitzen abrasiv verschleißt.

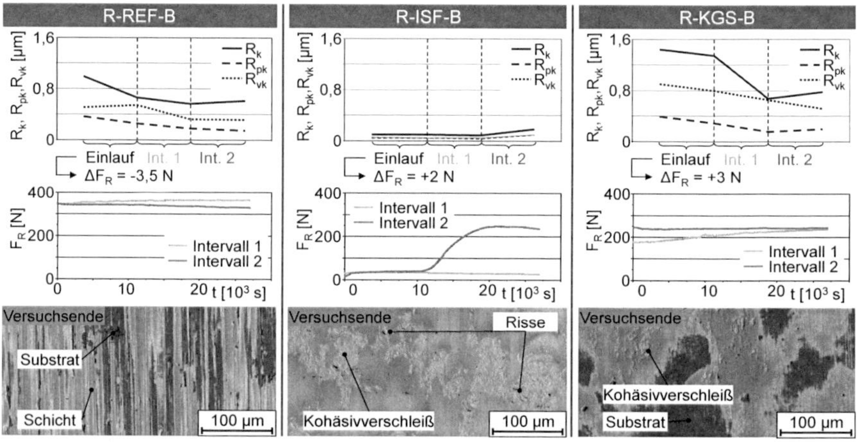


**Bild 5-10:** Ergebnisse der Untersuchungen zum Einlaufverhalten
*Test results of run-in behaviour*

Bei der Prüfvariante R-ISF-B liegt bereits im Ausgangszustand ein sehr hoher Materialanteil vor, der in kleinen Messwerten für $R_k$, $R_{pk}$ und $R_{vk}$ zum Ausdruck kommt. Sowohl die Kennwerte der Materialanteilkurve als auch die Reibkraft zeigen während des Einlaufs und des ersten Lastwechselintervalls keine Veränderung. Auch unter dem Lichtmikroskop ist kein Einlaufeffekt der a-C:H:W-Beschichtung feststellbar. Während des zweiten Lastwechselintervalls kommt es spontan zu einer deutlichen Reibkrafterhöhung. Gleichzeitig steigen die Kennwerte der Materialanteilkurve nach dem zweiten Lastwechselintervall geringfügig an. Die REM-Aufnahme der Kontaktoberfläche der Prüfrolle nach Versuchsende zeigt, dass die a-C:H:W-Beschichtung keine Lücken aufweist. Allerdings zeigen sich lokale Bereiche, in denen kohäsiver Schichtverschleiß vorliegt. Dieses Erscheinungsbild deutet darauf hin, dass auf der extrem glatten Oberfläche die Beschichtung unter hoher Hertzscher Pressung Ermüdungseffekten unterlegen ist. Ausgehend von den ermüdeten Schichtbereichen sind vereinzelt Risse in der Beschichtung festzustellen.

Die kugelgestrahlte Prüfvariante R-KGS-B weist vor Versuchsbeginn im Vergleich zur außenrundgeschliffenen Variante R-REF-B deutlich höhere Messwerte für die Kernrautiefe $R_k$ und die reduzierte Riefentiefe $R_{vk}$ auf. Die reduzierte Spitzenhöhe der Variante R-KGS-B ist mit dem Messwert der Variante R-REF-B vergleichbar. Im Laufe des Versuchs kommt es vor allem während des ersten Lastwechselintervalls zu einem ausgeprägten Einebnungseffekt, der dazu führt, dass der Messwert für die Kernrautiefe $R_k$ nach Versuchsende mit dem der Variante R-REF-B vergleichbar ist. Die reduzierte Riefentiefe fällt weiterhin höher aus als bei der Referenzvariante. Der Unterschied der Messwerte ist auf die Topografie der kugelgestrahlten Kontaktfläche zurückzuführen. Im Vergleich zu der geschliffenen Oberfläche liegen hier weniger Rauheitsspitzen mit einem größeren Volumen vor, die aufgrund ihrer abgerundeten Spitzen vor allem den Messwert für die Kernrautiefe $R_k$ beeinflussen. Unter hoher Hertzscher Pressung ebnen sich diese stark ein, während zwischen den Rauheitshügeln weiterhin ausgeprägte Täler vorliegen. Die REM-Aufnahme der Kontaktfläche der Prüfrolle zeigt, dass die a-C:H:W-Schicht im Bereich der Rauheitshügel abrasiv verschleißt, während in den umliegenden Tälern weiterhin Schicht vorliegt. Wie bei der Prüfvariante R-ISF-B zeigt sich in den beschichteten Bereichen kohäsiver Schichtverschleiß.

Die Untersuchungen zum Einlaufverhalten zeigen, dass alle PVD-beschichteten Kontaktflächenvarianten nach Versuchsende Einlaufeffekte aufweisen, die sich in Erscheinungsbild und Ausprägung deutlich unterscheiden. Bei den Prüfvarianten R-REF-B und R-KGS-B kommt es bereits nach $N_L$ = 200.000 Lastwechseln unter hoher Hertzscher Pressung zu Schichtversagen und freigelegten Substratbereichen. Bei der Prüfvariante R-ISF-B bleibt die PVD-Beschichtung geschlossen vorhanden, jedoch sind hier ermüdungsbedingte Veränderungen innerhalb der Beschichtung sichtbar. Unter der Annahme, dass der Schichtverschleiß einen wesentlichen Einflussfaktor auf die Wälzfestigkeit darstellt, ist für die Kontaktflächenvariante R-ISF-B eine vergleichsweise hohe Tragfähigkeitssteigerung in den Wälzfestigkeitsuntersuchungen gegenüber dem unbeschichteten Zustand zu erwarten. Bemerkenswert an den Reibkraftmessungen unter hoher Last sind außerdem die deutlichen Unterschiede im Reibkraftniveau, die zwischen den drei Prüfvarianten auszumachen sind. So weist die kugelgestrahlte Kontaktoberfläche R-KGS-B unter hoher Hertzschen Pressung erheblich geringere Reibkräfte auf als die außenrundgeschliffene Referenzoberfläche R-REF-B, während die Reibkraftuntersuchungen in Kapitel 5.2 ein anderes Ergebnis zeigen. Auch hier zeigt sich, dass der Einfluss unterschiedlicher Oberflächenstrukturen auf das Reibungsverhalten wälzbeanspruchter Komponenten auch von dem vorliegenden Pressungszustand abhängt. Darüber hinaus kommt bei den Untersuchungen zum Einlaufverhalten ein anderer Schmierstoff zum Einsatz, durch den das Reibungsverhalten maßgeblich beeinflusst werden kann.

### 5.3.2 Oberflächenermüdung

*Surface Fatigue*

In Analogie zum Zahnflankenkontakt werden in Kapitel 5.3.2 Untersuchungen zur Wälzfestigkeit im Rollentest durchgeführt. Wie bei den Einlaufuntersuchungen in Kapitel 5.3.1 kommt ein additiviertes Mineralöl der SAE-Viskositätsklasse 75 W-90 zum Einsatz. Die Untersuchungen laufen unter Einspritzschmierung bei einer geregelten Öleinspritztemperatur von $T_{Öl}$ = 90 °C±5K. Die Drehzahl der Prüfrolle beträgt $n_{PR}$ = 2870 min$^{-1}$, die der Gegenrolle $n_{GR}$ = 3674 min$^{-1}$. Damit stellt sich ein Schlupfzustand von $s_{PR}$ = -28% bezogen auf die Prüfrolle ein. Die theoretische Hertzsche Pressung im Rollenkontakt beträgt während des Einlaufs $p_{H,E}$ = 1100 N/mm$^2$. Die Lastwechselzahl für den Einlauf beträgt $N_L = 1{,}72 \cdot 10^5$ Lastwechsel.

Um die Wälzfestigkeit des für alle Prüfvarianten verwendeten Einsatzstahls 16MnCr5E zu bewerten, wird für die außenrundgeschliffene Referenzvariante R-REF eine Wöhlerlinie ermittelt (vgl. **Bild 5-11**).

- **Prüfkörper**
  Werkstoff: 16MnCr5E
- **Schmierstoff**
  SAE 75W-90, additiviert
  $T_{Öl}$ = 90 °C ± 5 K
- **Einlauf**
  $n_{PR}$ = 2870 min$^{-1}$
  $n_{GR}$ = 3674 min$^{-1}$
  $s_{PR}$ = -28%
  $p_{H,E}$ = 1100 N/mm$^2$
  $N_E = 1{,}72 \cdot 10^5$ (60 min)
- **Dauerfestigkeit**
  7 + 1 Versuche
  Auswertung nach Hück
- **Zeitfestigkeit**
  2 Lastniveaus
  3 Versuche pro Lastniveau

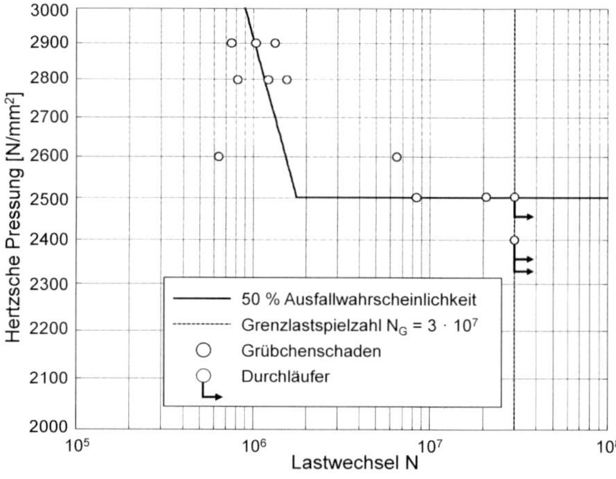


**Bild 5-11:** Wöhlerlinie Oberflächenvariante R-REF
*S/N-curve surface variant R-REF*

Als Schadenskriterium für die Wälzfestigkeitsuntersuchung wird die erste Ausbildung eines Grübchenschadens festgelegt. Die Ermittlung der Dauerfestigkeit erfolgt nach dem Treppenstufenverfahren nach Hück bei einer Grenzlastspielzahl von $N_G = 3 \cdot 10^7$ Lastwechseln. Es werden 10 Versuche durchgeführt und für eine Ausfallwahrscheinlichkeit von $P_A$ = 50% ausgewertet. Die dauerfest ertragbare theoretische Hertzsche Pressung für die unbeschichtete Referenzvariante liegt bei $p_H$ = 2500 N/mm$^2$. Basierend auf den Untersuchungsergebnissen zur Ermittlung der dauerfest ertragbaren Hertzschen Pressung werden das niedrige Lastniveau zur Ermittlung der Zeitfestigkeitsgeraden auf $p_{H,ZF1}$ = 2800 N/mm$^2$ und das hohe Lastniveau auf $p_{H,ZF2}$ = 2900 N/mm$^2$ festgelegt. Die vergleichenden Untersuchungen zur Wälzfestigkeit der drei verschiedenen Kontaktflächenvarianten R-REF, R-ISF und R-KGS im unbeschichteten und PVD-beschichteten Zustand erfolgt auf dem hohen zeitfesten Lastniveau mit $p_{H,ZF2}$ = 2900 N/mm$^2$.

**Bild 5-12** zeigt die Ergebnisse der Wälzfestigkeitsuntersuchungen für die unbeschichteten Kontaktflächenvarianten bei einer theoretisch vorliegenden Hertzschen Pressung von $p_H$ = 2900 N/mm$^2$. Es werden für jede Prüfvariante vier Versuche durchgeführt. Die durchschnittlich ertragbare Lastwechselzahl für die unbeschichtete Referenzvariante R-REF liegt bei $N_{L,mittel} = 1{,}23 \cdot 10^6$ Lastwechseln. Durch die a-C:H:W-Beschichtung wird die für Variante R-REF-B ermittelte durchschnittlich ertragbare Lastwechselzahl auf $N_{L,mittel} = 5{,}28 \cdot 10^6$ Lastwechsel erhöht.

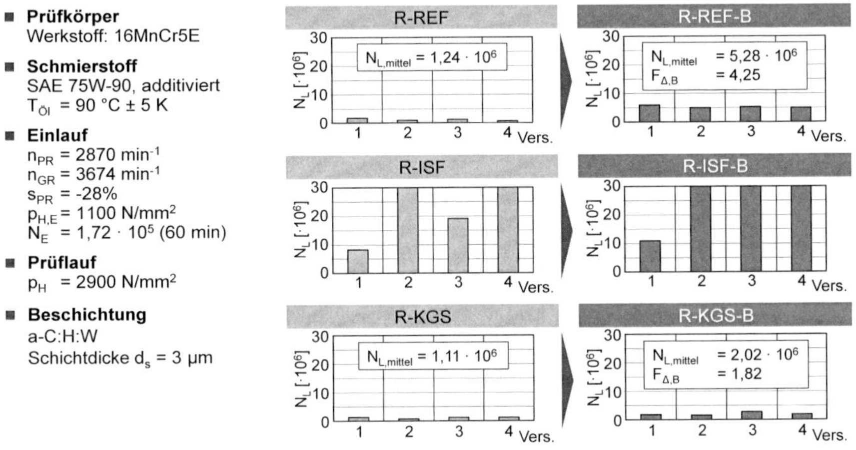


**Bild 5-12:** Einfluss von Endbearbeitung und Beschichtung auf die Wälzfestigkeit im Rollentest
*Influence of surface variant and coating on rolling strength*

Die PVD-Beschichtung bewirkt demnach für diese Kontaktflächenvariante eine Erhöhung der durchschnittlich ertragbaren Lastwechselzahl um den Faktor $F_{\Delta,B}$ = 4,25. Im Vergleich zur Referenzvariante R-REF weist die Prüfvariante R-ISF eine deutlich erhöhte Wälzfestigkeit auf. Zwei von vier Versuchen erreichen die Grenzlastspielzahl ohne Schaden. Gleichzeitig kommt es bei der Variante R-ISF zu einer höheren Streuung der Versuchsergebnisse. Wie auch im unbeschichteten Zustand weist die Prüfvariante R-ISF-B eine deutlich erhöhte Wälzfestigkeit auf. In diesem Fall laufen drei von vier Versuchen schadensfrei bis zur Grenzlastspielzahl durch. Wie im unbeschichteten Zustand kommt es bei dieser Variante auch im PVD-beschichteten Zustand zu einer hohen Streuung der Versuchsergebnisse. Die Untersuchungsergebnisse zur Kontaktoberflächenvariante R-KGS zeigen, dass durch die gewählte Kugelstrahlbehandlung keine Wälzfestigkeitssteigerung erreicht werden kann. Die durchschnittlich ertragbare Lastwechselzahl liegt hier mit $N_{L,mittel} = 1{,}11 \cdot 10^6$ Lastwechseln geringfügig unter dem Niveau der Referenzvariante R-REF. Die Untersuchungsergebnisse zur Kontaktoberflächenvariante R-KGS-B zeigen, dass durch die a-C:H:W-Beschichtung eine Wälzfestigkeitssteigerung um den Faktor $F_{\Delta,B}$ = 1,82 erreicht werden kann. Die durchschnittlich ertragbare Lastwechselzahl liegt hier bei

$N_{L,mittel} = 2{,}02 \cdot 10^6$ Lastwechseln absolut gesehen auf dem niedrigsten Niveau der drei untersuchten Varianten.

**Bild 5-13** zeigt REM-Aufnahmen von Grübchenschäden ausgewählter Prüfrollen der drei Oberflächenvarianten sowie vergrößerte Ausschnitte zur Schadensanalyse und Beurteilung des Oberflächenverschleißes. Für jede Prüfrolle ist die jeweils erreichte Lastwechselzahl angegeben. Die REM-Aufnahmen der Variante R-REF zeigt einen Grübchenschaden nach $N_L = 1{,}33 \cdot 10^6$ Lastwechseln. Die belastete Kontaktoberfläche weist neben dem Grübchenschaden verbreitet Mikroausbrüche auf. Dieser Effekt wird bei allen Prüfläufen zur Referenzvariante festgestellt. Im a-C:H:W-beschichteten Zustand zeigt die REM-Aufnahme einen Grübchenschaden nach $N_L = 5{,}29 \cdot 10^6$ Lastwechseln. In den hier dargestellten Sekundärelektronen-Aufnahmen erscheint der Beschichtungswerkstoff als heller Oberflächenbereich. Es lässt sich erkennen, dass die belastete Kontaktoberfläche ausgedehnte Bereiche aufweist, in denen die a-C:H:W-Schicht verschlissen ist. Der Ausgangspunkt des Grübchenschadens liegt in einem Oberflächenbereich, in dem keine PVD-Beschichtung mehr vorhanden ist. Mikroausbrüche werden nicht ausgemacht. Bei Variante R-ISF ist der betrachtete Grübchenschaden nach $N_L = 8{,}25 \cdot 10^6$ Lastwechseln aufgetreten. Im Gegensatz zur Prüfvariante R-REF werden auf den belasteten Kontaktoberflächen der Variante R-ISF keine Mikroausbrüche festgestellt. Die REM-Aufnahme im beschichteten Zustand zeigt einen Grübchenschaden nach $N_L = 13{,}82 \cdot 10^6$ Lastwechseln. Im Gegensatz zur Prüfvariante REF-B ist auf den belasteten Kontaktoberflächen der Variante ISF-B die PVD-Beschichtung noch nahezu flächendeckend vorhanden, weist aber deutliche Spuren von kohäsivem Verschleiß auf. In der Umgebung des Ausgangspunkts des Grübchenschadens ist die Beschichtung nicht mehr vorhanden.

- **Prüfkörper**
  Werkstoff: 16MnCr5E
- **Schmierstoff**
  SAE 75W-90, additiviert
  $T_{Öl} = 90\ °C \pm 5\ K$
- **Einlauf**
  $n_{PR} = 2870\ min^{-1}$
  $n_{GR} = 3674\ min^{-1}$
  $s_{PR} = -28\%$
  $p_{H,E} = 1100\ N/mm^2$
  $N_E = 1{,}72 \cdot 10^5$ (60 min)
- **Prüflauf**
  $p_H = 2900\ N/mm^2$
- **Beschichtung**
  a-C:H:W
  Schichtdicke $d_s = 3\ \mu m$

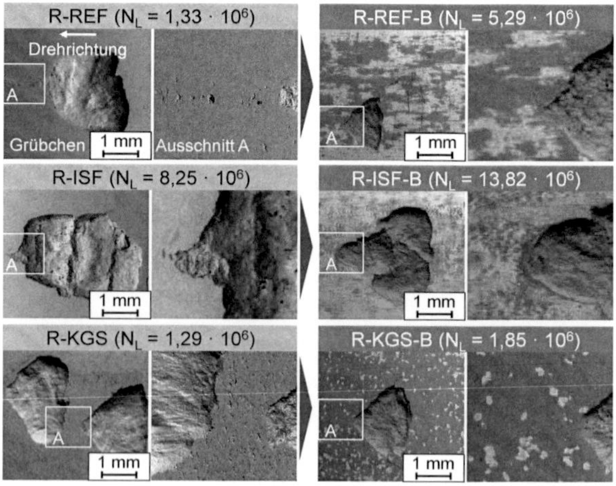


**Bild 5-13:** REM-Analyse der Grübchenschäden im Rollenkontakt
*SEM-analysis of pittings in roller contact*

Bei Variante R-KGS wird wie bei dem in der REM-Aufnahme gezeigten Fall von einem Grübchenschaden nach $N_L = 1{,}29 \cdot 10^6$ Lastwechseln auf den Prüfrollen mehrfach die Entstehung mehrerer über den Umfang verteilter Grübchenschäden festgestellt. Des Weiteren kommt es auf der Kontaktoberfläche flächendeckend zu Mikroausbrüchen, die in dem vergrößerten Ausschnitt zu erkennen sind. Im beschichteten Zustand kommt es bei dieser Variante zu einem fast vollständigen Schichtverlust auf der Kontaktoberfläche. Bemerkenswert ist, dass im Gegensatz zu der unbeschichteten Variante KGS bei der PVD-beschichteten Variante R-KGS-B keine Mikroausbrüche auf der belasteten Kontaktoberfläche erkennbar sind. Die REM-Analyse der Grübchenschäden zeigt, dass durch den Einsatz der Beschichtung die Bildung von Mikroausbrüchen verhindert werden kann. Bei Variante R-REF-B und Variante R-ISF-B weist die Beschichtung im Vergleich zu Variante R-KGS-B geringeren Verschleiß auf. Gleichzeitig wird bei diesen Varianten eine deutlichere Steigerung der Wälzfestigkeit erreicht. Dies legt den Schluss nahe, dass die Steigerung der Wälzfestigkeit in einem Zusammenhang mit dem Oberflächenverschleiß im PVD-beschichteten Wälzkontakt steht. Die Tatsache, dass der Ausgangspunkt der betrachteten Grübchenschäden in einem Bereich liegt, in dem die Beschichtung verschlissen ist, stützt diese These.

Für eine genauere Analyse des Einflusses der PVD-Beschichtung auf das Ermüdungsverhalten werden in **Bild 5-14** hochauflösende REM-Aufnahmen der Oberflächenvarianten R-REF und R-REF-B gegenübergestellt.

- **Prüfkörper**
  Werkstoff: 16MnCr5E
- **Schmierstoff**
  SAE 75W-90, additiviert
  $T_{Öl}$ = 90 °C ± 5 K
- **Einlauf**
  $n_{PR}$ = 2870 $min^{-1}$
  $n_{GR}$ = 3674 $min^{-1}$
  $s_{PR}$ = -28%
  $p_{H,E}$ = 1100 $N/mm^2$
  $N_E$ = 1,72 · $10^5$ (60 min)
- **Prüflauf**
  $p_H$ = 2900 $N/mm^2$
- **Beschichtung**
  a-C:H:W
  Schichtdicke $d_s$ = 3 µm

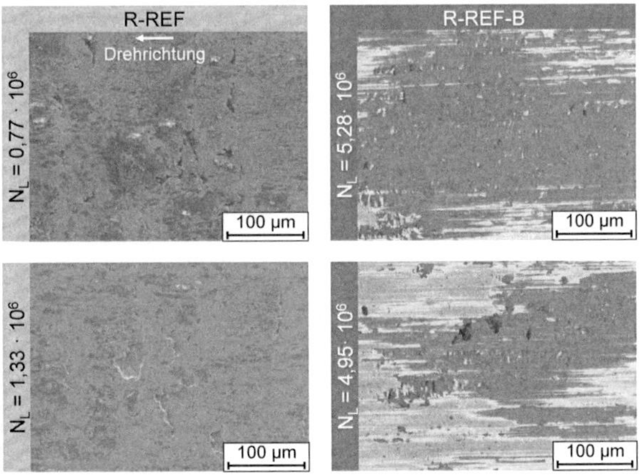


**Bild 5-14:** Oberflächenanalyse in Abhängigkeit vom Beschichtungszustand
*Surface analysis depending on coating condition*

Jede Aufnahme zeigt den Zustand der Kontaktoberfläche der Prüfrolle einer Prüfpaarung nach der angegebenen Lastwechselzahl. Die Rückstreuelektronen-Aufnahmen der unbeschichteten Variante R-REF machen eine Vielzahl von mikroskopischen Anrissen in axialer Richtung sichtbar, die sich flächendeckend über die Kontaktoberfläche ausbreiten. Vereinzelt sind Mikroausbrüche zu erkennen. Die Sekundärelektronen-Aufnahmen der beschichteten Variante R-REF-B zeigen, dass auch hier Oberflächenanrisse vorliegen. Diese fallen jedoch deutlich kürzer aus und wirken in ihrer

Tiefe weniger ausgeprägt. Hervorzuheben ist, dass die oberflächennahe Ermüdung nur in Oberflächenbereichen auftritt, wo die Beschichtung nicht mehr intakt ist. Die Kerbwirkung dieser kleinen Risse im mikrohertzschen Kontakt fällt geringer aus als die der großen Anrisse der unbeschichteten Rollenoberfläche. Hier bietet sich ein Erklärungsansatz für die höhere Wälzfestigkeit der PVD-beschichteten Rollenprüfkörper. Demnach ist trotz lokalem Verschleiß der PVD-Beschichtung mit einem positiven Einfluss auf die Wälzfestigkeit zu rechnen, wenngleich eine Verbesserung des Verschleißverhaltens der beschichteten Oberfläche für eine Verstärkung dieses positiven Effekts erstrebenswert erscheint.

## 5.4 PVD-Beschichtung der Prüfzahnräder

*PVD-Coating of Test Gears*

In den Untersuchungen zum Einfluss des Oberflächenverschleißes auf die Grübchentragfähigkeit PVD-beschichteter Zahnräder kommt Prüfverzahnung Z2 zum Einsatz (vgl. Abschnitt 4.4.1). Aufgrund der Verwendung der Zahnradgeometrie in vorangegangen Arbeiten zum PVD-beschichteten Zahnflankenkontakt [HURA04], [GROS07] und [BUGI09] ist eine Einordnung der erzielten Ergebnisse in den Stand des Wissens möglich. Neben den in den Abschnitten 5.1 bis 0 im Rollenkontakt untersuchten Endbearbeitungsvarianten REF und ISF wird das für PVD-beschichtete Zahnräder gängige Vorbehandlungsverfahren des Mikrostrahlens (MKS) als dritte Variante untersucht (vgl. Abschnitt 4.4.1). Auf die Fortsetzung der Untersuchung des Kugelstrahlens (KGS) als Endbearbeitungsverfahren wird aufgrund der im Rollenkontakt ermittelten geringen Wälzfestigkeit im Folgenden verzichtet. Alle Prüfzahnräder werden chargengleich wärmebehandelt und nach Variation der Kontaktflächenendbearbeitung in einer Reincharge PVD-beschichtet. Zur Erzielung einer nominellen Dicke der a-C:H:W-Beschichtung von $d_S$ = 3 µm kommt nach Herstellerangaben derselbe Beschichtungsprozess zum Einsatz wie bei der PVD-Beschichtung der Rollenprüfkörper (vgl. Abschnitt 5.1).

**Bild 5-15** zeigt die Ergebnisse der metallografischen Untersuchungen zum Einfluss der PVD-Beschichtung auf die Eigenschaften der oberflächennahen Randzone am Beispiel der Oberflächenvariante MKS. Des Weiteren ist eine Gegenüberstellung taktiler Messungen der Oberflächenstruktur der untersuchten Varianten im unbeschichteten (MKS) bzw. beschichteten Zustand zu sehen. Im Querschliff des beschichteten Zahnprofils ist der Chrom-Haftvermittler als helle Linie zu erkennen. In dem hier gezeigten Bereich nahe des Wälzkreises weist die Beschichtung eine Dicke von $d_S$ = 2-3 µm auf. Sowohl im unbeschichteten als auch im beschichteten Zustand zeigt das oberflächennahe Gefüge das typische Erscheinungsbild eines angelassenen Einsatzstahls mit feinnadeligem Martensit und wenig Restaustenit. Dies und die Darstellung des Härtetiefenverlaufs beweisen, dass durch den Beschichtungsprozess keine Veränderungen des oberflächennahen Gefüges auftreten. Der Vergleich der Eigenspannungstiefenverläufe zeigt, dass es durch den Beschichtungsprozess zu einer geringfügigen Abnahme der Druckeigenspannungen im oberflächennahen Bereich sowohl in Profil- als auch in Zahnbreitenrichtung kommt.

Die Struktur der Zahnflankenoberflächen wird anhand von taktilen 3D-Messungen gegenübergestellt. Bei allen gezeigten Oberflächenvarianten ist eine Welligkeit des Tastschnittprofils zu erkennen. Hinsichtlich der Oberflächenstruktur hebt sich die glatte Oberfläche der Variante Z2-ISF-B deutlich von den übrigen Ergebnissen ab. Aufgrund des geringeren Strahlgutdurchmessers sind bei Variante MKS im Gegensatz zu den Beobachtungen von [BUGI09,S.82] sowohl im unbeschichteten als auch im beschichteten Zustand Riefen in Zahnbreitenrichtung zu erkennen, die auf den vorangegangenen Profilschleifprozess zurückzuführen sind. Anhand der dargestellten Messungen ist die mikrogestrahlte Oberfläche demnach nicht von der geschliffenen Oberfläche zu unterscheiden. Die Zahnflanken weisen lediglich ein vergleichsweise mattes Erscheinungsbild auf.

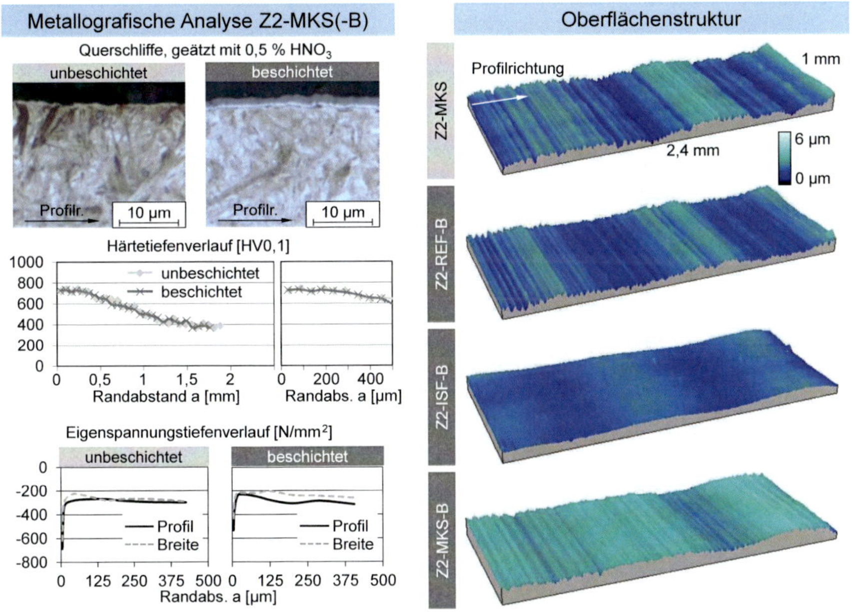


**Bild 5-15:** Metallografische Analyse und Oberflächenstruktur
*Metallographic analysis and surface structure*

**Bild 5-16** zeigt die Ergebnisse der quantitativen Gegenüberstellung der PVD-beschichteten Oberflächen in Bezug auf die Oberflächenrauheit in Profilrichtung. Die aufgeführten Messwerte werden jeweils an zwei Prüfritzeln der jeweiligen Oberflächenvariante im beschichteten Zustand ermittelt, wobei pro Zahnrad vier über dem Umfang verteilte Messungen an beiden Zahnflanken durchgeführt werden. Weitere Angaben zu den Messbedingungen sind Bild 5-16 zu entnehmen. Die Säulendiagramme in Bild 5-16 lassen erkennen, dass für alle betrachteten Kennwerte die Ergebnisse für Links- und Rechtsflanke vergleichbar ausfallen. Der mittlere arithmetische Mittenrauwert der geschliffenen Zahnflankenoberfläche REF liegt bei etwa $R_{a,m}$ = 0,4 µm, die mittlere Rautiefe bei $R_{z,m}$ = 2,5 µm. Durch das ISF-Verfahren werden beide Kennwerte näherungsweise um die Hälfte reduziert. Variante MKS zeigt im Vergleich zu Variante REF für diese beiden Kennwerte geringfügig höhere Messergebnisse. Die mittlere Welligkeit $W_{t,m}$ fällt für alle Prüfvarianten vergleichbar aus. Die Kennwerte der Materialanteilkurve zeigen, dass sich das ISF-Verfahren deutlich auf die Kernrautiefe $R_{k,m}$ und die reduzierte Spitzenhöhe $R_{pk,m}$ auswirkt, während die reduzierte Riefentiefe gegenüber Variante REF unverändert bleibt. Die Rauheitskennwerte der teilwälzgeschliffenen Räder der Prüfverzahnung Z2 fallen im Vergleich zu den profilgeschliffenen Ritzeln um etwa $\Delta R_x$ = -25 % geringer aus. Ein Abgleich mit entsprechenden Messungen im unbeschichteten Zustand zeigt, dass entsprechend den Untersuchungen an Rollenprüfkörpern in Abschnitt 5.1 die Oberflächenrauheit durch die PVD-Beschichtung nur unwesentlich beeinflusst wird.

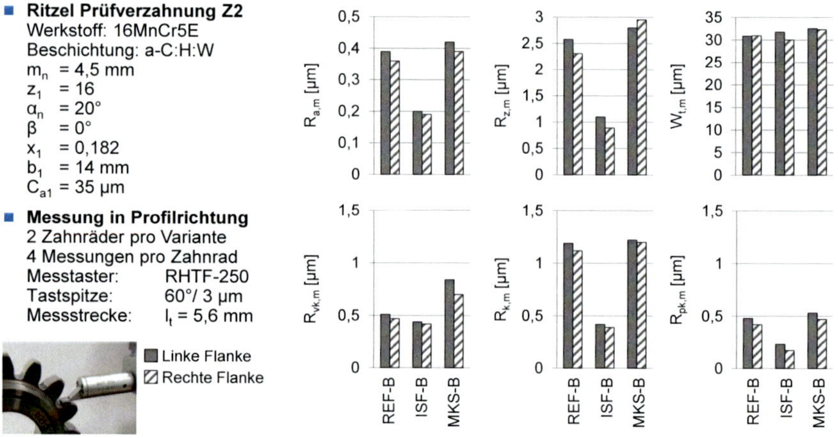


**Bild 5-16:** Einfluss der Endbearbeitung auf die Oberflächenrauheit
*Influence of surface finishing operation on surface roughness*

Neben der Oberflächenqualität wird auch der Einfluss der Endbearbeitungsverfahren und der Beschichtung auf die Zahnrad-Mikrogeometrie an 2 Prüfritzeln pro Variante mit jeweils vier auf dem Umfang verteilten Messungen an beiden Zahnflanken auf einer Koordinatenmessmaschine untersucht (vgl. **Bild 5-17**). Dargestellt sind die Messgrößen Profilwinkelabweichung $f_{H\alpha}$ und Breitenballigkeit $C_\beta$. Die Betrachtung der Ergebnisse für die Oberflächenvarianten im unbeschichteten Zustand zeigen, dass durch das ISF-Verfahren und das Mikrostrahlen eine Erhöhung der Flankenlinienwinkelabweichung erfolgt. In beiden Fällen ist dies auf den vermehrten Kontakt der Schleifkörper bzw. des Strahlguts mit dem Kopfbereich der Zahnflanken zurückzuführen. Durch den Effekt der Kantenabrundung kommt es beim ISF-Verfahren zusätzlich zu einer geringfügigen Erhöhung der gemessenen Breitenballigkeit $C_\beta$. Durch die PVD-Beschichtung reduziert sich der Betrag der negativen Profilwinkelabweichung bei allen Varianten, da die Schichtdicke im Zahnkopf aufgrund der Sichtliniencharakteristik des PVD-Prozesses höher ausfällt als im Zahnfußbereich. Die Breitenballigkeit wird durch die PVD-Beschichtung nicht beeinflusst. Sämtliche geometrische Veränderungen beeinflussen nicht die Verzahnungsqualität der Prüfzahnräder nach [DIN91], müssen jedoch bei der Auswertung der Versuchsergebnisse berücksichtigt werden.

- **Ritzel Prüfverzahnung Z2**
  Werkstoff: 16MnCr5E
  Beschichtung: a-C:H:W
  $m_n$ = 4,5 mm
  $z_1$ = 16
  $\alpha_n$ = 20°
  $\beta$ = 0°
  $x_1$ = 0,182
  $b_1$ = 14 mm
  $C_{a1}$ = 35 µm
- **Koordinatenmessung**
  2 Zahnräder pro Variante
  4 Messungen pro Zahnrad

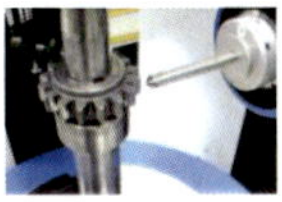

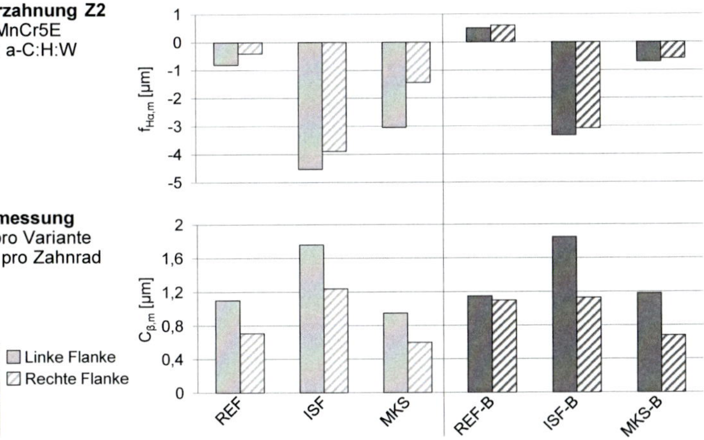


**Bild 5-17:** Einfluss der PVD-Beschichtung auf die Mikrogeometrie
*Influence of PVD-coating on micro geometry*

## 5.5 Verschleiß und Schadensbildung im Zahnflankenkontakt

*Surface Wear and Surface Fatigue in Gear Flank Contacts*

Zur Untersuchung des Einflusses des Oberflächenverschleißes auf die Entstehung ermüdungsbedingter Zahnflankenschäden werden Laufversuche im unbeschichteten und beschichteten Zustand durchgeführt. Der eingesetzte Schmierstoff vom Typ SAE 75W-90 zeigt unter Verwendung der Oberflächenvariante Z2-REF im Pittingtest nach [SCHE96] bei Momentenstufe 10 eine hohe Grübchentragfähigkeit. Da auf Basis der vorangegangenen Untersuchungen im Rollentest durch die a-C:H:W-Beschichtung der Prüfverzahnungen mit einer Erhöhung der Grübchentragfähigkeit zu rechnen ist, wird für die Durchführung der Einstufenversuche die Aufbringung eines ritzelseitigen Lastmoments von $M_1$ = 450 Nm entsprechend Momentenstufe 11 nach [SCHE96] vorgenommen. Der Einlaufvorgang wird unverändert bei Momentenstufe 6 ($M_1$ = 135 Nm) durchgeführt. **Bild 5-18** zeigt die Ergebnisse von jeweils drei Versuchsläufen pro Prüfvariante. Des Weiteren sind die Berechnungsergebnisse für die ertragbare Lastwechselzahl für eine Ausfallwahrscheinlichkeit von $P_A$ = 50 % nach [SCHE96] aufgeführt. Diese liegt für Variante Z2-REF bei $N_{L,50\%} = 4{,}5 \cdot 10^6$ mit einer geringen Streuung der Versuchsergebnisse. Durch das ISF-Verfahren kann die Grübchentragfähigkeit mit einer ertragbaren Lastwechselzahl von $N_{L,50\%} = 21{,}7 \cdot 10^6$ um nahezu das Fünffache gesteigert werden. Allerdings zeigen die Ergebnisse eine erhöhte Streuung, welche bei Laufversuchen im Zeitfestigkeitsgebiet auch bei [BUGI09] beobachtet wird. Bemerkenswert ist hier, dass die im Zahnflankenkontakt erzielten Ergebnisse für den unbeschichteten Zustand sowohl hinsichtlich der Tragfähigkeitssteigerung als auch hinsichtlich der Erhöhung der Streuung mit den im Rollenkontakt erzielten Ergebnissen übereinstimmen (vgl. Bild 5-12).

Auch Variante Z2-MKS zeigt im unbeschichteten Zustand eine deutliche Steigerung der ertragbaren Lastwechselzahl, welche mit $N_{L,50\%} = 22{,}1 \cdot 10^6$ auf einem Niveau mit Variante Z2-ISF liegt. Auch hier ist eine erhöhte Streuung der Versuchsergebnisse festzustellen. Diese fällt hier jedoch deutlich geringer aus als bei vergleichbaren Untersuchungen nach [BUGI09], bei denen ein Teil der Laufversuche geringere Lastspielzahlen als der früheste Ausfall der geschliffenen Referenzvariante zeigt.

Der Einfluss der Beschichtung auf die Grübchentragfähigkeit stellt sich für die drei Oberflächenvarianten unterschiedlich dar. Für Variante Z2-REF-B zeigt sich durch die PVD-Beschichtung eine Erhöhung der erreichbaren Lastwechselzahl auf $N_{L,50\%} = 8{,}3 \cdot 10^6$, wobei nur zwei der drei durchgeführten Versuche eine höhere Lastspielzahl aufweisen als die Versuche im unbeschichteten Zustand. Die Streuung der Versuchsergebnisse nimmt im Vergleich zum unbeschichteten Zustand zu. Bei Variante Z2-ISF-B liegt die erreichbare Lastwechselzahl im beschichteten Zustand bei $N_{L,50\%} = 3{,}2 \cdot 10^6$. Für diese Variante wird demnach im Gegensatz zu den Ergebnissen im Rollenkontakt in Bild 5-12 eine deutliche Reduzierung der Grübchentragfähigkeit festgestellt. Bei Variante Z2-MKS-B erreichen alle drei Versuche die Grenzlastspielzahl schadensfrei. Unter Voraussetzung einer ausreichenden Schichthaftung zeichnet sich hier die deutlichste Tragfähigkeitssteigerung durch den Einsatz der PVD-Beschichtung ab.

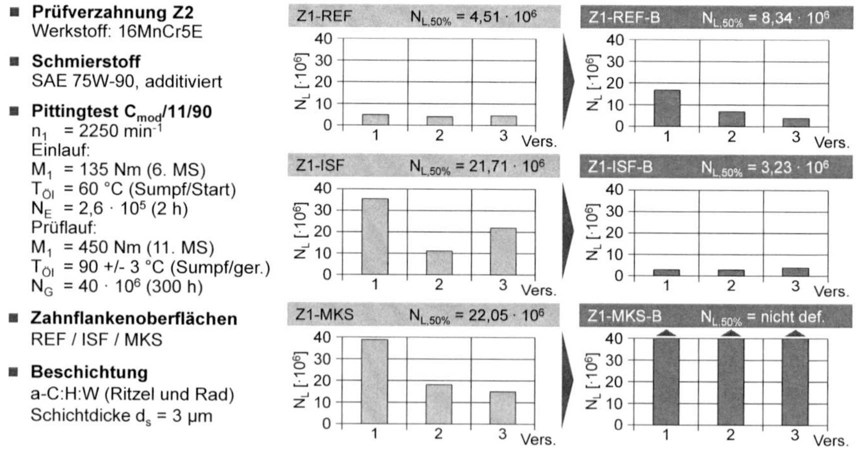


**Bild 5-18:** Einfluss von Endbearbeitung und Beschichtung auf die Grübchentragfähigkeit
*Influence of surface variant and coating on pitting strength*

Im Folgenden werden die Versuchsergebnisse anhand der in **Bild 5-19** gezeigten Aufnahmen von miteinander kämmenden Zahnflanken, die überwiegend keinen Grübchenschaden aufweisen, unter dem Aspekt des Oberflächenverschleißes analysiert. Ziel der Analyse ist die qualitative Gegenüberstellung des Verschleißzustands ohne die Verfälschung durch einen Grübchenschaden. Die Aufnahmen der Zahnflanken nach Grübchenentstehung für die Versuche 1 und 3 in Bild 5-19 zeigen, dass bei dieser Variante das Verschleißbild auf dem profilgeschliffenen Ritzel und dem teilwälzgeschliffenen Rad unterschiedlich ausfällt. Nach Versuch 1 liegt auf den Ritzelzahnflanken im Zahnfußbereich sichtbarer Oberflächenverschleiß unter Freilegung der Substratoberfläche vor. Am Rand dieser Verschleißzone ist ein unscharfer Übergang zur Oberfläche mit intakter PVD-Beschichtung zu erkennen. Die restliche Zahnflankenoberfläche zeigt kohäsiven Schichtverschleiß ohne Substratfreilegung. Die Zahnflankenoberflächen des Rads zeigen neben der bekannten Verschleißzone im Zahnfußbereich lokale Stellen mit Schichtdelamination im Bereich des Wälzkreises und darüber, welche sich durch einen scharfen Rand auszeichnen. Dabei können die Bereiche der Schichtdelamination nur bis zu einem Durchmesser ausgemacht werden, der auf allen Zahnflanken über dem Umfang des Rads verteilt vergleichbar ausfällt.

Während nach Versuch 3 die Ritzelzahnflanken hinsichtlich des Verschleißbilds mit den Ergebnissen aus Versuch 1 vergleichbar sind, zeigen die Zahnflanken des Rads vergleichsweise starke Delaminationserscheinungen. Es ist zu erkennen, dass zum einen die Neigung zur Schichtdelamination bei den teilwälzgeschliffenen Rädern höher ausfällt als bei den profilgeschliffenen Ritzeln. Zum anderen führt ein Schichtverlust auf den Radzahnflanken selbst bei gleichwertiger ritzelseitiger Schichthaftung zu einem Ausbleiben der Tragfähigkeitssteigerung. Nach Versuch 1 der Variante Z2-ISF-B kommt es bereits nach $N_L = 2 \cdot 10^6$ Lastwechseln zu einer nahezu vollständigen Delamination der PVD-Beschichtung auf Ritzel und Rad mit scharfrandiger Freilegung des Substratmaterials, bevor nach $N_L = 3{,}89 \cdot 10^6$ ein Grübchenschaden auftritt. Der hier gezeigte Verschleißverlauf stimmt mit dem der weiteren zwei Versuche für diese Variante überein. Die Tragfähigkeit wird durch die PVD-Beschichtung im Vergleich zum unbeschichteten Zustand erheblich reduziert. Die ausgeprägte Schichtdelamination auf den Zahnflanken deutet hier darauf hin, dass die Schichthaftung auf den ISF-behandelten Oberflächen unabhängig vom verwendeten Hartfeinbearbeitungsverfahren schlechter ausfällt als bei den anderen Oberflächenvarianten. Nach Versuch 1 der Variante Z2-MKS-B sind nach Erreichen der Grenzlastspielzahl von $N_G = 40{,}00 \cdot 10^6$ weder auf den Ritzel- noch auf den Radflanken Delaminationsbereiche zu erkennen. Gleichzeitig zeigen die Zahnflanken ein ausgeprägtes Reflektionsverhalten, welches mit dem der glatten Oberfläche der Variante Z2-ISF vergleichbar ist. Im Zahnfußbereich sind jeweils Oberflächenbereiche mit freigelegtem Substrat zu erkennen, welche einen unscharfen Rand aufweisen.

Die Untersuchungsergebnisse zeigen, dass die Kontaktflächenendbearbeitung einen erheblichen Einfluss auf die Schichthaftung ausübt. Für Variante Z2-REF-B und Variante Z2-ISF-B gilt gleichermaßen, dass bei frühzeitigem Schichtverlust aufgrund von Delamination keine Erhöhung der Grübchentragfähigkeit gegenüber Variante Z2-REF erreicht werden kann. Mit Variante Z2-MKS-B, bei der keine Delaminationsbereiche festgestellt werden, wird eine Tragfähigkeitssteigerung erreicht. Übereinstimmend mit den Erkenntnissen aus [GROS07] stellt auch hier die Schichthaftung eine grundlegende Voraussetzung für eine Tragfähigkeitssteigerung dar. Dabei erweist sich auch ein Schichtverlust auf dem Gegenrad als kritisch. Als Grund für die ausbleibende Tragfähigkeitssteigerung kann hier eine erhöhte tribologische Belastung durch die Erhöhung der Anzahl der Schichtpartikel im Ölsumpf angeführt werden. Die Gewährleistung einer ausreichenden Schichthaftung der als Reincharge beschichteten und auch im Hinblick auf vorangegangene Bearbeitungsschritte gleich behandelten Prüfverzahnungen, stellt eine bleibende Herausforderung bei der Zahnradbeschichtung dar.

- **Prüfverzahnung Z2**
  Werkstoff: 16MnCr5E
- **Schmierstoff**
  SAE 75W-90, additiviert
- **Pittingtest $C_{mod}$/11/90**
  $n_1$ = 2250 $min^{-1}$
  Einlauf:
  $M_1$ = 135 Nm (6. MS)
  $T_{Öl}$ = 60 °C (Sumpf/Start)
  $N_E$ = 2,6 · $10^5$ (2 h)
  Prüflauf:
  $M_1$ = 450 Nm (11. MS)
  $T_{Öl}$ = 90 +/- 3 °C (Sumpf/ger.)
  $N_G$ = 40 · $10^6$ (300 h)
- **Zahnflankenoberflächen**
  REF / ISF / MKS
- **Beschichtung**
  a-C:H:W (Ritzel und Rad)
  Schichtdicke $d_s$ = 3 µm

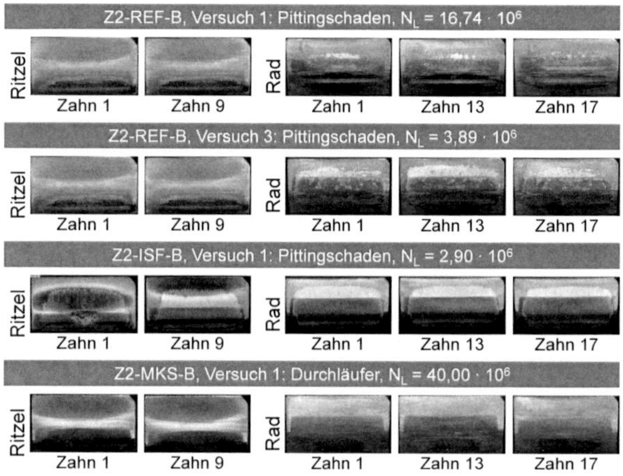


**Bild 5-19:** Lichtmikroskopische Analyse des Oberflächenverschleißes
*Light microscopy analysis of surface wear*

**Bild 5-20** zeigt Ergebnisse der messtechnischen Analyse beispielhaft ausgewählter unbeschichteter und beschichteter Zahnflanken ohne Grübchenschaden nach Beendigung des jeweiligen Laufversuchs. Dargestellt sind mit der Koordinatenmessmaschine durchgeführte topografische Messungen der Zahnflankenmikrogeometrie an Ritzel und Rad. Bei der Betrachtung der Ritzelflankentopografien fällt auf, dass alle beschichteten Zahnflanken eine deutliche Auskolkung im Zahnfußbereich aufweisen, welche bei den unbeschichteten Oberflächenvarianten nicht festgestellt wird. Bemerkenswert ist, dass es im beschichteten Zustand trotz der Kopfrücknahme der Verzahnung zu einem ausgeprägten Materialverlust im Zahnfußbereich kommt, welcher im unbeschichteten Zustand nicht festgestellt wird. Dies lässt sich durch einen vorzeitigen Zahneingriff in Kombination mit der Oberflächenpaarung unbeschichtet-beschichtet nach dem Verschleiß der Beschichtung im Zahnfußbereich des Ritzels erklären. Vergleichbare Auskolkungserscheinungen zeigt [GROS07] für die Radpaarung beschichtetes Ritzel und unbeschichtetes Rad an den unbeschichteten Radflanken.

Die Auskolkung ist bei den Varianten Z2-REF-B und Z2-MKS-B stärker ausgeprägt als bei Variante Z2-ISF-B. Dies ist zum einen auf die geringere Lastwechselzahl, zum anderen auf die deutlich geringere Rauheit sowie die Kantenabrundung durch das

ISF-Verfahren zurückzuführen. Im Gegensatz zu den Ritzelflanken sind die radseitigen Topografien im beschichteten und unbeschichteten Zustand vergleichbar, so dass davon ausgegangen werden muss, dass es vor allem zu Beginn des Zahneingriffs zu erhöhtem Verschleiß der Zahnflanke des Ritzels kommt, sobald das Substrat freigelegt ist.

- **Prüfverzahnung Z2**
  Werkstoff: 16MnCr5E
- **Schmierstoff**
  SAE 75W-90, additiviert
- **Pittingtest $C_{mod}$/11/90**
  $n_1$ = 2250 $min^{-1}$
  Einlauf:
  $M_1$ = 135 Nm (6. MS)
  $T_{Öl}$ = 60 °C (Sumpf/Start)
  $N_E$ = 2,6 · $10^5$ (2 h)
  Prüflauf:
  $M_1$ = 450 Nm (11. MS)
  $T_{Öl}$ = 90 +/- 3 °C (Sumpf/ger.)
  $N_G$ = 40 · $10^6$ (300 h)
- **Zahnflankenoberflächen**
  REF / ISF / MKS
- **Beschichtung**
  a-C:H:W (Ritzel und Rad)
  Schichtdicke $d_s$ = 3 µm

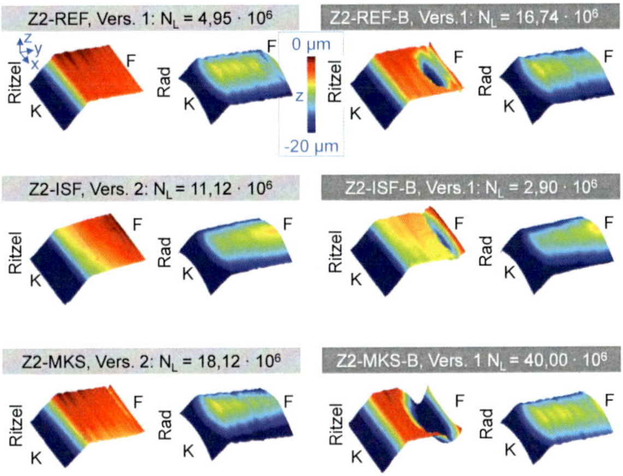


**Bild 5-20:** Mikrogeometrie nach Versuchsende
*Micro geometry at end of test*

**Tabelle 5-1** zeigt die Messergebnisse für den mittleren arithmetischen Mittenrauwert $R_a$ und die gemittelte Rautiefe $R_z$ in Profilrichtung nach Versuchsende, berechnet aus dem geometrischen Mittel aus den Messwerten an Ritzel und Rad. Die Analyse der gemittelten Rauheitskennwerte $R_a$ und $R_z$ zeigt, dass bei den Varianten Z2-REF und Z2-MKS kein wesentlicher Unterschied zwischen unbeschichtetem und beschichetem Zustand vorliegt. Folglich kann hier eine deutliche Reduzierung der Rauheitskennwerte durch die Beschichtung nicht festgestellt werden. Im Gegensatz hierzu kommt es bei Variante Z2-ISF jedoch zu einer deutlichen Aufrauhung der Zahnflankenoberfläche durch den Einsatz der PVD-Beschichtung im Vergleich zum unbeschichteten Zustand. Dies ist an der Zunahme des arithmetischen Mittenrauwerts $R_a$ erkennbar. Hier bietet sich ein Erklärungsansatz für die Reduzierung der Grübchentragfähigkeit.

| | $R_{a,m}$ [µm] | $R_{z,m}$ [µm] | | $R_{a,m}$ [µm] | $R_{z,m}$ [µm] |
|---|---|---|---|---|---|
| Z2- REF | 0,43 | 2,88 | Z2-REF-B | 0,44 | 2,48 |
| Z2-ISF | 0,20 | 1,24 | Z2-ISF-B | 0,32 | 1,28 |
| Z2-MKS | 0,42 | 2.20 | Z2-MKS-B | 0,46 | 2,16 |

**Tabelle 5-1:** Zahnflankenrauheit nach Versuchsende
Gear flank roughness at end of test

**Bild 5-21** zeigt beispielhaft REM-Aufnahmen geschädigter Zahnflankenoberflächen der Varianten Z2-REF und Z2-ISF im unbeschichteten und beschichteten Zustand. Es ist zu erkennen, dass es bei Variante Z2-REF (unbeschichtet) zu einer deutlichen

Ausprägung von Mikroausbrüchen kommt, aus denen der Grübchenschaden hervorgeht. Dabei erscheint die gesamte Fläche unterhalb des Grübchens von Beginn des Zahneingriffs an durch Mikroausbrüche geschädigt.

- **Prüfverzahnung 1 (Z1)**
  Werkstoff: 16MnCr5E
- **Schmierstoff**
  SAE 75W-90, additiviert
- **Pittingtest $C_{mod}$/11/90**
  $n_1$ = 2250 $min^{-1}$
  Einlauf:
  $M_1$ = 135 Nm (6. MS)
  $T_{Öl}$ = 60 °C (Sumpf/Start)
  $N_E$ = 2,6 · $10^5$ (2 h)
  Prüflauf:
  $M_1$ = 450 Nm (11. MS)
  $T_{Öl}$ = 90 +/- 3 °C (Sumpf/ger.)
  $N_G$ = 40 · $10^6$ (300 h)
- **Zahnflankenoberflächen**
  REF / ISF
- **Beschichtung**
  a-C:H:W (Ritzel und Rad)
  Schichtdicke $d_s$ = 3 µm

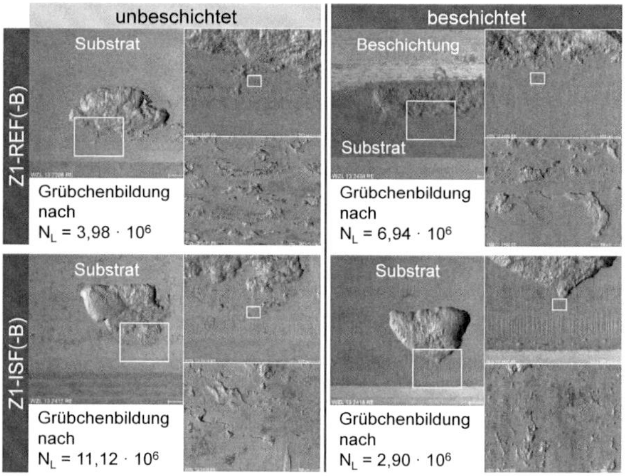


**Bild 5-21:** REM-Analyse der Grübchenschäden im Zahnflankenkontakt
*SEM-analysis of pittings on gear flanks*

Anders verhält es sich im beschichteten Zustand, wo nur in unmittelbarer Nähe des Grübchens Mikrorisse auftreten, die Zahnflanke jedoch weitestgehend frei von Ausbrüchen bleibt. Von entscheidender Bedeutung ist die mit [BUGI09] übereinstimmende Beobachtung, dass die Grübchenschäden auf den PVD-beschichteten Zahnflanken auf die Oberflächenbereiche begrenzt sind, in denen die PVD-Beschichtung durch Oberflächenverschleiß entfernt wurde und das Substrat freiliegt. Die Anzahl von Mikroausbrüchen in Zahnflankenbereichen mit freigelegtem Substrat fällt bei Variante Z2-MKS-B noch geringer aus als bei Variante Z2-REF-B.

Bei den Varianten Z2-ISF und Z2-ISF-B werden umgekehrte Beobachtungen gemacht. Hier können im unbeschichteten Zustand nur in unmittelbarer Umgebung des Grübchenschadens Mikroausbrüche in geringer Anzahl beobachtet werden. Im beschichteten Zustand bildet sich im Zahnfußbereich eine Schabemarke aus. Oberhalb dieser Schabemarke sind Mikroausbrüche in linienförmiger Anordnung zu erkennen, die auf eine abrasionsbedingte Aufrauhung zurückzuführen sind, die messtechnisch nachgewiesen wurde (vgl. Tabelle 5-1). Aus diesen Zahnflankenbereichen heraus kommt es zur Entstehung der Grübchenschäden.

Weiteren Aufschluss über den Zusammenhang zwischen Oberflächenverschleiß und der Entstehung ermüdungsbedingter Zahnflankenschäden liefert die Analyse des Einflusses der Mikrogeometrie nach Versuchsende auf den Verlauf der Hertzschen Pressung über der Profilhöhe in **Bild 5-22**. Die Berechnung der Pressungsverläufe erfolgt mit dem FVA-Programm FE-Stirnradkette nach [BREC10a] unter Berücksichtigung der messtechnisch erfassten Zahnflankentopografien von Ritzel und Rad nach Versuchsende (vgl. Bild 5-20). Es ist zu erkennen, dass der Verlauf der Hertzschen

Pressung für alle Varianten im unbeschichteten Zustand nach Versuchsende vergleichbar ausfällt. Hieraus folgt, dass die Erhöhung der ertragbaren Lastwechselzahl im Laufversuch der Varianten Z2-ISF und Z2-MKS gegenüber Variante Z2-REF auf die unterschiedliche Zahnflankenendbearbeitung zurückzuführen ist. Im Falle der Variante Z2-ISF ist die Erhöhung der Grübchentragfähigkeit mit der geringen Anzahl an Mikroausbrüchen zu erklären, welche Kerbstellen auf der Zahnflankenoberfläche darstellen und Grübchenbildung begünstigen. Auch bei Variante Z2-MKS ist nach Versuchsende ein im Vergleich zu Z2-REF geringerer arithmetischer Mittenrauwert festzustellen (vgl. Tabelle 5-1). Hinzu kommt, dass die Randzone dieser Variante hohe Zugspannungen aufweist (vgl. Bild 5-15).

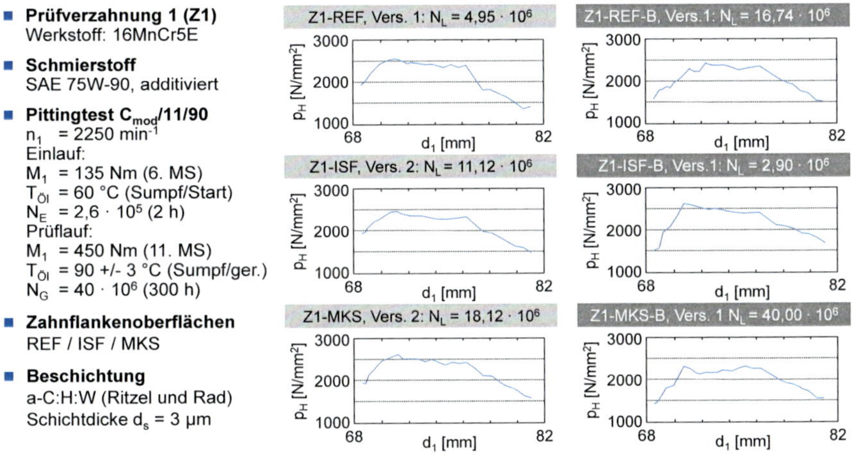


**Bild 5-22:** Einfluss der Mikrogeometrie auf den Pressungsverlauf über der Profilhöhe
*Influence of micro geometry on pressure development in profile direction*

Durch die Auskolkungen im Zahnfußbereich der Ritzelflanken kommt es zu einer deutlichen Verringerung der Hertzschen Pressungen. Der abrasive Verschleiß der Ritzelflanken nach verschleißbedingtem Versagen der Beschichtung im Fußbereich führt demnach zu einer Veränderung der Zahnflankentopografie, welche eine günstigere Pressungsverteilung und eine Erhöhung der ertragbaren Lastwechselzahl verursacht. Von wesentlicher Bedeutung ist hierbei, dass es im Bereich des Oberflächenverschleißes nicht zu Mikroausbrüchen kommt. Damit unterscheidet sich der beobachtete Effekt grundlegend von Auskolkungserscheinungen durch Graufleckenbildung.

## 5.6 Fazit

*Conclusions*

Voraussetzung für die Entwicklung einer Methode zur Auslegung PVD-beschichteter Stirnräder ist die Qualifizierung einer Kenngröße zur Beurteilung der Eignung einer Zahnradauslegung für den Einsatz einer Beschichtung. Unter Variation der Kontaktflächenendbearbeitung werden daher in diesem Kapitel im Rollen- und im Zahnflankenkontakt Untersuchungen zum Reibungs- und Verschleißverhalten a-C:H:W-beschichteter Bauteile vorgestellt, um den Einfluss des Oberflächenverschleißes auf die Wälzfestigkeit zu beurteilen. Sowohl die Untersuchungen beschichteten Rollenkontakt als auch die Laufversuche im beschichteten Zahnflankenkontakt zeigen, dass die Entstehung von ermüdungsbedingten Oberflächenschäden in einem engen Zusammenhang mit dem Oberflächenverschleiß der PVD-beschichteten Wirkflächen steht. In beiden Fällen kommt es unabhängig von der Kontaktflächenendbearbeitung ausschließlich in den Oberflächenbereichen zur Ausbildung von Mikroausbrüchen und Grübchen, in denen die Substratoberfläche verschleißbedingt freigelegt ist. Anzahl und Ausprägung der ermüdungsbedingten Oberflächenschäden fallen dabei stets geringer aus als bei unbeschichteten Wirkflächen. Aufgrund der erzielten Untersuchungsergebnisse wird es als angemessen betrachtet, den Oberflächenverschleiß im PVD-beschichteten Zahnflankenkontakt als Kenngröße für die Zahnradauslegung einzusetzen.

Die Untersuchungen im Rollenkontakt zeigen, dass für die untersuchten Kontaktflächenvarianten eine Reduzierung der Reibung und eine Erhöhung der Wälzfestigkeit durch die a-C:H:W-Beschichtung erreicht werden kann. Das Maß der Verbesserung des Einsatzverhaltens hängt jedoch von der Kontaktflächenendbearbeitung vor dem Beschichtungsprozess ab. Die Einstellung extrem geringer Rauheit mit dem ISF-Verfahren (Variante R-ISF) führt sowohl im unbeschichteten als auch im beschichteten Zustand zu geringem Oberflächenverschleiß und hohen ertragbaren Lastwechselzahlen bei der Wälzfestigkeitsprüfung. Während des Einlaufprozesses wird hier kohäsiver Schichtverschleiß festgestellt. Bei geschliffenen Oberflächen mit für Getriebeanwendungen üblicher Rauheit ($R_z$ = 2 µm, Variante R-REF) kann eine Steigerung der ertragbaren Lastwechselzahl um den Faktor 4,25 erzielt werden. Isotrope Oberflächen (Variante R-KGS) zeigen eine starke Reduzierung der Reibung im PVD-beschichteten Wälzkontakt.

Aufgrund mangelhafter Schichthaftung kann im Zahnflankenkontakt mit dem ISF-Verfahren keine Steigerung der ertragbaren Lastwechselzahl im Pittingtest (Variante Z2-ISF-B) erreicht werden. Die abrasiv bedingte Aufrauhung freigelegter Flankenoberflächenbereiche führt hier zu einem Tragfähigkeitsverlust. Für geschliffene Zahnflankenoberflächen fällt die Steigerung der ertragbaren Lastwechselzahl um den Faktor 1,85 geringer aus als im Rollenkontakt. Aufgrund einer verbesserten Schichthaftung wird mit mikrogestrahlten Zahnflankenoberflächen (Variante Z2-MKS-B) eine höhere Tragfähigkeitssteigerung erreicht. Die Vorhersage des Oberflächenverschleißes gewinnt aufgrund der Erkenntnis, dass verschleißbedingte Auskolkungen eine Entlastung ermüdungskritischer Zahnflankenbereiche im Bereich negativen Schlupfes bewirken und somit zur Verzögerung eines Grübchenschadens beitragen, an Bedeutung.

# 6 Methode zur Auslegung PVD-beschichteter Stirnräder

*Method for Geometrical Design of PVD-Coated Gears*

Auf Basis der in Kapitel 5 gewonnenen Erkenntnisse zum Zusammenhang zwischen dem Oberflächenverschleiß und der Entstehung von Grübchenschäden im PVD-beschichteten Wälzkontakt wird in **Bild 6-1** die Methode zur Auslegung PVD-beschichteter Stirnräder vorgestellt.

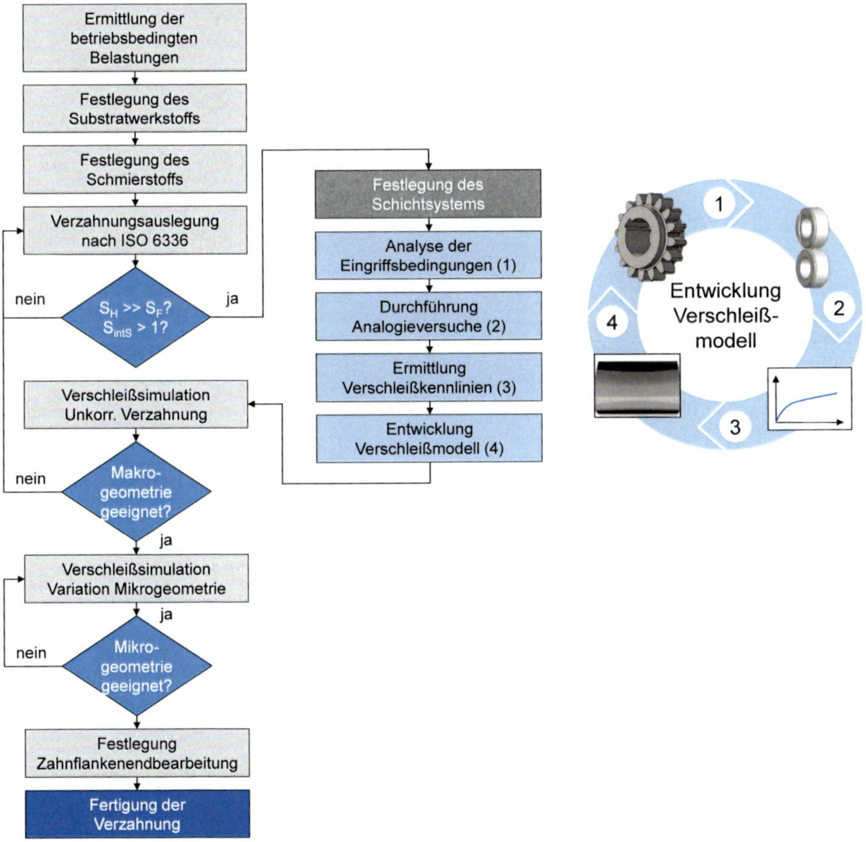


**Bild 6-1:** Methode zur Auslegung PVD-beschichteter Stirnräder
*Gear design methodology design for PVD-coated cylindrical gears*

[GROS07] zeigt, dass die Zahnfußtragfähigkeit durch PVD-Beschichtungen im Vergleich zum unbeschichteten Zustand geringer ausfallen kann. Voraussetzung für einen sinnvollen Einsatz gängiger PVD-Beschichtungen bei Stirnädern ist daher eine Verzahnungsauslegung, welche nach [ISO07] unter Berücksichtigung der betriebsbedingten Belastungen, des Substratwerkstoffs und des einzusetzenden Schmierstoffs eine höhere Zahnfußsicherheit im Vergleich zur Grübchensicherheit aufweist. Liegt die Makrogeometrie fest, wird nach der Forschungsmethodik in Bild 4-1 ein Modell zur Vorhersage des Oberflächenverschleißes entwickelt. Das Simulationsmodell wird zur Beurteilung der gewählten Makrogeometrie und für eine Variation der Mikrogeometrie im Hinblick auf den zu erwartenden Oberflächenverschleiß eingesetzt. Ziel der Geometrievariation ist es, das Verschleißverhalten der Stirnradpaarung so einzustellen, dass eine möglichst hohe Steigerung der Grübchentragfähigkeit durch den Einsatz der PVD-Beschichtung erreicht werden kann. Abschließend erfolgen die Festlegung der Oberflächenendbearbeitung auf Basis der in dieser Arbeit vorgestellten Versuchsergebnisse und die Fertigung der Verzahnung. Wesentlicher Bestandteil der Methode zur Auslegung PVD-beschichteter Stirnräder ist das Modell zur Berechnung des Oberflächenverschleißes, welches im Folgenden entwickelt wird.

## 6.1 Definition von Betriebspunkten im Rollentest

*Definition of Load Conditions in Roller Tests*

Zur Festlegung der tribologischen Rahmenbedingungen für die Modellentwicklung wird Prüfverzahnung Z2 (vgl. Tabelle 4-2) herangezogen. Anhand einer theoretischen Analyse der Eingriffsbedingungen dieser Stirnradpaarung nach [DIN87a] unter Zuhilfenahme der FE-basierten Zahnkontaktanalyse FE-Stirnradkette nach [BREC10a] werden mehrere Flankenkontaktpunkte der Eingriffstrecke auf den Rollenkontakt übertragen. In Analogie zu der geschliffenen Zahnflankenoberfläche der Prüfverzahnung werden für die Verschleißversuche Rollen der Variante R-REF-B eingesetzt.

Die Definition der Betriebsparameter für die Untersuchungen im Rollentest basiert auf Kennwerten für den Zahneingriff der Prüfverzahnung unter den Betriebsbedingungen der 10. Momentstufe des Standard-Pittingtests nach [SCHE96]. Die Festlegung des Prüfprogramms orientiert sich an den Eingriffsverhältnissen dieser Prüfverzahnung im Standard-Pittingtest, da eine Vielzahl von Untersuchungen zur Erarbeitung des aktuellen Wissensstands zur Grübchentragfähigkeit PVD-beschichteter Stirnräder an dieser Verzahnungsgeometrie mit dem entsprechenden Testverfahren durchgeführt wurden. Die für die Übertragung der Eingriffsverhältnisse von der Prüfverzahnung auf den Rollenkontakt als relevant betrachteten Betriebsparameter sind die Hertzsche Pressung im Zahnflankenkontakt $p_H$, die Summengeschwindigkeit der Tangentialgeschwindigkeiten an den Zahnflanken $v_\Sigma$ und das spezifische Gleiten $\zeta$ der Zahnflanken, welches im Rollenkontakt mit dem Schlupf s beschrieben wird.

**Bild 6-2** zeigt den Verlauf der genannten Kenngrößen über der Eingriffsstrecke für die betrachtete Prüfverzahnung. Das obere Diagramm zeigt die mit der FE-Stirnradkette nach [BREC10a] unter Berücksichtigung der nominellen Zahnflankenmodifikationen berechnete maximale Hertzsche Pressung $p_{H,max}$ für die $C_{mod}$-Verzahnung über der Eingriffsstrecke. Im Verlauf der Hertzschen Pressung ist der Übergang zwischen Doppel- und Einzeleingriff im inneren Einzeleingriffspunkt B und im äußeren Einzeleingriffspunkt D zu erkennen. Die nach [NIEM03] für die Schmierfilmbildung und damit für die Reibung im Zahnflankenkontakt wichtige Summengeschwindigkeit $v_\Sigma$ der Tangentialgeschwindigkeiten an den Zahnflanken nimmt über der Eingriffstrecke linear mit geringer Steigung zu. Die Verläufe für das spezifische Gleiten $\zeta$ für Ritzel und Rad werden nach [DIN87a] berechnet und weisen jeweils den für sie charakteristischen degressiv steigenden bzw. progressiv fallenden Verlauf auf. Aufgrund der deutlich höheren Hertzschen Pressungen wird im weiteren Verlauf das Einzeleingriffsgebiet für die Definition der Betriebsparameter im Rollenkontakt als maßgebend betrachtet.

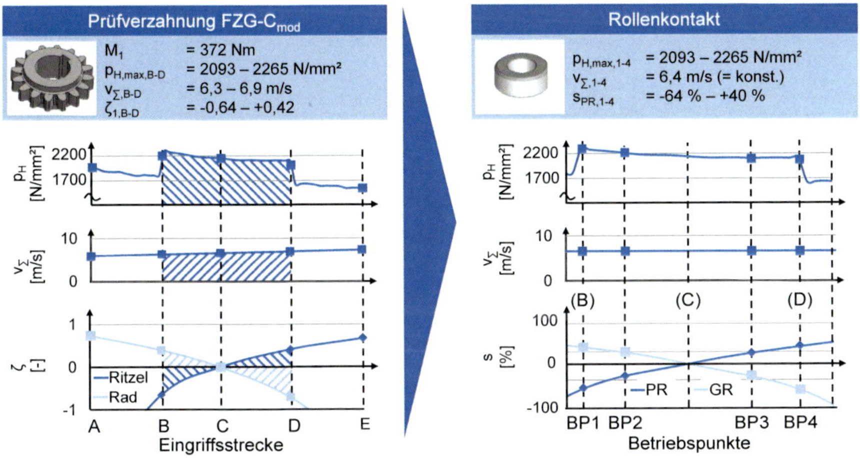


**Bild 6-2:** Analyse der Eingriffsbedingungen und Festlegung der Betriebsparameter
*Analysis of mesh condition and definition of operational parameters*

Für die Untersuchungen zum Verschleißverhalten PVD-beschichteter Oberflächen im Wälzkontakt werden vier Betriebspunkte festgelegt, deren Betriebsparameter sich an Flankenkontaktpunkten im Einzeleingriffsgebiet der $C_{mod}$-Verzahnung orientieren. Um hinsichtlich der Schmierfilmbildung vergleichbare Bedingungen zwischen den vier Betriebspunkten herzustellen, wird die Summengeschwindigkeit für alle Betriebspunkte auf $v_\Sigma$ = 6,4 m/s festgelegt. Aufgrund der konstanten Summengeschwindigkeit ergibt sich ein symmetrischer Verlauf der Schlupfbeträge bezogen auf die zylindrische Prüfrolle $s_{PR}$ und die ballige Gegenrolle $s_{GR}$. Die Hertzschen Pressungen an den Betriebspunkten 1 und 4 entsprechen den Pressungen im inneren Einzeleingriffspunkt B bzw. äußeren Einzeleingriffspunkt D. Im Betriebspunkt 1 beträgt der Schlupf $s_{PR}$ = -64 % und entspricht damit dem spezifischen Gleiten $\zeta_{1,B}$ = -0,64 auf der Ritzelflanke der $C_{mod}$-Verzahnung. Zur Ermittlung des Schlupfes in Betriebspunkt 4 wird Betriebspunkt 1 im Schlupfdiagramm am Schnittpunkt der Kurvenverläufe gespiegelt. Der Schlupf beträgt $s_{PR}$ = 40 % und entspricht damit etwa dem spezifischen Gleiten $\zeta_{1,D}$ = 0,42 auf der Ritzelflanke der $C_{mod}$-Verzahnung im äußeren Einzeleingriffspunkt D. Auch die Betriebspunkte 2 und 3 werden symmetrisch um den Schnittpunkt der Kurvenverläufe im Schlupfdiagramm definiert. Der Schlupf beträgt hier $s_{PR}$ = -28 % (Betriebspunkt 2) bzw. $s_{PR}$ = 22 % (Betriebspunkt 3). Die Hertzschen Pressungen für diese Betriebspunkte richten sich nach den Pressungen in den Kontaktpunkten der Zahnflanken, in denen die Werte für das spezifische Gleiten des Prüfritzels $\zeta_1$ den Werten für den Schlupf $s_{PR}$ entsprechen. Die vier definierten Betriebspunkte beschreiben die Eingriffs- und Lastverhältnisse im Einzeleingriffsgebiet der Prüfverzahnung vom Typ FZG-$C_{mod}$ in guter Näherung. Dies ermöglicht aufgrund der konstanten Summengeschwindigkeit eine eindeutige Analyse des Einflusses der Variationsgrößen Hertzsche Pressung und Schlupf auf das Verschleißverhalten der PVD-Beschichtung im Wälzkontakt.

## 6.2 Durchführung und Auswertung der Verschleißuntersuchungen

*Experimentation and Evaluation of Wear Tests*

Der Prüfzyklus für die Ermittlung des Verschleißverhaltens der PVD-beschichteten Oberflächen im Wälzkontakt umfasst fünf Schritte und ist in **Bild 6-3** aufgeführt. Zu Beginn und nach Abschluss einer Versuchsreihe werden die Prüf- und Gegenrollen mit hoher Messgenauigkeit gewogen. Vor jedem Prüflauf wird der aktuelle Verschleißzustand der Kontaktflächen von Prüf- und Gegenrolle zunächst mit lichtmikroskopischen Aufnahmen dokumentiert. Anhand der Aufnahmen wird die Kontaktfläche auf abrasiven bzw. adhäsiven Schichtverschleiß sowie Schichtermüdung untersucht. Des Weiteren wird die Breite der Kontaktfläche in der lichtmikroskopischen Aufnahme vermessen. Anschließend werden taktile Messungen des Verschleißprofils und definierter Rauheitskennwerte auf Prüf- und Gegenrolle durchgeführt.

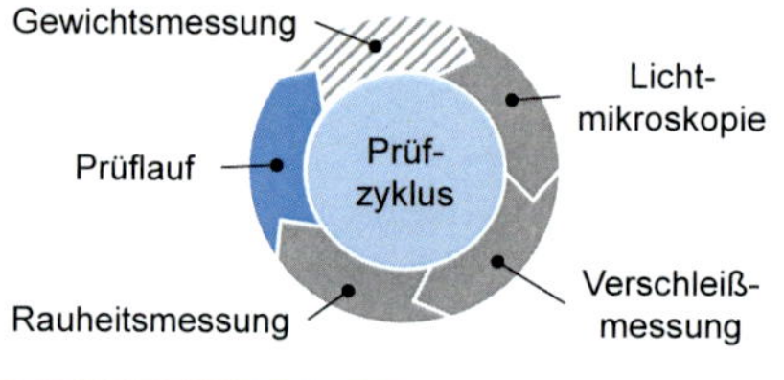


| Betriebspunkt | 1 | 2 | 3 | 4 |
|---|---|---|---|---|
| $p_H$ [N/mm²] | 2265 | 2222 | 2139 | 2093 |
| $s_{g,PR}$ [mm] | -0,26 | -0,11 | +0,09 | +0,15 |
| $s_{g,GR}$ [mm] | +0,16 | +0,09 | -0,11 | -0,25 |
| $v_{g,PR/GR}$ [m/s] | ±1,55 | ±0,79 | ±0,79 | ±1,55 |
| $h_{min,erf}$ [µm] | 0,98 | 1,42 | 1,37 | 1,25 |
| $N_{LS,PR}$ [$\cdot 10^5$] | ← 5,0 → | | | |
| $N_{LS,GR}$ [$\cdot 10^5$] | 8,2 | 6,3 | 3,9 | 3,0 |

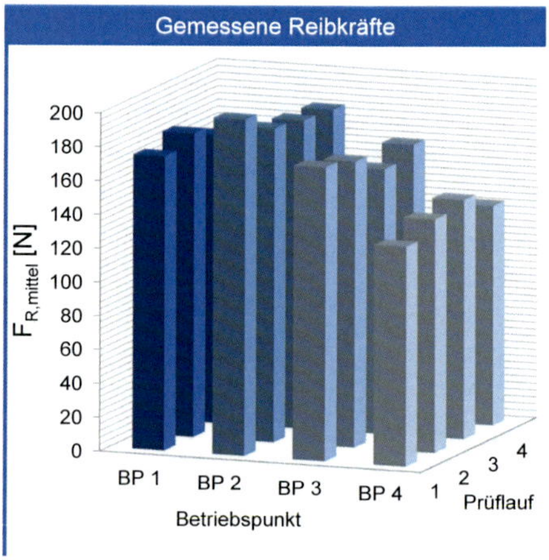


**Bild 6-3:** Prüfzyklus, Betriebsbedingungen und gemessene Reibkräfte
*Test cycle, operating conditions and measured friction force*

Bild 6-3 zeigt eine Tabelle mit den wesentlichen Betriebsparametern der vier definierten Betriebspunkte für die Schichtverschleißuntersuchungen. Neben den Schlupfbeträgen für Prüf- und Gegenrolle ($s_{PR}$, $s_{GR}$) und den Hertzschen Pressungen ($p_H$) sind die Gleitgeschwindigkeiten $v_{g,PR/GR}$ in den Betriebspunkten aufgeführt. Entsprechend der Vorgehensweise im Standard-Pittingtest mit Zahnrädern wird zu Beginn der Versuchsreihe für jeden Betriebspunkt ein Einlauf bei verringerter Last ($p_H$ = 1525-1646 N/mm$^2$) durchgeführt. Die Lastwechselzahl der Prüfrolle im Einlauf beträgt $N_{E,PR} = 2{,}7 \cdot 10^5$. Unter Berücksichtigung der konstanten Summengeschwindigkeit $v_\Sigma$ und der Ergebnisse der taktilen Oberflächenmessungen nach dem Einlauf ergeben sich darüber hinaus die dargestellten erforderlichen minimalen Schmierfilmhöhen $h_{min,erf}$ nach [SCHM85] in vergleichbarer Höhe. Die Dauer eines Prüflaufs richtet sich nach der Lastwechselzahl der Prüfrolle und wird auf $N_{LS,PR} = 5{,}0 \cdot 10^5$ festgelegt. Die Lastwechselzahl der Gegenrolle $N_{LS,GR}$ ergibt sich aus dem vorliegenden Schlupfzustand für die Prüfrolle. Jede Versuchsreihe wird bis zu einer Grenzlastspielzahl der Prüfrolle von $N_{G,PR} = 2{,}0 \cdot 10^6$ fortgesetzt.

Die Höhe der im Rollenkontakt gemessenen Reibkräfte ist abhängig von den vorliegenden Betriebsparametern. Der jeweilige Vergleich der gemessenen Reibkräfte für die Betriebspunkte 1 und 4 bzw. die Betriebspunkte 2 und 3 in Bild 6-3 zeigt, dass die Reibkraft bei konstanter Summengeschwindigkeit und im Betrag gleicher Gleitgeschwindigkeit mit der theoretischen Hertzschen Pressung im Kontakt zunimmt. Des Weiteren werden für die Betriebspunkte mit geringerer Gleitgeschwindigkeit (Betriebspunkt 2 und 3) bei im Vergleich zu Betriebspunkt 1 geringerer theoretischer Hertzscher Pressung höhere Reibkräfte gemessen. Aus der Überlagerung der Effekte ergeben sich die unterschiedlichen Niveaus der gemessenen Reibkräfte in Bild 6-3. Über der Anzahl der durchgeführten Prüfläufe zeigen sich nur geringfügige Abweichungen für die einzelnen Betriebspunkte.

Für die Berechnung der Reibarbeit entsprechend Abschnitt 5.2 werden die in dem jeweiligen Prüflauf gemessenen mittleren Reibkräfte eingesetzt. Die bis zu dem betrachteten Zeitpunkt in der Versuchsreihe geleistete Reibarbeit ergibt sich aus der Summe der Reibarbeitsbeträge der durchgeführten Prüfläufe.

### 6.2.1 Qualitative Verschleißbeurteilung

*Qualitative Coating Wear Analysis*

In **Bild 6-4** sind lichtmikroskopische Aufnahmen der Laufbahnoberflächen von Prüf- und Gegenrolle für die vier unterschiedlichen Betriebspunkte nach dem Prüflauf 3 zu sehen. Die kumulierte Lastwechselzahl beträgt für die Prüfrollen der Rollenpaarungen zu diesem Zeitpunkt in den Versuchsreihen $N_{L,PR} = 1{,}5 \cdot 10^6$. Die Beträge der geleisteten Reibarbeit $W_R$ weichen aufgrund der in Kapitel 5.2 dargestellten Zusammenhänge deutlich voneinander ab. Die Rollenoberflächen von Betriebspunkt 1 weisen eine deutlich höhere geleistete Reibarbeit auf als die Rollen der anderen drei Betriebspunkte. An den Aufnahmen der Rollenoberflächen ist zu erkennen, dass auch der Oberflächenverschleiß bei Betriebspunkt 1 am stärksten ausfällt. Die Prüfrolle zeigt bei negativem Schlupf $s_{PR}$ = -64 % großflächig Schichtverschleiß bis auf das Substrat mit deutlichen Laufspuren in tangentialer Richtung. Die Gegenrolle weist bei positivem Schlupf $s_{GR}$ = +40 % schuppenförmige Verschleißspuren geringerer Ausprägung mit lokaler Freilegung der Substratoberfläche auf.

- Qualitative Beurteilung des Schichtverschleißes in Abhängigkeit von den Betriebsbedingungen
- **Prüfstand**
  Reibkraft-Rollenprüfstand
- **Prüfkörper**
  Werkstoff: 16MnCr5E
  Beschichtung: a-C:H:W
- **Schmierstoff**
  SAE 75W-90, additiviert
  $T_{Öl}$ = 90 °C ±5K
- **Einlauf**
  $N_{E,PR} = 2{,}7 \cdot 10^5$
- **Prüflauf**
  $N_{LS,PR} = 5{,}0 \cdot 10^5$

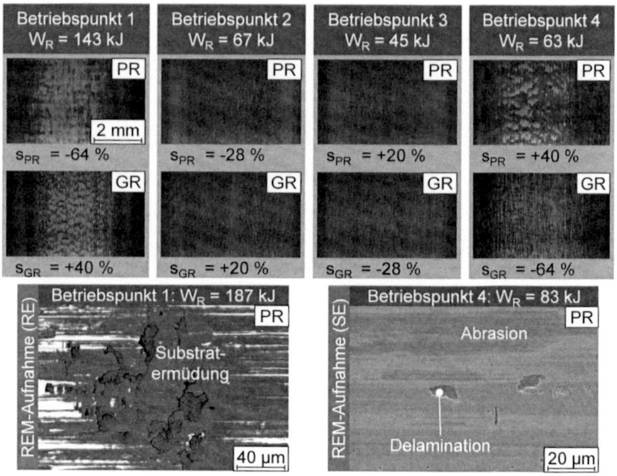


**Bild 6-4:** Qualitative Verschleißanalyse
*Qualitative wear analysis*

Der Vergleich der Verschleißaufnahmen von Betriebspunkt 2 und 4 zeigt, dass die Ausprägung des Schichtverschleißes bei vergleichbarer Reibleistung unterschiedlich ausfällt. Bei Betriebspunkt 2 weisen die Rollen nur geringen abrasiven Verschleiß auf, bei dem die Substratoberfläche nicht freigelegt wird. Das Erscheinungsbild des Verschleißes auf der Prüfrollenoberfläche in Betriebspunkt 4 ist vergleichbar mit dem der Gegenrolle in Betriebspunkt 1 mit einer kleineren Gesamtfläche freigelegten Substrats. Auch hier ist eine schuppenförmige Form des Verschleißes erkennbar. Bei der entsprechenden Gegenrolle ist unter negativem Schlupf $s_{GR}$ = -64 riefenförmiger Verschleiß zu sehen. Die unterschiedlich starke Ausprägung des Verschleißes in den Betriebspunkten 2 und 4 bei vergleichbarer Reibarbeit deutet darauf hin, dass der vorliegende Schlupf einen starken Einfluss auf den Schichtverschleiß hat. Des Weiteren fällt die Form des Schichtverschleißes für positiven und negativen Schlupf unterschiedlich aus. Während Oberflächen unter Wälzbeanspruchung bei hohem negativem Schlupf riefenförmigen Abrasionsverschleiß zeigen, ist bei etwas geringerem positivem Schlupf schuppenförmiger Verschleiß zu beobachten, der auf eine Überlagerung von adhäsiver Schichtermüdung und Abrasionsverschleiß schließen lässt. In den Betriebspunkten 2 und 3 ist das Erscheinungsbild des Schichtverschleißes vergleichbar. Auf allen Rollen liegt in diesen Betriebspunkten ein riefenförmiges Verschleißbild vor.

Der Massenverlust der Rollen am Ende der Versuchsreihen zeigt eine verschleißbedingte Abnahme des Rollengewichts gegenüber dem Ausgangszustand, wobei die relative Gewichtsabnahme in Abhängigkeit von der geleisteten Reibarbeit bei mit positivem Schlupf gelaufenen Rollen geringfügig höher ausfällt als bei negativem Schlupf. Neben dem äußeren Erscheinungsbild der Laufbahnoberfläche deutet auch dieses Ergebnis darauf hin, dass auch das Vorzeichen des Schlupfzustands einen

Einfluss auf das Verschleißverhalten PVD-beschichteter Oberflächen im Wälzkontakt hat.

Bild 6-4 zeigt neben lichtmikroskopischen Verschleißaufnahmen eine Auswahl rasterelektronenmikroskopischer Aufnahmen von Laufbahnoberflächen der Prüfrollen von den Betriebspunkten 1 und 4 nach dem vierten Prüflauf. Die Rückstreuelektronen-Aufnahme der Prüfrolle aus Betriebspunkt 1 weist nach einer geleisteten Reibarbeit von $W_R$ = 187 kJ deutliche Spuren von Substratermüdung auf. Reste der a-C:H:W-Beschichtung sind in dieser Aufnahme aufgrund ihrer geringeren Dichte als helle Bereiche sichtbar. Die oberflächennahen Ausbrüche sind mit Graufleckenschäden auf Zahnradflanken vergleichbar und treten in Bereichen auf, in denen die PVD-Beschichtung nahezu vollständig verschlissen ist. Die Beobachtungen decken sich mit den Erkenntnissen aus Kapitel 5.2. Auf der Sekundärelektronen-Aufnahme der Prüfrolle von Betriebspunkt 4 sind neben Bereichen mit Abrasivverschleiß lokal begrenzte adhäsive Delaminationseffekte der Beschichtung zu erkennen. Insgesamt fallen die bekannten Verschleißformen der a-C:H:W-Beschichtung auf Zahnflanken und die Verschleißeffekte auf den hier betrachteten Rollen vergleichbar aus.

### 6.2.2 Quantitative Verschleißanalyse

*Quantitative Coating Wear Analysis*

Zur quantitativen Analyse des Verschleißverhaltens der a-C:H:W-Beschichtung im Wälzkontakt werden taktile Messungen der Rollenoberflächen mit einem 2D-Perthometer entsprechend Kapitel 5.2 durchgeführt. Jeder Verschleißzustand der PVD-beschichteten Oberflächen wird durch jeweils zwei Messungen des Verschleißprofils und der Rauheit dokumentiert und durch Mittelwertbildung ausgewertet. Zur Messung werden die Rollen immer mit der gleichen Orientierung auf dem Messgerät aufgenommen. Die Messstellen werden zu Beginn der Versuchsreihe markiert, sodass immer an denselben Stellen gemessen werden kann.

In **Bild 6-5** sind jeweils die Ergebnisse der Rauheitsmessung für hohe Schlupfbeträge ($s_{PR/GR}$ = -64 % bzw. +40 %) und für geringe Schlupfbeträge ($s_{PR/GR}$ = -28 % bzw. +22 %) bis zu einer geleisteten Reibarbeit von $W_R$ = 50 kJ einander gegenübergestellt. Die Diagramme zeigen den Verlauf der mittleren Rautiefe bezogen auf den jeweiligen Ausgangswert im ungelaufenen Zustand $R_z/R_{z0}$. Die Kurvenverläufe ergeben sich aus den Mittelwerten der Messwerte an den verschiedenen bei diesem Schlupfzustand getesteten Rollen. Der Vergleich der hohen Schlupfbeträge zeigt einen deutlichen Einfluss des Schlupfes auf das Einlaufverhalten der Laufbahnoberflächen. Die verstärkte Einebnung der Laufbahnoberfläche findet parallel zu dem verstärkten Schichtverschleiß bei hohen Schlupfbeträgen statt (vgl. Bild 6-4) und deutet auf eine hohe abrasive Belastung hin. Bei geringen Schlupfbeträgen weisen beide Kurvenverläufe mehrere Wendepunkte auf. In diesen Fällen kommt es zu einer geringeren Einebnung, die sich innerhalb des betrachteten Reibarbeitsbereichs auf ein Niveau einstellt. Anhand der Rauheitsmessungen kann gezeigt werden, dass bei konstanter Summengeschwindigkeit der Schlupfbetrag einen hohen Einfluss auf die Einebnung des Rauheitsprofils der kontaktierenden Oberflächen hat.

Zentraler Untersuchungsgegenstand bei der Analyse des Verschleißverhaltens PVD-beschichteter Oberflächen im Wälzkontakt ist der quantifizierbare Verschleiß der a-C:H:W-Beschichtung auf den kontaktierenden Oberflächen der Prüfkörper. Zu diesem Zweck werden vor jedem Prüflauf taktile Messungen der Verschleißbreite $b_V$ und der Verschleißtiefe $t_V$ über die Breite von Prüf- und Gegenrolle entsprechend der Vorgehensweise in Kapitel 5.2 durchgeführt. Die Auswertung der Verschleißbreite $b_V$ sowie der Vergleich der Messergebnisse mit Messungen an lichtmikroskopischen Aufnahmen ergeben in verschiedenen Versuchsreihen sprunghafte Anstiege der Laufbahnbreite an einzelnen Rollen. Diese Effekte sind auf Montageeinflüsse bei der axialen Ausrichtung der Rollen zueinander im Prüfstand zurückzuführen. Aufgrund dieser Zusammenhänge wird im weiteren Verlauf auf die Auswertung der Verschleißbreite $b_V$ verzichtet und der Fokus auf die Auswertung der maximalen Verschleißtiefe $t_V$ gelegt. Die Verschleißtiefe $t_V$ der PVD-beschichteten Rollenoberflächen stellt eine aussagekräftige Kenngröße für das Verschleißverhalten dar, da sie den nominell vorliegenden Schichtdicken gegenübergestellt werden kann.

- Quantitative Beurteilung des Schichtverschleißes in Abhängigkeit von den Betriebsbedingungen
- **Prüfstand**
  Reibkraft-Rollenprüfstand
- **Prüfkörper**
  Werkstoff: 16MnCr5E
  Beschichtung: a-C:H:W
- **Schmierstoff**
  SAE 75W-90, additiviert
  $T_{Öl}$ = 90 °C ±5K
- **Einlauf**
  $N_{E,PR} = 2{,}7 \cdot 10^5$
- **Prüflauf**
  $N_{LS,PR} = 5{,}0 \cdot 10^5$

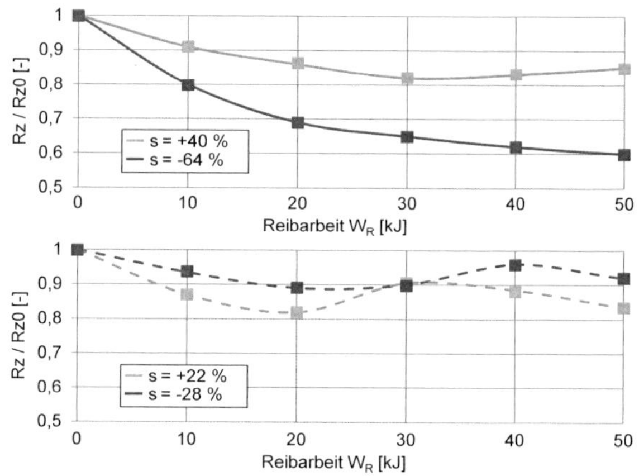


**Bild 6-5:** Quantitative Beurteilung des Einlaufverhaltens
*Quantitative analysis of run-in behavior*

**Bild 6-6** zeigt die Vorgehensweise zur Ermittlung der Verschleißtiefe mit Hilfe des Programms Matlab am Beispiel der balligen Gegenrolle in fünf Schritten durch die Ermittlung des Differenzprofils. Die Rohdaten des Tastschnittprofils zeigen hier einen parabelförmigen Verlauf entsprechend der undefiniert im Raum liegenden balligen Oberfläche. Im ersten Schritt werden die Randbereiche des Ausgangsprofils, welche den stirnseitigen Fasen der Rollenprüfkörper entsprechen, entfernt. Im zweiten Schritt wird der Bereich des Messprofils entfernt, in dem Oberflächenverschleiß vorliegt. Für das Restprofil wird ein Näherungspolynom ($n_P = 3$) ermittelt, welches vom Tastschnittprofil ohne Randbereich subtrahiert wird. Das Differenzprofil zeigt einen ebenen Verlauf, in dem der Kontaktbereich zu erkennen ist. Nach der Ermittlung des ebenen Verschleißtiefenprofils erfolgt im letzten Schritt die Ermittlung der Verschleißtiefe. Zu diesem Zweck wird der Verlauf des Verschleißprofils durch ein hochgradiges

Polynom ($n_P$ = 20) angenähert, dessen Minimum als Ergebnis für die maximale Verschleißtiefe gewertet wird. Mit dieser Vorgehensweise wird eine objektive Auswertung der Verschleißprofile gewährleistet. Darüber hinaus wird das Ergebnis nicht durch lokale Minima im Rohdatenverlauf, welche durch lokale Riefenbildung auftreten können, beeinflusst. Für die zylindrischen Prüfrollen wird äquivalent mit der Subtraktion eines linearen Näherungsprofils verfahren.

- Quantitative Beurteilung des Schichtverschleißes in Abhängigkeit von den Betriebsbedingungen
- **Prüfstand**
  Reibkraft-Rollenprüfstand
- **Prüfkörper**
  Werkstoff: 16MnCr5E
  Beschichtung: a-C:H:W
- **Schmierstoff**
  SAE 75W-90, additiviert
  $T_{Öl}$ = 90 °C ±5K
- **Einlauf**
  $N_{E,PR}$ = $2{,}7 \cdot 10^5$
- **Prüflauf**
  $N_{LS,PR}$ = $5{,}0 \cdot 10^5$

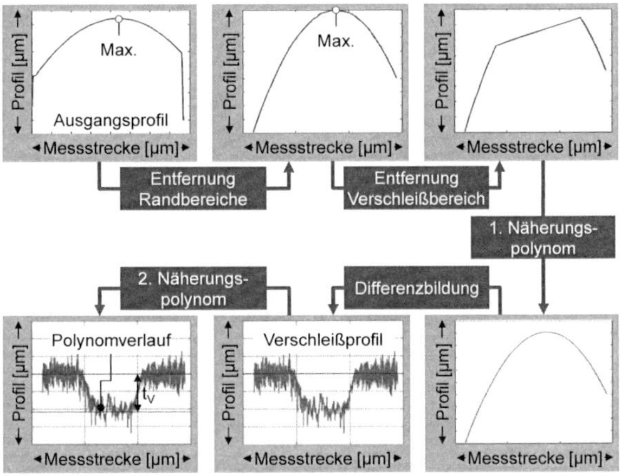


**Bild 6-6:** Vorgehensweise bei der Auswertung der Verschleißtiefenmessung
*Approach for wear depth measurement evaluation*

**Bild 6-7** zeigt beispielhaft eine Gegenüberstellung der Verschleißzustände an Prüf- und Gegenrolle für die vier Betriebspunkte nach Prüflauf 3. Im Vergleich der Profiltiefenverläufe sind Unterschiede in Abhängigkeit von den vorliegenden tribologischen Bedingungen erkennbar.

- Quantitative Beurteilung des Schichtverschleißes in Abhängigkeit von den Betriebsbedingungen
- **Prüfstand**
  Reibkraft-Rollenprüfstand
- **Prüfkörper**
  Werkstoff: 16MnCr5E
  Beschichtung: a-C:H:W
- **Schmierstoff**
  SAE 75W-90, additiviert
  $T_{Öl}$ = 90 °C ±5K
- **Einlauf**
  $N_{E,PR}$ = $2{,}7 \cdot 10^5$
- **Prüflauf**
  $N_{LS,PR}$= $5{,}0 \cdot 10^5$

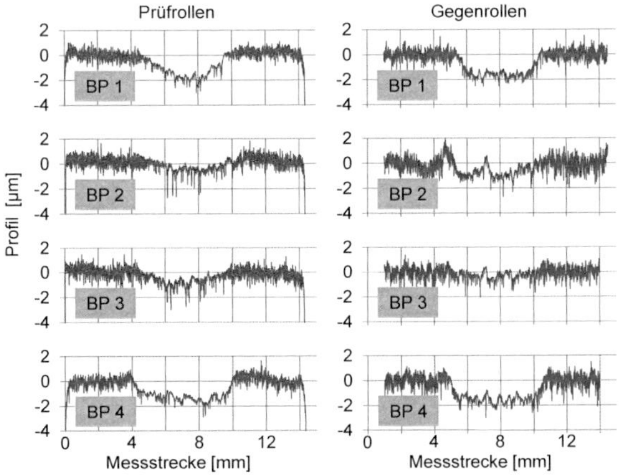


**Bild 6-7:** Gegenüberstellung der Verschleißzustände nach Prüfintervall 3
*Comparison of surface wear according to inspection interval 3*

So fällt die Verschleißtiefe bei den Betriebspunkten 1 und 4 bei hohem Schlupf im Vergleich zur der Verschleißtiefe bei geringem Schlupf in den Betriebspunkten 2 und 3 sichtbar geringer aus. Alle dargestellten Profiltiefenverläufe zeigen lokale Riefen, deren Einfluss auf das Ergebnis der Verschleißtiefenmessung aufgrund der gewählten Vorgehensweise bei der Auswertung gering ausfällt.

Die in Bild 6-7 aufgezeigte Tendenz der Verschleißentwicklung in den verschiedenen Betriebspunkten wird durch die in **Bild 6-8** dargestellte quantitative Verschleißtiefenauswertung bestätigt. Gezeigt sind die Verläufe der Verschleißtiefe $t_V$ für die vier Betriebspunkte in Abhängigkeit vom Prüflauf. Für jeden Betriebspunkt sind die Verschleißtiefenverläufe an Prüf- und Gegenrolle dargestellt.

- Verlauf der Verschleißtiefe in Abhängigkeit vom Prüflauf
- **Prüfstand**
  Reibkraft-Rollenprüfstand
- **Prüfkörper**
  Werkstoff: 16MnCr5E
  Beschichtung: a-C:H:W
- **Schmierstoff**
  SAE 75W-90, additiviert
  $T_{Öl}$ = 90 °C ±5K
- **Einlauf**
  $N_{E,PR} = 2{,}7 \cdot 10^5$
- **Prüflauf**
  $N_{LS,PR} = 5{,}0 \cdot 10^5$

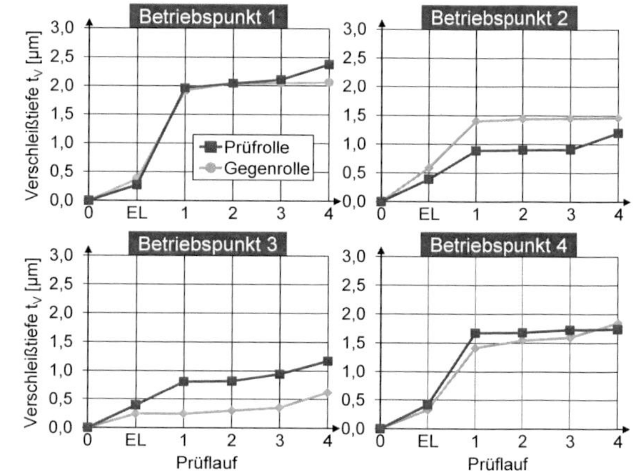


**Bild 6-8:** Ergebnis der quantitativen Verschleißtiefenauswertung
*Results of the quantitative wear depth analysis*

In allen Betriebspunkten kommt es durch den Einlauf bei verringerter Last zu einer geringfügigen Zunahme der Verschleißtiefe. In Prüflauf 1 fällt die Zunahme der Verschleißtiefe in Abhängigkeit von den vorliegenden Betriebsbedingungen deutlich höher aus. Nach dem hier vorliegenden steilen Anstieg der Kurven zeigen alle Kurven einen degressiven Verlauf, der darauf hindeutet, dass sich eine lineare Verschleißprogression einstellt. Im Vergleich wird die höchste Verschleißtiefe nach Prüflauf 4 in Betriebspunkt 1 ermittelt, in dem die höchste Pressung und vergleichsweise hoher Schlupf vorliegen. Die maximale Verschleißtiefe in Betriebspunkt 4 bei gleichen Schlupfzuständen und geringerer Pressung fällt nur geringfügig kleiner aus. Beide Betriebspunkte zeigen eine hohe Übereinstimmung der gemessenen Verschleißtiefen für Prüf- und Gegenrolle. Dies stellt sich für die Betriebspunkte 2 und 3 mit geringeren Schlupzuständen anders dar. Beide zeigen im Vergleich zu Betriebspunkt 1 und 4 geringere maximale Verschleißtiefen, wobei die maximale Verschleißtiefe für Betriebspunkt 2 bei höherer Pressung über der für Betriebspunkt 3 liegt. In beiden Fällen liegt die Kurve für den Rollenprüfkörper mit positivem Schlupf über der Kurve für den Prüfkörper mit negativem Schlupf. Wie bei der qualitativen Analyse der Verschleißzustände in Kapitel 6.2.1 zeigt sich auch hier ein Indiz für eine Abhängigkeit der Verschleißentwicklung vom Vorzeichen des vorliegenden Schlupfzustands.

Insgesamt zeigt die quantitative Auswertung der Verschleißversuche eine deutliche Abhängigkeit des gemessenen Verschleißverlaufs von den im jeweiligen Betriebspunkt vorliegenden tribologischen Belastungen. Auf Basis der erarbeiteten Ergebnisdaten wird im Folgenden ein empirisches Modell zur Vorhersage der lokalen Tiefe des Oberflächenverschleißes entwickelt.

## 6.3 Ansatz und Vorgehensweise bei der Modellbildung

*Model Approach and Development*

### 6.3.1 Physikalischer Ansatz zur Modellbildung

*Physical Approach*

Für die Modellbildung wird ein Ansatz gewählt, der die vorliegende Beanspruchung der betrachteten Oberfläche und der Kinematik des Wälzkontakts als wesentliche tribologische Einflussparameter berücksichtigt. Als empirische Datenbasis werden die in Kapitel 6.2.2 vorgestellten Ergebnisse der Verschleißuntersuchungen herangezogen und unter Berücksichtigung der vorliegenden tribologischen Einflüsse analysiert. Als Kenngröße zur Bewertung der allgemeinen Oberflächenbeanspruchung wird nach [CZIC10] die im Kontaktbereich auftretende Hertzsche Pressung berechnet (vgl. **Bild 6-9**). Einfluss auf die im Wälzkontakt auftretenden Hertzschen Pressungen haben neben der Belastung des Kontaktbereichs durch die Normalkraft $F_N$ die vorliegenden geometrischen Kontaktverhältnisse (Kontaktdurchmesser, Kontaktlänge) sowie die Materialkenngrößen E-Modul und Querkontraktionszahl.

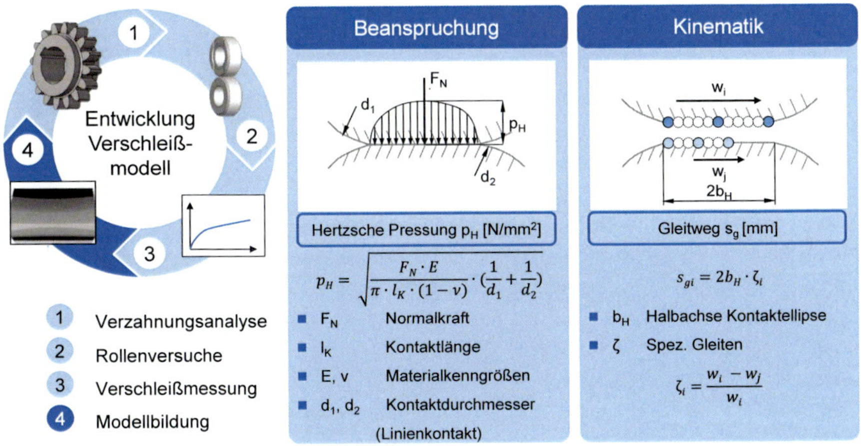


**Bild 6-9:** Tribologische Einflussparameter
*Tribological influence parameters*

Die spezifische Beanspruchung eines einzelnen Oberflächenelements beim wiederholten Durchlaufen der Kontaktzone wird durch die kinematischen Verhältnisse im Wälzkontakt bestimmt. Zur Erfassung des Einflusses der Kinematik wird der Gleitweg $s_g$ herangezogen. Bild 6-9 zeigt den Kontaktbereich zweier Wirkflächen mit unterschiedlichen Tangentialgeschwindigkeiten $w_i$ und $w_j$ in zweidimensionaler Darstellung. Ein Oberflächeninkrement der Wirkfläche i benötigt zum Durchlaufen des Kontaktbereichs die Zeit

$$t_{K,i} = \frac{2 \cdot b_H}{w_i} = \frac{s_i}{w_i} \tag{6-1}$$

Im Zeitintervall $t_{K,i}$ legt ein Oberflächeninkrement der Wirkfläche j die Strecke

$$s_j = t_{K,i} \cdot w_j = 2 \cdot b_H \cdot \frac{w_j}{w_i} \tag{6-2}$$

zurück. Die Differenz der Kontaktstrecken bezogen auf den jeweiligen Körper wird als Gleitweg $s_g$ bezeichnet und berechnet sich zu

$$s_{g,j} = 2 \cdot b_H \cdot \left(1 - \frac{w_j}{w_i}\right) = 2 \cdot b_H \cdot \zeta_i \tag{6-3}$$

Der Gleitweg $s_g$ fällt demnach für die kontaktierenden Oberflächen in Bezug auf Betrag und Vorzeichen unterschiedlich aus. Im Kontaktmodell rauer Oberflächen kann der Gleitweg als Parameter für die Anzahl und Richtung der Mikrolastwechsel der kontaktierenden Rauheitsspitzen beim Durchlaufen der Kontaktoberfläche herangezogen werden. In Kombination mit der auftretenden Hertzschen Pressung $p_H$ ist der Gleitweg $s_g$ demnach geeignet, die vorliegende Beanspruchung und Kinematik in einem Ansatz zur Modellbildung für die Simulation des Oberflächenverschleißes im PVD-beschichteten Wälzkontakt heranzuziehen.

### 6.3.2 Ableitung einer lastwechselabhängigen Verschleißfunktion

*Development of a Wear Function Depending on the Number of Load Cycles*

**Bild 6-10** zeigt beispielhaft Ergebnisse von vier der acht Verschleißtiefenverläufe in Abhängigkeit der jeweils auftretenden Hertzschen Pressung $p_H$ und dem für die betrachtete Rollenoberfläche vorliegenden Gleitweg $s_g$ pro Lastwechsel. Die einzelnen Diagramme zeigen den Verschleißverlauf für eine Rolle mit den über dem Diagramm angegebenen Beanspruchungsparametern $p_H$ und $s_g$. Entsprechend der unterschiedlichen Anzahl an Lastwechseln $N_L$ unterscheiden sich die Kurvenverläufe in ihrer Länge. Die Verläufe der gemessenen Verschleißtiefen zeigen sowohl einen Einfluss der Hertzschen Pressung als auch des Gleitwegs auf den Oberflächenverschleiß. Bei vergleichsweise hohem negativem Gleitweg ($s_g$ = -0,25 bzw. $s_g$ = -0,26) fällt die gemessene Verschleißtiefe bei $p_H$ = 2265 N/mm$^2$ höher aus als bei $p_H$ = 2093 N/mm$^2$. Die gleiche Tendenz lässt sich für einen geringen positiven Gleitweg von $s_g$ = +0,09 mm feststellen. Des Weiteren zeigen sich bei betragsmäßig hohen Gleitwegen höhere gemessene Verschleißtiefen, die nach einer Lastwechselzahl von $1 \cdot 10^6 < N_L < 2 \cdot 10^6$ die kritische Marke von $t_V$ = 2 µm erreichen. Eine deutliche Abhängigkeit der Verschleißentwicklung vom Vorzeichen des Gleitwegs lässt sich aus der Gesamtheit der Verschleißtiefenverläufe nicht ableiten.

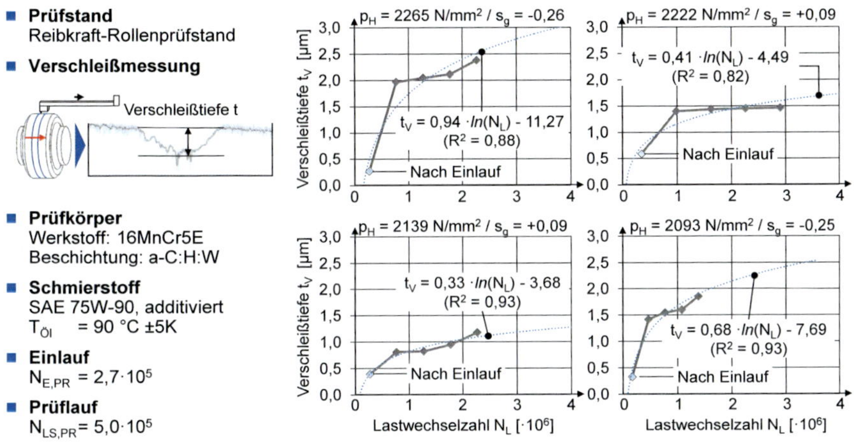


**Bild 6-10:** Ableitung einer lastwechselabhängigen Verschleißfunktion
*Derivation of wear function considering the number of load cycles*

Bild 6-10 zeigt, dass sich die Verläufe der gemessenen Verschleißtiefe mit der Verschleißtiefe nach dem Einlaufvorgang als Ausgangspunkt durch eine Gleichung der Form

$$t_V = a_V \cdot ln\, N_L + c_V \tag{6-4}$$

approximieren lassen. Die Parameter der Verschleißfunktion $a_V$ und $c_V$ lassen sich durch das Verfahren der minimalen Fehlerquadrate so wählen, dass sich eine möglichst hohe Übereinstimmung zwischen der Näherungsfunktion und dem gemessenen Verschleißverlauf ergibt. Die Bestimmtheitsmaße der Annäherung für die gezeigten Verschleißverläufe liegen zwischen $0{,}8 < R^2 < 0{,}9$ und beweisen eine ausreichende Güte der Annäherung (vgl. Bild 6-10). **Tabelle 6-1** listet die ermittelten Parameter $a_V$ und $c_V$ für alle betrachteten Betriebspunkte auf.

| Betriebspunkt | Rollen-prüfkörper | Pressung $p_H$ [N/mm²] | Gleitweg $s_g$ [mm] | $a_V$ [$\cdot 10^{-3}$ mm] | $c_V$ [$\cdot 10^{-3}$ mm] | $\rho_{Reg} = p_H \cdot s_g$ [N/mm] |
|---|---|---|---|---|---|---|
| 1 | PR | 2265 | -0,26 | 0,94 | -11,27 | -594 |
| | GR | | 0,16 | 0,80 | -9,72 | 362 |
| 2 | PR | 2222 | -0,11 | 0,33 | -3,65 | -250 |
| | GR | | 0,09 | 0,41 | -4,49 | 195 |
| 3 | PR | 2139 | 0,09 | 0,33 | -3,68 | 182 |
| | GR | | -0,11 | 0,13 | -1,47 | -233 |
| 4 | PR | 2093 | 0,15 | 0,62 | -7,06 | 313 |
| | GR | | -0,25 | 0,68 | -7,69 | -513 |

**Tabelle 6-1:** Parameter $a_V$ und $c_V$ für die lastwechselabhängige Verschleißfunktion
*Parameters $a_v$ and $c_v$ for the wear function*

Im Sinne der tribologischen Verschleißtheorie setzt die gewählte Ansatzfunktion voraus, dass sich der Verschleißverlauf im Betrachtungsraum der Modellbildung nicht im Bereich der Verschleißhochlage nach [CZIC10] befindet. Die Annahme dieser

Randbedingung erscheint aufgrund vorangegangener Untersuchungen in Kapitel 5.1, welche eine hohe Festigkeit des Substrats und eine hohe Haftung des Schichtsystems gezeigt haben, als angemessen.

### 6.3.3 Modellbildung für den PVD-beschichteten Zahnflankenkontakt

*Wear Modeling for PVD-Coated Flank Contacts*

Die Vorgehensweise zur beanspruchungsabhängigen Modellbildung umfasst vier Schritte. Zunächst erfolgt die in Kapitel 6.3.2 beschriebene Ermittlung der Parameter $a_V$ und $c_V$ der jeweiligen logarithmischen Näherungsfunktion für alle eingesetzten Rollenprüfkörper. Die ermittelten Parameter werden gemeinsam mit den zugehörigen Eingangsgrößen $p_H$ und $s_g$ tabellarisch erfasst (vgl. Tabelle 6-1) und im zweiten Schritt einer Regressionsanalyse unterzogen. Ziel der Regression ist es, einen funktionalen Zusammenhang zwischen der im Wälzkontakt vorliegenden Beanspruchung und den Parametern $a_V$ und $c_V$ der logarithmischen Näherungsfunktion für den Oberflächenverschleiß herzustellen. Aufgrund der gleichsinnigen Einflüsse der beanspruchungsabhängigen Einflussgrößen $p_H$ und $s_g$ auf den Oberflächenverschleiß wird als tribologischer Beanspruchungsparameter das Produkt

$$\rho_{Reg=p_H \cdot s_g} \qquad (6\text{-}5)$$

als Regressor verwendet. Für die Regressionsanalyse wird der Regressor für den betrachteten Wertebereich auf einen Wert zwischen $\rho_{Reg}{}^* = -1$ und $\rho_{Reg}{}^* = +1$ standardisiert. Es gilt:

$$\rho^*_{Reg,i} = \frac{\rho_{Reg,i} - \rho_{Reg,mittel}}{\sqrt{\frac{1}{2} \cdot \sum_k (\rho_{Reg,k} - \rho_{Reg,mittel})^2}} \qquad (6\text{-}6)$$

mit

$$\rho_{Reg,mittel} = \frac{\rho_{Reg,max} + \rho_{Reg,min}}{2} = -116 \; {}^{N}\!/_{mm} \qquad (6\text{-}7)$$

und

$$\sqrt{\frac{1}{2} \cdot \sum_k (\rho_{Reg,k} - \rho_{Reg,mittel})^2} = 478 \; {}^{N}\!/_{mm} \qquad (6\text{-}8)$$

Als Regressanden werden die Parameter $a_V$ und $c_V$ eingesetzt. Die allgemeine Form der Regressionsfunktion lautet:

$$a_V = c_V = C_1 + C_2 \cdot \rho^*_{Reg} + C_3 \cdot (\rho^*_{Reg})^2 \qquad (6\text{-}9)$$

Die ermittelten Werte der Konstanten $C_1$ bis $C_3$ sind in **Tabelle 6-2** aufgeführt.

| Zielgröße | $C_1$ [µm] | $C_2$ [µm] | $C_3$ [µm] |
|---|---|---|---|
| $a_V$ [µm] | 0,176056 | -0,09545 | 0,651591 |
| $c_V$ [µm] | -1,7668 | 1,138049 | -8,07654 |

**Tabelle 6-2:** In der Regressionsanalyse ermittelte Konstanten
*Determined constants resulting from regression analysis*

**Bild 6-11** stellt die Ergebnisse der Regressionsanalyse für die Parameter $a_V$ und $c_V$ unter Verwendung einer quadratischen Ansatzfunktion gegenüber. Aufgrund der quadratischen Ansatzfunktion ist eine vorzeichenabhängige Betrachtung des Schlupfes trotz des vorzeichenbehafteten Gleitwegs nicht notwendig. Die jeweilige Gegenüberstellung von Berechnung und Versuchsergebnis ist in Bild 6-11 aufgeführt. Es ergeben sich gute Übereinstimmungen, die mit Bestimmtheitsmaßen von $R^2$ =0,84 quantifiziert werden. Im dritten Schritt der Modellbildung erfolgt die Übertragung der im Rollentest gewonnenen Erkenntnisse auf den Zahnflankenkontakt. Mit Hilfe der FE-basierten Zahnkontaktanalyse wird die lokale Verschleißfunktion für jedes beliebige Oberflächeninkrement Y der Zahnflanken einer simulierten Stirnradpaarung in Abhängigkeit vom jeweils vorliegenden Beanspruchungsparameter $\rho_{Reg}$ berechnet (vgl. Bild 6-11).

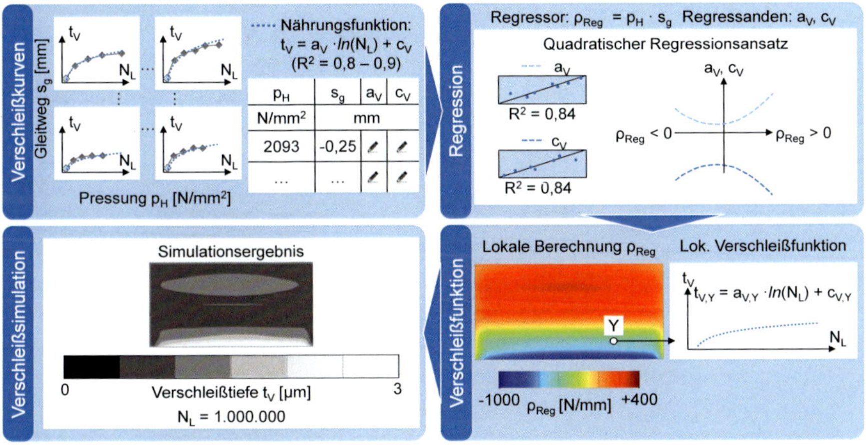


**Bild 6-11:** Modellbildung für die Verschleißberechnung im beschichteten Zahnflankenkontakt
*Modelling of wear calculation on PVD-coated tooth flanks*

Der zu diesem Zweck benötigte Betrag der lokal vorliegenden Hertzschen Pressung $p_H$ wird nach [BREC10a] unter Berücksichtigung der Nominalwerte der vorliegenden Belastung, der Makro- und Mikrogeometrie sowie der Eigenschaften des Radkörpers und der Getriebeperipherie bestimmt. Des Weiteren wird der lokale Gleitweg durch die Ermittlung der Gleitverhältnisse nach [DIN87a] bzw. [NIEM03] berechnet, wobei aus den Tangentialgeschwindigkeiten $w_i$ an den Zahnflanken die lokalen Gleitgeschwindigkeiten $v_g$ sowie das lokale spezifische Gleiten $\zeta$ berechnet werden, welches dem Schlupf s im Rollenkontakt entspricht. Die zur Bestimmung der lokalen Verschleißfunktion benötigten Parameter $a_{V,Y}$ und $c_{V,Y}$ lassen sich aus den Ergebnisfunktionen der im zweiten Schritt durchgeführten Regressionsanalyse nach dem quadratischen Ansatz bestimmen. Dabei weist der quadratische Ansatz eine uneingeschränkte mathematische Gültigkeit für alle Gleitwegbeträge auf.

Unter Vorgabe einer Lastwechselzahl lässt sich im vierten Schritt der Modellbildung die lokale Verschleißtiefe $t_V$ für jedes Oberflächeninkrement der kontaktierenden

Zahnflanken vorhersagen. Bild 6-11 zeigt beispielhaft ein Simulationsergebnis der nach dem quadratischen Ansatz berechneten Verschleißtiefenverläufe für eine Stirnradpaarung nach einer Lastwechselzahl von $N_L = 1 \cdot 10^6$ Lastwechsel. Es ist eine erhöhte Verschleißbelastung im Bereich des negativen Schlupfes unterhalb des Wälzkreisdurchmessers $d_w$ zu erkennen, welcher den Beobachtungen aus vorangegangenen Arbeiten entspricht. Des Weiteren zeigt bei der Verwendung des quadratischen Ansatzes die gesamte Zahnflanke Oberflächenverschleiß. Jedoch fällt auch hier der Verschleiß oberhalb des Wälzkreisdurchmessers deutlich geringer aus als im Bereich des negativen Schlupfs.

## 6.4 Fazit

*Conclusions*

Ziel dieses Kapitels ist die Erarbeitung eines Modells zur Vorhersage des Oberflächenverschleißes im PVD-beschichteten Zahnflankenkontakt. Die empirische Datenbasis des Modells wird durch Verschleißversuche im Zahnflanken-Analogieversuch aufgebaut. Mit Hilfe des Rollentests werden die lokalen Belastungen an vier Zahnflankenkontaktpunkten im Einzeleingriffsgebiet einer Standard-Prüfverzahnung simuliert. In Intervallversuchen wird das Verschleißverhalten der PVD-beschichteten Oberflächen messtechnisch analysiert. Anhand der taktil gemessenen Verschleißtiefe $t_V$ als Kenngröße für den Oberflächenverschleiß werden Verschleißkennlinien in Abhängigkeit von den vorliegenden tribologischen Bedingungen erstellt, die durch einen logarithmischen Funktionsansatz beschrieben werden können. Auf Basis der erarbeiteten Versuchsergebnisse wird durch eine multiple Regression ein funktionaler Zusammenhang zwischen den Beanspruchungen hinsichtlich Hertzscher Pressung und Gleitverhältnisse im Kontaktbereich und den Parametern der lokalen Verschleißfunktion hergestellt. Durch den Einsatz der FE-basierten Zahnkontaktanalyse sowie der Berechnung relevanter lokaler Eingangsgrößen wird die Anwendung der lokalen Verschleißfunktionen im simulierten Zahnflankenkontakt unter Berücksichtigung sowohl der Makro- als auch der Mikrogeometrie der Stirnradauslegung möglich. Die Vorhersage des zu erwartenden Oberflächenverschleißes ist im Folgenden anhand von Laufversuchen zu verifizieren.

# 7 Verifizierung der Verschleißvorhersage

*Verification of the Wear Simulation*

Wesentlicher Bestandteil der entwickelten Methode zur Feinauslegung PVD-beschichteter Stirnräder ist das in Kapitel 6.3 abgeleitete empirische Modell zur Vorhersage des lokalen Oberflächenverschleißes, welches im Folgenden durch Laufversuche im Zahnrad-Verspannungsprüfstand verifiziert werden soll. Hierzu erfolgt zunächst eine qualitative Erprobung am Beispiel von Prüfverzahnung Z2 (vgl. Tabelle 4-2). Für die Laufversuche zur Verifizierung der Verschleißvorhersage kommt die Prüfverzahnung Z3A zum Einsatz, deren Auslegung in Abschnitt 7.2 betrachtet wird. Anschließend werden die Untersuchungsergebnisse zur Entwicklung des Oberflächenverschleißes im PVD-beschichteten Zahnflankenkontakt unter Variation der Mikrogeometrie und der Endbearbeitung vorgestellt und mit entsprechenden Verschleißvorhersagen verglichen.

## 7.1 Qualitative Erprobung des Verschleißmodells

*Qualitative Evaluation of the Wear Model*

Für eine qualitative Analyse des Simulationsergebnisses wird das Modell zur Vorhersage des Oberflächenverschleißes am Beispiel der Prüfverzahnung Z2 angewendet. **Bild 7-1** zeigt die berechnete lokale Verschleißtiefe $t_V$ über der Zahnflanke von Ritzel und Rad für unterschiedliche Lastwechselzahlen am treibenden Ritzel sowie die jeweils maximale Verschleißtiefe $t_{V,max}$.

- **Variante Z1-REF-B**
- **Makrogeometrie**
  $m_n$ = 4,5 mm
  $\alpha_n$ = 20 °
  $\beta$ = 0 °
  $a_A$ = 91,5 mm
  $z_{1/2}$ = 16 / 24
  $x_{1/2}$ = 0,182 / 0,171
- **Mikrogeometrie**
  $C_{a,1/2}$ = 35 µm
  $d_{Ca,1}$ = 77,95 mm
  $d_{Ca,2}$ = 114,40 mm
  $C_{\beta 2}$ = 12 µm
- **Werkstoff / Beschichtung**
  Substrat: 16MnCr5E
  Schicht: a-C:H:W
- **Betriebsbedingungen**
  $M_1$ = 450 Nm
  $n_1$ = 2250 min$^{-1}$

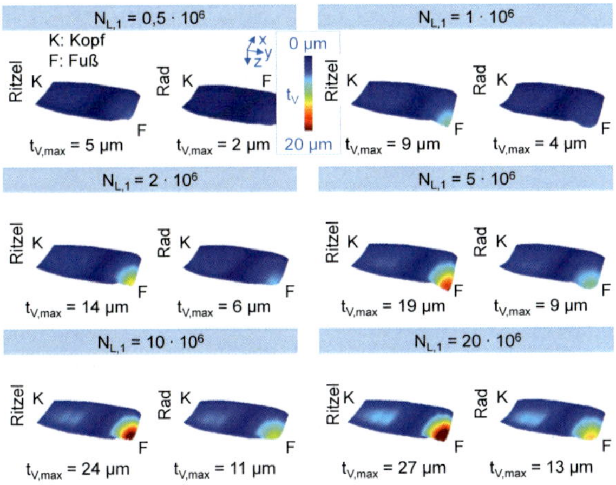


**Bild 7-1:** Berechnung der Verschleißtiefe $t_V$ für Prüfverzahnung Z2
*Calculation of wear depth $t_v$ for test gearing Z2*

Als Betriebsbedingungen für die Simulation des Zahnflankeneingriffs mit der FE-basierten Zahnkontaktanalyse FE-Stirnradkette wird das Antriebsmoment auf $M_1$ = 450 Nm und die antriebseitige Drehzahl auf $n_1$ = 2250 Nm festgelegt. Die Betriebsbedingungen der Simulation entsprechen damit den Betriebsbedingungen der in Kapitel 5.5 vorgestellten Laufversuche im Verspannungsprüfstand. Es ist zu erkennen, dass sowohl auf der Ritzel- als auch auf der Radflanke der Oberflächenverschleiß im Fußbereich deutlich stärker zunimmt als auf der restlichen Zahnflanke. Dieser Effekt kann auf die hier vorliegenden hohen Beträge für den schlupfabhängigen Gleitweg zurückgeführt werden. Eine weitere Verschleißzone mit deutlich geringeren Verschleißtiefen bildet sich im Gebiet oberhalb des Wälzkreises aus. Aufgrund der höheren Lastwechselzahl werden am Ritzel höhere Werte für die maximale Verschleißtiefe $t_{V,max}$ erreicht als am Rad. Die Gegenüberstellung der Simulationsergebnisse mit den Topografiemessungen der beschichteten Zahnflanken nach Beendigung des jeweiligen Laufversuchs in Bild 5-20 zeigt, dass die ermittelten Verschleißtiefenverläufe sowohl in ihrer qualitativen Ausprägung als auch in ihrer Größenordnung gut mit den gemessenen Verschleißzuständen übereinstimmen. In den folgenden Untersuchungen wird eine detaillierte Verifizierung der Verschleißvorhersage durchgeführt.

## 7.2 Ansatz zur Verifizierung der Verschleißvorhersage

*Approach for the Verification of the Wear Simulation*

Der Ansatz zur Validierung der Verschleißvorhersage basiert auf einer direkten Gegenüberstellung des Simulationsergebnisses mit dem Verschleißzustand entsprechend belasteter Zahnflankenoberflächen. Aufgrund der Randbedingungen der FE-basierten Zahnkontaktanalyse wird für die Durchführung der Laufversuche eine neuartige Prüfverzahnung mit einem Übersetzungsverhältnis i = 1 entwickelt, auf deren Auslegung, Fertigung und Beschichtung im Folgenden näher eingegangen wird.

### 7.2.1 Auslegung, Fertigung und Beschichtung der Prüfverzahnung

*Design, Manufacturing and Coating of Test Gears*

Die Randbedingungen für den Auslegungsprozess der Prüfverzahnung Z3A sind in **Bild 7-2** aufgeführt. Aufgrund der Tatsache, dass das bei der Verschleißvorhersage eingesetzte Programm FE-Stirnradkette die wechselnden Kontaktbedingungen in Abhängigkeit von den variierenden kontaktierenden Zahnflanken-Mikrogeometrien bei einem Zähnezahlverhältnis auf $u \neq 1$ nicht berücksichtigt, wird die Übersetzung auf i = 1 festgelegt. Diese Randbedingung gewährleistet eine hohe Übereinstimmung zwischen den realen und den in der FE-basierten Zahnkontaktanalyse berechneten Kontaktbedingungen, da bei jedem Lastwechsel dieselben Zahnflanken miteinander kämmen. Um hinsichtlich des Normalmoduls und des Schrägungswinkels in einem mit vorangegangenen Untersuchungen an Prüfverzahnung Z2 ($C_{mod}$-Verzahnung) vergleichbaren Bereich zu bleiben, soll der Normalmodul den Wert $m_n$ = 4 mm nicht unterschreiten und eine Geradverzahnung ($\beta$ = 0) vorliegen. Der für die Laufversuche vorgesehene Zahnrad-Verspannungsprüfstand mit Achsabstand $a_{Achs}$ = 112,5 mm lässt eine maximale Verzahnungsbreite von b = 52 mm zu. Die rechnerische Tragfähigkeit der Verzahnung nach [ISO07] sollte eine höhere Zahnfußsicherheit im Vergleich zur Grübchensicherheit ergeben. Die rechnerische Sicherheit gegen Fressen ist derart auszulegen, dass Fressschäden vollständig vermieden werden können. **Tabelle 7-1** zeigt die bei der Berechnung der Sicherheitswerte eingesetzten Faktoren.

| $K_A$ | $K_{V,D}$ | $K_{H\alpha,B}$ | $K_{H\beta,D}$ | $Z_B$ | $Z_H$ | $Z_E$ | $Z_\varepsilon$ | $Z_\beta$ | $Z_v$ | $Z_R$ | $Z_L$ | $Z_W$ | $Z_X$ |
|---|---|---|---|---|---|---|---|---|---|---|---|---|---|
| 1 | 1,12 | 1 | 1,11 | 1,009 | 2,551 | 191,6 | 0,895 | 1 | 1,017 | 1 | 0,966 | 1 | 1 |

**Tabelle 7-1:** Faktoren zur Berechnung der Sicherheitswerte
*Factors for calculation of safety factors*

Die für die Zahnradauslegung herangezogenen Betriebsbedingungen sind in Bild 7-2 aufgeführt und stimmen hinsichtlich Substrat und Schmierstoff mit den zur Modellbildung durchgeführten Laufversuchen im Rollenkontakt überein.

- **Prüfverzahnung Z3A**
- **Randbedingungen**
  *Makrogeometrie:*
  $i = 1$
  $m_n \geq 4{,}0$ mm
  $\beta = 0$ °
  $a_A = 112{,}5$ mm
  $b \leq 52$ mm
  *Tragfähigkeit:*
  $S_H \geq S_F$
- **Werkstoff / Beschichtung**
  Substrat: 16MnCr5
  Schicht: a-C:H:W
- **Verspannungsprüfstand**
  $n_1 = 3000\ min^{-1}$
  SAE 75W-90, add. (Tauchs.)
  $T_{Öl} = 90 \pm 5$ °C

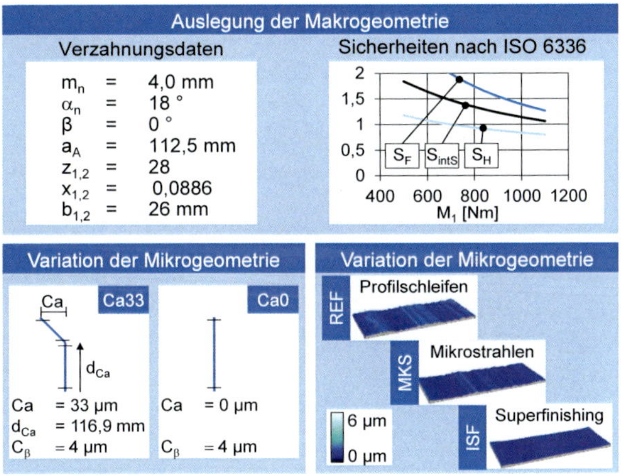


**Bild 7-2:** Verzahnungsauslegung und Prüfvarianten für die Verschleißuntersuchungen
*Gear design and test variants for verification tests*

Auf Basis der durchgeführten Tragfähigkeitsberechnung werden die makrogeometrischen Eigenschaften der Prüfverzahnung Z3A auf die in Bild 7-2 aufgeführten Werte festgelegt. Das Diagramm zeigt für die Berechnung der Sicherheitswerte bis zu einem Lastmoment von $M_1 = 1100$ Nm hinreichend hohe Beträge für die Durchführung der Verschleißuntersuchungen im rechnerischen Zeitfestigkeitsgebiet der Verzahnung. Da die Grübchentragfähigkeit nicht Gegenstand der durchzuführenden Untersuchungen ist, sollte bis zu einer Lastwechselzahl von $N_L = 10 \cdot 10^6$ kein Grübchenschaden auftreten. Um eine hohe tribologische Belastung der Beschichtung aufzubringen, wird das Lastmoment für die Laufversuche auf $M_1 = 950$ Nm festgelegt.

Die zu untersuchenden Prüfvarianten sind in Bild 7-2 aufgeführt. Die Variation der Mikrogeometrie umfasst eine Zahnradpaarung mit einer kurzen Kopfrücknahme nach [NIEM03] und eine Variante ohne Profilkorrektur. In beiden Fällen weisen sowohl das treibende als auch das getriebene Zahnrad eine Breitenballigkeit von $c_\beta = 4$ µm auf. Hinsichtlich der Endbearbeitung werden die drei Varianten Profilschleifen ohne weitere Oberflächenbehandlung (REF), Profilschleifen und anschließendes Mikrostrahlen

(MKS) und Profilschleifen und anschließendes Isotropic Superfinishing (ISF) untersucht. Alle Zahnräder werden in einer Reincharge mit dem nominell gleichen Schichtsystem beschichtet, welches in allen vorangegangenen Laufversuchen in dieser Arbeit zum Einsatz gekommen ist.

Um die Vergleichbarkeit der tribologischen Belastung im Laufversuch zu beurteilen, werden die Prüfverzahnung Z2 unter den Betriebsbedingungen der 10. Momentstufe des Standard-Pittingtests nach [SCHE96] und die hier entwickelte Prüfverzahnung Z3A unter den in Bild 7-2 aufgeführten Betriebsbedingungen einer Analyse der theoretischen Eingriffsbedingungen unterzogen. **Bild 7-3** zeigt die nach [DIN87a] [DIN3960] berechneten Kenngrößen Tangentialgeschwindigkeit $v_t$, Gleitgeschwindigkeit $v_g$, Schlupf s und Ersatzkrümmungradius $\rho_{Ers}$ sowie die nach [DOWS77] berechneten minimalen Schmierfilmhöhen $h_{min}$ für die beiden Prüfverzahnungen. Der Vergleich der Verläufe der Gleitgeschwindigkeiten $v_g$ und des Schlupfes s über der Eingriffsstrecke zeigen, dass vergleichbare Gleitverhältnisse an den Zahnflanken vorliegen. Die Symmetrie des Verlaufs des Ersatzkrümmungsradius bei Prüfverzahnung Z3A rührt aus der gleichen Zähnezahl her und führt zu einer gleichartigen Pressungsverteilung über der Zahnhöhe bei treibendem und getriebenem Zahnrad. Von wesentlicher Bedeutung ist die theoretische Schmierfilmhöhe über der Eingriffsstrecke, da diese tribologische Einflussgröße in dem zu validierenden Modellansatz zur Vorhersage des Oberflächenverschleißes nicht rechnerisch berücksichtigt werden kann. Unter der Voraussetzung vergleichbarer Zahnflankenrauheit kann hier von vergleichbaren spezifischen Schmierfilmhöhen λ ausgegangen werden.

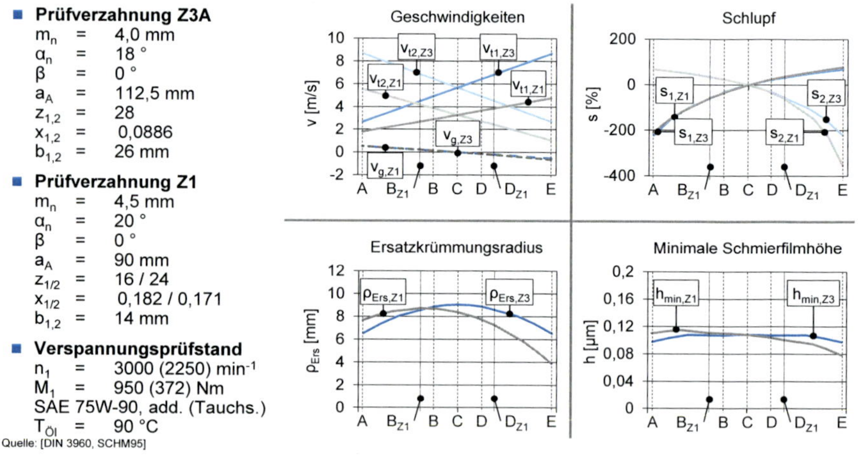


**Bild 7-3:** Analyse der theoretischen Eingriffsbedingungen
*Analysis of theoretical mesh conditions*

Die Analyse der theoretischen Eingriffsbedingungen für die Prüfverzahnungen Z2 und Z3A zeigt, dass in erster Näherung eine Vergleichbarkeit der tribologischen Belastung an den Zahnflankenoberflächen erwartet werden kann. Die Verwendung der im Rahmen dieser Arbeit entwickelten Prüfverzahnung Z3A für die Versuche zur Validierung der Verschleißvorhersage erscheint daher zulässig.

### 7.2.2 Prüfprogramm, Versuchsbedingungen und Vorgehensweise

*Test Program, Test Conditions and Procedure*

Zur Validierung der beanspruchungsabhängigen Verschleißsimulation werden Laufversuche im Zahnrad-Verspannungsprüfstand durchgeführt. Die Verschleißuntersuchungen erfolgen in einem Zahnrad-Verspannungsprüfstand nach [DIN07] unter Tauchschmierung bei einer geregelten Ölsumpftemperatur von $T_{Öl}$ = 90 °C. Wie bei den Verschleißuntersuchungen im Rollentest kommt als Schmierstoff ein additiviertes Getriebeöl der SAE-Viskositätsklasse 75W-90 zum Einsatz. Der Laufversuch wird bei einem Lastmoment von $M_1$ = 950 Nm und einer Drehzahl von $n_1$ = 3000 $min^{-1}$ durchgeführt. Zu Beginn der Versuchsreihe wird die Stirnradpaarung einem Einlauf von $N_L = 2{,}7 \cdot 10^5$ Lastwechseln bei einem Lastmoment von $M_1$ = 270 Nm und gegenüber dem Laufversuch unveränderter Drehzahl unterzogen.

**Bild 7-4** zeigt die Vorgehensweise zur Validierung der Verschleißsimulation mit einem Versuchs- und einem Simulationszyklus, welche nach den aufgeführten Lastwechselintervallen bis zu einer Lastwechselzahl von $N_L = 10 \cdot 10^6$ parallel durchlaufen werden. Der Simulationszyklus erfolgt in vier Schritten.

- **Prüfverzahnung Z3A**
- **Makrogeometrie**
  $m_n$ = 4 mm
  $\alpha_n$ = 18 °
  $\beta$ = 0 °
  $a_A$ = 112,5 mm
  $z_{1,2}$ = 28
  $x_{1,2}$ = 0,0886
- **Prüfvariation**
  Mikrogeom.: Ca33 / Ca0
  Endbearb.: REF / MKS / ISF
- **Werkstoff / Beschichtung**
  Substrat: 16MnCr5
  Schicht: a-C:H:W
- **Verspannungsprüfstand**
  $M_1$ = 950 Nm
  $n_1$ = 3000 $min^{-1}$
  SAE 75W-90, add. (Tauchs.)
  $T_{Öl}$ = 90±5 °C

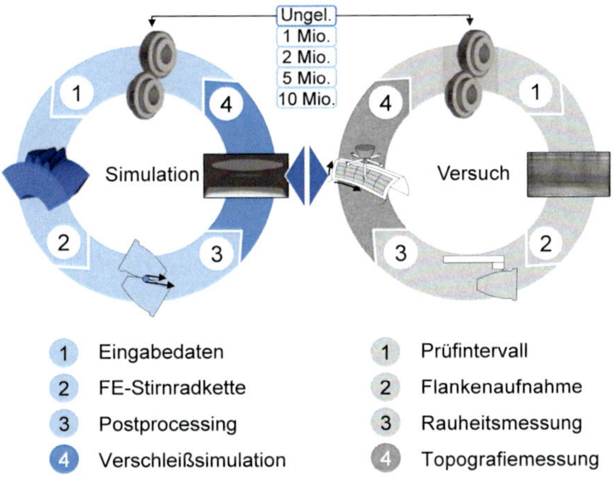


**Bild 7-4:** Prüfprogramm, Versuchsbedingungen und Vorgehensweise Verschleißversuche
*Test program, test conditions and approach for wear tests*

Auf Basis der Zahnraddaten der Prüfverzahnung werden zunächst die für die Durchführung der FE-basierten Zahnkontaktanalyse notwendigen Daten in einer Eingabedatei zusammengestellt. Bei den Vorgaben für die Mikrogeometrie muss hier zwischen der Angabe der theoretisch-idealen Zahnflankentopografie entsprechend den nominellen Werten der Zahnflankenmodifikationen und dem Einlesen der zuvor messtechnisch erfassten realen Zahnflankentopografie unterschieden werden. Beide Fälle werden in dieser Arbeit hinsichtlich der Güte der erzielbaren Simulationsergebnisse untersucht. Nach der vollständigen Definition des zu simulierenden Zahneingriffs wird ein FE-Modell der Stirnradpaarung erstellt und entsprechend der Vorgehensweise nach [BREC10a] über ein Federmodell die Verteilung der Hertzschen Pressungen über der Zahnflanke berechnet. Im anschließenden Postprocessing wird der lokale Gleitweg durch die Ermittlung der Gleitverhältnisse nach [DIN87a] bzw. [NIEM03] sowie die Parameter $a_V$ und $c_V$ zur Berechnung der lokalen Verschleißfunktion nach dem quadratischen Ansatz zur Modellbildung bestimmt. In Abhängigkeit von der Lastwechselzahl lässt sich abschließend die lokale Tiefe des Oberflächenverschleißes vorhersagen.

Der Versuchszyklus nach einem abgeschlossenen Prüfintervall umfasst lichtmikroskopische Aufnahmen der Zahnflankenoberflächen, Rauheitsmessungen in Profil- und Flankenrichtung und die Erfassung der aktuellen Zahnflankentopografie, welche Aufschluss über den Verschleißverlauf geben soll. Alle Untersuchungen erfolgen stets an denselben Zahnflanken einer Zahnpaarung, so dass der Verlauf der einzelnen Messgrößen sowie Wechselwirkungen zwischen treibender und getriebener Zahnflanke ausgewertet werden können. Die lichtmikroskopischen Zahnflankenaufnahmen werden bei 30-facher Vergrößerung gemacht. Die Zahnflanke wird in mehreren Aufnahmen erfasst, welche zu einem Gesamtbild zusammengefügt werden. Die Rauheitsmessungen mit einer Messstrecke von $l_m$ = 5,6 mm nach [DIN97] werden in Profilrichtung mit einem Einkufen-Tastsystem mit einem Tastspitzenwinkel von $W_{Tast}$ = 60 ° und einem Tastspitzenradius von $r_{Tast}$ = 3 µm, in Zahnflankenrichtung mit einem Bezugebenen-Tastsystem mit einem Tastspitzenwinkel von $W_{Tast}$ = 90 ° und einem Tastspitzenradius von $r_{Tast}$ = 2 µm durchgeführt. Die Verzahnungsgeometrie wird auf einer Zahnrad-Koordinatenmessmaschine vermessen. Neben der Erfassung allgemeiner geometrischer Kennwerte wie beispielsweise Abweichungen in Profil- und Flankenrichtung sowie Teilungsabweichungen an sechs über dem Umfang verteilten Zähnen wird in jedem Messdurchlauf die Topografie der jeweils betrachteten Zahnflanken mit einer Auflösung von 30 x 30 Messpunkten vermessen. Die Randbereiche des Messgitters werden so gewählt, dass im Kopfbereich und an den Stirnseiten der Verzahnung ein ausreichender Mindestabstand eingehalten wird, um ein Abrutschen des Messtasters zu verhindern. Im Fußbereich der Zahnflanken wird der Messbereich über den Fußformkreisdurchmesser $d_{Ff}$ hinaus erweitert, um Messpunkte im Fußbereich als potenzielle Referenzpunkte für einen quantitativen Vergleich von Zahnflankentopografien in unterschiedlicher Verschleißsituation zur Verfügung zu stellen. Sämtliche Messungen auf der Zahnradkoordinatenmessmaschine werden mit einem Kugelmesstaster mit einem Tastkugeldurchmesser von $d_T$ = 0,8 mm durchgeführt. Im Fokus der quantitativen Verschleißanalyse stehen die Ergebnisse der Topografiemessungen mit der Koordinatenmessmaschine, weshalb näher auf die Wiederholgenauigkeit und die Festlegung eines geeigneten Referenzpunkts für den quantitativen Vergleich von Zahnflankentopografien eingegangen wird.

Im Vorfeld der Verschleißuntersuchungen wird eine Studie zur Eignung der Zahnrad-Koordinatenmessmaschine zur Erfassung des lokalen Oberflächenverschleißes durchgeführt. **Bild 7-5** zeigt die maximale Messwertstreuung über Zahnbreite und das Profil für eine dreimalige topografische Vermessung einer Prüfverzahnung ohne Profilmodifikation entsprechend Bild 7-4. Untersucht werden der Einfluss des Ausbaus des Messtasters sowie der Einfluss des Ausbaus des Zahnrads aus der Messmaschine. Die Ergebnisse werden der Messstreuung bei einer direkten Wiederholmessung gegenübergestellt. Während der Ausbau des Messtasters keinen Einfluss auf die Wiederholgenauigkeit der Topografiemessung zeigt, liegt die mittlere Streuung der Messwerte bei Ausbau des Zahnrads mit $S_m$ = 0,17 höher als bei der direkten Wiederholmessung. Bei der Betrachtung der Verteilung der Abweichungswerte über der Zahnflanke fällt auf, dass vorzugsweise im Gebiet unterhalb des Fußformkreises $d_{Ff}$ hohe Messwertstreuungen vorliegen. Diese sind auf die hier vorliegenden, vergleichsweise hohen absoluten Messwertdifferenzen gegenüber dem Referenzpunkt der Topografiemessung zurückzuführen. Im Bereich der aktiven Zahnflanke liegt die Messwertstreuung auch bei Ausbau des Zahnrads deutlich unterhalb dem Maximalwert der in Bild 7-5 angegebenen Skalierung von S = 0,5 µm. Hinsichtlich der Wiederholgenauigkeit erweist sich die Topografiemessung als geeignet zur quantitativen Beurteilung des Oberflächenverschleißes.

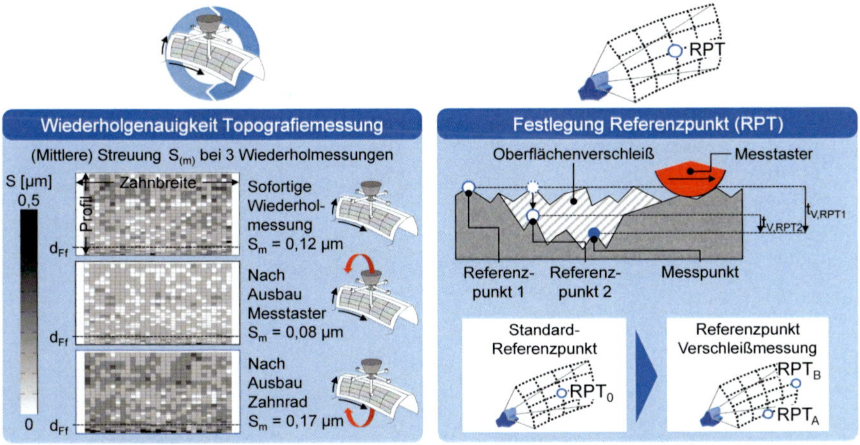


**Bild 7-5:** Voruntersuchung zur Verschleißmessung mit dem Koordinatenmessgerät
*Preliminary analysis of wear measurement using coordinate measurement*

Die Ergebnisse der Studie zur Wiederholgenauigkeit der Topografiemessung mit der Koordinatenmessmaschine stehen in einem direkten Zusammenhang mit der Festlegung des Referenzpunkts bei der Differenzbildung zweier Topografiemessungen zur quantitativen Verschleißbeurteilung. Bild 7-5 zeigt in einer schematischen Darstellung, welchen Einfluss die Wahl des Referenzpunkts der Topografiemessung (RPT) auf die Messung der lokalen Verschleißtiefe hat. Bei Festlegung des Referenzpunkts in einem Bereich ohne oder mit nur geringfügiger Verschleißtiefe (Referenzpunkt 1) liegt der zu erwartende Fehler des Messwerts für die lokale Verschleißtiefe $t_{Ref1}$ in der Größenordnung der Messwertstreuung. Im Falle ausgeprägten Oberflächenverschleißes im Referenzpunkt (Referenzpunkt 2) kommt es zu einer nicht quantifizierbaren Verringerung des Messwerts für die lokale Verschleißtiefe $t_{RPT2}$. Der Referenzpunkt ist daher so zu wählen, dass er in einem verschleißfreien Bereich oder in einem Bereich geringer Verschleißtiefen liegt. Die Ergebnisse der Studie zur Wiederholgenauigkeit zeigen, dass der Bereich unterhalb des Fußformkreises entgegen ursprünglicher Erwartungen nicht zur Referenzpunktwahl geeignet ist. Für die im Rahmen dieser Arbeit durchgeführten Messungen wird der Referenzpunkt daher entweder im Bereich des theoretischen Fußnutzkreisdurchmessers ($RPT_A$) oder auf Höhe des Wälzkreises nahe der Stirnkante der Verzahnung ($RPT_B$) festgelegt, da hier nach der vorgestellten Simulation des Oberflächenverschleißes mit den geringsten Verschleißtiefen zu rechnen ist.

## 7.3 Variation der Mikrogeometrie

*Variation of Microgeometry*

### 7.3.1 Prüfvariante mit kurzer Kopfrücknahme (Ca33)

*Test Variant with Short Tip Relief (Ca33)*

**Bild 7-6** zeigt das Ergebnis der qualitativen Verschleißanalyse am treibenden und getriebenen Zahnrad für Variante Z3A-Ca33-REF-B bis zu einer Lastwechselzahl von $N_L = 10 \cdot 10^6$. Die lichtmikroskopischen Aufnahmen der Zahnflankenoberflächen beider Zahnräder zeigen eine zunehmende Veränderung der Flankenoberfläche im Bereich des Zahnfußes über der Lastwechselzahl.

- **Variante Z3A-Ca33-REF-B**
- **Makrogeometrie**
  $m_n$ = 4 mm
  $\alpha_n$ = 18 °
  $\beta$ = 0 °
  $a_A$ = 112,5 mm
  $z_{1,2}$ = 28
  $x_{1,2}$ = 0,0886
- **Mikrogeometrie**
  $C_{\beta 1,2}$ = 4 µm
  $C_a$ = 33 µm
  $d_{Ca}$ = 116,9 mm
- **Werkstoff / Beschichtung**
  Substrat: 16MnCr5E
  Schicht: a-C:H:W
- **Verspannungsprüfstand**
  $M_1$ = 950 Nm
  $n_1$ = 3000 $min^{-1}$
  SAE 75W-90, add. (Tauchs.)
  $T_{Öl}$ = 90 °C ±5K

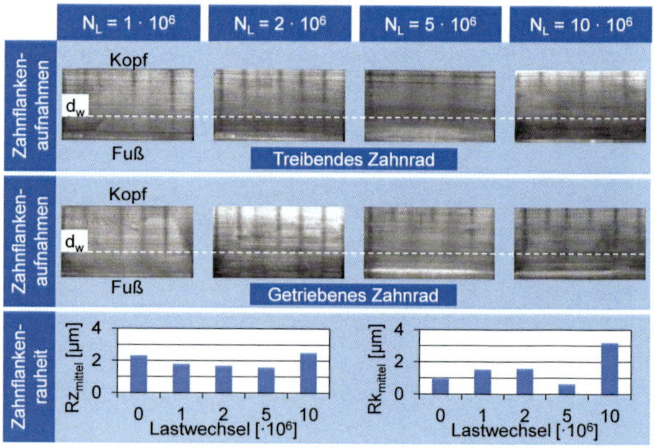


**Bild 7-6:** Zahnflankenaufnahmen und Einlaufverhalten Variante Z3A-Ca33-REF-B
*Tooth flanks pictures and run-in behaviour of variant Z3A-Ca33-REF-B*

Die hell hervortretenden Zahnflankenbereiche deuten auf Verschleiß der PVD-beschichteten Zahnflankenoberfläche hin, der sich vom Beginn der Eingriffsstrecke am Fußnutzkreisdurchmesser ab einer Lastwechselzahl von $N_L = 2 \cdot 10^6$ in Richtung des Wälzkreisdurchmessers ausbreitet. Durch den Oberflächenverschleiß kommt es zu einer Veränderung der Lichtreflektion der Oberfläche, was durch den partiellen oder vollständigen Verschleiß der PVD-Beschichtung und die Freilegung des darunter liegenden Substrats erklärt werden kann. Oberhalb des Wälzkreisdurchmessers kann bis einschließlich $N_L = 10 \cdot 10^6$ kein Oberflächenverschleiß erkannt werden. Das Erscheinungsbild der Zahnflankenoberfläche stimmt mit den Erkenntnissen aus vorangegangenen Arbeiten unter Verwendung desselben Schicht-Substrat-System überein [GROS07], [ BUGI09].

Die in Bild 7-6 aufgeführten Verläufe für die aus den Kennwerten für beide Zahnräder gemittelten Rauheitskenngrößen in Profilrichtung zeigen bis zu einer Lastwechselzahl von $N_L = 5 \cdot 10^6$ nur geringfügige Veränderungen an. Die Messwerte für die gemittelte Rautiefe $R_z$ deuten bis dahin auf ein für a-C:H:W-beschichtete Stirnräder bekanntes Einlaufverhalten hin. Nach $N_L = 10 \cdot 10^6$ sind beide Kennwerte sichtbar erhöht, was auf eine Veränderung der Zahnflankenoberfläche hinweist, die jedoch auf den lichtmikroskopischen Aufnahmen nicht ausgemacht werden kann.

**Bild 7-7** zeigt den simulierten Verschleißverlauf für das treibende Zahnrad unter Verwendung des zu validierenden Modellansatzes. Dargestellt sind die lokalen Verschleißtiefen über der Zahnflanke in Abhängigkeit von der Lastwechselzahl, die mit der sich im Laufversuch ergebenden Differenztopografie verglichen werden.

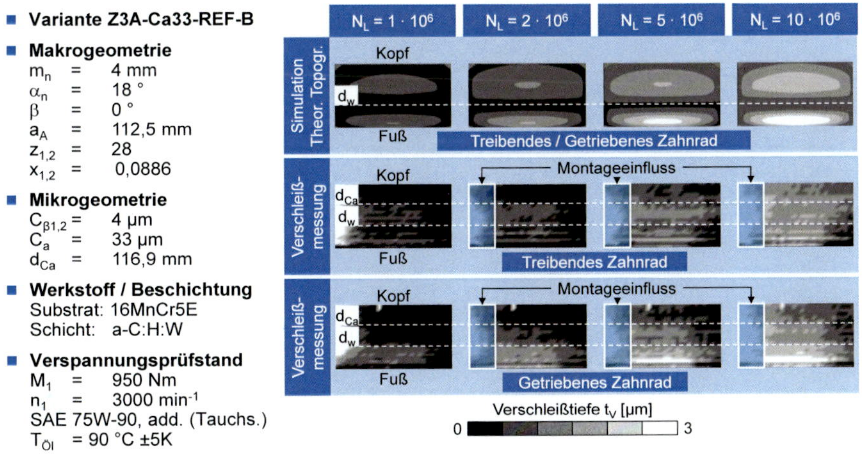


**Bild 7-7:** Qualitativer Vergleich von Simulation und Messung für Variante Z3A-Ca33-REF-B
*Qualtitative comparison of simulation and measurement for Variant Z3A-Ca33-REF-B*

Für die Kontaktberechnung mit der FE-basierten Zahnkontaktanalyse werden hier die theoretischen Zahnflankentopografien vorgegeben. Aufgrund der symmetrischen Verzahnungsgeometrie des treibenden und des getriebenen Zahnrads zeigt die Verschleißsimulation unter Voraussetzung der theoretischen Zahnflankentopografie für das getriebene Zahnrad nur minimale Unterschiede im Vergleich zu den in Bild 7-7 dargestellten Ergebnissen für das treibende Zahnrad. Die Simulationsergebnisse sind somit für beide Zahnräder gültig. Nach dem Modellansatz zur Verschleißvorhersage kommt es nach $N_L = 1 \cdot 10^6$ Lastwechseln in der Zahnbreitenmitte zunächst im

Zahnflankenbereich unterhalb des Wälzkreisdurchmessers zu Oberflächenverschleiß mit einer Verschleißtiefe von etwa $t_V = 1$ µm. Auch im Bereich oberhalb des Wälzkreises wird Oberflächenverschleiß berechnet, welcher aber geringer als im Bereich negativen Schlupfes ausfällt. Nach $N_L = 10 \cdot 10^6$ Lastwechseln wird eine Verschleißtiefe im Zahnfußbereich von $t_V > 3$ µm vorhergesagt, während die maximale Verschleißtiefe im Bereich oberhalb des Wälzkreisdurchmessers mit $t_V = 2{,}5$ µm etwas geringer ausfällt. In Zahnbreitenrichtung ergibt sich unter Voraussetzung der theoretischen Zahnflankentopografie eine symmetrische Verteilung der Verschleißtiefe.

Neben den Simulationsergebnissen für den Oberflächenverschleiß nach den einzelnen Prüfintervallen zeigt Bild 7-7 Ergebnisse der quantitativen Verschleißanalyse an den Zahnflanken des treibenden und des getriebenen Zahnrads. Aufgeführt sind zu diesem Zweck die Ergebnisse der Differenzbildung von Topografiemessungen nach dem jeweiligen Prüfintervall und der Topografiemessung im Ausgangszustand, für die der Messpunkt auf den Fußnutzkreisdurchmesser $d_{Nf}$ in Zahnbreitenmitte als Referenzpunkt ($REF_A$) gewählt wird (vgl. Bild 7-5). Der Zahnflankenbereich an der linken Stirnkante der Verzahnung ist montagebedingten Veränderungen unterzogen, die vom Verschleißverlauf in Abhängigkeit von der Lastwechselzahl unabhängig sind. Daher wird dieser Zahnflankenbereich bei der Verschleißbeurteilung nicht betrachtet. Es ist zu erkennen, dass sich auch bei der quantitativen Verschleißanalyse die erste Verschleißentwicklung und die höchsten Verschleißtiefen am treibenden Zahnrad in der Mitte der Zahnflanke in Breitenrichtung im Zahnfußbereich zeigen. Nach einer Lastwechselzahl von $N_L = 5 \cdot 10^6$ erreicht der Oberflächenverschleiß unterhalb des Fußnutzkreises lokal eine Tiefe von etwa $t_V = 3$µm. Deutlich wird zudem, dass auch im Bereich des Wälzkreisdurchmessers Verschleiß vorliegt, der sich von der Zahnflankenmitte in Breitenrichtung über der Lastwechselzahl ausbreitet. Anhand der Zahnflankenaufnahmen ist dieser Verschleißbereich nicht erkennbar. Im Vergleich zu den lokal erreichten Verschleißtiefen unterhalb des Wälzkreisdurchmessers fällt der Oberflächenverschleiß in diesem Zahnflankenbereich geringer aus. Bemerkenswert ist, dass der Oberflächenverschleiß im Bereich der Kopfrücknahme später einsetzt als auf dem Rest der Zahnflanke. Wie beim treibenden Zahnrad liegt auch beim getriebenen Zahnrad an der linken Stirnseite ein Zahnflankenbereich vor, der aufgrund des Einfädelns bei der Zahnradmontage Oberflächenverschleiß aufweist und der im Folgenden nicht in die Untersuchungen einbezogen wird. Es ist zu erkennen, dass sich der Verschleißverlauf am getriebenen Zahnrad von dem am treibenden Zahnrad unterscheidet. Im Zahnflankenbereich unterhalb des Wälzkreisdurchmessers kommt es deutlich früher zu Oberflächenverschleiß, welcher wie beim treibenden Zahnrad in Zahnbreitenrichtung auf die Zahnflankenmitte konzentriert ist. Auch die maximale Verschleißtiefe $t_V$ fällt hier in allen Prüfintervallen höher aus als beim treibenden Zahnrad. Im Bereich oberhalb des Wälzkreisdurchmessers kommt es zu einer schwächeren Ausprägung des Oberflächenverschleißes.

Insgesamt fällt das Verschleißverhalten des treibenden und des getriebenen Zahnrads unterschiedlich aus. Bei beiden Zahnrädern kommt es im Bereich unterhalb des Wälzkreisdurchmessers zu stärkerem Oberflächenverschleiß als im Bereich am und oberhalb des Wälzkreisdurchmessers. Allerdings fällt der Unterschied zwischen den beiden Zahnflankenbereichen beim getriebenen Zahnrad deutlicher aus als beim treibenden. Der verstärkte Oberflächenverschleiß im Zahnfußbereich lässt sich durch die hier vorliegenden geringen Schichtdicken im Vergleich zum Zahnkopfbereich erklären. Nach dem daraus resultierenden frühzeitigen Freilegen der Substratoberfläche liegt lokal ein Kontakt zwischen einer unbeschichteten und einer PVD-beschichteten Zahnflankenoberfläche vor, welcher zu einer erhöhten abrasiven Belastung des unbeschichteten Kontaktpartners führt.

Der Vergleich der Simulationsergebnisse mit den gemessenen Differenztopografien zeigt über der gesamten Zahnflanke eine gute Übereinstimmung mit dem Versuchsergebnis. Im Bereich der Zahnfußflanke wird die höhere Verschleißtiefe wie im Laufversuch beobachtet. Die kritische Beurteilung der Verschleißsimulation in Zahnbreitenrichtung macht deutlich, dass der lokal begrenzte Bereich erhöhten Verschleißes im Zahnfußbereich bei Vorgabe der theoretischen Zahnflankentopografie nicht durch das Simulationsergebnis abgebildet wird. Die hinsichtlich der Entwicklung des Verschleißes in Bild 7-7 aufgeführten Unterschiede zwischen treibendem und getriebenem Zahnrad werden durch eine Simulation unter Voraussetzung der theoretischen Zahnflankentopografie nicht ermittelt. Insgesamt lässt sich jedoch festhalten, dass der Vergleich von Simulation und Untersuchungsergebnis für den verwendeten Modellansatz qualitativ zufriedenstellende Ergebnisse liefert.

Im Folgenden wird der Einfluss der messtechnisch erfassten Zahnflankentopografien beider Zahnflanken auf das Ergebnis der Simulation des Oberflächenverschleißes analysiert. Zu diesem Zweck werden die Zahnflankentopografien im Ausgangszustand vermessen und bei der Kontaktberechnung mit der FE-basierten Zahnkontaktanalyse berücksichtigt. **Bild 7-8** zeigt die Gegenüberstellung der Verschleißmessungen nach den einzelnen Prüfintervallen mit den simulierten Verschleißverläufen mit Berücksichtigung der gemessenen Zahnflankentopografie für das treibende Zahnrad.

Durch die Berücksichtigung der vorliegenden Zahnflankentopografien kommt es zu einer Verstärkung des vorhergesagten Oberflächenverschleißes gegenüber der Simulation mit theoretischer Zahnflankentopografie oberhalb des Wälzkreisdurchmessers und zu geringerem Verschleiß im Zahnfußbereich (vgl. Bild 7-7). Des Weiteren zeigt sich eine Asymmetrie des Verschleißes über der Zahnbreite, welche sehr genau den messtechnisch erfassten Verschleißzustand vorhersagt. Durch die Berücksichtigung der gemessenen Zahnflankentopografie kann somit im Vergleich zur theoretischen Topografie eine deutliche Verbesserung des Simulationsergebnisses erreicht werden. Die vorhergesagte maximale Verschleißtiefe $t_V$ zeigt nur geringfügige Veränderungen.

Für eine quantitative Validierung der Verschleißvorhersage sind in Bild 7-8 Profilschnitte in der Zahnflankenmitte für die simulative Verschleißvorhersage und den gemessenen Verschleiß dargestellt. Hinsichtlich der berechneten maximalen Verschleißtiefe liegt für alle betrachteten Lastwechselzahlen eine hohe Übereinstimmung zwischen Simulation und Messung vor. Der Verlauf der berechneten Verschleißtiefe weicht im für die Feinauslegung als kritisch zu betrachtenden Zahnfußbereich weniger von der Messung ab als im Gebiet des Wälzkreises oder im Bereich oberhalb des Wälzkreises.

- **Variante Z3A-Ca33-REF-B**
- **Makrogeometrie**
  $m_n$ = 4 mm
  $\alpha_n$ = 18 °
  $\beta$ = 0 °
  $a_A$ = 112,5 mm
  $z_{1,2}$ = 28
  $x_{1,2}$ = 0,0886
- **Mikrogeometrie**
  $C_{\beta 1,2}$ = 4 µm
  $C_a$ = 33 µm
  $d_{Ca}$ = 116,9 mm
- **Werkstoff / Beschichtung**
  Substrat: 16MnCr5E
  Schicht: a-C:H:W
- **Verspannungsprüfstand**
  $M_1$ = 950 Nm
  $n_1$ = 3000 $min^{-1}$
  SAE 75W-90, add. (Tauchs.)
  $T_{Öl}$ = 90 °C ±5K

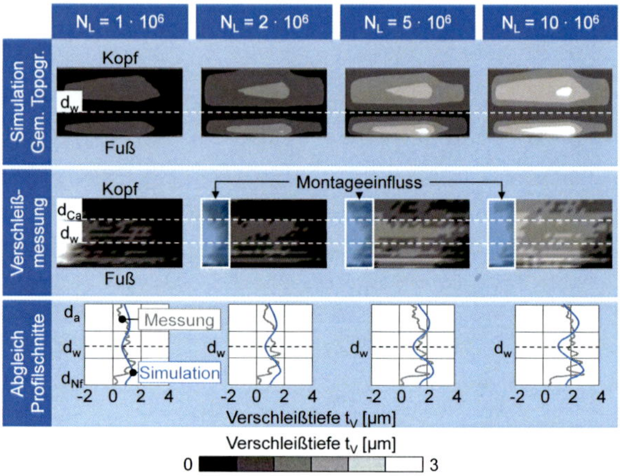


**Bild 7-8:** Verifizierung der Simulation am treibenden Rad für Variante Z3A-Ca33-REF-B
*Verification of simulation driving gear of variant Z3A-Ca33-REF-B*

Nach der quantitativen Validierung der Verschleißvorhersage für das treibende Rad werden in **Bild 7-9** die entsprechenden Ergebnisse für das getriebene Rad vorgestellt. Im Vergleich zur Simulation mit theoretischer Zahnflankentopografie kommt es hier zu einer Verstärkung des berechneten Oberflächenverschleißes im Zahnfußbereich. Auch die Asymmetrie des Verschleißes wird wie beim treibenden Rad durch die Topografieberücksichtigung mit hoher Übereinstimmung zwischen Simulation und Messung vorhergesagt. Der Vergleich der Profilschnitte zeigt, dass der verstärkte Oberflächenverschleiß im Zahnfußbereich der Zahnflanken mit hoher Genauigkeit berechnet wird. Wie beim treibenden Zahnrad liegen auch hier über der Profilhöhe lokal geringfügige Abweichungen zwischen Messung und Simulation vor.

Die dargestellten Ergebnisse der Untersuchungen zur Validierung des Modellansatzes zur Vorhersage des Oberflächenverschleißes zeigen, dass für die hier betrachtete profilkorrigierte Prüfverzahnung eine hohe Übereinstimmung sowohl hinsichtlich der Verschleißverteilung über der Zahnflanke als auch hinsichtlich der berechneten Verschleißtiefe vorliegt. Voraussetzung für die erfolgreiche Anwendung der Verschleißsimulation ist die Berücksichtigung der messtechnisch erfassten Zahnflankentopografien im Ausgangszustand.

- **Variante Z3A-Ca33-REF-B**
- **Makrogeometrie**
  $m_n$ = 4 mm
  $\alpha_n$ = 18 °
  $\beta$ = 0 °
  $a_A$ = 112,5 mm
  $z_{1,2}$ = 28
  $x_{1,2}$ = 0,0886
- **Mikrogeometrie**
  $C_{\beta 1,2}$ = 4 µm
  $C_a$ = 33 µm
  $d_{Ca}$ = 116,9 mm
- **Werkstoff / Beschichtung**
  Substrat: 16MnCr5E
  Schicht: a-C:H:W
- **Verspannungsprüfstand**
  $M_1$ = 950 Nm
  $n_1$ = 3000 $min^{-1}$
  SAE 75W-90, add. (Tauchs.)
  $T_{Öl}$ = 90 °C ±5K

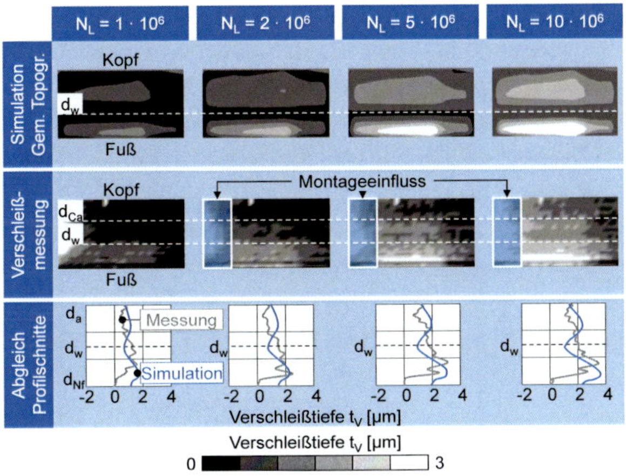


**Bild 7-9:** Verifizierung der Simulation am getriebenen Rad für Variante Z3A-Ca33-REF-B
*Verification of simulation driven gear of variant Z3A-Ca33-REF-B*

## 7.3.2 Prüfvariante ohne Profilkorrektur (Ca0)

*Test Variant without Profile Modification*

**Bild 7-10** zeigt das Ergebnis der qualitativen Verschleißanalyse am treibenden und getriebenen Zahnrad für Variante Z3A-Ca0-REF-B bis zu einer Lastwechselzahl von $N_L = 10 \cdot 10^6$. Die lichtmikroskopischen Aufnahmen der Zahnflankenoberflächen beider Zahnräder zeigen bereits nach $N_L = 1 \cdot 10^6$ erheblichen Verschleiß im Bereich des Zahnfußes, welcher deutlicher ausfällt als bei Variante Z3A-Ca33-REF-B (vgl. Bild 7-6).

- **Variante Z3A-Ca0-REF-B**
- **Makrogeometrie**
  $m_n$ = 4 mm
  $\alpha_n$ = 18 °
  $\beta$ = 0 °
  $a_A$ = 112,5 mm
  $z_{1,2}$ = 28
  $x_{1,2}$ = 0,0886
- **Mikrogeometrie**
  $C_{\beta 1,2}$ = 4 µm
  $C_a$ = 0 µm
- **Werkstoff / Beschichtung**
  Substrat: 16MnCr5E
  Schicht: a-C:H:W
- **Verspannungsprüfstand**
  $M_1$ = 950 Nm
  $n_1$ = 3000 $min^{-1}$
  SAE 75W-90, add. (Tauchs.)
  $T_{Öl}$ = 90 °C ±5K

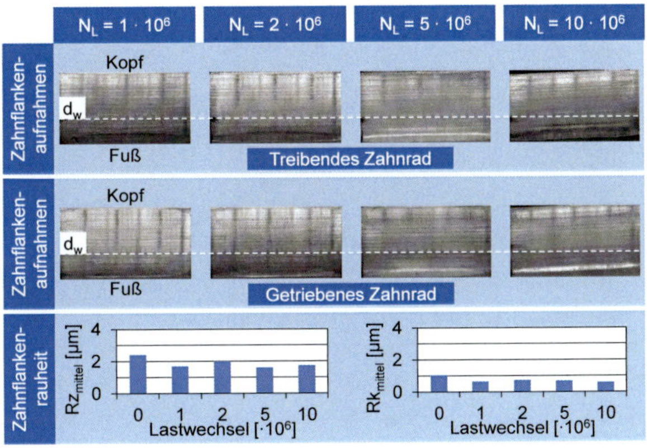


**Bild 7-10:** Zahnflankenaufnahmen und Einlaufverhalten Variante Z3A-Ca0-REF-B
*Tooth flanks pictures and run-in behaviour of variant Z3A-Ca0-REF-B*

Hinsichtlich der gemessenen Zahnflankenrauheit zeigen die beiden dargestellten Kennwerte $R_{z,mittel}$ und $R_{k,mittel}$ das bereits bekannte Einlaufverhalten der PVD-beschichteten Zahnflankenoberfläche. Im Gegensatz zu Variante Z3A-Ca33-REF-B deutet die stetig fallende Tendenz des Kennwertes $R_{k,mittel}$ auf eine vergleichsweise geringe verschleißbedingte Aufrauhung der Zahnflanken hin.

In **Bild 7-11** erfolgt die quantitative Gegenüberstellung von Simulation und Messung für Variante Z3A-Ca0-REF-B. Die Verschleißsimulation wird unter Berücksichtigung der gemessenen Zahnflankentopografien durchgeführt. Es ist zu erkennen, dass für die hier behandelte Prüfvariante ohne Profilkorrektur der Beginn des Oberflächenverschleißes am Fußnutzkreis- bzw. Kopfkreisdurchmesser liegt. Von hier aus nimmt der Verschleiß in Richtung des Wälzkreisdurchmessers zu, wobei der Anstieg der Verschleißtiefe im Zahnfußbereich deutlich stärker ausfällt. Hier liegen bereits nach $N_L = 1 \cdot 10^6$ Oberflächenbereiche vor, die eine Verschleißtiefe von $t_V > 3$ µm aufweisen. Im Bereich oberhalb des Wälzkreises setzt der Verschleiß deutlich später ein und erreicht erst nach $N_L = 10 \cdot 10^6$ die kritische Tiefe von $t_V > 3$ µm.

- **Variante Z3A-Ca0-REF-B**
- **Makrogeometrie**
  $m_n$ = 4 mm
  $\alpha_n$ = 18 °
  $\beta$ = 0 °
  $a_A$ = 112,5 mm
  $z_{1,2}$ = 28
  $x_{1,2}$ = 0,0886
- **Mikrogeometrie**
  $C_{\beta 1,2}$ = 4 µm
  $C_a$ = 33 µm
  $d_{Ca}$ = 116,9 mm
- **Werkstoff / Beschichtung**
  Substrat: 16MnCr5E
  Schicht: a-C:H:W
- **Verspannungsprüfstand**
  $M_1$ = 950 Nm
  $n_1$ = 3000 min⁻¹
  SAE 75W-90, add. (Tauchs.)
  $T_{Öl}$ = 90 °C ±5K

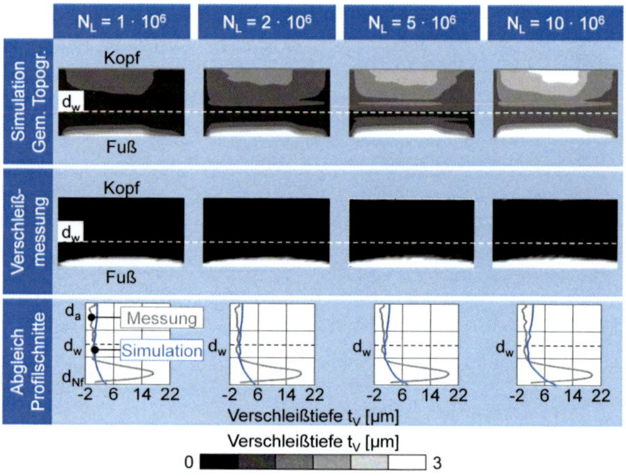


**Bild 7-11:** Verifizierung der Simulation am treibenden Rad für Variante Z3A-Ca0-REF-B
*Verification of simulation driving gear of variant Z3A-Ca0-REF-B*

Die in Bild 7-11 dargestellten Differenztopografien für das treibende Zahnrad von Prüfvariante Z3A-Ca0-REF-B weisen erhebliche Unterschiede zu den ermittelten Ergebnissen für das treibende Zahnrad von Prüfvariante Z3A-Ca33-REF-B auf (vgl. Bild 7-7). Aufgrund der verschleißbedingten Veränderungen im Zahnfußbereich wird zur Ermittlung der rechte Randpunkt auf Höhe des Wälzkreisdurchmessers als Referenzpunkt herangezogen ($REF_B$). Schon nach $N_L = 1 \cdot 10^6$ bildet sich eine starke Auskolkung im Bereich des Zahneintritts, deren Tiefe anhand der Profilschnittdarstellung mit $t_v = 17$ µm quantifiziert werden kann. Die Auskolkung im Bereich des Zahneintritts deutet auf einen vorzeitigen Zahneingriff hin. Der Rest der Zahnflanke weist nahezu keinen Oberflächenverschleiß auf. Die Ermittlung der geringen Verschleißtiefen oberhalb der Auskolkung im Zahnfuß stimmen mit den Ergebnissen der Rauheitsmessungen auf der Zahnflanke überein (vgl. Bild 7-10). Die Betrachtung der Profilschnittdarstellungen macht deutlich, dass für das treibende Rad der hier untersuchten Prüfvariante über der gesamten Profilhöhe, vor allem aber im Zahnfußbereich, erhebliche Abweichungen zwischen Simulation und Messung vorliegen. Qualitativ stimmt die Verschleißvorhersage im Fußbereich mit dem entstandenen Verschleißbild überein.

**Bild 7-12** zeigt die entsprechenden Untersuchungsergebnisse für das getriebene Zahnrad von Prüfvariante Z3A-Ca0-REF-B. Die Simulationsergebnisse für die Vorhersage des Oberflächenverschleißes gleichen den Ergebnissen für das treibende Zahnrad, wobei im Zahnkopfbereich die berechnete Verschleißtiefe etwas geringer ausfällt. Auch die Verschleißmessungen zeigen ein qualitativ vergleichbares Erscheinungsbild mit starkem Oberflächenverschleiß im Zahnfußbereich und geringfügigen Verschleißerscheinungen für die übrigen Zahnflankenbereiche. Die Darstellung der Profilschnitte zeigt, dass auch beim getriebenen Zahnrad eine Auskolkung im Zahnfußbereich auftritt, welche jedoch mit einer maximalen Tiefe von $t_V$ = 4 µm deutlich geringer ausfällt als beim treibenden Zahnrad. Im Falle des hier betrachteten getriebenen Zahnrads ist der erhöhte Oberflächenverschleiß im Zahnfußbereich auf erhöhte Belastungen beim Ausfedern der Zahnflanken im Zuge eines nachzeitigen Zahneingriffs zu erklären. Bemerkenswert ist hierbei, dass die Auskolkung nicht auf Höhe des Fußnutzkreisdurchmessers beginnt, sondern geringfügig nach oben verlagert ist. Dies deutet darauf hin, dass das tatsächlich im Laufversuch vorliegende Eingriffsfeld aufgrund von fertigungsbedingten Abweichungen und Verformungen unter Betriebslast gegenüber der theoretischen Lage verschoben ist.

- **Variante Z3A-Ca0-REF-B**
- **Makrogeometrie**
  $m_n$ = 4 mm
  $\alpha_n$ = 18 °
  $\beta$ = 0 °
  $a_A$ = 112,5 mm
  $z_{1,2}$ = 28
  $x_{1,2}$ = 0,0886
- **Mikrogeometrie**
  $C_{\beta 1,2}$ = 4 µm
  $C_a$ = 33 µm
  $d_{Ca}$ = 116,9 mm
- **Werkstoff / Beschichtung**
  Substrat: 16MnCr5E
  Schicht: a-C:H:W
- **Verspannungsprüfstand**
  $M_1$ = 950 Nm
  $n_1$ = 3000 $min^{-1}$
  SAE 75W-90, add. (Tauchs.)
  $T_{Öl}$ = 90 °C ±5K

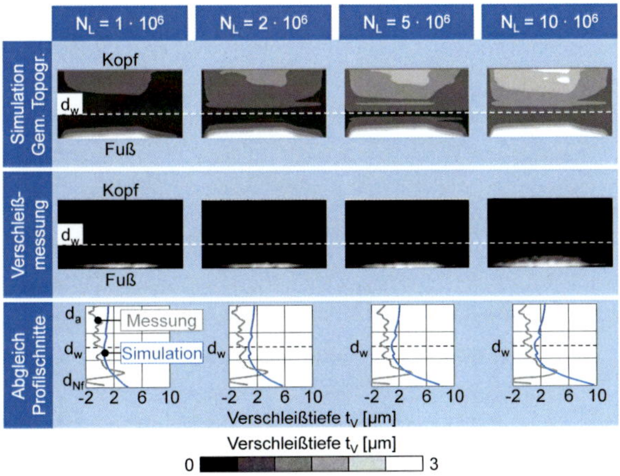


**Bild 7-12:** Verifizierung der Simulation am getriebenen Rad für Variante Z3A-Ca0-REF-B
*Verification of Simulation driven gear of variant Z3A-Ca0-REF-B*

Wie beim treibenden Zahnrad liegen auch für das in Bild 7-12 analysierte getriebene Zahnrad erhebliche Abweichungen zwischen der Vorhersage des Oberflächenverschleißes und den messtechnisch erfassten realen Verschleißverläufen vor. Die Gegenüberstellung der simulierten und gemessenen Verschleißtiefen im Profilschnitt zeigen zwar stellenweise Übereinstimmungen, weichen jedoch im Gesamtverlauf für alle Lastspielzahlen stark voneinander ab. Die höchsten Abweichungen zwischen der berechneten und der gemessenen Verschleißtiefe liegen dabei am Rand des Eingriffsfeldes im Zahnfuß- und im Zahnkopfbereich vor.

Die Untersuchungen zur Validierung der Verschleißvorhersage für die Prüfvariante Z3A-Ca0-REF-B ohne Profilmodifikation zeigen deutlich, dass der erarbeitete Simulationsansatz nicht angewendet werden kann, wenn mit einem vor- bzw. nachzeitigen Zahneingriff zu rechnen ist. Eine mögliche Begründung für das Versagen der Verschleißvorhersage für diese Fälle liegt in der Methode der Kontaktberechnung der FE-basierten Zahnkontaktanalyse, die in dem Programm FE-Stirnradkette Verwendung findet und in Kapitel 0 beschrieben wird. Diese These wird in Kapitel 8 aufgegriffen und durch vergleichende allgemeine Berechnung mit dem Programm Abaqus überprüft.

## 7.4 Variation der Oberflächenendbearbeitung

*Variation of Contact Surface Treatment*

Neben den Varianten Z3A-Ca33-REF-B und Z3A-Ca0-REF-B werden beide Zahnradmikrogeometrien unter Variation der Oberflächenendbearbeitung hinsichtlich des Oberflächenverschleißes untersucht. Ziel ist es hierbei, das anhand von geschliffenen Rollenprüfkörpern entwickelte empirische Simulationsmodell zur Vorhersage des Oberflächenverschleißes im PVD-beschichteten Zahnflankenkontakt auf seine Anwendbarkeit auf Zahnräder mit abweichender Kontaktflächenendbearbeitung hin zu prüfen. Getestet werden die Oberflächenvarianten ISF und MKS (vgl. Abschnitt 4.2.1).

**Bild 7-13** zeigt Zahnflankenaufnahmen der Prüfvarianten Z3A-Ca33-ISF-B und Z3A-Ca0-ISF-B nach $N_L = 1 \cdot 10^6$ und $N_L = 10 \cdot 10^6$ Lastwechseln sowie die in Profilrichtung gemessenen Beträge der mittleren Rautiefe $R_z$ nach den einzelnen Prüfintervallen. Im Gegensatz zur Oberflächenvariante REF zeigen sowohl das treibende als auch das getriebene Zahnrad der Variante Z3A-Ca33-ISF-B keine sichtbaren Verschleißerscheinungen innerhalb der untersuchten Lastspielzahl, die auf eine Freilegung des Substratwerkstoffs hindeuten.

Dieses Ergebnis ist insofern bemerkenswert, als es von dem Erscheinungsbild der ISF-behandelten Zahnflanken an Prüfvariante Z2 in Abschnitt 5.5 abweicht, in dem bereits nach $N_L = 2 \cdot 10^6$ ein nahezu flächendeckender Schichtverlust festgestellt wurde. Obwohl sämtliche Vorbearbeitungsprozesse sowie Substrat- und Schichttyp nominell gleich gehalten wurden, weist die a-C:H:W-Beschichtung bei dieser Zahnradcharge eine deutlich bessere Schichthaftung auf. Hier zeigt sich weiteres Forschungspotenzial hinsichtlich der Wechselwirkung des chemisch-beschleunigten Gleitschleifverfahrens und der anschließenden PVD-Beschichtung der Zahnflankenoberflächen. Im Falle der Prüfvariante Z3A-Ca0-ISF-B sind in den Zahnflankenbereichen des Zahneintritts und -austritts Verschleißmarken zu erkennen, die jedoch deutlich schwächer ausgeprägt sind als bei geschliffener Zahnflankenoberfläche (vgl. Bild 7-10). Im Zahnkopfbereich fallen diese beim getriebenen Rad vergleichsweise stärker aus als am treibenden Zahnrad. Neben der geringeren Rauheit ist hier auch eine Beeinflussung des vorzeitigen Zahneingriffs durch die verfahrensbedingte Kantenabrundung der ISF-behandelten Zahnräder zu vermuten.

- **Variante Z3A-Ca33-ISF-B**
  **Variante Z3A-Ca0-ISF-B**
- **Makrogeometrie**
  $m_n$ = 4 mm
  $\alpha_n$ = 18 °
  $\beta$ = 0 °
  $a_A$ = 112,5 mm
  $z_{1,2}$ = 28
  $x_{1,2}$ = 0,0886
- **Mikrogeometrie**
  $C_{\beta 1,2}$ = 4 µm
- **Werkstoff / Beschichtung**
  Substrat: 16MnCr5E
  Schicht: a-C:H:W
- **Verspannungsprüfstand**
  $M_1$ = 950 Nm
  $n_1$ = 3000 $min^{-1}$
  SAE 75W-90, add. (Tauchs.)
  $T_{Öl}$ = 90 °C ±5K

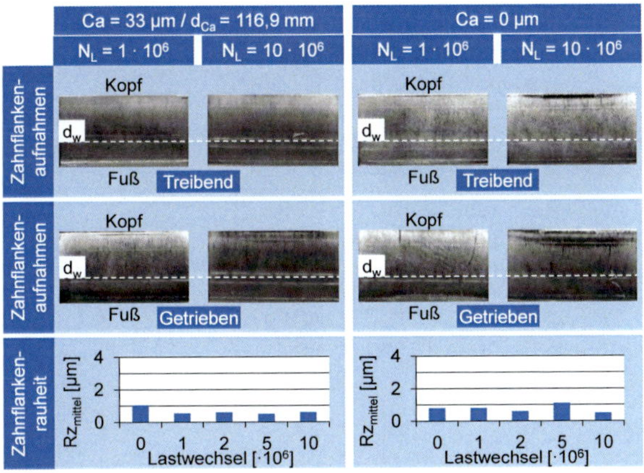


**Bild 7-13:** Zahnflankenaufnahmen und Einlaufverhalten Oberflächenvariante ISF-B
*Tooth flanks pictures and run-in behaviour of variant ISF-B*

Der Verlauf in Bild 7-13 zeigt nur geringfügige Veränderungen der gemittelten Rautiefe $R_Z$ über der Lastwechselzahl. Auch hier unterscheiden sich die Ergebnisse grundsätzlich von den Messungen an Prüfverzahnung Z2-ISF-B nach dem Versuchsende in Abschnitt 5.5. Bei guter Schichthaftung bleibt demnach die durch das ISF-Verfahren erzeugte glatte Zahnflankenoberfläche auch im beschichteten Zustand erhalten.

**Bild 7-14** stellt die Ergebnisse der Simulation des Verschleißverhaltens unter Berücksichtigung der messtechnisch erfassten Mikrogeometrie der untersuchten Zahnpaarung und die entsprechenden Verschleißmessungen für das jeweils treibende Zahnrad gegenüber. Die Simulationsergebnisse entsprechen weitestgehend den Berechnungsergebnissen für das treibende Zahnrad der Zahnradpaarungen Z3A-Ca33-REF-B bzw. Z3A-Ca0-REF-B (vgl. Bild 7-8 bzw. Bild 7-11).

Die Verschleißmessungen werden äquivalent zu den Messungen bei Oberflächenvariante REF in Abschnitt 7.3 ausgewertet. Es ist zu erkennen, dass für Variante Z3A-Ca33-ISF-B auch messtechnisch kein Oberflächenverschleiß mit $t_V$ > 0,5 µm erfasst werden kann. Dieses Ergebnis bestätigt das quasi-verschleißfreie Erscheinungsbild der Zahnflankenaufnahmen in Bild 7-13. Bei der Differenztopografie für das treibende Zahnrad von Variante Z3A-Ca0-ISF-B ist nach $N_L = 1 \cdot 10^6$ Lastwechseln eine leichte Auskolkung zu erkennen, welche bis zu einer Lastwechselzahl von $N_L = 10 \cdot 10^6$ an Tiefe zunimmt. Allerdings ist die Auskolkung am Versuchsende im Vergleich zu der Oberflächenvariante REF hinsichtlich Fläche und Tiefe deutlich schwächer ausgeprägt (vgl. Bild 7-11). Der Abgleich der Profilschnitte in der Zahnflankenmitte macht deutlich, dass die Simulationsergebnisse für die hier vorgestellte Oberflächenvariante deutlich von dem realen Verschleißbild abweichen. Das erarbeitete Simulationsmodell hat demnach keine Gültigkeit für ISF-behandelte Zahnflankenoberflächen.

- **Variante Z3A-Ca33-ISF-B**
  **Variante Z3A-Ca0-ISF-B**
- **Makrogeometrie**
  $m_n$ = 4 mm
  $\alpha_n$ = 18 °
  $\beta$ = 0 °
  $a_A$ = 112,5 mm
  $z_{1,2}$ = 28
  $x_{1,2}$ = 0,0886
- **Mikrogeometrie**
  $C_{\beta 1,2}$ = 4 µm
- **Werkstoff / Beschichtung**
  Substrat: 16MnCr5E
  Schicht: a-C:H:W
- **Verspannungsprüfstand**
  $M_1$ = 950 Nm
  $n_1$ = 3000 $min^{-1}$
  SAE 75W-90, add. (Tauchs.)
  $T_{Öl}$ = 90 °C ±5K

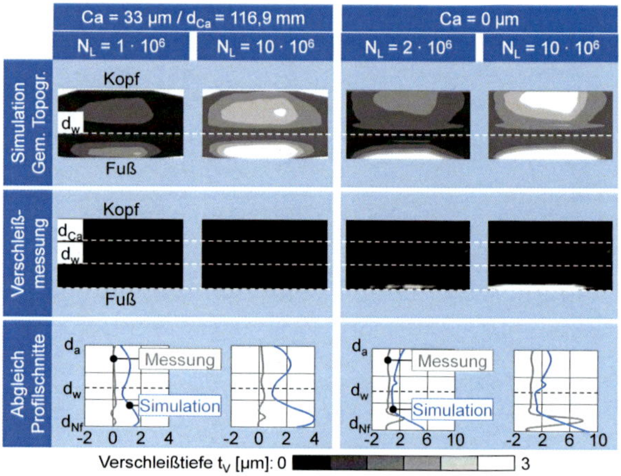


**Bild 7-14:** Verifizierung der Simulation am treibendem Rad für Oberflächenvariante ISF-B
*Verification of simulation driving gear of variant ISF-B*

In einer weiteren Variation der Kontaktflächenendbearbeitung wird neben der Oberflächenvariante ISF der Einfluss des Mikrostrahlens mit der Oberflächenvariante MKS untersucht (vgl. Abschnitt 4.2.1). **Bild 7-15** zeigt Zahnflankenaufnahmen der Prüfvarianten Z3A-Ca33-MKS-B und Z3A-Ca0-MKS-B nach $N_L = 1 \cdot 10^6$ und $N_L = 10 \cdot 10^6$ Lastwechseln sowie die in Profilrichtung gemessenen Beträge der gemittelten Rautiefe $R_z$ nach den einzelnen Prüfintervallen. Die Flankenaufnahmen für Variante Z3A-Ca33-MKS-B lassen sowohl am treibenden als auch am getriebenen Zahnrad bereits nach $N_L = 1 \cdot 10^6$ Lastwechseln den für PVD-beschichtete Zahnräder typischen Verschleiß im Zahnfußbereich erkennen, welcher sich bis zu einer Lastwechselzahl von $N_L = 10 \cdot 10^6$ geringfügig vergrößert. Bei Variante Z3A-Ca0-MKS-B ohne Kopfrücknahme ist die Verschleißfläche über der gesamten Versuchsdauer stärker ausgeprägt. Zusätzlich weisen sowohl das treibende als auch das getriebene Zahnrad Verschleißspuren im Bereich der Kopfkante nach $N_L = 10 \cdot 10^6$ Lastwechseln auf.

Gemessen an dem Verlauf der gemittelten Rautiefe $R_z$ zeigen die mikrogestrahlten Zahnräder im Vergleich zu Oberflächenvariante REF ein günstigeres Einlaufverhalten (vgl. Bild 7-6 bzw. Bild 7-10). Dieser Unterschied zwischen diesen beiden Oberflächenvarianten kann bei den Messungen an Prüfverzahnung Z2-REF-B und Z2-MKS-B nach dem Versuchsende in Abschnitt 5.5 nicht festgestellt werden.

- **Variante Z3A-Ca33-MKS-B**
  **Variante Z3A-Ca0-MKS-B**
- **Makrogeometrie**
  $m_n$ = 4 mm
  $\alpha_n$ = 18 °
  $\beta$ = 0 °
  $a_A$ = 112,5 mm
  $z_{1,2}$ = 28
  $x_{1,2}$ = 0,0886
- **Mikrogeometrie**
  $C_{\beta 1,2}$ = 4 µm
- **Werkstoff / Beschichtung**
  Substrat: 16MnCr5E
  Schicht: a-C:H:W
- **Verspannungsprüfstand**
  $M_1$ = 950 Nm
  $n_1$ = 3000 min$^{-1}$
  SAE 75W-90, add. (Tauchs.)
  $T_{Öl}$ = 90 °C ±5K

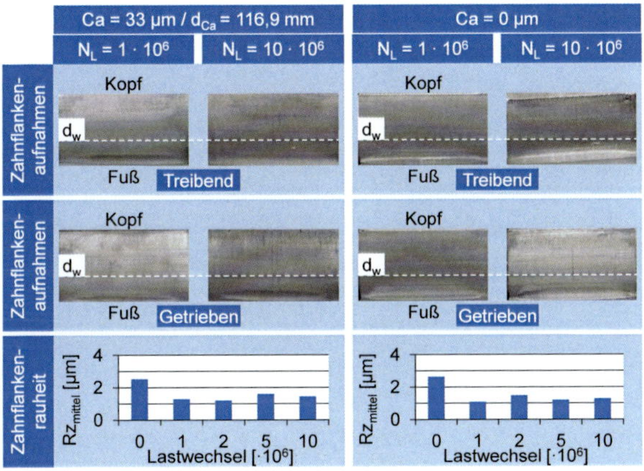


**Bild 7-15:** Zahnflankenaufnahmen und Einlaufverhalten Oberflächenvariante MKS-B
*Tooth flanks pictures and run-in behaviour of variant MKS-B*

**Bild 7-16** stellt die Ergebnisse der Simulation des Verschleißverhaltens unter Berücksichtigung der messtechnisch erfassten Mikrogeometrie der untersuchten Zahnpaarung und die entsprechenden Verschleißmessungen für das jeweils treibende Zahnrad gegenüber. Aufgrund der vergleichbaren Mikrogeometrie entsprechen die Simulationsergebnisse weitestgehend den Simulationsergebnissen für das treibende Zahnrad der entsprechenden Zahnradpaarungen der Oberflächenvarianten REF bzw. ISF (vgl. Bild 7-8, Bild 7-11 und Bild 7-14).

- **Variante Z3A-Ca33-ISF-B**
  **Variante Z3A-Ca0-ISF-B**
- **Makrogeometrie**
  $m_n$ = 4 mm
  $\alpha_n$ = 18 °
  $\beta$ = 0 °
  $a_A$ = 112,5 mm
  $z_{1,2}$ = 28
  $x_{1,2}$ = 0,0886
- **Mikrogeometrie**
  $C_{\beta 1,2}$ = 4 µm
- **Werkstoff / Beschichtung**
  Substrat: 16MnCr5E
  Schicht: a-C:H:W
- **Verspannungsprüfstand**
  $M_1$ = 950 Nm
  $n_1$ = 3000 min$^{-1}$
  SAE 75W-90, add. (Tauchs.)
  $T_{Öl}$ = 90 °C ±5K

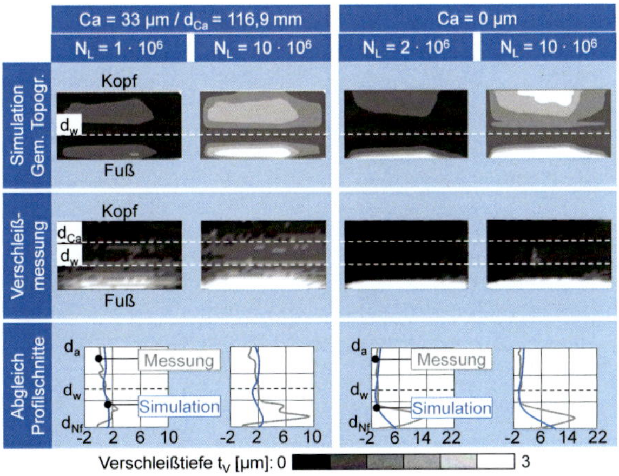


**Bild 7-16:** Verifizierung der Simulation am treibendem Rad für Oberflächenvariante MKS-B
*Verification of simulation driving gear of variant MKS-B*

Die Verschleißmessungen werden äquivalent zu den Messungen bei Oberflächenvariante REF in Abschnitt 7.3 ausgewertet. Die Differenztopografien für das treibende Zahnrad der Prüfvariante Z3A-Ca33-MKS-B zeigen die in den Zahnflankenaufnahmen erkennbare Verschleißfläche im Zahnfußbereich, die bereits nach $N_L = 1 \cdot 10^6$ Lastwechseln eine Tiefe von $t_v = 3$ µm erreicht und sich über der Lastwechselzahl vergrößert. Im Gegensatz zu Oberflächenvariante ISF zeigt darüber hinaus die gesamte Zahnflanke messbaren Oberflächenverschleiß, wobei die lokale Verschleißtiefe wie bei Oberflächenvariante REF eine hohe qualitative Übereinstimmung mit dem entsprechenden Simulationsergebnis aufweist. Im Gegensatz dazu konzentriert sich der Oberflächenverschleiß bei Prüfvariante Z3A-Ca0-MKS-B wie bei den entsprechenden Untersuchungen mit den Oberflächenvarianten REF und ISF auf das Gebiet des Zahneingriffs im Zahnfußbereich. Die verschleißbedingte Auskolkung mit Beginn am Fußnutzkreis $d_{Nf}$ ist hier nach $N_L = 1 \cdot 10^6$ Lastwechseln erwartungsgemäß stärker ausgeprägt als bei der Prüfvariante mit Kopfrücknahme. Der Abgleich der Profilschnitte in der Zahnflankenmitte macht deutlich, dass die Simulationsergebnisse für Prüfvariante Z3A-Ca33-MKS-B nur zu Beginn der Versuchsreihe eine quantitative Übereinstimmung mit den Verschleißmessungen aufweisen. Nach $N_L = 1 \cdot 10^6$ Lastwechseln ist die gemessene Auskolkungstiefe mit $t_v = 9$ µm deutlich stärker ausgeprägt, als durch die Simulation vorhergesagt. Hier zeigt sich ein wesentlicher Unterschied zwischen den profilkorrigierten Prüfradpaarungen der Oberflächenvarianten REF und MKS, der durch die Unterschiede hinsichtlich der Oberflächenstruktur hervorgerufen wird und nicht durch das Simulationsmodell berücksichtigt werden kann. Für eine quantitativ belastbare Vorhersage der lokalen Verschleißtiefe sind ergänzende Verschleißversuche mit mikrogestrahlten Rollenprüfkörper notwendig. Für Prüfvariante Z3A-Ca33-MKS-B gilt wie in den vorangegangenen Fällen, dass die hier vorliegende hohe Auskolkung durch einen vorzeitigen Zahneingriff entsteht, der durch das Simulationsmodell nicht abgebildet wird. Aus diesem Grund weichen die simulierten und gemessenen Verschleißtiefen in diesem Fall deutlich voneinander ab. Im Vergleich zu den Auskolkungen bei der entsprechenden Prüfvariante mit geschliffener Oberfläche Z3A-Ca0-REF-B weisen die hier festgestellten Auskolkungen vergleichbare Tiefen auf.

## 7.5 Fazit

*Conclusions*

Ziel dieses Kapitels ist die Verifizierung der Vorhersage des Oberflächenverschleißes im Zahnflankenkontakt durch Laufversuche im Zahnrad-Verspannungsprüfstand. Die Berechnung des Oberflächenverschleißverlaufs in Abhängigkeit von der Lastwechselzahl für Prüfverzahnung Z2 zu Beginn des Kapitels zeigt eine hohe qualitative Übereinstimmung zwischen Versuchsergebnis und Simulation. Um eine möglichst hohe Übereinstimmung zwischen den Simulations- und Versuchsbedingungen für die quantitative Beurteilung der Berechnungsergebnisse zu gewährleisten, wird eine Prüfverzahnung mit einem Zähnezahlverhältnis $u = 1$ ausgelegt. Zur Verifizierung des Simulationsmodells werden eine unkorrigierte und eine profilkorrigierte Zahnflankenmikrogeometrie gefertigt und mit der bei der Modellbildung untersuchten PVD-Beschichtung vom Typ a-C:H:W beschichtet. Die Beschichtung der Prüfzahnräder erfolgt unter Variation der Kontaktflächenendbearbeitung, um diese als Einflussgröße bei der Verifikation berücksichtigen zu können. Die verschiedenen Varianten werden in Einstufenversuchen im Zahnrad-Verspannungsprüfstand bis zu einer Lastwechselzahl von $N_L = 10 \cdot 10^6$ belastet und in regelmäßigen Prüfintervallen ausgebaut und messtechnisch analysiert. Die Verifizierung der lokalen Oberflächenverschleißvorhersage erfolgt durch Differenzbildung gemessener Zahnflankentopografien und durch deren Gegenüberstellung mit den entsprechenden Simulationsergebnissen.

Bei profilgeschliffenen Zahnflankenoberflächen wird für die profilkorrigierte Mikrogeometrie (Z3A-Ca33-REF-B) unter Berücksichtigung der realen Zahnflankentopografie eine hohe Übereinstimmung zwischen Versuch und Simulation festgestellt. Sowohl am treibenden als auch am getriebenen Zahnrad kann die maximale Verschleißtiefe hinsichtlich Ausprägung und Ort berechnet werden. Bei unkorrigierter Mikrogeometrie kommt es aufgrund vor- und nachzeitigen Zahneingriffs zur Auskolkung in den Zahnfußbereichen der Prüfräder und damit zu hohen Abweichungen zwischen berechnetem und messtechnisch erfasstem Verschleiß. Die Variation der Oberflächenendbearbeitung zeigt, dass der Oberflächenverschleiß durch die ISF-Behandlung stark reduziert werden kann. Schichtdelamination aufgrund mangelnder Haftung wird in dieser Versuchsreihe für diese Oberflächenvariante im Gegensatz zu Abschnitt 5.5 nicht festgestellt. Aufgrund der Vorhersage höherer lokaler Verschleißtiefen erweist sich das entwickelte Modell für diese Oberflächenvariante als nicht anwendbar. Die Simulation des Oberflächenverschleißes für mikrogestrahlte Zahnflankenoberflächen erweist sich nur für geringe Lastwechselzahlen als quantitativ belastbar. Hier kommt es auch bei der profilkorrigierten Mikrogeometrie zu einer Auskolkung im Fußbereich des treibenden Zahnrads, die von dem Simulationsmodell in dieser Ausprägung nicht vorhergesagt wird.

Insgesamt lässt sich festhalten, dass der Vergleich von Simulation und Untersuchungsergebnis für den entwickelten Modellansatz qualitativ zufriedenstellende Ergebnisse liefert. Im quantitativen Vergleich liegen die Simulationsergebnisse für profilgeschliffene Zahnflankenoberflächen in einer vergleichbaren Größenordnung hinsichtlich der vorhergesagten maximalen Verschleißtiefe. Allerdings werden lokal stärker verschlissene Zahnflankenbereiche bei einer Verschleißsimulation unter Voraussetzung der theoretischen Zahnflankentopografie nicht abgebildet. Durch die Berücksichtigung der gemessenen Zahnflankentopografie lässt sich das Simulationsergebnis im Vergleich zu dem theoretischen Zahneingriff verbessern. Für die Oberflächenvariante MKS und ISF kann keine quantitative Gültigkeit des Modells nachgewiesen werden, eine qualitative Übereinstimmung ist bei Variante MKS jedoch gegeben.

# 8 Validierung der Methode

*Validation of the Method*

In diesem Kapitel wird die entwickelte Methode zur Auslegung PVD-beschichteter Stirnräder durch die Auslegung einer Stirnradverzahnung validiert. Ziel der Untersuchungen ist es zu prüfen, ob durch die Anwendung der Methode eine gezielte Steigerung der Grübchentragfähigkeit gegenüber dem unbeschichteten Zustand erreicht werden kann. Ausgehend von einer gegebenen Makrogeometrie werden zwei Mikrogeometrievarianten ausgelegt und gefertigt. Beide Varianten werden im unbeschichteten und im a-C:H:W-beschichteten Zustand hinsichtlich Grübchentragfähigkeit getestet. In einer Schadensanalyse wird sowohl die variantenspezifische Grübchenbildung als auch das Verschleißverhalten der Zahnflanken näher betrachtet. Ergänzend hierzu erfolgt eine Analyse der Eingriffsbedingungen mit Hilfe der Finiten Elemente Methode.

## 8.1 Auslegung einer beschichteten Stirnradverzahnung

*Design of a PVD-Coated Gear Pair*

Im Folgenden werden unter Anwendung der erarbeiteten Methode zur Auslegung PVD-beschichteter Stirnräder zwei mikrogeometrische Prüfvarianten bei gleicher Makrogeometrie ausgelegt. Nach Festlegung der Makrogeometrie erfolgt die Feinauslegung der Verzahnung mit Hilfe einer Variationsrechnung innerhalb eines definierten Betrachtungsraums. Abschließend wird der Einfluss der PVD-Beschichtung auf die oberflächennahen Eigenschaften der Zahnflanken untersucht.

### 8.1.1 Auslegung der Makrogeometrie und Breitenkorrektur

*Macrogeometrical Design*

Für die Anwendung der Methode zur Feinauslegung PVD-beschichteter Stirnräder wird die makrogeometrische Prüfvariante Z3B entwickelt und eingesetzt. In **Bild 8-1** ist aufgeführt, dass für die Makrogeometrie der Prüfverzahnung dieselben Randbedingungen wie bei der Auslegung von Prüfverzahnung Z3A in Kapitel 7 gelten. Damit auch in der Untersuchungsreihe zur Grübchentragfähigkeit die höchstmögliche Übereinstimmung zwischen der Prüfverzahnung und dem Simulationsmodell der FE-basierten Zahnkontaktanalyse erreicht werden kann, werden die beiden Prüfverzahnungen in Bezug auf Übersetzung und Stirnschnittprofil gleich ausgeführt. Um die Sicherheit gegen Grübchenbildung nach [ISO07] bei Prüfvariante Z3B auf einen Wert von $S_H < 1$ zu reduzieren, wird die Verzahnungsbreite des treibenden Zahnrads gegenüber Prüfverzahnung Z3A von $b_1 = 26$ mm auf $b_1 = 20$ mm herabgesetzt. Ohne Berücksichtigung von Zahnflankenmodifikationen ergeben sich die in Bild 8-1 gezeigten Verläufe der Sicherheitsfaktoren über dem Lastmoment am treibenden Zahnrad. Die Sicherheit gegen Grübchenbildung liegt für den gesamten Lastbereich mit $S_H < 1$ in dem geforderten Bereich. Sowohl die Sicherheit gegen Zahnfußbruch als auch die Sicherheit gegen Warmfressen nach der Integraltemperaturmethode [DIN87b] sind bis zu einem Lastmoment von $M_1$ = 1000 Nm mit Werten von $S_F > 1$ und $S_{intS}$ = 0,93 als ausreichend anzusehen.

- **Prüfverzahnung Z3B**
- **Randbedingungen**
  *Makrogeometrie:*
  i = 1
  $m_n$ ≥ 4,0 mm
  β = 0 °
  $a_A$ = 112,5 mm
  b ≤ 52 mm
  *Tragfähigkeit:*
  $S_F$ ≥ 1,3
  $S_H$ < 0,8
- **Werkstoff / Beschichtung**
  Substrat: 16MnCr5
  Schicht: a-C:H:W
- **Verspannungsprüfstand**
  $n_1$ = 3000 $min^{-1}$
  SAE 75W-90, add. (Tauchs.)
  $T_{Öl}$ = 90±5 °C

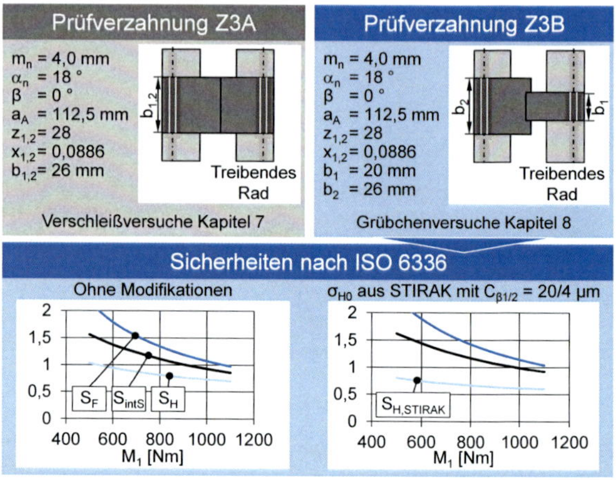


**Bild 8-1:** Auslegung der Makrogeometrie
*Macrogeometrical gear design*

Neben dem Verlauf der Sicherheitsfaktoren für die unmodifizierte Stirnradpaarung zeigt Bild 8-1 die Verläufe der Sicherheitsfaktoren bei Berücksichtigung einer Flankenmodifikation in Zahnbreitenrichtung von $C_{\beta 1}$ = 20 µm (schmales Zahnrad) und $C_{\beta 2}$ = 4 µm (breites Zahnrad). Durch die Wahl der Breitenkorrekturen kommt es gegenüber dem unkorrigierten Zustand zu einer deutlichen Erhöhung der Pressung am Wälzkreis. Die maximale Hertzsche Pressung am Wälzkreis wird mit Hilfe der FE-basierten Stirnradkette (STIRAK) unter Berücksichtigung der Modifikationen für verschiedene Lastmomente ermittelt. Anschließend wird bei der Berechnung der flankenkritischen Sicherheitsfaktoren $S_H$ und $S_{intS}$ nach [ISO07] für die unmodifizierte Verzahnung das Lastmoment derart angepasst, dass der Wert der nominellen Hertzschen Pressung am Wälzkreis $\sigma_{H0}$ der maximalen Hertzschen Pressung am Wälzkreis nach der Berechnung mit der FE-Stirnradkette entspricht. Wie in Bild 8-1 gezeigt, kann mit einer weiteren Reduzierung der Grübchentragfähigkeit gegenüber der Zahnfußtragfähigkeit gerechnet werden. Die Sicherheit gegen Grübchenbildung liegt für den gesamten Lastbereich mit $S_H < 1$ in dem geforderten Bereich.

### 8.1.2 Auslegung der Mikrogeometrievarianten

*Microgeometrical Design of Test Variants*

Nach [HURA04] wird bei der Feinauslegung PVD-beschichteter Stirnräder der Wahl der Profilkorrektur eine besondere Bedeutung beigemessen. Bei der Auslegung der zwei Mikrogeometrievarianten der Prüfverzahnung Z3B zur Erprobung der entwickelten Methode zur Feinauslegung PVD-beschichteter Stirnräder wird daher die Ausführung einer Kopfrücknahme als Variationsparameter herangezogen. **Bild 8-2** zeigt die Betriebsbedingungen, die für die Auslegung der Mikrogeometrievarianten festgelegt werden. Auf Basis des Tragfähigkeitsnachweises in Bild 8-1 wird das Auslegungsmoment auf $M_1 = 650$ Nm festgelegt. Bei der Gegenüberstellung von Verschleißberechnungen wird der simulierte Verlauf der Verschleißtiefe $t_V$ in der Zahnflankenmitte nach einer Lastwechselzahl von $N_L = 5 \cdot 10^6$ herangezogen. Bild 8-2 zeigt zum einen den Verschleißtiefenverlauf für eine kurze Kopfrücknahme nach [NIEM03] mit Verlauf, zum anderen einen Ergebnisausschnitt einer Variationsrechnung für unterschiedliche Kopfrücknahmen. In beiden Fällen werden ausschließlich lineare Verläufe der Kopfrücknahme betrachtet. Für die Auslegung der kurzen Kopfrücknahme nach [NIEM03] wird die Zahnsteifigkeit anhand der FE-basierten Zahnkontaktanalyse ermittelt. Für diese Mikrogeometrie zeigt sich der aus Kapitel 7 bekannte Verlauf der Verschleißtiefe $t_V$ über der Profilhöhe mit erhöhtem Verschleiß im Zahnfußbereich, einem Minimum am Wälzkreisdurchmesser $d_w$ und einer vergleichsweise geringen Verschleißtiefe im Zahnkopfbereich. Für die vorgegebene Lastwechselzahl wird eine maximale Verschleißtiefe von $t_{V,max} = 3{,}85$ µm im Bereich des negativen Schlupfes vorhergesagt. Als eine praxisrelevante Profilkorrektur wird die kurze, lineare Kopfrücknahme nach [NIEM03] als erste Mikrogeometrievariante mit der Bezeichnung Z3B-Ca39 festgelegt.

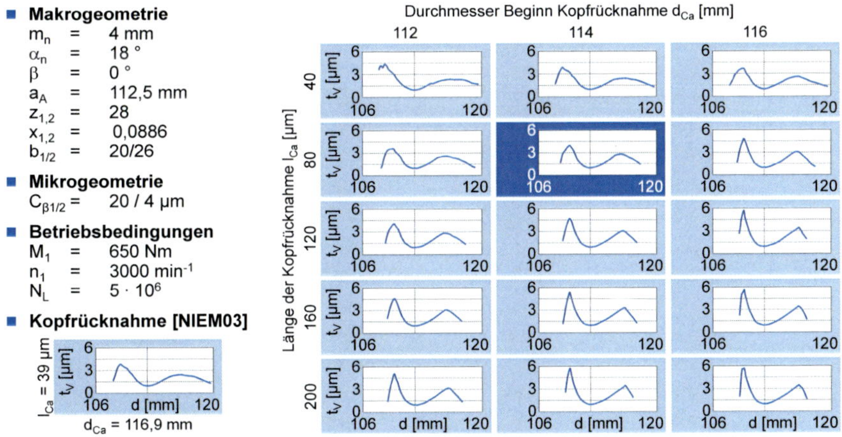


**Bild 8-2:** Variationsrechnung zur Auslegung der Mikrogeometrievarianten
*Variation calculation for microgeometrical gear design*

Bei der Variationsrechnung zum Einfluss der Profilkorrektur auf den Verlauf der Verschleißtiefe $t_V$ über der Zahnhöhe wird die Länge der Kopfrücknahme von $l_{Ca} = 40$ µm bis $l_{Ca} = 200$ µm mit einer Schrittweite von $\Delta l_{Ca} = 20$ µm und der Durchmesser für den Beginn der Kopfrücknahme von $d_{Ca} = 111$ mm bis $d_{Ca} = 117$ mm mit einer Schrittweite von $\Delta d_{Ca} = 1$ mm als Betrachtungsraum definiert. Alle Diagramme in Bild 8-2 zeigen den charakteristischen Verlauf der Verschleißtiefe mit seinem Maximum im Bereich des negativen Schlupfs in unterschiedlicher Ausprägung. Es ist zu erkennen, dass bei konstantem Durchmesser für den Beginn der Kopfrücknahme die maximale Verschleißtiefe $t_{V,max}$ mit zunehmender Länge der Kopfrücknahme ansteigt.

Gleichzeitig verkürzt sich die Eingriffsstrecke aufgrund der Profilrücknahme. Die Zunahme der maximalen Verschleißtiefe ist demnach auf eine Erhöhung der Hertzschen Pressungen als Folge der verkürzten Eingriffstrecke zurückzuführen. Die gleiche Tendenz ist für eine Zunahme des Durchmessers für den Beginn der Kopfrücknahme festzustellen. Eine Ausnahme bildet hier die Kopfrücknahme mit einer Länge von $l_{Ca}$ = 40 µm, bei der die Erhöhung des Durchmessers keine Verkürzung der Eingriffsstrecke bewirkt. Hier kommt es zu einer Verringerung der maximalen Verschleißtiefe $t_{V,max}$ bei steigendem Durchmesser für den Beginn der Kopfrücknahme. Aus der Variationsrechnung wird die Variante mit einer Länge der Kopfrücknahme von $l_{Ca}$ = 80 µm und einem Durchmesser für den Beginn der Kopfrücknahme von $d_{Ca}$ = 114 mm als zweite Mikrogeometrievariante mit der Bezeichnung Z3B-Ca80 ausgewählt. Mit einer maximalen Verschleißtiefe von $t_{V,max}$ = 3,97 µm ist diese Variante hinsichtlich der Verschleißvorhersage mit der ersten Mikrogeometrievariante mit Kopfrücknahme nach [NIEM03] vergleichbar. Dies bedeutet, dass bei erfolgreicher Anwendung der Methode für die beiden sehr unterschiedlichen Mikrogeometrievarianten eine vergleichbare Grübchentragfähigkeit im a-C:H:W-beschichteten Zustand zu erwarten ist. **Bild 8-3** zeigt beispielhaft Ergebnisse von Topografiemessungen an Radpaarungen der beiden Mikrogeometrievarianten.

- **Makrogeometrie**
  - $m_n$ = 4 mm
  - $\alpha_n$ = 18 °
  - $\beta$ = 0 °
  - $a_A$ = 112,5 mm
  - $z_{1,2}$ = 28
  - $x_{1,2}$ = 0,0886
  - $b_{1/2}$ = 20/26
- **Z3B-Ca39-REF**
  - $l_{Ca}$ = 39 µm
  - $d_{Ca}$ = 116,9 mm
  - $C_{\beta 1}$ = 20 µm
  - $C_{\beta 2}$ = 4 µm
- **Z3B-Ca80-REF**
  - $l_{Ca}$ = 80 µm
  - $d_{Ca}$ = 114 mm
  - $C_{\beta 1}$ = 20 µm
  - $C_{\beta 2}$ = 4 µm

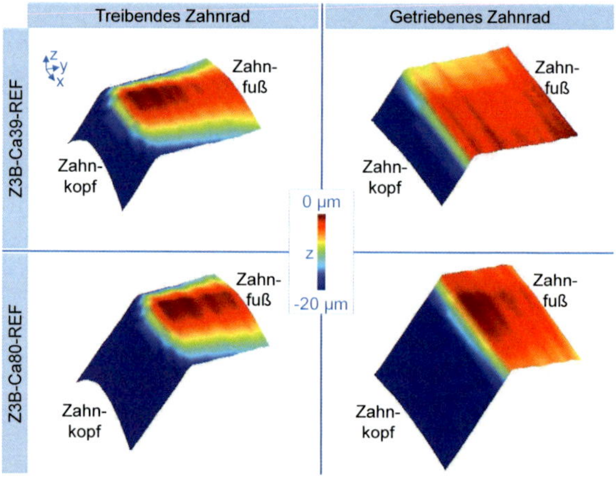


**Bild 8-3:** Mikrogeometrievarianten Prüfverzahnung Z3B
Microgeometrical test gear variants Z3B

### 8.1.3 Beschichtung der Prüfzahnräder

*PVD-Coating of Test Gears*

Alle Zahnräder werden gemeinsam mit den Zahnrädern der Prüfvariante Z3A in einer Reincharge mit dem nominell gleichen a-C:H:W-Schichtsystem beschichtet, welches in allen vorangegangenen Laufversuchen in dieser Arbeit zum Einsatz gekommen ist. Aufgrund der Ergebnisse der Untersuchungen zur Grübchentragfähigkeit an Prüfverzahnung 1 in Kapitel 5.5 erfolgt eine Kontaktflächenendbearbeitung durch Mikrostrahlen (MKS) vor der PVD-Beschichtung, um eine optimale Schichthaftung zu gewährleisten. Die unbeschichteten Zahnräder werden ohne eine weitere Oberflächenbehandlung eingesetzt.

**Bild 8-4** zeigt die Ergebnisse der metallografischen Untersuchungen zum Einfluss der PVD-Beschichtung auf die Eigenschaften der oberflächennahen Randzone und eine taktile Messung der Oberflächenstruktur einer Zahnflankenoberfläche im beschichteten Zustand. Im Querschliff des beschichteten Zahnprofils ist der Chrom-Haftvermittler als helle Linie zu erkennen. In dem hier gezeigten Bereich nahe des Wälzkreises weist die Beschichtung eine Dicke von $d_S$ = 2-3 µm auf. Sowohl im unbeschichteten als auch im beschichteten Zustand zeigt das oberflächennahe Gefüge das typische Erscheinungsbild eines angelassenen Einsatzstahls mit feinnadeligem Martensit und wenig Restaustenit. Dies und die Darstellung des Härtetiefenverlaufs beweisen, dass durch den Beschichtungsprozess keine Veränderungen des oberflächennahen Gefüges auftreten. Der Eigenspannungstiefenverlauf zeigt sowohl im unbeschichteten als auch im beschichteten Zustand Druckeigenspannungen gleicher Höhe im oberflächennahen Bereich. Eine Beeinflussung des Eigenspannungszustands durch die PVD-Beschichtung kann demnach nicht festgestellt werden.

Wie bei Prüfverzahnung Z2 in Kapitel 4 zeigt das Ergebnis der taktilen Oberflächenstrukturmessung trotz des eingesetzten Mikrostrahlverfahrens noch klar erkennbare Schleifriefen in Zahnbreitenrichtung. Die beschichteten Zahnflankenoberflächen zeigen ein leicht mattes Erscheinungsbild, welches mit dem der Prüfvariante Z2-MKS-B übereinstimmt. Eine weitere Übereinstimmung ist bei Erfassung der Rauheitskennwerte auszumachen. Auch bei dieser Prüfverzahnung ist eine geringfügige Zunahme der Zahnflankenrauheit der Prüfvariante Z3B-MKS-B ($R_{z,m}$ = 2,53 µm) gegenüber Variante Z3B-REF ($R_{z,m}$ = 2,12 µm) festzustellen.

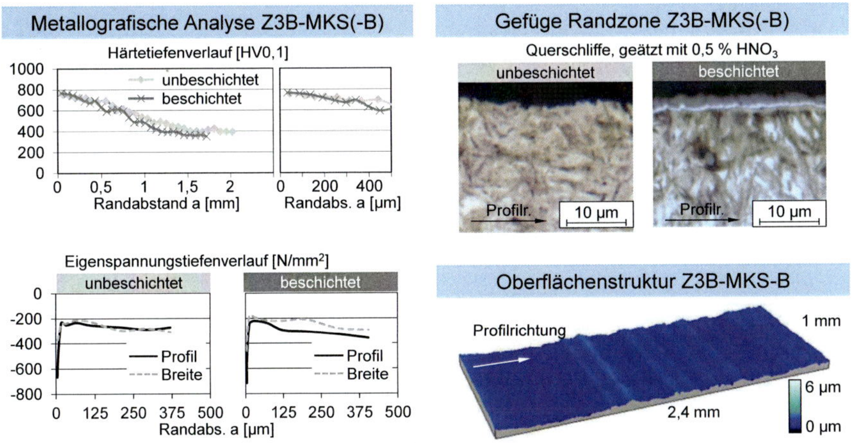


**Bild 8-4:** Metallografische Analyse und Oberflächenstruktur Prüfvariante Z3B-MKS-B
*Metallographical analysis and surface structure variant Z3B-MKS-B*

## 8.2 Einfluss der Beschichtung auf die Grübchentragfähigkeit

*Influence of the PVD-Coating on the Pitting Strength*

Im Folgenden wird das Prüfprogramm sowie die Ergebnisse der Laufversuche zur Untersuchung der Grübchentragfähigkeit vorgestellt. Für die beiden Mikrogeometrievarianten der Prüfverzahnung Z3B wird ein vergleichbarer Oberflächenverschleiß bei gleicher Lastspielzahl vorhergesagt (vgl. Bild 8-2). Im Folgenden wird untersucht, ob der entwickelten Mehode zufolge für beide Varianten im a-C:H:W-beschichteten Zustand eine vergleichbare Grübchentragfähigkeit nachgewiesen werden kann. Für den unbeschichteten Zustand sind nach [HASL91] aufgrund der unterschiedlichen Profilkorrektur Unterschiede bezüglich der Grübchentragfähigkeit zu erwarten.

### 8.2.1 Prüfprogramm

*Test Program*

Die Verschleißuntersuchungen erfolgen in einem Zahnrad-Verspannungsprüfstand nach [DIN07] unter Tauchschmierung bei einer geregelten Ölsumpftemperatur von $T_{Öl}$ = 90 °C. Als Schmierstoff kommt ein additiviertes Getriebeöl der SAE-Viskositätsklasse 75W-90 zum Einsatz. Es werden Einstufenversuche bei einer Drehzahl von $n_1$ = 3000 $min^{-1}$ entsprechend **Tabelle 8-1** durchgeführt. Zu Beginn der Versuchsreihe wird die Stirnradpaarung einem Einlauf von $N_L$ = 2,7 · $10^5$ Lastwechseln bei einem Lastmoment von $M_1$ = 215 Nm und gegenüber dem Laufversuch unveränderter Drehzahl unterzogen. Die Versuche werden bis zu einer Grenzlastspielzahl von $N_L$ = 50 · $10^6$ durchgeführt. Als Schadenskriterium wird in Anlehnung an [HÖSE79] ein geschädigter Flächenanteil von $A_{Grübchen}$ = 4 % der aktiven Zahnflanke definiert.

| | 650 Nm | 800 Nm | 950 Nm | 1100 Nm | 1250 Nm |
|---|---|---|---|---|---|
| Z3B-Ca39-REF | X | X | X X | X | |
| Z3B-Ca39-MKS-B | | | X | X | X |
| Z3B-Ca80-REF | | | X X | X | |
| Z3B-Ca80-MKS-B | | | X | X | X |

**Tabelle 8-1:** Prüfprogramm Prüfverzahnung Z3B
*Test program variant Z3B*

### 8.2.2 Ergebnisse

*Test Results*

**Bild 8-5** zeigt die Ergebnisse der Laufversuche zur Grübchentragfähigkeit. Variante Z3B-Ca39-REF (unbeschichtet) weist bei Lastmomenten von $M_1$ = 650 Nm bis $M_1$ = 950 Nm keine Grübchenschäden auf. Darüber hinaus kommt es zu geringfügiger Graufleckenbildung auf den Zahnflanken. Bei einem Lastmoment von $M_1$ = 1100 Nm kommt es nach $N_L$ = 20 · $10^6$ Lastwechseln zu Grübchenbildung. In Übereinstimmung mit den Ergebnissen zur Grübchentragfähigkeit an Prüfverzahnung Z2 in Kapitel 5 zeigt dieses Ergebnis, dass der eingesetzte Schmierstoff vom Typ SAE 75W-90 eine hohe Tragfähigkeit bezüglich Zahnflankenermüdung aufweist.

Wie erwartet fällt die Grübchentragfähigkeit von Variante Z3B-Ca80-REF (unbeschichtet) im Vergleich zu Variante Z3B-Ca39-REF unterschiedlich aus. Während bei einem Lastmoment von $M_1$ = 950 Nm Variante Z3B-Ca39-REF in zwei Versuchen schadensfrei die Grenzlastspielzahl erreicht, kommt es in beiden Versuchen mit Variante Z3B-Ca80-REF zu Grübchenbildung. Bezüglich der ertragbaren Lastwechselzahl weist Variante Z3B-Ca39-REF demnach eine um mindestens den Faktor drei erhöhte Grübchentragfähigkeit auf.

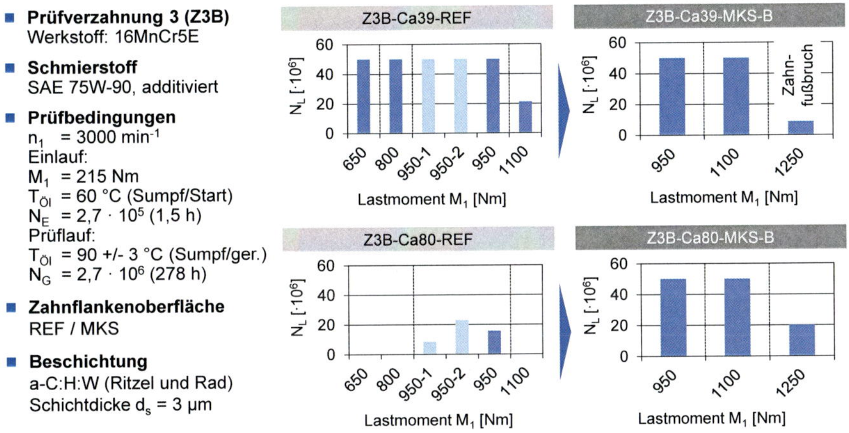


**Bild 8-5:** Einfluss der Beschichtung auf die Grübchentragfähigkeit
*Influence of the coating on the pitting strength*

Bild 8-5 zeigt, dass durch den Einsatz der a-C:H:W-Beschichtung bei beiden Mikrogeometrievarianten eine Steigerung der Grübchentragfähigkeit erreicht wird. Sowohl Variante Z3B-Ca39-MKS-B als auch Variante Z3B-Ca80-MKS-B erreichen bis einschließlich eines Lastmoments von $M_1$ = 1100 Nm die Grenzlastspielzahl schadensfrei. Bei einem Lastmoment von $M_1$ = 1250 Nm tritt bei Variante Z3B-Ca39-MKS-B ein Zahnfußbruch auf, während es bei Variante Z3B-Ca80-MKS-B zu Grübchenbildung kommt. Da die erreichten Lastwechselzahlen aufgrund der unterschiedlichen Schadensformen nicht vergleichbar sind, kann die Validierung der entwickelten Methode zur Auslegung PVD-beschichteter Stirnräder nicht abgeschlossen werden. Es ist jedoch festzuhalten, dass die Steigerung der Grübchentragfähigkeit gegenüber dem unbeschichteten Zustand für Prüfvariante Z3B-Ca80-MKS-B nachgewiesen werden kann. Das schadensfreie Erreichen der Grenzlastspielzahl beider Varianten im beschichteten Zustand bei einem Lastmoments von $M_1$ = 1100 Nm deutet darauf hin, dass die Grübchentragfähigkeit durch die PVD-Beschichtung auf ein vergleichbares Niveau angehoben wird. Zur statistischen Absicherung der Ergebnisse ist jedoch eine höhere Anzahl an Versuchen notwendig.

Einen Ansatz zur Erklärung der erhöhten Grübchentragfähigkeit liefert die Analyse des Oberflächenverschleißes. **Bild 8-6** zeigt Topografiemessungen von Zahnflankenoberflächen ohne Grübchenschaden nach Versuchsende. Alle Prüfradpaarungen bis auf Variante Z3B-Ca80-REF erreichen bei einem Lastmoment von $M_1$ = 950 Nm schadensfrei die Grenzlastspielzahl. Bei Variante Z3B-Ca80-REF kommt es nach $N_L = 20 \cdot 10^6$ Lastwechseln zu Grübchenbildung auf dem treibenden Rad. Es ist zu erkennen, dass sich bei den PVD-beschichteten Radpaarungen sowohl auf dem treibenden als auch auf dem getriebenen Rad Bereiche mit ausgeprägtem Oberflächenverschleiß einstellen, während die unbeschichteten Zahnräder keine Veränderung der Zahnflankenmikrogeometrie aufweisen. Sowohl auf dem treibenden als auch auf dem getriebenen Zahnrad kommt es bei den PVD-beschichteten Radpaarungen im Bereich des negativen Schlupfs zu deutlichen Profilformabweichungen in Form von Auskolkungen, die im Zahnflankenkontakt zu einer Entlastung dieser Oberflächenbereiche führen. Im Gegensatz zu Auskolkungsbereichen, die infolge von Graufleckigkeit entstehen, weisen die hier vorliegenden Zahnflankenoberflächen keine Mikroausbrüche auf. Die mikroskopische Analyse der Zahnflankenoberflächen zeigt ein sehr glattes Erscheinungsbild ohne Rissbildung. Wie bei den Untersuchungen zur Grübchentragfähigkeit in Abschnitt 5.5 handelt es sich bei dem zugrundeliegenden Verschleißmechanismus um Abrasion und nicht um ermüdungsbedingte Veränderungen der Zahnflankentopografie. Die Entlastung der kritischen Zahnflankenbereiche bei gleichzeitiger Vermeidung von Rissstartpunkten führt zu einer Erhöhung der Grübchentragfähigkeit. In der folgenden Schadensanalyse wird näher auf die Gegenüberstellung der beiden untersuchten Mikrogeometrievarianten in Bezug auf die Grübchenbildung eingegangen.

- **Prüfverzahnung 3 (Z3B)**
  Werkstoff: 16MnCr5E
- **Schmierstoff**
  SAE 75W-90, additiviert
- **Prüfbedingungen**
  $n_1$ = 3000 $min^{-1}$
  Einlauf:
  $M_1$ = 215 Nm
  $T_{Öl}$ = 60 °C (Sumpf/Start)
  $N_E = 2{,}7 \cdot 10^5$ (1,5 h)
  Prüflauf:
  $M_1$ = 950 Nm
  $T_{Öl}$ = 90 +/- 3 °C (Sumpf/ger.)
  $N_G = 2{,}7 \cdot 10^6$ (278 h)
- **Zahnflankenoberfläche**
  REF / MKS
- **Beschichtung**
  a-C:H:W (Ritzel und Rad)
  Schichtdicke $d_s$ = 3 µm

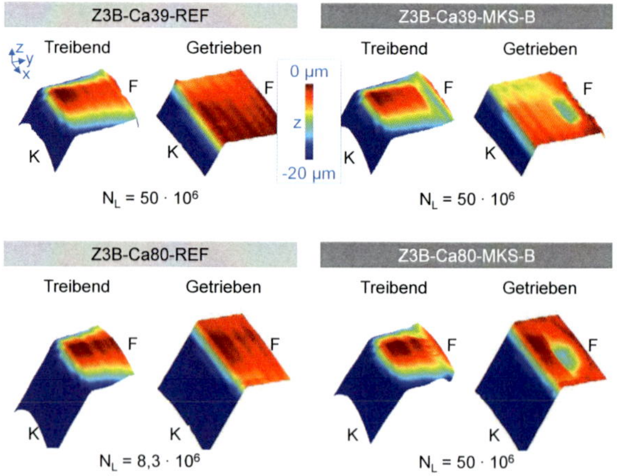


**Bild 8-6:** Einfluss der Beschichtung auf den Oberflächenverschleiß
*Influence of coating on surface wear development*

## 8.3 Schadens- und Beanspruchungsanalyse

*Damage and Stress Analysis*

Zur Analyse der Kontaktbedingungen für die beiden untersuchten Mikrogeometrievarianten wird eine Abwälzsimulation mit Hilfe der Simulationssoftware Abaqus durchgeführt. Ziel dieser Simulation ist es, den Einfluss der vorliegenden Profilkorrektur auf die aufgetretenen Schadensbilder unter Berücksichtigung des vorzeitigen Zahneingriffs zu analysieren, was bei der Zahnkontaktanalyse mit dem FVA-Programm FE-Stirnradkette nach aktuellem Stand nicht möglich ist. Zur Schadensanalyse werden Profilmessschriebe, Topografiemessungen und der berechnete Verlauf der maximalen Pressungen herangezogen.

### 8.3.1 FEM-Simulation des Zahnflankenkontakts

*FEA-Simulation of the Tooth Contact*

Die im Folgenden beschriebene Vorgehensweise zur Anwendung der allgemeinen FE-Methode wird erstmals in [BREC10b] angewendet. **Bild 8-7** zeigt den Ablauf zur Anwendung der Methode. In einer Eingabedatei werden zunächst die Makro- und Mikrogeometrie der Verzahnung festgelegt und Vorgaben über den Vernetzungsgrad und die Anzahl der Wälzpositionen gemacht. Die Eingabedatei entspricht in Aufbau und Inhalt der Eingabedatei der FE-Stirnradkette. Mit Hilfe dieser Eingabedatei erzeugt ein Strukturgenerator sowohl das erforderliche 3D-Modell als auch die Simulationsaufgabe in Form eines Abaqus-Jobs. Ebenfalls automatisiert werden die geforderten Output-Daten festgelegt. Ab diesem Zeitpunkt können Berechnungen durchgeführt werden. In der Simulation des Abwälzvorgangs werden die geforderten Ausgabegrößen berechnet. In dieser Arbeit sind die auftretende Kontaktpressung sowie der Kontaktort von Interesse. Abaqus bietet in Form von Python-Scripten eine effiziente Möglichkeit zur Auswertung und Strukturierung der Ausgabegrößen.

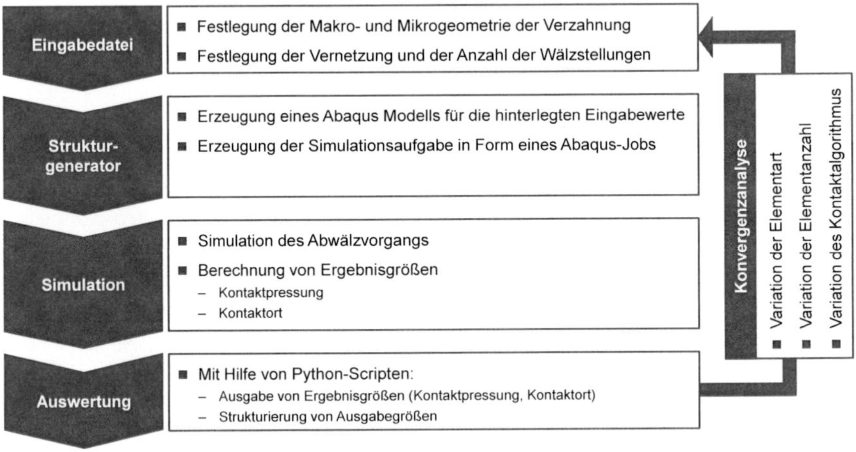


**Bild 8-7:** Kontaktsimulation in Abaqus
*Contact simulation in Abaqus*

Zur Optimierung des Modells erfolgt eine Konvergenzanalyse, in der die Kantenlänge der Elemente $l_E$, die Anzahl der Wälzstellungen pro Teilung $N_{WS}$ sowie der benutzte Kontaktalgorithmus variiert werden (vgl. **Bild 8-8**).

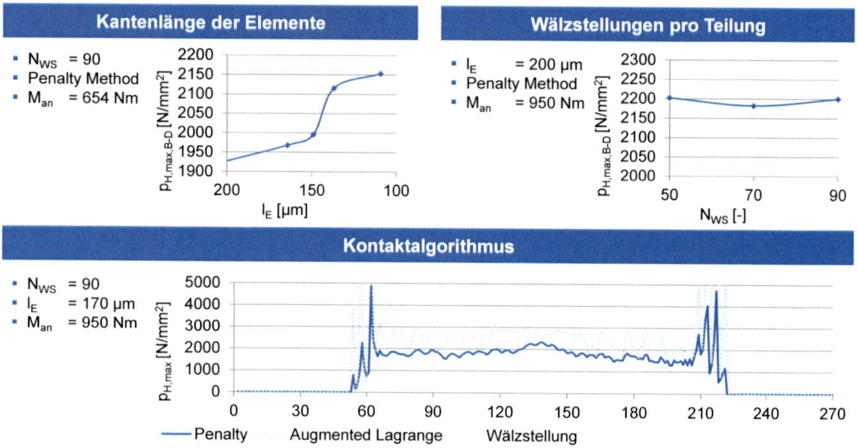


**Bild 8-8:** Randbedingungen und Konvergenzanalyse
*Boundary conditions and convergence analysis*

## 8.3.2 Theoretische Analyse der Zahnflankenbeanspruchung

*Theoretical Analysis of Gear Flank Stresses*

Die Konvergenz wird hinsichtlich der ausgegebenen maximalen Pressung im Einzeleingriffsgebiet und des gefundenen Kontaktorts untersucht. Die Betrachtung von Kontaktpressungen benötigt eine sehr feine Auflösung des FE-Netzes, was einen hohen Bedarf an Rechenkapazitäten zur Folge hat. Die Modellgenauigkeit wurde in diesem Fall sowohl durch die zur Verfügung stehende Rechenkapazität als auch die Rechenzeit begrenzt. Die Konvergenzanalyse zeigt, dass die Beträge der berechneten Pressungen bei der für diese Arbeit gewählten Kantenlänge von $l_E$ = 150 µm ausreichend genau bestimmt werden können. Eine feinere Auflösung hat vor allem einen Einfluss auf lokale Effekte des FE-Netzes und führt zu einem insgesamt glatteren Pressungsverlauf. Die Anzahl der betrachteten Wälzstellungen hat keinen Einfluss auf die berechneten Pressungswerte, wie in Bild 8-8 zu erkennen ist. Um jedoch den Abwälzvorgang möglichst genau aufzulösen und somit den Punkt ersten Kontaktes möglichst genau zu bestimmen, wird eine hohe Anzahl von Wälzstellungen angestrebt. Der Kontaktalgorithmus hat einen elementaren Einfluss sowohl auf die berechnete Pressung als auch auf den Kontaktort. In Bild 8-8 ist der Verlauf der Hertzschen Kontaktpressungen für Prüfverzahnung Z3B ohne Profilkorrektur bei einem Lastmoment von $M_1$ = 650 Nm zu sehen. Aufgrund des hier vorliegenden vor- und nachzeitigen Zahneingriffs kommt es zu Beginn und am Ende des Flankenkontakts zu deutlichen Pressungsüberhöhungen. Der Vergleich der Ergebnisse für die unterschiedlichen Kontaktalgorithmen macht deutlich, dass die Verwendung des *Augmented Lagrange* Algorithmus zu keinem sinnvollen Pressungsverlauf führt. Die

Verwendung der Penalty Method ergibt einen plausiblen Verlauf. Das Ergebnis der Konvergenzanalyse für diese Arbeit ist die Verwendung von 21-knotigen Elementen 2. Ordnung mit einer Kantenlänge von $l_E$ = 150 µm. In Wälzrichtung erfolgt eine Auflösung mit $N_{WS}$ = 90 Wälzstellungen pro Teilung. Als Kontaktalgorithmus wird die Penalty-Methode angewendet. Es wird mit der idealen Geometrie der Prüfverzahnungen gerechnet, sodass fertigungsbedingte Abweichungen nicht in das Berechnungsmodell eingehen.

In **Bild 8-9** ist die Darstellung einer messtechnisch erfassten Zahnflankentopografie des treibenden Zahnrads eines Laufversuchs bei $M_1$ = 950 Nm (vgl. Bild 8-5) für Variante Z3-Ca39-REF nach Versuchsende und das Ergebnis der entsprechenden Beanspruchungsanalyse zu sehen. Die Zahnflankenoberfläche zeigt keinen Schaden und eine geringe Auskolkung im Zahnfußbereich. Die erhöhte Beanspruchung zu Beginn des Zahneingriffs ist anhand der Pressungsberechnung mit dem Programm FE-Stirnradkette nicht zu erklären.

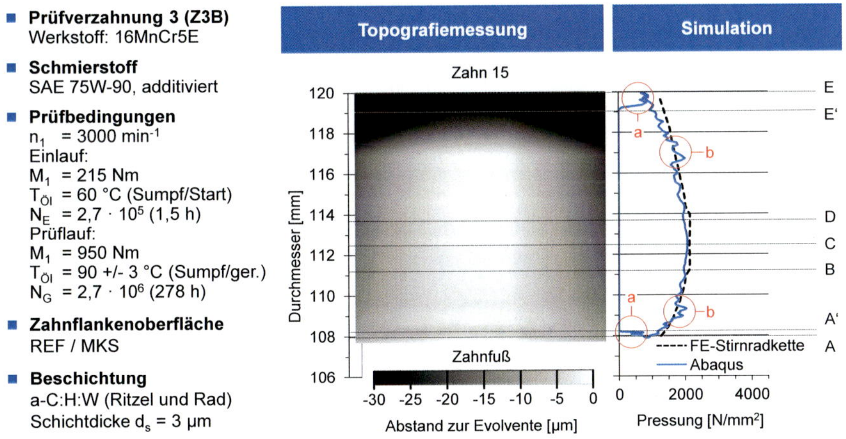


**Bild 8-9:** Schadens- und Beanspruchungsanalyse für Prüfvariante Z3B-Ca33
*Analysis of damage and stresses for variant Z3B-Ca33*

In dem von Abaqus ausgegebenen Pressungsverlauf ist erkennbar, dass bei dem hier vorliegenden Lastmoment trotz der Profilkorrektur ein vor- und nachzeitiger Zahneingriff stattfindet (Markierung a). Der Punkt des vorzeitigen Zahneingriffs A' ist oberhalb des theoretischen Eingriffspunktes A. Hier findet der erste Zahnkontakt statt, nach welchem die Zahnkopfkante des getriebenen Zahnrads bis zum Erreichen des theoretischen Punkt des Eingriffsbeginns über den Fußbereich der Zahnflanke des treibenden Rads hinweggleitet. Der gleiche Effekt tritt umgekehrt beim Ausfedern der Zähne am Ende des Zahneingriffs auf, weshalb der tatsächliche Endpunkt der Eingriffstrecke E´ unterhalb des theoretischen Endpunkts liegt. Die Pressungen im Bereich des vor- und nachzeitigen Eingriffs liegen bei dieser Variante auf einem geringeren Niveau als im Einzeleingriffsgebiet. Die bei dieser Variante vor allem im PVD-beschichteten Zahnflankenkontakt auftretende Auskolkung, welche auf Höhe des Fußnutzkreisdurchmessers beginnt, kann durch den vorzeitigen Zahneingriff erklärt werden. Zudem kommt es auf der Höhe des Übergangs von Evolvente zu linearer Kopfrücknahme zu einer geringen Erhöhung der Pressung auf $p_H$ = 2000 MPa (Markierung b). Die Ausgabe der allgemeinen FE-Methode in diesem Bereich entspricht den Berechnungen von [NAZI10], der diesen Effekt mit den lokal reduzierten Flankenkrümmungsradien erklärt. Diese werden in der FE-basierten Zahnkontaktanalyse bisher nicht berücksichtigt. Die Position der erhöhten Pressung stimmt mit dem Ende der Auskolkung auf dem treibenden und dem getriebenen Rad von Mikrogeometrievariante Z3B-Ca33 überein (vgl. Bild 8-6).

**Bild 8-10** zeigt die Darstellung einer messtechnisch erfassten Zahnflankentopografie des treibenden Zahnrads eines Laufversuchs bei $M_1$ = 950 Nm (vgl. Bild 8-5) für Variante Z3-Ca80-REF nach Versuchsende und das Ergebnis der entsprechenden Beanspruchungsanalyse. Im Pressungsverlauf der FEM-Berechnung mit Abaqus ist erkennbar, dass es in diesem Fall nicht zu einem vorzeitigen Zahneingriff kommt. Durch die Kopfrücknahme wird die Eingriffsstrecke verkürzt und somit der Bereich hohen negativen Schlupfes entlastet. Gleichzeitig ist auf der Höhe des Übergangs zwischen Evolvente und Kopfrücknahme eine erhebliche Pressungserhöhung auf $p_H$ = 3000 MPa zu erkennen (Markierung a).

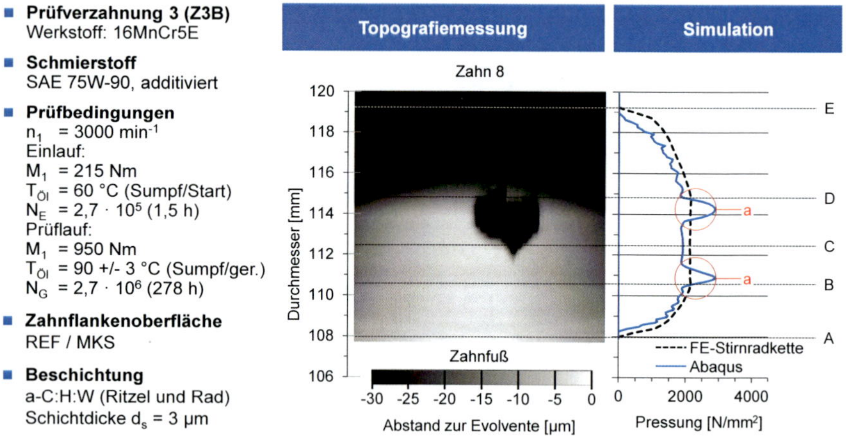


**Bild 8-10:** Schadens- und Beanspruchungsanalyse für Prüfvariante Z3B-Ca80
*Analysis of damage and stresses for variant Z3B-Ca80*

Wie bei Variante Z3-Ca39-REF wird diese von der FE-basierten Zahnkontaktanalyse mit Programm FE-Stirnradkette nicht ausgegeben. Die Pressungserhöhung fällt im Vergleich zu Variante Z3-Ca39-REF stärker aus, da der Beginn der Kopfrücknahme bei der Variante Z3-Ca80-REF im Einzeleingriffsgebiet liegt. Das auf der dargestellten Zahnflanke entstandene Grübchen liegt im Bereich zwischen den berechneten Pressungsüberhöhungen. Der tiefste Bereich des Grübchens liegt auf Höhe der Pressungsüberhöhung im positiven Schlupfbereich und damit auf dem Übergang zwischen Evolvente und Kopfrücknahme. Der Vergleich des Ergebnisses der Abwälzsimulation mit dem Verschleißbild bei PVD-beschichteter Radpaarung in Bild 8-6 zeigt, dass der Bereich mit erhöhtem Oberflächenverschleiß am treibenden und am getriebenen Zahnrad gegenüber dem entsprechenden Verschleißbild für Variante Z3-Ca39-REF in Richtung des Wälzkreises verlagert ist. Neben der Verlagerung des Gebiets erhöhten Verschleißes durch die Verkürzung der Eingriffsstrecke bietet die erhöhte Pressung im Gebiet des Übergangs von Evolvente zu Kopfrücknahme hier eine Erklärung für die Entstehung des Verschleißbildes. Aufgrund der spezifischen Verschleißentwicklung kommt es in diesem Bereich zu einer Anpassung der Zahnflankenmikrogeometrie an die lokalen Lastverhältnisse und zu einer Entlastung der kritischen Zahnflankenbereiche. Diese Entwicklung stellt einen Erklärungsansatz für die erhebliche Erhöhung der Grübchentragfähigkeit bei dieser Mikrogeometrievariante durch den Einsatz der a-C:H:W-Beschichtung dar.

## 8.4 Fazit

*Conclusions*

Zur Anwendung der entwickelten Methode zur Auslegung PVD-beschichteter Zahnräder auf Basis einer simulativen Verschleißvorhersage werden zwei unterschiedliche flankenkritische Prüfverzahnungen ausgelegt. Ziel der Auslegung auf Basis der Verschleißberechnung ist es, zwei Varianten mit vergleichbarer Grübchentragfähigkeit im a-C:H:W-beschichteten Zustand zu ermitteln, um die Anwendbarkeit der Methode beispielhaft zu belegen. Die Untersuchungen zur Grübchentragfähigkeit zeigen, dass trotz deutlich unterschiedlicher Grübchentragfähigkeit im unbeschichteten Zustand die Tragfähigkeit im a-C:H:W-beschichteten Zustand für die beiden Mikrogeometrievarianten auf einem vergleichbaren Niveau liegt. Es zeigt sich, dass die Mikrogeometrie einer Stirnradpaarung einen deutlichen Einfluss auf die Tragfähigkeitssteigerung durch die eingesetzte a-C:H:W-Beschichtung hat.

Die entwickelte Methode ist geeignet, PVD-beschichtete Stirnräder auszulegen. Die im Rahmen der Untersuchungen zur Grübchentragfähigkeit durchgeführten Untersuchungen zum Oberflächenverschleiß bieten einen Erklärungsansatz für die deutliche Tragfähigkeitssteigerung. Diese ist demnach auf eine Entlastung der kritischen Zahnflankenbereiche durch abrasiv bedingte Auskolkungen bei PVD-beschichteten Zahnrädern zurückzuführen. Darüber hinaus zeigt die ergänzend durchgeführte FEM-Berechnung des Zahnflankenkontakts, dass die für die Verschleißprognose eingesetzte FE-Stirnradkette systembedingt Effekte des vor- und nachzeitigen Zahneingriffs sowie Einflüsse von lokal reduzierten Krümmungsradien nicht darstellt. Eine zukünftige Berücksichtigung dieser Effekte bei der Verschleißsimulation kann zu einer höheren Übereinstimmung zwischen Simulation und Versuch führen.

# 9 Zusammenfassung und Ausblick

*Summary and Outlook*

## 9.1 Zusammenfassung

*Summary*

Der Einsatz von kohlenstoffbasierten PVD-Hartstoffschichten gilt nach dem Stand des Wissens als ein vielversprechender Ansatz zur Erhöhung der Leistungsdichte von einsatzgehärteten Stirnrädern. Mehrere wissenschaftliche Arbeiten belegen, dass durch eine a-C:H:W-Beschichtung der Zahnflanken wesentliche flankenkritische Schadensformen verhindert oder verzögert werden können. Die Gegenüberstellung bislang erzielter Untersuchungsergebnisse zeigt, dass der tragfähigkeitssteigernde Effekt der Beschichtung neben den verwendeten tribologischen Strukturelementen von der Verzahnungsauslegung abhängt. In Ermangelung entsprechender Methoden ist es jedoch bislang nicht möglich, die PVD-Beschichtung in den Auslegungsprozess einer Stirnradpaarung einzubeziehen. Ausgehend von dieser Erkenntnis ist die Zielsetzung dieser Arbeit, eine Methode zur Auslegung PVD-beschichteter Zahnräder zu erarbeiten. Im Rahmen vorgegebener tribologischer Randbedingungen ermöglicht die Methode die Auslegung einer Stirnradverzahnung hinsichtlich Makro- und Mikrogeometrie sowie Zahnflankenendbearbeitung unter Berücksichtigung des anschließenden Beschichtungsprozesses, durch die die Ermittlung einer Verzahnungsgeometrie und einer Oberflächenstruktur der Zahnflanken für eine möglichst hohe Steigerung der Grübchentragfähigkeit durch die Beschichtung ermöglicht wird. Durch die Vorhersage und Berücksichtigung des Oberflächenverschleißes im Zahnflankenkontakt im Auslegungsprozess gewährleistet die Anwendung der Methode eine verbesserte Ausnutzung der tragfähigkeitssteigernden Wirkung einer PVD-Beschichtung bei Stirnrädern in Bezug auf Oberflächenermüdung.

Als tribologische Strukturelemente kommen in den durchgeführten Untersuchungsreihen Einsatzstahl vom Typ 16MnCr5 als Substratwerkstoff mit einer kommerziellen a-C:H:W-Beschichtung beider Wirkflächen in Reincharge und ein synthetisches Hochleistungs-Getriebeöl vom Typ SAE 75W-90 zum Einsatz. Im Sinne der Forschungsfrage werden ausschließlich die Endbearbeitung der Kontaktflächen sowie die Geometrie der eingesetzten Prüfverzahnungen variiert. Die begleitenden metallografischen Untersuchungen zeigen, dass sowohl die verwendeten Analogieprüfkörper als auch die Prüfverzahnungen unabhängig vom verwendeten Kontaktflächenendbearbeitungsverfahren keine nachhaltige Beeinflussung der Eigenschaften der oberflächennahen Randzone bezüglich Härte, Eigenspannungen und Oberflächenstruktur durch den PVD-Beschichtungsprozess erfahren. Für eine gute Schichthaftung erweist sich das in der industriellen Praxis gängige Verfahren des Mikrostrahlens der Zahnflanken vor dem Beschichtungsprozess gegenüber geschliffenen Oberflächen als geeignet. Der Einsatz eines chemisch-beschleunigten Gleitschleifverfahrens (Isotropic Superfinishing) führt hingegen in einer Versuchsreihe zu sofortiger Schichtdelamination infolge mangelhafter Schichthaftung auf den Zahnflanken.

Die Untersuchungen zum Reibungs- und Verschleißverhalten im Rollenkontakt in Kapitel 5 zeigen, dass die Reibungsminderung durch die PVD-Beschichtung für die untersuchten Oberflächenvarianten unterschiedlich ausfällt. Trotz der vergleichsweise hohen Rauheit zeigt die isotrope Oberflächenstruktur der kugelgestrahlten Variante R-KGS die stärkste prozentuale Verringerung der gemessenen Reibkraft gegenüber dem unbeschichteten Zustand, während diese für geschliffene und mit dem ISF-Verfahren behandelte Oberflächen vergleichbar ausfällt. Die Laufversuche im unbeschichteten Rollenkontakt zeigen eine hohe Wälzfestigkeit der ISF-Variante, welche durch die PVD-Beschichtung geringfügig gesteigert werden kann. Deutlicher fällt die Steigerung der Wälzfestigkeit für geschliffene Oberflächen aus, während der Effekt bei der kugelgestrahlten Oberflächenvariante gering ist. Hervorzuheben ist, dass bei allen untersuchten Oberflächenvarianten im beschichteten Zustand eine geringere Ausbildung von Mikroausbrüchen festgestellt wird. Die Ergebnisse im Rollenkontakt decken sich für geschliffene Kontaktflächen in ihrer Tendenz mit den Ergebnissen der Laufversuche zur Grübchentragfähigkeit im Zahnflankenkontakt. Bemerkenswert ist, dass es bei den ISF-behandelten Prüfzahnrädern im Gegensatz zu den Rollenprüfkörpern zu sofortiger Delamination der PVD-Beschichtung und damit einhergehend zu einer Aufrauhung der Zahnflanken und einer Verringerung der Grübchentragfähigkeit kommt. Gegenüber geschliffenen Oberflächen zeigen die mikrogestrahlten Prüfverzahnungen im unbeschichteten Zustand eine höhere Grübchentragfähigkeit, die durch den Einsatz der Beschichtung nochmals gesteigert werden kann. Die Analyse von Zahnflankentopografien ohne Grübchenschaden nach Versuchsende macht deutlich, das es im PVD-beschichteten Zahnflankenkontakt zu einer Entlastung der kritischen Zahnflankenbereiche durch abrasiv bedingte Auskolkungen kommt. Gleichzeitig weisen die verschleißbehafteten Oberflächen weniger Mikroausbrüche als im unbeschichteten Zustand auf. Insgesamt lassen die Ergebnisse der Untersuchungen zur Oberflächenermüdung in Kapitel 5 den Schluss zu, dass das Verschleißverhalten der PVD-beschichteten Oberflächen als Indikator für die tragfähigkeitssteigernde Wirkung der Beschichtung hinsichtlich Oberflächenermüdung herangezogen werden kann.

Basierend auf den vorangegangenen Erkenntnissen wird in Kapitel 6 eine Methode zur Auslegung PVD-beschichteter Stirnräder entwickelt. Ziel der Methode ist es, das Verschleißverhalten der Stirnradpaarung so einzustellen, dass eine möglichst hohe Steigerung der Grübchentragfähigkeit durch den Einsatz der PVD-Beschichtung erreicht werden kann. Wesentlicher Bestandteil der Methode stellt daher ein Modell zur Vorhersage des Oberflächenverschleißes im PVD-beschichteten Zahnflankenkontakt dar. Zur Entwicklung des Verschleißmodells werden am Beispiel einer Standard-Prüfverzahnung mit Hilfe des Rollentests die lokalen Belastungen an vier Zahnflankenkontaktpunkten im Einzeleingriffsgebiet simuliert und das Verschleißverhalten der PVD-beschichteten Oberflächen analysiert. Anhand der taktil gemessenen Verschleißtiefe $t_V$ als Kenngröße für den Oberflächenverschleiß wird der Einfluss der Beanspruchungsgrößen Hertzsche Pressung und Gleitweg quantifiziert und durch eine logarithmische Ansatzfunktion approximiert. Auf Basis der erarbeiteten Versuchsergebnisse erfolgt durch eine multiple Regression die Ermittlung eines funktionalen Zusammenhangs zwischen der im Kontaktbereich vorliegenden tribologischen Beanspruchung und den Parametern der lokalen Verschleißfunktion. Durch den Einsatz der FE-basierten Zahnkontaktanalyse sowie der Berechnung relevanter lokaler Eingangsgrößen wird die Anwendung der lokalen Verschleißfunktionen im simulierten Zahnflankenkontakt ermöglicht. Das Ergebnis ist ein Werkzeug, mit dem sich die Geometrie PVD-beschichteter Stirnradpaarungen mit vergleichbaren tribologischen Eingriffsbedingungen systematisch optimieren lässt.

Die Simulation des Oberflächenverschleißes im Zahnflankenkontakt wird in Kapitel 7 durch Laufversuche im Zahnrad-Verspannungsprüfstand verifiziert. Die qualitative Beurteilung des simulierten Oberflächenverschleißes bei der Prüfverzahnung, die für die Entwicklung des Verschleißmodells in Kapitel 6 herangezogen wird, zeigt eine hohe Übereinstimmung zwischen den berechneten und den in Kapitel 5 in Laufversuchen ermittelten Verschleißzuständen auf den Zahnflanken. Für die quantitative Beurteilung des Berechnungsergebnisses wird eine PVD-beschichtete Prüfverzahnung mit einem Zähnezahlverhältnis u = 1 ausgelegt, um eine hohe Übereinstimmung der Randbedingungen von Simulation und Laufversuch zu gewährleisten. Nach Festlegung der Makrogeometrie der Prüfverzahnung werden zwei mikrogeometrische Varianten (unkorrigiert, profikorrigiert) mit jeweils drei Variationen der Kontaktflächenendbearbeitung (REF, ISF, MKS) gefertigt und chargengleich a-C:H:W-beschichtet. Jede Prüfradpaarung wird bis zu einer Lastwechselzahl von $N_L = 10 \cdot 10^6$ im Einstufenversuch getestet und in regelmäßigen Prüfintervallen ausgebaut und messtechnisch analysiert. Die Quantifizierung des lokalen Oberflächenverschleißes erfolgt durch Differenzbildung von Zahnflankentopografiemessungen. Es zeigt sich, dass die Simulationsergebnisse für geschliffene Zahnflankenoberflächen hinsichtlich Ausprägung und Ort der maximalen Verschleißtiefe $t_V$ gut mit den Verschleißmessungen übereinstimmen. Allerdings werden lokal stärker verschlissene Zahnflankenbereiche bei einer Verschleißsimulation unter Voraussetzung der theoretischen Zahnflankentopografie nicht abgebildet. Durch die Berücksichtigung der gemessenen Zahnflankentopografie lässt sich das Simulationsergebnis im Vergleich zu dem theoretischen Zahneingriff verbessern. Die Variation der Kontaktflächenendbearbeitung zeigt, dass das Simulationsmodell nur für geschliffene Zahnflankenoberflächen quantitative Gültigkeit besitzt, für eine qualitative Verschleißvorhersage jedoch auch für mikrogestrahlte Zahnflankenoberflächen eingesetzt werden kann.

Zur Anwendung der entwickelten Methode zur Auslegung PVD-beschichteter Zahnräder auf Basis einer simulativen Verschleißprognose werden in Kapitel 8 zwei unterschiedliche grübchenkritische Prüfverzahnungen ausgelegt. Aufgrund des in vorangegangenen Arbeiten festgestellten hohen Einflusses der Profilform auf das Verschleißverhalten PVD-beschichteter Zahnräder werden unterschiedliche Profilkorrekturen bei gleichbleibender Zahnbreitenkorrektur gegenübergestellt. Zu diesem Zweck wird eine Verschleißvorhersage für eine kurze, lineare Kopfrücknahme nach [NIEM03] durchgeführt und eine Variationsrechnung zum Einfluss von Länge und Beginn der Kopfrücknahme durchgeführt. Neben der Variante mit Profilkorrektur

(Z3B-Ca39) wird eine weitere Variante mit einer deutlich größeren Länge und abweichenden Durchmessern für den Beginn der Korrektur zur weiteren Untersuchung ausgewählt, deren Verschleißvorhersage vergleichbar mit der ersten Variante ausfällt. In den anschließenden Grübchenuntersuchungen zeigt sich, dass trotz deutlich unterschiedlicher Grübchentragfähigkeit im unbeschichteten Zustand die Tragfähigkeit im a-C:H:W-beschichteten Zustand für die beiden Mikrogeometrievarianten auf einem vergleichbaren Niveau liegt. Darüber hinaus kann in der ergänzend durchgeführten FEM-Berechnung des Zahnflankenkontakts ermittelt werden, dass das für die Verschleißprognose eingesetzte Programm FE-Stirnradkette systembedingt Effekte des vor- und nachzeitigen Zahneingriffs sowie Einflüsse von lokal reduzierten Krümmungsradien nicht darstellt, die einen Einfluss auf das Verschleißverhalten im PVD-beschichteten Zahnflankenkontakt haben können. Hieraus ergibt sich Optimierungspotenzial für die entwickelte Methode zur Auslegung PVD-beschichteter Stirnräder.

Die vorliegende Arbeit trägt dazu bei, den Einfluss einer beidseitigen Zahnradbeschichtung auf die Grübchentragfähigkeit zu verstehen und nutzbar zu machen. Die Ergebnisse der Laufversuche zeigen, dass die geometrische Auslegung einer Stirnradpaarung einen erheblichen Einfluss auf die Tragfähigkeitssteigerung durch die eingesetzte a-C:H:W-Beschichtung hat. Die im Rahmen der Untersuchungen zur Grübchentragfähigkeit durchgeführten Untersuchungen zum Oberflächenverschleiß bieten einen neuen Erklärungsansatz für die Steigerung der Grübchentragfähigkeit durch PVD-Beschichtungen. Die entwickelte Methode ist geeignet, PVD-beschichtete Stirnräder auszulegen. Zur genaueren Quantifizierbarkeit des Einflusses des Oberflächenverschleißes sind jedoch weitere praktische und theoretische Untersuchungen an Zahnradpaarungen unterschiedlicher Makro- und Mikrogeometrie erforderlich.

## 9.2 Ausblick

*Outlook*

Die in dieser Arbeit vorgelegte Methode bietet einen Ansatz, das spezifische tribologische Verhalten PVD-beschichteter Zahnflankenoberflächen bei der Auslegung von Stirnradverzahnungen zu berücksichtigen. Voraussetzung für eine breite Anwendbarkeit ist die Quantifizierbarkeit des Einflusses des Oberflächenverschleißes auf die Veränderung der Zahnflankentragfähigkeit. Interessant ist hier vor allem die Beantwortung der Frage, ob die im PVD-beschichteten Zahnflankenkontakt entstehenden Auskolkungen den wesentlichen Einfluss auf die Steigerung der Grübchentragfähigkeit darstellen. Dies erfordert umfangreiche praktische und theoretische Untersuchungen an Zahnradpaarungen unterschiedlicher Makro- und Mikrogeometrie. Aufgrund der Flexibilität der FE-basierten Zahnkontaktanalyse bietet es sich an, die Übertragbarkeit des für die in dieser Arbeit betrachteten tribologischen Strukturelemente entwickelten Verschleißmodells auf Schrägverzahnungen zu erproben. Eine grundsätzliche Erhöhung der Güte des Simulationsmodells kann durch die Berücksichtigung der zunehmenden Schichtdicken über der Profilhöhe erzielt werden, für die sich die Verwendung des entsprechenden Berechnungsansatzes nach [BUGI09] anbietet.

Die Steigerung der Grübchentragfähigkeit durch die verschleißbedingte Veränderung der Zahnflankengeometrie wirft auch die Frage auf, ob eine vergleichbare Kontaktgeometrie technologisch herstellbar ist, um ohne den Einsatz einer Beschichtung eine Tragfähigkeitssteigerung zu erzielen. In Bezug auf die Kontaktflächenendbearbeitung ist in erster Linie der Einfluss des ISF-Verfahrens auf die Schichthaftung näher zu untersuchen, der in den hier vorgelegten Laufversuchen unterschiedlich ausfällt. Um die Nutzbarkeit der beanspruchungsbezogenen Ausgabegrößen der FE-basierten Zahnkontaktanalyse für Berechnungen zur Zahnflankentragfähigkeit weiter zu erhöhen, sollte der Effekt des vor- und nachzeitigen Zahneingriffs erfasst werden.

# Summary and Outlook

According to the state of knowledge, the application of carbon-based PVD hard coatings is considered to be a promising approach to increase the power density of case-hardened cylindrical gears. Several scientific studies have shown that critical flank damages can be prevented or delayed by means of the application of a-C:H:W coatings. The comparison of results achieved so far shows that the capacity-enhancing effect of coatings, besides the used tribological structure elements, depends on the gear design. Due to a lack of design methods, PVD coatings cannot be considered in the design process of cylindrical gears. Based on this fact, the objective of this work is to develop a design method for PVD-coated gears, enabling an optimized design of the gear geometry and the surface structure of the tooth flanks for a sustainable increase in the pitting load-carrying capacity.

As tribological structure elements case hardening steel type 16MnCr5 as substrate material with a commercial pure batch a-C:H:W coating on both active surfaces as well as synthetic high performance gear oil type SAE 75W-90 are used in the test series. The finishing of contact surfaces as well as the geometry of the test gears is varied in terms of the research question. The accompanying metallographic tests show that the used analogy test components as well as the test gears, regardless of the used surface finishing process, find no sustainable effect on the properties of near-surface boundary zone concerning hardness, residual stresses and surface structure due to the PVD coating process. The micro-blasting process compared with polished surfaces turns out to be suitable for coating adhesion. Due to poor coating adhesion the application of chemically-accelerated vibratory mass finishing processes (Isotropic Superfinishing), however, can lead to delamination effects.

The tests on the friction and wear behavior in roller contacts, as depicted in chapter 5, show that the reduction of friction due to the PVD coating for the tested surface variants vary. Despite the comparatively high roughness the isotropic surface structure of shot peened variants shows the strongest percentage reduction in the measured friction force compared to the uncoated condition, while the friction force reduction is comparable for ground and ISF-treated surfaces. The rolling strength tests in an uncoated condition show a high surface durability of the ISF variant which can be slightly increased by the PVD coating. The increase of the surface durability for ground surfaces is clearly proved, while the effect for the shot peened surface variant is rather low. Noteworthy is that all tested surface variants in a coated condition prove less micro pittings in comparison to the uncoated condition. The results in the roller contact for ground surfaces are consistent in the same tendency with those of the pitting tests on gears. It is remarkable that ISF-treated test gears show immediate delamination of PVD coating and thus a reduction in the pitting load-carrying capacity in contrast to the roller test components. Compared with ground surfaces, the micro blasted test gear in an uncoated condition presents a higher pitting load-carrying capacity, which again can be increased through the application of the coating. It is proved that the technique of micro-blasting of the tooth flanks before the coating process in industrial practice leads to an improved coating adhesion on the tooth flanks. The results of the investigations to the surface fatigue, as depicted in chapter 5, lead to the conclusion that the wear behavior of PVD coated surfaces as an indicator of the increased load-carrying capacity effect of the coating in terms of surface fatigue can be applied.

Based on the previous results, chapter 6 included the development of a design method for PVD-coated cylindrical gears. The core of the method is the development of a model for the prediction of surface wear in the PVD coated tooth flank contact. The aim of the method is to set the wear behavior of cylindrical gear pairs in the way that a high increase of the pitting strength can be achieved by the application of the PVD-coating. For the development of a wear model, the local strains – by using the roller test – at four tooth flank contact points in the single tooth mesh area are simulated by the example of a standard test gear. Furthermore, the wear behavior of the PVD coated roller surfaces is analyzed. By tactile measured wear depth $t_V$ as characteristic for the surface wear, the influence of tribological stress parameters Hertzian contact stress and sliding path is quantified and approximated by a logarithmic function. On the basis of the test results, a functional coherency between the given strains in the contact area and the parameters of the local wear function produced by a multiple regression is determined. The application of the FE-based tooth contact analysis as well as the calculation of relevant local tribological parameters offers the local wear calculation in the simulated tooth flank contact. The result is a tool that can be used for systematically optimizing the geometry of PVD-coated cylindrical gear pairs with comparable tribological tooth meshing conditions.

The simulation of surface wear in the tooth flank contact is verified in chapter 7 by gear tests in the back-to-back test rig. A qualitative assessment of the surface wear of the test gears used for the development of the wear model in chapter 6 shows a high correspondence between the calculated wear and the wear measured on the gear flanks in chapter 5. For the quantitative assessment of the calculation result a PVD coated test gear with a teeth ratio u = 1 is designed to ensure a high match of the boundary conditions of simulation and gear test. After defining the macro-geometry of the test gear, there are two micro-geometrical variations (no modifications and profile modifications) made with three variations of the finishing process of contact surface (REF, ISF, MKS). All test gears are equal-batched a-C:H:W coated. Each pair of test gears is tested up to a number of load cycles $N_L = 10\ 10^6$ in a single-stage test, dismounted and metrological analyzed to regular intervals. The quantification of the local surface wear is made by subtraction of tooth flank topography measurements. Overall, it can be stated that the comparison of simulation and test results deliver satisfactory. In the quantitative comparison, the simulation results for ground tooth flanks surfaces are on a comparable level with regard to the predicted maximum wear depth $t_V$. However, locally more worn tooth flank areas with a wear simulation using the theoretical tooth flank topography are not pictured. The simulation results compared to the theoretical meshing can be improved by taking into account the measured tooth flank topography. The variation of the surface finishing shows quantitative validity of the simulation model for ground tooth flanks. It also can be used for a qualitative prediction of wear for micro-blasted surfaces of tooth flanks.

Two different pitting-critical test gear variants are designed in chapter 8 using the new method for the design of PVD-coated gears. Due to the high influence of profile modifications on the wear behavior of PVD-coated gears as shown in previous works [HURA04], [GROS07], different profile modifications are designed. For this purpose, a wear simulation for a short, linear tip relief according to [NIEM03] is performed and a variation calculation to the influence of length and beginning of tip relief is carried out. A second variant with a greater length of tip relief and different diameter for the beginning of the modification is selected. The wear forecast is comparable with the first variant. The subsequent pitting tests show that despite different pitting strength in the uncoated status the load carrying capacity of the a-C:H:W coated test gears is comparable for the two versions of the micro geometry. Complementary FEM calculation of the tooth flank contact show that the tooth contact analysis software FE-Stirnradkette used for the wear simulation cannot consider loads due to preliminary tooth contact as well as influences of locally reduced curvature radii.

The results presented in this thesis show that the geometric design of cylindrical gears has an impact on the increase of flank load carrying capacity by means of a a-C: H: W coating. It can be proved that the developed method is suitable for the design of PVD coated gears. The results of different surface fatigue tests offer a possible explanation for the increase of flank load capacity by PVD-coatings. The analysis of tooth flank topographies the end of test shows, that there is a load reduction on critical flank areas due to abrasive wear in the PVD coated tooth flank contact.

# 10 Literaturverzeichnis

*References*


[AWT97] Verschleißschutz: Ein Ratgeber für die Anwendung verschleißhemmender Schichten.
Arbeitsgemeinschaft Wärmebehandlung und Werkstofftechnik, Eigendruck AWT, 1997

[BACH05] Bach, F.-W.; Möhwald, K.; Laarmann, A.; Wenz, T.:
Moderne Beschichtungsverfahren.
Weinheim: Wiley-Vch, 2005

[BAGH10] Bagh, A.; Weitl, R.; Gorgels, C.; Oster, P.; Otto, M.; Brecher, C.; Höhn, B.-R.:
Berechnung des Einflusses von Fertigungsabweichungen eines Getriebes auf die wirksame Flankenabweichung $f_{H\beta}$ und damit $K_{H\beta}$.
FVA-Informationsblatt zu Forschungsvorhaben Nr. 510
Forschungsvereinigung Antriebstechnik e. V., Februar 2010

[BAYE96] Bayerdörfer, I.; Michaelis, K.; Höhn, B.-R.; Winter, H.:
Untersuchungen zum Einfluss von Schmierstoff und Betriebsbedingungen auf das Verschleißverhalten von Zahnrädern.
Abschlussbericht DGMK Forschungsprojekt Nr. 377-01, 1996

[BLUM87] Blume, J.:
Druck- und Temperatureinfluß auf Viskosität und Kompressibilität von flüssigen Schmierstoffen.
Dissertation: Rheinisch-Westfälische Technische Hochschule Aachen,1987

[BOBZ00] Bobzin, K.:
Benetzungs- und Korrosionsverhalten von PVD-beschichteten Werkstoffen für den Einsatz in umweltverträglichen Tribosystemen.
Diss. RWTH Aachen, 2000

[BONG90] Bong, H.-B.:
Erweiterte Verfahren zur Berechnung von Stirnradgetrieben auf der Basis numerischer Simulationen und der Methode finiter Elemente.
Diss. RWTH Aachen, 1990

[BOWD59] Bowden, F.; Tabor, D.:
Reibung und Schmierung fester Körper.
Berlin: Springer, 1959

[BRAN99] Brand, J.; Schäfer, L.:
Harte tribologische Schichten - Innovative Schmierstoffe der Zukunft.
In: Tribologie und Schmierungstechnik. Jg. 46, Nr. 3, S. 29–32, 1999

[BRAN09] Brand, J.:
Dünne Schichten für effiziente Produkte und Prozesse.
In: Ingenieurspiegel, S.74-76, 2009

[BREC10a] Brecher, C.; Weck, M.:
Benutzeranleitung zum Programm FE-Stirnradkette v4.0.
Werkzeugmaschinenlabor der RWTH Aachen, Forschungsvereinigung Antriebstechnik e.V., 2010

[BREC10b] Brecher, C., Gorgels, C., Carl, C.:
Inclusion of the premature meshing impact in an augmented FE-based force coupling element for spur gears.
In: International Conference on Gears, München, 4.-6. Oktober 2010, S. 903-914

[BRIN91] Brinksmeier, E.:
Prozeß- und Werkstückqualität in der Feinbearbeitung.
Fortschrittberichte VDI Reihe 2/ Nr. 234, Universität Hannover, 1991

[BROS85] Broszeit, E.; Adelmann, J.; Zwirlein, O.:
Einfluß von Eigenspannungen auf die Werkstoffanstrengung in wälzbeanspruchten Bauteilen.
In: Werkstofftechnik. Jg. 1985, Nr. 16, S. 19–24, 1985

[BUGI09] Bugiel, C.:
Tribologisches Verhalten und Tragfähigkeit PVD-beschichteter Getriebe-Zahnflanken.
Diss. RWTH Aachen, 2009

[CAO02] Cao, J.:
Anforderungs- und fertigungsgerechte Auslegung von Stirnradverzahnungen durch Zahnkontaktanalyse mit Hilfe der FEM.
Diss. RWTH Aachen, 2002

[COUL85] Coulomb, C. A.:
Memoires de Mathematique et de Physique de lÁcademie Royale des Sciences.
1785

[CZIC10] Czichos, H.; Habig, K.-H.:
Tribologie-Handbuch.
3. Auflage, Vieweg+Teubner Verlag, Wiesbaden, 2010

[DEGE82] De Gee, A. W. K.:
Adhäsionsverhalten von Werkstoffen und Maßnahmen zur Verhinderung des „Fressens“ von Bewegungselementen.
In: Reibung und Verschleiß von Werkstoffen , Czichos, H. (Hg.),1982

[DETE02] Deters, L. et. al.:
Verschleiß, Reibung – Definitionen, Begriffe, Prüfung.
Arbeitsblatt 7, Gesellschaft für Tribologie (Hg.), 2002

[DIN79] Norm Din 3979
Zahnschäden an Zahnradgetrieben – Bezeichnungen, Merkmale, Ursachen.
Beuth Verlag, Berlin, 1979

[DIN82] Norm DIN 4760:
Gestaltabweichung - Begriffe Ordnungssystem.
Beuth Verlag, Berlin, 1982

[DIN87a] Norm DIN 3960:
Begriffe und Bestimmungsgrößen für Stirnräder und Stirnradpaare mit Evolventenverzahnung.
Beuth Verlag, Berlin, 1987

[DIN87b] Norm DIN 3990-4
Tragfähigkeitsberechnung von Stirnrädern, Teil 4: Berechnung der Fresstragfähigkeit.
Beuth Verlag, Berlin, 1978

[DIN91] Norm DIN 3969
Oberflächenrauheit von Zahnrädern.
Beuth Verlag, Berlin, 1991

[DIN97] Norm DIN EN ISO 4288:
Oberflächenbeschaffenheit: Tastschnittverfahren – Regeln und Verfahren für die Beurteilung der Oberflächenbeschaffenheit.
Beuth Verlag, Berlin, 1997

[DIN98a] Norm DIN EN ISO 4287:
Oberflächenbeschaffenheit: Tastschnittverfahren – Benennung, Definition und Kenngrößen der Oberflächenbeschaffenheit.
Beuth Verlag, Berlin, 1998

[DIN98b] Norm DIN ISO EN 13565-1:
Oberflächenbeschaffenheit: Tastschnittverfahren – Oberflächen mit plateauartigen funktionsrelevanten Eigenschaften, Teil 1: Filterung und allgemeine Meßbedingungen.
Beuth Verlag, Berlin, 1998

[DIN06] Norm DIN ISO 14635-1:
Zahnräder-FZG-Prüfverfahren Teil 1: FZG-Prüfverfahren A/8, 3/90 zur Bestimmung der relativen Fresstragfähigkeit von Schmierölen.
Beuth Verlag, Berlin, 2006

[DOWS77] Dowson, D.; Higginson, G. R.:
Elasto-hydrodynamic lubrication.
Reihe: International series on materials science and technology, Bd. 23. 2. Aufl. Oxford: Pergamon Press, 1977

[EMME93] Emmert, S.; Schönnebeck, G.; Oster, P.; Rettig, H.:
Testverfahren zur Untersuchung des Schmierstoffeinflusses auf die Entstehung von Graufleckenbei Zahnrädern.
FVA-Informationsblatt Nr. 54 / I –IV
Forschungsvereinigung Antriebstechnik e. V., Juli 1993

[FEHL04] Fehling, R.:
Höhere Tragfähigkeit bei Zahnradflanken durch eine nichtevolventische Profilmodifikation.
Diss. TU München, 2004

[FLEI80] Fleischer, G.; Gröger, H.; Thum, H.
Verschleiß und Zuverlässigkeit.
1. Auflage. Verlag Technik, Berlin, 1980

[FRIE98] Friedrich, C.:
Tribologische Problemlösungen mit PVD-Hartstoffschichten zum Verschleißschutz.
Diss. TU Darmstadt, 1998

[FRIT91] Fritsch, P.:
Oberflächenfeingestalt einsatzgehörteter Zahnräder. Einfluss auf Beanspruchung, Zahnflankentragfähigkeit und Geräuschverhalten.
Diss. RWTH Aachen, 1991

[GLEß09] Gleß, M.:
Wälzkontaktermüdung bei Mischreibung.
Diss. Otto-von-Guericke-Universität Magdeburg, 2009

[GOHR82] Gohritz, A.:
Ermittlung der Zahnflankentragfähigkeit mittlerer und großer Getriebe durch Analogieversuche.
Diss. RWTH Aachen, 1982

[GRAI94] Grainger, S.:
Funktionelle Beschichtungen in Konstruktion und Anwendung.
1. Auflage, Eugen G. Leuze Verlag, Saulgau/Württ., 1994

[GROS07] Grossl, A.:
Einfluss von PVD-Beschichtungen auf Flanken- und Fußtragfähigkeit einsatzgehärteter Stirnräder.
Diss. TU München, 2007

[HAEF87] Haefer, R. A.:
Oberflächen- und Dünnschicht-Technologie.
Teil 1: Beschichtungen von Oberflächen
Springer, Berlin, 1987

[HAMR77] Hamrock, B. J.; Dowson, D.:
Isothermal Elastohydrodynamic Lubrication of Point Contacts. III - Fully Flooded Results.
Transaction of the ASME, Journal of Lubrication Technology, Band 99, Serie F, Nr. 2, 1977, S. 264 - 275

[HASL91] Haslinger, K.:
Untersuchungen zur Grübchentragfähigkeit profilkorrigierter Zahnräder.
Diss. TU München, 1991

[HERT81] Hertz, H.:
Über die Berührung fester Körper.
In: Journal für die reine und angewandte Mathematik, Nr. 92, S. 156–171, 1881

[HÖSE79] Hösel, T.; Goebbelet, J.:
Empfehlung zur Vereinheitlichung von Flankentragfähigkeitsversuchen an vergüteten und gehärteten Zylinderrädern.
FVA-Merkblatt Nr. 0/5
Forschungsvereinigung Antriebstechnik e. V., 1979

[HOLL87] Holleck, H.:
Möglichkeiten und Grenzen einer gezielten Stoffauswahl für verschleißmindernde Hartstoffschichten.
In: Hartstoffschichten zur Verschleißminderung, Fischmeister, H., Jehn, H. (Hg.), GM Informationsgesellschaft, 1987, S. 25-44

[HOLM94] Holmberg, K., Mathews, A.:
Coatings tribology. Properties, techniques and applications in surface engineering.
In: Tribology series, Elsevier, Amsterdam

[HURA04] Hurasky-Schönwerth, O.:
Einsatzverhalten von PVD-Beschichtungen und biologisch schnell abbaubaren synthetischen Estern im tribologischen System des Zahnflankenkontakts.
Diss. RWTH Aachen, 2004

[ISO07] Norm ISO 6336-2:
Calculation of Load Capacity of Spur and Helical Gears, Part 2: Calculation of Surface Durability (Pitting).
Beuth Verlag, Berlin, 2007

[KÄSE77] Käser, W.:
Beitrag zur Grübchenbildung an gehärteten Zahnrädern. Einfluss von Härtetiefe und Schmierstoff auf die Flankentragfähigkeit.
Diss. TU München, 1977

[KLOO74] Kloos, K. H.; Broszeit, E.:
Zur Frage der Dauerwälzfestigkeit.
In: Journal of Materials Technology. Jg. 5, Nr. 4, 1974

[KÖCH96] Köcher, J.:
Erhöhung der Zahnflankentragfähigkeiten einsatzgehärteter Zylinderräder durch Kugelstrahlen.
Diss. RWTH Aachen, 1996

[KOLL13] Koller, P.:
Steigerung der Zahnflankentragfähigkeit durch Optimierung vonEigenspannungs- und Oberflächenzustand.
Diss. TU München, 2013

[LEHN92] Lehna, H.:
Wälzreibungsverschleiß ungeschmierter Oberflächen im Experiment und in der Praxis.
In: Reibung und Verschleiß, Grewe H. (Hg.), DGM Informationsgesellschaft, 1992, S. 367-374

[LESL06] Leslic, D.: Messung von Überzügen mit dem „Scratch-Tester" – dem Messgerät für die Zukunft.
In: Tribologie und Schmierungstechnik, 53. Jahrgang, 4/2006

[LEUB86] Leube, H.:
Untersuchungen zur Randschichtermüdung an einsatzgehärteten Zylinderrädern. Einfluss von Werkstoff, Gefüge und Oberflächentopografie.
Diss. RWTH Aachen, 1986

[LÖPE13] Löpenhaus, C.
Local approach for the FE-based calculation of pitting strength based on the weakest link model.
In: Tagungsband International Conference on Gears, München, 2013

[MANG01] Mang, T., Dresel, W.:
Lubricants and Lubrication.
Wiley, Weinheim, 2001

[MICH87] Michaelis, K.:
Die Integraltemperatur zur Beurteilung der Fresstragfähigkeit von Stirnradgetrieben.
Diss. TU München, 1987

[MÖLL02] Möller, U. J.; Nassar, J.:
Schmierstoffe im Betrieb.
2. Auflage, Springer, Berlin, 2002

[MÜNN83] Münnich, H.:
Bedeutung der elastohydrodynamischen Schmierung für die Schmierstoffanwendung.
In: Erdöl und Kohle - Erdgas - Petrochemie. Jg. 36, Nr. 10, S. 461–465, 1983

[MURC75] Murch, L.E., Wilson, W.R.D.:
A Thermal Elastohydrodynamic Inlet Zone Analysis.
Transaction of the ASME, Journal of Lubrication Technology, Band 97, Serie F, Nr. 2, 1977, S. 212 - 216

[MURR10] Murrenhoff, H. et al.:
Umweltverträgliche Tribosysteme. Die Vision einer umweltfreundlichen Werkzeugmaschine.
Springer, Berlin, 2010

[NAZI10] Nazifi, K.:
Einfluss der Geometrie und der Betriebsbedingungen auf die Graufleckigkeit von Großgetrieben.
Diss. RU Bochum, 2010

[NEUM94] Neumann, S.:
Verschleißverhalten und tribologische Eigenschaften von PVD-Hartstoffschichten.
In: Tribologie und Schmierungstechnik, 3/1994, S. 160-164

[NEUP83] Neupert, B.:
Berechnung der Zahnkräfte, Pressungen und Spannungen von Stirn- und Kegelradgetrieben.
Diss. RWTH Aachen, 1983

[NIEM03] Niemann, G., Winter, H.:
Maschinenelemente, Teil 2.
2. Auflage, Springer Verlag, Berlin

[OERL10] Coated Components – Greater Performance and Reliability.
Firmenschrift OC Oerlikon Balzer AG, Liechtenstein, 2010

[RADE05] Radev, T.:
Einfluss des Schmierstoffes auf die Grübchentragfähigkeit einsatzgehärteter Zahnräder – Entwicklung des Praxisnahen Pittingtests.
Diss. TU München, 2005

[ROBE02] Robertson, J.:
Diamond-like amorphous carbon.
In: Materials Science and Engineering, 37/2002, S. 129-281

[RÖSC76] Rösch, H.:
Untersuchungen zur Wälzfestigkeit von Rollen. Einfluss von Werkstoff, Wärmebehandlung und Schlupf.
Dissertation: Technische Universität München, 1976

[SCHÄ08] Schäfer, J.:
Erweiterung des Linienkontaktmodells für die Finite-Elemente-basierte Zahnkontaktanalyse von Stirnradverzahnungen.
Diss. RWTH Aachen, 2008

[SCHE97] Schedl, U.; Oster, P.; Höhn, B.-R.:
Pittingtest.
FVA-Informationsblatt zum Forschungsvorhaben Nr. 2/IV
Forschungsvereinigung Antriebstechnik e. V., Juli 1997

[SCHM85] Schmidt, U.:
Die Schmierfilmbildung in elastohydrodynamisch beanspruchten Wälzkontakten unter Berücksichtigung der Oberflächenrauheit.
Diss. Universität Hannover, 1985

[SCHO73] Schouten, M. J. W.:
Einfluss elastohydrodynamischer Schmierung auf Reibung, Verschleiß und Lebensdauer von Getrieben.
Diss. TH Eindhoven, 1973

[SCHÖ84] Schönnenbeck, G.:
Einfluss der Schmierstoffe auf die Zahnflankenermüdung (Graufleckigkeit und Grübchenbildung) hauptsächlich im Umfangsgeschwindigkeitsbereich 1...9 m/s.
Diss. TU München, 1994

[SCHR00] Schrade, U.:
Einfluss von Verzahnungsgeometrie und Betriebsbedingungen auf die Graufleckentragfähigkeit von Zahnradgetrieben.
Diss. TU München, 2000

[SIMO84] Simon, M.:
Messung von elasto-hydrodynamischen Parametern und ihre Auswirkung auf die Grübchentragfähigkeit vergüteter Scheiben und Zahnräder.
Diss. TU München, 1984

[SOMM10] Sommer, K., Heinz, R., Schöfer, J.:
Verschleiß metallischer Werkstoffe. Erscheinungsformen sicher beurteilen.
Vieweg+Teubner, Berlin, 2010

[STÖß71] Stößel, K.:
Reibungszahlen unter elastyo-hydrodynamischen Bedingungen. Versuchsergebnisse an hochbelasteten Gleit-Wälz-Paarungen.
Diss. TU München, 1971

[STRE97] Strehl, R.:
Tragfähigkeit von Zahnrädern aus hochfestem Sinterstählen.
Diss. RWTH Aachen, 1997

[STRI03] Stribeck, R.:
Die wesentlichen Eigenschaften der Gleit- und Rollenlager.
In: Mitteilungen über Forschungsarbeiten auf dem Gebiete des Ingenieurwesens, Heft 7
Julius Springer, 1903

[TOBIE01] Tobie, T.:
Zur Grübchen- und Zahnfußtragfähigkeit einsatzgehärteter Zahnräder: Einflüsse aus Einsatzhärtungstiefe, Wärmebehandlung und Fertigung bei unterschiedlicher Baugröße.
Diss. TU München, 2001

[VDI01] Richtlinie VDI 3824 (Blatt 4):
Qualitätssicherung bei der PVD- und CVD-Hartstoffbeschichtung - Prüfplanung für Hartstoffschichten.
Beuth Verlag, 2001

[VDI02] Richtlinie VDI 3824 (Blatt 1):
Qualitätssicherung bei der PVD- und CVD-Hartstoffbeschichtung - Eigenschaftsprofile und Anwendungsgebiete von Hartstoffbeschichtungen.
Beuth Verlag, 2002

[VDI05] Richtlinie VDI 2840:
Kohlenstoffschichten – Grundlagen, Schichttypen und Eigenschaften.
Beuth Verlag, 2005

[VOLG91] Volger, J. G.:
Ermüdung der oberflächennahen Bauteilschicht unter Wälzbeanspruchung.
Diss. RWTH Aachen, 1991

[WECK92] Weck, M.:
Moderne Leistungsgetriebe. Verzahnungsauslegung und Betriebsverhalten.
Springer, Berlin, 1992

[WECK96] Weck, M.; Leng, J.:
Untersuchung von PVD - Hartstoffschichten zur Steigerung der Tragfähigkeit und Verschleißfähigkeit von Zylinderrädern aus Stahlwerkstoffen.
Forschungskuratorium Maschinenbau e.V., Forschungsheft 216
Frankfurt, 1996

[WEST88] West. M. A.: Saylcs. R. S.:
A 3-dimcnsional method of sliding 3-body contact geometry and stress on real rough surfaces.
In: Interface Dynamics (Dowson. D., Taylor. C. M., Godet. M. and Berthe. D. (Editors). Amsterdam: Elsevier. 1988. p. 195

[WUTT87] Wuttke, W.:
Tribophysik. Reibung und Verschleiss von Metallen.
Hanser, München, 1987

[YONE05] Yonekura, D. et. al.:
Wear mechanisms of steel roller bearings protected by thin, hard and low friction coatings.
In: Wear, Nr. 259, 2005, S. 779-788

# 11 Anhang

*Appendix*

## 11.1 Ritzel Prüfverzahnung Z2 (FZG-$C_{mod}$)

*Test Gear Pinion Z2 (FZG-$C_{mod}$)*

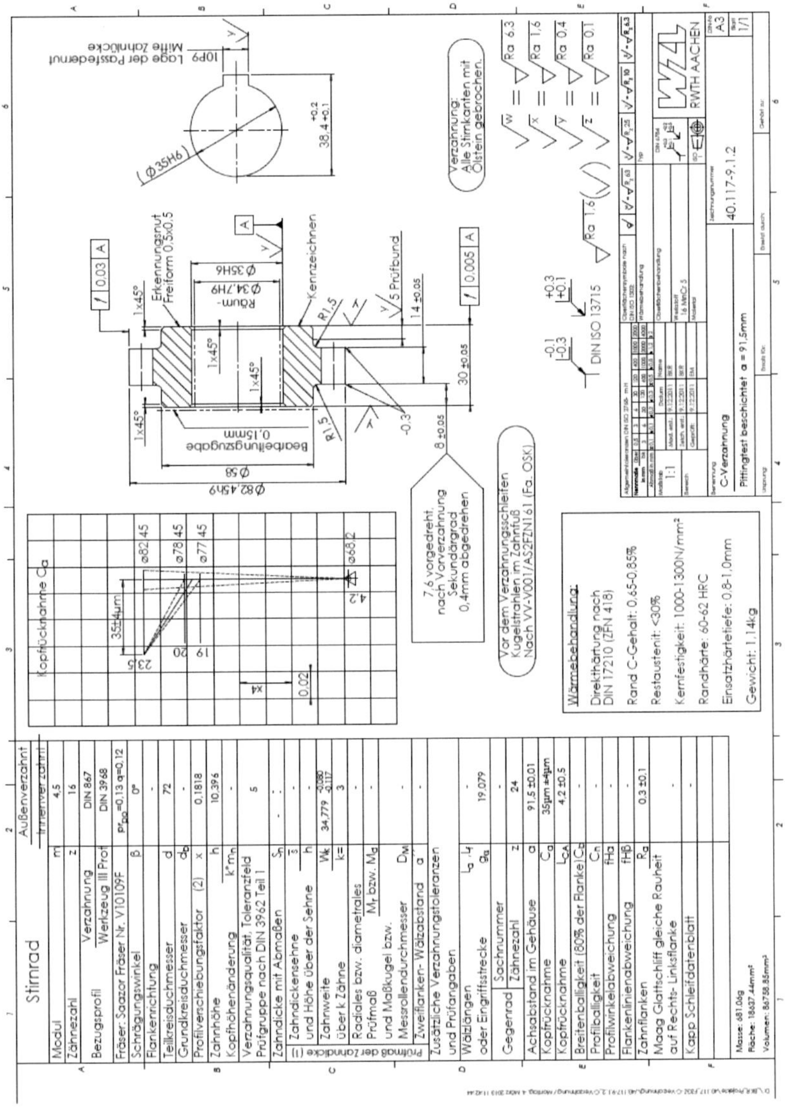

## 11.2 Rad Prüfverzahnung Z2 (FZG-$C_{mod}$)

*Test Gear Wheel Z2 (FZG-$C_{mod}$)*

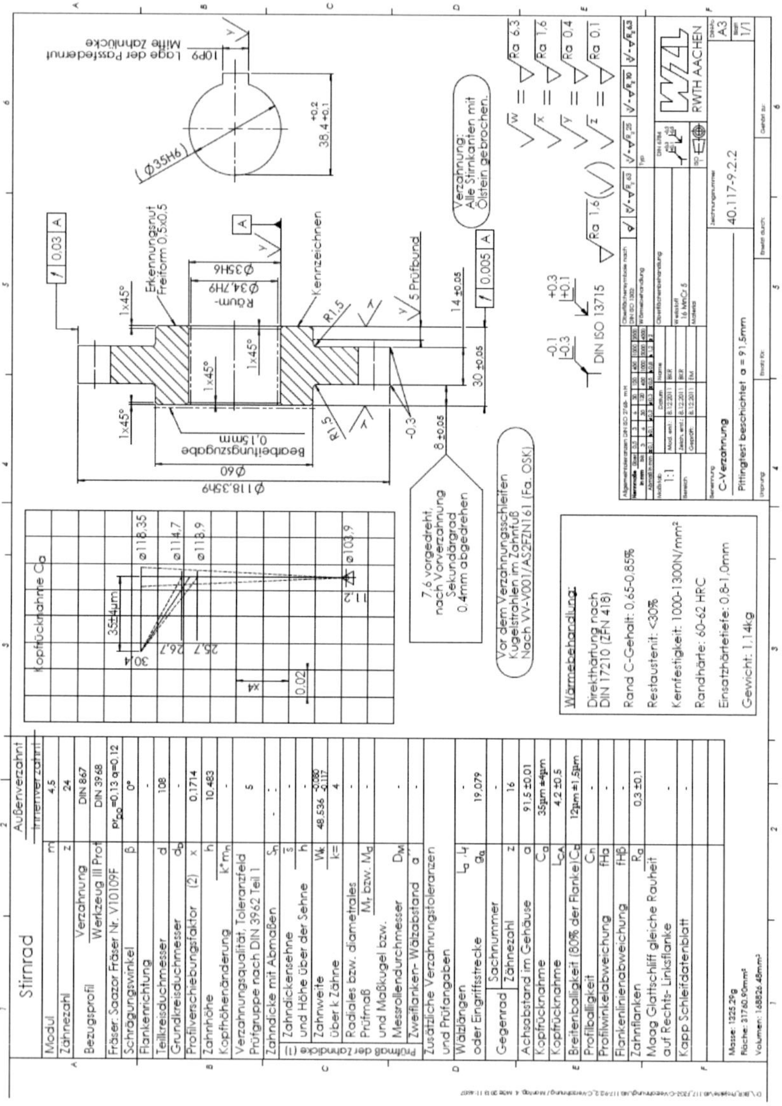

## 11.3 Prüfverzahnung Z3A (b = 26 mm)

*Test Gear Z3A (b = 26 mm)*

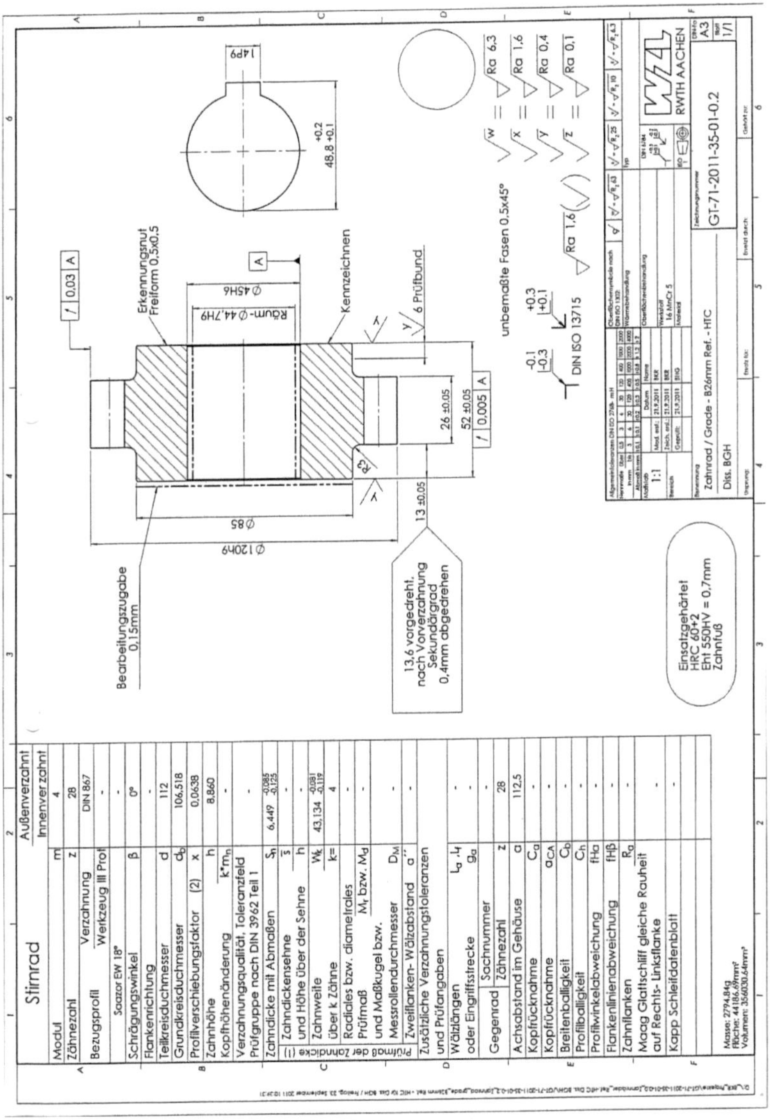

## 11.4 Prüfverzahnung Z3B (b = 20 mm)

*Test Gear Z3B (b = 20 mm)*

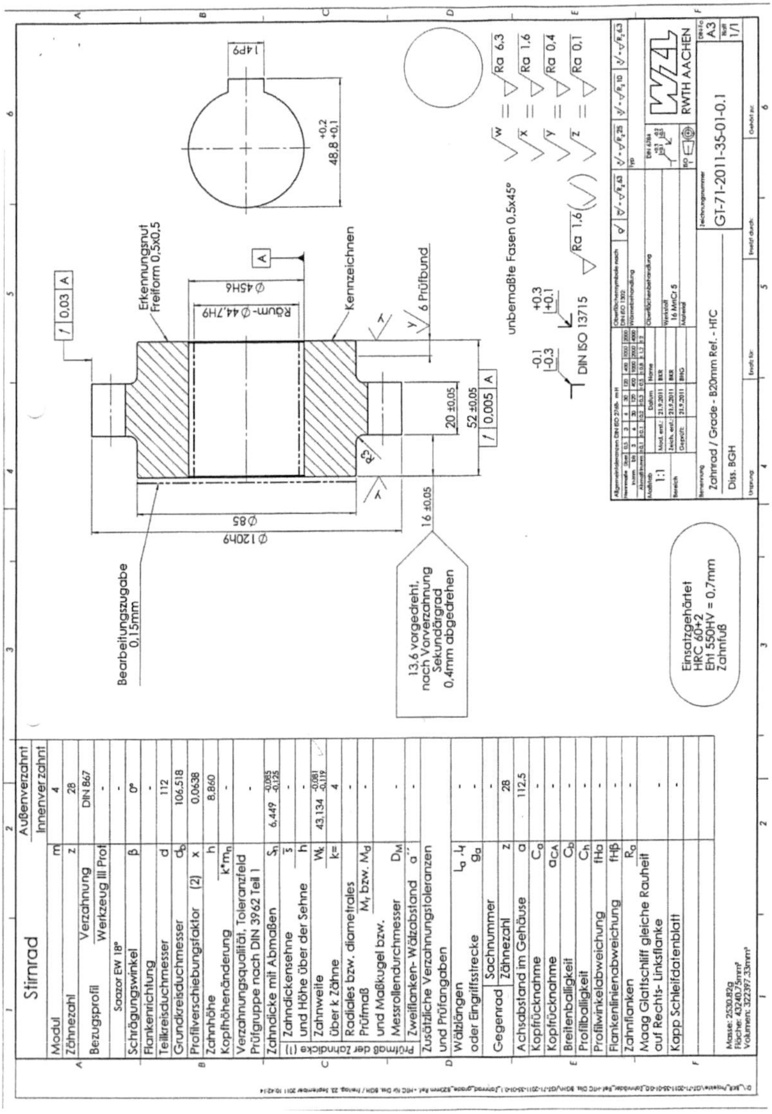

# Lebenslauf

*Curriculum Vitae*

## Persönliche Daten

| | |
|---|---|
| Name | Alexander Johann Bagh |
| Geburtstag | 26. Juli 1979 |
| Geburtsort | Aachen |
| Staatsangehörigkeit | deutsch |
| Familienstand | verheiratet, 2 Kinder |

## Schulbildung und Zivildienst

| | |
|---|---|
| 1985 – 1989 | Buschkampschule, Bielefeld-Senne |
| 1989 – 1998 | Gymnasium Philippinum, Marburg a.d.L. |
| 1998 – 1999 | Zivildienst: Pflegeheim Johannisheim, Freiburg i.Br. |

## Studium

| | |
|---|---|
| 10/1999 – 10/2007 | Maschinenbaustudium (Dipl.-Ing.) an der RWTH Aachen<br>Vertiefungsrichtung Fertigungstechnik |

## Praktikum

| | |
|---|---|
| 11/2002 – 06/2005 | Praktika bei den Firmen<br>Flensburger Schiffbau-Gesellschaft, Flensburg<br>Fraunhofer Institut für Kurzzeitdynamik, Freiburg i. Br.<br>Gleason Cutting Tools Corporation, Rockford, IL, USA<br>Hydro Aluminium Deutschland, Bonn |

## Berufstätigkeit

| | |
|---|---|
| 03/2003 – 10/2007 | Studentische Hilfskraft am WZL der RWTH Aachen,<br>Lehrstuhl für Fertigungstechnik, Abteilung Getriebetechnik |
| 11/2007 – 06/2013 | Wissenschaftlicher Mitarbeiter am Lehrstuhl für<br>Werkzeugmaschinen am WZL der RWTH Aachen,<br>Abteilung Getriebetechnik, Gruppe Getriebeuntersuchung |
| 09/2013 – 11/2014 | Senior Consultant, Abteilung Production Excellence<br>TÜV Rheinland Consulting GmbH, Köln |
| seit 12/2014 | Abteilungsleiter Strategisches Qualitätsmanagement<br>BPW Bergische Achsen KG, Wiehl |

FSC
www.fsc.org
MIX
Papier | Fördert gute Waldnutzung
FSC® C083411

Kolibri 360 GmbH
Ferdinand-Jühlke-Straße 7
99095 Erfurt, Deutschland
produktsicherheit@kolibri360.de

Rechtsschutz für und durch Gewerkschaften bei tarifwidrigem Arbeitgeberverhalten in Deutschland und Frankreich

# Studien zum Arbeitsrecht und zur Arbeitsrechtsvergleichung

Herausgegeben von Manfred Weiss und Spiros Simitis

Band 13

PETER LANG

Frankfurt am Main · Berlin · Bern · Bruxelles · New York · Oxford · Wien

Natascha Ahmad

# Rechtsschutz für und durch Gewerkschaften bei tarifwidrigem Arbeitgeberverhalten in Deutschland und Frankreich

PETER LANG
Europäischer Verlag der Wissenschaften

**Bibliografische Information Der Deutschen Bibliothek**
Die Deutsche Bibliothek verzeichnet diese Publikation in der Deutschen Nationalbibliografie; detaillierte bibliografische Daten sind im Internet über <http://dnb.ddb.de> abrufbar.

Zugl.: Frankfurt (Main), Univ., Diss., 2004

D 30
ISSN 1615-4606
ISBN 3-631-52531-1



www.peterlang.de

# Vorwort

Die nachfolgende Arbeit lag dem Fachbereich Rechtswissenschaft der *Johann Wolfgang von Goethe-Universität*, Frankfurt am Main, im Wintersemester 2003/2004 als Dissertation vor. Schrifttum und Rechtsprechung sind bis Dezember 2003 berücksichtigt. Allein die französische Gesetzgebung befindet sich aufgrund des Erlasses der „Loi relative à la formation professionnelle tout au long de la vie et au dialogue social“ auf dem Stand Mai 2004.

Mein besonderer Dank gilt meinem Doktorvater, Herrn Professor Dr. Manfred Weiss, der die Anregung zur rechtsvergleichenden Ausrichtung der Arbeit gab und mir wertvolle Kontakte nach Frankreich vermittelte. Danken möchte ich ihm und Herrn Professor Dr. Dr. h.c. Spiros Simitis auch für die rasche Erstellung der Gutachten.

Mein Dank gilt schließlich meinem Mann, Martin Steubing, der mich zur Anfertigung einer Doktorarbeit überhaupt erst ermutigt hat und ohne dessen Unterstützung die Arbeit nicht denkbar wäre.

Frankfurt, im August 2004 Natascha Ahmad

**Inhaltsverzeichnis**

## Abkürzungsverzeichnis Frankreich

| | |
|---|---|
| al. | alinéa |
| ass. plén. | assemblée plénière |
| Cass. civ. | Cour de Cassation Chambre civile |
| Cass. com. | Cour de Cassation Chambre commerciale |
| Cass. crim. | Cour de Cassation Chambre criminelle |
| Cass. soc. | Cour de Cassation Chambre sociale |
| CC | Conseil Constitutionnel |
| C.E. | Conseil d'État |
| Chambres réun. | Chambres réunies |
| chr. | Chroniques |
| C.T. | Code du Travail |
| D.O. | Droit Ouvrier |
| D. | Dalloz |
| Dr. Soc. | Droit Social |
| Gaz. Pal. | Gazette du Palais |
| JCP | Juris-Classeur Périodique (La semaine juridique) |
| J.O. | Journal Officiel |
| jur. | Jurisprudence |
| Rev. Int. Tr. | Revue Internationale du Travail |
| RFAS | Revue françaises des Affaires sociales |
| RJS | Revue de jurisprudence sociale |
| RPDS | Revue pratique de droit social |
| Rev. Sociétés | Revue des Sociétés |
| RTD civ. | Revue trimestrielle de droit civil |
| S. | Sirey |
| Sem. Soc. | Semaine Sociale |
| Syndicalisme | Syndicalisme C.F.D.T. |
| TPS | Travail et Protection sociale |

# Einleitung

## § 1 Bestandsaufnahme und Gang der Untersuchung

Vor dem Hintergrund zunehmender Arbeitslosigkeit, einer beachtlichen Zahl von Insolvenzen und zahlreicher Unternehmen auf Rationalisierungskurs ist auch der Druck auf das deutsche Kollektivvertragssystem in den letzten Jahren deutlich gestiegen. Der Streit um die Krise des Flächentarifvertrages hat sich hierdurch zum „Dauerbrenner" entwickelt. In der Diskussion um die Krisenbekämpfung wurden dabei ganz unterschiedliche Forderungen laut: Während einerseits betont wurde, dass auch der Flächentarifvertrag genügend Spielräume zur Erreichung betriebsnaher Lösungen biete, die es nur in Form von Öffnungsklauseln zu erschließen gelte[1], wurden von anderer Seite Schritte des Gesetzgebers zur Lockerung oder gar Abschaffung des in § 77 Abs. 3 BetrVG statuierten Tarifvorrangs gegenüber Betriebsvereinbarungen und der Modifizierung des Günstigkeitsprinzips angemahnt[2]. Die Entwicklung der vergangenen Jahre hat deutlich gezeigt, dass die Zeiten, in denen die „Kritik am deutschen Tarifvertragssystem vergleichbar einem Angriff auf Ehe und Familie, Meinungsfreiheit und Religion" waren, lange vorbei sind[3]. Zuletzt haben sogar CDU/CSU im Vermittlungsausschuss des Bundestages ihre Zustimmung zum Vorziehen der von der Bundesregierung geplanten Steuerreform von der Einführung einer gesetzlichen Öffnungsklausel abhängig gemacht[4]. Erst nach langem Ringen im Vermittlungsausschuss wurde auf Änderungen im Tarif- und Betriebsverfassungsrecht verzichtet[5]. Vorerst

1 Vgl. nur das anlässlich des Deutschen Juristentags in Karlsruhe 1996 gehaltene Referat von Wendeling-Schröder, Bd. II/1 K 9 ff. und Däubler/Hensche Rn. 477 ff., der gerade für den Bereich der Arbeitszeit aufzeigt, welche Möglichkeiten der Flexibilisierung bereits
existieren.

2 Eine kurze Zusammenfassung der geäußerten Kritik enthält der Aufsatz von Linnenkohl, AuA 1997, S. 300, S. 301, Löwisch, JZ 1996, S. 812, S. 815 ff. (ebenfalls mit einer kurzen Darstellung der Kritik), zum Günstigkeitsprinzip: Buchner, in: Der Spiegel 33/1996, S. 64; vgl. auch Ehmann/Schmidt, NZA 1995, S. 193 ff.

3 So in den Worten Thüsings in Tarifpolitik im Wandel, S. 1.

4 Vgl. die Berichte in der *FAZ* vom 2.12.2003 („CDU-Parteitag mit großer Mehrheit für den Umbau der Sozialsysteme"), vom 4.12.2003 („Keine freiwillige Tarif-Öffnung – Vermittlungsausschuss vor dem Scheitern") und im *Handelsblatt* vom 1.12.2003 („CDU knüpft Umbau des Tarifrechts an Vorbehalt"), vom 4.12.2003 („Streit der Tarifparteien gefährdet Reformkompromiss").

5 Vgl. zu der rechtspolitischen Entwicklung die Berichte in der Süddeutschen Zeitung (SZ) vom 28.11.2003 („Wissenschaftler gegen Tarifautonomie"), vom 29./30.11.2003 („Den Staat draußen halten"), vom 2.12.2003 („Frohe Botschaft"), vom 13./14.12.2003 („Mehr Autonomie für Metallbetriebe"), vom 16.12.2003 („Seid froh, dass wir die Tarifautonomie gerettet haben") und in der Frankfurter Rundschau (FR) vom 4.12.2003 („Kein Kon-

bleibt es daher bei der Regelung des § 77 Abs. 3 BetrVG, wonach Arbeitsentgelte und sonstige Arbeitsbedingungen, die durch Tarifvertrag geregelt sind oder üblicherweise geregelt werden, nicht Gegenstand einer Betriebsvereinbarung sein können, wenn der Tarifvertrag nicht ausnahmsweise den Abschluss ergänzender Tarifvereinbarungen vorsieht.

Rüthers[6] hat die Vorschrift nicht ohne Grund als die „am meisten mit Füßen getretene Norm des deutschen Arbeitsrechts" bezeichnet. Als problematisch im Zusammenhang mit § 77 Abs. 3 BetrVG erwiesen sich in der Vergangenheit zwei Dinge: zum einen die in Deutschland gelebte doppelte Interessenvertretung von Betriebsrat und Gewerkschaft und zum anderen die rechtliche Durchsetzungsschwäche des Flächentarifvertrags.

Die Unvollkommenheit des Flächentarifvertrags liegt darin, dass nach der herrschenden Verbandstheorie der Tarifvertrag nur zwischen der jeweiligen Gewerkschaft und dem Arbeitgeberverband geschlossen wird[7]. Der Arbeitgeberverband agiert also gerade nicht als Stellvertreter seines Verbandsmitgliedes. Anders als beim Firmentarifvertrag, bei dem der Arbeitgeber als Vertragspartner der Gewerkschaft von dieser zur Einhaltung der Tarifnorm angehalten werden kann, kann die Gewerkschaft beim Flächentarifvertrag gegenüber dem bloßen Verbandsmitglied keine Durchführungs- und Erfüllungsansprüche geltend machen.

Diese Durchsetzungsschwäche war besonders dort eklatant, wo Arbeitgeber und Betriebsrat gemeinsam die zwingenden Regelungen des Tarifvertrags zu umgehen versuchten. In diesen Fällen wirkte sich der bereits erwähnte Dualismus der Arbeitnehmerinteressenvertretung negativ aus, obwohl Betriebsrat und Gewerkschaften lange Zeit zumeist eine friedliche Koexistenz geführt hatten. Aufgabe der Gewerkschaften war primär die überbetriebliche „egoistische" Wahrnehmung ihrer Mitgliederinteressen, während der Betriebsrat die Interessen aller Arbeitnehmer unter vertrauensvoller Zusammenarbeit mit dem Arbeitgeber gleichmäßig wahrzunehmen hatte. Aber bereits Sinzheimer hatte 1924 die Gefahr beschrieben, dass die Regelung des Arbeitsverhältnisses den Gewerkschaften entzogen und auf die Betriebsvertretungen übertragen werde[8].

---

sens über Tarifautonomie"), vom 16.12.2003 („Gemischte Gefühle"). Die Abwendung gesetzlicher Öffnungsklauseln wird nicht nur von Seiten der Gewerkschaften, sondern auch von namhaften Vertretern der Arbeitgeberseite, darunter dem Gesamtmetall-Chef Martin Kannengießer und dem Verbandspräsidenten der Südwestmetall Otmar Zwiebelhofer, begrüßt; s. hierzu die Berichterstattung in der Frankfurter Allgemeinen Zeitung (FAZ) vom 16.12.2003 („Positionen in der Metall-Tarifrunde noch weit auseinander") und in der FR vom 16.12.2003 („Gemischte Gefühle").

6 Rüthers RdA, 1994, S. 176, S. 177.

7 Zur Verbandstheorie Gamillscheg, S. 514.

8 Sinzheimer, S. 93 und auf S. 94: „Eine Regelung der Lohn- und Arbeitsbedingungen unter Ausschaltung der Koalitionen und des Tarifvertrages führt zu nichts anderem als einem Diktat des Arbeitgebers."

Im September des Jahres 1996 hatte sich auch die arbeitsrechtliche Abteilung des 61. Deutschen Juristentages mit der Frage des Verhältnisses von Tarifvertrag und Betriebsvereinbarung auseinander zu setzen. Eine grundsätzliche Änderung oder gar Streichung des § 77 Abs. 3 BetrVG wurde dort ebenso abgelehnt wie die Einführung einer „Tarifeinhaltungsklage" für die tarifschließende Gewerkschaft[9]. Fern von allen juristischen Diskussionen hatte sich das Problem im Arbeitsalltag allerdings längst zu verselbständigen begonnen: In den Firmen wurde eine steigende Zahl so genannter „betrieblicher Bündnisse für Arbeit"[10] geschlossen. Durch diese Bündnisse wurden im Zusammenspiel des Arbeitgebers mit dem Betriebsrat und größeren Teilen der Belegschaft, im Flächentarifvertrag enthaltene, normativ geltende Bestimmungen durch neue Regelungen – eine Betriebsvereinbarung oder aufgrund von Regelungsabreden geänderte Einzelarbeitsverträge – ersetzt. In den prominentesten Fällen Burda[11] und Viessmann[12] gewährte der Arbeitgeber für die (fast) unentgeltliche Heraufsetzung der Wochenarbeitszeit im Gegenzug eine Beschäftigungsgarantie. Dabei wurde der „Standort Deutschland" seit Beginn der Krisenerscheinungen in den neunziger Jahren durchaus auch von gutgehenden Unternehmen in Frage gestellt[13]. Die genaue Zahl der in der Folge abgeschlossenen Bündnisse ist freilich nicht bekannt. Der ehemalige Arbeitsdirektor von DaimlerChrysler Manfred Gentz äußerte hierzu vor einigen Jahren für die Metall- und Elektroindustrie, dass es nach seiner Einschätzung kaum noch ein Unternehmen gebe, das nicht in stärkerem oder geringerem Ausmaß gegen geltende Tarifverträge verstoße und entsprechende Vereinbarungen mit seinem Betriebsrat abgeschlossen habe[14]. Nach einer Untersuchung für die Maschinen- und Anlagenbauindustrie nimmt die Zahl betrieblicher Bündnisse weiter zu und soll Ende des Jahres 2003 auf Rekordniveau angelangt sein[15].

---

9 Siehe die Beschlüsse des 61. Deutschen Juristentages 1996, Bd. II/2 K S. 193 ff.

10 Dieterich, DB 2001, 2398, 2399 hat hierzu geäußert, es sei richtiger von „Bündnissen gegen Gesetz und Vertrag" zu sprechen.

11 BAG SAE 1999, S. 253.

12 ArbG Frankfurt NZA 1996, S. 1340 u. ArbG Marburg NZA 1996, S. 1331.

13 Hierauf verweist zu Recht Däubler/Däubler Einl. Rn. 54; vgl. auch den Bericht in der *FAZ* vom 16.12.2003 („Der tägliche Lohnkosten-Poker").

14 Gentz in FS Schaub, S. 205, S. 206; vgl. zur Unterschreitung von Tarifstandards auch die WSI-Betriebs- und Personalrätebefragung, WSI Mitteilungen 2003, S. 157, S. 159, nach der im Jahr 2002 – also 3 Jahre nach Anerkennung des Unterlassungsanspruchs aus Art. 9 Abs. 3 GG i. V. m. §§ 1004 Abs. 1 S. 2, 823 Abs. 1 BGB – etwa 10 Prozent der Betriebe „gelegentlich" und 5 Prozent „öfter" gültige Tarifstandards unterschritten.

15 S. hierzu den Bericht über die Studie in der SZ vom 20.11.2003 („Zahl betrieblicher Bündnisse nimmt zu").

An der rechtlichen Beurteilung, dass ein solches „Bündnis für Arbeit“, wenn es in Form einer Betriebsvereinbarung abgeschlossen wird, wegen Verstoß gegen den Tarifvorrang in § 77 Abs. 3 BetrVG unwirksam ist, bestanden nie ernsthafte Zweifel. In den Mittelpunkt rückte in der Folge aber immer mehr die Frage, ob denn auch die Gewerkschaften berechtigt sein sollten, klageweise gegen tarifwidriges Arbeitgeberverhalten vorzugehen. Den rechtlichen Aufhänger für die von Arbeitgeber- und Gewerkschaftsseite hartnäckig geführten Diskussionen bildete dabei lange Zeit die Frage der Antragsbefugnis der Gewerkschaften. Die „Burda-Entscheidung“ des Bundesarbeitsgerichts vom 20.4.1999[16], in der das Gericht einen Unterlassungsanspruch der Gewerkschaften aus Art 9 Abs. 3 GG i. V. m. §§ 1004 Abs. 1 S. 2, 823 Abs. 1 BGB anerkannt hat, hat die Debatte erneut entfacht. In Gewerkschaftskreisen wurde das Urteil als „wichtiger Beitrag zur zukünftigen Sicherung der Tarifautonomie und effektiven Koalitionsfreiheit“[17] begrüßt, dem Arbeitgeberlager nahestehende Autoren sahen hierin hingegen eine weder in Begründung noch Ergebnis überzeugende Entscheidung[18]. Da der Gesetzgeber zuletzt von der Einführung einer gesetzlichen Öffnungsklausel zugunsten betrieblicher Bündnisse abgesehen hat, wird die „Burda-Entscheidung“ des Bundesarbeitsgerichts auf jeden Fall auch in Zukunft ihre praktische Relevanz beibehalten.

Das Anliegen dieser Arbeit ist es, die bestehenden Rechtsschutzmöglichkeiten für und durch Gewerkschaften bei tarifwidrigem Arbeitgeberverhalten in Deutschland zu untersuchen. Insbesondere soll auch die Rechtsprechung des Bundesarbeitsgerichts vor dem am 20.4.1999 ergangenen Urteil einer kritischen Bestandsaufnahme unterzogen werden. Vornehmlich geht es hier um die Frage, ob nicht schon zuvor Rechtsschutz gegen tarifwidrige Betriebsvereinbarungen hätte gewährt werden müssen. Anschließend wird der in der „Burda-Entscheidung“ des Bundesarbeitsgerichts aus Art. 9 Abs. 3 GG i. V. m. §§ 1004 Abs. 1 S. 2, 823 Abs. 1 BGB abgeleitete Unterlassungsanspruch einer dogmatischen Prüfung zugeführt. Als erstes gilt es dabei die Frage zu beantworten, ob aus Art. 9 Abs. 3 GG, der dem Schutz der Tarifautonomie dient, auch die prozessuale Durchsetzung des Flächentarifvertrags gegenüber Regelungen, die dessen Geltung beeinträchtigen, folgt. Befürwortet man die rechtliche Existenz des gewerkschaftlichen Unterlassungsanspruchs, so muss weiterhin Klarheit hinsichtlich der Voraussetzungen und des Umfangs des Unterlassungsanspruchs geschaffen werden. Bereits kurz nachdem die Entscheidung ergangen ist, entbrannte im Schrifttum ein Streit darüber, welche Auswirkungen der Unterlassungsanspruch in Zukunft auf die hiervon betroffenen Arbeitgeber haben wird. Die Interpretationen des Urteils stehen sich hier teilweise diametral entgegen: So wird von einer

16 BAG SAE 1999, S. 253.

17 So der Hauptvorstand der damaligen HBV Peter Berg, AiB 1999, S. 304, S. 305.

18 Anstelle Vieler: Müller, DB 1999, 2310; Trappehl/Lambrich, NJW 1999, S. 3217.

Seite gefolgert, dass neben dem Unterlassungsanspruch auch ein Anspruch auf Beseitigung bestehe, der es der Gewerkschaft ermöglichen soll, die Erbringung der tariflich garantierten Leistungen nachträglich in voller Höhe zu verlangen[19]. Von anderer Seite wird wiederum vorgetragen, der Unterlassungsanspruch dürfe nur so verstanden werden, dass es der Arbeitgeber zu unterlassen habe, sich gegenüber den betroffenen Arbeitnehmern auf die tarifwidrige Regelung zu berufen. Der Arbeitgeber müsse den Arbeitnehmern anheimgeben, die tarifliche Gegenleistung zu verlangen. Arbeiteten die Arbeitnehmer trotzdem länger und begnügten sie sich gleichwohl mit dem niedrigeren Entgelt, sei für den Unterlassungsanspruch kein Platz mehr[20].

Darüber hinaus hat die Entscheidung des Bundesarbeitsgerichts Fragen hinsichtlich der Voraussetzungen des Unterlassungsanspruchs offengelassen. So ist bislang unklar, wann genau das Vorliegen einer kollektiven Rechtsverletzung gegeben ist[21]. Gleichermaßen wird das vom erkennenden Senat gefundene Ergebnis, der Unterlassungsanspruch könne auch gegenüber den nicht organisierten Arbeitnehmern bestehen, wenn der Arbeitgeber nach seiner Zielvorgabe entsprechende Vereinbarungen keinesfalls nur mit den Tarifaußenseitern treffen wollte, genauer zu hinterfragen sein. Die ebenfalls streitige Frage nach der richtigen Verfahrensart hat das Gericht zwar mittlerweile durch Beschluss vom 13. März 2001[22] zugunsten des Beschlussverfahrens entschieden, aber auch die Absage des Gerichts an das Urteilsverfahren bedarf einer eingehenden rechtlichen Prüfung. Schließlich wird die Entscheidung des 4. Senats des Bundesarbeitsgerichts vom 19.3.2003[23] zu berücksichtigen sein, nach der ein gewerkschaftlicher Unterlassungsantrag ohne namentliche Benennung der Gewerkschaftsmitglieder nicht hinreichend bestimmt ist.

Unmittelbar im Anschluss an die „Burda-Entscheidung“ wurde damit begonnen, den Unterlassungsanspruch in die Nähe einer gewerkschaftlichen „Verbandsklagemöglichkeit“ zu rücken. Dies ist juristisch betrachtet zwar ungenau, da die Gewerkschaft hier aus eigenem Recht klagt und nicht fremde Rechte ihrer Mitglieder geltend macht. Dennoch soll ausgehend vom Unterlassungsanspruch im letzten Teil der Arbeit der Frage nachgegangen werden, ob die Einführung eines solchen Verbandsklagerechts für Gewerkschaften, welches dann in der Tat die Geltendmachung fremder Rechte bedeuten würde, rechtlich geboten und zweckmäßig ist. Hierbei soll eine vergleichende Betrachtung mit dem französischen Recht vorgenommen werden. In Frankreich stehen den Gewerkschaften mit

19 Däubler, AiB 1999, S. 481, S. 483.

20 Löwisch, BB 1999, S. 2080.

21 Thüsing hat in DB 1999, S. 1552, S. 1554 hierzu bereits angemerkt, die Frage erinnere an den alten Streit, wie viel Körner einen Haufen machen.

22 BAG vom 13.3.2001, EzA Nr. 4 zu § 2 a ArbGG 1979.

23 BAG NZA 2003, S. 1221 ff.

Art. L. 411-11 C.T., Art. L. 135-4 al. 1 C.T. und Art. L. 135-5 C.T. bereits umfangreiche (Verbands-)Klagerechte zur Verfügung: So können die Gewerkschaften über Art. L. 411-11 C.T. nicht nur Gegenstände vor allen Gerichten anhängig machen, die die kollektiven Interessen der Arbeitnehmer mittelbar oder unmittelbar verletzen, sondern über Art. L. 135-4 al. 1 C.T. auch tarifliche Ansprüche einzelner Mitglieder geltend machen, solange diese der Geltendmachung nicht widersprechen. Art. L. 135-5 C.T. enthält darüber hinaus eine Klage, mit der die gerichtliche Verurteilung des Arbeitgebers zur Anwendung beziehungsweise fehlerfreien Anwendung des Tarifvertrages erreicht werden kann[24]. Mit der „Inspection du Travail" existiert zudem noch eine staatliche Behörde, welche die Einhaltung von Tarifverträgen und gesetzlichen Mindeststandards im Arbeitsleben überwacht[25].

Ausgehend von der französischen Rechtslage wird abschließend zu ermitteln sein, inwiefern es derzeit sinnvoll wäre, die Gewerkschaften in Deutschland mit vergleichbaren Befugnissen auszustatten; ja ob dem französische Recht hier überhaupt Vorbildfunktion für das deutsche Recht zukommen kann.

24 Art. L. 411-11 des französischen Code du Travail lautet: „*Ils [les syndicats professionnels] ont le droit d'ester en justice. Ils peuvent devant toutes les juridictions exercer tous les droits réservés à la partie civile relativement aux faits portant un préjudice direct ou indirect à l'intérêt collectif de la profession qu'ils représentent.*" Art. L. 135-4 al. 1 C.T. bestimmt: „*Les organisations ou groupements ayant la capacité d'ester en justice, dont les membres sont liés par une convention ou un accord collectif de travail, peuvent exercer toutes les actions en justice qui naissent de ce chef en faveur de leurs membres, sans avoir à justifier d'un mandat de l'intéressé, pourvu que celui-ci ait été averti et n'ait pas déclaré s'y opposer. ...*" In Art. L. 135-5 C.T. heißt es: „*Les organisations ou groupements ayant la capacité d'ester en justice, liés par une convention collective ou un accord collectif de travail, peuvent en leur nom propre intenter contre les autres organisations ou groupements, leurs propres membres ou toute personne liés par la convention ou l'accord, toute action visante à obtenir l'exécution des engagements contractés et, le cas échéant, des dommages-intérêts.*"

25 Art. L. 611-1 C.T. lautet: „*Les inspecteurs du travail sont chargés de veiller à l'application des dispositions du Code du travail et des lois et règlements non codifiés relatifs au régime du travail, ainsi qu'à celles des conventions et accords collectifs de travail répondant aux conditions fixées au titre III du livre Ier dudit code. Ils sont égalment chargés, concurrement avec les agents et officiers de police judiciaire, de constater, s'il y échet, les infractions à ces dispositions.*"

# 1. Teil
# Rechtslage in Deutschland bis zum 20.4.1999

Die Geschichte der gewerkschaftlichen Suche nach Rechtsschutz gegen tarifwidriges Arbeitgeberverhalten ist lang. So wurde schon das Reichsarbeitsgericht im Jahre 1928 mit dem Fall einer tarifwidrigen Betriebsvereinbarung konfrontiert[26]. Auch das Bundesarbeitsgericht hatte in der Folgezeit hierüber zu befinden. In den Entscheidungen – damals noch zu den §§ 56, 59 BetrVG 1952 – wurde die später viel diskutierte Antragsbefugnis, ohne dies weiter zu problematisieren, bejaht[27]. Der jeweils klagenden Gewerkschaft wurde von dem Gericht ohne viel Aufhebens unter weitestgehender Zustimmung des Schrifttums[28] das Recht zugebilligt, die Unwirksamkeit von Betriebsvereinbarungen gerichtlich feststellen zu lassen. Dies änderte sich erst in den achtziger Jahren im Nachgang zum so genannten Leber-Rüthers-Kompromiss, der den Einstieg in die Verkürzung und Flexibilisierung der Arbeitszeit bedeutete[29]. In zwei Beschlüssen aus dem Jahre 1987 lehnte das Bundesarbeitsgericht – das im übrigen die in dem Kompromiss gefundenen Regelungen bezüglich der Arbeitszeit für zulässig erachtete – die Antragsbefugnis der Gewerkschaften mit dem etwas spröde geratenen Hinweis darauf ab, dass der Gewerkschaft keine allgemeine Aufsichtsfunktion gegenüber Betriebsvereinbarungen und Einigungsstellen zukomme[30]. Zu diesen Entscheidungen wurde in der Folge des öfteren bemerkt, dass das Gericht seine anderslautende Rechtsprechung wohl aufgegeben habe, ohne dies zu bemerken[31]. Anhaltspunkte dafür, dass sich der erkennende Senat mit der älteren Rechtsprechung des Gerichts auseinandergesetzt hat, sind den Entscheidungsgründen in der Tat nicht zu entnehmen. Dies änderte sich gut ein halbes Jahr später mit einer Ent-

---

26 RAG vom 19.9.1928, ARS 4, S. 80 ff.

27 BAG vom 16.9.1960, AP Nr. 1 zu § 2 ArbGG 1953; BAG vom 1.2.1963, AP Nr. 8 zu § 59 BetrVG 1952; BAG vom 21.2.1967, AP Nr. 25 zu § 59 BetrVG 1952; BAG vom 21.2.1967, AP Nr. 26 zu § 59 BetrVG 1952; BAG vom 8.12.1970, AP Nr. 28 zu § 59 BetrVG 1952.

28 Auffarth, Anmerkung zu BAG vom 16.9.1960, AP Nr. 1 zu § 2 ArbGG 1953; Hueck, gemeinsame Anmerkung zu BAG vom 21.2.1967, AP Nr. 25 zu § 59 BetrVG 1952 und BAG vom 21.2.1967, AP Nr. 26 zu § 59 BetrVG 1952; Wlotzke, Anmerkung zu BAG vom 1.2.1963, AP Nr. 8 zu § 59 BetrVG 1952; ablehnend nur Schirrmacher, SAE 1962, S. 68 in dem vom BAG für zulässig erachteten Umfang.

29 Zum Leber-Rüthers-Kompromiß von Langen, S. 48 ff.

30 BAG vom 18.8.1987 – 1 ABR 65/86, AP Nr. 6 zu § 81 ArbGG 1979; BAG vom 18.8.1987 – 1 ABR 80/85, DB 1987, S. 2263 f.

31 Vgl. nur Fischer, S. 1.

scheidung aus dem Jahre 1988[32]. Das Gericht nahm nunmehr ausdrücklich auf die frühere Rechtsprechung Bezug und gab diese auf.

Im Jahre 1991 unternahm die Gewerkschaft einen weiteren Versuch gegen eine ihrer Ansicht nach tarifwidrige Betriebsvereinbarung im Verlagshaus Burda vorzugehen. Ihr Rechtsschutzbegehren stützte sie mittlerweile auf § 23 Abs. 3 BetrVG und auf Art. 9 Abs. 3 GG, nur noch hilfsweise wurde der Feststellungsantrag auf Unwirksamkeit der Betriebsvereinbarung gestellt. Die Antragsbefugnis der Gewerkschaften nach § 23 Abs. 3 BetrVG bzw. gemäß Art. 9 Abs. 3 GG wurde durch das Bundesarbeitsgericht zwar bejaht, der Antrag in der Sache allerdings als unbegründet zurückgewiesen. Die Begründung hierfür, dass § 23 Abs. 3 BetrVG zwar durchaus dazu diene Verletzungen des § 77 Abs. 3 BetrVG, nicht aber Verletzungen des § 87 Abs. 1 BetrVG geltend zu machen, überzeugte nicht alle Kritiker. Auch das Bundesverfassungsgericht zeigte sich nicht völlig überzeugt: Es nahm die hiergegen eingelegte Verfassungsbeschwerde im Jahre 1993 zwar nicht zur Entscheidung an, in der Sache aber sprach es davon, dass die Verneinung genereller Schutzansprüche der Gewerkschaften gegen die Tarifparteien bei nicht tarifkonformen Betriebsvereinbarungen über mitbestimmungspflichtige Angelegenheiten im Sinne von § 87 Abs. 1 BetrVG „nicht unproblematisch“ seien[33].

Im Jahre 1996 waren schließlich die Arbeitsgerichte Marburg und Frankfurt in der so genannten „Viessman“-Entscheidung[34] nochmals mit dem Rechtsschutz für und durch Gewerkschaften befasst. Der erneut auf § 23 Abs. 3 BetrVG gestützte Antrag, der sich sowohl gegen Teile des Betriebsrats als auch gegen den Arbeitgeber richtete, blieb abermals erfolglos. Dies wurde damit begründet, dass die von Arbeitgeber und Betriebsrat getroffenen Regelungsabreden, also informelle und daher nicht normativ wirkende Vereinbarungen, nicht von Tarifvorrang des § 77 Abs. 3 BetrVG erfasst seien. Bis zum Urteil des Bundesarbeitsgerichts vom 20.04.1999[35], in dem der Unterlassungsanspruch aus Art. 9 Abs. 3 GG i. V. m. §§ 1004, 823 Abs. 1 BGB letztlich doch anerkannt wurde, blieb es folglich dabei, dass Gewerkschaften außen vor blieben, wenn sich der Arbeitgeber mit Betriebsrat und großen Teilen der Belegschaft auf untertarifliche Arbeitsbedingungen einigte[36]. Gegen die Verletzung tariflicher Ansprüche konnte nur der hiervon betroffene Arbeitnehmer alleine vorgehen[37].

---

32 BAG vom 23.2.1988, AP Nr. 9 zu § 81 ArbGG 1979.

33 BVerfG vom 29.6.1993, AP Nr. 2 a zu § 77 BetrVG 1972 Tarifvorbehalt.

34 ArbG Frankfurt NZA 1996, S. 1340 u. ArbG Marburg NZA 1996, S. 1331.

35 BAG SAE 1999, S. 253 ff.

36 Beispielhaft sei hier nur wieder auf die Viessmann-Entscheidung verwiesen, ArbG Frankfurt NZA 1996, S. 1340 u. ArbG Marburg NZA 1996, S. 1331.

37 So auch schon das Bundesarbeitsgericht in seiner Entscheidung vom 23.2.1988, AP Nr. 9 zu § 81 ArbGG 1979.

Diese Rechtsprechung wurde in Arbeitsrechtskreisen sowohl gelobt als auch heftig kritisiert[38]. Sie soll im nachfolgenden Teil der Arbeit nochmals dargestellt und nachvollzogen werden. Es wird zu sehen sein, dass die vom Bundesarbeitsgericht gefundenen Ergebnisse keinesfalls zwingend waren und oftmals nicht überzeugten.

## § 2 Feststellungsantrag im Beschlußverfahren

Bis zu den Entscheidungen des Bundesarbeitsgerichts aus dem Jahre 1987[39] handelte es sich um einen für die Rechtsprechung keineswegs fremden Vorgang, auf Antrag von Gewerkschaften, die Unwirksamkeit einer zwischen Arbeitgeber und Betriebsrat geschlossenen Betriebsvereinbarung festzustellen. Gangbar waren für Gewerkschaften in diesem Zusammenhang sogar zwei Wege: Zum einen ein auf § 256 ZPO gestützter Feststellungsantrag (bzw. eine auf § 256 ZPO gestützte Feststellungsklage) und zum anderen ein Feststellungsantrag, der mittelbar wohl aus der Regelung des § 59 BetrVG 1952, der Vorgängerbestimmung des § 77 BetrVG 1972, folgte.

### *I. Die Rechtsprechung des Reichsarbeitsgerichts und des Bundesarbeitsgerichts zum BetrVG 1952*

Das Reichsarbeitsgericht war bereits im Jahre 1928 mit der Klage einer Gewerkschaft befasst, die sich direkt gegen ein Mitglied des Arbeitgeberverbandes richtete. Der Arbeitgeber hatte in dem vom Gericht zu entscheidenden Fall trotz des Bestehens eines Lohntarifvertrags zwischen Gewerkschaft und dem für ihn zuständigen Arbeitgeberverband eine Betriebsvereinbarung über die Verwendung von Troncgeldern abgeschlossen[40]. Das Reichsgericht hat in seinem Urteil der Klage der Gewerkschaft stattgegeben, nachdem es zuvor die Zulässigkeit einer solchen (Dritt-)Feststellungsklage anerkannt hatte. Im zweiten Leitsatz der Entscheidung heißt es hierzu:

> „Die Tarifvertragspartei kann die Feststellungsklage über die Auslegung von Tarifnormen gegen ein einzelnes Mitglied der anderen Tarifvertragspartei jedenfalls dann erheben, wenn nach der besonderen Lage des Falles das Rechtsschutzbedürfnis und das Feststellungsinteresse gegeben sind, insbesondere wenn der beklagte Arbeitgeber seine Befugnis zu einem von der klagenden

---

38 Vgl. nur Berg in FS Däubler, S. 495, S. 497; Däubler, BB 1990, S. 2256, S. 2258; Grunsky, DB 1990, S. 526, S. 528; Kempen/Zachert § 4 Rn. 105; Kittner in FS BAG, S. 247, S. 249 f.

39 BAG vom 18.8.1987 – 1 ABR 65/86, AP Nr. 6 zu § 81 ArbGG 1979; BAG vom 18.8.1987 – 1 ABR 80/85, DB 1987, S. 2263 f.

40 RAG vom 19.9.1928, ARS 4, 80 ff.

Gewerkschaft behaupteten tarifwidrigen Verhalten aus einer Betriebsvereinbarung herleitet."

In den Entscheidungsgründen führt das Gericht aus, dass jede Tarifvertragspartei ein erhebliches rechtliches Interesse daran habe, in Streitfällen den Sinn und die Tragweite ihrer normativen Vereinbarungen sobald als möglich festgestellt zu wissen, da die Normen eines Tarifvertrags nicht nur für die Einzelarbeitsverträge, sondern auch für die schuldrechtlichen Beziehungen der Tarifvertragsparteien zueinander, insbesondere für den Umfang und die Grenzen ihrer Friedens- und Durchführungspflicht, von Bedeutung seien.

Die Gewerkschaften hätten ein erhebliches rechtliches Interesse daran, möglichst bald Klarheit darüber zu erhalten, ob das Rechtsverhältnis des Arbeitgebers zu seinen Angestellten hinsichtlich der Entlohnung für die Dauer des Tarifvertrags lediglich nach den Tarifvertragsnormen oder auch nach der Betriebsvereinbarung zu beurteilen sei.

Das Reichsarbeitsgericht versäumte es auch nicht auf die mangelnden Vollstreckungsmöglichkeiten des Urteils hinzuweisen. Die „Klagebefugnis" der Gewerkschaft folge aber daraus, dass das Urteil ihr Gewissheit darüber verschaffe, dass sie ohne Rücksicht auf die Betriebsvereinbarung einer entsprechenden tarifwidrigen Verwendung des Troncs mit geeigneten wirtschaftlichen Kampfmaßnahmen entgegentreten dürfe[41].

Fast 30 Jahre später hatte das Bundesarbeitsgericht am 8.11.1957 über einen Klageantrag gemäß § 256 ZPO zu befinden[42]. Diesmal hatte der Arbeitgeber trotz der tariflichen Regelung der Eingruppierung der Arbeitnehmer eine eigene Vergütungsordnung aufgestellt. Das Gericht verneinte hier das Rechtsschutzinteresse der tarifschließenden Gewerkschaft, da in diesem Fall keine Betriebsvereinbarung geschlossen wurde, die dem Tarifvertrag zuwiderlief, sondern der Arbeitgeber lediglich mit Billigung des Arbeitgeberverbandes handelte. Da der Arbeitgeberverband hier mit dem Handeln seines Mitglieds einverstanden war und dieses sogar für tarifkonform hielt, kam das Gericht zu dem richtigen Ergebnis, dass hier § 8 TVG (heute § 9 TVG) die vorrangige Klageart gewesen wäre. Das Gericht stellte in den Urteilsgründen daraufhin folgerichtig fest, dass nicht untersucht werden brauche, ob das Bestehen einer Betriebsvereinbarung beim Arbeitgeber, deren Inhalt seinem Vorgehen entspräche, im Hinblick auf den Tarifvertrag die Klageerhebung rechtfertigen würde.

---

41 Eine Antragsbefugnis beziehungsweise ein im Rahmen des § 256 ZPO erforderliches Feststellungsinteresse ließe sich heute so wohl nicht mehr begründen. Nach herrschender Meinung ist nur der tarifbezogene Streik zulässig, das heißt nur ein Streik, der auf den Abschluss eines Tarifvertrags mit tariflich regelbaren Fragen zielt. Streitigkeiten, die aus einem bereits abgeschlossenen Tarifvertrag entstehen, dürfen demgegenüber nicht unter Zuhilfenahme von Arbeitskampfmaßnahmen ausgetragen werden; vgl. m. w. N. Kempen/Zachert § 4 Rn. 112.

42 BAG vom 8.11.1957, AP Nr. 7 zu § 256 ZPO.

In seiner Entscheidung vom 16.9.1960 sah sich das Bundesarbeitsgericht erstmals mit einem Feststellungsantrag konfrontiert, der nicht ausdrücklich auf § 256 ZPO Bezug nahm und im Beschlussverfahren gestellt wurde[43]. Das Verfahren hatte vier Betriebsvereinbarungen zum Gegenstand, die eingehende Lohnregelungen enthielten, welche zuvor tarifvertraglich fixiert waren. Die Gewerkschaft hatte daraufhin die Feststellung der Unwirksamkeit der Betriebsvereinbarungen beantragt. Das Bundesarbeitsgericht gab dem Antrag seinerzeit statt. Zum Antragsrecht stellte das Gericht zunächst fest, dass im Beschlussverfahren eine gewisse Großzügigkeit geboten sei. Das BetrVG regele das Antragsrecht der Sozialpartner nicht erschöpfend. Insbesondere in einem Fall der hier zu entscheidenden Art liege das Interesse der Sozialpartner auf der Hand; denn es gehe hier um die Frage ihrer eigenen Kompetenz als Tarifpartner. Werde diese Kompetenz durch Abschluss von mit § 59 BetrVG unvereinbaren Betriebsvereinbarungen gestört, so müsse den Tarifpartnern das Recht zustehen, gerichtlich klären zu lassen, ob eine solche Störung zulässig sei oder nicht. Wenn es sich wie im vorliegenden Fall um Kompetenzabgrenzungen handele, folge daraus bereits das Rechtsschutzinteresse; denn die Beteiligten müssten wissen und gerichtlich klären lassen können, wo die Grenzen ihrer Kompetenzen lägen.

In dieser ersten für die Gewerkschaften positiven Entscheidung des Bundesarbeitsgerichts kommt es noch zu keiner dezidierten dogmatischen Klärung des Antragsrechts im Beschlussverfahren. Das Gericht nimmt lediglich Bezug auf seine schon in einer früheren Entscheidung geäußerte Rechtsauffassung, dass das Betriebsverfassungsgesetz die Antragsrechte der Sozialpartner nicht erschöpfend regele. Woraus das Gericht das Antragsrecht der Gewerkschaft in dem Fall ableitet, wird in den Entscheidungsgründen nicht ausdrücklich erwähnt. Da es sich jedoch nicht um einen Feststellungsantrag gemäß § 256 ZPO handelte, das Gericht sich zudem zu Ausführungen über die nicht erschöpfende Regelung der Antragsbefugnis im Betriebsverfassungsgesetz veranlasst sah und dann auf die Verletzung des § 59 BetrVG, der Vorgängerregelung des § 77 BetrVG 1972, einging, lässt dies den Schluss zu, dass das Gericht hier eine ungeschriebene Antragsbefugnis aus § 59 BetrVG befürworten wollte. In diesem Sinne scheint auch Auffarth, der seinerzeit die Anmerkung zu dem Urteil verfasst hat, die Entscheidung verstanden zu haben, indem er ausführt:

> „Hier geht es aber nach den zutreffenden Ausführungen des BAG um die eigene Kompetenz der Sozialpartner als Tarifvertragsparteien. Wenn § 59 BetrVG den absoluten Vorrang der tarifüblichen vor der betriebsüblichen Regelungen der Arbeitsbedingungen normiert, so muss auch den Koalitionen die Legitimation zur Feststellung ihrer Rechtsstellung gegeben werden, an

43 BAG vom 16.9.1960, AP Nr. 1 zu § 2 ArbGG 1953.

der der einzelne Arbeitgeber und der Betriebsrat gerade nicht interessiert sind."[44]

Die im Jahre 1960 gefundene Entscheidung wurde in der Folgezeit vom Bundesarbeitsgericht stets bestätigt. So sah das Gericht auch in dem Beschluß vom 1.2.1963 keinerlei Veranlassung, die zuvor zum Antragsrecht der Gewerkschaften erlassene Entscheidung zu revidieren[45]. Zu der daran geäußerten Kritik[46] bemerkte das Gericht apodiktisch, die Argumente hätten nicht zu überzeugen vermocht. Nach nochmaliger Überprüfung verbleibe der Senat bei seiner bisherigen, hier von den Antragsgegnern im übrigen ausdrücklich gebilligten Ansicht.

Wlotzke nahm dies in seiner Entscheidungsanmerkung zum Anlass, von einer gefestigten Rechtsprechung zu sprechen[47]. Zustimmend führt er aus, dass, wollte man hier den Sozialpartnern den Schutz der Gerichte für Arbeitssachen versagen, nach den bisherigen Erfahrungen jedenfalls die Gefahr bestünde, dass die Grundsatzbestimmung des § 59 BetrVG durch die sie nicht beachtende Rechtspraxis nach und nach gegenstandslos gemacht würde.

In einer weiteren Entscheidung aus dem Jahre 1963 hatte das Gericht nach längerer Zeit wieder über ein gewerkschaftliches Feststellungsbegehren gemäß § 256 ZPO zu befinden[48]. Das Verfahren hatte einen Metall- und einen Holztarifvertrag zum Gegenstand, die beide im Betrieb des beklagten Arbeitgebers Anwendung fanden bis dieser mit dem Betriebsrat eine Betriebsvereinbarung schloss, aufgrund der die Arbeitnehmer künftig nur noch nach dem Metalltarif entlohnt werden sollten. Die Gewerkschaft beantragte daraufhin festzustellen, dass im Betrieb des Arbeitgebers weiterhin beide Tarifverträge anzuwenden seien. Das Gericht vertrat die Auffassung, die Klage sei wegen fehlenden Interesses an alsbaldiger Feststellung unzulässig. Solange nicht Fragen der Friedenspflicht konkret im Hinblick auf die Führung oder das unmittelbare Bevorstehen eines Arbeitskampfes zum Tragen kommen könnten, handelte es sich nur um die Beantwortung einer dem Gericht unterbreiteten hypothetischen Frage. Das rechtliche Interesse könne auch nicht mit der Beratungspflicht, welche die Gewerkschaft gegenüber ihren Mitgliedern zu erfüllen habe, begründet werden. Durch die Übernahme der Rechtsberatung würden den Gewerkschaften weder eigene

---

44 Auffarth, Anmerkung zu BAG vom 16.9.1960, AP Nr. 1 zu § 2 ArbGG 1953.

45 BAG vom 1.2.1963, AP Nr. 8 zu § 59 BetrVG 1952.

46 Schirrmacher, SAE 1962, S. 68 f., hatte zwar grundsätzlich ein Antragsrecht der Gewerkschaften befürwortet, sich aber an dem vom erkennenden Senat in den Urteilsgründen gemachten Zusatz gestoßen, wonach es nicht darauf ankomme, ob und in welchem Umfang die das Verfahren betreibende Gewerkschaft in der Belegschaft der Arbeitgeberin vertreten sei. Weiterhin stand die ebenfalls in der Besprechung von Schirrmacher behandelte Kritik im Raum, dass BAG begünstige einseitig Gewerkschaften.

47 Wlotzke, Anmerkung zu BAG vom 1.2.1963, AP Nr. 8 zu § 59 BetrVG 1952.

48 BAG vom 8.2.1963, AP Nr. 42 zu § 256 ZPO.

unmittelbar wirkende Rechte gegen den Arbeitgeber ihrer Mitglieder gegeben, noch Prozessmöglichkeiten gegen diesen Arbeitgeber eröffnet, die sie ohne die Übernahme der Rechtsberatung nicht hätten. Das Gericht schloss in der Entscheidung jedoch nicht schlechthin aus, auch ein Rechtsverhältnis zwischen dem Gegner einer Prozesspartei und Dritten, die am Rechtsstreit nicht beteiligt seien, zum Gegenstand einer Feststellungsklage nach § 256 ZPO zu machen.

Für die Gewerkschaften erwies sich in der Entscheidung offensichtlich als problematisch, dass hier nicht zuvorderst die Unwirksamkeit der von Arbeitgeber und Betriebsrat geschlossenen Betriebsvereinbarung im Raum stand (diese stellte letztlich ja nur fest, welcher Tarifvertrag Anwendung finden sollte), sondern die grundsätzliche Frage des fachlichen Geltungsbereichs eines Tarifvertrags. Mit der Verneinung des gewerkschaftlichen Feststellungsinteresses für die vorliegende Fragestellung sollte aber – wie die Erwägungen des Gerichts zur Drittfeststellungsklage zeigen – keineswegs der bisher von dem Gericht zugunsten der Gewerkschaften gewährte Rechtsschutz in Frage gestellt werden.

In zwei am selben Tag ergangenen Beschlüssen aus dem Jahre 1967 ging es wieder um von der Gewerkschaft jeweils im Beschlussverfahren gestellte Anträge auf Feststellung der Unwirksamkeit von Betriebsvereinbarungen[49]. Das Bundesarbeitsgericht bezog sich hinsichtlich der Zulässigkeit auf seine ein Antragsrecht befürwortenden Entscheidungen aus den Jahren 1960 und 1963. Es stellte nochmals klar, dass die Gewerkschaften im Beschlussverfahren antragsberechtigt seien und ihnen selbst dann ein Rechtsschutzinteresse zur Seite stehe, wenn die streitige Betriebsvereinbarung bereits gekündigt worden sei. Es gehe um die Klarstellung, ob Arbeitgeber und Betriebsrat zu Lasten der Tarifkompetenz der Gewerkschaft ihre Kompetenz zum Abschluss von Betriebsvereinbarungen überschritten hätten. Die Gewerkschaft müsse wissen, wo die Grenzen ihrer Kompetenz lägen. Zur Vermeidung von Wiederholungen wird abschließend auf die Entscheidung aus dem Jahre 1960 verwiesen. Das Gericht hielt daran fest, dass kein Anlass bestehe, von dieser Entscheidung abzugehen.

Obwohl es sich bei den genannten Entscheidungen erneut um Feststellungsanträge handelte, die nicht auf § 256 ZPO beruhten, unterblieben weiterhin klärende Ausführungen des Gerichts zu der Frage, woher das Antragsrecht der Gewerkschaften genau abzuleiten war. Die von dem Gericht abermals vorgenommenen Erwägungen zu § 59 BetrVG legen aber erneut den Schluss nahe, dass der Vorschrift eine ungeschriebene Antragsbefugnis entnommen werden sollte. Hueck, der seinerzeit beide Entscheidungen mit einer Anmerkung versah, scheint diese Lesart zu bestätigen[50]. In seiner zustimmenden Kommentierung heißt es:

---

49 BAG vom 21.2.1967, AP Nr. 25 zu § 59 BetrVG 1952 und BAG vom 21.2.1967, AP Nr. 26 zu § 59 BetrVG 1952.

50 Hueck, gemeinsame Anmerkung zu BAG vom 21.2.1967, AP Nr. 25 zu § 59 BetrVG 1952 und BAG vom 21.2.1967, AP Nr. 26 zu § 59 BetrVG 1952.

„In prozessualer Hinsicht ist wichtig, dass im Beschlussverfahren über die Wirksamkeit einer Betriebsvereinbarung [...] auch eine Gewerkschaft bzw. allgemein ein Sozialpartner des überbetrieblichen Bereichs antrags- und ggf. beschwerdeberechtigt sein kann, und zwar im Hinblick auf die Tarif-Kompetenz, der in §§ 56, 59 BetrVG der Vorrang gegenüber der innerbetrieblichen Kompetenz zum Abschluß von Betriebsvereinbarungen eingeräumt ist."

Eine letzte das Antragsrecht der Gewerkschaften befürwortende Entscheidung des Bundesarbeitsgericht erging am 8.12.1970[51]. Gewerkschaft und Betriebsrat gingen hier gemeinsam gegen eine vom Arbeitgeber mit dem Betriebsrat geschlossene Betriebsvereinbarung vor, die auf eine Vergütungs- und Urlaubsordnung als Vertragsbestandteil verwies. Gemeinsam beantragten sie die Feststellung, dass die Vorschriften über materielle Arbeitsbedingungen in der Betriebsvereinbarung rechtsunwirksam seien. Sowohl Gewerkschaft als auch Betriebsrat wurde ein Rechtsschutzinteresse zugesprochen. Die Gewerkschaft habe ein berechtigtes Interesse daran, dass Rechtsklarheit geschaffen werde, nämlich dass klargestellt werde, ob oder inwieweit eine abgeschlossene Betriebsvereinbarung in ihre durch § 59 BetrVG geschützte tarifrechtliche Regelungsbefugnis wirksam eingreife oder nicht.

Der Begriff der Antragsbefugnis findet sich in der Entscheidung nicht. Das Gericht hat diese jedoch offensichtlich für gegeben erachtet, da es den Antrag lediglich der Sache nach für unbegründet hielt und hinsichtlich der Zulässigkeit keinerlei Bedenken geltend machte.

Insgesamt kann die Entscheidung aber als bezeichnend gelten für den dogmatisch keineswegs gesicherten Umgang des Gerichts mit der Antragsbefugnis von Gewerkschaften. Die Entscheidungen enthalten allesamt nur fragmentarische Erwägungen. So beinhaltet keine überhaupt eine Definition dessen, was unter Antragsbefugnis zu verstehen ist[52]. Das Gericht hat sich stattdessen mit dem Hinweis begnügt, hinsichtlich des Antragsrechts sei eine gewisse Großzügigkeit geboten. Dennoch handelte es sich, wie die Fülle der Entscheidungen verdeutlicht, um eine durchaus gefestigte Rechtsprechung, die im Kern – wie später noch zu zeigen sein wird – die richtigen Ansätze zur möglichen Begründung eines gewerkschaftlichen Antragsrechts enthielt.

### *II. Der Rechtsprechungswandel der Jahre 1987/88*

Am 18.8.1987 erließ das Bundesarbeitsgericht gleich zwei Entscheidungen, in denen die Antragsbefugnis der klagenden Gewerkschaft verneint wurde[53]. In der

51 BAG vom 8.12.1970, AP Nr. 28 zu § 59 BetrVG 1952.

52 So auch Schwarze, S. 238.

53 BAG vom 18.8.1987, 1 ABR 65/86, AP Nr. 6 zu § 81 ArbGG 1979 und BAG vom 18.8.1987, 1 ABR 80/85 DB 1987, 2263 f.

einen Entscheidung ging es um die Feststellung der Rechtsunwirksamkeit einer Betriebsvereinbarung zur Regelung des Zeitausgleichs zwischen Betriebsnutzungszeit und individueller regelmäßiger wöchentlicher Arbeitszeit, in der anderen Entscheidung um die Feststellung der Rechtsunwirksamkeit eines Spruchs der tariflichen Einigungsstelle, welcher ebenfalls Betriebsnutzungs- und Wochenarbeitszeit zum Gegenstand hatte.

Das Bundesarbeitsgericht formuliert in den fast wortgleichen Entscheidungsgründen, dass die Antragsbefugnis nach den Regeln über die Einleitung eines gerichtlichen Verfahrens zu bestimmen sei (§ 81 Abs. 1 ArbGG). Von Ausnahmen wie der Prozessstandschaft abgesehen, könne jemand ein gerichtliches Verfahren nur einleiten, der behaupte, Träger des streitbefangenen Rechts zu sein. Bei Streitfragen betriebsverfassungsrechtlicher Art sei zu untersuchen, ob die den Streitgegenstand betreffenden Normen des BetrVG dem Antragsteller eine eigene Rechtsposition zuordneten, die es erlaube, sich mittels eigenen Antrags zu schützen. Die Antragsbefugnis sei dann gegeben, wenn der Antragsteller durch die begehrte Entscheidung in seiner betriebsverfassungsrechtlichen Rechtsstellung betroffen werden könne. Dies sei immer dann der Fall, wenn der Antragsteller eigene Rechte geltend mache.

Nachdem es die aus früheren Entscheidungen[54] bekannten Voraussetzungen zur Bejahung der Antragsbefugnis aufgestellt hat, kommt das Bundesarbeitsgericht in den folgenden Ausführungen schließlich zu dem Ergebnis, dass eine das Antragsrecht der Gewerkschaften begründende betriebsverfassungsrechtliche Betroffenheit nicht vorliege. Beantragten die Tarifvertragsparteien eine Entscheidung über die Wirksamkeit einer Betriebsvereinbarung oder eines Einigungsstellenspruchs, machten sie keine betriebsverfassungsrechtlichen Rechte geltend. Sie seien von dieser Entscheidung ebenso wenig betroffen wie von der Entscheidung, ob und inwieweit dem Betriebsrat in einer bestimmten Angelegenheit ein Mitbestimmungsrecht zustehe oder nicht.

Warum die gewerkschaftliche Betroffenheit bei der Feststellung der Unwirksamkeit einer gegen den Tarifvertrag verstoßenden Betriebsvereinbarung gerade in der vom Gericht zu beurteilenden Konstellation der gewerkschaftlichen Betroffenheit beim Streit zwischen Arbeitgeber und Betriebsrat über ein Mitbestimmungsrecht gleiche, erklärt das Gericht mit keinem Wort.

Einige Sätze später begnügt es sich mit dem Hinweis, dass das Interesse der Verbände, dass anlässlich einer Entscheidung in einer betriebsverfassungsrechtlichen Angelegenheit tarifliche Bestimmungen in bestimmter Weise verstanden würden, nur allgemeiner Art sei. Das BetrVG habe weder den Gewerkschaften noch den Arbeitgeberverbänden eine allgemeine Aufsichtsfunktion gegenüber Betriebsvereinbarungen oder Sprüchen der Einigungsstelle zugewiesen.

---

54 Vgl. BAG vom 30.10.1986, AP Nr. 6 zu § 47 BetrVG und BAG vom 10.6.1986, AP Nr. 26 zu § 80 BetrVG.

Eine Rechtsschutzproblematik im Hinblick auf Gewerkschaften sah das Gericht nicht. Betriebsvereinbarungen zwischen Arbeitgeber und Betriebsrat würden nicht schlechthin einer gerichtlichen Kontrolle entzogen. Zum einen könnten die tarifvertragschließenden Parteien in einem eigenen Rechtsstreit den Inhalt des Tarifvertrags klären lassen, soweit sie darüber stritten (§ 9 TVG). Außerdem sei kein Arbeitnehmer an eine Betriebsvereinbarung gebunden, die wegen Verstoßes gegen einen Tarifvertrag nichtig sei. Im Rechtsstreit zwischen einem von der Regelung betroffenen Arbeitnehmer und dem Arbeitgeber müsse daher geprüft werden, ob die Betriebsvereinbarung wirksam sei.

Weitere Erläuterungen werden von dem Gericht nicht vorgenommen, insbesondere wird auf die bis zum Jahre 1970 anders lautende Rechtsprechung ebenso wenig eingegangen wie auf ein Urteil des LAG Schleswig-Holstein[55] aus dem Jahre 1986, in dem der Gewerkschaft ein Antragsrecht aus § 77 Abs. 3 BetrVG zugesprochen wird. Die in der Entscheidung vorhandenen Ausführungen zum Begriff der Antragsbefugnis werden von dem Gericht kaum auf den zu beurteilenden Fall übertragen. Warum hier seitens der Gewerkschaft nur ein Interesse allgemeiner Art bestehen soll und nicht doch ein sehr spezielles an der Beachtung des Tarifvorrangs durch die Betriebsparteien, wird nicht weiter untersucht[56]. Letztlich geht das Gericht damit von Tatsachen aus, deren Vorliegen es eigentlich erst zu prüfen gilt.

In der darauffolgenden Entscheidung[57] ist das Bundesarbeitsgericht erkennbar darum bemüht, die von ihm aufgestellten Grundsätze zur Antragsbefugnis von Gewerkschaften im Beschlussverfahren zu präzisieren.

Dem Beschluss lag erneut ein gewerkschaftlicher Antrag auf Feststellung der Unwirksamkeit einer Betriebsvereinbarung wegen Verstoß gegen den geltenden Tarifvertrag zugrunde.

Das Gericht nimmt bereits in seinem Leitsatz bezug auf seine Entscheidung vom 18.8.1987, – 1 ABR 65/86 und hält an dieser trotz des Vorbringens der Gewerkschaft in der Rechtsbeschwerdeinstanz und der im Schrifttum geäußerten Kritik fest. Das Gericht erläutert anschließend den Ausgangspunkt seiner vorangehenden Entscheidung, nämlich, dass ein gerichtliches Verfahren grundsätzlich nur einleiten könne, wer behaupte, Träger des streitbefangenen Rechts zu sein.

In den folgenden Entscheidungsgründen differenziert das Gericht erstmals genauer zwischen der sich aus § 256 ZPO ergebenden Antragsbefugnis und einer solchen aus materiellem Recht.

Zu § 256 ZPO stellt das Gericht fest, dass antragsbefugt auch derjenige sei, der die Feststellung eines Rechtsverhältnisses beantrage, an dem er selbst nicht beteiligt sei. Wenn nach § 256 ZPO auch die Feststellung eines Rechtsverhältnisses

---

55 LAG Schleswig-Holstein vom 27.8.1986, NZA 1986, S. 795.

56 So auch Schwarze, S. 239 f.

57 BAG vom 23.2.1988, AP Nr. 9 zu § 81 ArbGG 1979.

zwischen Dritten beantragt werden könne, soweit dieses für die Rechtsbeziehung des Klägers (Antragstellers) zu einem dieser Dritten von Bedeutung sei, gelte dies auch für das Beschlussverfahren.

Hinsichtlich der Antragsrechte des Betriebsverfassungsgesetzes verdeutlicht das Gericht, dass die Antragsbefugnis sowohl ausdrücklich gewährt werden als sich aber auch mittelbar aus materiellem Recht ergeben könne.

Anschließend stellt das Gericht im Hinblick auf die Entscheidung des Senats vom 18.8.1987 fest, dass es missverständlich sei, wenn die Antragsbefugnis danach bestimmt werde, ob der Antragsteller durch die begehrte Entscheidung in seiner betriebsverfassungsrechtlichen Rechtsstellung betroffen werden könne. Entscheidend sei, ob er durch die Entscheidung überhaupt in seiner Rechtsstellung betroffen werden könne, was immer dann der Fall sei, wenn er eigene Rechte geltend mache. Die Frage, ob es sich um betriebsverfassungsrechtliche Rechte handele, sei entscheidend für die Frage, ob über den Antrag im Beschlussverfahren oder im Urteilsverfahren zu entscheiden sei.

Nach dieser grundsätzlichen Klärung kommt der erkennende Senat erneut zu dem Ergebnis, dass der Gewerkschaft die im Beschlussverfahren erforderliche Antragsbefugnis fehle.

Für § 256 ZPO wird dies vom Gericht damit begründet, dass nach dem Antrag die Unwirksamkeit der Betriebsvereinbarung festgestellt werden solle. Streitgegenstand des Verfahrens sei daher das Bestehen oder Nichtbestehen dieser Betriebsvereinbarung, nicht aber die umstrittene Befugnis der Gewerkschaft deren Unwirksamkeit geltend zu machen. Die Betriebsvereinbarung bestimme einmal das Rechtsverhältnis zwischen Betriebsrat und Arbeitgeber, zum anderen aber zwischen Arbeitgeber und den von ihr erfassten Arbeitnehmern. An diesen Rechtsverhältnissen sei die Gewerkschaft nicht unmittelbar beteiligt. Die Feststellung des Bestehens oder Nichtbestehens dieses Rechtsverhältnisses zwischen Dritten könne sie daher nach § 256 ZPO nur beantragen, wenn die Frage, ob die Betriebsvereinbarung wirksam sei oder nicht, auch für Rechtsbeziehungen zwischen ihr, der Gewerkschaft, und dem Betriebsrat, dem Arbeitgeber oder den Arbeitnehmern von Bedeutung sei.

Diesen Fall sah das Bundesarbeitsgericht als nicht gegeben an, da das Recht der Gewerkschaft, materielle Bedingungen durch Tarifvertrag mit den Tarifpartnern zu regeln, nicht dadurch berührt werde, dass die Betriebspartner eine Betriebsvereinbarung abschlössen, die gegen den Tarifvertrag als höherrangige Rechtsnorm verstoße. Es gelte insoweit nichts anderes, als wenn die Arbeitsvertragsparteien einen Arbeitsvertrag schlössen, der gegen zwingendes Tarifrecht verstoße. Sie hinderten die Tarifvertragsparteien weder rechtlich noch tatsächlich, von ihrer Befugnis zum Abschluss von Tarifverträgen Gebrauch zu machen.

Im Anschluss an diese Ausführungen lehnt das Gericht auch eine Antragsbefugnis der Gewerkschaft aus materiellem Recht ab. Dabei wird zunächst richtig davon ausgegangen, dass es an einer ausdrücklichen gesetzlichen Antragsbefugnis zur Feststellung der Unwirksamkeit einer Betriebsvereinbarung oder eines Spruchs der Einigungsstelle fehlt. Das Gericht setzt sich dann mit der Herleitung der Antragsbefugnis aus § 77 Abs. 3 BetrVG auseinander. Die Norm regele das Verhältnis der Tarifvertragsparteien und der Betriebspartner in ihrer Befugnis, materielle Arbeitsbedingungen mit normativer Wirkung zu regeln. Der Gesetzgeber habe dabei den Vorrang der Regelungsbefugnis der Tarifvertragsparteien für materielle Arbeitsbedingungen im Interesse des Funktionierens der Tarifautonomie gewährleistet. Eine Befugnis der Tarifvertragsparteien, ihre Vorrangkompetenz zur Regelung materieller Arbeitsbedingungen jederzeit und gegenüber jedermann aus eigenem Recht geltend zu machen, habe er damit jedoch nicht begründet.

Da das Bundesverfassungsgericht im Hinblick auf Art. 9 Abs. 3 GG zu dem damaligen Zeitpunkt noch von der Kernbereichslehre[58] ausging, waren die verfassungsrechtlichen Erwägungen des Gerichts entsprechend kurz. Das Gericht begnügte sich nach Anerkennung der Kernbereichslehre mit dem Hinweis, dass durch Betriebsvereinbarungen, die gegen einen Tarifvertrag verstießen, die Tarifautonomie in ihrem verfassungsrechtlich geschützten Bereich ebenso wenig gefährdet werde wie durch tarifwidrige arbeitsvertragliche Vereinbarungen. Art. 19 Abs. 4 GG garantiere den gerichtlichen Schutz für denjenigen, der durch die öffentliche Gewalt in seinen Rechten verletzt werde. Diese Vorschrift begründe aber kein Recht, auch nicht für Grundrechtsträger wie die Tarifvertragsparteien, gerichtliche Entscheidungen herbeizuführen, an denen sie zwar ein berechtigtes Interesse hätten, durch die aber nicht über eigene Rechte entschieden werden solle.

Erst am Ende der Entscheidung erwähnt das Bundesarbeitsgericht seine entgegenstehende Rechtsansicht zum BetrVG 1952. Ohne hierzu weiter Stellung zu nehmen, wird diese mit der Begründung, das arbeitsgerichtliche Beschlussverfahren sei durch die Arbeitsgerichtsnovelle 1979 den durch die ZPO geregelten Urteilsverfahren noch weitergehend als früher angenähert worden, nunmehr ausdrücklich aufgegeben. Eine § 42 Abs. 2 VwGO ähnliche Bestimmung, wonach es für die Klage- beziehungsweise die Antragsbefugnis ausreiche, dass der Kläger beziehungsweise der Antragsteller sich in seinem Begehren auf eine Norm stütze, die zumindest auch dem Schutz seiner Interessen zu dienen bestimmt sei, enthalte das ArbGG nicht.

Diese Argumentation wurde als nicht sehr tiefgründig empfunden[59]. Sie lässt in der Tat eine eingehende Auseinandersetzung mit der als schon gefestigt zu

58 Zur Kernbereichslehre: BVerfGE 17, S. 319, S. 333 f.; BVerfGE 28, S. 295, S. 304; BverfGE 38, S. 281, S. 305; BVerfGE 38, S. 386, S. 393; BVerfGE 50, S. 290, S. 368; BVerfGE 57, S. 220, S. 245 f.; BVerfGE 57, S. 220, S. 245 f.

59 Schwarze, ZTR 1993, S. 229, S. 230 spricht in diesem Zusammenhang von einem „eher lauen Argument“.

bezeichnenden älteren Rechtsprechung vermissen. Insbesondere wird von Seiten des Gerichts nicht auf die Kluft zwischen der neueren und der älteren Rechtsprechung eingegangen. Für die ältere Rechtsprechung lag das Interesse der Sozialpartner an der Geltendmachung der Unwirksamkeit einer Betriebsvereinbarung noch auf der Hand, da es um die Feststellung des Umfangs der eigenen Kompetenz als Tarifpartner ging. Liest man hingegen die Entscheidung aus dem Jahre 1988, entsteht der Eindruck, Arbeitgeber und Betriebsrat stünden der Gewerkschaft so nah beziehungsweise so fern wie jeder beliebige Dritte. Die Diskrepanz zwischen weitgehender Billigung des Antragsrechts und dessen umfassender Ablehnung mit in der Sache geringfügigen Änderungen des Verfahrensrechts zu rechtfertigen erscheint alles in allem sehr kurz gegriffen.

Im Jahre 1991 hatte das BAG erneut mit einer gegen eine tarifwidrige Betriebsvereinbarung vorgehenden Gewerkschaft zu tun[60]. Die Gewerkschaft war mittlerweile dazu übergegangen, einen Antrag gem. § 23 Abs. 3 BetrVG zu formulieren[61]. Nur noch hilfsweise wurde die Feststellung der Unwirksamkeit der Betriebsvereinbarung beantragt. Für einen Antrag gem. § 256 ZPO sah das Gericht diesmal das Feststellungsinteresse als nicht gegeben an, wobei hier im wesentlichen die Begründung des Beschlusses aus dem Jahre 1988 bestätigt wurde. Der von Grunsky in einem anlässlich des Prozesses für die Gewerkschaften erstellten Rechtsgutachten eingebrachte Einwand, dass sich ein Feststellungsinteresse der Gewerkschaften vor dem Hintergrund der beantragten Entscheidung als Planungsgrundlage für zukünftiges Vorgehen bejahen lasse, wurde zurückgewiesen. Auch wenn man diese Funktion des Feststellungsantrags anerkenne, sei doch nicht zu erkennen, inwieweit eine gerichtliche Entscheidung über die Wirksamkeit einer Betriebsvereinbarung Grundlage einer Planung für künftiges Verhalten der Tarifvertragsparteien sein könne. Wenn den Tarifvertragsparteien nicht eine Rechtskontrolle abgeschlossener Betriebsvereinbarungen obliege, könne allein das Interesse daran, dass tarifwidrige Betriebsvereinbarungen nicht abgeschlossen würden, ein Feststellungsinteresse nicht begründen. Grundlage für die Planung künftigen Verhaltens könne daher auch nicht die Feststellung der Unwirksamkeit einer Betriebsvereinbarung sein, sondern allenfalls der tatsächliche Umstand, dass Betriebsvereinbarungen abgeschlossen würden, die inhaltlich den mit der tariflichen Regelung verfolgten Zielen zuwiderliefen. Solchen unerwünschten Entwicklungen entgegenzuwirken, bliebe den Tarifvertragsparteien im Rahmen ihrer Möglichkeiten unabhängig davon unbenommen, ob die Betriebsvereinbarung wirksam sei oder nicht.

Ungeachtet dessen, ob man die Erlangung von Planungssicherheit für die Anerkennung eines Feststellungsinteresse ausreichen lässt, illustriert die Entscheidung erneut, dass das Gericht in dem Feststellungsantrag lediglich ein nicht

---

60 BAG vom 20.8.1991, EzA Nr. 41 zu § 77 BetrVG 1972.

61 Hierzu im Einzelnen unter § 3.

schutzwürdiges Verlangen der Gewerkschaften nach Rechtskontrolle über die von Arbeitgeber und Betriebsrat abgeschlossene Betriebsvereinbarungen sieht. Über die Dimension eigener gewerkschaftlicher Interessen finden sich im Rahmen der Ausführungen zum Feststellungsantrag keine weiteren Überlegungen.

### *III. Eigene Stellungnahme zu den Möglichkeiten eines gewerkschaftlichen Feststellungsantrags*

Nachdem der in der Rechtsprechung vertretene Standpunkt zur Antragsbefugnis der Gewerkschaften bei Behauptung des Vorliegens einer tarifwidrigen Betriebsvereinbarung eingehend dargestellt wurde, soll nunmehr eine eigene Stellungnahme hierzu unter Berücksichtigung der in der Literatur geäußerten Kritik erfolgen.

Die Frage, ob die Antragsbefugnis besser in der Zulässigkeits- oder der Begründetheitsprüfung verortet wäre, soll hierbei im Hintergrund bleiben[62]. Selbst Grunsky, der die Frage des Standorts der Antragsbefugnis im Zusammenhang mit der Rechtsprechung des Bundesarbeitsgerichts als Erster thematisiert hat, ist der Auffassung, dass die Frage nach der dogmatischen Einordnung des Problems im hiesigen Zusammenhang nicht abschließend zu beantwortet werden brauche, da der Antrag immer nur dann Erfolg haben könne, wenn der Gewerkschaft als Tarifvertragspartei das Recht zustehe, den Tarifvertrag gegenüber einer tarifwidrigen Betriebsvereinbarung durchzusetzen[63]. Mit anderen Worten: Der Gewerkschaft wird nie damit gedient sein, wenn die Antragsbefugnis verneint wird – unabhängig davon, ob dies bereits in der Zulässigkeit geschieht oder erst eine Stufe danach in der Begründetheitsprüfung.

Im Übrigen soll auch keine abschließende Beurteilung im Hinblick auf die unterschiedlichen Auffassungen über die Voraussetzungen der Antragsbefugnis erfolgen. Allgemein anerkannt ist, dass die Antragsbefugnis Aufschluss darüber gibt, wer zulässigerweise einen Antrag im Beschlussverfahren stellen darf. Durch sie soll verhindert werden, dass sich jemand zum Sachwalter fremder Interessen macht[64]. Im Einzelnen sind Funktion und Voraussetzungen der Antragsbefugnis zwar immer noch umstritten[65], es wird aber zu zeigen sein, dass sich die Antragsbefugnis der Gewerkschaften auch unter Beibehaltung der vom Bundesarbeitsgericht bevorzugten Definition bejahen lässt.

62 Hierzu Grunsky, DB 1990, S. 526 ff.; Leipold, SAE 1988, S. 3.

63 Grunsky, DB 1990, S. 526, S. 528.

64 Leinemann/Schütz in GK-ArbGG § 81 Rn. 61; Weth, S. 126.

65 Vgl. hierzu die Darstellung mit Nachweisen aus Rechtsprechung und Lehre bei Leinemann/Schütz in GK-ArbGG § 81 Rn. 60.

Nach der in der Entscheidung vom 23.2.1988[66] verwandten Definition des Bundesarbeitsgerichts bestimmt sich die Antragsbefugnis nach den Regeln über die Einleitung eines gerichtlichen Verfahrens. Von Ausnahmen wie der Prozessstandschaft abgesehen, kann ein gerichtliches Verfahren nur einleiten, wer eigene Rechte geltend macht, also behauptet, Träger des streitbefangenen Rechts zu sein. Bei Streitfragen betriebsverfassungsrechtlicher Art ist nach dem Bundesarbeitsgericht zu untersuchen, ob die den Streitgegenstand betreffenden materiellen Normen des Betriebsverfassungsgesetzes dem Antragsteller eine eigene Rechtsposition zuordnen, die es erlaubt sich mittels eigenen Antrags zu schützen.

Nach dem Bundesarbeitsgericht ist antragsbefugt auch der, der die Feststellung eines Rechtsverhältnisses beantragt, an dem er selbst beteiligt ist. Dies wird von dem Gericht auch für den Fall anerkannt, dass nach § 256 ZPO die Feststellung eines Rechtsverhältnisses zwischen Dritten beantragt wird und dies für die Rechtsbeziehungen des Klägers (Antragstellers) zu einem dieser Dritten von Bedeutung ist. § 256 ZPO findet mithin auch im Beschlussverfahren Anwendung[67].

Das Bundesarbeitsgericht weist in der Entscheidung im übrigen darauf hin, dass das Arbeitsgerichtsgesetz keine § 42 Abs. 2 VwGO ähnliche Bestimmung enthalte, wonach es für die Klage- beziehungsweise Antragsbefugnis ausreiche, dass der Kläger beziehungsweise der Antragsteller sich in seinem Begehren auf eine Norm stütze, die zumindest auch dem Schutz seiner Interessen zu dienen bestimmt sei. Voraussetzung für die Antragsbefugnis im arbeitsgerichtlichen Verfahren sei daher, dass dem Antragsteller zum Schutz von Rechtspositionen und Interessen gerade diese Befugnis zugebilligt werde.

### 1. Feststellungsantrag gem. § 256 ZPO

Ausgehend von den Erwägungen des Bundesarbeitsgerichts ist im Hinblick auf eine sich aus § 256 ZPO ergebende Antragsbefugnis zu untersuchen, ob die Gewerkschaft im Falle des (behaupteten) Vorliegens einer tarifwidrigen Betriebsvereinbarung die Feststellung eines Rechtsverhältnisses beantragt, an dem sie entweder selbst beteiligt ist oder ob ein Rechtsverhältnis zwischen Dritten, das heißt Betriebsrat und Arbeitgeber vorliegt, das für die Rechtsbeziehung zwischen Gewerkschaft und Arbeitgeber von Bedeutung ist.

---

66 BAG vom 23.2.1988, AP Nr. 9 zu § 81 ArbGG 1979.

67 H. M., vgl. Leinemann/Schütz in GK-ArbGG § 81 Rn. 73; Stein/Jonas-Schumann § 256 Rn. 179 jeweils m. w. N. aus der Rechtsprechung.

*a) Vorliegen eines Rechtsverhältnisses im Sinne des § 256 ZPO*

Unter einem Rechtsverhältnis ist die aus einem greifbaren Sachverhalt entstandene Rechtsbeziehung von Personen zu Personen oder Sachen zu verstehen[68]. Das BAG hat in dem von ihm im Jahre 1988 zu beurteilenden Sachverhalt offensichtlich angenommen, es gehe allein um die mit dem Abschluss der Betriebsvereinbarung zwischen Arbeitgeber und Betriebsrat entstandene Rechtsbeziehung. Denn das Gericht hatte in dieser Hinsicht in den Entscheidungsgründen ausgeführt, dass der Streitgegenstand des Verfahrens lediglich das Bestehen oder Nichtbestehen der Betriebsvereinbarung sei, nicht aber die umstrittene Befugnis der Gewerkschaft, die Unwirksamkeit dieser Betriebsvereinbarung geltend zu machen.

Würde man den Streitgegenstand des Verfahrens hier auf das bloße Bestehen oder Nichtbestehen der Betriebsvereinbarung reduzieren, dann stünden tatsächlich nur Rechtsbeziehungen zwischen Arbeitgeber, Betriebsrat und den durch die Betriebsvereinbarung möglicherweise betroffenen Arbeitnehmern im Raum. Eine solche Sichtweise würde aber den Begriff des Streitgegenstands verkennen.

Der Streitgegenstand bestimmt sich nach dem heute herrschenden zweigliedrigen Streitgegenstandsbegriff durch den vor Gericht gestellten Antrag und dem diesen zugrunde liegenden Lebenssachverhalt[69]. Danach ist unter dem Streitgegenstand das Begehren des Klägers beziehungsweise Antragstellers zu verstehen, so wie es auf den vorgetragenen Lebenssachverhalt gestützt wird[70].

Es ist dem BAG zwar zuzustimmen, dass sich der Antrag der Gewerkschaft in dem zu entscheidenden Fall in der Tat nur auf die Feststellung der Unwirksamkeit der zwischen Arbeitgeber und Betriebsrat abgeschlossenen Betriebsvereinbarung bezog. Als Lebenssachverhalt wurde aber darüber hinaus vorgetragen, dass zwischen Arbeitgeber und Gewerkschaft ein Manteltarifvertrag Anwendung finde, gegen dessen in § 3 enthaltene Bestimmungen die Betriebsvereinbarung verstoße.

Anders als vom BAG behauptet ist Streitgegenstand des Verfahrens daher nicht nur die Frage der Unwirksamkeit der Betriebsvereinbarung, sondern gleichermaßen der zwischen dem Arbeitgeberverband und der antragsstellenden Gewerkschaft abgeschlossene Tarifvertrag[71]. Dieser Tarifvertrag begründet auch

---

68 BAG vom 14.4.1966, AP Nr. 2 zu § 13 AZO; BAG vom 19.6.1984, AP Nr. 3 zu § 1 TVG (Verhandlungspflicht); ausführlich zum Rechtsverhältnis: Medicus § 9 Rn. 54 ff.

69 BGH NJW 1992, S. 1172; BGH NJW 1996, S. 3151, S. 3152; BGH NJW 2001, S. 157, S. 158; ausführlich zu den unterschiedlichen Auffassungen zum Streitgegenstand Germelmann/Matthes/Prütting Einleitung Rn. 149 ff.

70 Musielak Einleitung Rn. 69.

71 Würde man, wie es das BAG getan hat, den Streitgegenstand nur ausschließlich vom Antrag her bestimmen, so hätte der Antrag nur umgestellt werden müssen – etwa auf die Feststellung der Verletzung des in § 77 Abs. 3 BetrVG statuierten Tarifvorrangs – , um

eine Rechtsbeziehung zwischen Gewerkschaft und dem Arbeitgeber, der Mitglied des den Tarifvertrag abschließenden Arbeitgeberverbandes ist. Zu denken ist hier beispielsweise an die Friedenspflicht, die auch gegenüber dem einzelnen, verbandsangehörigen Arbeitgeber besteht[72]. Mit dem Tarifvertrag ist aber noch eine weitere Rechtsbeziehung verbunden. Maßgeblich ist insofern § 77 Abs. 3 BetrVG, der bestimmt, dass Arbeitsentgelte und sonstige Arbeitsbedingungen, die durch Tarifvertrag geregelt sind, nicht Gegenstand einer Betriebsvereinbarung sein können, es sei denn, dass in dem Tarifvertrag der Abschluss ergänzender Betriebsvereinbarungen ausdrücklich zugelassen wird.

Sinn und Zweck der Vorschrift des § 77 Abs. 3 BetrVG ist neben der Erhaltung und Stärkung der Funktionsfähigkeit der Koalitionen die Sicherung der ausgeübten und aktualisierten Tarifautonomie[73]. § 77 Abs. 3 BetrVG statuiert den Tarifvorrang gegenüber Betriebsvereinbarungen, für die in diesem Zusammenhang auch nicht das Günstigkeitsprinzip des § 4 Abs. 3 TVG gilt[74]. Die Norm beinhaltet damit eine Zuständigkeitsregelung hinsichtlich des Abschlusses von Tarifverträgen und Betriebsvereinbarungen[75]. Die in der Norm vorgenommene Kompetenzverteilung wurde eindeutig zugunsten der tarifschließenden Gewerkschaften entschieden[76]. Ist also der den Gewerkschaften in § 77 Abs. 3 BetrVG zugebilligte Tarifvorrang betroffen – und nur so kann der von der Gewerkschaft in ihrem Feststellungsantrag zugrunde gelegte Lebenssachverhalt verstanden werden –, ist nicht nur das zwischen Arbeitgeber und Betriebsrat aufgrund der abgeschlossenen Betriebsvereinbarung bestehende Rechtsverhältnis streitgegenständlich, sondern auch das Rechtsverhältnis der Gewerkschaft zu den Betriebsparteien.

Ein unmittelbares Rechtsverhältnis muss um so mehr bejaht werden, wenn man sich vergegenwärtigt, dass Betriebsrat und Arbeitgeber in der vom Bundesarbeitsgericht zu entscheidenden Konstellation überhaupt erst aufgrund einer im Tarifvertrag vorhandenen Öffnungsklausel tätig wurden. Letztlich haben die Tarifpartner überhaupt erst eine Regelung durch die Betriebspartner durch die Delegation ihre Regelungsbefugnisse ermöglicht. Den Betriebspartnern oblag damit die Aufgabe, den vorhandenen Tarifvertrag zu ergänzen. In einem solchen

---

die zwischen Gewerkschaft und Arbeitgeber bestehende Beziehung in den Vordergrund zu rücken und damit zum Streitgegenstand zu machen.

72 Däubler/Reim § 1 Rn. 990; ErfK-Schaub § 1 TVG Rn. 64.

73 Ständige Rechtsprechung vgl. nur BAG vom 22.5.1979, AP Nr. 13 zu § 118 BetrVG 1972; BAG vom 22.1.1980, AP Nr. 3 zu § 87 BetrVG 1972 (Lohngestaltung); BAG vom 22.6.1993, AP Nr. 22 zu § 23 BetrVG 1972; BAG vom 24.1.1996, AP Nr. 8 zu § 77 BetrVG 1972 (Tarifvorbehalt).

74 M. w. N. FKHE § 77 Rn. 97.

75 Gragert, S. 188.

76 Heither in FS Dietrich, S. 231, S. 233.

Fall nehmen die Betriebsparteien aber tarifliche Regelungsbefugnisse für sich in Anspruch[77]. Durch die Wahrnehmung dieser von den Tarifvertragsparteien übertragenen Aufgaben entsteht gleichermaßen ein Rechtsverhältnis zwischen Gewerkschaften und Arbeitgeber beziehungsweise Betriebsrat. Eine Beziehung, die um so enger erscheint, zieht man in Betracht, dass das Tätigwerden der Betriebspartner erst durch Gewerkschaft und Arbeitgeberverband veranlasst wurde[78].

Hieran wird deutlich, dass für die Annahme eines Drittrechtsverhältnisses überhaupt kein Raum ist[79]. Der Konstruktion von Grunsky[80], die dieser anlässlich des späteren Verfahrens im Jahre 1991 für die Gewerkschaften entwickelt hatte, wonach die Funktion einer nach § 256 ZPO möglichen Feststellung eines zwischen Dritten bestehenden Rechtsverhältnisses auch darin bestehen soll, dass die beantragte Entscheidung dem Antragsteller eine Planungsgrundlage für sein zukünftiges Vorgehen verschaffe, hätte es demnach gar nicht bedurft[81].

Eine Rechtsbeziehung zwischen der antragstellenden Gewerkschaft und dem Arbeitgeber beziehungsweise dem Betriebsrat ergibt sich mithin schon daraus, dass als Streitgegenstand des Verfahrens die Geltendmachung des Tarifvorrangs in Rede steht[82]. Das gemäß § 256 ZPO erforderliche Rechtsverhältnis zwischen den Parteien des Rechtsstreits ist mithin entgegen der Rechtsprechung des Bundesarbeitsgerichts aus den Jahren 1987/88 zu bejahen.

---

77 Baumann, S. 167.

78 So auch Gragert, S. 188.

79 A. A. Oetker, SAE 1992, S. 158, S. 162, der in Fällen der vorliegenden Konstellation mit dem BAG ein Drittrechtsverhältnis als gegeben ansieht. Ein Feststellungsinteresse der Gewerkschaften bestehe hier nicht, da sich weder eine der Tarifvertragsparteien auf das Interesse der Normunterworfenen stützen könne, da diese ihr Interesse selbst durchsetzen könnten, noch das Interesse an der Durchsetzung der tariflichen Regelung ausreiche, da gerade dies der Konzeption des Tarifrechts widerspreche, welches die Tarifvertragsparteien bewusst auf das in § 9 TVG Verfahren und die schuldrechtliche Durchführungspflicht beschränke. Oetker verkennt hier, dass § 9 TVG nur dort Sinn macht, wo sich die Tarifvertragsparteien tatsächlich über den Inhalt tariflicher Regelungen uneinig sind. Im übrigen wird vollkommen unkritisch die BAG-Entscheidung im Hinblick auf das Vorliegen eines Drittrechtsverhältnisses übernommen. Stein/Jonas-Schumann § 256 ZPO Rn. 37 weist zurecht darauf hin, dass die bisherige Judikatur zeige, dass zahlreiche Entscheidungen über „Drittrechtsverhältnisse" im Kern Beziehungen zwischen den Prozessparteien zum Gegenstand hätten.

80 Vgl. die Entscheidungsgründe von BAG vom 20.8.1991, EzA Nr. 41 zu § 77 BetrVG und Grunsky, DB 1990, S. 526, S. 531.

81 Ob das Kriterium der Planungsgrundlage geeignet ist zur Beantwortung der Frage, ob das Feststellungsinteresse gegeben ist, erscheint zweifelhaft, da auch im Falle des Vorliegens einer abstrakten Rechtsfrage, deren Klärung begehrt wird, in der Regel auch Planungssicherheit für zukünftiges Handeln reklamiert werden wird.

82 So auch Gragert, S. 188 u. Schwarze, S. 239.

*b) Feststellungsinteresse*

§ 256 Abs. 1 ZPO verlangt für die Zulässigkeit der Feststellungsklage und damit auch für den Feststellungsantrag neben dem Vorliegen eines festzustellenden Rechtsverhältnisses das Bestehen eines besonderen rechtlichen Interesses gerade an der Feststellung.

Das Feststellungsinteresse ist zu bejahen, wenn dem Recht des Klägers oder des Antragstellers eine gegenwärtige Gefahr der Unsicherheit droht, weil der Beklagte (oder der Antragsgegner) ein Recht des Klägers ernstlich bestreitet oder sich eines Rechts gegen den Kläger berühmt[83].

Die von der abgeschlossenen Betriebsvereinbarung ausgehende Gefahr ist in der Aushöhlung der in § 77 Abs. 3 BetrVG geschützten Tarifautonomie zu sehen. Die Beachtung des Tarifvorrangs durch die Betriebspartner ist von existentiellem Interesse für die Gewerkschaften. Dies ergibt sich schon daraus, dass bei Nichtbeachtung des Tarifvorrangs, die Tarifverträge, welche größtenteils durch Arbeitskämpfe und damit verbunden der Belastung der „Streikkassen" der Gewerkschaften erst ermöglicht wurden, zur Makulatur werden. Der Betriebsrat könnte, obwohl in § 77 Abs. 3 BetrVG so gerade nicht vorgesehen, an die Stelle der unabhängigen Gewerkschaft treten und diese bedeutungslos werden lassen. Hierin ist eine gegenwärtige Gefahr für die Gewerkschaften zu sehen.

Dass sich der Arbeitgeber nicht explizit des Rechts berühmt, zum Abschluss der Betriebsvereinbarungen berechtigt zu sein, sondern unter Umständen sogar von der Rechtsunwirksamkeit seines Handelns ausgeht, kann hier das Feststellungsinteresse nicht entfallen lassen. Dies würde dazu führen, dass ein vorsätzlich den Tarifvertrag missachtender Arbeitgeber besser gestellt würde als ein Arbeitgeber, der in Unkenntnis der Reichweite des Tarifvertrags eine diesem entgegenstehende Betriebsvereinbarung abschließt.

Das Feststellungsinteresse der antragstellenden Gewerkschaft ist daher insoweit zu bejahen. Es muss allerdings regelmäßig dann entfallen, wenn ein einfacherer Weg in Form eines Leistungs- beziehungsweise Unterlassungsantrags gegeben ist, um dasselbe Ziel zu erreichen[84]. Da das Bundesarbeitsgericht im Entscheidungszeitpunkt noch keinen Unterlassungsanspruch gem. Art. 9 Abs. 3 GG i. V. m. §§ 1004 Abs. 1 S. 2, 823 Abs. 1 BGB anerkannte, hätte hier die Frage der Subsidiarität der Zulässigkeit des Feststellungsantrags nicht entgegen gestanden.

Demzufolge hat das Bundesarbeitsgericht den Gewerkschaften zum damaligen Zeitpunkt zu Unrecht die Antragsbefugnis zur Feststellung der Unwirksamkeit einer tarifwidrigen Betriebsvereinbarung abgesprochen. Anders als vom Gericht dargelegt, wurde das Recht der antragstellenden Gewerkschaft, Arbeitsbedingungen durch Tarifvertrag mit den Tarifpartnern zu regeln, sehr wohl dadurch berührt, dass die Betriebspartner eine Betriebsvereinbarung abschlossen,

83 Musielak § 256 Rn. 8; Zöller/Greger § 256 Rn. 7.

84 M. w. N. Germelmann/Matthes/Prütting § 46 Rn. 65.

die gegen Bestimmungen des Tarifvertrags als höherrangige Norm verstieß. Der Hinweis des Gerichts, dass es sich in der von ihm zu entscheidenden Konstellation nicht anders verhalte als beim Abschluss eines gegen zwingendes Tarifrecht verstoßenden Arbeitsvertrags, geht ebenso fehl. Das Gericht hat verkannt, dass es im Verhältnis von individualvertraglichen Bestimmungen und von Tarifrecht gerade keine dem § 77 Abs. 3 BetrVG vergleichbare Norm gibt. So gilt das Günstigkeitsprinzip des § 4 Abs. 3 TVG nur im Verhältnis des Arbeitsvertrags zum Tarifvertrag, nicht aber im Verhältnis von Tarifvertrag zu Betriebsvereinbarung[85]. Der Gesetzgeber hat es im Fall von gegen den Tarifvertrag verstoßenden Einzelarbeitsverträgen offenbar nicht für notwendig erachtet, die Regelungsbefugnis der Tarifvertragsparteien gegenüber Eingriffen auf Betriebsebene abzusichern[86]. Dies spricht gerade für und nicht gegen die Anerkennung der Antragsbefugnis beim Verstoß gegen Bestimmungen des Tarifvertrags durch eine Betriebsvereinbarung.

Folglich hätte der Antrag der Gewerkschaften zum damaligen Zeitpunkt nicht als unzulässig zurückgewiesen werden dürfen. Mit dem noch zu besprechenden Unterlassungsanspruch gem. Art. 9 Abs. 3 GG i. V. m. §§ 1004 Abs. 1 S. 2, 823 Abs. 1 BGB steht den Gewerkschaften nunmehr allerdings ein neuer Rechtsbehelf zur Verfügung, so dass ein Rückgriff auf einen Feststellungsantrag nach § 256 ZPO unter Subsidiaritätsgesichtspunkten in Zukunft nicht mehr in Betracht kommt. Dies ist insofern von Vorteil, als Entscheidungen, die eine Feststellung zum Gegenstand haben, nicht vollstreckbar sind und somit keine Handhabe für den Fall bieten, dass sich die Betriebspartner nicht freiwillig unterwerfen[87].

### 2. Feststellungsantrag gem. § 77 Abs. 3 BetrVG[88]

Dass es sich bei § 77 Abs. 3 BetrVG um keine Norm handelt, die den Gewerkschaften ausdrücklich die Befugnis einräumt, einen Antrag im Beschlussverfah-

85 Kempen, AuR 1989, S. 261, S. 263; Schwarze, S. 240.

86 Weyand, AuR 1989, S. 193, S. 199.

87 Diese Bedenken teilen auch Däubler, BB 1990, S. 2256, S. 2258 und Lethert, S. 186.

88 Soweit Grunsky, DB 1990, S. 526, S. 529 und Schwarze, S. 241 von einer sich aus §§ 77 Abs. 3, 87 Abs. 1 BetrVG ergebenden Antragsbefugnis sprechen, bedarf dies weiterer Erläuterungen. § 77 Abs. 3 BetrVG gilt nach der Vorrangtheorie nicht im Rahmen des § 87 Abs. 1 BetrVG. Mit der Vorschrift des § 77 Abs. 3 BetrVG kann nach der Vorrangtheorie mithin nicht die Unwirksamkeit einer Betriebsvereinbarung festgestellt werden, die ein Mitbestimmungsrecht nach § 87 Abs. 1 Nr. 1 – 13 BetrVG zum Gegenstand hat. Hierzu bedarf es entweder eines eigenen sich aus § 87 Abs. 1 Einls. BetrVG ergebenden Antrags oder eines Antrags nach §§ 77 Abs. 3, 87 Abs. 1 BetrVG. Auf die Frage, ob und inwiefern solche Anträge rechtlich zu begründen sind, wird später unter § 10 einzugehen sein. Dort wird die Diskussion im Zusammenhang mit der Herleitung eines Unterlassungsanspruchs aus § 77 Abs. 3 BetrVG bzw. §§ 77 Abs. 3, 87 Abs. 1 Einls. BetrVG zu führen sein.

ren zu stellen, steht der Bejahung der Antragsbefugnis zur Feststellung der Unwirksamkeit einer Betriebsvereinbarung nicht entgegen. Es ist insoweit allgemein anerkannt, dass im Betriebsverfassungsgesetz die Antragsrechte im arbeitsgerichtlichen Beschlussverfahren nicht abschließend geregelt sind[89]. Hiervon ist auch das Bundesarbeitsgericht in seiner Entscheidung ausgegangen, indem es zunächst das Vorhandensein einer die Antragsbefugnis ausdrücklich regelnden Norm verneinte, um anschließend zur Prüfung der Antragsbefugnis aus § 77 Abs. 3 BetrVG überzugehen.

Zur Bejahung der Antragsbefugnis aus §§ 77 Abs. 3 BetrVG ist es erforderlich, dass diese materiellrechtliche Norm den Streitgegenstand betrifft und der Gewerkschaft als Antragstellerin eine eigene Rechtsposition zuordnet, die es ihr erlaubt, sich mittels eigenen Antrags zu schützen.

Dass § 77 Abs. 3 BetrVG hier den Streitgegenstand betrifft, wurde bereits im Rahmen des Feststellungsantrags näher dargelegt:

Entscheidend ist auch hier, dass – anders als vom BAG behauptet – nicht nur die Frage der Unwirksamkeit der Betriebsvereinbarung, sondern gleichermaßen der zwischen dem Arbeitgeberverband und der antragstellenden Gewerkschaft abgeschlossene Tarifvertrag streitgegenständlich ist. Mit dem Abschluss des Tarifvertrags macht die Gewerkschaft von ihrer Befugnis zur Regelung der Arbeits- und Wirtschaftsbedingungen Gebrauch. § 77 Abs. 3 BetrVG, der die ausgeübte und aktualisierte Tarifautonomie sichert, statuiert im Hinblick auf Zuständigkeit und Kompetenz zum Abschluss kollektivrechtlicher Vereinbarungen eindeutig den Vorrang der Tarif- gegenüber den Betriebsparteien.

Streitgegenstand ist daher nicht nur eine zwischen Arbeitgeber und Betriebsrat abgeschlossene Betriebsvereinbarung, sondern auch die Frage nach deren Unwirksamkeit aufgrund der vorrangigen tariflichen Regelungen bzw. aufgrund der Missachtung der durch die tariflichen Öffnungsklauseln gemachten Vorgaben.

§ 77 Abs. 3 BetrVG ist demnach eine materiellrechtliche Norm, die den Streitgegenstand betrifft und der Gewerkschaft in Form ihrer Vorrangstellung eine eigene Rechtsposition zuordnet.

Um die Antragsbefugnis der Gewerkschaften hier bejahen zu können, ist nach den vom Bundesarbeitsgericht aufgestellten Voraussetzungen weiterhin erforderlich, dass die der Gewerkschaft mit § 77 Abs. 3 BetrVG zugeordnete Rechtsposition es ihr erlaubt, sich mittels eigenen Antrags zu schützen.

Das Bundesarbeitsgericht hat dies in seiner Entscheidung bekanntlich mit der Begründung verneint, § 77 Abs. 3 BetrVG sei nicht die Befugnis der Tarifvertragsparteien zu entnehmen, ihre Vorrangkompetenz zur Regelung materieller Arbeitsbedingungen jederzeit und gegenüber jedermann aus eigenem Recht geltend zu machen. Hiergegen wird zurecht eingewandt, das Gericht habe überse-

89 Körnich, S. 52 ff.; Laux, S. 43, zu den gesetzlich ausdrücklich geregelten und nicht geregelten Antragsbefugnissen auch Lepke, JZ 1973, S. 107, S. 108 ff.

hen, dass sich auch aus Verbotsnormen wie § 77 Abs. 3 BetrVG subjektive Rechte begründen ließen, wenn dem Berechtigten das entsprechende Verhalten gerade erlaubt werde[90].

§ 77 Abs. 3 S.1 BetrVG macht das Recht zum Abschluss von Tarifverträgen über Arbeitsentgelte und sonstige Arbeitsbedingungen zu einer Aufgabe der Gewerkschaften. Für Betriebsvereinbarungen soll nur dort Raum bestehen, wo keine tarifliche Regelung besteht oder eine solche üblich ist. § 77 Abs. 3 BetrVG stellt damit auf betriebsverfassungsrechtlicher Ebene eine Sicherung der verfassungsrechtlich garantierten Koalitionsfreiheit dar. Die in der Vorschrift enthaltene Normsetzungsprärogative soll die durch Art. 9 GG geschützten Tarifvertragsparteien vor einer Aushöhlung der Tarifautonomie durch konkurrierende Kollektivvereinbarungen auf Betriebsebene bewahren[91].

Indem sich die Betriebsparteien durch den Abschluss einer gegen eine Tarifnorm verstoßenden Betriebsvereinbarung über die tarifliche Regelung hinwegsetzen oder die in einer tariflichen Öffnungsklausel gemachten Vorgaben missachten, üben sie Handlungskompetenzen der Tarifparteien aus[92]; das heißt sie machen von einem Recht Gebrauch, das ihnen nach dem in § 77 Abs. 3 BetrVG klar zum Ausdruck kommenden gesetzgeberischen Willen nicht zustehen soll.

Anders als vom Bundesarbeitsgericht ausgeführt, ging es in dem Verfahren mithin nicht um die Ausübung einer Kontroll- oder Aufsichtsfunktion durch die Betriebsparteien, sondern um die Verteidigung des für die Erhaltung der gewerkschaftlichen Funktionsfähigkeit essentiellen Tarifvorrangs[93]. Hierin ist durchaus eine Rechtsposition zu sehen, die es dem Antragsteller erlaubt, sich mittels eigenen Antrags zu schützen.

Gegen ein solches Ergebnis wird vorgebracht, es bestehe kein Bedürfnis für die Anerkennung des gesetzlich nicht ausdrücklich normierten Antragsrechts aus § 77 Abs. 3 BetrVG. Dies soll sich daraus ergeben, dass die Regelungssperre des § 77 Abs. 3 BetrVG ihre Sanktion in der unbestrittenen Nichtigkeit entgegenstehender Betriebsvereinbarungen bereits in sich trage, so dass sich die einzelnen Arbeitnehmer ohne weiteres wehren könnten, indem sie sich auf den Vorrang des Tarifvertrags beriefen und – soweit erforderlich – in diesem Rahmen die Tarifwidrigkeit und damit Nichtigkeit der Betriebsvereinbarung als Vorfrage richterlich überprüfen lassen könnten[94].

---

90 Gragert, S. 188; Matthießen, DB 1988, S. 285, S. 288; Schwarze, S. 242; allgemein zur Begründung subjektiver Rechte durch Verbotsnormen: Fikentscher, Methoden des Rechts, S. 643; Schmidt, Rechtstheorie 1979, S. 70 ff.

91 BAG vom 22.1.1980, AP Nr. 3 zu § 87 BetrVG 1972 (Lohngestaltung); FKHE § 77 Rn. 67; Matthiesen, DB 1988, S. 285, S. 288; Weyand, AuR 1989, S. 193, S. 194.

92 Däubler, BB 1990, S. 2256, S. 2260.

93 Schwarze, S. 242.

94 Lieb, S. 343, S. 353.

Diesem Einwand ist zunächst entgegenzuhalten, dass die Tatsache, dass eine Norm bereits die Nichtigkeit als Rechtsfolge vorsieht, noch nichts darüber aussagt, ob jemand in einem gerichtlichen Verfahren berechtigt sein soll, die Nichtigkeit gelten zu machen[95] und wer dies sein soll. Die Berechtigung zur Einleitung eines gerichtlichen Verfahrens kann zum einen die Norm selbst anordnen, wie dies bei den geschriebenen Antragsrechten der Fall ist, oder aber durch Auslegung zu ermitteln sein.

Zudem wird bei einer solchen Argumentation, die allein auf die Rechtsschutzmöglichkeiten der von der tarifwidrigen Betriebsvereinbarung betroffenen Arbeitnehmer abstellt, übersehen, dass es hier eben nicht nur um die Verwirklichung von Arbeitnehmerrechten geht, sondern gerade um die Verwirklichung eigener Rechte der Gewerkschaften, wie ein Blick auf Sinn und Zweck des § 77 Abs. 3 BetrVG verdeutlicht.

Gegen ein gewerkschaftliches Antragsrecht aus § 77 Abs. 3 BetrVG kann demzufolge nicht eingewandt werden, ihm stehe schon entgegen, dass § 77 Abs. 3 BetrVG bereits die Nichtigkeit als Rechtsfolge in sich trage und dass diese unproblematisch von den betroffenen Arbeitnehmern geltend gemacht werden könne. Das Antragsrecht aus § 77 Abs. 3 BetrVG hätte in der Entscheidung des Bundesarbeitsgerichts vielmehr befürwortet werden müssen[96].

Allerdings gilt auch hier, dass der Antrag nunmehr durch die vom Bundesarbeitsgericht befürwortete Unterlassungsklage aus Art. 9 Abs. 3 GG i. V. m. §§ 1004 Abs. 1 S. 2, 823 Abs. 1 BGB wegen der Subsidiarität des Feststellungsantrags überholt ist[97].

## § 3 Unterlassungsanspruch gem. § 23 Abs. 3 BetrVG

Die Vorschrift des § 23 Abs. 3 BetrVG normiert ein Antragsrecht zugunsten der im Betrieb vertretenen Gewerkschaft auf Unterlassung, Vornahme oder Duldung einer Handlung bei groben Verstößen des Arbeitgebers gegen seine Verpflichtungen aus dem Betriebsverfassungsgesetz.

Im Folgenden soll untersucht werden, ob die Gewerkschaften auf der Grundlage des in § 23 Abs. 3 BetrVG enthaltenen Unterlassungsanspruchs die Tarifwidrigkeit einer Betriebsvereinbarung geltend machen können. Dieser Frage

95 Dass die gesetzlich angeordnete Rechtsfolge der Nichtigkeit auch gerichtlich geltend gemacht werden können muss, zeigen schon die Fälle der Anfechtung, Sittenwidrigkeit etc. Der jeweilige Kläger muss hier auf seine Klage nicht verzichten, weil sich die Rechtsfolge der Nichtigkeit des Rechtsgeschäfts schon aus dem Gesetz ergibt.

96 Für ein Antragsrecht aus § 77 Abs. 3 BetrVG beziehungsweise aus §§ 77 Abs. 3, 87 Abs. 1 Einls. BetrVG auch Fischer, Anmerkung zu BAG vom 20.4.1999, EzA Nr. 65 zu Art. 9 GG; Gragert, S. 188; Grunsky, DB 1990, S. 526, S. 531; Schwarze, S. 242.

97 Zur Frage der Herleitung eines eigenen Unterlassungsanspruchs aus §§ 77 Abs. 3, 87 Abs. Einls. BetrVG vgl. später unter § 10.

wird ausgehend von der Rechtsprechung des Bundesarbeitsgerichts unter Berücksichtigung der hierzu geäußerten Kritik nachzugehen sein. Insbesondere ist die grundsätzliche Eignung der Vorschrift zur Geltendmachung von Tarifverstößen zu überprüfen.

### *I. BAG vom 20.8.1991 – 1 ABR 85/90*[98]

Im Zusammenhang mit den von den Gewerkschaften gestellten Feststellungsanträgen wurde die Entscheidung des Bundesarbeitsgericht vom 20.8.1991 bereits erläutert. Der Beschluss hatte neben dem nur hilfsweise gestellten Antrag auf Feststellung der Unwirksamkeit einer Betriebsvereinbarung in der Hauptsache allerdings einen Unterlassungsantrag zum Gegenstand, der auf § 23 Abs. 3 BetrVG beziehungsweise auf Art. 9 Abs. 3 GG gestützt wurde.

Im Gegensatz zu den Entscheidungen aus den Jahren 1987/88[99] stellte sich dem Gericht hier die Frage der Antragsbefugnis sowohl im Hinblick auf § 23 Abs. 3 BetrVG als auch auf Art. 9 Abs. 3 GG als unproblematisch dar.

Das Gericht erachtete die Hauptanträge der Gewerkschaft IG Medien insgesamt für zulässig. Es widersprach damit der Entscheidung des LAG Baden-Württemberg[100], welches zuvor in zweiter Instanz unter Bezugnahme auf die Entscheidungen des Gerichts aus den Jahren 1987/88 die Antragsbefugnis noch verneint hatte. Das Bundesarbeitsgericht führt hierzu aus, das LAG habe übersehen, dass die IG Medien im vorliegenden Verfahren mit ihren Hauptanträgen einen Leistungsanspruch gegen den Arbeitgeber verfolge. Der Arbeitgeber solle die Anwendung der streitgegenständlichen Betriebsvereinbarung in den beanstandeten Punkten unterlassen [...] und eine neue tarifkonforme Betriebsvereinbarung abschließen. Für einen solchen auf ein bestimmtes Verhalten des Arbeitgebers gerichteten Antrag gewähre aber § 23 Abs. 3 BetrVG der im Betrieb vertretenen Gewerkschaft ein Antragsrecht in denjenigen Fällen, in denen mit diesem Antrag geltend gemacht werde, der Arbeitgeber habe gegen seine Pflichten aus dem Betriebsverfassungsgesetz verstoßen.

Anschließend erläutert das Gericht, § 23 Abs. 3 BetrVG diene dem Schutz der betriebsverfassungsrechtlichen Ordnung gegen grobe Verstöße des Arbeitgebers. Es solle ein Mindestmaß gesetzmäßigen Verhaltens des Arbeitgebers im Rahmen der betriebsverfassungsrechtlichen Ordnung sichergestellt werden. Nur soweit es um den Schutz der betriebsverfassungsrechtlichen Ordnung gehe, würden auch die im Betrieb vertretenen Gewerkschaften einbezogen und ihnen die Antragsbefugnis verliehen. Da die Gewerkschaft hier geltend mache, die streitgegen-

---

98 BAG vom 20.8.1991, EzA Nr. 41 zu § 77 BetrVG 1972.

99 BAG vom 18.8.1987, AP Nr. 6 zu § 81 ArbGG 1979; BAG vom 18.8.1987 – 1 ABR 80/85, DB 1987, S. 2263 f.; BAG vom 23.2.1988, AP Nr. 9 zu § 81 ArbGG 1979.

100 LAG Baden Württemberg vom 29.10.1990, LAGE § 77 BetrVG 1972 Nr. 10.

ständliche Betriebsvereinbarung verstoße gegen § 77 Abs. 3 BetrVG, seien die Hauptanträge zulässig. Dass die betriebsverfassungsrechtliche Ordnung so wie sie Schutzgegenstand von § 23 Abs. 3 BetrVG sei, durch die Betriebsvereinbarung verletzt sei, erscheine nicht ausgeschlossen.

Das Gericht kommt aber unter materiellrechtlichen Gesichtspunkten zur Unbegründetheit beider Hauptanträge. Zu § 23 Abs. 3 BetrVG führt es aus, die Betriebspartner, und damit auch der Arbeitgeber, hätten nicht gegen die durch § 23 Abs. 3 BetrVG geschützte betriebsverfassungsrechtliche Ordnung verstoßen. Dies sei auch dann nicht der Fall, wenn diese Betriebsvereinbarung in den beanstandeten Punkten gegen den Manteltarifvertrag und seine Durchführungsbestimmungen verstoßen sollte.

Das Gericht nimmt in den Gründen dann zunächst zu § 2 BetrVG Stellung, der bestimmt, dass die Betriebsparteien unter Beachtung der geltenden Tarifverträge vertrauensvoll zusammenarbeiten. Hieraus folge jedoch noch nicht, dass die betriebsverfassungsrechtliche Ordnung schon immer dann gestört sei, wenn eine Betriebsvereinbarung gegen Bestimmungen eines Tarifvertrages verstoße. Schlössen die Betriebspartner in Praktizierung dieser Zusammenarbeit eine Betriebsvereinbarung, die gegen die Bestimmungen eines Tarifvertrags verstoße, so liege darin zwar ein Verstoß gegen das Gebot der Beachtung höherrangigen Rechts, nicht aber ein Verstoß gegen die durch § 2 Abs. 1 BetrVG begründete Verpflichtung zur vertrauensvollen Zusammenarbeit unter Beachtung der geltenden Tarifverträge.

Im Hinblick auf § 77 Abs. 3 BetrVG stellt das Gericht allerdings fest, dass es einen Verstoß gegen die durch § 23 Abs. 3 BetrVG geschützte betriebsverfassungsrechtliche Ordnung darstelle, wenn die Betriebspartner eine Betriebsvereinbarung schlössen, obwohl ihnen dazu nach § 77 Abs. 3 BetrVG die Befugnis fehle. Die Vorschrift stelle eine Grundnorm der betriebsverfassungsrechtlichen Ordnung dar. Sie weise dieser ihren Platz innerhalb der arbeitsrechtlichen Rechtsordnung zu und verpflichte die Betriebspartner, diese Ordnung bei der Regelung von Arbeitsbedingungen durch Betriebsvereinbarungen zu beachten. Ein Verstoß gegen diese Verpflichtung stelle daher für den Betriebsrat eine Verletzung seiner gesetzlichen Pflichten im Sinne von § 23 Abs.1 BetrVG und für den Arbeitgeber einen Verstoß gegen seine Verpflichtungen aus diesem Gesetz im Sinne von § 23 Abs. 3 BetrVG dar.

Das Gericht stellt an dieser Stelle entgegen dem Wortlaut des § 23 Abs. 3 BetrVG nicht auf einen Verstoß des Arbeitgebers gegen „seine Verpflichtungen aus diesem Gesetz“ ab, sondern fordert, dass sich der Verstoß gegen eine „Grundnorm der betriebsverfassungsrechtlichen Ordnung“ richten muss. Erst damit steht nach Auffassung des Gerichts eine Verpflichtung des Arbeitgebers aus dem Betriebsverfassungsgesetz in Rede. Das Gericht hat sich hier von den Tatbestandsvoraussetzungen der Norm entfernt. Dies erscheint nicht unbedenklich, da die Norm im Tatbestand selbst ein Korrektiv bei Verstößen gegen weniger zentrale Vorschriften enthält: § 23 Abs. 3 BetrVG findet nämlich nur bei „groben Verstößen“ Anwendung. Die hier vom Gericht vorgenommene Einschränkung kann daher keineswegs als selbstverständlich bezeichnet werden[101].

Nachdem das Gericht den Anwendungsbereich des § 23 Abs. 3 BetrVG auf Grundnormen der betriebsverfassungsrechtlichen Ordnung beschränkt hat, nimmt es eine weitere entscheidende Einschränkung vor: § 77 Abs. 3 BetrVG gelte nicht für Betriebsvereinbarungen über Angelegenheiten, die nach § 87 Abs. 1 BetrVG der Mitbestimmung des Betriebsrats unterliegen würden.

Das Gericht verweist insofern auf seine Entscheidung vom 24.2.1987, in der es der bis dahin nur von einer Mindermeinung vertretenen Vorrangtheorie den Vorzug vor der so genannten Zwei-Schranken-Theorie gibt[102]. Nach der Vorrangtheorie kommt allein die Schranke des § 87 Abs. 1 Einls. BetrVG zum Tragen, wenn eine Betriebsvereinbarung die in § 87 Abs. 1 BetrVG geregelten Mitbestimmungsrechte zum Gegenstand hat. § 77 Abs. 3 BetrVG, der die Unwirksamkeit einer Betriebsvereinbarung nicht nur bei Vorhandensein eines Tarifvertrags, sondern auch bei bloßer Tarifüblichkeit zur Folge hat, soll bei Vorliegen eines Mitbestimmungsrechts des Betriebsrats gemäß § 87 Abs. 1 BetrVG hingegen keine Anwendung finden[103].

Der erkennende Senat begründete diese Entscheidung seinerzeit mit der Schutzfunktion der in § 87 Abs. 1 BetrVG geregelten Mitbestimmungsrechte. Diese müsse auch dann zum Tragen kommen, wenn die entsprechende Angelegenheit entweder nur tarifüblich geregelt werde und deshalb gegenwärtig keine Schutzwirkung entfalten könne, oder aber zwar gegenwärtig tariflich geregelt sei, für den Betrieb aber mangels Tarifbindung des Arbeitgebers keine Schutzwirkung entfalten könne. Schlössen die Betriebspartner unter solchen Umständen eine Betriebsvereinbarung, so handelten sie im Rahmen ihrer betriebsverfassungsrechtlichen Zuständigkeit. Sie machten von ihrer durch § 77 Abs. 3 BetrVG nicht eingeschränkten Normsetzungsbefugnis Gebrauch.

Nach Auffassung des erkennenden Senats sollen die Betriebspartner bei der Wahrnehmung dieser Normsetzungsbefugnis jedoch nicht frei sein. Sie hätten vielmehr höherrangiges Recht zu beachten. Das gelte gerade auch für Vorgaben in einer tariflichen Regelung der Angelegenheit, die für ihren Betrieb im Sinne des Eingangssatzes von § 87 Abs. 1 BetrVG bestünde.

Einen Verstoß gegen § 77 Abs. 3 BetrVG vermag das Gericht auf Grundlage der zuvor angestellten Überlegungen jedoch nicht erkennen. Die Betriebspartner

---

101 So auch im Ergebnis Schwarze, SAE 1994, S. 141, S. 144; die Entfernung vom Wortlaut der Norm bemängeln auch: Lieb in FS für Kraft, S. 343, S. 349; Oetker, SAE 1992, S. 158, S. 160.

102 BAG vom 24.2.1987, AP Nr. 21 zu § 77 BetrVG 1972.

103 Zur Vorrangtheorie: Gast, S. 39; Kempen/Zachert Grundlagen Rn. 279; Säcker, ZfA Sonderheft 1972, S. 41, S. 65; Simitis/Weiss, DB 1973, S. 1240, S. 1247; von Hoyningen-Huene/ Meier-Krenz, NZA 1987, S. 793, S. 799.

handelten bei Abschluss einer Betriebsvereinbarung über eine nach § 87 Abs. 1 BetrVG mitbestimmungspflichtige Angelegenheit in Ausübung ihrer Zuständigkeit und damit im Rahmen der betriebsverfassungsrechtlichen Ordnung. Dass eine solche Betriebsvereinbarung in Einzelheiten ihrer Regelung gegen höherrangiges Recht und damit auch gegen Vorgaben in einem Tarifvertrag verstoße, stelle daher auch keinen Verstoß des Arbeitgebers gegen seine Verpflichtungen aus dem Betriebsverfassungsgesetz im Sinne von § 23 Abs. 3 BetrVG dar. Ein auf diese Vorschrift gestützter Antrag sei unbegründet, wenn eine solche Betriebsvereinbarung lediglich gegen gesetzliche oder tarifliche Vorgaben verstoße.

Auf die naheliegende Frage, ob es sich nicht auch bei § 87 Abs. 1 Einls. BetrVG um eine Grundnorm der betriebsverfassungsrechtlichen Ordnung handele, geht das Gericht nicht ein[104]. Am Ende der Ausführungen zu § 23 Abs. 3 BetrVG folgt lediglich die Subsumtion des Regelungsgegenstands der Betriebsvereinbarung unter § 87 Abs. 1 BetrVG. Das Gericht kommt zu dem Ergebnis, es liege eine nach § 87 Abs. 1 Nr. 2 BetrVG mitbestimmungspflichtige Angelegenheit vor. Der MTV und seine Durchführungsbestimmungen enthielten keine abschließende Regelung, sondern überließen die nähere Ausgestaltung ausdrücklich den Betriebspartnern. Dies veranlasst das Gericht zu der abschließenden Feststellung, dass die Betriebspartner auch bei näherer Ausgestaltung einer bloßen tariflichen Rahmenregelung in Wahrnehmung ihrer gesetzlichen Regelungsbefugnisse handelten und nicht nur aufgrund einer durch die Tarifvertragsparteien delegierten Regelungsbefugnis tätig würden. Der auf § 23 Abs. 3 BetrVG gestützte Antrag sei daher unbegründet.

In einem der folgenden Verfahren ging die Gewerkschaft dann einen Schritt weiter und stellte einen Antrag auf Auflösung des Betriebsrats gemäß § 23 Abs. 1 BetrVG[105]. Die antragstellende Gewerkschaft vertrat erneut die Auffassung, Arbeitgeber und Betriebsrat hätten beim Abschluss einer Betriebsvereinbarung die Vorgaben des die Arbeitszeit regelnden Tarifvertrags missachtet und damit gegen § 77 Abs. 3 BetrVG verstoßen. Das Bundesarbeitsgericht sah in der einschlägigen tariflichen Bestimmung dann in der Tat nicht nur eine nach § 87 Abs. 1 Nr. 2 BetrVG mitbestimmungspflichtige Angelegenheit, sondern auch eine gegen § 77 Abs. 3 BetrVG verstoßende Regelung der Dauer der Arbeitszeit. Das Gericht verblieb ansonsten bei seiner im Urteil vom 20.08.1991[106] dargelegten Konzeption des § 23 BetrVG.

Die Entscheidung ist in erster Linie wegen der Bejahung des Verstoßes gegen § 77 Abs. 3 BetrVG von Interesse, da das Gericht nunmehr zur Frage des Vorliegens eines „groben Verstoßes“ Stellung nehmen musste. Ein grober Verstoß ist sowohl für den Auflösungsantrag nach § 23 Abs. 1 BetrVG als auch für den

---

104 Hierzu später unter II. 2.

105 BAG SAE 1994, S. 136 ff.

106 BAG vom 20.8.1991, EzA Nr. 41 zu § 77 BetrVG 1972.

Unterlassungsanspruch gegen den Arbeitgeber aus § 23 Abs. 3 BetrVG erforderlich.

Das Bundesarbeitsgericht hat hier das Vorliegen eines groben Verstoßes verneint, obwohl es auf ein Verschulden des Betriebsrats nicht ankommen soll. In den Gründen bezieht sich das Gericht zunächst auf seine ständige Rechtsprechung, wonach sich das Vorliegen eines groben Verstoßes danach richte, ob die Pflichtverletzung objektiv erheblich und offensichtlich schwerwiegend sei. Dabei sei zu berücksichtigen, dass die Auflösung des Betriebsrats eine besonders einschneidende Sanktion sei und ein grober Verstoß dementsprechend nur anzunehmen sei, wenn unter Berücksichtigung aller Umstände die weitere Amtsausübung des Betriebsrats untragbar sei. Einen groben Verstoß lehnt das Gericht in der Sache dann ab, weil es für die Betriebsratsmitglieder als Nichtjuristen schwer zu erkennen gewesen sei, ob aufgrund einer der Öffnungsklauseln durch die Betriebsvereinbarung vom Tarifvertrag habe abgewichen werden können oder nicht.

Das Bundesarbeitsgericht stellt damit sehr hohe Anforderungen an das Vorliegen eines „groben Verstoßes", da die Auflösung des Betriebsrats nach seinen eigenen Worten „eine harte Sanktion" darstellt. Dies ist in der Sache zwar zutreffend, überrascht aber im Hinblick auf die Tatsache, dass der Tarifvertrag ausgesprochen eindeutige Vorgaben enthielt, was die Lage der freien Tage betraf[107]. Darüber hinaus hatte der Betriebsrat mit dem Arbeitgeber in der Betriebsvereinbarung für die mit Samstag belegten freien Tage eine Lohnkompensation vereinbart, da samstags kürzer als unter der Woche gearbeitet wurde. Allein der Inhalt der Betriebsvereinbarung sprach also schon dafür, dass sich der Betriebsrat bewusst über den Tarifvertrag hinweggesetzt und die Problematik erkannt hatte[108]. Indem das Bundesarbeitsgericht hier ungeachtet dessen davon ausgeht, dass es nur schwer für den Betriebsrat erkennbar gewesen sei, ob von dem Tarifvertrag habe abgewichen werden können, erscheinen Konstellationen, in denen ein grober Verstoß zu bejahen ist, nur noch schwer vorstellbar. Ein grober Verstoß im Sinne des Gesetzes kommt nach dieser Entscheidung letztlich nur dort in Betracht, wo Betriebsrat und Arbeitgeber keinerlei Geheimnis daraus machen, dass es ihnen mit der Betriebsvereinbarung darum geht, die Regelungen des bestehenden Tarifvertrags zu ersetzen. Dass Betriebsrat und Arbeitgeber derart „offensiv" mit dem Bruch des Tarifvertrags umgehen, ist aber wohl nur im Ausnahmefall denkbar.

---

107 Vgl. den Tatbestand des BAG-Urteils vom 22.6.1993, SAE 1994, S. 136 ff. § 4 Nr. 2 des hier einschlägigen Tarifvertrags über die Neuregelung der Arbeitszeit für die Hafenarbeiter der deutschen Seehafenbetriebe regelte eindeutig, dass Sonnabende und Sonntage von freien Tagen unbelegt sein sollen. § 1 der Betriebsvereinbarung bestimmte, dass alle freien Tage auf Samstag gelegt werden. § 2 und § 3 der Betriebsvereinbarungen sahen entsprechende Lohnkompensationen vor, da an Samstag grundsätzlich kürzer als unter der Woche gearbeitet wurde.

108 So auch Schwarze, SAE 1994, S. 141, S. 146.

Unabhängig von den Problemen, die sich für die antragstellenden Gewerkschaften daraus ergaben, dass mit dem Unterlassungsantrag nach § 23 Abs. 3 BetrVG nach der Rechtsprechung des Bundesarbeitsgerichts nur Verstöße gegen § 77 Abs. 3 BetrVG, nicht aber gegen § 87 Abs. 1 Einls. BetrVG verfolgt werden konnten, stellte das Kriterium des „groben Verstoßes" eine nur schwer zu überwindende Hürde dar. § 23 Abs. 3 BetrVG war damit schon immer ein relativ wirkungsloser Rechtsbehelf zur Bekämpfung tarifwidriger Betriebsvereinbarungen.

### *II. Eigene Stellungnahme*

Wegen der zuvor bereits deutlich gewordenen Schwächen des Unterlassungsanspruchs nach § 23 Abs. 3 BetrVG soll zunächst nochmals die generelle Eignung der Vorschrift zur Geltendmachung von Verstößen gegen Tarifverträge durch Betriebsvereinbarungen überdacht werden. Im Anschluss hieran folgt eine kritische Auseinandersetzung mit der vom Bundesarbeitsgericht im Jahre 1991 gefundenen Entscheidung.

#### 1. Aufgabe und grundsätzliche Eignung der Vorschrift zur Geltendmachung von Tarifverstößen

Die Aufgabe des § 23 BetrVG besteht darin, die gesetzmäßige Durchführung der Betriebsverfassung zu gewährleisten. Deshalb ermöglichen § 23 Abs.1 BetrVG und § 23 Abs. 3 BetrVG die Amtsenthebung des Betriebsrats beziehungsweise seiner Mitglieder und die Verurteilung des Arbeitgebers zu einer Geldleistung, um für die Zukunft gesetzestreues Verhalten zu sichern[109]. Die Regelung des § 23 Abs. 3 BetrVG findet sich erstmals im Betriebsverfassungsgesetz von 1972, zuvor enthielt die Vorschrift keine für den Arbeitgeber vergleichbare Regelung[110]. Dass der Betriebsrat wegen grober Verletzung seiner Amtspflicht aufgelöst werden konnte, für den Arbeitgeber aber keinerlei Sanktion vorgesehen war, wurde als Verstoß gegen den Gleichheitssatz des Art. 3 GG empfunden[111]. Aus dieser Überlegung heraus wurde in der Folge die Ergänzung der Regelung in Abs. 3 eingefügt[112].

In der Norm wird zum Teil der Fall einer gesetzlichen Prozessstandschaft erblickt[113], das Bundesarbeitsgericht geht hingegen von einer materiellrechtlichen

109 DKK-Trittin § 23 Rn. 4; FKHE § 23 Rn. 1; Richardi/Thüsing § 23 Rn. 1.

110 Zur Entstehungsgeschichte des § 23 Abs. 3 BetrVG vgl. Weber, S. 57 ff.

111 Mit weiteren Nachweisen Richardi/Thüsing § 23 Rn. 7.

112 Vgl. auch die Begründung des Regierungsentwurfs, BT-Ds. VI/1786, S. 39.

113 GK-Wiese § 23 Rn. 127 f.

Anspruchsgrundlage gegen den Arbeitgeber auf Unterlassung, Vornahme und Duldung einer Handlung aus[114].

Für das Vorliegen eines materiellrechtlichen Anspruchs kann in der Tat die Struktur der Vorschrift angeführt werden: Die Trennung von tatbestandlichen Voraussetzungen und Rechtsfolgen spricht für die Anspruchsqualität der Norm[115]. Geht man von der Anspruchsqualität der Norm aus, so kann der Antragsteller nicht nur fremde, sondern auch eigene Rechte geltend machen, solange sie betriebsverfassungsrechtlicher Natur sind[116].

Legt man diese Sichtweise zugrunde, kann die antragstellende Gewerkschaft § 23 Abs. 3 BetrVG zur Geltendmachung von Verstößen des Arbeitgebers gegenüber dem Betriebsrat, den Arbeitnehmern und zur Geltendmachung von Verstößen gegen eigene im Betriebsverfassungsgesetz genannte Rechte heranziehen.

Fraglich bleibt dennoch, ob die Norm für die betroffene Gewerkschaft auch geeignet ist, gegen tarifwidrige Betriebsvereinbarungen vorzugehen. In diesem Zusammenhang wurde bereits darauf hingewiesen, dass die Sanktionsmöglichkeiten des § 23 Abs. 3 BetrVG vom Vorliegen eines „groben Verstoßes" des Arbeitgebers abhängen. Ein solcher Verstoß wird immer dann ausscheiden müssen, wenn die von den Betriebsparteien gewählte Auslegung des Tarifvertrags oder der Betriebsvereinbarung in Anbetracht einer noch ungeklärten Rechtsfrage als „vertretbar" zu werten ist[117]. Die Bejahung eines „groben Verstoßes" erscheint auch in Hinblick auf die einschneidenden Rechtsfolgen für den unter Umständen ebenfalls in Anspruch genommenen Betriebsrat nicht immer angemessen[118]. Im übrigen wäre mit der Auflösung des Betriebsrats auch nicht die Aufhebung der tarifwidrigen Betriebsvereinbarung verbunden[119]. Selbst bei Inanspruchnahme des Arbeitgebers scheint § 23 Abs. 3 BetrVG im Hinblick auf die Rechtsfolgen nicht der geeignete Rechtsbehelf zu sein: Eine Korrektur der tarifwidrigen Regelung käme nämlich nur für die Zukunft in Betracht. Das Verfahren nach § 23 Abs. 3 BetrVG wäre gegenüber dem Arbeitgeber letztlich nur eine erste „Abmahnung"[120].

---

114 BAG vom 22.2.1983, AP Nr. 2 zu § 23 BetrVG 1972; BAG vom 20.8.1991, AP Nr. 2 zu § 77 BetrVG (Tarifvorbehalt).

115 von Hoyningen-Huene, Anmerkung zu BAG vom 22.2.1983, AP Nr. 2 zu § 23 BetrVG 1972; ausführlich hierzu Gragert, S. 158 f.

116 Gragert, S. 160 f.

117 BAG vom 22.2.1983, AP Nr. 2 zu § 23 BetrVG 1972.

118 So auch Däubler, BB 1990, S. 2256, S. 2259; Schwarze, SAE 1994, S. 141, S. 142; Seifert, S. 276 spricht von einer Rechtsfolge die weit über das Ziel hinausschösse.

119 Aus diesem Grund hält auch Walker, ZfA 2000, S. 29, S. 33 f. den Rechtsschutz über § 23 Abs. 1 BetrVG für wenig sinnvoll.

120 Däubler, BB 1990, S. 2256, S. 2259; Lethert, S. 174.

Weitere grundsätzliche Bedenken ergeben sich aus der Tatsache, dass § 23 Abs. 3 BetrVG nur der Gewerkschaft, nicht aber dem Arbeitgeberverband ein Klagerecht einräumt. Dass auch für einen Arbeitgeberverband durchaus Anlass bestehen kann, gegen eine seiner Ansicht nach tarifwidrige Betriebsvereinbarung vorzugehen, verdeutlicht eine Entscheidung des LAG Hamm aus dem Jahre 1988[121]. In der Entscheidung verwehrte das Gericht dem Arbeitgeberverband wegen fehlender Antragsbefugnis die Möglichkeit, die Unwirksamkeit eines Spruchs der Einigungsstelle wegen Verstoßes gegen tarifvertragliche Regelungen feststellen zu lassen. Da der Arbeitgeberverband nicht zu dem Kreis der in § 23 BetrVG genannten Antragsberechtigten gehört, kam ein Vorgehen aufgrund der dortigen Regelungen schon im Vorfeld nicht in Betracht[122].

Gegen die grundsätzliche Anwendbarkeit des Verfahrens nach § 23 BetrVG hat auch Lieb[123] Einwände erhoben. Lieb bezweifelt, dass bei Abschluss tarifwidriger Betriebsvereinbarungen überhaupt die Voraussetzungen des § 23 BetrVG vorlägen. Er hält die Einbeziehung des § 77 Abs. 3 BetrVG in den Anwendungsbereich des § 23 BetrVG für problematisch, da die Vorschrift gar keine selbständig zu erfüllende Verpflichtung begründe, sondern eine objektiv zuständigkeitsabgrenzende Kompetenznorm enthalte. Sie wirke als solche, ohne dass es dafür auf irgendwelche Handlungen und Unterlassungen des Arbeitgebers oder des Betriebsrats ankomme. Die Auslegung des § 23 Abs. 1 und Abs. 3 als einer Norm, die Arbeitgeber und Betriebsrat verpflichten solle, das Gesetz auch da einzuhalten, wo sich die Rechtsfolge aus ihm selbst ergebe, wäre demgegenüber als singulär einzuordnen.

Die von Lieb gegebene Begründung vermag nicht zu überzeugen. Auch eine zuständigkeitsabgrenzende Kompetenznorm beinhaltet gegenüber den Handelnden doch die Anweisung, die Kompetenzgrenzen einzuhalten[124]. Der Schluss, dass § 77 Abs. 3 BetrVG aus der Bewehrung des § 23 BetrVG herausgenommen werden soll, weil § 77 Abs. 3 BetrVG bereits die Nichtigkeit als Rechtsfolge anordne, ist jedenfalls alles andere als zwingend. Genauso gut lässt sich denn auch umgekehrt argumentieren: Wenn der Gesetzgeber für einen Verstoß gegen § 77 Abs. 3 BetrVG als einschneidende Rechtsfolge die Nichtigkeit der Norm vorsieht, muss er bei derartigen Vorkommnissen von besonders gravierenden Verstößen ausgehen, andernfalls hätte es der Anordnung der Nichtigkeit kaum be-

121 LAG Hamm vom 21.12.1988, LAGE Nr. 33 zu § 76 BetrVG 1972.

122 Annuß, RdA 2000, S. 287, S. 291 hält dies im Ergebnis für richtig, da das Gesetz ihnen gerade nicht die Stellung eines Hüters der Betriebsverfassung zugewiesen habe. Dies ändert aber nicht die Tatsache, dass es zwar wenige, aber durchaus denkbare Konstellationen gibt, in denen auch der Arbeitgeberverband ein Interesse an der Antragsberechtigung haben kann.

123 Lieb in FS für Kraft, S. 343, S. 349 ff.

124 Annuß, RdA 2000, S. 287, S. 291.

durft. Ist mithin davon auszugehen, dass Verstöße gegen § 77 Abs. 3 BetrVG in besonders hohem Maße von der Rechtsordnung missbilligt werden, erscheint es nur sachgerecht zu sein, diese Form von Verstößen durch die Eröffnung der Sanktionsmöglichkeit des § 23 BetrVG für die Zukunft zu verhindern.

Beachtlicher ist der zweite von Lieb geäußerte Einwand, wonach sich Zweifel an der Anwendbarkeit des § 23 BetrVG bei Abschluss tarifwidriger Betriebsvereinbarungen vor allem daraus ergeben sollen, dass an einem solchen Abschluss notwendigerweise Arbeitgeber und Betriebsrat gemeinsam beteiligt seien.

Ähnliche Zweifel hat zuletzt auch das Bundesarbeitsgericht in seiner Entscheidung vom 20.04.1999[125] geäußert. Das Gericht hat in dieser Entscheidung die Frage aufgeworfen, ob § 23 Abs. 1 und Abs. 3 BetrVG überhaupt als Vorkehrung zur Abwehr von Verstößen gegen § 77 Abs. 3 BetrVG gedacht seien. Das Gericht führt zu der Vorschrift nunmehr aus, man könne § 23 BetrVG mit guten Gründe so verstehen, dass nur das ordnungsgemäße Funktionieren der Betriebsverfassung im Zusammenspiel von Arbeitgeber und Betriebsrat gewährleisten werden solle. Aus dieser Sicht wäre § 77 BetrVG, der den Kompetenzbereich der Betriebsverfassung und damit die gemeinsamen Handlungsmöglichkeiten der Betriebspartner zugunsten der Tarifautonomie gerade einschränke, nach Auffassung des Gerichts keine „Grundnorm der betriebsverfassungsrechtlichen Ordnung“, denn sein Zweck wäre nicht vom Schutzgegenstand des § 23 BetrVG umfasst.

Dass ursprünglich wohl auch die Gewerkschaften davon ausgingen, dass § 23 BetrVG zuvorderst das Funktionieren der Betriebsverfassung im Hinblick auf das Zusammenspiel zwischen Betriebsrat und Arbeitgeber gewährleisten wollte, zeigt auch das Gesetzgebungsverfahren. Der damalige Sachverständige des Deutschen Gewerkschaftsbundes Schneider begrüßte damals das Vorhaben, in § 23 Abs. 3 BetrVG ein Antragsrecht der Gewerkschaften zu verankern. Dieses ermögliche es, die Betriebsratsmitglieder, welche ja auch gleichzeitig Arbeitnehmer seien, in Fällen der Unterlassungsklage gegen den Arbeitgeber herauszuhalten[126].

Hieran wird deutlich, dass auch die Gewerkschaften aufgrund ihrer unabhängigen Stellung in ihrem Antragsrecht nach Abs. 3 in erster Linie eine Möglichkeit sahen, anstelle des Betriebsrats gegen den Arbeitgeber vorzugehen, falls die Zusammenarbeit zwischen den Betriebspartnern aufgrund von Pflichtverletzungen des Arbeitgebers fehlschlug. An ein Vorgehen gegen den mit dem Arbeitgeber zusammenwirkenden Betriebsrat war zu diesem Zeitpunkt noch gar nicht gedacht.

Aber auch wenn man sich ursprünglich einen gemeinsamen Verstoß von Arbeitgeber und Betriebsrat gegen ihre gesetzlichen Pflichten aus dem Betriebsver-

---

125 BAG SAE 1999, S. 253 ff.

126 Protokolle der 45. und 46. Sitzung des Bundestagsausschusses für Arbeit und Sozialordnung vom 24. und 25.2.1971, S. 47.

fassungsgesetz nur schwer vorstellen konnte, so hat die Auffassung, derartige Verstöße aus dem Anwendungsbereich des § 23 BetrVG herauszunehmen, jedenfalls keinen Niederschlag im Gesetz gefunden[127]. Dass die Vorschrift in Abs. 1 und Abs. 3 sowohl Sanktionsmöglichkeiten gegen den Betriebsrat als auch gegen den Arbeitgeber enthält und die Gewerkschaft in beiden Fällen auch antragsbefugt ist, dürfte wohl dafür sprechen, dass bei einem gemeinsamen pflichtwidrigen Vorgehen der Betriebsparteien, auch beide von der Gewerkschaft in Anspruch genommen werden dürfen.

Im Hinblick auf § 77 Abs. 3 BetrVG wird in diesem Zusammenhang weiterhin kritisch geltend gemacht, ein Verstoß gegen die Vorschrift durch gemeinsames Zusammenwirken beider Betriebspartner bewirke gar keine Störung der Betriebsverfassung, sondern eine solche der Tarifautonomie. Hieraus wird gefolgert, der nur die Verstöße gegen betriebsverfassungsrechtliche Pflichten ahndende § 23 BetrVG sei beim Abschluss tarifwidriger Betriebsvereinbarungen nicht anwendbar[128]. Diese Ansicht muss sich aber entgegenhalten lassen, dass § 77 BetrVG Teil der Betriebsverfassung ist. Allein die Existenz der Norm im Betriebsverfassungsgesetz zeigt, dass der Gesetzgeber auch die Beachtung von Tarifverträgen als Teil betriebsverfassungsrechtlicher Pflichten erachtet.

Die vorliegenden Überlegungen machen deutlich, dass bereits die Frage der Anwendbarkeit des § 23 Abs. 3 BetrVG bei Abschluss tarifwidriger Betriebsvereinbarungen in Zweifel gezogen werden kann. Aber selbst wenn man – wie hier vertreten – die Anwendung der Vorschrift befürwortet, erweist sich die Norm insbesondere unter Berücksichtigung der Voraussetzung des „groben Verstoßes" als wenig geeignet, um den Tarifvertrag vor Beeinträchtigungen durch betriebliche Regelungen zu schützen.

### 2. Urteilskritik

Akzeptiert man die Lesart der Vorschrift durch das Bundesarbeitsgericht aus dem Jahre 1991, findet § 23 Abs. 3 BetrVG auch dann Anwendung, wenn Arbeitgeber und Betriebsrat eine dem einschlägigen Tarifvertrag entgegenstehende Betriebsvereinbarung abschließen.

Doch selbst unter Zugrundelegung dieser Sichtweise kann das Urteil keineswegs als durchgehend konsequent und überzeugend bezeichnet werden. Auf die Tatsache, dass das Gericht den Begriff der „betriebsverfassungsrechtlichen Ordnung" zum Ausgangspunkt seiner Überlegungen macht und nicht den im Tatbestand der Norm genannten Begriff der „gesetzlichen Pflicht", wurde bereits hingewiesen[129].

127 So im Ergebnis auch Fischer, Anmerkung zu BAG vom 20.04.1999, EzA Nr. 65 zu Art. 9 GG, S. 62 f.

128 Walker, ZfA 2000, S. 29, S. 34 f.

129 Siehe unter I.

Schwächen des Urteils sind aber insbesondere auch dort erkennbar, wo zwischen § 77 Abs. 3 BetrVG als Grundnorm des Betriebsverfassungsgesetzes und § 87 Abs. 1 Einls. BetrVG als einer Norm, der diese Qualität nicht zukommt, unterschieden wird. Gleichermaßen auf Bedenken stößt die Annahme des Gerichts, in dem Verstoß gegen den vorhandenen (und nicht nur üblichen) Tarifvertrag keinen Verstoß gegen die betriebsverfassungsrechtliche Ordnung zu erblicken.

Zu diesen Aspekten des Urteils soll im folgenden kritisch Stellung bezogen werden.

*a) Unbeachtlichkeit eines Verstoßes einer Betriebsvereinbarung gegen tarifliche Vorgaben im Sinne des § 87 Abs. 1 Einls. BetrVG*

Der erkennende Senat nimmt in seiner Entscheidung aus dem Jahre 1991 auf seine Entscheidung vom 24.02.1987[130] Bezug. In dieser Entscheidung hat er sich im Hinblick auf das lange Zeit streitige Verhältnis von § 77 Abs. 3 BetrVG zu § 87 Abs. 1 Einls. BetrVG für die so genannten Vorrangtheorie entschieden, nach der § 77 Abs. 3 BetrVG nicht für Angelegenheiten gelten soll, die nach § 87 Abs. 1 BetrVG der Mitbestimmung des Betriebsrats unterliegen. Auf die Vorrangtheorie wird von dem Gericht nunmehr verwiesen und es scheint davon auszugehen, dass als Konsequenz der Vorrangtheorie ein Verstoß gegen den in § 87 Abs. 1 Einls. BetrVG fortgeschriebenen Tarifvorbehalt unbeachtlich sei. Dies soll sich daraus ergeben, dass die Betriebspartner bei Abschluss einer Betriebsvereinbarung über eine nach § 87 Abs. 1 BetrVG mitbestimmungspflichtige Angelegenheit in Ausübung ihrer Zuständigkeit und damit im Rahmen der betriebsverfassungsrechtlichen Ordnung handelten.

Diese Interpretation des § 87 Abs. 1 BetrVG auf die Vorrangtheorie zu stützen, erscheint bedenklich. Sie verkennt, dass die Vorrangtheorie gegenüber der so genannten Zwei-Schranken-Theorie letztlich nur dort eine Rolle spielen kann, wo es um die Frage der Schrankenwirkung einer tarifüblichen Regelung geht. Im vorliegenden Fall war aber über eine Betriebsvereinbarung zu befinden, die von den Tarifvertragsparteien in einem Tarifvertrag vorgegebene Rahmenregelungen zur Lage der Arbeitszeit nicht richtig umsetzte. Mit anderen Worten: Ein Tarifvertrag war nicht nur üblich, sondern auch existent.

Die vom Bundesarbeitsgericht angeführten Argumente zur Erhaltung der Mitbestimmung des Betriebsrats bei nur üblichem Tarifvertrag können aber nicht greifen, soweit es um die Bedeutung des bei bestehendem Tarifvertrags existierenden Tarifvorbehalts geht[131]. Es ist also keineswegs folgerichtig aus der Bejahung der Vorrangtheorie auf das Handeln der Betriebsparteien im Rahmen ihrer Zuständigkeit zu schließen, sobald ein in § 87 Abs. 1 BetrVG enthaltenes Mitbe-

130 BAG vom 24.2.1987, AP Nr. 21 zu § 77 BetrVG 1972.

131 So auch Kittner in seiner Anmerkung zu BAG vom 22.6.1993, EzA Nr. 35 zu § 23 BetrVG

stimmungsrecht betroffen ist. Die in § 87 Abs. 1 Einls. BetrVG genannten gesetzlichen und tariflichen Schranken müssen vielmehr ebenfalls Beachtung finden.

Dies muss auch dann gelten, wenn den Betriebsparteien in dem Tarifvertrag eine Regelungskompetenz zur Ausfüllung betrieblicher Rahmenregelungen zugesprochen wird. Denn die Ausübung des Mitbestimmungsrechts wird von den Tarifpartnern auf den ausfüllungsbedürftigen Rahmen beschränkt und kann jedenfalls nicht ohne deren Zustimmung auf die zwingend vorgegebenen tariflichen Eckdaten erweitert werden[132].

Von der (All-)Zuständigkeit der Betriebsparteien im Rahmen des § 87 Abs. 1 BetrVG, ohne Rücksicht auf gesetzliche oder tarifliche Vorgaben konnte also auf Grundlage der Vorrangtheorie mit der vom Bundesarbeitsgericht gegebenen Begründung nicht ausgegangen werden.

*b) § 87 Abs. 1 BetrVG als Grundnorm der betriebsverfassungsrechtlichen Ordnung?*

In seinem Urteil trifft das Bundesarbeitsgericht offensichtlich eine grundlegende Unterscheidung zwischen Normen, deren Verstoß grundsätzlich über § 23 Abs. 3 BetrVG gerügt werden kann, so genannte Grundnormen der betriebsverfassungsrechtlichen Ordnung, und Normen, deren Verstoß nicht über § 23 Abs. 3 BetrVG gerügt werden kann, da es sich bei ihnen gerade nicht um Grundnormen handelt. In seiner Entscheidung aus dem Jahre 1991 und auch in der später nachfolgenden aus dem Jahre 1993[133] spricht das Gericht von § 77 Abs. 3 BetrVG als einer „Grundnorm der betriebsverfassungsrechtlichen Ordnung" beziehungsweise einem „Eckpfeiler der betriebsverfassungsrechtlichen Ordnung".

§ 87 Abs. 1 BetrVG wird nicht als eine solche Grundnorm begriffen, weswegen der Verstoß hiergegen nicht im Rahmen des § 23 Abs. 3 (bzw. § 23 Abs. 1) BetrVG geltend gemacht werden können soll. Warum aber eine so zentrale Norm wie § 87 Abs. 1 BetrVG keine Grundnorm der betriebsverfassungsrechtlichen

---

132 Berg in FS Däubler, S. 495, S. 498; Oetker, SAE 1992, S. 158, S. 161 ist hier anderer Auffassung: Er ist der Meinung, tarifliche Rahmenregelungen besäßen wegen des Erfordernisses einer abschließenden Regelung nicht die Kraft, den Abschluss einer Betriebsvereinbarung zu verhindern, sie könnten lediglich ihre inhaltliche Rechtmäßigkeit beeinflussen. Die Betriebspartner hielten in dieser Konstellation die im BetrVG festgelegte Zuständigkeitsordnung ein. Oetker übersieht jedoch, dass von der Einhaltung der Zuständigkeitsordnung nur dann gesprochen werden kann, wenn sich die Betriebspartner in den von den Tarifparteien gesteckten Grenzen halten. Dort, wo es zu einer Überschreitung dieser Grenzen kommt, haben die Betriebspartner keinerlei Regelungsbefugnisse mehr, da sie sich dann im Regelungsbereich der Tarifpartner bewegen. Im übrigen reduziert Oetker das Urteil zu sehr auf die Überschreitung der von den Tarifparteien vorgegebenen Rahmenregelungen und nicht auf die grundlegende Problematik der Reichweite des Tarifvorbehalts in § 87 Abs. 1 Einls. BetrVG. Hierzu s. Schwarze, SAE 1994, S. 141, S. 145.

133 BAG SAE 1994, S. 136 ff.

Ordnung ist, geht weder aus der Entscheidung aus dem Jahre 1991 noch aus der Entscheidung aus dem Jahre 1993 hervor. Eine solche Sichtweise erscheint – gerade im Verständnis der Vorrangtheorie – auch nur schwer zu begründen. Die Vorrangtheorie will das Verhältnis von Betriebsautonomie und Tarifautonomie zwar zugunsten der Betriebsautonomie verschieben. Dies aber nicht um die betriebsverfassungsrechtliche Stellung der Tarifparteien zu schmälern, sondern nur um dort, wo weder tarifliche noch gesetzliche Regelungen vorhanden sind, den Arbeitnehmer durch die Eröffnung der Möglichkeit des Abschlusses einer Betriebsvereinbarung vor dem einseitigen Vorgehen des Arbeitgebers zu schützen. Der grundsätzliche Vorrang der Tarifautonomie wird hiervon nicht betroffen[134].

Verstößt eine Betriebsvereinbarung gegen den Tarifvorbehalt in § 87 Abs. 1 Einls. BetrVG verhält es sich folglich nicht anders als verstoße sie gegen § 77 Abs. 3 BetrVG. Beide Regelungen sind wegen Verstoßes gegen den Tarifvertrag unwirksam.

Die Verneinung des Grundnormcharakters des § 87 Abs. 1 BetrVG ist aber auch vor dem Hintergrund der Entstehungsgeschichte der Norm kaum zu erklären. § 87 Abs. 1 BetrVG ist gegenüber § 77 BetrVG die ältere Vorschrift[135]. Ihr Wortlaut entspricht dem des § 56 BetrVG 1952, einer Vorschrift, die schon damals auch im Bereich der jeweils eingeräumten Mitbestimmungsrechte sicherstellen sollte, dass den Koalitionen ein unbedingter Vorrang eingeräumt wird[136]. Auch das Bundesverfassungsgericht geht davon aus, dass es sich bei § 87 Abs. 1 BetrVG um eine durch Art. 9 Abs. 3 GG fundierte und unverzichtbare Norm zum Schutz der Koalitionsfreiheit handelt[137].

Nach alledem kann die vom Bundesarbeitsgericht begründete Auffassung, in § 87 Abs. 1 BetrVG keine Grundnorm der betriebsverfassungsrechtlichen Ordnung zu sehen, nur abgelehnt werden.

Insgesamt bleibt in Hinblick auf § 23 Abs. 3 BetrVG festzuhalten, dass der dort enthaltene Unterlassungsanspruch grundsätzlich wenig geeignet war, um hiermit gegen tarifwidrige Betriebsvereinbarungen vorzugehen. Wenn man aber bereit war, die Bedenken im Hinblick auf Eignung und Anwendbarkeit der Vorschrift hinten anzustellen, so muss man, was den Charakter der Norm betrifft, zu einer anderen Einschätzung als das Bundesarbeitsgericht gelangen. Dies gilt sowohl für die Frage der Eigenschaft als Grundnorm als auch für die Frage der Beachtlichkeit eines Verstoßes gegen § 87 Abs. 1 Einls. BetrVG. Danach war der Unterlassungsanspruch letztlich doch tragfähig, soweit ein Verstoß gegen § 87 Abs. 1 Einls. BetrVG in Rede stand.

---

134 Kittner in FS BAG, S. 247, S. 255; Schwarze, SAE 1994, S. 141, S. 145.

135 Zur Geschichte der Norm bis zum Betriebsrätegesetz vgl. Kittner Anmerkung zu BAG vom 22.6.1993, EzA Nr. 35 zu § 23 BetrVG.

136 Vgl. Fitting/Kraegeloh/Auffarth BetrVG, 7. Aufl. 1966, § 56 Rn. 9; Dietz, RdA 1955, S. 241, S. 243.

137 Vgl. BVerfGE 19, S. 303, S. 317 ff.

## § 4 Feststellungsklage nach § 9 TVG

§ 9 TVG bestimmt, dass rechtskräftige Entscheidungen der Gerichte für Arbeitssachen, die in Rechtsstreitigkeiten zwischen Tarifvertragsparteien aus dem Tarifvertrag oder über das Bestehen oder Nichtbestehen des Tarifvertrags ergangen sind, in Rechtsstreitigkeiten zwischen tarifgebundenen Parteien sowie zwischen diesen und Dritten für die Gerichte und Schiedsgerichte bindend sind.

Der Zweck dieser Verbandsklage besteht darin, es den Tarifvertragsparteien zu ermöglichen, über den Inhalt und die Auslegung von Tarifnormen Prozesse zu führen. Die Regelung ist erforderlich, da der normative, anders als der schuldrechtliche Teil des Tarifvertrags für die Tarifvertragsparteien selbst keine Rechte und Pflichten begründet[138]. Darüber hinaus dient die Vorschrift der Prozessökonomie, da so eine einheitliche Anwendung der Tarifverträge gesichert und Einzelstreitigkeiten hierüber vermieden werden[139].

Das Bundesarbeitsgericht hat in seinen Entscheidungen vom 18.8.1987[140], in denen es die Zulässigkeit eines gewerkschaftlichen Antrags auf Feststellung der Unwirksamkeit einer Betriebsvereinbarung beziehungsweise eines Spruchs der Einigungsstelle verneinte, darauf verwiesen, dass Rechtsschutz statt dessen über die Feststellungsklage nach § 9 TVG beziehungsweise die Klage der betroffenen Arbeitnehmer zu gewährleisten sei.

Die Regelung scheint indes nicht sonderlich effektiv, soweit es um die Geltendmachung eines Verstoßes gegen den Tarifvertrag geht: Bei der Klage nach § 9 TVG handelt es sich um eine Feststellungsklage im Sinne des § 256 ZPO, für deren Zulässigkeit mithin ein Feststellungsinteresse erforderlich ist[141]. Mag man ein solches auch nur verneinen, wenn die Tarifvertragsparteien um gedachte Rechtsfragen streiten[142], so wird die Zulässigkeit der Verbandsklage aber spätestens am Rechtsschutzbedürfnis scheitern, wenn zwischen den Tarifvertragsparteien überhaupt keinerlei Streitigkeit über die Auslegung einer Tarifnorm besteht[143]. An einer solchen Auslegungsstreitigkeit wird es immer dann fehlen, wenn der Tarifvertragsverstoß des Arbeitgebers offenkundig ist, weil sich die Betriebspartner bewusst dazu entschieden haben, sich über den Tarifvertrag hinwegzusetzen[144].

---

138 ErfK/Schaub § 9 TVG Rn. 1.

139 Wiedemann/Oetker § 9 Rn. 6.

140 BAG vom 18.8.1987 – 1 ABR 65/86, AP Nr. 6 zu § 81 ArbGG 1979 und BAG vom 18.8.1987 – 1 ABR 80/85 DB 1987, S. 2263 f.

141 Vgl. ErfK/Schaub § 9 TVG Rn. 15; Wiedemann/Oetker § 9 Rn. 17.

142 So ErfK/Schaub § 9 TVG Rn. 15.

143 So Däubler, BB 1990, S. 2256, S. 2257; Grunsky, DB 1990, S. 526, S. 528.

144 Däubler, BB 1990, S. 2256, S. 2257; Grunsky, DB 1990, S. 526, S. 528; Kittner in FS Stahlhacke, S. 253; Walker, ZfA 2000, S. 29, S. 32.

Im Übrigen kann im Verbandsklageverfahren nach § 9 TVG nicht geklärt werden, ob eine Betriebsvereinbarung infolge der Sperrwirkung des Tarifvertrags gem. § 77 Abs. 3 BetrVG/§ 87 Abs. 1 Einls. BetrVG unwirksam ist. Hierbei handelt es sich nicht um einen zulässigen Streitgegenstand der Verbandsklage.

Berücksichtigt man noch, dass mit der Feststellungsklage nach § 9 TVG kein Vollstreckungstitel gegen den einzelnen Arbeitgeber, der an der Umsetzung der tarifwidrigen Betriebsvereinbarung gehindert werden soll, verbunden ist, so wird vollends deutlich, dass § 9 TVG keinesfalls ein einem Klagerecht auf Unterlassung vergleichbarer Rechtsbehelf sein kann.

§ 9 TVG konnte mithin zu keinem Zeitpunkt als alternative Rechtsschutzmöglichkeit in Betracht gezogen werden.

## § 5 Einwirkungsklage

Der der Einwirkungsklage zugrunde liegende Gedanke der Einwirkungspflicht beruht seinerseits auf der Annahme einer Durchführungspflicht der durch den Tarifvertrag gebundenen Parteien. Da der Verbandstarifvertrag zwischen den Verbänden geschlossen wird, kann die Gewerkschaft die Erfüllung des Tarifvertrags auch nur vom Verband selbst, nicht aber vom Verbandsmitglied verlangen. Die Durchführung des Verbandstarifvertrags obliegt mithin den Verbandsmitgliedern. Um dennoch die Einhaltung des Verbandstarifvertrags zu gewährleisten, müssen die Tarifvertragsparteien entsprechend auf ihre Mitglieder einwirken[145]. Der Inhalt dieser Einwirkungspflicht besteht demzufolge darin, das sich nicht tarifgerecht verhaltende Mitglied einer Tarifvertragspartei dazu anzuhalten, die Regelungen des Tarifvertrags in Zukunft zu beachten[146].

Die prozessuale Ausgestaltung der Einwirkungsklage hat das Bundesarbeitsgericht in seinen Entscheidungen fast über ein ganzes Jahrzehnt lang entwickelt und immer wieder modifiziert[147]. Die Entwicklung dieser Rechtsprechung soll hier kurz dargestellt und einer kritischen Betrachtung unterworfen werden. Zunächst ist aber der von Buchner[148] aufgeworfenen grundsätzlichen Frage nachzugehen, ob die Einwirkungsklage überhaupt auf tarifwidrige Betriebsvereinbarungen Anwendung finden kann.

---

145 Gamillscheg in FS Henckel, S. 215, S. 228; Walker in FS Schaub, S. 743, S. 744 f.

146 Riesenhuber, BB 1993, S. 1001, S. 1005; Walker in FS Schaub, S. 743.

147 Vgl. BAG vom 9.6.1982, AP Nr. 1 zu § 1 TVG (Durchführungspflicht); BAG vom 3.2.1988, AP Nr. 20 zu § 1 TVG (Tarifverträge: Druckindustrie); BAG vom 29.4.1992, EzA Nr. 2 zu § 1 TVG (Durchführungspflicht).

148 Buchner, DB 1992, S. 572, S. 581 ff.

### *I. Anwendbarkeit der Einwirkungsklage auf tarifwidrige Betriebsvereinbarungen*

Im Rahmen einer Einwirkungsklage musste sich das Bundesarbeitsgericht erstmals in seiner Entscheidung vom 29.4.1992[149] mit einer tarifwidrigen Betriebsvereinbarung auseinandersetzen. Das Bundesarbeitsgericht sah in der Anwendbarkeit der Einwirkungsklage in dem ihm vorliegenden Fall offenbar kein Problem. Das Gericht führte insoweit aus, dass der Tarifvertrag nicht erfüllt werde, wenn Verbandsmitglieder Arbeitsbedingungen mit dem Arbeitsvertrags- oder Betriebspartner vereinbarten, die den Tarifnormen widersprächen. Nach Auffassung des Gerichts gehört es deshalb auch grundsätzlich zur Einwirkungspflicht einer Tarifvertragspartei gegenüber dem Tarifpartner, dass sie auf ihre Mitglieder einwirkt, tarifwidrige Maßnahme zu unterlassen. Das Landesarbeitsgericht Frankfurt[150] hatte zuvor in einer Entscheidung aus dem Jahre 1991 ebenfalls keinerlei Einwände gegenüber der Einwirkungsklage als Rechtsbehelf gegen tarifwidrige Betriebsvereinbarungen erhoben.

Buchner[151] hat dies abgelehnt, noch bevor die Entscheidung des Bundesarbeitsgerichts ergangen war. Er begründete dies damit, dass Aufgabe und Rechtswirkung der Tarifverträge bezogen auf Betriebsvereinbarungen ganz anderer Art seien als bezüglich der Arbeitsverträge. Der Tarifvertrag regele durch seine normativen Bestimmungen die Arbeitsverhältnisse aller tarifgebundenen Arbeitnehmer. Das Verhältnis Tarifvertrag und Betriebsvereinbarung stelle sich hingegen anders dar: Durch eine Betriebsvereinbarung werde ein – weiteres – Rechtsverhältnis zwischen Arbeitgeber und Betriebsrat begründet. Es sei aber nicht Aufgabe des Tarifvertrags, jedenfalls nicht seiner Inhaltsnormen, dieses Rechtsverhältnis auszugestalten. Der Tarifvertrag bleibe zwar auch mit seinen Inhaltsnormen für die Gestaltungsbefugnis der Betriebsparteien nicht ohne Wirkung, es werde durch ihn aber nicht das betriebliche Rechtsverhältnis Betriebsrat/Arbeitgeber ausgestaltet. Über den Abschluss der Betriebsvereinbarungen entschieden die Parteien des betrieblichen Rechtsverhältnisses, Arbeitgeber und Betriebsrat, in eigener Verantwortung. Die Ausgangssituation sei hier anders als auf arbeitsvertraglicher Ebene.

Ähnlich hat sich später Lieb[152] geäußert, der ebenfalls auf den Unterschied zwischen arbeitsvertraglicher und betrieblicher Ebene verweist. Der eigentliche Vorwurf im Hinblick auf tarifwidrige Betriebsvereinbarungen beziehe sich hier weniger auf die (erst sekundäre) Abweichung vom Tarifvertrag als solche als vielmehr auf die Missachtung der gesetzlichen Vorschriften, die den Vorrang des

---

149 BAG vom 29.4.1992, EzA Nr. 2 zu § 1 TVG (Durchführungspflicht).

150 LAG Frankfurt, DB 1991, S. 2390.

151 Buchner, DB 1992, S. 572, S. 581 ff.

152 Lieb in FS Kraft, S. 343, S. 347.

Tarifvertrags vor der Betriebsvereinbarung sichern sollen, also der Regelungssperren der §§ 77 Abs. 3, 87 Abs. 1 Einls. BetrVG. Nach Auffassung von Lieb wäre es eine deutliche Überdehnung der Durchführungspflicht, wollte man die Kompetenzüberschreitung durch die Betriebsvereinbarungsparteien hiervon erfassen. Die Durchführungspflicht solle nicht generell auf eine Verpflichtung zu gesetzmäßigen Verhalten, d.h. zur Respektierung der durch die Regelungssperren des Betriebsverfassungsgesetzes markierten Kompetenzverteilung, ausgeweitet werden.

Diese gegen die Anwendbarkeit der Einwirkungsklage auf tarifwidrige Betriebsvereinbarungen formulierten Bedenken vermögen jedoch im Ergebnis nicht zu tragen. Zutreffend ist insofern nur, dass Tarifverträge das Rechtsverhältnis Arbeitgeber-Arbeitnehmer wegen ihrer normativen Wirkung anders gestalten als das Rechtsverhältnis Betriebsrat-Arbeitgeber. Ungeachtet dessen stellen auch (oder besser: gerade) tarifwidrige Betriebsvereinbarungen eine Störung der tariflichen Ordnung dar[153]. Denn die tarifwidrige Betriebsvereinbarung versucht im gleichen Maße Arbeitsverhältnisse zu regeln wie der Tarifvertrag. Dies mag zwar rechtlich wegen der §§ 77 Abs. 3. 87 Abs. 1 Einls. BetrVG nicht möglich sein, rein tatsächlich kommt aber – indem die Grenzen der §§ 77 Abs. 3, 87 Abs. 1 Einls. BetrVG missachtet werden – einer solchen Betriebsvereinbarung für das Einzelarbeitsverhältnis eine vergleichbare Wirkung zu. Wenn der Tarifvertrag, obwohl sich das Verbandsmitglied dessen Regelungen unterworfen hat, tatsächlich nicht angewandt wird, bleibt die normative Geltung des Tarifvertrags in solchen Fällen ohne Wirkung. Hierin ist dann zweifelsfrei eine Störung der tariflichen Ordnung zu erblicken. Es ist aber gerade diese Störung der tariflichen Ordnung, welche die schuldrechtliche Einwirkungspflicht auslöst.

Anders als Buchner[154] behauptet, ist in der Anerkennung der Einwirkungsklage bei Vorliegen tarifwidriger Betriebsvereinbarungen auch keine unzulässige Rechtskontrolle oder Überwachung der Betriebs- durch die Tarifparteien zu sehen. Die hier vorgefundene Situation unterscheidet sich kaum von der bei einem Kaufvertrag, bei dem eine Partei auf Erfüllung „pocht“. Der Einwirkungsanspruch als Teil des Erfüllungsanspruchs hat lediglich die ordnungsgemäße Durchführung des Tarifvertrags zum Ziel[155].

Eine unzulässige Rechtskontrolle der Betriebsparteien durch den Arbeitgeberverband muss im Übrigen schon daran scheitern, dass den Betriebsparteien im Hinblick auf die einschlägigen Tarifbestimmungen keine eigenständige Rechtssetzungskompetenz mehr zukommt[156]. Selbst wenn eine Öffnungsklausel den Betriebsparteien Regelungsspielräume lässt, so könnte von diesen ebenfalls nur

153 So im Ergebnis auch Wallisch, S. 127.

154 Buchner, DB 1992, S. 572, S. 582.

155 So auch Wallisch, S. 128.

156 Vgl. auch Walker in FS Schaub, S. 743, S. 745.

im Rahmen der tariflichen Vorgaben Gebrauch gemacht werden. Für eine Regelung, die diese Vorgaben nicht beachtet, steht den Betriebsparteien ebenfalls keine eigenständige Rechtssetzungskompetenz mehr zu.

Weitere Bedenken gegen die Anwendbarkeit der Einwirkungsklage auf tarifwidrige Betriebsvereinbarungen bestehen laut Buchner[157] darin, dass die Einigungsstelle weder vom Arbeitgeberverband noch von Seiten der Gewerkschaft belangt werden könne, während ihr Spruch gegenüber dem Arbeitgeber verbindlich sei. Bei einer kontroversen Bewertung tariflicher Normen könne es bei Anerkennung einer Einwirkungspflicht dazu kommen, dass der Arbeitgeberverband auf den Arbeitgeber dahin einwirken müsse, eine bestimmte Regelung nicht zu vereinbaren, die von der Einigungsstelle aber ungeachtet dessen verfügt werden könne. Der Arbeitgeber müsse dann auf der Grundlage des § 76 Abs. 5 S. 3 und 4 BetrVG gegen den Einigungsstellenspruch vorgehen, obwohl er selbst die Betriebsvereinbarung als tarifkonform ansehe. Es sei schlechthin nicht mehr vertretbar, ein solches Konzept auf der Grundlage des § 242 BGB aus der Tariferfüllungspflicht abzuleiten.

Auch wenn eine Einwirkung auf die Einigungsstelle nicht möglich ist, erscheint es keine überobligatorische Belastung des Verbandsmitglied, wenn vom ihm eine rechtliche Überprüfung der auf einem Spruch der Einigungsstelle beruhenden Betriebsvereinbarung verlangt wird. Auch wenn dies seinen eigenen Überzeugungen in den meisten Fällen widersprechen mag, so ist dies doch notwendig, da es der Umsetzung der tariflichen Ordnung dient, der er sich als Verbandsmitglied unterworfen hat. Dass die Gewerkschaft gegenüber ihren Mitgliedern andere oder zum Teil gar keine Einwirkungsmöglichkeiten hat, kann nicht dazu führen, dass die Einwirkungsmöglichkeiten gegeneinander aufgewogen werden und nur dort, wo sie sich gleichwertig gegenüberstehen, Tariferfüllung von der jeweils anderen Seite verlangt werden kann. Eine solche Sicht würde die unterschiedlichen Strukturen von Arbeitgeber- und Arbeitnehmerverband unberücksichtigt lassen. Aufgrund der historisch bedingten Trennung von Betriebsrat und Gewerkschaften haben es Gewerkschaften gerade nicht in der Hand, auf den Betriebsrat in dem Maße Einfluss zu nehmen wie es der Arbeitgeberverband auf der anderen Seite auf den einzelnen Arbeitgeber tun kann. Verbandsmitglied der Gewerkschaft ist der einzelne Arbeitnehmer und nicht der Betriebsrat. Dass der einzelne Arbeitnehmer nicht zu einer gerichtlichen Überprüfung des Einigungsstellenspruchs veranlasst werden kann, ändert nichts daran, dass die tarifliche Ordnung umzusetzen ist, auch wenn nicht jede Seite mit der gleichen Intensität auf ihr Mitglied einwirken kann.

Die Einwirkungsklage muss daher auch dann Anwendung finden, wenn es darum geht, ein Verbandsmitglied von der Durchführung tarifwidriger Betriebsvereinbarungen abbringen.

---

157 Buchner DB 1992, S. 572, S. 582.

## *II. Voraussetzungen und Inhalt der Einwirkungsklage nach der Rechtsprechung des Bundesarbeitsgerichts*

Die Rechtsprechung des Bundesarbeitsgerichts zur Klage auf Einwirkung zur Durchführung eines Tarifvertrags war im Laufe der Jahre einigen Schwankungen unterworfen. In einer Entscheidung aus dem Jahre 1982[158] ging das Gericht noch davon aus, dass der Einwirkungsanspruch im Rahmen einer Feststellungsklage prozessual geltend zu machen sei. Das Gericht vertrat damals die Auffassung, die klagende Gewerkschaft könne keine Leistungsklage erheben, da es dem beklagten Arbeitgeberverband freistehen müsse, mit welchen Mitteln er auf seine Mitglieder einwirke, um die Einhaltung der tariflichen Regelung zu erreichen. Die Einwirkungspflicht sollte daher mit der Feststellungsklage geltend gemacht werden. Diese Rechtsprechung wurde von Grunsky[159] kritisiert, der sich für die Zulässigkeit einer Leistungsklage aussprach. Entscheidend sei in diesem Zusammenhang allein, dass nach materiellem Recht eine Einwirkungspflicht bestehe. Dieser Anspruch müsse prozessual auch durchgesetzt werden können. Dass der Anspruch vom materiellen Recht her weitgehend unbestimmt sei und seinem Inhaber kein Recht auf bestimmte Einwirkungsmaßnahmen gewähre, stehe seiner Einklagbarkeit im Wege der Leistungsklage nicht entgegen. Es komme hier allein der im Gesetz zwar nicht zum Ausdruck gebrachte, aber allgemein anerkannte Grundsatz zum Tragen, dass Gegenstand einer Leistungsklage und eines Leistungsurteils alles sein könne, was nach materiellem Recht geschuldet werde.

In der Folgezeit änderte das Bundesarbeitsgericht dann auch seine Rechtsprechung, indem es beim Vorliegen eines materiellrechtlichen Anspruchs der Gewerkschaft gegen den Arbeitgeberverband auf Einwirkung eine Leistungsklage grundsätzlich für zulässig erachtete[160]. Das Gericht sah die Leistungsklage allerdings nur dann als zulässig an, wenn der Klageantrag Angaben darüber enthielt, durch welche Maßnahmen die Tarifvertragspartei auf ihre Mitglieder einwirken solle. Da ein solcher Klageantrag nach Dafürhalten des Bundesarbeitsgerichts aber stets unbegründet war, wenn die beklagte Tarifvertragspartei satzungsgemäß in der Wahl ihrer Einwirkungsmittel frei war, sollte ein Vorgehen im Wege der Leistungsklage nur dann möglich sein, wenn satzungsgemäß oder nach ständiger Übung nur ein bestimmtes Einwirkungsmittel in Betracht kam.

Diese Sichtweise wurde ebenfalls kritisiert. Feudner[161] erschien es schon im Ansatz nicht schlüssig, die verbandsrechtlichen Durchsetzungsmöglichkeiten beziehungsweise -freiheiten gegenüber Mitgliedern zum Kriterium der zivilprozess-

---

158 BAG vom 9.6.1982, AP Nr. 1 zu § 1 TVG (Durchführungspflicht).

159 Grunsky, Anmerkung zu BAG vom 9.6.1982, AP Nr. 1 zu § 1 TVG (Durchführungspflicht).

160 BAG vom 3.2.1988, AP Nr. 20 zu § 1 TVG (Tarifverträge: Druckindustrie).

161 Feudner, DB 1991, S. 1118 f.

rechtlichen Durchführbarkeit einer Leistungsklage zwischen den Tarifvertragsparteien zu machen. Es könne prozessual letztlich nur darauf ankommen, ob ein Einwirkungsanspruch bestehe und ob er in der Sache, d.h. tarifrechtlich, begründet sei und nicht etwa darauf, ob im Verhältnis zu Dritten – Mitgliedern der Tarifvertragsparteien – dann Durchsetzungsprobleme oder verbandsrechtliche Barrieren bestünden. Auf diese hinter den Parteien einer Leistungsklage stehenden Dritten habe der Gewinner des Prozesses sowieso keinen mit staatlicher Hilfe durchsetzbaren vollstreckungsmäßigen Zugriff, auch nicht in dem Ausnahmefall, in dem das Bundesarbeitsgericht eine Leistungsklage für möglich erachte. Der Vollstreckungshebel könne nach der ZPO nur bei der Tarifvertragspartei selbst angesetzt werden.

Das Bundesarbeitsgericht hielt die in der Entscheidung aus dem Jahre 1988 geäußerte Auffassung in einer neuerlichen Entscheidung schließlich auch nicht mehr aufrecht. Mit Urteil vom 29.04.1992[162] entschied das Gericht, das in diesem Zusammenhang erstmals mit einer tarifwidrigen Betriebsvereinbarung befasst war, dass die Klage auf Einwirkung zur Durchführung eines Tarifvertrags auch dann als Leistungsklage zulässig sei, wenn kein bestimmtes Einwirkungsmittel benannt werde. Der auf „Einwirkung" gerichtete Klageantrag sei bestimmt genug im Sinne von § 253 Abs. 2 Nr. 2 ZPO. Einwirken auf einen Verband oder eine Person, eine Handlung vorzunehmen oder zu unterlassen, heiße, durch irgendein Tun den Dritten darauf hinzuweisen, er möge eine bestimmte Handlung vornehmen oder unterlassen. Dies bedeute allerdings, dass der Schuldner bei einer entsprechenden Verurteilung die freie Wahl habe, welches Mittel der Einwirkung er wähle, um dem Urteilsspruch gerecht zu werden. Dies mache jedoch entgegen der bisherigen Senatsrechtsprechung den entsprechenden Klageantrag nicht unbestimmt.

Das Bundesarbeitsgericht erkannte damit die Einwirkungsklage als Leistungsklage an. Ausgehend von dieser prozessualen Wertung sollen nunmehr die in der Entscheidung gefundenen materiellrechtlichen Voraussetzungen erläutert und einer kritischen Betrachtung unterworfen werden.

### 1. Tarifwidriges Verhalten

Der Einwirkungsanspruch setzt zunächst ein tarifwidriges Verhaltens eines Verbandsmitglieds voraus. Das Bundesarbeitsgericht führt dazu grundsätzlich unter Verweis auf das gleichlautende Schrifttum aus, dass, wer einen Vertrag geschlossen habe, sich daran halten und dafür sorgen müsse, dass die sich daraus ergebenden Verpflichtungen im Sinne des wirklich Gewollten erfüllt würden. Tarifvertragsparteien hätten dementsprechend auch alles zu unterlassen, was die tarifvertraglichen Regelungen leer laufen lassen könne.

162 BAG vom 29.4.1992, EzA Nr. 2 zu § 1 TVG (Durchführungspflicht).

Das Bundesarbeitsgericht nimmt anschließend nicht selbst zur Frage des Erfordernisses eines kollektiven Bezugs des tarifwidrigen Verhaltens Stellung[163]. Dies war in der Entscheidung aber auch nicht zwingend, da die dem Gericht vorliegenden tarifwidrigen Betriebsvereinbarungen zweifelsfrei einen solchen kollektiven Bezug hatten. Das Gericht stellt im Hinblick auf tarifwidrige Betriebsvereinbarungen in der Entscheidung allerdings fest, das, würde hier eine Einwirkung abgelehnt, dies zur Aushöhlung des Tarifvertrags führen könne.

Stellt man für den Einwirkungsanspruch auf das Merkmal einer „Aushöhlung" des Tarifvertrags ab, so wird man in der Tat gleichermaßen darauf abstellen müssen, dass das tarifwidrige Verhalten kollektive Züge aufweist, da ein einmaliger einzelvertraglicher Verstoß kaum zur Aushöhlung eines ganzen Tarifvertrags führen wird. Bei der Annahme eines solchen Erfordernisses kann sich die Abgrenzung eines kollektiven Tatbestands von einem individuellen aber als im Einzelfall äußerst schwierig erweisen[164].

Ob ein kollektiver Tatbestand letzten Endes erforderlich ist, oder ob auch der einmalige oder mehrfache einzelvertragliche Verstoß den Einwirkungsanspruch auslösen kann, kann im Rahmen einer tarifwidrigen Betriebsvereinbarung allerdings dahin stehen, da hier in jedem Fall der kollektive Bezug gegeben ist.

### 2. Eindeutigkeit des tarifwidrigen Verhaltens

Das Bundesarbeitsgericht stellt in seiner Entscheidung noch eine weitere Voraussetzung für das Eingreifen des Einwirkungsanspruchs auf. Der erkennende Senat vertrat in der Entscheidung die Auffassung, eine Einwirkungspflicht einer Tarifvertragspartei auf ihre Mitglieder, eine bestimmte Regelung der Arbeitsbedingungen wegen Tarifwidrigkeit zu unterlassen, könne nur dann bejaht werden, wenn die Auslegung des Tarifvertrags zwingend geboten sei, d.h. eindeutig ergebe, dass die Regelung nicht dem Tarifvertrag entspreche oder ein entsprechendes rechtskräftiges Urteil oder eine verbindliche Entscheidung einer tariflichen Schiedsstelle vorliege oder wenn die Tarifvertragspartei selbst von der Tarifwidrigkeit der Regelung ausgehe, weil es dann widersprüchlich sei, sich gegenüber dem Tarifpartner auf eine fehlende verbindliche Entscheidung zu berufen (venire contra factum proprium). Gerade weil die Einwirkungspflicht einer Tarifvertragspartei auf ihre Verbandsmitglieder aus dem Grundsatz von Treu und Glauben abzuleiten sei, könne ihr nur ein Einschreiten zugemutet werden, wenn für sie eindeutig erkennbar sei, dass das Verhalten des Verbandsmitglieds nicht dem Tarifvertrag entspreche. Das Gericht schließt seine Ausführungen mit der Begründung, dass eine Vertragspartei nur insoweit zur Unterstützung des Vertragspartners verpflichtet sei, als sich dies mit den eigenen Interessen vernünftigerweise vereinbaren lasse.

---

163 Hierzu aber Walker in FS Schaub, S. 743, S. 746.

164 Mehr zu der Frage unter Teil 2.

Das Bundesarbeitsgericht stellt in seiner Entscheidung mithin eine zusätzliche Hürde für das Eingreifen des Einwirkungsanspruchs auf. Die Voraussetzung einer eindeutigen, unstreitigen tariflichen Regelung erscheint recht unglücklich gewählt, da gerade die unklaren, wenig eindeutigen tariflichen Regelungen doch am ehesten dazu geeignet sind, einen Streit zwischen den Tarifvertragsparteien über die geschuldete Tariferfüllung zu provozieren.

Diese Verengung des Anwendungsbereichs des Einwirkungsanspruchs begegnet aber auch rechtlichen Bedenken. Die Einwirkungspflicht kann nach der Auffassung des Bundesarbeitsgerichts bei umstrittenen Rechts- oder Auslegungsfragen ja immer nur dann greifen, wenn zuvor ein Feststellungsverfahren nach § 9 TVG durchgeführt worden ist.

Dies führt bei konsequenter Durchführung von Feststellungs- und Einwirkungsklage jeweils über drei Instanzen zu einer überdurchschnittlich langen, prozessökonomisch nur schwer vertretbaren Verfahrensdauer, die wohl kaum mehr mit dem in Art. 19 Abs. 4 GG verankerten Gebot effektiven Rechtsschutzes in Einklang zu bringen wäre[165].

Nicht weniger bedenklich erscheint die Annahme des Gerichts, dass aufgrund der umstrittenen Rechtslage ein Einschreiten des Tarifpartners nicht zumutbar sei, da dieses dann den eigenen Interessen zuwiderlaufe. Bei nicht eindeutigen oder umstrittenen Regelungen innerhalb eines Vertragswerks handelt es sich aber nicht um Besonderheiten eines Tarifvertrags, sie sind vielmehr auch im Schuldrecht denkbar. Dort gilt es aber keineswegs als rechtsmissbräuchlich, auf Vertragserfüllung zu bestehen, wenn dies der gegnerischen Partei Unannehmlichkeiten bereitet. Nur in Fällen, in denen die Anerkennung der Leistungsverpflichtung als grob unbillig empfunden würde, wird dies durch die in § 242 BGB zum Ausdruck kommenden Wertungen verhindert[166]. Von einem Fall grober Unbilligkeit kann aber nicht ausgegangen werden, wenn eine Tarifpartei die Einhaltung einer Leistung fordert, von deren Bestehen sie überzeugt ist.

Es fragt sich weiterhin, warum die Einwirkung auf ein Verbandsmitglied unzumutbar sein soll, wenn die bis dahin streitige Auslegungsfrage als Vorfrage durch ein Gericht geklärt werden würde und damit verbindlich wäre[167]. Allein aus dem Umstand, dass der Verband neben dem Tarifpartner natürlich auch den eigenen Mitgliedern verpflichtet ist, kann sich keine Unzumutbarkeit ergeben. Zur Pflicht des Verbandes die Interessen seiner Mitglieder zu wahren, gehört es nämlich nicht, objektiv unrichtige Tarifvertragsauslegungen oder Rechtsansichten zu vertreten[168].

---

165 Rieble, Anmerkung zu BAG vom 29.4.1992, EzA Nr. 2 zu § 1 TVG (Durchführungspflicht); Riesenhuber, BB 1993, S. 1001, S. 1007.

166 Vgl. Palandt § 242 Rn. 38 ff.

167 Schwarze, ZTR 1993, S. 229, S. 232.

168 Walker in FS Schaub, S. 743, S. 750.

Das vom Bundesarbeitsgericht aufgestellte Erfordernis der eindeutigen Rechtslage ist mithin abzulehnen. Entgegen der Auffassung des Gerichts ist die Einwirkungsklage daher auch auf Fälle streitiger Tarifauslegungen bzw. Rechtsfragen anzuwenden.

### 3. Inhalt des Einwirkungsanspruchs

Der inhaltlichen Ausgestaltung des Einwirkungsanspruchs werden durch das von der Verbandssatzung beherrschte Rechtsverhältnis zwischen Tarifpartei und Mitglied enge Grenzen gesetzt. In Betracht kommen nur Sanktionsmittel, die auch in der Verbandssatzung enthalten sind[169]. Denkbar sind sowohl der Verbandsausschluss als auch eher als „symbolisch" zu bewertende Einwirkungen wie die telefonische Ermahnung gegenüber dem Mitglied, sich tarifkonform zu verhalten. Das Verlangen nach einer bestimmten Sanktion seitens des klagenden Verbandes kommt nach dem Bundesarbeitsgericht wohl nur dann in Betracht, wenn die Satzung nur eine einzige Sanktion kennt, ansonsten soll jede noch so schwache Einwirkung dem Einwirkungsanspruch gerecht werden[170].

## *III. Geeignetheit der Einwirkungsklage als Rechtsbehelf*

Die Ausführungen zur inhaltlichen Gestaltung des Einwirkungsanspruchs verdeutlichen, dass es sich bei der Einwirkungsklage um keinen besonders effektiven Rechtsbehelf handelt. Mit ihr kann zwar eine zulässige und – bei objektivem Vorliegen der Tarifwidrigkeit – auch eine begründete Klage erhoben werden, die Erfüllung des Anspruchs ist jedoch schnell erledigt, ohne dass es auf den Erfolg der getroffenen Maßnahmen ankommt. Dadurch, dass die Wahl des Einwirkungsmittels darüber hinaus in den Händen des beklagten Verbandes liegt und theoretisch ein ermahnender Telefonanruf genügt, ist die Einwirkungsklage wenig geeignet, tarifwidriges Arbeitgeberverhalten zu unterbinden. Es hat sich daher im Schrifttum auch niemand gefunden, der der Klage eine ernsthafte Wirkung beigemessen hat[171].

---

169 Kasper, DB 1993, S. 682, S. 683 f.

170 Vgl. BAG vom 3.2.1988, AP Nr. 20 zu § 1 TVG (Tarifverträge: Druckindustrie) und BAG vom 29.4.1992, EzA Nr. 2 zu § 1 TVG (Durchführungspflicht).

171 Däubler, AuR 1995, S. 305, S. 308 spricht von der „Karikatur eines Rechtsbehelfs"; Kittner in FS BAG, S. 247, S. 253 führt zur Einwirkungsklage aus: „Sie vermag in bestimmten Fällen politisch-plakativ Rückendeckung gegenüber dem einzelnen Arbeitgeber zu schaffen, prallt jedoch an einem dezidiert tarifunwilligen Arbeitgeber wirkungslos ab"; Lethert von „keinem wirksamen Mittel"; Walker in FS Schaub, S. 743, S. 759 vertritt die Auffassung, die Tarifpartei erhalte „Steine statt Brot", in ZfA 2000, S. 29, S. 31 spricht er nochmals von einem „stumpfen Schwert"; Weiss, S. 467, S. 474 führt aus, dass der Weg über die Einwirkungsklage nicht nur umständlich, sondern auch in höchstem Maße ineffizient sei, da der Wirkungsgrad innerverbandlicher Sanktionsmittel eher bescheiden anmute, und im Übrigen von der Gewerkschaft so gut wie nicht kontrolliert werden könne, inwieweit

## § 6 Klage des einzelnen Arbeitnehmers

Bei der Klage des einzelnen Arbeitnehmers zur Durchsetzung seiner tarifvertraglich gesicherten Rechte handelt es sich neben der Feststellungsklage nach § 9 TVG um einen weiteren Rechtsbehelf, auf den das Bundesarbeitsgericht in seinen Entscheidungen vom 18.08.1987[172] als Alternative zu einem gewerkschaftlichen Klagerecht verwiesen hat.

Soweit ersichtlich, wird das Bestehen der Möglichkeit einer Individualklage zur Durchsetzung tarifvertraglicher Rechte in keiner juristischen Veröffentlichung in Abrede gestellt. Das bloße Bestehen der Klagemöglichkeit sagt jedoch allein noch nichts über die tatsächliche Wahrnehmung dieses „Angebots“ von Arbeitnehmerseite aus.

Die vorhandenen Statistiken hierzu beruhen auf Erhebungen aus den sechziger Jahren, wonach ca. 80 Prozent aller gewerkschaftlich organisierten Arbeitnehmer erst nach Beendigung des Arbeitsverhältnisses ein Arbeitsgericht anriefen und die restlichen 20 Prozent, die dies schon während des Bestehens des Arbeitsverhältnisses taten, überwiegend aus dem öffentlichen Dienst und zu einem kleineren Teil aus Großbetrieben kamen[173]. Eine aktuelle Erhebung existiert zwar nicht, misst man aber den bekannteren Entscheidungen wie Viessmann[174] und Burda[175] eine gewisse Aussagekraft bei, so wird deutlich, dass die Bereitschaft zu klagen oder sich auf andere Art zur Wehr zu setzen, so gut wie nicht vorhanden ist[176].

Diese in der Praxis vorgefundenen Erfahrungen lassen sich durchaus auf einige theoretische Erwägungen stützen. Führt man sich die Situation eines Arbeitnehmers vor Augen, der sich einer tarifwidrigen Betriebsvereinbarung oder auch einer informellen Regelungsabrede gegenüber sieht und der nun vor der Frage einer klageweisen Durchsetzung seiner Ansprüche beziehungsweise bei einer Regelungsabrede vor der Frage der Zustimmung zur einzelvertraglichen Umsetzung steht, so wird schnell deutlich, dass hier Hindernisse sozialer und psychologischer Natur eine Rolle spielen können. Insbesondere in wirtschaftlich angespannten Zeiten, in denen der Erhalt des Arbeitsplatzes eine überragende Rolle

---

der Arbeitgeberverband die Tarifvertragsdurchsetzung gegenüber seinen Mitgliedern tatsächlich betreibe.

172 BAG vom 18.8.1987 – 1 ABR 65/86 AP Nr. 6 zu § 81 ArbGG 1979 und BAG vom 18.8.1987 – 1 ABR 80/85 DB 1987, S. 2263 f.

173 Vgl. Ramm, KJ 1970, S. 175, S. 181.

174 ArbG Frankfurt NZA 1996, S. 1340 und ArbG Marburg NZA 1996, S. 1331.

175 BAG SAE 1999, S. 253 ff.

176 In den Fällen Viessmann und Burda ging es jeweils nicht um tarifwidrige Betriebsvereinbarungen, sondern um informelle Regelungsabreden mit dem Betriebsrat, die dann einzelvertraglich umgesetzt wurden. Nach den Angaben der beiden Arbeitgeber im Prozess stimmten ca. 96 beziehungsweise 98,5 Prozent der Belegschaft der einzelvertraglichen Umsetzung zu.

spielt, wird wohl kaum ein Arbeitnehmer bereit sein, in dieser für den Arbeitgeber aller Wahrscheinlichkeit nach nur als negativ empfundenen Art und Weise auf sich und seine Rechte aufmerksam zu machen. Ebenso kann es sich verhalten, wenn sich der Arbeitnehmer mögliche Aufstiegschancen offen halten möchte[177].

Nicht unproblematisch erscheint auch die kollektive Dimension einer gerichtlichen Auseinandersetzung mit dem Arbeitgeber. Als besonders unangenehm wird eine solche Auseinandersetzung wohl dann empfunden werden, wenn der Arbeitnehmer, mit seiner Entscheidung zu klagen, vereinzelt bleibt. Von einigem Gewicht dürfte es auch sein, wenn der Betriebsrat als das Organ, welches zur Vertretung der Interessen der Belegschaft geschaffen wurde, an der tarifwidrigen Vereinbarung, sei es in Form einer Betriebsvereinbarung, sei es in Form einer Regelungsabrede, mitgewirkt hat. Damit verletzt der Betriebsrat seine in § 80 Abs. 1 Nr. 1 statuierte Aufgabe, über die zugunsten der Arbeitnehmer geltenden Tarifverträge zu wachen. Dass die unter normalen Umständen zu erwartende Unterstützung durch den Betriebsrat hier wegfällt, dürfte sich ebenfalls nachteilig auf die Motivation eines Arbeitnehmers, zu klagen, auswirken.

Lieb spricht im Hinblick auf solche Erwägungen von bloßen subjektiven Vermutungen[178]. Er räumt allerdings selbst ein, dass wohl richtig sei, dass entsprechende Individualklagen selten sein werden. Welche und warum andere Gründe hierfür ausschlaggebend sein sollen, wird von ihm allerdings nicht erläutert. Zuzugeben ist in diesem Zusammenhang sicherlich, dass ein Arbeitnehmer auch dann nicht klagen wird, wenn die Betriebsvereinbarung nach dem eigenen Dafürhalten günstigere Regelungen als der Tarifvertrag schafft. Dann besteht für den Arbeitnehmer keinerlei Bedürfnis den Klageweg zu beschreiten[179]. Ein Verstoß gegen § 77 Abs. 3 BetrVG bliebe in derartigen Fällen folgenlos, wenn es allein der Arbeitnehmer in der Hand hätte, Klage zu erheben.

Selbst wenn aber eine Situation gegeben ist, in der sich der Arbeitnehmer bereit findet, Klage zu erheben, so bleibt dennoch das Problem der Rechtskrafterstreckung. Das Urteil selbst entfaltet anders als bei der Klage nach § 9 TVG nur Rechtskraft zwischen den Parteien des Rechtsstreits[180]. Eine endgültige Klärung der Nichtigkeit einer Betriebsvereinbarung ist auf diesem Wege nicht zu erreichen[181].

---

177 In diesem Sinne auch Däubler, BB 1990, S. 2256, S. 2258; Kittner in FS BAG, S. 247, S. 250.

178 Lieb in FS Kraft, S. 343, S. 354.

179 So auch Däubler, BB 1990, S. 2256, S. 2258; Grunsky DB 1990, S. 526, S. 528; Lethert, S. 175.

180 Zur Rechtskraft des Urteils, vgl. BLAH § Einf. §§ 322-327 Rn. 20; zur Anwendbarkeit des § 322 ZPO im Arbeitsgerichtsprozess, BAG NJW 2002, S. 1287, S. 1288.

181 Grunsky, DB 1990, S. 526, S. 528.

Wird die Durchsetzung eines Tarifvertrages allein von der Klage eines Arbeitnehmers abhängig gemacht, ist weiterhin zu bemängeln, dass das Verhältnis Individuum – Organisation nicht konsequent umgesetzt wird[182]. Arbeitnehmerinteressen werden dann nicht mehr durch die Gewerkschaften vertreten, sondern umgekehrt Gewerkschaftsinteressen durch den einzelnen Arbeitnehmer[183]. Der Gedanke der Vertretung der Arbeitnehmerinteressen durch Gewerkschaften beruht aber gerade darauf, dass der Einzelne allein dem Arbeitgeber in unterlegener Position gegenüber steht.

Die Individualklage bietet damit neben all den Schwächen, die mit ihr schon für den einzelnen Arbeitnehmer verbunden sind, auch keinen ausreichenden Rechtsschutz für die hinter dem Arbeitnehmer stehende Koalition.

## § 7 Klage der Gewerkschaft für den einzelnen Arbeitnehmer in gewillkürter Prozessstandschaft

Es ist mittlerweile allgemein anerkannt, dass der Inhaber eines Rechts einen Dritten ermächtigen kann, im eigenen Namen und auf eigene Rechnung dieses Recht gerichtlich durchzusetzen[184]. Bei einer solchen gewillkürten Prozessstandschaft handelt es sich um eine besondere Form der Prozessführungsbefugnis. Voraussetzung für deren Zulässigkeit ist zum einen die Ermächtigung des Rechtsträgers zur Prozessführung durch den Prozessstandschafter in dessen eigenen Namen und zum anderen das Vorliegen eines eigenen rechtsschutzwürdigen Interesses des Prozessstandschafters, das fremde Recht geltend zu machen[185].

Da die gewillkürte Prozessstandschaft als Institut grundsätzlich anerkannt ist, soll an dieser Stelle ausgehend von der Rechtsprechung der Frage nachgegangen werden, ob auch eine Klage der Gewerkschaften in gewillkürter Prozessstandschaft für den einzelnen Arbeitnehmer ein zulässiger Rechtsbehelf sein kann, um tarifwidriges Arbeitgeberverhalten zu unterbinden.

### *I. Die Rechtsprechung des Bundesarbeitsgerichts und des Bundesgerichtshofs zur gewillkürten Prozessstandschaft*

Zur Zulässigkeit der gewillkürten Prozessstandschaft eines Verbandes für das einzelne Mitglied haben sowohl das Bundesarbeitsgericht als auch der Bundesgerichtshof Stellung genommen. Die Grundzüge der Entscheidungen sind im folgenden kurz dargestellt und kritisch gewürdigt werden.

---

182 Däubler, BB 1990, S. 2256, S. 2258; Matthießen, DB 1988, S. 290.

183 Lethert, S. 176.

184 A. A. soweit ersichtlich nur Koch, JZ 1984, S. 809 ff.

185 Ganz h. M. vgl. nur BGH NJW 2000, 738; BGH NJW 1999, S. 1717 f.; BLAH/Hartmann Grdz § 50 Rn. 29 ff.; T/P § 51 Rn. 32.

## 1. Entscheidungen des Bundesarbeitsgerichts zur gewillkürten Prozessstandschaft

Das Bundesarbeitsgericht hat sich bereits in der hier unter dem Feststellungsantrag im Beschlussverfahren[186] dargestellten Entscheidung zur Möglichkeit einer gewillkürten Prozessstandschaft von Gewerkschaftsseite geäußert. In dieser Entscheidung vom 08.11.1957[187] erteilt das Gericht zunächst der Idee einer gewerkschaftlichen Klage „in der Art eines gesetzlichen Vertreters" eine Absage. Diese sei mit der Persönlichkeit und der Entfaltungsfreiheit des Arbeitnehmers nicht vereinbar. Zur gewillkürten Prozessstandschaft führt das Gericht aus, dass Voraussetzung hierfür auf jeden Fall die Ermächtigung durch die Arbeitnehmer wäre. Die Gewerkschaft habe aber selbst nichts für das Vorliegen einer Ermächtigung vorgetragen. Mit dieser Entscheidung hat das Bundesarbeitsgericht mithin noch nicht die Möglichkeit einer gewerkschaftlichen Klage in gewillkürter Prozessstandschaft ausgeschlossen, sondern eine solche Vorgehensweise bei Vorliegen einer Ermächtigung offensichtlich für denkbar gehalten.

In seinen späteren Entscheidungen vom 21.12.1982[188] und vom 12.9.1984[189] hatte sich das Bundesarbeitsgericht nicht mit Klagen von Seiten der Gewerkschaft, sondern des Arbeitgeberverbands für seine Verbandsmitglieder zu befassen.

Ausgangspunkt des Rechtsstreits vom 21.12.1982 war die Frage, ob die beklagte Gewerkschaft berechtigt war, während eines von ihr um tarifliche Arbeitsbedingungen geführten Arbeitskampfes, den die Arbeitgeberseite mit Aussperrungen beantwortet hatte, auch Arbeitnehmer eines anderen, nicht umkämpften Tarifbereichs zur Teilnahme an von ihr veranstalteten Protestkundgebungen gegen Aussperrungen aus den Betrieben herauszurufen. Mit der Klage erstrebte der Arbeitgeberverband die Feststellung der Rechtswidrigkeit der gewerkschaftlichen Aufrufe und die Verurteilung zur Unterlassung derartiger Aufrufe für die Zukunft. Der Arbeitgeberverband machte hier sowohl eigene Rechte wie auch im eigenen Namen Rechte von Mitgliedsfirmen der ihm angeschlossenen Verbände geltend.

In seinem Urteil legt das Gericht zunächst zutreffend die Voraussetzungen der gewillkürten Prozessstandschaft dar: Sie setze zu ihrer prozessrechtlichen Zulässigkeit die Ermächtigung des Rechtsträgers zur Prozessführung des Prozessstandschafters in dessen eigenen Namen und ferner ein eigens rechtsschutzwürdiges Interesse des Prozessstandschafters an der Verfolgung des fremden Rechts voraus. Anschließend überprüft das Gericht das Vorliegen entsprechender Prozess-

186 Vgl. unter § 2.

187 BAG vom 8.11.1957, AP Nr. 7 zu § 256 ZPO.

188 BAG DB 1983, S. 1098 ff.

189 BAG DB 1984, S. 2563 ff.

führungsermächtigungen. Soweit diese nicht vorliegen, erklärt es die erhobene Feststellungsklage aus diesem Grund für unzulässig. Soweit Prozessführungsermächtigungen der Mitgliedsfirmen der Mitgliedsverbände hingegen erteilt wurden, verneint der erkennende Senat das weiterhin erforderliche eigene rechtsschutzwürdige Interesse des Klägers, die Unterlassungsansprüche im eigenen Namen gerichtlich geltend zu machen.

Das eigene rechtsschutzwürdige Interesse des Arbeitgeberverbands wurde hier verneint, obwohl dieser nach seiner Satzung die Aufgabe hatte, die gemeinschaftlichen sozialpolitischen und arbeitsrechtlichen Fragen der nordrhein-westfälischen Metallindustrie zu behandeln. Nach Auffassung des Gerichts soll sich ein rechtsschutzwürdiges Interesse auch nicht aus der Stellung des Arbeitgeberverbands als Tarifvertragspartei herleiten lassen. Soweit die beklagte Gewerkschaft durch Kampfmaßnahmen ihre Pflichten aus den mit dem Arbeitgeberverband abgeschlossenen Tarifverträgen, hier insbesondere ihre tarifliche Friedenspflicht verletze, könne sich der Kläger als Tarifvertragspartei gerichtlich zur Wehr setzen und bei Wiederholungsgefahr einen eigenen Unterlassungsanspruch klageweise geltend machen. Insoweit bedürfe es nicht des Rückgriffs auf fremde Unterlassungsansprüche und deren gerichtliche Geltendmachung im eigenen Namen als Prozessstandschafter. Führte die beklagte Gewerkschaft dagegen Kampfmaßnahmen durch, die nicht gegen die tarifliche Friedenspflicht verstießen, so würden dadurch die Rechte des klagenden Verbandes als Tarifvertragspartei nicht berührt. Vielmehr könnten dann nur deliktische Ansprüche der durch die Kampfmaßnahmen betroffenen Unternehmen aus dem Gesichtspunkt des Eingriffs in ihren ausgeübten und eingerichteten Gewerbebetrieb (§ 823 Abs. 1 BGB) in Betracht kommen.

Das Gericht trennt hier also strikt zwischen Ansprüchen aus der Verletzung der tariflichen Friedenspflicht, gegen die sich der Verband als Kläger aus eigenem Recht zur Wehr setzen können soll und rein deliktischen Ansprüchen aus § 823 Abs. 1 BGB, die nur durch das betroffene Unternehmen selbst geltend gemacht werden sollen. Hierbei übersieht es jedoch, dass der Arbeitgeberverband nicht nur Tarifpartei ist, sondern auch Koalition im allgemeinen. Hiermit ist aber gleichermaßen die Stellung als arbeitsrechtliches Schutzkollektiv gegenüber den Mitgliedsunternehmen verbunden[190].

In den weiteren Entscheidungsgründen entnimmt das Bundesarbeitsgericht auch nicht der allgemeinen Stellung der Koalitionen als Ordnungsfaktoren des Arbeitslebens ein eigenes rechtliches Interesse des Arbeitgeberverbandes. Ihre Ordnungsfunktion im Arbeitsleben erfüllten die Koalitionen gemeinsam durch Schaffung von Kollektivvereinbarungen mit normativer Wirkung für ihre Mitglieder. Von dieser Ordnungsaufgabe her hätten sie auch ein eigenes rechtliches Interesse, die von ihnen geschaffenen Tarifnormen gleichmäßig zur Geltung zu

190 Dütz, Anmerkung zu BAG vom 21.12.1982, EzA Nr. 1 zu § 1 TVG (Friedenspflicht).

bringen und deren richtige Anwendung zu sichern. Dem trage der Gesetzgeber durch § 9 TVG Rechnung. Das Gericht nimmt zuletzt bezug auf seine frühere Rechtsprechung, nach der es von ihm stets abgelehnt wurde, aus der oben beschriebenen Ordnungsaufgabe eine Befugnis der Koalitionen herzuleiten, die durch Tarifnormen begründeten Rechtspositionen ihrer Mitglieder im eigenen Namen gerichtlich geltend zu machen. Im übrigen fügt das Gericht an, dass der Arbeitgeberverband seine rechtliche Unterstützungsfunktion auch dadurch wahrnehmen könne, dass er sich von den Mitgliedsfirmen Prozessvollmacht erteilen ließe.

Diese Ausführungen des Bundesarbeitsgerichts, in denen das Vorliegen eines eigenen rechtsschutzwürdigen Interesses unter mehreren Gesichtspunkten untersucht und dann verneint wird, vermögen nicht zu überzeugen. So geht das Gericht, ohne sein Ergebnis näher zu begründen, davon aus, dass sich die allgemeine Stellung der Koalitionen als Ordnungsfaktoren im Arbeitsleben darin erschöpfe, Kollektivvereinbarungen zu schaffen. Die richtige Anwendung des Tarifvertrags soll darüber hinaus nur durch § 9 TVG gesichert werden. Dass es in dem vom Bundesarbeitsgericht zu entscheidenden Sachverhalt – wie auch umgekehrt bei der Entscheidung über tarifwidriges Arbeitgeberverhalten, dem eine gewisse Breitenwirkung zukommt – um die Beurteilung kollektiven Verhaltens der gegnerischen Koalition sowohl den Mitgliedern wie der klagenden Koalition gegenüber im Rahmen des verfassungsrechtlichen Verhältnisses des Art. 9 Abs. 3 GG geht, wird in der Entscheidung übergangen[191].

Eine gewillkürte Prozessstandschaft wird durch § 9 TVG jedenfalls ebenso wenig ausgeschlossen wie durch die Tatsache, dass dem Prozessstandschafter neben dem geltend gemachten fremden Recht auch noch eigene Rechte gegen den Beklagten zustehen. Gleichermaßen verfehlt ist der Hinweis auf die Wahrnehmung der Unterstützungsfunktion durch die Erteilung einer Prozessvollmacht. Eine Prozessstandschaft wird nicht dadurch obsolet, dass sich der Verband eine Prozessvollmacht erteilen lassen kann. Dütz[192] weist in seiner Entscheidungsanmerkung zu Recht darauf hin, dass die reine Prozessvollmacht über zwei entscheidende Charakteristika der Prozessstandschaft nicht verfügt: Zum einen in tatsächlicher Hinsicht, die im verbandlichen Interesse wichtige Breitenwirkung kraft der Prozessführung und zum anderen in rechtlicher Hinsicht, die Rechtskraft der Entscheidung, die nicht nur für und gegen den Prozessstandschafter wirkt, sondern auch gegenüber den Rechtsträgern, die der Prozessführung zugestimmt haben.

191 Dies kritisiert im Hinblick auf das Urteil vom 21.12.1982 auch Heinze, SAE 1983, S. 224, S. 229.

192 Anmerkung zu BAG vom 21.12.1982, EzA Nr. 1 zu § 1 TVG (Friedenspflicht).

In der darauf folgenden Entscheidung vom 12.9.1984[193] ging es dem in gewillkürter Prozessstandschaft klagenden Arbeitgeberverband darum, feststellen zu lassen, dass die von der beklagten Gewerkschaft während der laufenden Tarifverhandlungen organisierten Streiks rechtswidrig waren und ihr ein solches Verhalten für die Zukunft zu untersagen.

Das Bundesarbeitsgericht stellt in dem Fall erneut fest, dass soweit die Mitgliedsunternehmen dem Arbeitgeberverband eine Prozessführungsermächtigung erteilt hätten, es an dem erforderlichen eigenen rechtsschutzwürdigen Interesse des Arbeitgeberverbandes fehle, die Unterlassungsansprüche der Mitgliedsunternehmen im eigenen Namen gerichtlich gelten zu machen. Der erkennende Senat verweist zur Begründung auf seine vorangehende Entscheidung aus dem Jahre 1982. Darüber hinaus vermeidet er es in der Sache zur Rechtsansicht des Arbeitgeberverbands Stellung zu nehmen, nach der das erforderliche rechtliche Interesse, das fremde Recht im eigenen Namen geltend machen zu können, schon aus seiner Satzung folge. Die Satzung verpflichte den Arbeitgeberverband, die arbeitsrechtlichen Interessen seiner Mitglieder wahrzunehmen. Das Gericht führt in diesem Zusammenhang nur noch aus, es könne offen bleiben, ob die Berufung auf eine Satzung allein das besondere rechtliche Interesse an der gewillkürten Prozessstandschaft rechtfertigen könne. Die Interessen der Mitgliedsunternehmen würden nämlich in geeigneter Weise schon dadurch wahrgenommen, dass der Verband Tarifverträge abschlösse und den Arbeitskampf auf Seiten der Arbeitgeber organisiere.

Des weiteren stellt das Bundesarbeitsgericht in der Entscheidung fest, das allgemeine Interesse des Arbeitgeberverbands, Klarheit über Rechtsregeln zu gewinnen, rechtfertige nicht das besondere Interesse, das für eine gewillkürte Prozessstandschaft erforderlich sei. Zuletzt wird in der Entscheidung dargelegt, dass auch die Scheu der betroffenen Mitgliedsunternehmen, bei Wahrnehmung eigener Rechte in eine Konfrontation zur Gewerkschaft zu geraten, die gewillkürte Prozessstandschaft nicht rechtfertigen könne.

Diese neuerliche Entscheidung basiert aus Sicht des Gerichts wohl konsequent auf der vorangegangenen Entscheidung. Der einzig neue Aspekt besteht darin, dass das Gericht eine Antwort auf die Frage, ob die Berufung auf eine Satzung allein das besondere rechtliche Interesse an der gewillkürten Prozessstandschaft rechtfertigen kann, meint dahin stehen lassen zu können. Die Einschätzung des Gerichts, wonach der Interessenwahrnehmung durch den Verband schon durch das Abschließen von Tarifverträgen und der Organisation des Arbeitskampfes genüge getan worden sein soll, begegnet jedoch Zweifeln. An dieser Stelle ist daher nochmals darauf hinzuweisen, dass der Verband nicht nur Tarifpartei, sondern auch durch Art. 9 Abs. 3 GG geschützte Koalition und damit ein sehr viel umfassenderer Interessenwahrer ist, als vom Gericht angenommen. Dass die

193 DB 1984, S. 2563 ff.

Satzung eines Verbands durchaus als geeignet angesehen werden kann, ein rechtsschutzwürdiges Interesse an der Geltendmachung fremder Rechte im eigenen Namen zu begründen, zeigt die nunmehr darzustellende Rechtsprechung des Bundesgerichtshofs.

## 2. Die Anwaltsentscheidung des BGH vom 09.05.1967 – I b ZR 59/65[194]

Die oben skizzierte Rechtsprechung des Bundesarbeitsgericht wurde in der Folge häufig als im Widerspruch stehend zur Rechtsprechung des Bundesgerichtshofs und seiner Entscheidung aus dem Jahre 1967 gesehen[195]. In dieser Entscheidung sah der Bundesgerichtshof den deutschen Anwaltsverein als ermächtigt an, Unterlassungsansprüche der in ihm zusammengeschlossenen deutschen Rechtsanwälte, die diesen aufgrund von Verstößen Dritter gegen das Rechtsberatungsgesetz zustanden, im eigenen Namen gerichtlich geltend zu machen.

Die Satzung des klagenden deutschen Anwaltsvereins bestimmte in § 1 als Satzungszweck die Wahrung, Pflege und Förderung aller beruflichen und wirtschaftlichen Interessen der Rechtsanwaltschaft.

Der Bundesgerichtshof führte in seiner Entscheidung zunächst grundlegend aus, dass ein Verband oder ein Verein die Prozessführungsbefugnis aufgrund abgeleiteten Rechts nach den auch sonst für die Wirksamkeit der sog. gewillkürten Prozessstandschaft geltenden Grundsätzen erwerben könne. Hierzu bedürfe es einer dahingehenden Ermächtigung durch den Rechtsinhaber und eines eigenen schutzwürdigen Interesses des Vereins an der Geltendmachung des Rechts. Unter Verweis auf Rechtsprechung des Reichsgerichts stellt das Gericht sodann fest, es könne zwar weder in der bloßen Tatsache der Mitgliedschaft des Verletzten, noch in einer Satzungsbestimmung, wonach der Verein die wirtschaftlichen Interessen seiner Mitglieder vertrete, ohne weiteres eine Ermächtigung zur Prozessführung im eigenen Namen erblickt werden. Ebenso wenig sei mit einer solchen Satzungsbestimmung allein ein schutzwürdiges Interesse an der gerichtlichen Geltendmachung der aus wirtschaftlicher Betätigung hervorgehenden Rechte der Mitglieder zu begründen. Der Beitritt zu einem Verein, der eine bestimmte Berufsgruppe zusammenschlösse, könne aber eine derartige Ermächtigung enthalten und ein schutzwürdiges Interesse an der gerichtlichen Geltendmachung rechtfertigen, soweit es sich um die Klärung von Fragen handele, die mit der Verletzung eines Gesetzes zusammenhingen, das sich mit der Abgrenzung der dem betreffenden Beruf gesetzlich vorbehaltenen Aufgaben befasse, und wenn das einzelne Mitglied im Rechtsstreit nur schwer den Nachweis einer

194 BGHZ 48, 12 ff.

195 Vgl. nur Däubler, AuR 1995, S. 305, S. 310; Kittner FS BAG, S. 247, S. 251; Konzen in FS Kissel, S. 571, S. 607 f.; Loritz, ZfA 1985, S. 185, S. 197 f.; a. A. wohl Lieb in FS Kraft, S. 343, S. 344, der in diesem Zusammenhang von der gewillkürten Prozessstandschaft als einem untauglichem Versuch der Gewerkschaften spricht, Klagebefugnisse zu entdecken.

Verletzung seines eigenen Interesses erbringen könne. Insoweit könne auch die ständige Rechtspraxis darüber Aufschluss geben, inwieweit die Satzungsbestimmung als eine derartige Ermächtigung durch die Mitglieder angesehen werden könne.

Die Entscheidung gibt bei genauer Betrachtung gleich in zweierlei Hinsicht Anlass zur Diskussion. Es ist zunächst zu untersuchen, ob das rechtsschutzwürdige Interesse des Prozessstandschafters an der Geltendmachung fremder Rechte in der Tat durch Verbandssatzung zu begründen ist. Des weiteren wird mit der Entscheidung die Frage aufgeworfen, ob die Tatsache, dass ein einzelnes Verbandsmitglied allein nur schwer den Nachweis einer Verletzung seines eigenes Interesses erbringen kann, es rechtfertigt, auf Seiten des Prozessstandschafters ein rechtsschutzwürdiges Interesse zu bejahen. Die diese Annahme befürwortende Haltung des Bundesgerichtshofs wurde insbesondere von Wolf[196] kritisiert, der die Ansicht vertreten hat, dass diese Rechtsprechung in letzter Konsequenz dazu führe, einem einzelnen Mitglied die Erteilung einer gewillkürten Prozessstandschaft auch dann zu ermöglichen, wenn dieses eine Verletzung seiner Interessen und damit einen eigenen Anspruch aufgrund der behaupteten Tatsachen gar nicht dartun könne. Wolf weist darauf hin, dass eine solche Vorstellung nur schwer mit der gewillkürten Prozessstandschaft vereinbar sei[197].

So überzeugend diese Argumentation auch sein mag, auf das Arbeitsrechts dürfte die in der Anwaltsentscheidung vorgefundene Ausgangssituation im Hinblick auf tarifwidriges Arbeitgeberverhalten allerdings nicht übertragbar sein. Es erscheint nur schwer vorstellbar, dass dem aufgrund seiner Gewerkschaftsmitgliedschaft tarifgebundenen Arbeitnehmer der individuelle Nachweis einer Verletzung seiner Rechte nicht gelingen soll, wenn der Arbeitgeber tariflich festgelegte Leistungen verweigert, oder dass umgekehrt der als gewillkürte Prozessstandschafterin auftretenden Gewerkschaft in einem solchen Fall der Nachweis einer Rechtsverletzung ihrer Mitglieder leichter fallen soll.

Will man die in dem Urteil des Bundesgerichtshofs gefundenen Grundsätze also auch im arbeitsgerichtlichen Verfahren anwenden, so ist für die Bejahung eines rechtsschutzwürdigen Interesses mithin allein die Frage entscheidend, ob hierzu unter Umständen die Verbandssatzung zu genügen vermag.

Bei der Klage einer Gewerkschaft oder eines Arbeitgeberverbands in gewillkürter Prozessstandschaft für das jeweilige Mitglied ist die Verbandsmitgliedschaft das zwischen den Beteiligten bestehende Grundverhältnis, dessen Ausgestaltung durch die Satzung bestimmt wird. Mit der Klage erfüllt ein Verband Ansprüche seines Mitglieds, die aus dieser Mitgliedschaft erwachsen, ohne dass es deshalb möglich wäre, das Mitgliedschaftsverhältnis in ein Bündel obligatorischer Rechte und Pflichten zu trennen[198]. Dies gilt insbesondere für die Koalitio-

196 Wolf, S. 5 ff.

197 A. A. Marotzke, S. 38 ff.

198 Michaelis in FS Larenz, S. 479.

nen des Arbeitslebens, wo grundgesetzlich geschützte Mitgliederinteressen auf die gleichermaßen geschützten, autonomen Interessen der Koalitionen selbst treffen, mit der Folge, dass sich abgeleiteter und eigenständiger Interessenschutz durchdringen[199]. Das gemeinsame, in der Satzung zum Ausdruck kommende Interesse von Koalition und Mitglied kann aber in der Stärkung der Handlungsfähigkeit des eigenen Verbandes und im Hinblick auf Art. 9 Abs. 3 GG in dem Erhalt eines arbeitsrechtlichen Schutzkollektivs gesehen werden.

Problematisch in diesem Zusammenhang erscheint allein die ausdrückliche Verankerung einer Prozessführungsbefugnis in der Satzung eines Verbands. Hier besteht die Gefahr, dass sich der Verband selbst zur Prozessführung legitimiert, ohne dass sich dies objektiv mit den vom ihm verfolgten Verbandsinteressen deckt. Es muss sich in einem solchen Fall also stets die Frage stellen, ob hinter dieser subjektiven Willensäußerung des Verbandes auch ein objektives Interesse steckt, das heißt ob die Prozessführung des Verbands auch mit seinen materiellen Interessen übereinstimmt. Dass diese Übereinstimmung vorliegt, wird bei den Koalition des Arbeitslebens, die für ihre Mitglieder klagen, aber nicht nur durch ihren in Art. 9 Abs. 3 GG verankerten verfassungsrechtlichen Auftrag gewährleistet, sondern auch dadurch, dass die Satzung in einem demokratischen Verfahren von den Mitgliedern als Rechtsinhabern beschlossen wurde, die damit dem Verband die Prozessführung für bestimmte Bereiche übertragen haben[200].

Die Satzung eines Verbandes kann damit entgegen der Rechtsprechung des Bundesarbeitsgerichts sehr wohl ein eigenes rechtsschutzwürdiges Interesse aufgrund der Satzungsbestimmungen begründen.

Unabhängig von der Satzungsbestimmung ergibt sich im Falle der Geltendmachung tarifvertraglicher Ansprüche des Arbeitnehmers das eigene rechtsschutzwürdige Interesse der Gewerkschaften aber bereits daraus, dass die Gewerkschaft in aller Regel ein lebhaftes Interesse daran haben wird, dass die von ihr (unter Umständen sogar nach einem Arbeitskampf) abgeschlossenen Tarifverträge auch tatsächliche Geltung erlangen[201].

### 3. Eigene Stellungnahme zum Vorliegen der Voraussetzungen der gewillkürten Prozessstandschaft im Falle der für den einzelnen Arbeitnehmer klagenden Gewerkschaft

Auf der Grundlage der hier an der Rechtsprechung geäußerten Kritik soll nunmehr der Versuch einer eigenen Bewertung der Möglichkeiten einer gewillkürten Prozessstandschaft der Gewerkschaften für den einzelnen Arbeitnehmer unternommen werden.

---

199 Heinze, SAE 1983, S. 224, S. 229.

200 Pfarr/Kocher, S. 58.

201 Däubler, AuR 1995, S. 305, S. 310; Gamillscheg in FS Henckel, S. 215, S. 224; Kempen/Zachert § 4 Rn. 103; auf die Tarifautonomie verweisend auch Pfarr/Kocher, S. 59.

*a) Ermächtigung des Rechtsträgers zur Prozessführung*

Der Bundesgerichtshof ist in der hier dargestellten Anwaltsentscheidung davon ausgegangen, dass sich nicht nur ein eigenes rechtsschutzwürdiges Interesse des Verbands aus der Satzung ergeben könne, sondern unter Umständen konkludent auch die Ermächtigung zur Prozessführung.

Fraglich ist allerdings, ob sich eine solche Ermächtigung auch aus den gebräuchlichen Gewerkschaftssatzungen beziehungsweise dem Gewerkschaftsbeitritt selbst entnehmen lässt[202]. Dies hätte sowohl für Arbeitnehmer als auch Gewerkschaft den Vorteil, dass ohne weiteres Zutun des Arbeitnehmers Klage erhoben werden könnte.

Als Voraussetzung für eine rechtswirksame Ermächtigung in der Satzung, die in diesem Falle Vorausermächtigung wäre, wird man deren Bestimmtheit beziehungsweise deren Bestimmbarkeit verlangen müssen. Der einzelne von der Ermächtigung erfasste Anspruch muss mithin individualisierbar sein[203]. Ob diese Voraussetzungen im Hinblick auf die derzeitigen gewerkschaftlichen Satzungsbestimmungen gegeben sind, ist jedoch zweifelhaft. Hiergegen kann schon eingewandt werden, dass die Gewerkschaften von einer solchen Klagemöglichkeit bisher noch keinerlei Gebrauch gemacht haben. Der Arbeitnehmer, der sich zu einem Gewerkschaftsbeitritt entschließt, wird sich der Problematik einer Ermächtigung zur Prozessführung daher nicht bewusst sein, mit der Folge, dass er die Konsequenzen seiner Beitrittserklärung nicht überblicken und eine konkludente Willenserklärung insoweit gar nicht abgeben kann[204].

Ein klarstellender Hinweis in den Satzungsbestimmungen der Gewerkschaften oder eine neben den bisherigen Satzungsbestimmungen erteilte Ermächtigung sind mithin unerlässlich, um eine Prozessführung der Gewerkschaften in gewillkürter Prozessstandschaft zu ermöglichen.

Darüber hinaus wäre es, soweit eine klarstellende Satzungsänderung erfolgt ist, mit den Persönlichkeitsrechten des Arbeitnehmers in der Tat nicht vereinbar, wenn die Gewerkschaft über den Kopf des Arbeitnehmers hinweg Klage erhe-

---

202 Dafür Däubler, AuR 1995, S. 305, S. 310 und BB 1990, S. 2256, S. 2259; Kempen/Zachert § 4 Rn. 103.

203 Pfarr/Kocher, S. 57; Wolf, S. 5.

204 ArbG Marburg, NZA 1996, S. 1337, S. 1340; Pfarr/Kocher, S. 57; gegen eine konkludente Einwilligung auch Lethert, S. 187; a. A. Däubler, AuR 1995, S. 305, S. 310, der der Ansicht ist, dass sich die Beitrittserklärung ihrer sozialtypischen Bedeutung nach grundsätzlich auf alle gewerkschaftlichen Betätigungsfelder einschließlich der gerichtlichen Geltendmachung von Ansprüchen erstrecke. Dies vermag m. E. jedoch nicht zu überzeugen. Die Annahme einer „Sozialtypik“ würde gerade voraussetzen, dass der Arbeitnehmer die Geltendmachung seiner Individualansprüche durch die Gewerkschaften als üblich ansieht und daher mit ihr rechnen darf. Da bislang keine Individualansprüche seitens der Gewerkschaften in Prozessstandschaft für ihre Mitglieder geltend gemacht werden, kann sich der sozialtypische Erklärungsgehalt der Beitrittserklärung gerade nicht hierauf erstrecken.

ben könnte, ohne dass dies seinem Willen entspräche. Es erscheint daher gleichfalls erforderlich, in der Satzung ein Widerspruchsrecht des Arbeitnehmers zu verankern[205].

*b) Eigenes rechtsschutzwürdiges Interesse*

Das eigene rechtsschutzwürdige Interesse der Gewerkschaft an der Geltendmachung fremder Rechte im eigenen Namen kann sich – wie bereits dargelegt – aus der Satzung ergeben, in der das dem Mitglied und dem Verband gemeinsame Interesse zum Ausdruck kommt, die Handlungsfähigkeit des eigenen Verbandes zu stärken und ein arbeitsrechtliches Schutzkollektiv zu erhalten. Unabhängig von der Satzungsbestimmung wird sich im Falle der Geltendmachung tarifvertraglicher Ansprüche des Arbeitnehmers das eigene rechtsschutzwürdige Interesse der Gewerkschaft aber bereits aus der Tatsache ergeben, dass sie den von ihr abgeschlossenen Tarifverträgen auch tatsächliche Geltung verschaffen will.

Im Gegensatz zur Rechtsprechung des Bundesarbeitsgerichts, die eine gewillkürte Prozessstandschaft der Koalitionen ablehnt, wird diese Möglichkeit hier bei Vorliegen einer entsprechenden Ermächtigung durch den Rechtsinhaber daher bejaht. Die Ablehnung eines eigenen rechtsschutzwürdigen Interesses der Koalitionen ist nach der hier vertretenen Auffassung weder mit der Bedeutung der Verbandssatzung noch mit dem aus Art. 9 Abs. 3 GG rührenden verfassungsrechtlichen Auftrag der Koalitionen vereinbar.

### *II. Geeignetheit der Klage in gewillkürter Prozessstandschaft als Rechtsbehelf*

Unabhängig von der grundsätzlichen Befürwortung der Klage in Prozessstandschaft ist auch an dieser Stelle erneut zu fragen, ob eine solche Klage ein geeignetes Mittel gewerkschaftlichen Rechtsschutzes darstellt. Es kann bei einer solchen Betrachtung zwar nicht von der Hand gewiesen werden, dass dem Arbeitnehmer die Last der Durchführung des arbeitsgerichtlichen Verfahrens genommen wird, dennoch sind mit einer solchen Klage auch Nachteile verbunden. Beispielsweise muss jeder geltend gemachte Anspruch für sich auf Zulässigkeit und Begründetheit hin untersucht werden[206]. Aufgrund dieser Bindung an den einzelnen Anspruch ist das Verfahren letztlich auch nicht geeignet, Klagen anhängig zu machen, deren Inhalt über individuelle Interessen der Verbandsmitglieder hinausgeht[207].

Fraglich bleibt auch, ob durch die Klage der Gewerkschaft in Prozessstandschaft für den Arbeitnehmer wirklich Zugangsbarrieren gegenüber der Inan-

---

205 Gamillscheg in FS Henckel, S. 215, S. 225; Pfarr/Kocher, S. 57.

206 Auf diese Schwäche verweist schon Wolf, S. 3 f.

207 Pfarr/Kocher, S. 59.

spruchnahme gerichtlicher Hilfe abgebaut werden[208]. Denn selbst wenn die Gewerkschaft die Prozessführung übernimmt, so dürfte die Situation für den Arbeitnehmer, der sich unter Umständen als einziger Mitarbeiter eines Betriebs gegen eine tarifwidrige Betriebsvereinbarung wehrt, nicht als weniger unangenehm empfunden werden. Zu denken ist nur an die Situation, dass der Arbeitgeber die Durchführung einer tarifwidrigen Betriebsvereinbarung als einzige Alternative zur Schließung des Betriebs darstellt. Dem Arbeitnehmer wird die Zustimmung zur Klage in Prozessstandschaft dann sicher nicht leichter fallen als die Erhebung einer eigenen Klage. Beide Vorgehensweisen bergen letztlich dieselbe Gefahr für den Arbeitnehmer, am Arbeitsplatz zum Außenseiter zu werden.

Die Klage in Prozessstandschaft ist damit ein Rechtsbehelf, der sich bei tarifwidrigem Arbeitgeberverhalten, von dem größere Teile der Belegschaft betroffen sind, mithin weder aus Sicht der Gewerkschaft noch aus Sicht des einzelnen Arbeitnehmers als Alternative zu einer gewerkschaftlichen Klage aus eigenem Recht darstellen dürfte.

## § 8 Unterlassungsanspruch aus Art. 9 Abs. 3 GG i. V. m. §§ 1004 Abs. 1 S. 2, 823 Abs. 1 BGB

Vor der grundlegenden Entscheidung des Bundesarbeitsgerichts vom 20.4.1999[209] stand ein Anspruch der Gewerkschaften aus Art. 9 Abs. 3 GG nur einmal im Raum. In der schon besprochenen Entscheidung aus dem Jahre 1991[210] wurde die hierauf gestützte Antragsbefugnis zwar bejaht, in der Sache hatte der Antrag jedoch keinen Erfolg. Das Bundesarbeitsgericht vertrat hier die Ansicht, es habe in der Sache nur darüber zu befinden, ob das durch Art. 9 Abs. 3 GG geschützte Recht der Tarifvertragsparteien zur Regelung der Arbeits- und Wirtschaftsbedingungen durch Tarifverträge schon dann verletzt sei, wenn eine von den Betriebspartnern im Rahmen ihrer Regelungskompetenz abgeschlossene Betriebsvereinbarung in einzelnen Bestimmungen gegen Vorgaben eines Tarifvertrages verstoße. Dies verneinte das Gericht. Den Tarifvertragsparteien bliebe das Recht zur Regelung der Arbeitsbedingungen ungeschmälert erhalten. Dieses Recht schließe nicht notwendig die Befugnis ein, die Beachtung der gesetzten tariflichen Ordnung durch die tarifunterworfenen Parteien des Arbeitsvertrages oder die Betriebspartner auch durchzusetzen. Das Gericht verweist sodann darauf, dass aber der Arbeitnehmer selbst gerichtliche Hilfe in Anspruch nehmen könne.

Die von den Gewerkschaften hierauf eingelegte Verfassungsbeschwerde blieb zwar ohne Erfolg, dies aber wohl nur, weil die tariflichen Regelungen nur Rahmenregelungen waren und den Betriebspartnern Raum für eine diesen ausfül-

208 Lethert, S. 187.

209 BAG SAE 1999, S. 253 ff.

210 BAG vom 20.8.1991, EzA Nr. 41 zu § 77 BetrVG 1972.

lende Betriebsvereinbarung gelassen hatte. Das Bundesverfassungsgericht gab aber zu Bedenken, dass die Verneinung genereller Schutzansprüche der Gewerkschaften gegen die Tarifparteien bei nicht tarifkonformen Betriebsvereinbarungen über mitbestimmungspflichtige Angelegenheiten im Sinne von § 87 Abs. 1 BetrVG „nicht unproblematisch" seien[211].

Inwieweit ein Unterlassungsanspruch aus Art. 9 Abs. 3 GG bei Abschluss tarifwidriger Betriebsvereinbarungen dennoch anzuerkennen ist, soll im zweiten Teil der Arbeit unter Einbeziehung der so genannten „Burda-Entscheidung" des Bundesarbeitsgerichts beurteilt werden.

## § 9 Zusammenfassung der im 1. Teil gefundenen Ergebnisse

Die Untersuchung von Rechtsschutzmöglichkeiten der Gewerkschaften bei tarifwidrigem Arbeitgeberverhalten hat ergeben, dass das Bundesarbeitsgericht Klage- und Antragsrechte der Gewerkschaften lange Zeit zu Unrecht verkürzt hat. Schon vor der Anerkennung eines Unterlassungsanspruchs aus Art. 9 Abs. 3 GG i. V. m. §§ 1004 Abs. 1 S. 2, 823 Abs. 1 BGB in der „Burda-Entscheidung" vom 20.4.1999[212] waren weit mehr Rechtsschutzmöglichkeiten vorhanden, als den Gewerkschaften bis zu diesem Zeitpunkt zugebilligt wurden.

So hat das Bundesarbeitsgericht den Gewerkschaften zu Unrecht die Antragsbefugnis zur Feststellung der Unwirksamkeit einer tarifwidrigen Betriebsvereinbarung abgesprochen. Sowohl ein Antrag gem. § 256 ZPO als auch ein Antrag gem. § 77 Abs. 3 BetrVG hätte bei Bejahung der behaupteten Tarifwidrigkeit Aussicht auf Erfolg gehabt. Solange der Anspruch aus Art. 9 Abs. 3 GG i. V. m. §§ 1004 Abs. 1 S. 2, 823 Abs. 1 BGB auf Unterlassung noch nicht anerkannt war, wäre ein entsprechender Feststellungsantrag auch nicht subsidiär gewesen.

Bei Bejahung der Anwendbarkeit des § 23 Abs. 3 BetrVG auf tarifwidriges Arbeitgeberverhalten, insbesondere den Abschluss tarifwidriger Betriebsvereinbarungen, hätte den Gewerkschaften auch hieraus ein Unterlassungsanspruch gegen den Arbeitgeber bei Verstoß gegen § 87 Abs. 1 Einls. BetrVG zugebilligt werden müssen. Die Rechtsprechung des Bundesarbeitsgerichts, wonach ein Verstoß gegen die Vorschrift unbeachtlich sein soll, weil diese keine Grundnorm der betriebsverfassungsrechtlichen Ordnung darstelle, hat sich alles andere als zwingend erwiesen.

Ebenso wenig vermochten die Entscheidungen des Gerichts zu überzeugen, in denen einer Koalition die Klage in gewillkürter Prozessstandschaft für das Verbandsmitglied versagt wurde. Die vorstehende Darstellung hat verdeutlicht, dass eine Koalition vorbehaltlich einer Ermächtigung zur Prozessführung sowohl aufgrund ihrer satzungsgemäßen Ziele als auch aufgrund ihres in Art. 9 Abs. 3 GG

211 BVerfG vom 29.6.1993, AP Nr. 2a zu § 77 BetrVG 1972 Tarifvorbehalt.

212 BAG SAE 1999, 253 ff.

GG verankerten verfassungsrechtlichen Auftrags ein eigenes rechtsschutzwürdiges Interesse an der Geltendmachung fremder Mitgliederrechte im eigenen Namen hat.

Die grundsätzliche Anerkennung des Bundesarbeitsgerichts fanden zwar die Feststellungsklage nach § 9 TVG, die Einwirkungsklage und die Klagemöglichkeit des einzelnen Arbeitnehmers. Die genannten Rechtsbehelfe gewährleisten aber weder effektiven Rechtsschutz für noch durch Gewerkschaften. Das Klageziel der dauerhaften Unterbindung von tarifwidrigem, kollektiv wirkendem Arbeitgeberverhalten konnte hiermit jedoch nicht erreicht werden.

## 2. Teil
## Rechtslage in Deutschland nach dem 20.4.1999

Die Diskussion um die Durchsetzung des Verbandstarifvertrags durch die Gewerkschaften wurde durch die Verkündung der „Burda-Entscheidung" vom 20.4.1999[213] neu entfacht. Rechtsgrundlage für den Unterlassungsanspruch der Gewerkschaften war im Zusammenhang mit tarifwidrigem Arbeitgeberverhalten erstmals Art. 9 Abs. 3 GG i. V. m. §§ 1004 Abs. 1 S. 2, 823 Abs. 1 BGB. Die Aufnahme der Entscheidung war wie kaum anders zu erwarten uneinheitlich[214], und selbst für das von passionierten Debatten geprägte Arbeitsrecht überaus emotional[215]. Während Gewerkschaftskreise lange Zeit auf ein solches Urteil gewartet zu haben schienen, wurde die Entscheidung von Arbeitgebern und der überwiegend auf Unternehmerseite tätigen Juristen durchweg abgelehnt[216]. Einigkeit dürfte hingegen insofern bestehen, als mit dem Urteil lediglich die Frage des „Ob" eines gewerkschaftlichen Klagerechts beantwortet ist, hinsichtlich des Umfangs und der Voraussetzungen des dort gewährten Unterlassungsanspruchs bleiben noch viele Fragen offen.

Bevor hier den möglichen Folgen der Entscheidung nachgegangen wird, soll im Vorfeld zunächst die dogmatische Herleitung des Unterlassungsanspruchs durch das Gericht hinterfragt werden. Anschließend folgen eine Darstellung der Entscheidung, der in ihr aufgestellten Voraussetzungen des Unterlassungsanspruchs sowie deren kritische Bestandsaufnahme. Der zweite Teil der vorliegenden Ar-

---

213 BAG SAE 1999, S. 253 ff.

214 Mit der Entscheidung und ihren möglichen Auswirkung beschäftigen sich u. a.: **zustimmend** Berg, AiB 1999, S. 304 f.; Berg/Platow, DB 1999, S. 2362 ff.; Buschmann, PerR 1999, S. 531 ff.; Däubler, AiB 1999, S. 481 ff.; Kocher, AuR 1999, S. 382 ff.; Wiedemann, RdA 2000, S. 169 ff.; Weber, NJ 1999, S. 664 f.; **eher zustimmend, aber mit erheblicher Kritik** auch Thüsing, DB 1999, S. 1552 ff.; **ablehnend** Annuß, RdA 2000, S. 287 ff.; Bauer/Haußmann, Sonderbeilage zu NZA 24/2000, S. 42 ff.; Buchner, NZA 1999, S. 897 ff.; Fischer, Anmerkung zu BAG vom 19.4.1999, EzA Nr. 65 zu Art. 9 GG; Glaubitz, FA 2000, S. 276 ff.; Hromodka, AuA 2000, S. 13 ff.; Hromodka, ZTR 2000, S. 253 ff.; Kast/Stuhlmann, BB 2000, S. 614 ff.; Löwisch, BB 1999, S. 2080 ff.; Müller, DB 1999, S. 2310 ff.; Reuter, SAE 1999, S. 262 ff.; Richardi, Anmerkung zu BAG vom 20.4.1999, AP Nr. 89 zu Art. 9 GG; Richardi, DB 2000, S. 42 ff.; Rieble, ZTR 1999, S. 483 ff.; Trappehl/Lambrich NJW 1999, S. 3217 ff.; Walker, ZfA 2000, S. 29 ff.; **ohne wertende Stellungnahme** Boemke, JuS 2000, S. 306 f.

215 Vgl. hierfür die unzähligen, in der Entscheidungsbesprechung von Fischer, Anmerkung zu BAG vom 20.4.1999, EzA Nr. 65 zu Art. 9 GG gegeben Beispiele.

216 Bezeichnend sind insofern die Stellungnahmen der Prozeßvertreter der Rechtssache Bauer und Wohlfarth, NZA 1999, S. 957 ff., Richardi, Anmerkung zu BAG vom 20.4.1999, AP Nr. 89 zu Art. 9 GG fasst die Reaktionen zusammen: „Begeisterung und Verärgerung über diesen Beschluss halten sich die Waage."

beit schließt mit der Diskussion der mit dem Urteil aufgeworfenen Zweifelsfragen.

## § 10 Herleitung eines Unterlassungsanspruchs

Nach der überraschenden Befürwortung eines Unterlassungsanspruchs stehen nicht nur dessen Voraussetzungen und Umfang zur Diskussion, sondern auch die grundsätzliche Frage der dogmatischen Begründung bzw. Begründbarkeit. Das Bundesarbeitsgericht hat sich in seinem Urteil bekanntermaßen – wie auch in der Literatur teilweise befürwortet[217] – für eine Herleitung des gewerkschaftlichen Unterlassungsanspruchs aus Art. 9 Abs. 3 GG i. V. m. §§ 1004 Abs. 1 S. 2, 823 Abs. 1 BGB entschieden. Diese Herleitung stellt allerdings nicht die einzig mögliche dogmatische Begründung eines Unterlassungsanspruchs dar. Ebenfalls nicht undenkbar gewesen wäre die Konstruktion eines Unterlassungsanspruchs auf Grundlage der Durchführungspflicht[218] oder unter Fortentwicklung des durch die Friedenspflicht begründeten Rechtsverhältnisses zwischen Gewerkschaft und Arbeitgeber[219]. Mit dem § 77 Abs. 3 BetrVG hätte allerdings auch eine einfachgesetzlich verankerte Anspruchsgrundlage zur Verfügung gestanden[220]. Einfachgesetzliche Anspruchsgrundlagen sind gegenüber den Bestimmungen des Grundgesetzes zunächst als speziellere Regelungen heranzuziehen[221], wobei verfassungsrechtliche Rechtspositionen bei ihrer Auslegung zu berücksichtigen sind[222].

---

217 Vgl. nur Berg in FS Däubler, S. 499 ff.; Däubler, AuR 1995, S. 305, S. 308 f.; Kempen/Zachert § 4 Rn. 104; Kittner in FS BAG, S. 258; für einen Anspruch aus Art. 9 Abs. 3 GG: Gragert, S. 192 ff.

218 Gamillscheg in FS Henckel, S. 223 f.; ablehnend Lieb in FS Kraft, S. 346 f.

219 So Wiedemann § 1 Rn. 728; zustimmend auch Thüsing, DB 1999, S. 1552; ablehnend Annuß, RdA 2000, S. 287, S. 293.

220 Für diese Norm beziehungsweise in Verbindung mit § 87 Abs. 1 Einls. BetrVG als Grundlage eines Unterlassungsanspruchs haben sich bereits ausgesprochen: Grunsky, S. 526, S. 529 ff.; Heither in FS Dieterich, S. 231, S. 246 f.; Matthießen, DB 1988, S. 285, S. 288; Schwarze, S. 243; Seifert, S. 279 ff.; für einen Unterlassungsanspruch aus § 77 Abs. 3 BetrVG i. V. m. § 1004 BGB analog: Gellings, S. 208; nicht eindeutig ob Feststellungs- oder Unterlassungsantrag aus § 77 Abs. 3 BetrVG: Fischer, Anmerkung zu BAG vom 20.4.1999, EzA Nr. 65 zu Art. 9 GG.

221 Dieterich, RdA 1993, S. 67, S. 70; Röhl, S. 134 f. u. S. 635, wo der Autor zu Recht zu dem Ergebnis kommt: „Die Verfassung wird überanstrengt." Den Anwendungsvorrang des einfachen Rechts übersieht Gragert (S. 193), wenn sie die Auffassung vertritt, es könne, wenn ein Unterlassungsanspruch gegen den Abschluss tarifwidriger Betriebsvereinbarungen aus der Verfassung bestünde, dahin stehen, ob dieser rechtstechnisch aus einer verfassungskonformen Interpretation der einfachgesetzlichen Normierung in § 77 Abs. 3 BetrVG oder direkt aus Art. 9 Abs. 3 GG hergeleitet werde.

222 Larenz, S. 339; Röhl, S. 134 f.

Bevor die auf Art. 9 Abs. 3 GG i. V. m. §§ 1004 Abs. 1 S. 2, 823 Abs. 1 BGB beruhende Entscheidung des Bundesarbeitsgerichts erläutert wird, soll daher zunächst untersucht werden, ob der Unterlassungsanspruch auch auf Grundlage des § 77 Abs. 3 BetrVG und damit auf der Grundlage einfachen Rechts zu bejahen gewesen wäre. Hierfür ist die Bestimmung der Ratio der Vorschrift erforderlich. Ausgehend davon ist anschließend zu prüfen, ob der Gewerkschaft ein Recht zur Einleitung eines Beschlussverfahrens eingeräumt werden muss, welches dann nicht nur zur Feststellung der Unwirksamkeit einer tarifwidrigen Betriebsvereinbarung dienen würde, sondern darüber hinaus auf Unterlassung ihrer Durchführung gerichtet wäre[223].

### *I. Zweck des § 77 Abs. 3 BetrVG*

§ 77 Abs. 3 BetrVG soll gewährleisten, dass die Tarifautonomie nicht durch kollektive betriebliche Regelungen beeinträchtigt oder ausgehöhlt wird. Damit trägt die Norm dem durch Art. 9 Abs. 3 GG verfassungsrechtlich garantierten Schutz von Gewerkschaften und Tarifautonomie Rechnung[224]. Diese Sichtweise kann sich auch auf die amtliche Begründung zu § 77 Abs. 3 BetrVG stützen, welche ausdrücklich den Tarifvorrang in Bezug nimmt[225].

Des weiteren soll die Vorschrift des § 77 Abs. 3 BetrVG im Hinblick auf die kollektivrechtliche Gestaltung von Arbeitsverhältnissen die Normsetzungsprärogative beziehungsweise Vorrangkompetenz der Tarifvertragsparteien vor den Betriebspartnern sichern[226]. Wie auch die Entstehungsgeschichte der Norm zeigt, hat § 77 Abs. 3 BetrVG zuständigkeitsabgrenzende Funktion. Nach dem Bericht des Ausschusses für Arbeit zu § 59 BetrVG, der Vorgängerbestimmung zu § 77 Abs. 3 BetrVG, ist die Zuständigkeit von Arbeitgeber und Betriebsrat zum Abschluss von Betriebsvereinbarungen, um jede Überschneidung der Tätigkeit von Betriebsräten und Gewerkschaft zu vermeiden, dadurch beschränkt, dass Arbeitsentgelte und sonstige Arbeitsbedingungen in dem Maße, wie sie üblicherweise geregelt werden, nur dann in Betriebsvereinbarungen behandelt werden dürfen, wenn ein Tarifvertrag den Abschluss solcher ergänzender Betriebsvereinbarun-

---

223 Zur Möglichkeit eines Feststellungsantrags im Beschlußverfahren s. Teil 1 § 2 II unter 1. und 2.

224 Vgl. nur BAG DB 1979, S. 2184; BAG DB 1980, S. 1895, S. 1897; BAG DB 1987, S. 1435, S. 1436; BAG BB 2001, S. 1532, S. 1533; DKK-Berg § 77 Rn. 62; FKHE § 77 Rn. 67; GK-Kreutz § 77 Rn. 78; ; Haug, BB 1986, S. 1921, S. 1922; Heither in FS Dieterich, S. 231, S. 233; Kempen/Zachert Grundlagen Rn. 258; Richardi § 77 Rn. 230; Wank, RdA 1991, S. 135, S. 136.

225 Begründung des RegE, BT-Ds. VI/1786, S. 47.

226 DKK-Berg § 77 Rn. 62; GK-Kreutz § 77 Rn. 77; Haug, BB 1986, S. 1921, S. 1923; Kempen/Zachert Grundlagen Rn. 250; Lethert, S. 4.

gen ausdrücklich zulässt[227]. § 77 Abs. 3 BetrVG entzieht den Betriebspartnern damit die Zuständigkeit zum Abschluss von Betriebsvereinbarungen, soweit eine tarifvertragliche Regelung besteht oder üblich ist. Es handelt sich gerade nicht um eine reine Kollisionsnorm. Die Tarifautonomie und die diese ausübenden Tarifparteien sollen vielmehr vor Betriebspartnern als „beitragsfreier Ersatzgewerkschaft", die die Bestimmungen des Tarifvertrages unterläuft und auch die nichtorganisierten Arbeitnehmer mit einbezieht, geschützt werden[228]. § 77 Abs. 3 BetrVG bringt damit alles in allem die qualitativ höhere Gewichtung der Tarifautonomie gegenüber der Betriebsautonomie zum Ausdruck[229].

### *II. Antragsbefugnis aus § 77 Abs. 3 BetrVG*

Nachdem der Schutzzweck der Vorschrift erläutert wurde, ist nunmehr zu prüfen, ob dieser auch die Befugnis der Gewerkschaften entnommen werden kann, die mit ihr zum Ausdruck gebrachte Normsetzungsprärogative beziehungsweise Vorrangkompetenz gegenüber den Betriebsparteien geltend zu machen. Die Tatsache, dass § 77 Abs. 3 BetrVG selbst ausdrücklich keinerlei Antragsbefugnis gewährt, steht der Annahme einer solchen Befugnis nicht entgegen. Bereits im Rahmen der Möglichkeit eines Feststellungsantrags wurde darauf hingewiesen, dass im Betriebsverfassungsgesetz die Antragsrechte im arbeitsgerichtlichen Beschlussverfahren nicht abschließend geregelt sind[230]. Antragsrechte bestehen vielmehr auch dann, wenn die den Streitgegenstand betreffenden materiellen Normen des Betriebsverfassungsgesetzes dem Antragsteller eine eigene Rechtsposition zuordnen, die es erlaubt sich mittels eigenen Antrags zu schützen[231].

Dass es sich bei § 77 Abs. 3 BetrVG um eine solche Norm handelt, wurde ebenfalls bereits im Rahmen des Feststellungsantrags erörtert. Ebenso wie beim Feststellungsantrag kann die Antragsbefugnis auch hier mit der Begründung bejaht werden, dass die Gewerkschaft mit dem Abschluss des Tarifvertrags von ihrer Befugnis zur Regelung der Arbeits- und Wirtschaftsbedingungen und damit von ihrer Normsetzungsprärogative Gebrauch macht. Streitgegenstand eines Beschlussverfahrens, das eine dem Tarifvertrag entgegen laufende Betriebsvereinbarung zum Gegenstand hat, ist – unabhängig davon, ob ein Feststellungs- oder Unterlassungsantrag gestellt wird – immer auch der von der Gewerkschaft ge-

---

227 BT-Ds I/3585, S. 11.

228 Fischer, S. 201 ff.; Friese, S. 150 und S. 330; GK-Kreutz § 77 Rn. 75 f.; Hromodka, DB 1987, 1992, 1993; Kempen/Zachert Grundlagen Rn. 254; v. Hoyningen-Huene/Krenz, NZA 1987, S. 793, S. 794; für das Verständnis als reine Kollisionsnorm zuletzt Veit/Waas, BB 1991, S. 1329, S. 1330.

229 W/W § 77 Rn. 28.

230 Vgl. Fn. 82.

231 S. hierzu bereits unter Teil 1 § 2 unter 1.

schlossene Tarifvertrag. Denn die Existenz des Tarifvertrags (bzw. im Rahmen des § 77 Abs. 3 BetrVG schon die bloße Üblichkeit tariflicher Regelungen) ist entscheidend für das Schicksal der Betriebsvereinbarung[232].

Ist damit die (Vor-)Frage der Antragsbefugnis bejaht, bleibt in einem weiteren Schritt zu prüfen, ob mit dem Antrag auch die Unterlassung der Durchführung der tarifwidrigen Betriebsvereinbarung verfolgt werden kann.

§ 77 Abs. 3 BetrVG ist selbst nicht als Unterlassungsanspruch formuliert. Dies schließt die Auslegung der Norm in dieser Hinsicht jedoch nicht aus. Unterlassungsansprüche sind auch im übrigen Gesetzesrecht in den wenigsten Fällen ausdrücklich geregelt. Beispielsweise sind Beeinträchtigungen des Eigentums und des Namensrechts zwar in den §§ 1004, 12 BGB mit einem Unterlassungsanspruch bewehrt, für die sonstigen in § 823 Abs. 1 BGB geschützten absoluten Rechte fehlt jedoch eine solche Anordnung. Dennoch herrscht in Rechtsprechung und Lehre weitestgehend Einigkeit darüber, dass auch hier negatorischer Rechtsschutz besteht[233].

Auch das Bundesarbeitsgericht hat in seinem Beschluss vom 3.5.1994 – 1 ABR 24/93[234] im Betriebsverfassungsgesetz bereits die Existenz von Unterlassungsansprüchen ohne ausdrückliche Normierung bejaht. Seinerzeit ging es um die Ableitung eines allgemeinen Unterlassungsanspruchs des Betriebsrats bei Verletzung eines seiner in § 87 Abs. 1 Nr. 1 – 13 BetrVG normierten Mitbestimmungsrechte. Das Gericht bejahte entgegen einer früheren Entscheidung aus dem Jahre 1983[235] den Anspruch, nachdem es zuvor festgestellt hatte, dass Unterlassungsansprüche auch als selbständige, einklagbare Nebenleistungsansprüche ohne gesetzliche Normierung bestehen könnten. Wenn auch die dogmatische Begründung des Unterlassungsanspruchs des Gerichts im damaligen Fall selbst nicht zu überzeugen vermochte[236], so zeigt dieses Beispiel aus der Rechtsprechung doch, dass dem Betriebsverfassungsgesetz nicht ausdrücklich geregelte Unterlassungsansprüche keineswegs fremd sind.

---

232 Vgl. Teil 1 § 2 II unter 1. und 2.

233 M. w. N. aus der Rechtsprechung Erman-Hefermehl § 1004 Rn. 4 f.; zur Entwicklung des quasi-negatorischen Unterlassungsanspruchs Soergel-Mühl § 1004 Rn. 156; kritisch hierzu Staudinger-Gursky § 1004 Rn. 16.

234 BAG NZA 1995, S. 40 ff.

235 BAG NJW 1984, S. 196 ff.

236 Das Gericht leitete den von ihm als nicht selbständigen Nebenleistungsanspruch bezeichneten Unterlassungsanspruch nicht unmittelbar aus § 87 BetrVG ab, sondern aus der besonderen Rechtsbeziehung zwischen Arbeitgeber und Betriebsrat, wobei es § 2 BetrVG als eine dem Grundsatz von Treu und Glauben i.S. von § 242 BGB vergleichbare Konkretisierung des Gebots partnerschaftlicher Zusammenarbeit heranzog. Zur Urteilskritik Adomeit, NJW 1995, S. 1004 ff.; Dobberahn, NJW 1995, S. 1333 f.; Fischer, JA 1995, S. 712 ff. und Richardi, NZA 1995, S. 8 ff.

Von Richardi[237] stammt die auf den obigen Beschluss des Bundesarbeitsgerichts bezogene Stellungnahme, dass die Anerkennung eines Unterlassungsanspruchs ausschließlich von der Rechtsposition abhänge, die dem Betriebsrat durch ein Beteiligungsrecht eingeräumt werde. Anschließend stellt er fest: „Die Ausformung zu einem Anspruch ist die *Folge*, nicht der *Grund* negatorischer Haftung.“ Auch wenn diese Feststellung einem im Zusammenhang mit § 87 Abs. 1 BetrVG stehenden Unterlassungsanspruch galt, so besitzt sie doch Allgemeingültigkeit. Denn allen gesetzlich nicht ausdrücklich normierten Unterlassungsansprüchen ist gemein, dass der Grund negatorischer Haftung in der jeweiligen Vorschrift selbst zu suchen ist. Anknüpfungspunkt für die Frage eines Unterlassungsanspruchs muss daher § 77 Abs. 3 BetrVG und die in ihm vorgenommene gesetzgeberische Grundwertung sein.

§ 77 Abs. 3 BetrVG bestimmt in Satz 1, dass Arbeitsentgelte und sonstige Arbeitsbedingungen, die durch Tarifvertrag geregelt oder üblicherweise geregelt werden, nicht Gegenstand einer Betriebsvereinbarung sein können. Man muss an dieser Stelle deshalb kein bedingungsloser Verfechter der Imperativentheorie[238] sein, die jeden Rechtssatz auf ein Ge- oder Verbot zurückführen will, um in Hinblick auf § 77 Abs. 3 BetrVG zu dem Ergebnis zu gelangen, dass die Vorschrift in ihrem ersten Satz den Tarifvertragsparteien etwas gestattet, was sie den Betriebsparteien im gleichen Satz verbietet. Ein subjektives Recht liegt zwar nicht schon zwangsläufig deshalb vor, weil eine Rechtsnorm einen für eine bestimmte Person oder Personengruppe begünstigenden Inhalt hat[239] – man denke nur an die Bestimmungen der Straßenverkehrsordnung, die keineswegs jedermann berechtigen, ihre Einhaltung zu verlangen[240]. § 77 Abs. 3 BetrVG stellt jedoch keine Norm dar, die sich an die Allgemeinheit richtet. Die durch sie Berechtigten und im Gegenzug Verpflichteten können hiervon vielmehr allein aufgrund des Wortlauts der Norm eindeutig abgegrenzt werden.

Nach der gängigen Definition eines subjektiven Rechts ist hierunter eine dem einzelnen zwecks Befriedigung seiner Bedürfnisse durch die Rechtsordnung zuerkannte und gesicherte Willens- oder Rechtsmacht als ein festes, der Person zugeeignetes Machtverhältnis, in dem ihr Wille herrscht, zu verstehen. Es wird

---

237 NJW 1995, S. 8, S. 10.

238 Zur Imperativentheorie und ihren Schwächen Larenz, S. 253 ff.; s. hierzu auch Röhl, S. 200 ff. u. Rüthers § 4 Rn. 116 ff.

239 Haase/Keller, S. 34.

240 Eine Berechtigung ergibt sich nur mittelbar durch entsprechende Schutzvorschriften, wenn ein Schaden entstanden ist, durch die StVO wird aber kein subjektives Recht begründet. Haase/Keller, S. 33 sprechen deshalb von einem „Reflexrecht“.

hierbei an eine dem Berechtigten von der Rechtsordnung erteilte Ermächtigung im Sinne eines Handeln-Dürfens oder eines rechtliches Könnens gedacht[241].

Eine solche Berechtigung kommt in § 77 Abs. 3 BetrVG gerade zum Ausdruck. Die Vorschrift soll nach ihrem Sinn und Zweck die Aushöhlung der in Art. 9 Abs. 3 GG geschützten Tarifautonomie verhindern, indem sie den Gewerkschaften die Möglichkeit zur Regelung der Arbeitsentgelte und sonstigen Arbeitsbedingungen einräumt und ein Eingreifen der Betriebsparteien nur dort gestattet, wo kein Tarifvertrag besteht oder üblich ist beziehungsweise ein Tarifvertrag den Abschluss ergänzender Betriebsvereinbarungen zulässt.

Matthießen[242] sieht in der den Tarifvertragsparteien in § 77 Abs. 3 BetrVG eingeräumten Normsetzungsprärogative methodisch sogar eine Nähe zu den Gestaltungsrechten, die zu den subjektiven Rechten gezählt werden.

Sind also die Zweifel hinsichtlich der Qualität des § 77 Abs. 3 BetrVG als einer den Gewerkschaften ein subjektives Recht einräumenden Vorschrift beseitigt, so muss nunmehr auf die Feststellung zurückgekommen werden, wonach die Ausformung zu einem (Unterlassungs-)anspruch die Folge, nicht der Grund negatorischer Haftung ist.

Die unmissverständliche Aussage der Vorschrift des § 77 Abs. 3 BetrVG ist, dass ein bestimmtes Verhalten – nämlich der Abschluss eines Tarifvertrags über Arbeitsbedingungen – vom Gesetzgeber gewünscht ist, während dasselbe Verhalten auf betrieblicher Ebene bei Bestehen oder Üblichkeit einer tariflichen Regelung mit einem Verbot belegt wird. Ein Verstoß gegen dieses Verbot zieht die Rechtsunwirksamkeit der entsprechenden Regelung nach sich[243]. Fraglich muss daher sein, ob es hiermit sein Bewenden haben soll. Bevor diese Frage abschließend beantwortet wird, sei nochmals ein Blick auf die zuvor zitierte Entscheidung des Bundesarbeitsgerichts zum Unterlassungsanspruch bei Verletzung eines Mitbestimmungsrechts des Betriebsrats aus dem Jahre 1994[244] gestattet.

Das Gericht hatte seinerzeit die Zuerkennung eines Unterlassungsanspruchs trotz der Lehre von der Wirksamkeitsvoraussetzung auch damit begründet, dass die Wirksamkeit des indirekten Drucks, der von dem einzelnen Arbeitnehmer ausgehen könne, recht schwach und eine kollektive Weigerung aller betroffenen Arbeitnehmer, bis zur Durchführung des Mitbestimmungsverfahrens betriebsverfassungswidrigen Anordnungen Folge zu leisten, praktisch nicht zu erreichen sei. Für den einzelnen Arbeitnehmer sei ein erhebliches Risiko mit einer solchen

---

241 Zur Struktur subjektiver Rechte Larenz/Wolf § 14 Rn. 10 ff.; zum Verständnis subjektiver Rechte als Normsetzungsbefugnis Bucher, S. 55 ff. und zur Kritik hieran Larenz in FS Sontis, S. 129, S. 130 ff.

242 DB 1988, S. 285, S. 288 in Fn. 66.

243 BAG SAE 1999, S. 253 ff.; DKK-Berg § 77 Rn. 65; Fischer, S. 211 ff.; FKHE § 77 Rn. 97; GK-Kreutz § 77 Rn. 123.

244 BAG NJW 1994, S. 40 ff.

Weigerung verbunden. Außerdem könnten die Individualinteressen der betroffenen Arbeitnehmer und die vom Betriebsrat zu wahrenden Interessen auseinanderfallen, so dass für einzelne Arbeitnehmer oder Teile der Belegschaft kein Anlass bestehe, Rechte wegen einer unterbliebenen Beteiligung des Betriebsrats geltend zu machen.

Ähnlich kann die Argumentation auch im Falle der Verletzung des § 77 Abs. 3 BetrVG lauten: Bereits an anderer Stelle[245] wurde ausführlich erläutert, dass sich die Arbeitnehmer in aller Regel zumindest in ungekündigter Stellung nicht bereit finden werden, eine Klage auf Gewährung der tariflichen Leistungen gegen den Arbeitgeber zu erheben. Auch sind Umstände denkbar – beispielsweise bei Zusage einer Beschäftigungsgarantie, unter denen eine Klage vordergründig nicht dem Interesse des einzelnen Arbeitnehmers entspricht, wohl aber dem gewerkschaftlichen Interesse an der Einhaltung des Tarifvertrages[246].

Auch im Falle des § 77 Abs. 3 BetrVG ist die Rechtsunwirksamkeit demnach kein ausreichender Schutz der durch die Norm berechtigten Gewerkschaft gegen die Verletzung der Vorschrift. Die Versagung eines Unterlassungsanspruchs hätte rechtstatsächlich die Bedeutungslosigkeit einer Vorschrift zur Folge, welcher der Gesetzgeber mit dem Schutz vor Aushöhlung der Tarifautonomie eine große Bedeutung beigemessen hat.

Hinzu kommt, dass die Vorschrift die Adressaten mit Gewerkschaft und Betriebsparteien klar erkennen lässt. Eine uferlose Ausweitung des Unterlassungsanspruchs auf noch unbestimmte Rechtssubjekte und unbestimmte rechtliche Konstellationen wäre mit der Anerkennung des Anspruchs nicht verbunden.

Um den Geltungsanpruch der letztlich auf Art. 9 Abs. 3 GG zurückzuführenden Vorschrift zu bewahren, wird daher an dieser Stelle ein allgemeiner Unterlassungsanspruch aus § 77 Abs. 3 BetrVG bejaht[247]. Die Norm wäre „imperfekt“, könnten die mit ihr verbundenen Rechte nicht durchgesetzt werden.

---

245 S. unter § 6.

246 Entscheidender dürfte jedoch vielmehr das Interesse der Gewerkschaften sein, dass Abweichungen vom Tarifvertrag nicht über ihren Kopf hinweg mit dem Betriebsrat beschlossen werden. Die Fälle Viessmann und Burda belegen, dass der Arbeitgeber in der Regel nicht bereit ist, in Verhandlungen mit der Gewerkschaft selbst einzutreten.

247 So wohl auch Seifert, S. 281, der die Tarifvorrangvorschriften im Lichte des Art. 9 Abs. 3 GG auslegt und einen Abwehranspruch aus § 77 Abs. 3 BetrVG wegen der in Art. 9 Abs. 3 S. 2 GG angeordneten Drittwirkung des Grundrechts der Koalitionsfreiheit und des in ihr enthaltenen Schutz der Funktionsfähigkeit der Tarifautonomie gegenüber Privaten befürwortet.

### *III. Anwendbarkeit des Unterlassungsanspruchs aus § 77 Abs. 3 BetrVG auf Regelungsabreden*

Die Frage nach Rechtsschutz für und durch Gewerkschaften auf Grundlage des § 77 Abs. 3 BetrVG muss sich neben der tarifwidrigen Betriebsvereinbarung auch mit dem Instrument der „Regelungsabrede" auseinandersetzen. Ihrem Wortlaut nach bezieht sich die Vorschrift des § 77 Abs. 3 BetrVG jedoch ausschließlich auf Betriebsvereinbarungen. Gerade die bekanntesten Fälle tarifwidrigen Arbeitgeberverhaltens „Burda[248]" und „Viessmann[249]" zeigen aber, dass tariflich festgelegte Arbeitsbedingungen häufig mittels so genannten „Regelungsabreden" unterlaufen werden. Ein lediglich auf § 77 Abs. 3 BetrVG beruhender Unterlassungsanspruch würde mithin nur dann lückenlosen gewerkschaftlichen Rechtsschutz bieten, wenn dem Geltungsbereich der Vorschrift auch Regelungsabreden unterfallen würden. Würden Regelungsabreden hingegen nicht von § 77 Abs. 3 BetrVG erfasst, so müsste in Ermangelung anderer Rechtsgrundlagen letztlich doch ein Rückgriff auf die Verfassung erwogen und auf Art. 9 Abs. 3 GG i. V. m. §§ 1004 Abs. 1 S. 2, 823 Abs. 1 BGB abgestellt werden.

#### 1. Begrifflichkeiten

Unter einer Regelungsabrede, auch als „Betriebsabsprache" bezeichnet, ist eine formlos mögliche Vereinbarung zwischen Arbeitgeber und Betriebsrat zu verstehen, deren Wirkung zunächst auch nur in diesem Verhältnis zum Tragen kommt. Anders als der Betriebsvereinbarung kommt der Regelungsabrede nicht die unmittelbare und zwingende Wirkung gegenüber den einzelnen Arbeitnehmern gemäß § 77 Abs. 4 S. 1 BetrVG zu. Da die Regelungsabrede nur schuldrechtlich zwischen Betriebsrat und Arbeitgeber wirkt, bedarf es auf individualrechtlicher Ebene eines weiteren Umsetzungsaktes[250], damit die Regelungsabrede für das einzelne Arbeitsverhältnis Bedeutung erlangen kann[251].

Die Zulässigkeit von Regelungsabreden wird aus dem Wortlaut des Betriebsverfassungsgesetzes gefolgert[252], das in § 77 Abs. 1 nur allgemein von „Vereinbarungen zwischen Betriebsrat und Arbeitgeber" spricht und in den Absätzen 2-6 von der Betriebsvereinbarung als einer Unterart dieser Vereinbarungen.

---

248 BAG SAE 1999, S. 253 ff.

249 ArbG Marburg NZA 1996, S. 1331 ff.

250 In Betracht kommen hier sowohl einvernehmliche Vertragsänderung beziehungsweise einseitige Änderungskündigung als auch eine Weisung im Rahmen des Direktionsrechts.

251 Zur Rechtsnatur von Regelungsabreden vgl. FKHE § 77 Rn. 216 ff.; Hanau in Betriebsvereinbarung, S. 67, S. 75 ff.; Straßner, S. 2 ff.

252 Vgl. Hanau in Betriebsvereinbarung, S.67, S. 69; Lethert, S.59; Straßner, S. 4.

## 2. Geltungsumfang des § 77 Abs. 3 BetrVG

Ob § 77 Abs. 3 BetrVG neben Betriebsvereinbarungen auch den Abschluss formloser Regelungsabreden verbietet, ist lebhaft umstritten[253]. Die Auseinandersetzung hat große praktische Relevanz, da die Vorschrift fast jegliche Bedeutung verlieren würde, könnten Vereinbarungen, die als Betriebsvereinbarung unzulässig wären, ungeachtet dessen auf dem Wege der Regelungsabrede durchgesetzt werden.

Von den Befürwortern der Anwendung des § 77 Abs. 3 BetrVG auf Regelungsabreden wird daher auch als Hauptargument hierfür hervorgebracht, dass anderenfalls der Schutzzweck der Vorschrift umgangen würde. § 77 Abs. 3 BetrVG sichere die Normsetzungsprärogative der Tarifvertragsparteien und wolle eine betriebliche Konkurrenzordnung zum Tarifvertragssystem ausschließen[254]. Es wird weiterhin angeführt, dass auf dem Umweg der Regelungsabrede, „das Kind nur einen anderen Namen" erhielte[255] und auch die Regelungsabrede rein tatsächlich zu einer betrieblichen Einheitsregelung führe und dadurch auch zu einer Quasi-Normsetzung auf betrieblicher Ebene[256].

Dass sich über Regelungsabreden wirtschaftlich betrachtet zumindest ähnliche Ergebnisse wie durch Betriebsvereinbarung erzielen lassen, wird überwiegend auch von denjenigen Autoren hervorgehoben, die einer Ausweitung des Anwendungsbereichs des § 77 Abs. 3 BetrVG ablehnend gegenüberstehen[257]. Eine Anwendung der Vorschrift auf formlose Regelungsabreden wird aber unter Hinweis auf deren fehlende normative Wirkung zurückgewiesen. Die Regelungsabrede entfalte selbst in ihrer stärksten (verbindlichen) Form lediglich obligatorische

---

253 **Für** eine Anwendung des § 77 Abs. 3 BetrVG haben sich u.a. ausgesprochen: Annuß, RdA 2000, S. 287, S. 291; Bichler, DB 1979, S. 1939, S. 1941; DKK-Berg § 77 Rn. 78; Friese, S. 153 f.; Gamillscheg in FS Stahlhacke, S. 129, S. 147; Hanau, BB 1977, S. 350; ders. in Betriebsvereinbarung, S. 67, S. 106; Lethert, S. 68; MünchArbR-Matthes § 327 Rn. 73; Unterhinninghofen, AiB 1997, S. 50, S. 51; Wohlfarth, NZA 1999, S. 962, S. 963; W/W § 77 Rn. 36; Zachert, RdA 1996, S. 140, S. 145; **gegen** die Anwendung auf Regelungsabreden sind: ArbG Marburg NZA 1996, S. 1331, S. 1335; BAG SAE 1999, S. 253 ff.; Bauer/Haußmann, Sonderbeilage NZA 24/2000, S. 42, S. 44; Belling/Hartmann, NZA 1998, S. 673, S. 680; Buchner, NZA 1996, S. 1304, S. 1305; Fischer, S. 217 f.; ders. Anmerkung zu BAG vom 20.4.1999, EzA Nr. 65 zu Art. 9 GG; Moll, S. 53 ff.; FKHE § 77 Rn. 102; Gragert, S. 62 f.; Haug, BB 1986, S. 1921, S. 1929; Heinze, NZA 1995, S. 5, S. 6; Walker, ZfA 2000, S. 29, S. 36; Waltermann, RdA 1996, S. 129, S. 132; Wank, RdA 1991, S. 129, S. 133; ders., NJW 1996, S. 2273, S. 2275; Zöllner, ZfA 1988, S. 265, S. 288.

254 Vgl. nur DKK-Berg § 77 Rn. 78; Hanau in Betriebsvereinbarung, S. 67, S. 106; MünchArbR-Matthes § 327 Rn. 73, Zachert, RdA 1996, S. 140, S. 145.

255 So Bichler, DB 1979, S. 1939, S. 1944.

256 Wohlfarth, NZA 1999, S. 962, S. 963.

257 Vgl. nur Fischer, S. 217; Moll, S. 54; Waltermann, RdA 1996, S. 129, S. 132.

Wirkung zwischen den beiden vertragsschließenden Parteien Arbeitgeber und Betriebsrat. Erforderlich sei stets noch ein Umsetzungsakt auf individualrechtlicher Ebene, so dass das Entstehen einer mit der tariflichen Regelung konkurrierenden betrieblichen Ordnung keine Folge der Beteiligung des Betriebsrats sei, sondern allein auf dem Erlaubtsein des von § 77 Abs. 3 BetrVG nicht berührten individualrechtlichen Gestaltungsmittels beruhe[258].

### 3. Eigene Stellungnahme

Dass der Wortlaut der Vorschrift lediglich Betriebsvereinbarungen umfasst und mit der Regelungsabrede keine unmittelbar normativen Wirkungen erzeugt werden, muss der direkten Anwendung des § 77 Abs. 3 BetrVG nicht im Wege stehen[259]. Da die Wirkungen der Regelungsabrede de facto mit denen einer Betriebsvereinbarung vergleichbar sind und die Regelungsabrede auch im übrigen keine ausdrückliche Regelung im Gesetz erfahren hat, muss durch Auslegung ermittelt werden, ob eine Anwendung des § 77 Abs. 3 BetrVG hierauf befürwortet werden kann.

Die gegen die Anwendung hervorgebrachten Argumente lassen sich wie zuvor erwähnt folgendermaßen zusammenfassen:

- Wortlautargument
- fehlende normative Wirkung der nur schuldrechtlich wirkenden Regelungsabrede.

Die grammatische Auslegung der Norm erscheint in der Tat zunächst eindeutig. Das Gesetz spricht nur von Betriebsvereinbarungen, so dass hiernach zu urteilen Regelungsabreden nicht von § 77 Abs. 3 BetrVG erfasst werden können. Im Gegensatz zu anderen Formen der Übereinkunft zwischen Arbeitgeber und Betriebsrat[260] hat die Regelungsabrede allerdings auch ansonsten keinerlei Niederschlag im Gesetz gefunden, so dass allein mit dem Wortlautargument die Anwendung der Vorschrift auf Regelungsabreden nicht abgelehnt werden kann. Systematik und historische Auslegung bringen ebenfalls keinen entscheidenden Erkenntnisgewinn. Die Vorschrift des § 77 Abs. 3 BetrVG ist seit der Reform des

---

258 Bauer/Haußmann NZA Sonderbeilage 24/2000, S. 42, S. 44; Fischer, S. 217 f.; FKHE § 77 Rn. 217; Gragert, S. 62 f.; Haug, BB 1986, S. 1921, S. 1929; Walker, ZfA 2000, S. 29, S. 36; Wank, NJW 1996, S. 2273, S. 2275.

259 A. A. Fischer, S. 218, der allenfalls eine analoge Anwendung der Vorschrift in Betracht zieht und dies ablehnt. Die Auslegung geht der Analogie jedoch vor. Solange durch Auslegung ein Tatbestand als Teil eines anderen Tatbestandes festgestellt werden kann, kommt Analogie nicht in Betracht; vgl. zum Verhältnis von Auslegung und Analogie Röhl, S. 615.

260 Zum Beispiel wie die „Einigung" in §§ 37 Abs. 6, 38 Abs. 2, 39 Abs. 1 BetrVG, das „Einverständnis" in § 76 Abs. 2 BetrVG, das „Einvernehmen" in § 44 Abs. 2 BetrVG oder der „Interessenausgleich" in §§ 112 Abs. 1, 2 und 3, 113 Abs. 1 und 3 BetrVG.

Betriebsverfassungsgesetzes im Jahre 1972 im Vierten Teil des BetrVG („ Mitwirkung und Mitbestimmung der Arbeitnehmer“), dort im Ersten Abschnitt unter „Allgemeines“ angesiedelt. Obwohl das Bundesarbeitsgericht die formlose Einigung zwischen den Betriebsparteien seit 1956 als Gestaltungsmittel auf betrieblicher Ebene anerkennt[261], findet sich in diesem Abschnitt allein das Gestaltungsmittel „Betriebsvereinbarung“ oder es ist generell von „Vereinbarungen“[262] die Rede. Hinsichtlich der Beweggründe des historischen Gesetzgebers läßt dies nicht den Schluss zu, die Regelungsabrede habe bewusst aus dem Geltungsbereich des § 77 Abs. 3 BetrVG herausgenommen werden sollen. Da die Regelungsabrede auch im übrigen Gesetzestext keine Erwähnung findet, drängt sich vielmehr der Schluss auf, dass die Regelungsabrede schlicht übersehen wurde[263].

Entscheidendes Gewicht bei der Auslegung der Norm des § 77 Abs. 3 BetrVG im Hinblick auf die Anwendung von Regelungsabreden ist somit dem Sinn und Zweck der Norm beizumessen. Wie bereits an anderer Stelle ausführlich dargelegt[264], wurde mit der Norm nach den damaligen Vorstellungen des Gesetzgebers das Ziel verfolgt, im Hinblick auf die kollektivrechtliche Gestaltung von Arbeitsverhältnissen die Normsetzungsprärogative beziehungsweise Vorrangkompetenz der Tarifvertragsparteien vor den Betriebsparteien zu sichern. Um diese Normsetzungsprärogative vollumfänglich zu schützen, entzieht § 77 Abs. 3 BetrVG den Betriebsparteien die Zuständigkeit zum Abschluss von Betriebsvereinbarungen, soweit eine tarifvertragliche Regelung besteht oder üblich ist. Es handelt sich also nicht um eine reine Kollisionsnorm, sondern um eine Vorschrift, mit der eine eindeutige Trennung der Aufgaben von Betriebsrat und Gewerkschaft vorgenommen werden sollte. Der vom damaligen Gesetzgebers verfolgte Zweck deckt sich nach wie vor mit den objektiv nach den heutigen mit dem Gesetz zu verbindenden Vorstellungen.

Vor dem Hintergrund dieses Zwecks erscheint es aber sachgerecht, die Vorschrift des § 77 Abs. 3 BetrVG dahingehend auszulegen, dass auch Regelungsabreden von ihr betroffen sind. Mag der Regelungsabrede allein rein rechtlich betrachtet keine normative Wirkung zukommen, so legt sie doch den ersten Grundstein für eine Parallelordnung, die eine Normenkonkurrenz schafft, wo nach der im Gesetz klar zum Ausdruck kommenden Wertung gerade keine sein soll. Es ist dabei in erster Linie die Mitwirkung des Betriebsrats, die dem auf einzelvertrag-

---

261 Vgl. BAG vom 7.9.1956, AP Nr. 2 zu § 56 BetrVG. Das Gericht sprach damals allerdings nicht schon von einer Regelungsabrede, sondern nur davon, dass die Mitbestimmung des Betriebsrats in sozialen Angelegenheiten nicht zwangsläufig durch Betriebsvereinbarungen, sondern auch durch formlose Einigung verwirklicht werden könne.

262 In §§ 77 Abs. 1, 80 Abs. 3 BetrVG.

263 So auch Hanau, BB 1977, S. 350 („... an die im Betriebsverfassungsgesetz auch sonst ignorierte Regelungsabrede hat man wohl nicht gedacht.“).

264 Siehe im selben § unter I.

licher Ebene nötigen Umsetzungsakt in den Augen der Arbeitnehmer, deren Interessenwahrnehmung ureigene Aufgabe des Betriebsrats ist, das erforderliche Maß an Legitimität verschafft. Schon deshalb erscheint es unangemessen, hier ausschließlich auf das Vorhandensein der normativen Wirkung zu rekurrieren. Es handelt sich eben nicht um eine einzelvertragliche Vereinbarung, die der Arbeitgeber auch jederzeit mit den Arbeitnehmern ohne Zutun des Betriebsrats abschließen könnte. Dort, wo der Betriebsrat an der Umsetzung kollektiver Maßnahmen beteiligt ist, muss sich die Zulässigkeit seiner Beteiligung aber an § 77 Abs. 3 BetrVG messen lassen.

Die Auslegung der Norm ergibt aufgrund der ihr zugrundeliegenden klaren gesetzgeberischen Wertung, dass von ihr neben Betriebsvereinbarungen auch Regelungsabreden erfasst sind.

Ein Rückgriff auf Art. 9 Abs. 3 GG i.V.m. §§ 1004 Abs. 1 S. 2, 823 Abs. 1 BGB ist mithin im Hinblick auf Regelungsabreden nicht erforderlich. Der hier befürwortete Unterlassungsanspruch aus § 77 Abs. 3 BetrVG geht als einfachgesetzliche Regelung einer verfassungsrechtlichen Anspruchsherleitung vor.

### *IV. Unterlassungsanspruch in Fällen erzwingbarer Mitbestimmung nach § 87 Abs. 1 BetrVG*

Nachdem die Anwendung des § 77 Abs. 3 BetrVG auf Regelungsabreden befürwortet worden ist, stellt sich nunmehr die Frage, welche Auswirkungen der auf § 77 Abs. 3 BetrVG beruhende Unterlassungsanspruch in Fällen erzwingbarer Mitbestimmung nach § 87 Abs. 1 Nr. 1-13 BetrVG hat. Die Unterscheidung zwischen mitbestimmungspflichtigen und mitbestimmungsfreien Betriebsvereinbarungen hat sich in den letzten Jahren oftmals als Rechtsschutzgrenze für Gewerkschaften erwiesen. So hat das Bundesarbeitsgericht in seiner Entscheidung vom 24.2.1987[265] auf Grundlage der sog. Vorrangtheorie festgestellt, dass § 77 Abs. 3 S. 1 BetrVG keine Betriebsvereinbarungen in Angelegenheiten erfasst, in denen der Betriebsrat nach § 87 Abs. 1 BetrVG ein Mitbestimmungsrecht hat. § 87 Abs. 1 BetrVG soll eine Ausnahme von der Regelung des § 77 Abs. 3 BetrVG enthalten. Der große Senat des Bundesarbeitsgerichts hat sich dieser Sichtweise in seinem Beschluss vom 3.12.1991[266] angeschlossen. Zuvor hatte das Bundesarbeitsgericht in seiner Entscheidung vom 20.8.1991[267] bereits angenommen, dass es sich zwar bei § 77 Abs. 3 BetrVG um eine Grundnorm der betriebsverfassungsrechtlichen Ordnung handele und dass der Abschluss einer Betriebsvereinbarung unter Verstoß gegen die Norm einen groben Verstoß im Sinne von § 23 Abs. 3 BetrVG darstelle. § 87 Abs. 1 Einls. BetrVG wurde eine solche Stel-

265 BAG DB 1987, S. 1435 ff.

266 BAG, großer Senat vom 3.12.1991, AP Nr. 51 zu § 87 BetrVG 1972 Lohngestaltung.

267 BAG vom 20.8.1991, EzA Nr. 41 zu § 77 BetrVG.

lung jedoch nicht eingeräumt. Das Gericht hatte sich vielmehr auch in dieser Situation, die keine Auseinandersetzung zwischen Arbeitgeber und Betriebsrat über den Umfang der Mitbestimmungsrechte war, sondern eine zwischen Arbeitgeber und Gewerkschaft über den Verstoß gegen den bestehenden Tarifvertrag, auf den Standpunkt zurückgezogen, § 77 Abs. 3 BetrVG gelte nicht für Betriebsvereinbarungen über Angelegenheiten, die nach § 87 Abs. 1 BetrVG der Mitbestimmung des Betriebsrats unterlägen.

Zuletzt hat das Bundesarbeitsgericht in seiner Entscheidung vom 20.4.1999 allerdings selbst Zweifel daran geäußert, „ob die Trennlinie zwischen mitbestimmungspflichtigen und mitbestimmungsfreien Betriebsvereinbarungen zugleich die Grenze markiert, von der der Schutz der Koalitionsfreiheit und damit ein Abwehrrecht der Gewerkschaft abhängig sein kann“[268]. Es stellt sich demzufolge auch in Zukunft die Frage, wie im Falle einer Betriebsvereinbarung zu verfahren ist, die zwar gegen bestehende Tarifnormen verstößt, deren Regelungsgegenstand aber unter § 87 Abs. 1 Nr. 1 – 13 BetrVG zu subsumieren ist.

### 1. Das Verhältnis des § 87 Abs. 1 Einls. BetrVG zu § 77 Abs. 3 BetrVG

Bei den §§ 77 Abs. 3, 87 Abs. 1 Einls. BetrVG handelt es sich um Vorschriften, die beide Kompetenzen auf betrieblicher Ebene zugunsten der Tarifautonomie einschränken. Während § 77 Abs. 3 BetrVG die Kompetenz der Betriebsparteien zum Abschluss von Betriebsvereinbarungen begrenzt, schränkt § 87 Abs. 1 Einls. BetrVG Mitbestimmungsrechte des Betriebsrats ein. Nach seinen tatbestandlichen Voraussetzungen geht der Anwendungsbereich des § 77 Abs. 3 BetrVG jedoch über den des § 87 Abs. 1 Einls. BetrVG hinaus: Er gilt unabhängig von der Tarifbindung des Arbeitgebers und bereits dann, wenn eine tarifliche Regelung nur üblich ist. Das Verhältnis der beiden Normen zueinander wird in Schrifttum und Rechtsprechung seit jeher entweder mit der „Vorrangtheorie“ oder der „Zwei-Schranken-Theorie“ zu erklären versucht[269].

Die Vertreter der Vorrangtheorie gehen dabei davon aus, dass sich Tarifvorrang in § 77 Abs. 3 BetrVG und Tarifvorbehalt in § 87 Abs. 1 BetrVG nicht überschneiden. § 87 Abs. 1 BetrVG wird vielmehr der Anwendungsvorrang vor § 77 Abs. 3 BetrVG eingeräumt, mit der Folge, dass § 77 Abs. 3 BetrVG danach keine Arbeitsbedingungen umfasst, für die nach § 87 Abs. 1 BetrVG ein Mitbestimmungsrecht besteht. Die als Zwei-Schranken-Theorie bezeichnete Gegenmeinung vertritt demgegenüber die Ansicht, dass § 77 Abs. 3 BetrVG auch im Bereich der

268 BAG SAE 1999, S. 253, S. 259.

269 Vgl. nur für die **Zwei-Schranken-Theorie**: FKHE § 77 Rn. 111; GK-Wiese § 87 Rn. 47; Hanau, BB 1977, S. 350; Haug, BB 1986, S. 1921, S. 1925; Moll, S. 39; Richardi § 77 Rn. 247; Wank, RdA 1991, S. 129, S. 139; für die **Vorrangtheorie**: Gast, S. 39; Kempen/Zachert Grundlagen Rn. 279; Säcker, ZfA Sonderheft 1972, S. 41, S. 65; Simitis/Weiss, DB 1973, S. 1240, S. 1247; von Hoyningen-Huene/Meier-Krenz, NZA 1987, S. 793, S. 799.

erzwingbaren Mitbestimmung in sozialen Angelegenheiten anzuwenden ist. Nach der Zwei-Schranken-Theorie soll es nicht möglich sein, Arbeitsbedingungen, die durch Tarifvertrag geregelt sind oder üblicherweise geregelt werden, in Angelegenheiten der erzwingbaren Mitbestimmung zum Gegenstand einer Betriebsvereinbarung zu machen.

Für die Durchsetzbarkeit eines auf § 77 Abs. 3 BetrVG beruhenden Unterlassungsanspruchs in Fällen erzwingbarer Mitbestimmung gem. § 87 Abs. 1 Nr. 1-13 BetrVG würden sich demzufolge auf Grundlage der Zwei-Schranken-Theorie keine Probleme ergeben. Da die Vertreter der Zwei-Schranken-Theorie die Geltung des § 77 Abs. 3 BetrVG auch in Angelegenheiten erzwingbarer Mitbestimmung befürworten, würde sich der Unterlassungsanspruch aus § 77 Abs. 3 BetrVG immer auch hierauf beziehen.

Wie ist aber auf Grundlage der vom Bundesarbeitsgericht angewandten Vorrangtheorie zu verfahren? Hiernach hat die Vorschrift des § 77 Abs. 3 BetrVG (zunächst) keinerlei Einfluss auf die Betriebsparteien, solange sie sich im Rahmen der in § 87 Abs. 1 Nr. 1-13 BetrVG aufgeführten Mitbestimmungsrechte bewegen. Ein auf § 77 Abs. 3 BetrVG beruhender Unterlassungsanspruch würde in diesen Fällen zumindest vordergründig keine Unterlassungsverpflichtung begründen können.

Zur Begründung einer Unterlassungsverpflichtung des Arbeitgebers bei erzwingbarer Mitbestimmung sind unter Beibehaltung der Vorrangtheorie nach meiner Ansicht zwei Vorgehensweisen denkbar: Zum einen der Versuch der Konstruktion eines eigenständigen, in § 87 Abs. 1 Einls. BetrVG wurzelnden Unterlassungsanspruchs und zum anderen die Herleitung eines Unterlassungsanspruchs auf Grundlage der §§ 77 Abs. 3, 87 Abs. 1 Einls. BetrVG, wobei § 77 Abs. 3 BetrVG bei bestehender, das Mitbestimmungsrecht ausschließender tariflicher Regelung als Wirksamkeitsmaßstab für die ungeachtet der Existenz der tariflichen Regelung abgeschlossene Betriebsvereinbarung herangezogen werden könnte.

Gegen die erstere Variante könnte allerdings sprechen, dass § 87 Abs. 1 BetrVG zunächst – im Gegensatz zu § 77 Abs. 3 BetrVG – nur die Mitbestimmung des Betriebsrats regelt. Dass der Betriebsrat in den in Abs. 1 Nr. 1 –13 genannten Fällen mitzubestimmen hat, bedeutet in erster Linie, dass er dort eine mitbestimmte Regelung erzwingen kann und der Arbeitgeber ohne seine Mitwirkung nicht rechtswirksam agieren kann. Obwohl die Vorschrift in ihrem Einleitungssatz bestimmt, dass eine Mitbestimmung nur möglich ist, soweit eine gesetzliche oder tarifliche Regelung nicht besteht, erscheint die darauf beruhende Herleitung eines eigenständigen Unterlassungsanspruchs keineswegs zwingend, wenn man sich vergegenwärtigt, dass das Hauptaugenmerk bei § 87 Abs. 1 BetrVG auf den dem Betriebsrat eröffneten Mitbestimmungsmöglichkeiten bei Nichtvorliegen gesetzlicher oder tariflicher Regelungen liegt. In § 77 Abs. 3 BetrVG kommt durch die Formulierung „können nicht“ sehr viel deutlicher das Anliegen zum Ausdruck, die Zuständigkeit des Betriebsrats zugunsten gewerkschaftlicher Tätigkeit in Form von Tarifverträgen abzugrenzen. § 77 Abs. 3 BetrVG ist die Grundnorm zur ausdrücklichen Regelung des Verhältnisses tariflicher und betrieblicher Normsetzungsbefugnis. Hieraus rechtfertigt sich auch die Annahme eines eigenständigen Unterlassungsanspruchs aus § 77 Abs. 3 BetrVG. Der Aufbau der Vorschrift des § 87 BetrVG als einer zuvorderst nur die Mitbestimmungsrechte des Betriebsrats aufzählenden Norm gebietet eine solche Wertung jedenfalls nicht mit der gleichen Konsequenz.

Daher soll in erster Linie im Rahmen der hier vorgeschlagenen letzteren Lösungsmöglichkeit untersucht werden, ob die in § 77 Abs. 3 BetrVG ausgesprochenen Grundwertungen nicht auch unter Beibehaltung der Vorrangtheorie bei Bestehen einer tariflichen Regelung im Rahmen des § 87 Abs. 1 BetrVG Berücksichtigung finden müssen. Die Beantwortung dieser Frage macht eine eingehende Auseinandersetzung mit Sinn und Zweck des § 87 Abs. 1 BetrVG erforderlich sowie mit Lesart und Rechtsfolgen der Vorrangtheorie.

### 2. Sinn und Zweck des § 87 Abs. 1 BetrVG

Den Bestimmungen der §§ 77 Abs. 3, 87 Abs. 1 BetrVG ist, wie bereits erläutert, gemeinsam, dass sie Kompetenzen auf betrieblicher Ebene zugunsten der Tarifautonomie einschränken. Deshalb wird auch von einigen Vertretern im Schrifttum nach wie vor daran festgehalten, dass § 87 Abs. 1 BetrVG auch der Gewährleistung des Schutzes der Tarifautonomie dient[270]. Diese Ansicht hat lange Zeit auch das BAG vertreten[271] bis es Mitte der achtziger Jahre damit begann, neben dem Schutz der verfassungsrechtlich gewährleisteten Tarifautonomie gegenüber konkurrierenden Gestaltungen im Rahmen der betrieblichen Mitbestimmung auch Arbeitnehmerschutz als Sinn und Zweck der erzwingbaren Mitbestimmung anzusehen[272]. In seiner Entscheidung vom 24.2.1987[273], in der auch zum ersten Mal die Vorrangtheorie befürwortet wurde, reduzierte das Gericht den Normzweck des § 87 Abs. 1 BetrVG schließlich allein auf den Arbeitnehmerschutz. Zweck der in § 87 BetrVG normierten Mitbestimmungsrechte des Betriebsrats sei es – je nach dem Mitbestimmungstatbestand –, Direktionsrechte zu beschränken, einzelvertragliche Vereinbarungen insbesondere hinsichtlich betriebseinheitlicher Arbeitsbedingungen wegen der dabei gestörten Vertragsparität zurückzudrängen, gesetzliche Pflichten des Arbeitgebers etwa im Unfall- und Gesundheitsschutz zu konkretisieren und allgemeine Grundsätze über die gleichmäßige Behandlung

270 Haug, BB 1986, S. 1921, S. 1924; Kempen/Zachert Grundlagen Rn. 278; Lethert, S. 100; Moll, S. 21; Säcker, ZfA Sonderheft 1972, S. 41, S. 64; Wank, RdA 1991, S. 129, S. 137 f.; Weyand, AuR 1989, S. 193, S. 194.

271 Vgl. nur BAG vom 4.8.1981, AP Nr. 1 zu § 87 BetrVG 1972 Tarifvorrang; BAG vom 22.12.1981, AP Nr. 7 zu § 87 BetrVG Lohngestaltung.

272 BAG vom 31.1.1984, AP Nr. 3 zu § 87 BetrVG 1972 Tarifvorrang.

273 BAG DB 1987, S. 1435 ff.

der Arbeitnehmer oder über die Angemessenheit und Durchsichtigkeit des innerbetrieblichen Lohngefüges und die innerbetriebliche Lohngerechtigkeit zum Tragen kommen zu lassen.

Zumindest ein Zweck des § 87 Abs. 1 Einls. BetrVG wird auch im Schrifttum mittlerweile darin gesehen, dass durch die Beteiligung des Betriebsrats der Schutz der Arbeitnehmer des Betriebs vor einer einseitig an den Interessen des Arbeitgebers orientierten Gestaltungsmacht gewährleistet werden soll. Diese Einigkeit über den Zweck besteht bei den jeweiligen Vertretern auch vollkommen unabhängig davon, ob sie letztlich der Vorrang- oder der Zwei-Schranken-Theorie den Vorzug geben[274].

Anders stellt sich die Situation hingegen dar, soweit es um die Anerkennung des Schutzes der Tarifautonomie als Zweck des § 87 Abs. 1 BetrVG geht. Hiergegen wird vereinzelt das Argument hervorgebracht, dass § 87 Abs. 1 Einls. BetrVG das Mitbestimmungsrecht nicht nur gegenüber einer tariflichen, sondern auch gegenüber einer gesetzlichen Regelung zurücktreten lasse[275]. Der gleichgestellte Schutz von Tarifvertrag und Gesetz soll der Anerkennung der Gewährleistung der Tarifautonomie als Schutzzweck des § 87 Abs. 1 BetrVG entgegenstehen, da es nicht Sinn und Zweck des Gesetzesvorrangs sein könne, gleichermaßen den Kompetenzschutz des Gesetzgebers zu beabsichtigen. Eine Bedrohung der gesetzgeberischen Zuständigkeit durch die betriebliche Mitbestimmung sei wohl kaum zu befürchten[276].

Diese Argumentation vermag jedoch nicht zu überzeugen. Wank[277] macht in diesem Zusammenhang zu Recht darauf aufmerksam, dass eine Vorschrift mehr als nur einen Zweck verfolgen kann. Die Annahme, dass sowohl dem Tarif- als auch dem Gesetzesvorrang in § 87 Abs. 1 Einls. BetrVG ein einheitliches legislatives Ordnungskonzept zugrunde liegen muss, ist keineswegs zwingend[278]. Für den Schutz der Tarifautonomie als in § 87 Abs. 1 Einls. BetrVG intendiertem Zweck spricht auch die Tatsache, dass die Vorschrift die betriebliche Mitbestimmung auch dann ausschließt, wenn damit für den Arbeitnehmer günstigere Ar-

---

274 Vgl. nur DKK-Klebe § 87 Rn. 25; Gast, S. 26 u. S. 39; GK-Wiese § 87 Rn. 56; Heither in FS Dieterich, S. 231, S. 241; Kempen/Zachert Grundlagen Rn. 278; Richardi § 87 Rn. 7 ff.; Simitis/Weiss, DB 1973, S. 1240, S. 1247; von Hoyningen-Huene/Meier-Krenz, NZA 1987, S. 793, S. 798; Wank, RdA 1991, S. 129, S. 137; Weyand, AuR 1989, S. 193, S. 195; Wiese, ZfA 2000, S. 117; ders. in FS Kissel, S. 1269, S. 1273 ff.; W/W § 87 Rn. 11 f.; a. a. Fischer, S. 224 f., der der Auffassung ist, § 87 Einls. BetrVG diene neben dem Schutz der Tarifautonomie den Interessen des Arbeitgebers vor über die Einigungsstelle erzwungenen weitergehenden betrieblichen Leistungen.

275 Jahnke, S. 171; Klasen, S. 18; Kreutz, S. 221 f.; Wiese in FS BAG, S. 661, S. 662.

276 Klasen, S. 18 Fn. 41 a; Kreutz, S. 221 f.

277 Wank, RdA 1991, S. 129, S. 137.

278 Fischer, S. 224 f.; Haug, BB 1986, S. 1921, S. 1925; Lethert, S. 98 f.; Moll, S. 19.

beitsbedingungen erzwungen werden sollen[279]. Die in § 87 Abs. 1 Einls. BetrVG getroffene gesetzgeberische Grundentscheidung zielt damit eindeutig auf die Privilegierung der tariflichen gegenüber der betrieblichen Ebene.

Das gegen den Schutz der Tarifautonomie hervorgebrachte Argument des in diesem Falle unerklärlichen Nebeneinanders von Tarifvertrag und Gesetz ist demzufolge nicht haltbar. Die Privilegierung der tariflichen Ebene rechtfertigt vielmehr den Schluss, dass § 87 Abs. 1 BetrVG neben dem Arbeitnehmerschutz auch den Schutz der Tarifautonomie gewährleisten will. Im Ergebnis bedeutet dies, dass § 87 Abs. 1 BetrVG zwei unterschiedliche Zwecke verfolgt.

### 3. Rechtsfolgen der Vorrangtheorie

Nachdem mit dem Arbeitnehmerschutz und dem Schutz der Tarifautonomie Sinn und Zweck des § 87 Abs. 1 BetrVG feststehen, ist unter Berücksichtigung dieser Ziele auf die Rechtsfolgen der Vorrangtheorie, insbesondere bei Bestehen einer tariflichen Regelung, einzugehen.

Im Falle einer nur tarifüblichen Regelung wird die betriebliche Mitbestimmung nach § 87 Abs. 1 Nr. 1 – 13 BetrVG unter Anwendung der Vorrangtheorie nicht ausgeschlossen. Dies ist nach der Vorrangtheorie bekanntermaßen nur dann der Fall, wenn tatsächlich auch eine tarifliche Regelung besteht, sprich ein Tarifvertrag existiert und der Arbeitgeber tarifgebunden ist. Was im jahrelang währenden Streit um Vorrang- und Zwei-Schranken-Theorie jedoch von keiner Seite zufriedenstellend beantwortet wurde, ist die Frage, an welcher Norm eine betriebliche Regelung gemessen werden muss, die gegen einen bestehenden Tarifvertrag verstößt[280]. Ergibt sich hier die Unwirksamkeit aus § 87 Abs. 1 Einls. BetrVG oder sollte bei Bestehen einer tariflichen Regelung nicht doch wieder § 77 Abs. 3 BetrVG zum Tragen kommen können? Dass die Beantwortung dieser Frage im Rahmen des Theorienstreits eine allenfalls untergeordnete Rolle spielte, wird vor dem Hintergrund verständlich, dass im Mittelpunkt der Diskussion die Auseinandersetzung um die rechtlichen Voraussetzungen, unter denen der Betriebsrat eine mitbestimmte Regelung erzwingen können sollte, stand. Da es den Vertretern beider Ansichten darum ging, unter Beachtung des geltenden Tarifvertragssystems rechtlich nicht zu beanstandende Wege zwingender betrieblicher Mitbestimmung aufzuzeigen, bestand letztlich gar kein Bedarf, die Wirksamkeit beziehungsweise Unwirksamkeit von Betriebsvereinbarungen zu thematisieren, die, sei es gezielt oder nicht, von einem bereits bestehenden Tarifvertrag abweichen. Die Frage nach der Norm, an der sich eine mitbestimmungspflichtige Betriebsvereinbarung messen lassen muss, ist daher nicht abschließend geklärt.

---

279 Lethert, S. 99; Lieb, ZfA 1978, S. 179, S. 205; Moll, S. 19.

280 Vgl. hierzu die sehr ausführliche, mit weiteren Nachweisen versehene Darstellung bei Fischer, S. 168 ff.

Jedenfalls für den hier befürworteten Unterlassungsanspruch aus § 77 Abs. 3 BetrVG bei Abschluss einer tarifwidrigen Betriebsvereinbarung oder Regelungsabrede hätte die Möglichkeit des Rückgriff auf § 77 Abs. 3 BetrVG als Wirksamkeitsmaßstab bei Bestehen einer tariflichen Regelung zur Folge, dass der Anspruch auch dann greifen könnte, wenn ein Fall betrieblicher Mitbestimmung nach § 87 Abs. 1 Nr. 1-13 BetrVG vorläge.

In Literatur und Rechtsprechung zur Vorrangtheorie finden sich – wie bereits angedeutet –nur wenige Hinweise auf eine mögliche Lösung des Problems tarifwidriger, auf Grundlage des § 87 Abs. 1 Nr. 1-13 BetrVG abgeschlossener Betriebsvereinbarungen[281]. Das Bundesarbeitsgericht musste sich, soweit ersichtlich, erst zweimal mit gewerkschaftlichen Anträgen befassen, die Anlass zu einer Stellungnahme hätten sein können[282].

### *a) Die Entscheidung des Bundesarbeitsgerichts vom 20.8.1991 – 1 ABR 85/90*[283]

Der Entscheidung vom 20.8.1991 lag ein Unterlassungsantrag der Gewerkschaft gemäß § 23 Abs. 3 BetrVG zugrunde. Der tarifgebundene Arbeitgeber, der eine Großdruckerei betrieb, hatte mit dem Betriebsrat eine Betriebsvereinbarung über die Lage und Verteilung der Arbeitszeit abgeschlossen (§ 87 Abs. 1 Nr. 2 BetrVG), wonach u. a. für den Tiefdruck-Fortdruck ein Schichtplan gelten sollte, der die Arbeitszeit ungleichmäßig verteilte und auch Samstags- und Sonntagsarbeit vorsah. Nach den im einschlägigen Tarifvertrag für die Betriebsparteien enthaltenen Rahmenvorgaben sollte die regelmäßige Arbeitszeit hingegen auf Tage von Montag bis Freitag gelegt werden und nur in dort definierten Ausnahmefällen auf Samstag. Die Gewerkschaft stellte daraufhin einen Unterlassungsantrag,

281 Eine ansatzweise Stellungnahme hierzu findet sich nur bei Säcker, BB 1979, 1201, 1202, der davon auszugehen scheint, dass bei Ausschluss des Mitbestimmungsrechts nach § 87 Abs. 1 Einls. BetrVG die gleichwohl abgeschlossene Betriebsvereinbarung auch an der Norm zu messen sei. Ehmann/Schmidt, NZA 1995, S. 193, S. 197 f. scheinen derselben Ansicht zu sein, wobei § 87 Abs. 1 Einls. BetrVG nicht bei begünstigenden Regelungen, die von den Autoren für wirksam erachtet werden, gelten soll. Eine eingehende Untersuchung der Frage ist bislang nur bei Fischer, S. 187 ff. zu finden.

282 Es handelt sich um die schon im Zusammenhang mit den gewerkschaftlichen Klagemöglichkeiten im ersten Teil erörterten Entscheidungen BAG vom 20.8.1991, EzA Nr. 41 zu § 77 BetrVG 1972 und BAG vom 22.6.1993, SAE 1994, S. 136 ff. Neben den hier zu erörternden Verfahren, bei denen jeweils nur die Gewerkschaft als Antragstellerin und der Arbeitgeber beziehungsweise der Betriebsrat als Antragsgegner beteiligt waren, gab es auch zahlreiche andere Entscheidungen des Bundesarbeitsgerichts, in denen es zu der hier aufgeworfenen Frage eindeutiger Stellung hätte beziehen können bzw. überhaupt Stellung hätte beziehen müssen. Vgl. nur BAG vom 18.8.1987 – 1 ABR 30/86, DB 1987, S. 2257 ff.; BAG vom 2.12.1992, AP Nr. 16 zu § 1 TVG Tarifverträge: Textilindustrie; BAG vom 12.10.1994, AP Nr. 66 zu § 87 BetrVG 1972 Arbeitszeit.

283 BAG vom 20.8.1991, EzA Nr. 41 zu § 77 BetrVG 1972; vgl. zu der Entscheidung auch § 3 unter I.

mit dem die Durchführung der Betriebsvereinbarung in den streitgegenständlichen Punkten unterlassen werden sollte. In seinen Entscheidungsgründen stellt das Gericht – in Übereinstimmung mit den Grundsätzen der Vorrangtheorie – fest, dass § 77 Abs. 3 BetrVG nicht für Betriebsvereinbarungen über Angelegenheiten gelten soll, die nach § 87 Abs. 1 BetrVG der Mitbestimmung des Betriebsrats unterliegen. Anschließend führt der erkennende Senat aus, dass die Betriebsparteien beim Abschluss einer auf § 87 Abs. 1 BetrVG fußenden Betriebsvereinbarung im Rahmen ihrer betriebsverfassungsrechtlichen Zuständigkeit handelten. Sie hätten bei der Wahrnehmung ihrer Normsetzungsbefugnis jedoch höherrangiges Recht zu beachten. Dies gelte gerade auch für Vorgaben in einer tariflichen Regelung der Angelegenheit, die für den Betrieb im Sinne des Eingangssatzes von § 87 Abs. 1 BetrVG bestehe. Der Verstoß einer Betriebsvereinbarung gegen solche tariflichen Vorgaben soll zwar die entsprechende Regelung in der Betriebsvereinbarung oder die Betriebsvereinbarung selbst unwirksam machen mögen, er soll nach der Auffassung des Gerichts aber keinen Verstoß gegen die auch durch § 77 Abs. 3 BetrVG normierte betriebsverfassungsrechtliche Ordnung darstellen. Die Betriebspartner handelten bei Anschluss einer Betriebsvereinbarung über eine nach § 87 Abs. 1 BetrVG mitbestimmungspflichtige Angelegenheit in Ausübung ihrer Zuständigkeit.

Das Bundesarbeitsgericht nimmt in seiner Entscheidung zwar nicht explizit Stellung zur Frage der für die Unwirksamkeit maßgeblichen Norm bei Verstoß gegen Vorgaben des bestehenden Tarifvertrags, die in dem Urteil enthaltene Argumentationskette (Möglichkeit der Unwirksamkeit einer Betriebsvereinbarung oder in dieser enthaltenen Regelung bei Missachtung des in § 87 Abs. 1 Einls. BetrVG normierten höherrangigen Rechts, andererseits in diesem Fall aber keine Inbezugnahme der nach Auffassung des erkennenden Senats in § 77 Abs. 3 BetrVG statuierten betriebsverfassungsrechtlichen Ordnung) lässt aber darauf schließen, dass das Gericht als maßgebliche Norm wohl § 87 Abs. 1 Einls. BetrVG ansieht[284].

*b) Die Entscheidung des Bundesarbeitsgerichts vom 22.6.1993 – 1 ABR 62/92*[285]

Der Entscheidung vom 22.06.1993 lag ein Antrag der Gewerkschaft auf Auflösung des Betriebsrats gemäß § 23 Abs. 1 BetrVG zugrunde. Die antragstellende Gewerkschaft ÖTV vertrat in dem Beschlussverfahren die Auffassung, der Betriebsrat habe durch den Abschluss einer Betriebsvereinbarung gegen § 77 Abs. 3 BetrVG verstoßen. Der Hauptvorstand der ÖTV hatte mit dem zuständigen Unternehmensverband einen Rahmentarifvertrag zur Neuregelung der Arbeitszeit geschlossen. In diesem Tarifvertrag wurde u. a. die Verkürzung der regelmäßi-

---

284 A. A. Fischer, S. 182, der davon ausgeht, dass die maßgebliche Norm in der Entscheidung unklar bleibt.

285 BAG SAE 1994, S. 136 ff.; vgl. zu der Entscheidung auch § 3.

gen Arbeitszeit durch Gewährung bezahlter freier Tage geregelt. Bei der Verteilung dieser freien Tage sollten Samstage und Sonntage von freien Tagen unbelegt bleiben, soweit an diesen Tagen Arbeitspflicht bestanden hätte. Unter bestimmten Voraussetzungen sollte der Betriebsrat bei der Regelung der freien Tage „mitwirken". In der Folgezeit schloss der Arbeitgeber mit dem Betriebsrat eine Betriebsvereinbarung ab, nach der alle bezahlten freien Tage auf einen Samstag gelegt werden sollten. Die Arbeitsbefreiung an einem Samstag führte zu einer geringeren Verkürzung der Arbeitszeit als die Befreiung an einem anderen Werktag, da die Schicht an diesem Tag kürzer war als Werktags.

Das Bundesarbeitsgericht stellte in den Entscheidungsgründen fest, dass es sich bei der Entscheidung, die bezahlten freien Tage auf Samstag zu legen, nicht nur um eine mitbestimmungspflichtige Angelegenheit nach § 87 Abs. 1 Nr. 2 BetrVG (Verteilung der Arbeitszeit auf die einzelnen Wochentage) handele. Gleichermaßen gehe es hier um die nicht der erzwingbaren Mitbestimmung unterliegende Dauer der Arbeitszeit. Die Regelung in der Betriebsvereinbarung, dass alle bezahlten freien Tage auf Samstag zu legen seien, habe wegen der verkürzten samstäglichen Arbeitszeit zur Folge, dass die Arbeitnehmer anstelle der tariflich vereinbarten Arbeitszeitverkürzung um 138 Stunden nur eine solche von 103,5 Stunden erhielten. Das Bundesarbeitsgericht nahm dies zum Anlass, von einem Verstoß gegen § 77 Abs. 3 BetrVG auszugehen und gleich im ersten Leitsatz zu erkennen: *„Eine Betriebsvereinbarung über die Verteilung der Arbeitszeit verstößt gegen § 77 Abs. 3 BetrVG, wenn sie zugleich Regelungen über die Dauer der wöchentlichen bzw. jährlichen Arbeitszeit enthält, die im Widerspruch zu einem für den Betrieb geltenden Tarifvertrag stehen."* Das Gericht versäumte es allerdings nicht darauf hinzuweisen, dass beim Vorliegen einer rein mitbestimmungspflichtigen Angelegenheit (hier: § 87 Abs. 1 Nr. 2 BetrVG) nur der Tarifvorbehalt des § 87 Abs. 1 Einls. BetrVG gelten soll und nicht § 77 Abs. 3 BetrVG.

Die Entscheidung lässt vermuten, dass das Bundesarbeitsgericht die entgegen einer bestehenden tariflichen Regelung abgeschlossene, auf einem in § 87 Abs. 1 Nr. 1-13 BetrVG aufgeführten Mitbestimmungsrecht beruhende Betriebsvereinbarung wohl an § 87 Abs. 1 Einls. BetrVG messen will[286]. Nur falls die Betriebsvereinbarung gleichermaßen Materien des § 87 Abs. 1 Nr. 1-13 BetrVG und des § 77 Abs. 3 BetrVG berührt, soll § 77 Abs. 3 BetrVG eingreifen.

---

286 A. A. Fischer, S. 184, der die Auffassung vertritt, der Tarifvorbehalt des § 87 Abs. 1 BetrVG sei vom Gericht nicht als Wirksamkeitsmaßstab, sondern nur als Beurteilungskriterium für die in dem Beschluss zu beantwortende Frage nach der Störung der betriebsverfassungsrechtlichen Ordnung herangezogen worden.

### 4. Eigene Stellungnahme zu den Rechtsfolgen der Vorrangtheorie bei Bestehen einer tariflichen Regelung

Da die Frage, ob die Wirksamkeit einer mitbestimmungspflichtigen Betriebsvereinbarung im Falle des Bestehens einer tariflichen Regelung nach § 77 Abs. 3 BetrVG oder § 87 Abs. 1 Einls. BetrVG zu beurteilen ist, in Rechtsprechung und Lehre weitgehend ungeklärt ist[287], soll an dieser Stelle nach einer Entscheidung gesucht werden.

Bereits beim Aufwerfen der Frage, ob aus § 87 Abs. 1 BetrVG unter Umständen ein eigenständiger Unterlassungsanspruch entwickelt werden kann, wurde der Wortlaut des Eingangssatzes der Vorschrift in den Vordergrund gerückt. Dieser formuliert positiv, dass der Betriebsrat in den Angelegenheiten nach Abs. 1 Nr. 1-13 mitzubestimmen hat, soweit eine tarifliche Regelung nicht besteht. Aus dem Eingangssatz wurde gefolgert, dass mit der Vorschrift sowohl der Arbeitnehmerschutz als auch der Schutz der Tarifautonomie gewährleistet wird.

Soweit beide Zwecke befürwortet werden, können die der Vorrangtheorie zugrunde liegenden Ausgangsüberlegungen nur so verstanden werden, dass Arbeitnehmerschutz das an erster Stelle stehende Anliegen ist. Der Arbeitnehmerschutz kann durch Tarifvertrag oder Betriebsvereinbarung gewährleistet werden. Besteht ein Tarifvertrag, so soll dieser und nicht die Betriebsvereinbarung die Wahrung der Rechte der Belegschaft sicherstellen. Der ebenfalls beabsichtigte Schutz der Tarifautonomie steht einer anderen Gewichtung von Betriebsvereinbarung und Tarifvertrag entgegen.

Mit der Vorrangtheorie wird in der Praxis erreicht, dass die Arbeitnehmer eines Betriebs im Nachwirkungszeitraum eines Tarifvertrags oder bei fehlender Tarifbindung des Arbeitgebers nicht schutzlos gestellt sind. Was mit der Theorie nicht bezweckt sein kann – wie ein Blick auf den Wortlaut und weiteren Zweck des § 87 Abs. Einls. BetrVG zeigt – ist das Zurücksetzen der Tarifautonomie.

Wird auf eben diesen Zweck „Schutz der Tarifautonomie" abgestellt, liegt der Schluss nahe, § 87 Abs. 1 Einls. BetrVG als die Norm anzusehen, an der sich eine dem Tarifvertrag zuwiderlaufende Norm messen lassen muss. Die Argumentation könnte dann lauten, dass § 87 Abs. 1 Einls. BetrVG denselben Zweck verfolgt wie § 77 Abs. 3 BetrVG und demnach auch in den Rechtsfolgen im Falle eines Verstoßes ähnlich wirken muss, sprich die Unwirksamkeit einer auf einem in der Vorschrift genannten Mitbestimmungsrecht beruhenden Betriebsvereinbarung nach sich ziehen muss.

Allerdings ließe sich eine solche Sichtweise nicht mit dem Wortlaut der Vorschrift belegen. Der Wortlaut räumt dem Betriebsrat nur die Möglichkeit ein, sein Mitbestimmungsrecht wahrzunehmen bzw. die Beachtung des Mitbestimmungsrechts gegebenenfalls zu erzwingen, um einseitige Maßnahmen des Arbeit-

287 Vgl. Fn. 280.

gebers zu verhindern[288]. Die Vorschrift gewährt dem Betriebsrat demnach in erster Linie Rechte. Die Unwirksamkeit einer gegen den Tarifvorbehalt verstoßenden Betriebsvereinbarung ergibt sich aus dem Wortlaut der Vorschrift jedenfalls nicht ohne dahingehende wertende Auslegung.

Die Grenzen der Vorschrift des § 87 Abs. 1 Einls. BetrVG bei Geltendmachung der Unwirksamkeit tarifwidriger Betriebsvereinbarungen wird auch am Beispiel tariflicher Rahmenregelungen deutlich. Nach § 87 Abs. 1 Einls. BetrVG ist das Mitbestimmungsrecht des Betriebsrats nur ausgeschlossen, soweit eine gesetzliche oder tarifliche Regelung nicht besteht. Bei einer tariflichen Rahmenvereinbarung besteht aber gerade keine tarifliche Regelung, die das Mitbestimmungsrecht sperrt. Wie auch ein Blick auf die zuvor dargestellte Rechtsprechung zeigt, verhält es sich häufig vielmehr so, dass die Tarifvertragsparteien den Abschluss einer ergänzenden Betriebsvereinbarung ausdrücklich im Tarifvertrag festlegen oder ihn zumindest stillschweigend als erforderlich voraussetzen. Die abgeschlossene Betriebsvereinbarung in einem solchen Fall an § 87 Abs. 1 Einls. BetrVG zu messen, ist nicht unproblematisch. Wird der den Betriebsparteien gewährte Regelungsspielraum von diesen überschritten, so können sie sich dennoch darauf berufen, dass grundsätzlich ein Mitbestimmungsrecht bestanden habe. Denn die Sperrwirkung von § 87 Abs. 1 Einls. BetrVG kommt nur dann zum Tragen, wenn eine abschließende bzw. inhaltlich vollständige Regelung der Tarifvertragsparteien vorliegt[289]. Würde man nun darauf abstellen, dass sich die Unwirksamkeit einer Betriebsvereinbarung nur dann ergibt, wenn dem Betriebsrat wegen des Vorliegens einer tariflichen Regelung überhaupt kein Mitbestimmungsrecht mehr zugestanden hat, so bleibt im Rahmen des § 87 Abs. 1 Einls. BetrVG das Problem tariflicher Rahmenregelungen ungelöst. Eine Rahmenregelung begrenzt zwar die Zuständigkeit der Betriebsparteien, schließt sie aber nicht aus. Deshalb kann als Argument, für die Wirksamkeit oder Unwirksamkeit einer Betriebsvereinbarung § 87 Abs. 1 Einls. BetrVG heranzuziehen, nur vorgebracht werden, dass sich durch die dort enthaltene „Soweit-Regelung“ ergebe, dass die Betriebsvereinbarung zumindest insoweit unwirksam sein muss, als sie die tariflichen Rahmenvorgaben missachtet.

Allerdings muss sich auch dieser Ansatz am Wortlaut des Eingangssatzes der Vorschrift messen lassen. Dies führt auch hier letztlich zu der Feststellung, dass dort nur eine Regelung über das Mitbestimmungsrecht des Betriebsrats enthalten ist. Welche Rechtsfolgen es hat, wenn der Betriebsrat die Mitbestimmung in Form der Betriebsvereinbarung wahrnimmt, obwohl bereits eine tarifliche Regelung besteht bzw. eine tarifliche Regelung Vorgaben zum Umfang einer möglichen Betriebsvereinbarung macht, ist eindeutig und allein in § 77 Abs. 3 BetrVG geregelt. § 77 Abs. 3 BetrVG gewährt den Tarifvertragsparteien nicht nur eine

288 Ebenso Fischer, S. 231.

289 ErfK/Kania § 87 Rn. 16 f.; FKHE § 87 Rn. 46 f.; Löwisch/Kaiser § 87 Rn. 37 f.

Normsetzungsprärogative, sondern hat darüber hinaus auch zuständigkeitsbegrenzende Funktion[290], so dass hierüber auch tarifliche Rahmenregelung erfasst werden können, wenn die Betriebspartner die ihnen eingeräumten Kompetenzen überschreiten und sich zu Unrecht auf dem Gebiet tariflicher Regelungen bewegen. Allein § 77 Abs. 3 BetrVG enthält eine klare Regelung, welche die Unwirksamkeit einer solchen Vereinbarung zum Ausdruck bringt. Das „können nicht" in der Vorschrift wird einmütig als „dürfen nicht" verstanden. Es besteht Einigkeit darüber, dass ein Verstoß gegen § 77 Abs. 3 BetrVG die Unwirksamkeit der entgegenstehenden Vereinbarung zur Folge hat[291].

Wegen der Tragweite im Rechtsfolgenausspruch, die in § 87 Abs. 1 Einls. BetrVG nicht ansatzweise zum Ausdruck kommt und der ausdrücklichen Regelung des Verhältnisses von tariflicher und betrieblicher Normsetzung muss § 77 Abs. 3 BetrVG als die Norm angesehen werden, an der sich jede Betriebsvereinbarung messen lassen muss, die gegen bestehende tarifliche Vorgaben verstößt. Dieses Ergebnis erfordert lediglich eine geringfügige Korrektur der Vorrangtheorie: Soweit diese § 77 Abs. 3 BetrVG im Rahmen des § 87 BetrVG für überhaupt nicht anwendbar erklärt, kann sie nicht aufrecht erhalten werden. Die Rechtsfolgen des § 77 Abs. 3 BetrVG müssen auch im Rahmen des § 87 Abs. 1 Nr. 1-13 BetrVG anwendbar sein, wenn eine bestehende tarifliche Regelung vorliegt.

Diese Korrektur erscheint angemessen, denn nur sie ermöglicht es, bestehende Widersprüche um den gewerkschaftlichen Rechtsschutz aufzulösen, der nicht davon abhängig gemacht werden kann, ob ein Fall erzwingbarer Mitbestimmung gegeben ist[292].

Im Ergebnis bleibt daher festzuhalten, dass an dieser Stelle ein Unterlassungsanspruch aus §§ 77 Abs. 3, 87 Abs. 1 Einls. BetrVG für das Vorliegen eines Falles erzwingbarer Mitbestimmung befürwortet wird. Da § 77 Abs. 3 BetrVG die für die Tarifwidrigkeit etwaiger Betriebsvereinbarungen entscheidende Norm ist, kommt durch die Nennung des § 87 Abs. 1 Einls. BetrVG lediglich nochmals zum Ausdruck, dass es sich um eine auf Grundlage des § 87 Abs. 1 Nr. 1-13 BetrVG geschlossene Betriebsvereinbarung handelt.

### *V. Ausschluß des Unterlassungsanspruchs aus §§ 77 Abs. 3, 87 Abs. 1 Einls. BetrVG aufgrund der Bestimmung des § 23 Abs. 3 BetrVG*

Die grundsätzliche Befürwortung eines Unterlassungsanspruchs aus § 77 Abs. 3 BetrVG beziehungsweise aus §§ 77 Abs. 3, 87 Abs. 1 Einls. BetrVG gibt abschließend Anlass zu der Frage, ob neben dem in § 23 Abs. 3 BetrVG normierten

---

290 Vgl. unter § 10 I.

291 Vgl. BAG vom 13.8.1980, EzA Nr. 8 zu § 77 BetrVG 1972; HSWG § 77 Rn. 169; GK-Kreutz § 77 Rn. 123. Streit besteht allerdings darüber, ob die Betriebsvereinbarung nichtig oder nur schwebend unwirksam sind, vgl. hierzu die Darstellung bei HSWG § 77 Rn. 169

292 Vgl. hierzu auch BAG SAE 1999, S. 253, S. 259.

Unterlassungsanspruch überhaupt noch Raum für einen weiteren negatorischen Anspruch besteht[293]. § 23 Abs. 3 BetrVG gewährt der Gewerkschaft nämlich nur dort ein Antragsrecht, wo auch ein grober Verstoß des Arbeitgebers gegen seine Verpflichtungen aus dem Betriebsverfassungsgesetz vorliegt. Andererseits ist mit § 23 Abs. 3 BetrVG bzw. mit der Parallelvorschrift in § 23 Abs. 1 BetrVG für den Betriebsrat auch besondere Sanktionen verbunden. Neben der Unterlassung wird in § 23 Abs. 3 BetrVG noch eine Geldstrafe angedroht und in § 23 Abs. 1 BetrVG die noch einschneidendere Amtsenthebung des Betriebsrats[294]. Aus Rechtsfolgen und Tatbestandsvoraussetzungen folgt, dass es sich bei § 23 Abs. 1 und Abs. 3 BetrVG um Normen handelt, mit denen ein besonders gravierendes Fehlverhalten zusätzlich sanktioniert werden soll. Einem Unterlassungsanspruch aus § 77 Abs. 3 BetrVG sowie §§ 77 Abs. 3, 87 Abs. 1 Einls. BetrVG, der nur allgemein auf die Unterlassung des tarifwidrigen Verhaltens abzielt, steht die Vorschrift des § 23 Abs. 3 BetrVG daher nicht entgegen.

Im Ergebnis bleibt mithin festzuhalten, dass nach der hier vertretenen Ansicht ein Rückgriff auf Art. 9 Abs. 3 GG zur Herleitung eines gewerkschaftlichen Unterlassungsanspruchs bei tarifwidrigen Betriebsvereinbarungen beziehungsweise Regelungsabreden nicht erforderlich gewesen wäre. Es hätte zunächst der Versuch unternommen werden müssen, die auf der Grundlage einfachen Rechts vorhandenen Rechtsschutzmöglichkeiten auszuschöpfen. Übersehen wurde hierbei, dass auch § 77 Abs. 3 BetrVG beziehungsweise §§ 77 Abs. 3, 87 Abs. 1 Einls. BetrVG Rechtsschutz gegenüber tarifwidrigem Arbeitgeberverhalten geboten hätten.

## § 11 Der gewerkschaftliche Unterlassungsanspruchs nach dem Urteil des Bundesarbeitsgerichts vom 20.04.1999

Nachdem hier mit § 77 Abs. 3 BetrVG beziehungsweise §§ 77 Abs. 3, 87 Abs. 1 Einls. BetrVG eine eigene mögliche dogmatische Herleitung des gewerkschaftlichen Unterlassungsanspruchs vorangestellt worden ist, soll nunmehr eine ausführliche Darstellung der Entscheidung des Bundesarbeitsgerichts erfolgen. Die in dem Urteil[295] aufgestellten Voraussetzungen für das Eingreifen des Unterlassungsanspruchs werden anschließend herausgestellt und der Kritik unterzogen.

293 Diese Frage kann selbstverständlich nur dann eine Rolle spielen, wenn der in § 23 Abs. 3 BetrVG normierte Anspruch als geeignet angesehen wird, um damit Tarifverstöße geltend zu machen. Dies wurde im Rahmen dieser Arbeit bereits an anderer Stelle bejaht. Vgl. zur Begründung unter § 3 II 1.

294 So auch Schwarze, S. 244.

295 BAG SAE 1999, S. 253 ff.

## *I. Die Entscheidung des Bundesarbeitsgerichts vom 20.4.1999*[296]

Im Gegensatz zu den vorangehenden Entscheidungen aus den Jahren 1987/88[297] hatte die Entscheidung des Bundesarbeitsgerichts diesmal keine Betriebsvereinbarung zum Gegenstand, sondern eine Regelungsabrede[298]. Die am Verfahren beteiligten Arbeitgeberinnen, die Burda Druck GmbH und die Burda Dienstleistungen GmbH, wurden 1995 durch Ausgliederung aus der Burda GmbH gegründet. Die beiden ausgegründeten Unternehmen bildeten einen Gemeinschaftsbetrieb, in dem Druckerzeugnisse hergestellt wurden. Die Burda GmbH selbst war bis zum 31.12.1996 Mitglied des Arbeitgeberverbands Papierverarbeitung und Druck Südbaden e. V. und bis dahin gem. § 3 Abs. 3 TVG tarifgebunden. Ob die beiden ausgegründeten Unternehmen Mitglied des Arbeitgeberverbands geworden sind, war zum Zeitpunkt des Verfahrens noch streitig. Von Seiten der Gewerkschaft wurde eine Tarifbindung behauptet. Vor den Gerichten erster und zweiter Instanz blieb die Frage der Tarifbindung unbeantwortet, da sie nach deren Auffassung für die Entscheidung des Rechtsstreits schon wegen der grundsätzlichen Ablehnung eines Unterlassungsanspruchs aus Art. 9 Abs. 3 GG i. V. m §§ 1004 Abs. 1 S. 2, 823 Abs. 1 BGB unerheblich war[299]. Unter Berufung auf die schwierige Wettbewerbssituation schloss Burda zunächst den Druckbetrieb in Darmstadt. Für den Standort Offenburg planten die beteiligten Arbeitgeberinnen Einsparungen mit einem Jahresvolumen von 40 Mio. DM. Nach Verhandlungen mit dem beteiligten Betriebsrat wurde das Sparvolumen auf jährlich 30 Mio. DM beschränkt. Zu diesem Zweck wurde am 29.2.1996 eine als „Betriebsvereinbarung" bezeichnete Abrede getroffen, die u.a. den Wegfall bestimmter tariflicher und übertariflicher Zuschläge vorsah. Des weiteren wurde die Vergütung im Urlaubs- und Krankheitsfall sowie an Feiertagen abweichend vom Tarifvertrag geregelt. Darüber hinaus wurde vereinbart, dass 39 statt der tariflich vorgesehen 35 Stunden pro Woche gearbeitet werden, wobei die 36. und 37. Stunde nicht und die weiteren beiden Zusatzstunden ohne Zuschläge bezahlt werden sollten. Hierfür wurde im Gegenzug eine Beschäftigungsgarantie bis Ende 2000 erteilt. Die Vereinbarung enthielt ferner eine Bestimmung, nach der die vom Tarifvertrag abweichenden Regelungen nur dann Wirksamkeit erlangen sollten, wenn die Mitarbeiter einzelvertraglich hierzu ihre Zustimmung erteilten. Nach wiederholten

---

296 BAG SAE 1999, S. 253 ff.

297 BAG vom 18.8.1987 – 1 ABR 65/86, AP Nr. 6 zu § 81 ArbGG 1979 und BAG vom 18.8.1987 – 1 ABR 80/85 DB 1987, S. 2263 f.; BAG vom 23.2.1988, AP Nr. 9 zu § 81 ArbGG 1979.

298 Vgl. die Feststellungen in BAG SAE 1999, S. 253, S. 258.

299 Das LAG Baden-Württemberg, AP Nr. 18 zu § 3 TVG hat mit Beschluss vom 24.10.2000 mittlerweile entschieden, dass eine Verbandsmitgliedschaft der Arbeitgeberinnen nicht besteht und dementsprechend auch kein Anspruch auf Unterlassung gem. Art. 9 Abs. 3 GG i. V. m §§ 1004 Abs. 1 S. 2, 823 Abs. 1 BGB zum Tragen kommen kann.

Aufforderungen unterschrieben fast alle Arbeitnehmer diese Erklärung[300]. Versuche der Gewerkschaft, mit den Arbeitgeberinnen in Verhandlungen über Firmentarifverträge einzugehen, blieben erfolglos. Am 3.5.1996 schlossen die Arbeitgeberinnen mit dem Betriebsrat ergänzend zur „Betriebsvereinbarung“ vom 29.2.1996 eine Zusatzvereinbarung ab, in der sie bestimmten, dass die „Betriebsvereinbarung“ und die mit den Arbeitnehmern vereinbarten Vertragsergänzungen am 1.6.1996 in Kraft treten sollen. Für die Mitarbeiter, die die einzelvertragliche Umsetzung verweigert hatten, wurde in der Zusatzvereinbarung „aus Respekt vor ihrer abweichenden Meinung“ und unter „entsprechender Anwendung“ des Tarifabschlusses in der Druckindustrie eine Arbeitszeitverkürzung auf 30 Stunden pro Woche ohne Lohnausgleich bestimmt. Die Gewerkschaft beantragte in der Folge im Beschlussverfahren, die Arbeitgeberinnen (die beiden ausgegründeten Unternehmen) zu verpflichten, es zu unterlassen, die in der Anlage zur Betriebsvereinbarung vom 29.2.1996 mit dem Betriebsrat und i. V. m. Ziff. 2 Abs. 1 der Betriebsvereinbarung vom 3.5.1996 einzelvertraglich vereinbarten Regelungen anzuwenden beziehungsweise insoweit anzuwenden als dies den tariflichen Bestimmungen zuwider läuft.

In seiner Entscheidung legt das Bundesarbeitsgericht den Antrag der IG Medien zunächst dahingehend aus, dass diese als Antragsgegenstand die kollektivvertraglichen Absprachen in den Vordergrund rücken wolle, weshalb der Unterlassungsantrag auch den Fall erfassen solle, dass die Absprachen mit dem Betriebsrat nicht als Betriebsvereinbarungen, sondern als Regelungsabsprachen zu qualifizieren seien. In der Folge versteht das Gericht den gewerkschaftlichen Antrag so, dass den Arbeitgebern auch die Durchführung der zur Umsetzung etwaiger Regelungsabreden erforderlichen Individualvereinbarungen untersagt werden solle.

Obwohl das Gericht anschließend zu Recht davon ausgeht, dass es nach den §§ 93 Abs. 2, 65 ArbGG die zulässige Verfahrensart nicht mehr zu prüfen hat, verleiht es in einem obiter dictum seiner Auffassung Ausdruck, dass vorliegend das Beschlussverfahren nach § 2 a Abs. 1 Nr. 1 ArbGG die zutreffende Verfahrensart sei, da es um Angelegenheiten aus dem Betriebsverfassungsgesetz gehe. Dies gilt nach Auffassung des Gerichts auch für unmittelbar aus Art. 9 Abs. 3 GG i. V. m §§ 1004 Abs. 1 S. 2, 823 Abs. 1 BGB hergeleitete Ansprüche. Ein Urteilsverfahren kommt nach dem erkennenden Senat für Ansprüche der vorliegenden Art nur dann in Betracht, wenn Regelungen angegriffen werden, die allein auf entsprechenden Vereinbarungen des Arbeitgebers mit den Arbeitnehmern beruhen, ohne dass ein Betriebsrat mitgewirkt hat beziehungsweise ein Betriebsrat nicht vorhanden ist. In solchen Fällen könne ein Unterlassungsanspruch

300 Nach Angaben der Arbeitgeberinnen 98,5 Prozent der Belegschaft.

der Gewerkschaft gegen den Arbeitgeber zu einem Urteilsverfahren im Sinne von § 2 Abs. 1 Nr. 2 ArbGG führen[301].

Im Anschluss an dieses ausführliche obiter dictum bejaht das Bundesarbeitsgericht unproblematisch die Antragsbefugnis der Gewerkschaft. Es verhalte sich hier anders als bei der Senatsrechtsprechung, nach der eine Gewerkschaft nicht generell antragsbefugt sei, vom Gericht die Unwirksamkeit einer Betriebsvereinbarung wegen Verstoßes gegen § 77 Abs. 3 BetrVG feststellen zu lassen. Diese Rechtsprechung beruhe auf der Annahme, dass Betriebsvereinbarungen zunächst die Rechtsverhältnisse zwischen Betriebsrat und Arbeitgeber sowie zwischen Arbeitgeber und Arbeitnehmer beträfen, und dass die Gewerkschaft an diesen Rechtsverhältnissen nicht beteiligt sei. Bei Unterlassungsanträgen der vorliegenden Art verteidige die Gewerkschaft aber eigene Rechte.

Das Gericht führt sodann aus, dass der geltend gemachte Unterlassungsanspruch auch von der Gewerkschaft allein verfolgt werden könne. Eines gemeinsamen Vorgehens der Tarifvertragsparteien bedürfe es nicht. Im Hinblick auf § 23 Abs. 3 BetrVG ergebe sich dies schon daraus, dass die Vorschrift kein Antragsrecht für den Arbeitgeberverband vorsehe. Bezüglich des Anspruchs aus Art. 9 Abs. 3 GG i. V. m §§ 1004 Abs. 1 S.2, 823 Abs. 1 BGB stellt das Gericht fest, dass der Bestand des Tarifvertrags, über den beide Tarifvertragsparteien im Grundsatz nur gemeinsam verfügen könnten, von der beantragten Gerichtsentscheidung nicht betroffen werde. Es gehe vielmehr ausschließlich darum, den Geltungsanspruch des Tarifvertrags in der Praxis gegenüber unzulässigen konkurrierenden oder abweichenden Vereinbarungen zu verteidigen. Dabei sei stets zu berücksichtigen, dass die Tarifvertragsparteien keineswegs stets in gleicher Weise an der Beachtung der verschiedenen Tarifbestimmungen interessiert seien.

Nach Klärung dieser Vorfragen nimmt das Gericht zunächst zu einem Unterlassungsanspruch aus § 23 Abs. 3 BetrVG Stellung. Der Senat verweist auf seine frühere Rechtsprechung aus den Jahren 1991 und 1993[302], wonach im Abschluss einer Betriebsvereinbarung, die tariflich geregelte Arbeitsbedingungen zum Gegenstand hat und deshalb gegen § 77 Abs. 3 BetrVG verstößt, eine Pflichtverletzung im Sinne des § 23 BetrVG liegen kann. Nachdem der Senat grundsätzliche Bedenken gegen die Anwendbarkeit des § 23 Abs. 3 BetrVG auf Verstöße gegen § 77 Abs. 3 BetrVG geäußert hat[303], kommt er anschließend zu dem Ergebnis, dass vorliegend jedenfalls kein Verstoß gegen § 77 BetrVG vorliege. Die Vor-

---

301 Zur hieran geäußerten Kritik später unter § 15. In der Folgezeit hat das Bundesarbeitsgericht mit Beschluss vom 13. 3.2001, EzA Nr. 4 zu § 2a ArbGG festgestellt, dass für den Unterlassungsantrag einer Gewerkschaft, der sich gegen die Durchführung und den Abschluss von Betriebsvereinbarungen richte, dass Beschlussverfahren die geeignete Verfahrensart sei.

302 BAG vom 20.08.1991, EzA Nr. 41 zu § 77 BetrVG 1972 und BAG SAE 1994, S. 136 ff., siehe hierzu § 3.

303 Siehe hierzu § 3.

schrift verbiete nur Betriebsvereinbarungen, nicht dagegen Regelungsabreden. Das Problem einer Normkonkurrenz stelle sich nicht, da Regelungsabreden keine normative Wirkung zukomme.

Dem Umstand, dass § 77 Abs. 3 BetrVG nur Betriebsvereinbarungen nenne, komme allerdings keine entscheidende Bedeutung zu, da Regelungsabreden auch sonst nirgends im BetrVG erwähnt würden. Entscheidend sei vielmehr der Zweck der Vorschrift. § 77 Abs. 3 BetrVG solle eine Konkurrenz zur tariflichen Normsetzung auf der betrieblichen Ebene ausschließen. Eine solche Konkurrenz liege aber nicht bereits im Abschluss einer Regelungsabrede. Anders als Tarifverträge und Betriebsvereinbarungen könnten Regelungsabreden mangels normativer Wirkung die Arbeitsverhältnisse nicht unmittelbar gestalten. An dieser Gestaltungsmacht setze aber die Kompetenzgrenze des § 77 Abs. 3 BetrVG an. Überdies hätte nach Auffassung des Gerichts eine erweiterte Sperrwirkung des § 77 Abs. 3 BetrVG für Regelungsabreden kaum praktische Bedeutung. Sie könnte zwar zur Unwirksamkeit einer Regelungsabrede im Verhältnis zwischen den Betriebsparteien führen, aber die zur Umsetzung erforderlichen Einzelarbeitsverträge würden hiervon nicht berührt.

Nachdem das Gericht den Anwendungsbereich des § 77 Abs. 3 BetrVG auf Betriebsvereinbarungen begrenzt hat, legt es die streitgegenständlichen Vereinbarungen zwischen Arbeitgeber und Betriebsrat als Regelungsvereinbarungen aus. Die Vertragstexte seien zwar als Betriebsvereinbarungen bezeichnet. In ihnen sei aber das Wesensmerkmal von Inhaltsnormen in Betriebsvereinbarungen, nämlich deren normative Wirkung (§ 77 Abs. 4 S. 1 BetrVG) ausdrücklich abbedungen. Eine verpflichtende Wirkung solle nur von den Einzelvereinbarungen ausgehen, die mit allen Arbeitnehmern abzuschließen seien.

Da der Vereinbarung nicht der Charakter einer Betriebsvereinbarung zukommt, verneint das Bundesarbeitsgericht folgerichtig auf Grundlage der von ihm zuvor geäußerten Rechtsauffassung das Vorliegen eines Verstoßes gegen § 77 Abs. 3 BetrVG und damit auch das Eingreifen des Unterlassungsanspruchs gem. § 23 Abs. 3 BetrVG.

Das Bundesarbeitsgericht kommt anschließend zur Frage des Vorliegens eines Unterlassungsanspruchs aus Art. 9 Abs. 3 GG i. V. m. §§ 1004 Abs. 1 S. 2, 823 Abs. 1 BGB. Das Gericht führt aus, dass nach allgemeiner Auffassung der in § 1004 Abs. 1 S. 2 BGB geregelte Unterlassungsanspruch zur Abwehr von Eingriffen in alle nach § 823 BGB geschützten Rechte, Lebensgüter und Interessen herangezogen werden könne. Das Bundesarbeitsgericht schließe hieraus in ständiger Rechtsprechung, dass sich eine Koalition gegen rechtswidrige Eingriffe in ihre von Art. 9 Abs. 3 GG gewährleistete kollektive Koalitionsfreiheit mit Hilfe von Unterlassungsklagen wehren könne. Zum Schutzbereich des § 823 BGB in Verbindung mit Art. 9 Abs. 3 GG gehöre nämlich auch das Recht der Koalition auf koalitionsmäßige, hier gewerkschaftliche Betätigung. Es werde durch Art. 9 Abs. 3 GG verfassungsrechtlich gewährleistet. Der Grundrechtsschutz richte sich nach Art. 9 Abs. 3 S. 2 GG auch gegen privatrechtliche Beschränkungen, habe also Drittwirkung. Demnach seien Abreden, welche die Koalitionsfreiheit einzuschränken oder zu behindern suchten, nichtig. Hierauf gerichtete Maßnahmen seien rechtswidrig und mit Rechtsbehelfen zu verhindern.

Eine tiefer gehende dogmatische Ableitung des Unterlassungsanspruchs erfolgt in den weiteren Entscheidungsgründen nicht. Das Gericht wendet sich stattdessen der Frage zu, ob § 23 Abs. 3 BetrVG gegenüber dem Unterlassungsanspruch aus Art. 9 Abs. 3 GG i. V. m. §§ 1004 Abs. 1 S. 2, 823 Abs. 1 BGB nicht die speziellere Norm sei. Dies wird in der Entscheidung verneint. Ein Verhältnis der Spezialität der beiden Regelungen sei schon deshalb ausgeschlossen, weil sie unterschiedlichen Zwecken dienten. Während § 23 Abs. 3 BetrVG nur die betriebsverfassungsrechtliche Ordnung gewährleiste, schützten die §§ 1004, 823 BGB in Verbindung mit Art. 9 Abs. 3 GG in erster Linie die Koalitionsfreiheit einschließlich der Koalitionsbetätigungsfreiheit.

Das Bundesarbeitsgericht stellt dann fest, dass – entgegen der Auffassung der Vorinstanz – die in seinem Beschluss vom 20.8.1991[304] aufgestellten Grundsätze nicht auf den vorliegenden Fall übertragbar seien, da es hier nicht um Vereinbarungen aufgrund von Mitbestimmungsrechten nach § 87 Abs. 1 BetrVG gehe. Der Unterlassungsantrag richte sich vielmehr ausschließlich gegen Regelungen, welche generell den Wegfall oder die Reduzierung tariflicher Entgeltansprüche oder die Verlängerung der regelmäßigen Wochenarbeitszeit beträfen. Der Betriebsrat habe aber weder hinsichtlich des Gesamtaufwands für Arbeitsentgelte noch hinsichtlich der Dauer der regelmäßigen Arbeitszeit mitzubestimmen. Überdies seien die Regelungen, die zur Einschränkung von Tarifansprüchen führten, ausschließlich in Individualverträgen enthalten.

Der erkennende Senat kommt sodann zu dem Schluss, dass die Koalitionsfreiheit der Gewerkschaft durch eine betriebseinheitliche Regelung, welche tarifwidrige Arbeitsbedingungen schaffen wolle, beeinträchtigt werden könne. Nach der Rechtsprechung des Bundesverfassungsgerichts setze sich die individualrechtliche Gewährleistung des Art. 9 Abs. 3 GG, zur Förderung der Arbeits- und Wirtschaftsbedingungen Vereinigungen zu bilden, in einem Freiheitsrecht der gebildeten Koalition fort. Dieses schütze sie in ihrem Bestand und in Betätigungen, die den genannten Zwecken dienten. Der Schutz sei nicht von vornherein auf einen Kernbereich koalitionsmäßiger Betätigung beschränkt. Er erstrecke sich vielmehr auf alle Verhaltensweisen, die koalitionsspezifisch seien. Hierzu gehöre insbesondere auch der Abschluss von Tarifverträgen. Das Bundesarbeitsgericht sieht eine Beeinträchtigung der in Art. 9 Abs. 3 GG geschützten Regelungsbefugnis aber nicht erst dann, wenn eine Koalition gehindert wird Tarifrecht zu schaffen. Eine Einschränkung und Behinderung der Koalitionsfreiheit liege vielmehr auch in Abreden oder Maßnahmen, die zwar nicht die Entstehung oder den rechtlichen Bestand eines Tarifvertrages beträfen, aber darauf gerichtet seien, dessen Wir-

---

304 BAG vom 20.8.1991, EzA Nr. 41 zu § 77 BetrVG 1972.

kung zu vereiteln oder leer laufen zu lassen. Die Tarifnorm könne dann ihren Zweck nicht erfüllen, den Teil der Arbeits- und Wirtschaftsbedingungen zu ordnen, der ihren Gegenstand bilde. Daran könne auch die Tatsache nichts ändern, dass entsprechende Abreden nach Art. 9 Abs. 3 S. 2 GG nichtig seien, also die tarifliche Ordnung nicht in rechtlich erzwingbarer Weise ersetzten. Die Beeinträchtigung der Koalitionsfreiheit läge vielmehr darin, dass solche Ansprüche faktisch geeignet seien, schon aufgrund ihres erklärten Geltungsanspruchs an die Stelle der tariflichen Regelung zu treten. Art. 9 Abs. 3 GG stelle auf die Zielrichtung einer Absprache oder Maßnahme ab und nicht nur auf deren rechtliche Wirkung.

Tarifnormwidrige Regelungen in einzelnen Arbeitsverträgen oder fehlerhafte Anschlussregelungen auf der betrieblichen Ebene stellten den maßgebenden Tarifvertrag noch nicht in Frage. Von einem Eingriff in die Tarifautonomie könne vielmehr nur dann gesprochen werden, wenn eine Tarifnorm als kollektive Ordnung verdrängt und damit ihrer zentralen Funktion beraubt werden solle. Das setze eine betriebliche Regelung voraus, die einheitlich wirken und an die Stelle der Tarifnormen treten solle. Bei tarifnormwidrigen Betriebsvereinbarungen sei das im Zweifel anzunehmen. Aber auch vertragliche Einheitsregelungen seien bewährte Instrumente zur Gestaltung der betrieblichen Ordnung. Dies sei offenkundig, wenn die vertragliche Einheitsregelung auf einer Regelungsabrede beruhe oder wenn die entsprechenden Vertragsangebote – wie hier – ausdrücklich vom Betriebsrat unterstützt würden.

Geltendes Tarifrecht werde allerdings nur dann verdrängt, wenn der betreffende Tarifvertrag im Anwendungsbereich der fraglichen tariflichen Regelung normativ gelte. Soweit diese Voraussetzung fehle, bestehe nämlich kein Geltungsanspruch des Tarifvertrags, und der Arbeitgeber sei frei, mit seinen Arbeitnehmern untertarifliche Arbeitsbedingungen zu vereinbaren.

Abschließend stellt das Bundesarbeitsgericht klar, dass der in der Entscheidung dargestellte Unterlassungsanspruch gegen tarifwidrige betriebliche Regelungen nicht die Befugnis der Gewerkschaft einschließe, Individualansprüche ihrer Mitglieder einzuklagen. Der Unterlassungsanspruch diene nur dem Schutz der kollektiven Koalitionsfreiheit. Diese sei nicht schon dadurch betroffen, dass ein Arbeitgeber Tarifansprüche nicht erfülle, ohne damit eine tarifwidrige Einheitsregelung zu konzipieren.

Das Bundesarbeitsgericht begründet die Zurückverweisung damit, dass entscheidungserhebliche Tatfragen bisher ungeklärt seien. In diesem Zusammenhang weist das Gericht nochmals darauf hin, dass der Unterlassungsanspruch der Gewerkschaft die normative Tarifgeltung voraussetze. Weitere Voraussetzung sei die Tarifbindung der Arbeitnehmer. Die Gewerkschaft könne im allgemeinen nicht verlangen, dass der Arbeitgeber den Vollzug einer tarifwidrigen betrieblichen Regelung auch hinsichtlich der Tarifaußenseiter unterlasse. Es stehe ihm grundsätzlich frei, mit nichtorganisierten Arbeitnehmern untertarifliche Arbeitsbedingungen zu vereinbaren. Von diesem Grundsatz macht das Gericht jedoch eine entscheidende Ausnahme. Nach der Entscheidung soll nämlich auch eine Regelung hinsichtlich der Tarifaußenseiter vom Unterlassungsanspruch erfasst werden, wenn der Arbeitgeber nach seiner Zielvorgabe entsprechende Vereinbarungen keinesfalls allein mit den Tarifaußenseitern habe treffen wollen, sondern nur zu einer Regelung bereit gewesen sei, die sich unabhängig von der Tarifbindung auf die gesamte Belegschaft oder bestimmte Teile derselben erstrecke. In diesem Fall könne die angegriffene Regelung nur für alle betroffenen Arbeitnehmer oder gar nicht Bestand haben.

Zuletzt stellt das Gericht fest, dass zum Anteil der tarifgebundenen Arbeitnehmer noch Feststellungen fehlten. Die Frage der in der Belegschaft vorhandenen tarifgebundenen Arbeitnehmer scheint das Gericht jedoch in das Vollstreckungsverfahren verlegen zu wollen, wenn es ausführt, dass die Gewerkschaft, die im Vollstreckungsverfahren einen Verstoß gegen das Unterlassungsgebot geltend mache, die vertragswidrig einbezogenen Arbeitnehmer benennen müsse.

### *II. Urteilskritik*

Die Entscheidung des Bundesarbeitsgerichts hat zahlreiche kontroverse Stellungnahmen in der arbeitsrechtlichen Literatur nach sich gezogen. Der Beschluss hat neben zustimmenden Besprechungen auch eine Vielzahl kritischer Anmerkungen hervorgerufen[305]. Eine vertiefte Auseinandersetzung mit den durch die Entscheidung aufgeworfenen Fragen soll in den nachfolgenden Kapiteln erfolgen.

Die Bedenken gegen die Entscheidung richten sich vor allem gegen die dogmatische Begründung eines Unterlassungsanspruchs aus Art. 9 Abs. 3 GG i. V. m. §§ 1004 Abs. 1 S. 2, 823 Abs. 1 BGB und die Herleitung einer anspruchsbegründenden Rechtsposition aus Art. 9 Abs. 3 GG[306]. Die Entscheidung rief aber

---

305 Mit der Entscheidung und ihren möglichen Auswirkung beschäftigen sich u. a.: **zustimmend** Berg, AiB 1999, S. 304 f.; Berg/Platow, DB 1999, S. 2362 ff.; Buschmann, PerR 1999, S. 531 ff.; Däubler, AiB 1999, S. 481 ff.; Kocher, AuR 1999, S. 382 ff.; Weber, NJ 1999, S. 664 f.; Wiedemann, RdA 2000, S. 169 ff.; **eher zustimmend, aber mit erheblicher Kritik** auch Thüsing, DB 1999, S. 1552 ff.; **ablehnend** Annuß, RdA 2000, S. 287 ff.; Bauer/Haußmann, Sonderbeilage zu NZA 24/2000, S. 42 ff.; Buchner, NZA 1999, S. 897 ff.; Fischer, Anmerkung zu BAG vom 20.4.1999, EzA Nr. 65 zu Art. 9 GG; Glaubitz, FA 2000, S. 276 ff.; Hromodka, AuA 2000, S. 13 ff.; ders., ZTR 2000, S. 253 ff.; Kast/Stuhlmann, BB 2000, S. 614 ff.; Löwisch, BB 1999, S. 2080 ff.; Müller, DB 1999, S. 2310 ff.; Reuter, SAE 1999, S. 262 ff.; Richardi, Anmerkung zu BAG vom 20.4.1999, AP Nr. 89 zu Art. 9 GG; Richardi, DB 2000, S. 42 ff.; Rieble, ZTR 1999, S. 483 ff.; Trappehl, NJW 1999, S. 3217 ff.; Walker, ZfA 2000, S. 29 ff.; **ohne wertende Stellungnahme** Boemke, JuS 2000, S. 306 f.

306 Annuß, RdA 2000, S. 287, S. 293; Richardi, Anmerkung zu BAG vom 20.4.1999, AP Nr. 89 zu Art. 9 GG; ders., DB 2000, S. 42, S. 45 f.; Rieble, ZTR 1999, S. 483, S. 484 kritisiert, dass der erkennende Senat nicht herausgearbeitet habe, was das geschützte absolute

auch Ablehnung hervor, weil der erkennende Senat keine kollidierenden Grundrechte auf Arbeitnehmer- beziehungsweise Arbeitgeberseite im Hinblick auf die in Art. 12 Abs. 1 und Art. 2 Abs. 1 GG gewährleistete Berufsfreiheit beziehungsweise Privatautonomie geprüft hat[307]. Des Weiteren wurde bemängelt, dass der Unterlassungsanspruch befürwortet wurde, obwohl die Gewerkschaft als Arbeitnehmerkoalition über die schutzwürdigen Individualinteressen ihrer Mitglieder hinweg gehandelt habe[308].

Neben dieser grundsätzlichen Kritik wird aber auch auf mit der Anerkennung des Unterlassungsanspruch verbundene Folgeprobleme hingewiesen.

So werden zu Recht Überlegungen zu Inhalt und Umfang des von der Rechtsprechung entwickelten Unterlassungsanspruch angestellt[309]. Ungeklärt ist hier insbesondere, ob der der Gewerkschaft zugesprochene Anspruch in letzter Konsequenz dazu führt, dass diese die Erbringung der tariflich festgesetzten Leistungen an die Arbeitnehmern verlangen kann[310]. In diesem Zusammenhang muss

---

Recht ist; Buchner, NZA 1999, S. 897 stellt fest, dass es für die Anerkennung eines Unterlassungsanspruchs noch der Bestimmung der Reichweite des Koalitionsschutzes bedürfe; Glaubitz, FA 2000, S. 276, S. 278 sieht als Kernfrage an, ob Art. 9 Abs. 3 GG der Gewerkschaft ein absolutes Recht einräume, auf das sie einen Anspruch nach § 1004 BGB analog stützen könnte.

307 Hromodka, ZTR 2000, S. 253, S. 255; Müller, DB 1999, S. 2310, S. 2312 f.; Thüsing, DB 1999, S. 1552, S. 1553; Trappehl/Lambrich, NJW 1999, S. 3217, S. 3219 f.

308 Hromodka, ZTR 2000, S.253, S. 255 gibt zu Bedenken, dass die kollektive Koalitionsfreiheit der Sicherung der individuellen Koalitionsfreiheit und diese der Sicherung der Berufsfreiheit diene, so dass nach seinem Dafürhalten der Schutz der kollektiven Koalitionsfreiheit durch einen Unterlassungsanspruch nach dem Verhältnismäßigkeitsgrundsatz die ultima ratio sein müsste. Thüsing, DB 1999, S. 1552, S. 1553 formuliert: *„Dieser Schutz des Tarifvertrags vorbei an den tarifvertraglich Geschützten hat einen seltsamen Geruch; der Tarifvertrag ist um des Arbeitnehmers Willen da, nicht der Arbeitnehmer für den Tarifvertrag."* Trappehl/Lambrich, NJW 1999, S. 3217, S. 3219 führen aus: *„Art. 9 III GG gewährt [...] zugunsten der Koalitionen, ihrer Betätigung allgemein und konkret auch in bezug auf die Tarifautonomie nicht mehr an Schutz, als die schutzwürdigen Individualinteressen ihrer Mitglieder dies notwendig erscheinen lassen. Diese rein dienende Funktion der kollektiven Koalitionsfreiheit wird gänzlich über Bord geworfen, sofern der Gewerkschaft unabhängig, ja sogar gegen den Willen der einzelnen Arbeitnehmer ein Verbandsklagerecht gegen individualrechtliche Vereinbarungen eingeräumt wird, welche jene in bewusster Abweichung von den tarifvertraglichen Vorgaben gemeinsam mit dem Arbeitgeber getroffen haben."*

309 Vgl. nur Bauer, NZA 1999, S. 957, S. 959 f.; Berg/Platow, DB 1999, S. 2362, S. 2366; Däubler, AiB 1999, S. 481, S. 482f.; Kocher, AuR 1999, S. 382, S. 385; Löwisch, BB 1999, S. 2080; Reuter, SAE 1999, S. 262, S. 264; Rieble, ZTR 1999, S. 483, S. 486.

310 **Ablehnend**: Löwisch, BB 1999, S. 2080; Rieble, ZTR 1999, S. 483, S. 486; **befürwortend**: Däubler, AiB 1999, S. 481, S. 482 f.; unklar sind die Ausführungen von Berg/Platow, DB 1999, S. 2362, S. 2366, die zwar einerseits betonen, dass die Gewerkschaften aufgrund der Entscheidung die Einhaltung des Tarifvertrags besorgen könnten, anderer-

auch der Frage nachgegangen werden, ob der Unterlassungsanspruch gegebenenfalls von einem Beseitigungsanspruch flankiert werden kann[311]. Im Hinblick auf den Umfang des Unterlassungsanspruch bedarf schließlich noch das Votum des Senats einer eingehenden Analyse, nach dem die nichtorganisierten Arbeitnehmer in den Geltungsbereich des Unterlassungsanspruchs mit einzubeziehen sind, wenn der Arbeitgeber nach seiner Zielvorgabe nur zu einer sich auf die gesamte Belegschaft erstreckenden Regelung bereit war.

Nicht vertieft zu behandeln sind hingegen allgemeine Argumentationsschwächen der Entscheidung: So stehen die Darlegungen des erkennenden Senats zur Regelungsabrede im Gegensatz zu den Gründen, die später für die Anerkennung eines Unterlassungsanspruchs aus Art. 9 Abs. 3 GG i. V. m. §§ 1004 Abs. 1 S. 2, 823 Abs. 1 BGB herangezogen werden. Im Rahmen der Regelungsabrede argumentiert das Gericht, § 77 Abs. 3 BetrVG solle eine Konkurrenz zur tariflichen Normsetzung auf der betrieblichen Ebene ausschließen. Eine solche Konkurrenz soll sich nach Ansicht des Gerichts aber nicht in einer Regelungsabrede realisieren können, da diese anders als Tarifverträge und Betriebsvereinbarungen mangels normativer Wirkung die Arbeitsverhältnisse nicht unmittelbar gestalten könne. Im Hinblick auf Art. 9 Abs. 3 GG vertritt das Gericht später jedoch die Ansicht, dass eine Einschränkung oder Behinderung der Koalitionsfreiheit auch in Abreden oder Maßnahmen bestehen könne, die darauf gerichtet seien die Wirkung des Tarifvertrages zu vereiteln oder leer laufen zu lassen. Daran könne auch die Tatsache nichts ändern, dass entsprechende Abreden nach Art. 9 Abs. 3 S. 2 GG nichtig seien, also die tarifliche Ordnung nicht in rechtlich erzwingbarer Weise ersetzten. Die beeinträchtigende Wirkung solcher Absprachen sieht das Gericht hier sehr wohl bereits in ihrer nur faktischen Eignung, aufgrund ihres erklärten Geltungsanspruchs an die Stelle der tariflichen Regelung zu treten. Damit erkennt das Gericht im Rahmen der durch Art. 9 Abs. 3 geschützten Koalitionsfreiheit durchaus die von einer nicht normativ wirkenden Regelung ausgehende Gefahr, während es dieselbe im Hinblick auf die Regelungsabrede verneint.

Dieser Widerspruch sollte aber nicht zur Ablehnung des vom Bundesarbeitsgericht bejahten Unterlassungsanspruch führen, sondern vielmehr dazu, die Nichteinbeziehung der Regelungsabrede in den Anwendungsbereich des § 77 Abs. 3 BetrVG in Frage zu stellen[312].

Darüber hinaus versäumt es der erkennende Senat, eine Korrektur seiner dem Urteil vorangegangenen Rechtsprechung vorzunehmen: Obwohl das Gericht

---

seits aber darauf hinweisen, es habe sich für die tarifgebundenen Arbeitnehmer und die Durchsetzung ihrer Tarifansprüche nichts Grundlegendes geändert.

311 **Ablehnend**: Glaubitz, FA 2000, S. 276, S. 280; **befürwortend**: Berg/Platow, DB 1999, S. 2362, S. 2366, nach denen der Inhalt eines solches Beseitigungsanspruchs darin bestehen soll, dass die Beseitigung der auf die Regelungsabreden hin abgeschlossenen Individualvereinbarungen verlangt werden kann; Walker, ZfA 2000, S. 29, S. 38 (insbes. Fn. 44).

312 Vgl. hierzu die ausführliche Darstellung unter § 10 III.

Zweifel daran äußert, dass die Trennlinie zwischen mitbestimmungspflichtigen und mitbestimmungsfreien Betriebsvereinbarungen zugleich die Grenze markiere, von der der Schutz der Koalitionsfreiheit und damit ein Abwehrrecht der Gewerkschaft abhängig sein könne, lässt es diese Überlegungen auf sich beruhen. Eine ausdrückliche Aufgabe der Rechtsprechung vom 20.8.1991[313] erfolgt nicht. Dies wäre aber wünschenswert gewesen, um klarzustellen, dass der mit dem Urteil erstmals anerkannte Unterlassungsanspruch auch in Fällen erzwingbarer Mitbestimmung nach § 87 Abs. Nr. 1-13 BetrVG Anwendung finden kann[314].

Dass im übrigen nach der hier vertretenen Auffassung zunächst § 77 Abs. 3 BetrVG als einfachgesetzliche Anspruchsgrundlage hätte herangezogen werden müssen, wurde bereits ausführlich dargelegt[315]. Da das Bundesarbeitsgericht die Anwendbarkeit des § 77 Abs. 3 BetrVG auf Regelungsabreden jedoch ablehnt, kann die Herleitung des Unterlassungsanspruchs aus Art. 9 Abs. 3 GG i. V. m. §§ 1004 Abs. 1 S. 2, 823 Abs. 1 BGB aufgrund der Sichtweise des Gerichts nur als konsequent bezeichnet werden. Mit dem Rückgriff auf Art. 9 Abs. 3 GG wird zudem eine einheitliche Anspruchsgrundlage für jede Form tarifwidrigen Verhaltens geschaffen. Während von § 77 Abs. 3 BetrVG nur solche tarifwidrigen Verhaltensweisen erfasst werden können, an denen auch der Betriebsrat beteiligt ist, betrifft der Unterlassungsanspruch aus Art. 9 Abs. 3 GG i. V. m. §§ 1004 Abs. 1 S. 2, 823 Abs. 1 BGB auch vertragliche Einheitsregelungen, die ohne dessen Mitwirkung zustande gekommen sind. Dass für einen Unterlassungsanspruch auch in einer solchen Konstellation durchaus ein Bedürfnis bestehen kann, verdeutlichen zwei vom LAG Sachsen-Anhalt[316] und vom Sächsischen LAG[317] entschiedene Fälle, in denen der Betriebsrat nicht bereit war, die Änderung der Arbeitsbedingungen mitzutragen[318]. Die beklagte Arbeitgeberin war in beiden Fällen dasselbe ostdeutsches Metallunternehmen, welches Betriebe in mehreren ostdeutschen Städten unterhielt. Bis April 2000 waren die Betriebe Mitglied im jeweiligen Arbeitgeberverband. Nach dem Austritt aus dem Arbeitgeberverband blieben die tarifvertraglichen Lohn- und Gehaltsbestimmungen nach § 4 Abs. 5 TVG in Nachwirkung, die Manteltarifverträge mit der tariflichen Wochenarbeitszeit von 38 Stunden und die Tarifverträge zur tariflichen Sonderzahlung nach § 3 Abs. 3 TVG wirksam. Die jeweils beklagte Arbeitgeberin strebte in der Folgezeit den Abschluss vertraglicher Einheitsregelungen mit ihren Arbeitnehmern an, mittels derer von den tariflichen Regelungen (nachteilig) abgewichen

313 BAG vom 20.8.1991, EzA Nr. 41 zu § 77 BetrVG 1972.

314 Vgl. hierzu unter § 10 IV.

315 Vgl. hierzu unter § 10.

316 LAG Sachsen-Anhalt AuR 2002, S. 308 ff.

317 Sächsisches LAG AuR 2002, S. 310 ff.

318 Vgl. auch die ausführliche Darstellung der Fälle und der ihnen zugrunde liegenden Rechtsfragen bei Nauditt, AuR 2002, S. 288, S. 289 ff.

werden sollte. Im übrigen versuchte die Beklagte die vertraglichen Einheitsregelungen durch den Abschluss eines Tarifvertrages mit einer anderen Gewerkschaft, der diese Einheitsregelungen im wesentlichen beinhaltete, zusätzlich zu flankieren. Beide Landesarbeitsgerichte sahen die Voraussetzungen für eine gewerkschaftliche Unterlassungsklage als erfüllt an[319].

Die Entscheidung des Sächsischen Landesarbeitsgerichts wurde in der Zwischenzeit vom 4. Senat des Bundesarbeitsgericht als Revisionsinstanz überprüft[320]. Die Revision der beklagten Arbeitgeberin war allerdings nur deshalb erfolgreich, weil der 4. Senat die Auffassung vertrat, der von der Gewerkschaft gestellte Unterlassungsantrag sei nicht hinreichend bestimmt. Zur Bejahung der hinreichenden Bestimmtheit wäre es nach den Entscheidungsgründen erforderlich gewesen, die Gewerkschaftsmitglieder namentlich zu benennen. Das Gericht begründete dies damit, dass sich die beklagte Arbeitgeberin ohne diese Kenntnis weder anspruchsgerecht verhalten noch umfassend gegen den Anspruch verteidigen könne. Der ohne Benennung der Gewerkschaftsmitglieder gestellte Antrag verschiebe das Risiko des Unterliegens der Gewerkschaft auf die Arbeitgeberin und verlagere den Streit um den Umfang des Unterlassungsanspruchs in das Vollstreckungsverfahren.

Die Entscheidung des Bundesarbeitsgerichts ist zwar insofern bedauerlich, als sie nicht über die Zulässigkeitsprüfung hinausgeht und somit eine weitere Konkretisierung des Unterlassungsantrags verhindert, zu begrüßen ist jedoch, dass Ausführungen im Hinblick auf die Bestimmtheit des Antrags erfolgt sind. Nachdem sich in der erstmaligen Entscheidung des 1. Senats zum Unterlassungsanspruch vorsichtig anzudeuten schien, die Frage nach der Tarifbindung der Arbeitnehmer ins Vollstreckungsverfahren verlagern zu wollen[321], kommt der 4. Senat vor dem Hintergrund des § 253 Abs. 2 Nr. 2 ZPO zu dem Ergebnis, dass diejenigen Arbeitnehmer, die Gewerkschaftsmitglieder sind, im Klageantrag namentlich zu benennen seien. Das Gericht selbst weist darauf hin, dass die Benennung des Mitglieds nur mit dessen ausdrücklicher Einwilligung erfolgen darf, weil die

---

319 Das Sächsische Landesarbeitsgericht sprach die beantragte Unterlassung jedoch nur im Hinblick auf Gewerkschaftsmitglieder aus. Es begründete dies damit, dass die Arbeitgeberin den tarifschließenden Verband verlassen hatte und daher das Band zur Gewerkschaft in Bezug auf die Tarifbindung nur nach § 3 Abs. 3 TVG kraft Gesetzes bestehe. Billige man der Arbeitgeberin das Recht zu, auch mit einer konkurrierenden Gewerkschaft einen Tarifvertrag abzuschließen, dann habe die Arbeitgeberin auch mit den nicht organisierten oder den Mitgliedern der konkurrierenden Gewerkschaft vom Verbandstarifvertrag abweichende Regelungen treffen dürfen. Solche Abmachungen beeinträchtigten die Koalitionsfreiheit der Gewerkschaft jedenfalls nicht direkt.

320 BAG NZA 2003, S. 1221 ff.

321 BAG SAE 1999, S. 253, S. 262, wo sich das Bundesarbeitsgericht damit begnügt, dass die Verfahrensbeteiligten einvernehmlich davon ausgehen, dass es tarifgebundene Arbeitnehmer im Betrieb gebe, ohne zu wissen, um welche es sich im Einzelnen handelt.

Gewerkschaftszugehörigkeit zu den besonders geschützten sensitiven Daten im Sinne des Bundesdatenschutzgesetzes gehört[322].

Dass der 4. Senat die Frage nach der Tarifbindung der Arbeitnehmer des Betriebs bereits im Erkenntnisverfahren geklärt wissen möchte, ist nicht zu beanstanden. Anderenfalls wäre in letzter Konsequenz eine Verurteilung des Arbeitgebers zur Unterlassung möglich, ohne dass auch nur ein Arbeitnehmer des Betriebs tarifgebunden zu sein braucht[323]. Zu bedenken ist aber, dass die Gewerkschaftsmitglieder mit ihrer Benennung exponiert werden und damit dem Druck des Arbeitgebers ausgesetzt sind. In einer früheren Entscheidung hat das Bundesarbeitsgericht deshalb die Gefahr einer Belastung der Arbeitsverhältnisse von Gewerkschaftsmitglieder zu verhindern versucht. Es ging dabei um die Klärung der Frage, ob die antragstellende Gewerkschaft im Betrieb vertreten war. Das Gericht ließ es in diesem Fall ausreichen, dass eine Erklärung des Gewerkschaftsmitglieds in einer notariellen Urkunde abgegeben wurde[324]. Ein solches Geheimverfahren wäre auch im Rahmen eines gewerkschaftlichen Unterlassungsantrags wünschenswert, um die Anonymität des Arbeitnehmers zumindest für die Dauer des Erkenntnisverfahrens wahren zu können. Wie das Bundesarbeitsgericht in Zukunft mit der Frage nach der Tarifbindung des Arbeitgebers umgehen wird, ist derzeit allerdings noch unklar. Es bleibt abzuwarten, wie der 1. Senat, der den Unterlassungsanspruch als erster anerkannt hat, auf den Vorstoß des 4. Senats reagiert. Unstreitig dürfte aber sein, dass die Entscheidung vom 19.3.2002 die Durchsetzung des gewerkschaftlichen Unterlassungsanspruchs in der Praxis deutlich erschweren wird, falls Korrekturen bei der Namensnennung ausbleiben[325].

Das Hauptaugenmerk soll nunmehr jedoch auf die Ausgangsentscheidung des Bundesarbeitsgerichts vom 20.4.1999[326] gelegt werden. Ausgangspunkt ist dabei die dogmatische Herleitung des Unterlassungsanspruchs, im Anschluss hieran werden die mit der Anerkennung des Anspruchs verbundenen Folgeprobleme behandelt.

### 1. Eingriff in die Koalitionsbetätigungsfreiheit durch dem Tarifvertrag zuwiderlaufende Regelungsabrede

Art. 9 Abs. 3 GG gewährleistet für jedermann das Recht, zur Wahrung und Förderung der Arbeits- und Wirtschaftsbedingungen Vereinigungen zu bilden und ist als einziges Grundrecht mit unmittelbarer Drittwirkung ausgestattet. Abreden, die die Koalitionsfreiheit einzuschränken oder zu behindern suchen sind nichtig,

---

322 BAG NZA 2003, S. 1221, S. 1223.

323 So auch Bauer/Haußmann, Sonderbeilage zu NZA 24/2000, S. 42, S. 49; Glaubitz, FA 2000, S. 276, S. 278; Löwisch, DB 1999, S. 2080; Rieble, ZTR 2000, S. 483, S. 487.

324 BAG vom 25.3.1992, AP Nr. 4 zu § 2 BetrVG.

325 Vgl. hierzu Gaul/Otto, ArbRB 2003, S. 222 ff. und Kast/Freihube BB 2003, S. 2569 ff.

326 BAG SAE 1999, S. 253 ff.

hierauf gerichtete Maßnahmen rechtswidrig. Art. 9 Abs. 3 S. 2 GG gewährt damit nicht nur Schutz gegenüber dem Staat, sondern auch gegenüber Beeinträchtigungen durch „private Mächte“[327].

Der Schutzgehalt des Grundrechts wird unter dem Stichwort „Koalitionsfreiheit“ zusammengefasst. Nach seinem Wortlaut betrifft es zwar nur ein individuelles Freiheitsrecht, sowohl das Bundesverfassungs- als auch das Bundesarbeitsgericht haben aber durchgehend die Auffassung vertreten, dass auch die zum Zwecke der Wahrung und Förderung der Arbeits- und Wirtschaftsbedingungen gegründeten Vereinigungen in den Schutz der Koalitionsfreiheit einbezogen werden müssen, um das Grundrecht nicht leer laufen zu lassen[328]. Art. 9 Abs. 3 GG wird daher als „Doppelgrundrecht“ bezeichnet. Neben dem individuellen Freiheitsrecht des einzelnen, sich mit anderen zu einer Gewerkschaft oder einem Arbeitgeberverband zusammenzuschließen, einem solchen Verband beizutreten oder einer Koalition fernzubleiben, besteht folglich noch ein kollektives Freiheitsrecht als Grundrecht der Koalition selbst[329]. Dieses kollektive Freiheitsrecht schützt die Koalitionen in ihrem Bestand, ihrer organisatorischen Ausgestaltung und ihrer koalitionsspezifischen Betätigung[330]. Nachdem das Bundesverfassungsgericht die Koalitionsbetätigung lange Zeit als bloß in einem Kernbereich geschützt ansah und gewerkschaftliche Betätigung nur insofern als verfassungskräftig verbürgt erachtete, als diese für die Erhaltung und Sicherung der Koalition unerlässlich war[331], hat es diese Rechtsprechung im Jahre 1996 korrigiert[332]. Die Koalitionsbetätigungsfreiheit kann seitdem grundsätzlich im Sinne einer umfassenden Gewährleistung gedeutet werden, deren Schutz sich tatbestandlich auf alle Verhaltensweisen erstreckt, die koalitionsspezifisch sind[333].

Zu diesen koalitionsspezifischen Verhaltensweisen wird seit jeher das Recht der Koalitionen gerechnet, Tarifverträge abzuschließen[334]. Das Recht, Tarifver-

---

327 So BGH NJW 1965, S. 29, S. 32; BAG NJW 1967, S. 844; BAG NJW 1969, S. 862 f.

328 BVerfGE 4, S. 96, S. 101 f., S. 106; BVerfGE 17, S. 319, S. 333; BVerfGE 100, S. 271, S. 282; vgl. auch BAGE 20, S. 175, S. 210 f.

329 BVerfGE 4, S. 96, S. 101, S. 106; BVerfGE 17, S. 319, S. 333; BVerfGE 84, S. 212, S. 224; BVerfGE 100, S. 171, S. 182; BAGE 20, S. 175, S. 210 f.; ErfK/Dieterich Art. 9 Rn. 30 und 38; MD-Scholz Art. 9 Rn. 169 f.; Sachs/Höfling Art. 9 Rn. 63 ff.; Schaub, ZTR 2000, S. 10; v. Münch/Kunig-Löwer Art. 9 Rn. 57.

330 BVerfGE DB 1995, S. 1464; BVerfGE NZA 1996, S. 1157, S. 1158; BVerfGE NZA 1996, S. 381, S. 382; BVerfGE 84, S. 212, S. 224; BAG v. 26.4.1988 , AP Nr. 101 zu Art. 9 GG; ErfK/Dieterich Art. 9 Rn. 38; v. Münch/Kunig-Löwer Art. 9 Rn. 57.

331 Vgl. nur BVerfGE 17, S. 319, S. 333 f.; BVerfGE 19, S. 303, S. 321 f.; BVerfGE 38, S. 386, S. 393; BVerfGE 50, S. 290, S. 368.

332 BVerfGE NZA 1996, S. 381, S. 382.

333 S. Sachs/Höfling Art. 9 Rn. 81.

334 BVerfGE 34, S. 307, S. 316 f.; BVerfGE 44, S. 322, S. 340; BAG SAE 1999, S. 253, S. 259; Dieterich, DB 2001, S. 2398, S. 2400; ErfK/Dieterich Art. 9 Rn. 50; Sachs/Höfling

träge auszuhandeln, wird aber durch den Abschluss einer Regelungsabrede oder auch einer Betriebsvereinbarung nicht beeinträchtigt. Selbst wenn darin den tariflichen Regelungen zuwiderlaufende Vereinbarungen getroffen werden, so können die Tarifvertragsparteien doch ungeachtet dessen weiterhin Tarifverträge abschließen. Entscheidende Bedeutung muss demnach der Frage zukommen, ob die Koalitionsbetätigungsfreiheit neben dem Recht auf das Aushandeln und den Abschluss von Tarifverträgen auch ein Recht auf Anwendung der geschaffenen Tarifnormen einschließt.

Dies wird von Hromodka[335] schon deshalb angezweifelt, weil der Gesetzgeber die Tarifvertragsparteien bereits durch § 4 Abs. 1, Abs. 3 TVG und § 77 Abs. 3 BetrVG abgesichert habe. Die dort als Rechtsfolge vorgesehene Unwirksamkeit sei dieselbe Sanktion wie bei einem Verstoß gegen zwingendes Gesetzesrecht (§ 134 BGB), bei Sittenwidrigkeit (§ 138 BGB) oder bei Geschäften mit Minderjährigen und Geschäftsunfähigen (§§ 105 ff. BGB). Nur wenn dem Gesetzgeber Unwirksamkeit ausnahmsweise einmal als nicht ausreichend erscheine, treffe er weitere Vorkehrungen, etwa durch Strafandrohung. Auch Löwisch[336] sieht einen Eingriff in die Koalitionsbetätigungsfreiheit als nicht gegeben an. Er vertritt die Auffassung, die Tarifvertragsparteien teilten mit dem Staat als Normsetzer des Privatrechts das Schicksal, die Befolgung der von ihnen geschaffenen Normen nicht erzwingen zu können. Auch der Staat sei darauf angewiesen, dass die Normadressaten seine Rechtsnormen akzeptierten und selbst durchsetzten[337]. Buchner[338] weist ebenfalls darauf hin, dass privatrechtliche Normen, auch wenn sie zwingend wirkten, dadurch gekennzeichnet seien, dass dem einzelnen Rechtsbürger selbst überlassen werde, die daraus begründeten Ansprüche gegen einen Vertragspartner durchzusetzen. Reuter[339] betont, dass es sich bei den tarifvertraglichen Rechten um subjektive Rechte der tarifgebundenen Arbeitnehmer handele und es zum Wesen des subjektiven Rechts gehöre, dass der Inhaber es ausüben, aber auch seine Ausübung unterlassen könne.

Die Kommentatoren der Entscheidung, welche die Gewerkschaft im Hinblick auf die Befolgung der von ihnen gesetzten Normen mit dem Gesetzgeber gleichstellen wollen, übersehen jedoch, dass die Interessenlage bei der jeweiligen Normsetzung nicht dieselbe ist. Beim Staat handelt es sich um einen neutralen, den Gemeinwohlbelangen verpflichteten Gesetzgeber[340]. Die Gewerkschaft ist

---

Art. 9 Rn. 67; Schmidt-Bleibtreu/Klein Art. 9 Rn. 12 a; v. Münch/Kunig-Löwer Art. 9 Rn. 80 (Tarifautonomie).

335 Hromodka, ZTR 2000, S. 253, S. 254.

336 Löwisch, BB 1999, S. 2080, S. 2082.

337 Ebenso Walker, ZfA 2000, S. 29, S. 40 f.

338 Buchner, NZA 1999, S. 897, S. 900.

339 Reuter, SAE 1999, S. 262.

340 HStR IX/Isensee, § 202 Rn. 5; HVerfR/Benda § 17 Rn. 200.

hingegen in erster Linie einseitige Interessenvertreterin, deren Ziel es ist, für ihre Mitglieder so vorteilhafte Arbeitsbedingungen wie nur möglich auszuhandeln. Ob sie hierbei an das Gemeinwohl gebunden ist und wie weit eine solche Bindung gegebenenfalls reichen soll, ist lebhaft umstritten[341]. Das Bundesverfassungsgericht[342] hat die Tätigkeit der Gewerkschaften jedenfalls wie folgt umschrieben:

> „Die Gewerkschaften sind nach ihrem Ursprung Kampfverbände, entstanden aus dem Gegensatz zu den Arbeitgebern, denen gegenüber die Ansprüche der abhängigen Arbeitnehmer auf gerechten Lohn und angemessene Arbeitsbedingungen durchzusetzen waren. Ihrer ganzen Arbeit ist daher von Haus aus der Bezug auf den sozialen Gegenspieler zu eigen, mit dem sie verhandeln, dem sie fordernd entgegentreten, den sie gelegentlich offen bekämpfen. Ihre Tätigkeit ist deutlich interessengerichtet. Selbstverständlich müssen auch die Gewerkschaften angesichts der Bedeutung ihrer Tätigkeit für die gesamte Wirtschaft und ihres (auch geistigen) Einflusses auf weite Bereiche des öffentlichen Lebens bei all ihren Aktivitäten das gemeine Wohl berücksichtigen. Trotzdem erhält ihre ganze Arbeit ihren besonderen Akzent von dem Gedanken des „Kampfes“ für die Hebung der sozialen und wirtschaftlichen Stellung der Arbeitnehmer.“

Die Tätigkeit der Gewerkschaft ist demnach auch nach Einschätzung des Bundesverfassungsgerichts eine zuvorderst interessengerichtete. Der Staat kann niemals nur dem Interesse einer einzelnen Gruppe verpflichtet sein. Ihm obliegt es vielmehr, sich um einen Ausgleich der unterschiedlichsten Einzel- und Gruppeninteressen sowie den Schutz des hilfsbedürftigen Einzelnen zu bemühen[343].

Die Ausgangssituation bei der Normsetzung von Staat und Koalitionen kann demzufolge auf gar keinen Fall gleichgesetzt werden. Deshalb verbietet es sich schon im Vorfeld, den Gewerkschaften allein aufgrund der Tatsache, dass die von

---

341 Vgl. nur HStR VII/Scholz § 151 Rn. 32, der im Hinblick auf die vom Bundesarbeitsgericht geprägte Rechtsprechung zum Arbeitskampf ausführt: „Die grundgesetzliche Arbeitsverfassung verpflichtet vielmehr auch die Tarifautonomie und den Arbeitskampf gegenüber dem Sozialstaatsprinzip und begründet damit letztlich auch ein gewisses Maß an Sozialpflichtigkeit oder Gemeinwohlbindung der Koalitionen“; HVerfR/Benda § 17 Rn. 149, der hinsichtlich der Tarifpartner zusammenfasst: „Die Gruppeninteressen werden dabei nicht mit dem Gemeinwohl identifiziert, aber doch auf dieses hin orientiert“; MünchArbR/Richardi § 233 Rn. 29 kommt hingegen zu dem Schluss: „Die Tarifautonomie ist daher auch keine besondere Form der Wahrnehmung von Gemeinwohlbelangen; sie ist vielmehr eine Form der Wahrnehmung von Gruppeninteressen. Die Bindung an das Gemeinwohl kann man nicht damit begründen, dass Tarifverträge Teil der normativen Ordnung seien, für deren Sinnhaftigkeit und Zweckmäßigkeit letztlich der Staat verantwortlich sei.“

342 BVerfGE 38, S. 281, S. 307.

343 HVerfR/Benda § 17 Rn. 200.

ihnen ausgehandelten Normen gesetzesgleich wirken, ein eigenes Recht an deren klageweiser Durchsetzung abzusprechen. Hinzu kommt noch, dass neben all den zwingenden Gesetzesvorgaben ein großer Teil des vom Staat geschaffenen Privatrechts dispositiv ist. Oftmals stellt der Staat im Privatrecht bewusst nur ein Modell zur Verfügung, damit die Vertragspartner gegebenenfalls selbst das Aushandeln für sie geeigneter vertraglicher Lösungen übernehmen können. Die Gewerkschaft setzt bei ihrer Tätigkeit Mindeststandards, die nur insoweit zur Disposition der Beteiligten stehen, als sie diese übertreffen. Anders als beim staatlichen Gesetzgeber hängt die Stellung der Gewerkschaften maßgeblich von den von ihr erzielten Tariferfolgen ab. Das Ansehen des staatlichen Gesetzgebers leidet dagegen nicht, wenn beispielsweise ein sittenwidriges Rechtsgeschäft trotz der in § 138 BGB getroffenen Rechtsfolge erfüllt wird. Der Staat wird auch weiterhin als maßgebend bei der Schaffung von Gesetzesrecht angesehen werden. Im Gegensatz hierzu verliert die Gewerkschaft aber ihre Attraktivität, wenn Tarifnormen de facto nur noch der Charakter von unverbindlichen Empfehlungen zukommt: Sie wird in dem Augenblick ersetzbar, in dem es die von ihr geschaffenen tariflichen Regelungen werden.

Die Auffassung, das Verhältnis der Gewerkschaften zu den von ihnen geschaffenen Tarifnormen sei vergleichbar mit dem des Gesetzgebers zu den Normen des Privatrechts, berücksichtigt demnach nicht ausreichend die schon bei der Normentstehung unterschiedlichen Beweggründe und Zielvorgaben. Sie ist damit nicht geeignet, die Ablehnung eines Eingriffs in die Koalitionsbetätigungsfreiheit bei Nichtanwendung bestehenden Tarifrechts zu begründen.

Auch keine Zustimmung verdient die Auffassung, dass es mit der vom Gesetzgeber in den § 4 Abs. 1, Abs. 3 TVG, § 77 Abs. 3 BetrVG bzw. Art. 9 Abs. 3 S. 2 GG angeordneten Nichtigkeit bzw. Unwirksamkeit in Hinblick auf den gewerkschaftlichen Rechtsschutz sein Bewenden haben muss. Aus der Tatsache, dass der Gesetzgeber eine so einschneidende Rechtsfolge wie die Nichtigkeit beziehungsweise Unwirksamkeit vorgesehen hat, kann genauso gut das Gegenteil gefolgert werden: Gerade weil der Gesetzgeber die Umgehung tariflicher Vorgaben offensichtlich auf gar keinen Fall tolerieren wollte, ist es geboten, den Schutz zu erweitern, um den gesetzlichen Regelungen auch zu tatsächlicher Wirkung zu verhelfen.

Wenn auch der Hinweis auf die im Gesetz an mehreren Stellen verankerte Nichtigkeit untertariflicher Vereinbarungen nicht der Grund für die Ablehnung einer Verletzung der Koalitionsbetätigungsfreiheit sein kann, so wird hierdurch doch nochmals der Blick für die rechtliche Ausgangsposition geschärft. Gegenstand des Unterlassungsantrags sind nicht etwa im rechtlichen Sinne existente kollektive Regelungen, sondern rechtlich wegen ihrer Nichtigkeit unbeachtliche Regelungen, die rein tatsächlich dazu führen, dass der Tarifvertrag bei uneingeschränkter rechtlicher Wirksamkeit faktisch keine Anwendung mehr findet. Zu beurteilen bleibt also die Frage, ob die in Art. 9 Abs. 3 GG gewährleistete Koalitionsbetätigungsfreiheit neben dem mit in Abs. 3 S. 2 geschützten rechtlichen Bestand tariflicher Regelungen auch ein Recht der Gewerkschaften auf die tatsächliche Anwendung des Tarifvertrags beinhaltet.

Das Bundesarbeitsgericht hat in seinem Urteil vom 20.4.1999[344] die in Art. 9 Abs. 3 GG geschützte Regelungsbefugnis der Gewerkschaften nicht erst dann als beeinträchtigt erachtet, wenn eine Koalition daran gehindert wird, Tarifrecht zu schaffen. Eine Einschränkung oder Behinderung der Koalitionsfreiheit liege vielmehr auch in Abreden oder Maßnahmen, die zwar nicht Entstehung oder den rechtlichen Bestand eines Tarifvertrags beträfen, aber darauf gerichtet seien, dessen Wirkung zu vereiteln oder leer laufen zu lassen. Die Beeinträchtigung der Koalitionsfreiheit wird dann in der Tat darin gesehen, dass solche Absprachen faktisch geeignet seien, schon aufgrund ihres erklärten Geltungsanspruchs an die Stelle der tariflichen Regelung zu treten.

Das Bundesarbeitsgericht gibt hier zwar deutlich zu erkennen, dass es einen Eingriff in die Koalitionsbetätigungsfreiheit als gegeben ansieht. Weitere Gründe dafür, warum es auch Abreden vom Schutzbereich des Art. 9 Abs. 3 GG erfasst ansieht, die nur faktisch wirken, liefert es aber nicht: Das Gericht stellt lediglich fest, dass auch rechtlich unwirksame Regelungen imstande sind, die rechtlich wirksamen zu verdrängen.

Gegen die Befürwortung des Unterlassungsanspruchs ließe sich dann insoweit auch anführen, dass es zur Verdrängung tariflicher Regelungen durch vertragliche Einheitsregelungen allein deshalb kommen kann, weil die tarifgebundenen Arbeitnehmer von ihren individuellen Klagemöglichkeiten keinerlei Gebrauch machten. Mit diesen individuellen Klagemöglichkeiten gebe es aber bereits ein Klagerecht gegen tarifwidrige betriebliche Regelungen, so dass es darüber hinaus nicht erforderlich sei, zugunsten der Gewerkschaften eine weitere Klagemöglichkeit zu schaffen[345]. Eine solche Argumentation verkennt jedoch, dass auch an dieser Stelle zwischen rechtlicher und tatsächlicher Ebene zu unterscheiden ist. Die rechtliche Möglichkeit zu klagen, ist dem einzelnen tarifgebundenen Arbeitnehmer zweifelsfrei eröffnet, tatsächlich machen jedoch nur wenige Arbeitnehmer von ihrem Klagerecht Gebrauch. Vorhandene Statistiken zum Klageverhalten von Arbeitnehmern, denen Erhebungen aus den sechziger Jahren zugrunde lagen, ergaben, dass ca. 80 Prozent aller gewerkschaftlich organisierten Arbeitnehmer erst nach Beendigung des Arbeitsverhältnisses ein Arbeitsgericht anriefen und die restlichen 20 Prozent, die dies schon während des Bestehens des Arbeitsverhältnisses taten, überwiegend aus dem öffentlichen Dienst und zu einem

344 BAG SAE 1999, S. 253, S. 259.

345 Vgl. Annuß, RdA 2000, S. 287, S. 294; Glaubitz, FA, S. 276, S. 279; Hromodka, ZTR 2000, S. 253, S. 256; Reuter, SAE 1999, S. 262 f.; Walker, ZfA 2000, S. 29, S. 40 f.; schon vor der Entscheidung des BAG vom 20.4.1999: Lieb in FS Kraft, S. 343, S. 353.

kleineren Teil aus Großbetrieben kamen[346]. Die Klagebereitschaft gewerkschaftlich organisierter Arbeitnehmer konnte mithin schon zu Zeiten von Vollbeschäftigung als äußerst gering bezeichnet werden. Die aktuellen Entwicklungen in den Fällen Viessmann[347] und Burda[348] zeigen, dass die Bereitschaft, auf rechtlichem Wege gegen tarifwidriges Arbeitgeberverhalten vorzugehen, als nicht ausgeprägt gelten kann. Hierfür werden im Schrifttum zwei diametral entgegenstehende Gründe angeführt: Von einer Seite wird gemutmaßt, dass Klagen der Arbeitnehmer nicht erfolgten, weil diese die Notwendigkeit der vom Tarifvertrag abweichenden Regelungen akzeptieren würden[349], von anderer Seite wird hingegen darauf verwiesen, dass die Untätigkeit in erster Linie von der Angst um den Bestand des Arbeitsplatzes herrühre[350].

Die besseren Argumente sprechen in diesem Zusammenhang für die Annahme, dass der Arbeitnehmer bewusst auf den Gebrauch seiner individuellen Klagemöglichkeit verzichtet, um keine beruflichen Nachteile zu erleiden. Ein solcher Verzicht dürfte insbesondere immer dann im Raum stehen, wenn Betriebsrat und Arbeitgeber gemeinsam eine tarifwidrige betriebliche Regelung erarbeitet haben[351]. Wenn der Betriebsrat als Organ, welches zur Vertretung der Interessen der Belegschaft geschaffen wurde, an der tarifwidrigen Regelung mitgewirkt hat, verletzt er seine in § 80 Abs. 1 Nr. 1 statuierte Aufgabe, über die zugunsten der Arbeitnehmer geltenden Tarifverträge zu wachen. Die unter normalen Umständen zu erwartende Unterstützung des Arbeitnehmers durch den Betriebsrat entfällt damit völlig. Haben zudem große Teile der Belegschaft der tarifwidrigen Regelung zugestimmt, so findet sich der Arbeitnehmer, der an gerichtlichen Rechtsschutz denkt, schnell isoliert und gilt unter Umständen als derjenige, der durch seine abweisende Haltung den Standort des Betriebs und damit alle Arbeitsplätze gefährdet. Ähnliches gilt, wenn der Betriebsrat sich passiv verhält, dann steht der an sich klagewillige Arbeitnehmer gegen den Arbeitgeber und die die Änderungen billigende Mehrheit der Arbeitnehmer. Der Gedanke als unter Umständen einziges Mitglied der Belegschaft gegen den Arbeitgeber vorzugehen, dürfte sich ebenfalls nachteilig auf die Klagebereitschaft eines Arbeitnehmers auswirken. Die vereinzelt in diesem Zusammenhang gegebenen Hinweise auf den arbeitsrechtlichen Kündigungsschutz, der Sanktionen von Arbeitgeberseite

346 Vgl. Ramm, KJ 1970, S. 175, S. 181, S. hierzu schon unter § 6.

347 ArbG Frankfurt NZA 1996, S. 1340 und ArbG Marburg NZA 1996, S. 1331.

348 BAG SAE 1999, S. 253 ff.

349 Vgl. Glaubitz, FA 2000, S. 276, S. 279; Hromodka, ZTR 2000, S. 253, S. 254; Trappehl/Lambrich, NJW 1999, S. 3217, S. 3219.

350 Vgl. Berg in FS Däubler, S. 495, S. 496; Däubler, BB 1990, S. 2256, S. 2258; Kittner in FS Stahlhacke, S. 247, S. 250.

351 So auch Friese, S. 359; Thüsing, DB 1999, S. 1552.

verhindern soll[352], vermögen an der Zwangslage des Arbeitnehmers nichts zu ändern: Auch wenn sein Arbeitsplatz rechtlich zu sichern ist, das Verhältnis zum Arbeitgeber und zu eine Klage ablehnenden Kollegen wird aller Voraussicht nach in Mitleidenschaft gezogen, so dass die meisten Arbeitnehmer von einer Klage lieber Abstand nehmen werden.

Es spricht mithin viel dafür, dass die tarifgebundenen Arbeitnehmer eine gerichtliche Auseinandersetzung mit dem Arbeitgeber scheuen. De facto gibt es damit keine Möglichkeit, den Tarifnormen Geltung zu verschaffen. Aus diesem Grund könnten auch verfassungsrechtliche Erwägungen die Anerkennung eines gewerkschaftliches Klagerechts gebieten. Anders als das Bundesarbeitsgericht in seiner noch ablehnenden Entscheidung vom 23.2.1988[353] festgestellt hat, steht als verfassungsrechtliche Gewährleistung aber nicht die in Art. 19 Abs. 4 GG verbürgte Rechtsweggarantie, sondern der allgemeine Justizgewährleistungsanspruch des Art. 20 Abs. 3 GG in Rede: Zwar schützt Art. 19 Abs. 4 GG neben natürlichen auch juristische Personen sowie Personenvereinigungen, die sich nicht in der Rechtsform einer juristischen Person zusammengeschlossen haben, mithin auch Gewerkschaften[354]. Die Anwendung der Rechtsweggarantie des Art. 19 Abs. 4 GG setzt daneben allerdings voraus, dass Rechtsschutz gegen einen Akt öffentlicher Gewalt begehrt wird. Bei der Frage gewerkschaftlichen Rechtsschutzes gegen tarifwidrige betriebliche Regelungen geht es aber gerade nicht um hoheitliche Eingriffe. Im Blickpunkt steht vielmehr ein rechtswidriges Verhalten des Arbeitgebers (ggf. im Zusammenwirken mit dem Betriebsrat) als privatem Dritten. Für solche bürgerlichrechtlichen Streitigkeiten hat das Bundesverfassungsgericht auf den in Art. 20 Abs. 3 GG verbürgten allgemeinen Justizgewährleistungsanspruch verwiesen. Dieser gewährleistet das Recht auf Zugang zu den Gerichten, eine grundsätzlich umfassende tatsächliche und rechtliche Prüfung des Streitgegenstandes sowie eine verbindliche Entscheidung durch den Richter[355]. Der Rückgriff auf den allgemeinen Justizgewährleistungsanspruch bedeutet dabei im Hinblick auf den Rechtsschutzstandard keinen qualitativen Unterschied zur Rechtsweggarantie. Auch der allgemeine Justizgewährleistungsanspruch muss ein Mindestmaß an Effektivität des Rechtsschutzes sicherstellen[356], um seiner Funktion, einen Ausgleich für das staatliche Gewaltmonopol und das

352 Friese, S. 359; Trappehl/Lambrich, NJW 1999, S. 3217, S. 3219.

353 BAG vom 23.2.1988, AP Nr. 9 zu § 81 ArbGG 1979.

354 Ganz h. M. vgl. nur AK-Ramsauer Art. 19 Abs. 4 GG Rn. 41; BKGG-Ibler Art. 19 IV Rn. 6; Mitarbeiterkommentar/Schwachheim Art. 19 IV Rn. 148.

355 BVerfGE 54, S. 277, S. 291; BVerfGE 80, S. 103, S. 107; BVerfGE 85, S. 337, S. 345; BVerfGE 97, S. 169, S. 185.

356 AK-Ramsauer Art. 19 Abs. 4 GG Rn. 29; Schoch/Schmidt-Aßmann/Pietzner Einl. Rn. 51; v. Mangoldt/Klein/Huber Art. 19 Abs. 4 Rn. 365.

Selbsthilfeverbot zu schaffen, gerecht zu werden[357]. Effektiver gerichtlicher Rechtsschutz setzt demnach voraus, dass Grundrechte nicht nur auf dem Papier existieren, sondern auch aufgrund organisatorischer und verfahrensmäßiger Vorkehrungen tatsächlich realisiert werden können[358]. Soweit der Staat Rechtssubjekten Rechte einräumt, muss er es diesen auch ermöglichen, ihre Rechte unter Inanspruchnahme gerichtlicher Hilfe zu verteidigen. Alles andere würde dem Wesen subjektiver Rechte, die sich gerade durch ihre Wehrfähigkeit auszeichnen, widersprechen[359]. Der allgemeine Justizgewährleistungsanspruch erfordert mithin, dass der materiellen Berechtigung auch die Möglichkeit prozessualer Durchsetzung zur Seite gestellt wird.

Den Koalitionen kommt seit jeher das in Art. 9 Abs. 3 GG geschützte subjektive Recht zu, das Arbeitsleben durch Tarifverträge zu ordnen, welche für die hieran gebundenen Arbeitnehmer normative Wirkung entfalten. Wird diese normative Wirkung faktisch außer Kraft gesetzt, so wird auch das Recht der Gewerkschaft beeinträchtigt, Tarifverträge, die normativ wirken, abzuschließen. Hätte die Gewerkschaft keine Möglichkeit, diese rechtswidrige (tatsächliche) Verdrängung gerichtlich geltend zu machen, bliebe ihr Recht unvollkommen[360]. Rechtlich wäre die Gewerkschaft zwar weiterhin berechtigt, Tarifverträge mit normativer Wirkung abzuschließen, rein tatsächlich käme dem Tarifvertrag aber nur noch die Wirkung einer Empfehlung zu, an deren Stelle jederzeit eine anderslautende Vereinbarung treten kann. Dieses Ergebnis ließe sich aber nicht mit der in Art. 9 Abs. 3 GG enthaltenen Wertung vereinbaren, wonach es den Koalitionen obliegt, die Arbeitsbedingungen durch den Abschluss von normativ wirkenden Tarifverträgen zu regeln. Soll die materielle Berechtigung, Arbeitsbedingungen durch Tarifverträge zu regeln, nicht bedeutungslos werden, so muss sie von der Möglichkeit prozessualer Durchsetzung flankiert werden.

Für diese Sichtweise lassen sich ergänzend noch die folgenden Erwägungen anführen: Im Regelfall gehen dem Abschluss des Tarifvertrags Arbeitskämpfe voraus, die für die Gewerkschaften einen erheblichen Kostenfaktor darstellen, aber notwendiges Mittel zur Durchsetzung ihrer Tarifforderungen sind. Auch in dieser Hinsicht erscheint es widersinnig, der Gewerkschaft das Recht zu einem mit erheblichem finanziellen Aufwand geführten Arbeitskampf einzuräumen, wenn die auf diesem Wege erzielten Tarifabschlüsse jederzeit von Dritten außer Kraft gesetzt werden könnten. Ähnlich lässt sich im Hinblick auf die Friedenspflicht argumentieren. Die tarifliche Friedenspflicht kommt dem Arbeitgeber zugute, obwohl er beim Verbandstarifvertrag nicht Vertragspartner der Gewerkschaften ist. Könnte sich der Arbeitgeber ungeachtet der verlängerten Tarifge-

357 BK-Ibler Art. 19 IV Rn. 360; MD-Schmidt-Aßmann Art. 19 Abs. IV Rn. 16.

358 Däubler, BB 1990, S. 2256, S. 2260.

359 AK-Ramsauer Art. 19 Abs. 4 GG Rn. 27.

360 So auch Gragert, S. 200; Grunsky, DB 1990, S. 526, S. 529; Thüsing, DB 1999, S. 1552.

bundenheit nach § 3 Abs. 3 TVG einseitig vom Verbandstarifvertrag lösen, ohne dass die Gewerkschaft das vertragswidrige Verhalten ihm gegenüber gerichtlich geltend machen kann, so würde auch die relative Friedenspflicht der tarifschließenden Gewerkschaft ihre Berechtigung verlieren. Die dauerhafte Bindung an die Friedenspflicht lässt sich nur dann rechtfertigen, wenn für die Gewerkschaft ihrerseits Möglichkeiten bestehen, die Beeinträchtigung der normativen Wirkung des Tarifvertrags abzuwehren. Lehnt man ein gewerkschaftliches Klagerecht hingegen ab, so müsste die Reichweite der Friedenspflicht neu überdacht werden[361]. Derzeit werden Arbeitskampfmaßnahmen von der Rechtsprechung nur für zulässig erachtet, wenn sie auf den Abschluss eines Tarifvertrages mit tariflich regelbaren Fragen zielen[362]. Es ist äußerst fraglich, ob diese Rechtsprechung bei Ablehnung eines gewerkschaftlichen Klagerechts beibehalten werden könnte, oder ob das Streikrecht stattdessen nicht auf die Durchsetzung von bestehenden Tarifverträgen ausgedehnt werden müsste[363]. Ein weiteres Argument für die Annahme eines Eingriffs in die Koalitionsbetätigungsfreiheit bei Nichtanwendung bestehenden Tarifrechts wird von Gragert[364] angeführt, die auf den anderenfalls zu Tage tretenden Widerspruch zwischen materiellrechtlichen Anforderungen und den Rechtsschutzmöglichkeiten hinweist. Ein zu weitgehender Regelungsverzicht der Tarifvertragsparteien werde als verfassungswidrig angesehen[365]. Die Tarifvertragsparteien unterliegen damit der Erwartung, Rahmenvorgaben für die tarifliche Ebene schaffen zu müssen, um den verfassungsrechtlichen Anforderungen zu genügen. Lehnt man einen Unterlassungsanspruch ab, würden die Tarifvertragsparteien rechtlos gestellt, obwohl sie Verstöße gegen die von ihnen in

---

361 Berg in FS Däubler, S. 495, S. 497.

362 BAG vom 7.6.1988, AP Nr. 106 zu Art 9 GG Arbeitskampf, BAG vom 10.6.1980, AP Nr. 65 zu Art. 9 GG Arbeitskampf; vgl. auch die Entscheidung des Bundesarbeitsgericht vom 10.12.2002, DB 2003, S. 1116 ff., in der das Gericht bestätigt, dass Arbeitskämpfe zur Erzwingung von Firmentarifverträgen gegen einzelne dem Arbeitgeberverband angehörende Arbeitgeber nicht generell ausgeschlossen seien. Eine Einschränkung bestehe jedoch dann, wenn die sich auch gegenüber dem einzelnen Arbeitgeber geltende relative Friedenspflicht verletzt werde, weil der Streik auf den Abschluss von Firmentarifverträgen über dieselbe Regelungsmaterie wie der Verbandtarifvertrag gerichtet sei. Ob das Gericht dies im Falle der Nichtbeachtung des Verbandstarifvertrags durch den Arbeitgeber ebenso beurteilen würde, geht aus der Entscheidung nicht hervor. Das LAG Hamm, NZA-RR 2000, 535 ff., hat schon vor der „Burda-Entscheidung" des Bundesarbeitsgerichts judiziert, dass ein Streik zur Erzwingung eines betriebsbezogenen Firmentarifvertrags beziehungsweise eines betriebsbezogenen Verbandstarifvertrags zur Standortsicherung (Nichtverlagerung der Produktion) einen unzulässigen Eingriff in den durch Art. 12 Abs. 1 GG geschützten Bereich der Unternehmensautonomie darstelle.

363 Berg in FS Däubler, S. 495, S. 501.

364 Gragert, S. 200 f.

365 Mit ausführlicher Darstellung zum Meinungsstand Gragert, S. 110 ff.

Erfüllung einer Rechtspflicht gemachten Vorgaben rügen. Auch diese Erwägung stützt die Annahme eines Eingriffs in die Koalitionsbetätigungsfreiheit bei Anwendung nur rein faktisch wirkender betrieblicher Regelungen.

Gegen das hier gefundene Ergebnis ist allerdings noch der Einwand denkbar, es liege überhaupt kein Eingriff in die Koalitionsbetätigungsfreiheit vor, solange die Mitglieder der Gewerkschaft und damit die individuellen Grundrechtsträgers das Vorgehen der Gewerkschaft als kollektivem Grundrechtsträgers ablehnen, indem sie mit dem Arbeitgeber abweichende untertarifliche Regelungen vereinbaren. Diesem Einwand liegt die Vorstellung zugrunde, die Tarifautonomie sei die bloße Bündelung individualer Privatautonomien. Picker[366] führt in dieser Hinsicht aus, dass die Addition vieler Einzelpersonen grundsätzlich keine anderen Autonomieträger schaffen könne als die, die das Recht auch sonst anerkenne. Mit der Reklamation genuiner eigener Autonomie übe das Kollektiv Heteronomie über seine Mitglieder aus. Ein als vorrangig bewertetes Grundrecht der Gruppe müsse natürlicherweise die entsprechende Rechtsposition der Mitglieder überlagern. Die ursprüngliche Schutzfunktion des Grundrechts kehre sich in sein Gegenteil um, je mehr es verselbständigt und verabsolutiert werde: Das Gruppengrundrecht schlage nach innen zurück, indem es die Freiheit der zu Schützenden einschränke.

Picker ist zuzugeben, dass es in der Tat befremdlich anmutet, wenn die Interessen des Verbands dauerhaft mit denen der Mitglieder oder der überwiegenden Anzahl der Mitglieder auseinander fällt. Allerdings äußert auch Picker, dass der Zusammenschluss zum Verband ein größeres Macht- und damit Handlungspotential schafft, und dass damit eine neue und „höhere" Bedeutung gewonnen werde[367]. Hieran wird deutlich, dass Koalitionen mehr sein müssen als nur Vertreter oder Treuhänder ihrer Mitglieder[368]. Dies wird auch vor dem Hintergrund verständlich, dass das Individualgrundrecht auch der sozialen Gruppenbildung dient und ihm Rücksichtspflichten auf das Kollektiv daher immanent sind[369]. Es ist mithin nur folgerichtig, das Individualgrundrecht im Einzelfall hinter dem kollektivrechtlichen Interesse zurücktreten zu lassen.

Ebenfalls nicht unbeachtet sollte in diesem Zusammenhang bleiben, dass der Grund für die Bindung an Tarifnormen darin zu sehen ist, dass sich die Arbeitnehmer freiwillig in Ausübung ihrer individuellen Koalitionsfreiheit zu einem auf Bildung eines Kollektivs gerichteten Gewerkschaftsbeitritt entschlossen haben[370].

---

366 Picker, NZA 2002, S. 761, S. 764.

367 Picker, NZA 2002, S. 761, S. 765; vgl. hierzu bereits Picker, Tarifautonomie, S. 28: *„Die Kollektive entlasten den einzelnen; sie verschaffen seiner Zielverfolgung Sicherheit und Konstanz."*

368 So auch ErfK/Dieterich Art. 9 Rn. 38.

369 MD-Scholz Art. 9 Rn. 240.

370 Friese, S. 360 Fn. 157.

Sinn und Zweck ihres selbstbestimmten Beitritts war es gerade, die Anwendung des Tarifvertrags auf ihr Arbeitsverhältnis zu erreichen. Diese Anwendung ist aber gesetzlich geschützt durch die Regelung in § 4 Abs. 1, Abs. 3 TVG. Würde jedem Mitglied erlaubt, die Tarifbindung vorzeitig zu lösen, sobald eine tarifliche Regelung dem Einzelinteresse zuwiderläuft, so würde dies dazu führen, dass das dem Zusammenschluss der Arbeitnehmer ureigene Ziel – nämlich das kollektive Auftreten zur besseren Durchsetzung der Interessen aller Arbeitnehmer – jederzeit entfallen könnte. Um dies zu vermeiden, muss die Privatautonomie der gewerkschaftlichen Arbeitnehmer zugunsten des Kollektivinteresses eingeschränkt werden. Kommt es dauerhaft zu einem Auseinanderfallen von Mitglieder- und Verbandsinteresse, wird dies bereits durch den Mitgliederschwund „sanktioniert". Hierdurch wird die Stellung des Interessenverbands beeinträchtigt, sein Einfluss und gesellschaftliches Gewicht geschmälert. Dies ist die Sanktion, die das Auseinanderfallen von kollektivem und Einzelinteresse nach sich zieht. Das Auseinanderfallen der Interessen darf hingegen nicht dazu führen, dass der Verband sein kollektives Interesse nicht mehr artikulieren beziehungsweise durchsetzen darf. Soweit kann es erst kommen, wenn der Verband seine Legitimation wegen fehlender Mitglieder verloren hat. Für den Verlust dieser Legitimation ist das entscheidende Kriterium aber die Tariffähigkeit, nicht die vereinzelt auftretende Diskrepanz von Individual- und Kollektivinteressen[371].

Mithin ist auch der Einwand fehlender Übereinstimmung von Mitglieder- und Verbandsinteresse nicht dazu geeignet, einen Eingriff in die Koalitionsbetätigungsfreiheit zu verneinen. Die Koalitionsbetätigungsfreiheit umfasst vielmehr auch den Schutz der Tarifvertragsparteien vor tarifwidrigen Regelungen, die zwar nicht rechtlich, aber rein tatsächlich die Wirksamkeit von Tarifnormen beeinträchtigen.

### 2. §§ 1004 Abs. 1 S. 2, 823 Abs. 1 BGB als Grundlage eines Unterlassungsanspruchs

Das Bundesarbeitsgericht hat den im Urteil vom 20.4.1999[372] befürworteten Unterlassungsanspruch nicht unmittelbar aus Art. 9 Abs. 3 GG hergeleitet, sondern den negatorischen Unterlassungsanspruch entsprechend §§ 1004 Abs. 1 S. 2, 823 Abs. 1 BGB herangezogen. Das Gericht konnte insofern auf frühere Rechtsprechung zurückgreifen, in der es die Koalitionsbetätigungsfreiheit bereits als absolut geschütztes Recht im Sinne von §§ 823 Abs. 1, 1004 Abs. 1 BGB anerkannt hat. So hat das Bundesarbeitsgericht bereits im Jahre 1968 der klagenden Gewerkschaft ein Klagerecht aus § 1004 BGB i. V. m. Art. 9 Abs. 3 GG zuge-

---

371 Weiss, S. 467, S. 477 führt zu dieser Problematik treffend aus, dass es mit der Einräumung der prozessualen Position nicht getan sei. Ein Exodus der Mitglieder aus den Gewerkschaften könne nur vermieden werden, wenn es diesen gelinge, die Mitglieder von der Richtigkeit und Notwendigkeit einer Intervention im Gesamtinteresse zu überzeugen.

372 BAG SAE 1999, S. 253 ff.

sprochen. Bei der Beklagten handelte es sich um eine konkurrierende Gewerkschaft, die mit einem von der Klägerin abgeschlossenen Tarifvertrag für sich selbst warb, ohne offen zu legen, dass sie an dem Tarifabschluss nicht beteiligt gewesen war. Das Bundesarbeitsgericht sah hierin einen rechtswidrigen Eingriff in das durch Art. 9 Abs. 3 GG geschützte Recht auf koalitionsmäßige Betätigung und sprach der klagenden Gewerkschaft einen auf dem Rechtsgedanken des § 1004 BGB beruhenden Unterlassungsanspruch zu. Eine weitere Entscheidung zu §§ 1004, 823 BGB i. V. m. Art. 9 Abs. 3 GG stammt aus dem Jahre 1987[373]. Die Gewerkschaft klagte im Anlassfall gegen einen Arbeitgeber, der die Einstellung einer Arbeitnehmerin an ihren vorherigen Austritt aus der Gewerkschaft knüpfen wollte. Im Hinblick auf diese Einstellungspraxis stellte das Bundesarbeitsgericht erneut fest, dass sich eine Gewerkschaft gegen einen rechtswidrigen Angriff auf ihr Koalitionsbetätigungsrecht mit einer Unterlassungsklage wehren kann und entsprach dem Klageantrag. In einer hierauf folgenden Entscheidung[374] erkannte das Bundesarbeitsgericht ebenfalls einen auf Art. 9 Abs. 3 GG i. V. m. §§ 1004, 823 Abs. 1 BGB gestützten Unterlassungsanspruch an. Klagegegner war diesmal ein Arbeitgeberverband, der zu Aussperrungen aufgerufen hatte, die von der Gewerkschaft für unzulässig gehalten wurden. Der erkennende Senat gab dem Antrag zwar nicht statt, stellte aber grundsätzlich fest, dass das Recht auf koalitionsmäßige Betätigung durch rechtswidrige Arbeitskampfmaßnahmen verletzt werde und in einem solchen Falle ein Unterlassungsbegehren analog § 1004 BGB i. V. m. § 823 Abs. 1 BGB und Art 9 Abs. 3 GG begründet wäre. In einem besonders gelagerten Fall aus dem Jahre 1998[375] kam es erneut zur Anerkennung eines Unterlassungsanspruchs entsprechend § 1004 Abs. 1 S. 2 BGB i. V. m. Art. 9 Abs. 3 GG. Hier war die Beklagte eine Gewerkschaft, die bei ihr selbst beschäftigten Angestellte davon abhalten wollte, Mitglieder des klagenden Verbandes zu werden. Hintergrund dieser Auseinandersetzung war die Tatsache, dass Arbeitnehmer der Gewerkschaften stets auch Gewerkschaftsmitglieder derselben waren und eine kollektive Regelung der Arbeitsbedingungen bis dahin durch den Betriebsrat erfolgt war, da die Gewerkschaft nicht gleichzeitig in ihrer Eigenschaft als Arbeitgeberin und Arbeitnehmerkoalition zur Aushandlung eigener Tarifverträge auftreten konnte. Den Abschluss von Tarifverträgen mit der Gewerkschaft strebte nunmehr der klagende Verband an. Er war zu diesem Zeitpunkt zwar noch nicht tariffähig, fiel aber bereits unter den Schutz des Art. 9 Abs. 3 GG. Das Bundesarbeitsgericht sprach dementsprechend der in Entstehung begriffenen Gewerkschaft ebenfalls einen Unterlassungsanspruch gegen Eingriffe in das Recht auf gewerkschaftliche Betätigung entsprechend § 1004 Abs. 1 S. 2 BGB zu. Schließlich hat auch der Bundesgerichtshof einer vorbeu-

373 BAG vom 2.6.1987, AP Nr. 49 zu Art. 9 GG.

374 BAG vom 26.4.1988, AP Nr. 101 zu Art. 9 GG.

375 BAG SAE 1998, S. 237 ff.

genden Unterlassungsklage der Gewerkschaften mit der Begründung stattgegeben, das Verfahrensrecht müsse den Gewerkschaften die Möglichkeit eröffnen, die Gerichte zum Schutz gegen zivilrechtliche unerlaubte Störungen ihrer Organisation und ihrer Tätigkeit anzurufen[376]. Als Anspruchsgrundlage hat es hierzu § 823 Abs. 1 BGB i. V. m. Art. 9 Abs. 3 GG herangezogen und festgestellt, dass die unfaire Werbung einer konkurrierenden Gewerkschaft in rechtlich unzulässiger Weise den Mitgliederbestand und das Wirken der Gewerkschaft beeinträchtige, deren sozialpolitische Leistungen herabgesetzt würden.

Die Anzahl der ergangenen Entscheidungen zeigt, dass es schon vor Anerkennung des Unterlassungsanspruchs der Gewerkschaften bei tarifwidrigen betrieblichen Regelungen eine gefestigte Rechtsprechung gab, die in der Koalitionsbetätigungsfreiheit ein durch § 823 Abs. 1 BGB geschütztes „sonstiges Recht" sah. Auch die Ausweitung des Beseitigungs- und Unterlassungsanspruchs des § 1004 Abs. 1 BGB über das Eigentum hinaus auf alle durch § 823 BGB geschützten absoluten Rechte entspricht der ständigen zivilrechtlichen Rechtsprechung[377]. Dennoch wird die Möglichkeit (analoger) Anwendung der §§ 1004 Abs. 1, 823 Abs. 1 BGB auf die Koalitionsbetätigungsfreiheit als sonstigem Recht angezweifelt.

Grundsätzliche Kritik hieran wird von Richardi[378] geäußert. Unter Berufung auf eine von Eduard Picker[379] entwickelte Auffassung weist er auf die Schwierigkeiten bei der Deutung der in § 1004 BGB geregelten actio negatoria hin. Zunächst macht er auf den Unterschied zu Schadensersatzansprüchen aller Art aufmerksam. Ziel des negatorischen Anspruchs sei nicht die Wiedergutmachung einer abgeschlossenen Verletzungshandlung, sondern Beseitigung einer vorhandenen oder drohenden Beeinträchtigung. Eine Überschneidung mit der Deliktshaftung bestehe nur insoweit, als der in der Eigentumsbeeinträchtigung liegende Verletzungstatbestand auch einen Deliktstatbestand des § 823 Abs. 1 BGB darstelle. Entscheidend sei die Verschiedenheit im Haftungssystem, die sich daraus ergebe, dass es beim Ersatz des Schadens um den Ausgleich eines eingetretenen Nachteils gehe, während durch die Beseitigung einer Beeinträchtigung und deren Unterlassung eine bestehende oder drohende Rechtsanmaßung aufgegeben werde. Anders als beim Ersatz des Schadens gehe es nicht darum, einen eingetretenen Nachteil auf einen anderen abzuwälzen, sondern es gehe um Rechtswiederherstellung[380]. Diese theoretische Unterscheidung zwischen § 823 BGB

---

376 BGH vom 6.10.1964, AP Nr. 6 zu § 54 BGB.

377 Mit zahlreichen Beispielen aus der Rechtsprechung Erman/Hefermehl § 1004 Rn. 4 f.; Palandt § 1004 Rn. 4; Soergel/Mühl § 1004 Rn. 4 f.; Jauernig § 1004 Rn. 2; kritisch zur Anspruchsausweitung Staudinger/Gursky § 1004 Rn. 3 und 16 f.

378 Richardi, Anmerkung zu BAG vom 20.4.1999, AP Nr. 89 zu Art. 9 GG u. DB 2000, S. 42, S. 45 f.

379 Picker, Beseitigungsanspruch, S. 51ff.

380 Hierauf weist auch Annuß, RdA 2000, S. 287, S. 293 f. hin.

und § 1004 BGB ist nicht zu beanstanden. Die Verschiedenheit dieser beiden Haftungssysteme wird schon bei der Anwendung von § 1004 BGB als reinem Beseitigungsanspruch deutlich. Rechtsprechung und Lehre sprechen im Rahmen der Abgrenzungsproblematik auch von dem am wenigsten gelösten Problem des § 1004[381].

Die Schwierigkeiten bei der Abgrenzung von Schadensersatz und Beseitigung können aber nicht der Grund dafür sein, § 1004 BGB nicht auf die in § 823 BGB geschützten Rechtsgüter auszuweiten. Auch Richardi kommt zu dem Schluss, dass der negatorische Anspruch nicht nur bei Beeinträchtigungen des Eigentums besteht, sondern auch für die Beeinträchtigungen der Rechtspositionen gegeben ist, die nach § 823 Abs. 1 BGB Deliktsschutz genießen. Es sei nicht einmal notwendig, dass es sich um nach § 823 Abs. 1 BGB geschützte Rechte, Lebensgüter und Interessen handele. Der negatorische Beseitigungsanspruch beschränke sich nicht auf Zufallskontakte, für die Deliktsschutz greife, sondern er könne auch in einer Sonderbeziehung bestehen, also insbesondere auch im Rahmen eines Schuldverhältnisses, wenn die Beeinträchtigung des geschützten Rechts nicht mit anderen Mitteln abgewehrt werde oder abgewehrt werden könne.

Hieran anknüpfend stellt Richardi fest, dass das Bundesarbeitsgericht für die Notwendigkeit eines negatorischen Rechtsschutzes in den Mittelpunkt hätte stellen müssen, dass die geltend gemachte Beeinträchtigung in der Tarifwidrigkeit einer betrieblichen Regelung liege. Schutzgegenstand sei also ein Anspruch, den die Gewerkschaft aus dem Tarifvertrag gegen ihren Tarifpartner habe. Wie auch sonst bei einem relativen Recht, komme deshalb ein Abwehrrecht nur in Betracht, wenn für den Integritätsschutz die Geltendmachungs- und Durchsetzungsmöglichkeit des Berechtigten ausscheide oder begrenzt sei. Dies soll nach Richardi vorliegend nicht der Fall sein, da die Gewerkschaft aus dem Tarifvertrag einen Anspruch gegen ihren Tarifpartner habe, sich so zu verhalten, wie es im Tarifvertrag vereinbart sei. Diesen Anspruch habe sie auch gegen den Arbeitgeber, wenn er Partei des Tarifvertrags sei. Sei dagegen Tarifpartner der Arbeitgeberverband, dem der Arbeitgeber angehöre, so sei nach der herrschenden Verbandstheorie nur der Arbeitgeberverband, nicht aber der Arbeitgeber, der ihm angehöre, aus der schuldrechtlichen Bindung des Tarifvertrags zur Tariftreue verpflichtet. Die Gewerkschaft könne in diesem Fall nur von ihrem Tarifpartner verlangen, dass er seine Mitglieder mit verbandsrechtlichen Mitteln zur Tariftreue anhalte. Ähnlich argumentieren auch Hromodka[382] und Rieble[383], wenn sie darauf ver-

381 BGH JZ 1992, S. 682, S. 683; MüKo-Medicus § 1004 Rn. 59; vgl. auch die Nachweise aus der Rechtsprechung bei Picker, Beseitigungsanspruch, S. 18 ff.; Staudinger/Gursky § 1004 Rn. 136 f. merkt kritisch an, dass es sich fast um ein Scheinproblem handele, welches nach seiner Auffassung erst durch schwerwiegende Fehlvorstellungen der h. M. über die Funktion des negatorischen Rechtsschutzes seine Brisanz bekomme.

382 Hromodka, AuA 2000, S. 13, S. 14, S. 16 und ZTR 2000, S. 253, S. 255.

383 Rieble, ZTR 1999, S. 483, S. 484.

weisen, dass die Nichterfüllung eines Vertrages kein Delikt sei. Wer einen Vertrag nicht erfülle, verletze damit kein absolutes Recht des Vertragspartners, sondern eine nur relative Rechtsstellung. Die Gewerkschaft wird deshalb auch von Hromodka und Rieble auf die Einwirkungsklage gegen den Arbeitgeberverband als dem eigenen Vertragspartner verwiesen.

Bei den erhobenen Einwänden wird jedoch übersehen, dass bei dem geltend gemachten Unterlassungsanspruch nicht die Nichterfüllung des Tarifvertrages durch den Arbeitgeberverband im Vordergrund steht, sondern die rechtswidrige Umgehung des Tarifvertrages seitens des Arbeitgebers. Zu diesem sollen aber nach § 2 Abs. 1 TVG gerade keine vertraglichen Bindungen bestehen, da dort als Vertragspartei beim Verbandstarifvertrag nur der Arbeitgeberverband genannt wird. Bestehen aber im Verhältnis der Gewerkschaft zum einzelnen Arbeitgeber keine vertraglichen Bindungen und wird vor diesem Hintergrund gefolgert, dass die Gewerkschaft auch keine vertraglichen Ansprüche auf Tariferfüllung gegen den Arbeitgeber habe, so kann im Gegenzug, wenn sich die Gewerkschaft nunmehr anschickt, deliktische Ansprüche geltend zu machen, nicht behauptet werden, dies sei ausgeschlossen, weil es hier um die Nichterfüllung eines Vertrags gehe und dies eben kein Delikt sei. Die Berechtigung dieses Einwands würde voraussetzen, dass vertragliche Ansprüche überhaupt zur Geltung gebracht werden könnten. Das ist aber im Verhältnis Gewerkschaft – Arbeitgeber nicht der Fall. Und im Verhältnis zum Arbeitgeberverband können vertragliche Ansprüche zwar erhoben werden, diese führen aber ebenfalls nicht zur Vertragserfüllung, sondern allenfalls dazu, dass der Arbeitgeberverband aufgrund der Einwirkungsklage den Versuch der Erfüllung zu unternehmen hat. Es wurde in dieser Hinsicht bereits ausführlich dargelegt, dass es sich bei der Einwirkungsklage um keinen effektiven Rechtsbehelf handelt[384]: Mit ihr kann zwar eine zulässige und – bei objektivem Vorliegen der Tarifwidrigkeit – auch eine begründete Klage erhoben werden, die Erfüllung des Einwirkungsanspruchs ist jedoch nicht mit der Erfüllung des Tarifvertrags gleichzusetzen. Die Wahl des Einwirkungsmittels gegenüber dem tarifbrüchigem Arbeitgebermitglied liegt in den Händen des beklagten Arbeitgeberverbandes, wobei in der Theorie schon ein ermahnender Telefonanruf genügt. Es kann daher zur Begründung eines deliktischen Anspruchs ohne Not auf die Feststellung Richardis zurückgegriffen werden, wonach bei einem relativen Recht ein Abwehrrecht nur dann in Betracht kommt, wenn für den Integritätsschutz die Geltendmachungs- und Durchsetzungsmöglichkeit des Berechtigten ausscheidet oder begrenzt ist.

Genau so verhält es sich beim Verbandstarifvertrag, denn weder die Einwirkungsklage als kollektives Rechtsschutzinstrument noch die Klage des einzelnen Arbeitnehmers stellen wirkungsvolle Rechtsbehelfe dar. Wegen des Versagens dieser Rechtsschutzmechanismen ist Raum für den deliktischen Unterlassungsanspruch.

---

384 Vgl. hierzu § 5, insbesondere unter III.

Mit dem Verweis auf vertragliche Ansprüche kann demnach nicht die (analoge) Anwendung der §§ 1004 Abs. 1, 823 Abs. 1 BGB bei Vorliegen tarifwidriger betrieblicher Regelungen ausgeschlossen werden.

Einen weiteren Einwand gegen die Anwendung der §§ 1004 Abs. 1, 823 Abs. 1 BGB zur Abwehr tarifwidriger betrieblicher Regelungen wird von Friese[385] formuliert. Sie vertritt die Ansicht, dass das Bundesarbeitsgericht übersehen habe, dass die von tarifwidrigen betrieblichen Regelungen ausgehende Beeinträchtigungsgefahr auch faktisch nur eine mittelbare sei. Die Ausdehnung der Geltung des Grundrechts der Koalitionsfreiheit auch im Verhältnis zwischen Privaten durch Art. 9 Abs. 3 S. 2 GG sei aber auf unmittelbare Beeinträchtigungen beschränkt. Die nur mittelbare Wirkung auf die Koalitionsbetätigungsfreiheit löse die unmittelbare Geltung des Schutzes der Koalitionsbetätigungsfreiheit nach Art. 9 Abs. 3 S. 2 GG nicht aus[386].

Eine Begründung, warum nur unmittelbare Eingriffe die Geltung des Schutzes des Art. 9 Abs. 3 S. 2 GG auslösen können sollen, geben weder Friese noch diejenigen Autoren, auf die sie sich beruft[387]. Zudem ist fraglich, ob überhaupt ein nur mittelbarer Eingriff angenommen werden kann, wenn das Ziel der tarifwidrigen betrieblichen Vereinbarungen ausschließlich darin besteht, die tarifliche Ordnung zu verdrängen und eine eigene Ordnung an ihre Stelle zu setzen. Aber selbst wenn man hierin eine nur mittelbare Beeinträchtigung sehen möchte, so bestehen doch erhebliche Bedenken, die Geltung des Schutzes der Koalitionsbetätigungsfreiheit nach Art. 9 Abs. 3 S. 2 GG von der Unmittelbarkeit des Eingriffs abhängig zu machen. Wenn die Ablehnung der Anwendbarkeit der §§ 1004

---

385 Friese, S. 356.

386 Friese verweist hierzu auf ArbG Frankfurt NZA 1996, 1340, 1341; ErfK/Kissel Art. 9 GG Rn. 41 (1. Aufl.); MünchArbR/Löwisch § 238 Rn. 93 (1. Aufl.) und BAG AP Nr. 49 zu Art. 9 GG. Der von Friese ebenfalls gegebene Hinweis, dass auch das Bundesarbeitsgerichts in seiner Entscheidung vom 2.6.1987, AP Nr. 49 zu Art. 9 GG ausdrücklich auf das Kriterium der Unmittelbarkeit des Eingriffs Bezug genommen hat, ist m. E. nicht zutreffend. Das Bundesarbeitsgericht hat in der Entscheidung lediglich festgestellt, dass ein Arbeitgeber, der die Einstellung von Bewerbern vom Austritt aus der Gewerkschaft abhängig mache, *unmittelbar* in das verfassungsrechtlich geschützte Recht einer Koalition auf Bestand und Betätigung eingreife. Weitere Ausführungen hierzu sind von der Seite des Gerichts nicht erfolgt. Insbesondere kann der Entscheidung keinesfalls die Wertung entnommen werden, dass das Gericht grundsätzlich nur unmittelbare Eingriffe als schutzbewehrt ansieht.

387 Den zumindest ansatzweisen Versuch einer Begründung konnte ich nur in der Besprechung von Reuter, SAE 1999, S. 262, S. 263. finden, der den deliktischen Schutz der gewerkschaftlichen Betätigung mit dem Schutz des Rechts am eingerichteten Gewerbebetrieb, der nur gegen unmittelbare Beeinträchtigungen gesichert ist, vergleicht. Der deliktische Schutz gewerkschaftlicher Betätigung betreffe in gleicher Weise wie das Recht am eingerichteten Gewerbebetrieb nicht eine konsolidierte Rechtssphäre, sondern Handeln in Wirtschaft und Gesellschaft.

Abs. 1, 823 Abs. 1 BGB in diesem Fall richtig wäre, dann würde dies nämlich bedeuten, dass eine nahe liegende Rechtsschutzmöglichkeit gerade deshalb entfallen würde, weil der Gesetzgeber mit der Rechtsfolge der Nichtigkeit den Schutz der Koalitionsfreiheit besonders absichern wollte. Das Grundrecht des Art. 9 Abs. 3 S. 2 GG ordnet die Nichtigkeit von Abreden an, die die Koalitionsfreiheit einschränken. Deshalb soll bei tarifwidrigen betrieblichen Regelungen die „nur" faktische Nichtgeltung des Tarifvertrags dazu führen, dass lediglich eine mittelbare Beeinträchtigung der Koalitionsbetätigungsfreiheit gegeben ist. Würde man die (analoge) Anwendbarkeit der §§ 1004 Abs. 1, 823 Abs. 1 BGB aus diesem Grund ablehnen, so würde sich der mit dem Grundrecht des Art. 9 Abs. 3 intendierte Rechtsschutz gegenüber staatlichen und privaten Eingriffen aber de facto in sein Gegenteil verkehren. Ein solches Ergebnis stünde im direkten Widerspruch zu dem mit Art. 9 Abs. 3 S. 2 GG verfolgten Schutzzweck. Das Vorliegen eines so genannten „mittelbaren" Eingriffs ist damit nicht geeignet, den Ausschluss eines auf §§ 1004 Abs. 1, 823 Abs. 1 BGB gestützten Unterlassungsanspruchs zu begründen.

Das Bundesarbeitsgericht hat für den im Urteil vom 20.4.1999 befürworteten Unterlassungsanspruch damit im Ergebnis zu Recht die §§ 1004 Abs. 1 S. 2, 823 Abs. 1 BGB entsprechend herangezogen.

### 3. Rechtsfortbildung durch den Unterlassungsanspruch

Das Bundesarbeitsgericht hat sich in seinem Beschluss selbst nicht mit der Möglichkeit einer Rechtsfortbildung auseinandergesetzt und dementsprechend keinerlei Stellung zu der Frage bezogen. In zahlreichen Anmerkungen findet sich hingegen der Hinweis auf den rechtsfortbildenden Charakter der Entscheidung[388]. Lediglich Wohlfarth[389] scheint von einer Auslegung auszugehen, wenn er die Auffassung äußert, dass das Bundesarbeitsgericht mit seinem Beschluss nicht mehr und nicht weniger als einen verfassungskonformen Zustand hergestellt habe. Die Abgrenzung von Auslegung und Rechtsfortbildung kann sich im Einzelfall schwierig gestalten. Unter Rechtsfortbildung ist die Befugnis des Gerichts zu verstehen, bei unvollständiger oder fehlender gesetzlicher Regelung selbst eine rechtliche Wertung zu finden und der Entscheidung zugrunde zu legen[390]. Die Rechtsfortbildung durch Gerichte ist allgemein anerkannt[391] und wird den Revi-

388 Buchner, NZA 1999, S. 897; Fischer, Anmerkung zu BAG vom 20.4.1999, EzA Nr. 65 zu Art. 9 GG; Friese, S. 357; Glaubitz, FA 2000, S. 276, S. 277; Rieble, ZTR 1999, S. 483, S. 484; Trappehl/Lambrich, NJW 1999, S. 3217, S. 3218 sprechen von einer Rechtsfortbildung contra constitutionem.

389 Wohlfahrth, NZA 1999, S. 962.

390 Deutsches Rechts-Lexikon Band 3, S. 3469.

391 Vgl. nur BVerfGE 34, S. 269, S, 287 f.; BVerfGE 65, S. 182, S. 190 f.; BVerfGE 96, S. 375, S. 394 f.; BVerfGE 98, S. 49, S. 59 f.

sionsgerichten in den Prozessordnungen sogar ausdrücklich zugewiesen[392]. Bei der Auslegung wird hingegen der für die Entscheidung maßgebende Gesetzesinhalt ermittelt und klar gelegt[393]. Wo im Einzelfall die Gesetzesauslegung endet und die schöpferische Rechtsfortbildung des Richters beginnt, wird nicht einheitlich beurteilt[394]. Zuweilen wird vertreten, dass das schöpferische Tätigsein des Richters herkömmlicher Bestandteil der Rechtsprechung und notwendig in den Prozess der Gesetzesauslegung eingeschlossen sei[395]. Danach ließe sich dann fast jede Rechtsfortbildung als Gesetzesauslegung verstehen[396]. Versteht man Rechtsfortbildung hingegen als Entwicklung nicht allgemein anerkannter Grundsätze[397], oder wie es das Bundesverfassungsgericht im Rahmen der „Soraya-Entscheidung“[398] ausgedrückt hat, als „Akt des bewertenden Erkennens“ von Wertvorstellungen, die der verfassungsmäßigen Rechtsordnung zwar immanent, aber in den Texten der geschriebenen Gesetze nicht oder nur unvollkommen zum Ausdruck gelangt sind, so wird schnell deutlich, dass der Beschluss des Bundesarbeitsgerichts vom 20.4.1999[399] eine rechtsfortbildende Entscheidung darstellt.

Bedeutsamer als die Erkenntnis, dass der sog. „Burda-Entscheidung“ rechtsfortbildender Charakter zukommt, ist aber die Frage, ob die Grenzen zulässiger Rechtsfortbildung überschritten wurden.

Bei der Beurteilung dieser Frage ist jedoch zu bedenken, dass sich nach der hier vertretenen Auffassung ein Unterlassungsanspruch bereits aus § 77 Abs. 3 BetrVG bejahen lässt, sofern tarifwidrige Betriebsvereinbarungen und Regelungsabreden in Rede stehen. Abgesehen von dem Ausnahmefall vertraglicher Einheitsregelungen, die ohne Zutun des Betriebsrats zustande gekommen sind, besteht eigentlich kein Raum für den Rückgriff auf eine auf Bestimmungen des Verfassungsrechts gestützte Rechtsfortbildung. Um die Zulässigkeit der Rechtsfortbildung nach der Entscheidung des Bundesarbeitsgerichts beurteilen zu kön-

---

392 Vgl. für die Arbeitsgerichtsbarkeit § 45 Abs. IV ArbGG.

393 Looschelders/Roth, S. 21.

394 M. w. N. HStR V/Ossenbühl, § 61 Rn. 35.

395 Müller, S. 36 ff.

396 S. Müller in Richterliche Rechtsfortbildung, S. 65, 84, der die Auffassung vertritt: *„Was ‚Richterrecht' genannt wird, ist dort, wo es gerechtfertigt werden kann, Bestandteil normaler Rechtsarbeit und nicht eigenständig.“*

397 Dieterich, RdA 1993, S. 67; vgl. auch Fischer, Anmerkung zu BAG vom 20.4.1999, EzA Nr. 65 zu Art. 9 GG, der im Zusammenhang mit der Burda-Entscheidung des Bundesarbeitsgerichts den Bereich der Rechtsfortbildung für betroffen sieht, wenn die verfassungsrechtliche Beurteilung einer Rechtsfrage, die das einfache Recht nicht (sachgerecht) beantwortet, nicht evident ist. Ein solche mangelnde Evidenz soll nach Fischer immer dann gegeben sein, solange und soweit das BVerfG sie nicht nach § 31 BVerfGG verbindlich entschieden hat.

398 BVerfGE 34, S. 269, S. 287 f.

399 BAG SAE 1999, S. 259 ff.

nen, wird daher an dieser Stelle auch dessen Sichtweise übernommen, nach der der Unterlassungsanspruch für alle Formen tarifwidrigen Verhaltens aus Art. 9 Abs. 3 i. V. m. §§ 1004 Abs. 1 S. 2, 823 Abs. 1 BGB herzuleiten ist.

Legt man die Sichtweise des Bundesarbeitsgerichts zugrunde, nach der ein Rückgriff auf Verfassungsrecht erforderlich war, so ergibt sich, dass sich das Gericht bei seiner Rechtsfortbildung innerhalb der Grenzen zulässiger Rechtsfortbildung bewegt hat. Eine zulässige Rechtsfortbildung setzt voraus, dass sich der Richter bei seiner Entscheidung nicht über eine eindeutige Regelung des Gesetzes hinwegsetzt und politische Grundentscheidungen des Gesetzgebers bei der Gesetzesanwendung zugrunde legt. Will der Richter gesetzesergänzend tätig sein, so hat er seine Entscheidung an den dem gesetzten Recht zu entnehmenden Regelungsmaßstäben, Wertentscheidungen sowie an der Verfassung zu orientieren[400]. Das Bundesarbeitsgericht hat sich in seinem Beschluss weder über eindeutige Regelungen des Gesetzes noch über politische Grundentscheidungen des Gesetzgebers hinweggesetzt. Der Gedanke des Schutzes von Tarifverträgen gegenüber beeinträchtigenden Regelungen kommt in den gesetzlichen Vorschriften der § 77 Abs. 3 BetrVG, § 4 Abs. 1, Abs. 3 TVG sowie Art. 9 Abs. 3 S. 2 GG klar zum Ausdruck. Dieser gesetzliche Schutz war aber nicht mehr lückenlos, nachdem die gesetzlichen Schutzvorschriften durch rechtlich unwirksame, aber tatsächlich vollzogene Regelungen umgangen worden sind. Diese Rechtsschutzlücke hat das Bundesarbeitsgericht geschlossen, indem es ein an den verfassungsrechtlichen Grundentscheidungen des Gesetzgebers orientiertes Klagerecht geschaffen hat. Ein Handeln contra legem kann hierin nicht erblickt werden. Das Bundesverfassungsgericht hat zwar festgestellt, dass die Koalitionsfreiheit gesetzlicher Ausgestaltung bedürfe, wobei die gesetzliche Ausgestaltung nicht nur in der Schaffung der Rechtsinstitute und Normenkomplexe bestehe, die erforderlich seien, um die grundrechtlich garantierten Freiheiten ausüben zu können. Die Bedeutung und Vielzahl der von der Tätigkeit der Koalitionen berührten Belange im Bereich der Wirtschafts- und Sozialordnung machten vielmehr vielfältige gesetzliche Regelungen notwendig, die der Koalitionsfreiheit auch Schranken ziehen könnten; dies um so mehr, als der Gegenstand der Gewährleistung auf sich wandelnde wirtschaftliche und soziale Bedingungen bezogen sei, die mehr als bei anderen Freiheitsrechten die Möglichkeit zu Modifikationen und Fortentwicklungen lassen müssten[401]. Der Gesetzgeber ist jedoch diesem vom Bundesverfassungsgericht beschriebenen Gestaltungs- und Konkretisierungsauftrag im Hinblick auf ein gewerkschaftliches Klagerecht nicht nachgekommen. Das Bundesarbeitsgericht hat demnach mit seiner Entscheidung nur dort gehandelt, wo der parlamentarische Gesetzgeber versagt hat. Ein solches Vorgehen gehört aber

400 HVerfR/Heyde § 33 Rn. 96.

401 BVerfGE 50, S. 290, S. 368; BVerfGE 58, S. 233, S. 247.

zum Wesen einer jeden Rechtsfortbildung[402] und steht folglich der Zulässigkeit der vom Bundesarbeitsgericht vorgenommenen Rechtsfortbildung nicht entgegen.

### *III. Die Voraussetzungen des Unterlassungsanspruchs nach der Entscheidung des Bundesarbeitsgerichts*

Erkennt man den Unterlassungsanspruch aus Art. 9 Abs. 3 GG i. V. m. §§ 1004 Abs. 1 S. 2, 823 Abs. 1 BGB grundsätzlich an, stellt sich die Frage, an welche Voraussetzungen das Eingreifen des Unterlassungsanspruchs geknüpft ist. Das Bundesarbeitsgericht hat in dieser ersten befürwortenden Entscheidung nur Leitlinien für zukünftige Entscheidungen gegeben. Diese Leitlinien sollen hier zunächst unter Berücksichtigung von Zweifelsfragen und der im Schrifttum geübten Kritik dargestellt werden.

Der erkennende Senat benennt in seiner Entscheidung genau genommen nur zwei Voraussetzungen für das Eingreifen des Unterlassungsanspruchs nach Art. 9 Abs. 3 S. 2 GG i. V. m. §§ 1004 Abs. 1 S. 2, 823 Abs. 1 BGB: Die Verdrängung der Tarifnorm als kollektive Ordnung und die normative Geltung des Tarifvertrags. Im Schrifttum wurde im Anschluss an den Beschluss bereits die nicht ausreichende Berücksichtigung weiterer Kriterien bemängelt. So wurde gerügt, dass das Bundesarbeitsgericht den von ihm befürworteten Unterlassungsanspruch nicht auf „grobe Verstöße" beschränkt habe[403]. Hierin wird ein Wertungswiderspruch zum Unterlassungsanspruch nach §§ 23 Abs. 3, 77 Abs. 3 BetrVG gesehen, der nur bei groben Verstößen des Arbeitgebers eingreift. Die Einschränkung auf einen „groben Verstoß" wird damit gerechtfertigt, dass beide Unterlassungsansprüche – der nach §§ 23 Abs. 3, 77 Abs. 3 BetrVG und der nach Art. 9 i. V. m. §§ 1004, 823 BGB – letztlich auf das gleiche Ziel gerichtet seien: § 77 Abs. 3 BetrVG solle eine Konkurrenz zur tariflichen Normsetzung auf der betrieblichen Ebene ausschließen, Art. 9 Abs. 3 GG eine Einschränkung oder Behinderung der Koalitionsfreiheit. Beim Unterlassungsanspruch aus §§ 23 Abs. 3, 77 Abs. 3 BetrVG sei das Handeln entgegen § 77 Abs. 3 BetrVG der eigentliche Normverstoß. § 77 Abs. 3 BetrVG habe selbst wieder seine Grundlage in Art. 9 Abs. 3 GG. Hieraus wird dann gefolgert, dass die Einschränkung des § 23 Abs. 3 BetrVG auf grobe Verstöße auch im Rahmen des Unterlassungsanspruchs gemäß Art. 9 Abs. 3 GG i. V. m. §§ 1004 Abs. 1 S. 2, 823 Abs. 1 BGB Geltung beanspruchen muss[404]. Diese Ausführungen vermögen jedoch nicht zu überzeugen. Den §§ 1004, 823 BGB ist das Erfordernis eines „groben Verstoßes" fremd.

---

402 Vgl. HStR V/Ossenbühl, § 61 Rn. 41, der zur Frage der Grenzen zulässigen Richterrechts bemerkt: *„Der Richter ist aber auch allgemein der Nothelfer in der staatlichen Rechtsetzung. Die Gerichte nehmen praktisch eine subsidiäre Kompetenz für sich in Anspruch, wenn der parlamentarische Gesetzgeber versagt."*

403 Müller, DB 1999, S. 2310.

404 Vgl. Müller, DB 1999, S. 2310.

Zwischen dem Unterlassungsanspruch aus Art. 9 Abs. 3 GG i. V. m. §§ 1004 Abs. 1 S. 2, 823 Abs. 1 BGB und dem aus § 23 Abs. 3 BetrVG bestehen auch erhebliche Unterschiede. Während § 23 Abs. 3 BetrVG einer im Betrieb vertretenen, nicht notwendigerweise in eigenen Rechten verletzten Gewerkschaft einen Anspruch einräumt, eröffnet Art. 9 Abs. 3 GG i. V. m. §§ 1004 Abs. 1 S. 2, 823 Abs. 1 BGB der tarifschließenden Gewerkschaft die Möglichkeit, eigene Rechte geltend zu machen. Die klagende Gewerkschaft handelt beim Unterlassungsanspruch aus Art. 9 Abs. 3 GG i. V. m. §§ 1004 Abs. 1 S. 2, 823 Abs. 1 BGB im Gegensatz zu § 23 Abs. 3 BetrVG also nicht in der Funktion eines Wächters, der nur dann eingreifen darf, wenn ein grober Verstoß gegeben ist[405]. Sie ist in ihren eigenen Rechten betroffen und kann diese unabhängig von der Qualität des Verstoßes verfolgen. Das Bundesarbeitsgericht hat den Unterlassungsanspruch daher zu Recht nicht vom Vorliegen eines „groben Verstoßes" abhängig gemacht.

Keinen „groben Verstoß", aber eine besonders schwerwiegende Tarifverletzung fordert Rieble[406]. Damit der Tarifbruch die für den Deliktsschutz erforderliche Schwere erreiche, müsse der Arbeitgeber unter anderem durch seine tarifwidrigen Regeln die geltende tarifliche Ordnung final – aus dem Blick von § 826 BGB: vorsätzlich schädigend – ignorieren wollen. Das Erfordernis einer besonders schwerwiegenden Tarifverletzung lässt sich mit der Struktur der §§ 1004, 823 BGB jedoch nicht vereinbaren. Diese erfordern, anders als der von Rieble zur Begründung eines Unterlassungsanspruchs herangezogene § 826 BGB, keine besonders schwerwiegende Verletzung. Befürwortet man wie das Bundesarbeitsgericht einen Unterlassungsanspruch aus Art. 9 Abs. 3 GG i. V. m. §§ 1004 Abs. 1 S. 2, 823 Abs. 1 BGB, so kann eine schwerwiegende Tarifverletzung im Sinne einer vorsätzlich schädigenden Handlung nicht zu den Voraussetzungen eines Unterlassungsanspruchs gezählt werden.

Dem Bundesarbeitsgericht wird darüber hinaus vorgehalten, die sowohl für § 1004 Abs. 2 BGB als auch für § 823 Abs. 1 BGB erforderliche Rechtswidrigkeitsprüfung zur Abwägung widerstreitender Grundrechtspositionen nicht vorgenommen zu haben[407]. In den Entscheidungsgründen sucht man in der Tat vergeblich nach klärenden Worten zur ebenfalls grundrechtlich geschützten Berufsfreiheit sowie zur Privatautonomie. Zu Recht wird darauf verwiesen, dass der Koalitionsbetätigungsfreiheit die Qualität eines Rahmenrechts zukommt[408]. Rahmenrechte sind subjektiven Rechte, welche zwar nach § 823 Abs. 1 BGB gegen Verletzungen geschützt werden, jedoch nicht bruchlos in das System der sonsti-

405 Berg/Platow, DB 1999, S. 2362, S. 2365; Walker, ZfA 2000, S. 29, S. 45.

406 Rieble, ZTR 1999, S. 483, S. 485

407 Vgl. Kast/Stuhlmann, BB 2000, S. 614, S. 615; Löwisch, BB 1999, S. 2080, S. 2081; Müller, DB 1999, S. 2310, S. 2312; Thüsing, DB 1999, S. 1552, S. 1553; Trappehl/Lambrich, NJW 1999, S. 3217, S. 3218; Walker, ZfA 2000, S. 29, S. 45 f.

408 Löwisch, BB 1999, S. 2080, S. 2081; Walker, ZfA 2000, S. 29, S. 46.

gen Rechte eingefügt werden können. Es sind Rechte, denen klare Grenzen fehlen, so dass die Rechtswidrigkeit einer Beeinträchtigung dieser Rechte nicht indiziert wird und nur bei Eingreifen eines Rechtfertigungsgrundes entfällt. Stattdessen ist bei Rahmenrechten die Rechtswidrigkeit in jedem Einzelfall aufgrund einer Güter- und Interessenabwägung festzustellen[409]. Bei der danach vorzunehmenden Güter- und Interessenabwägung hätte dann zur über Art. 2 Abs. 1 GG, 12 Abs. 1 GG gewährleisteten Privatautonomie als dem Recht von Arbeitnehmer und Arbeitgeber, selbst über den Inhalt der zwischen ihnen getroffenen Vereinbarungen zu entscheiden, Stellung genommen werden können[410].

Dass es von Seiten des Gerichts zu keiner Aussage hierzu kam, spricht jedoch nicht zwangsläufig gegen die Anerkennung einer Güter- und Interessenabwägung im Rahmen der Rechtswidrigkeit. Wahrscheinlicher ist vielmehr, dass das Gericht in seiner Entscheidung der gewerkschaftlichen Koalitionsbetätigungsfreiheit den Vorrang gegenüber den im Widerstreit stehenden Grundrechten eingeräumt hat. Dies ist im Ergebnis zutreffend: Denn Arbeitnehmer und Arbeitgeber haben ihre Berufsfreiheit bereits in einem Akt privatautonomer Selbstbindung wahrgenommen, indem sie Gewerkschaft und Arbeitgeberverband beigetreten sind[411]. Durch den Koalitionsbeitritt haben sie sich einem Verband angeschlossen, von dem sie wussten, dass dessen vornehmstes Ziel das Aushandeln und der Abschluss von Tarifverträgen ist. Sie haben sich damit der Interessenvertretung eines Verbands als Mitglied anvertraut und sich mithin für die Dauer ihrer Mitgliedschaft auch dessen tarifpolitischen Konzepten unterworfen[412]. Die Lösung von dieser Bindung ist in den Grenzen des § 3 Abs. 3 TVG durch Austritt aus dem jeweiligen Verband möglich, nicht durch den Abschluss anderslautender Arbeitsbedingungen, die nicht mehr vom Günstigkeitsprinzip des § 4 Abs. 3 TVG gedeckt sind.

Auch wenn daher der Vorwurf fehlgeht, das Bundesarbeitsgericht habe sich über Grundrechte von Arbeitgeber und Arbeitnehmer hinweggesetzt, so wäre es dennoch wünschenswert gewesen, einige Überlegungen hierzu in dem Beschluss offen zu legen. Dies muss um so mehr gelten, als anhand der Entscheidung Maßstäbe für die künftige Rechtsprechung zu entwickeln sind.

Keine besondere Erwähnung in den Entscheidungsgründen hat auch das Kriterium der Wiederholungsgefahr gefunden. Diese oder die Erstbegehungsgefahr sind Voraussetzung für jeden aus § 1004 BGB abgeleiteten Unterlassungsan-

---

409 Deutsches Rechts-Lexikon Band 3, S. 3420; Fikentscher, Rn. 1216.

410 Trappehl/Lambrich, NJW 1999, S. 3217, S. 3220; Walker, ZfA 2000, S. 29, S. 46; vgl. auch Thüsing, DB 1999, S. 1552, S. 1553.

411 Dieterich, RdA 2002, S. 1, S. 10; Wolter, RdA 2002, S. 218, S. 220.

412 Dieterich, DB 2001, S. 2398, S. 2402 u. RdA 2002, S. 1, S. 10; Wolter, RdA 2002, S. 218, S. 220.

spruch[413]. Unter einer Wiederholungsgefahr ist dabei die auf Tatsachen gegründete, objektive ernstliche Besorgnis weiterer Störungen zu verstehen, wobei in der Regel eine tatsächliche Vermutung für die Wiederholungsgefahr besteht, wenn der Störung eine rechtswidrige Beeinträchtigung vorangegangen ist[414]. Im Anlassfall hatte die Arbeitgeberin schon mit der Umsetzung der betrieblichen tarifwidrigen Regelungen begonnen. In der Folge wurde die Arbeitszeit unter anderem von 35 auf 39 Stunden erhöht, wobei die 36. und die 37. Stunde nicht gesondert vergütet wurden, Zuschläge für Nacht-, Sonn- und Feiertagsarbeit sowie Überstunden wurden unter das tarifliche Niveau gesenkt. Damit war bereits eine regelmäßig wiederkehrende Beeinträchtigung eingetreten. Die Wiederholungsgefahr hätte somit, wenn sie in der Entscheidung vom Bundesarbeitsgericht thematisiert worden wäre, unproblematisch bejaht werden können[415].

Die maßgeblichen Kriterien für den Unterlassungsanspruch bleiben nach dem Bundesarbeitsgericht die Verdrängung der Tarifnorm als kollektive Ordnung und die normative Geltung des Tarifvertrags. Die vom Gericht genannten Voraussetzungen werfen jedoch zahlreiche Fragen auf. So ist insbesondere ungewiss, wie eine kollektive von einer nur vereinzelt auftretenden Rechtsverletzung abzugrenzen ist. Einer Klärung bedarf aber auch, ob der Unterlassungsanspruch im Hinblick auf das Kriterium der normativen Geltung des Tarifvertrags auch auf nur allgemeinverbindlich erklärte Tarifverträge anzuwenden ist.

### 1. Verdrängung der Tarifnorm als kollektive Ordnung

Die erste vom Bundesarbeitsgericht aufgestellte Voraussetzung für das Eingreifen des Unterlassungsanspruchs ist die Verdrängung einer Tarifnorm als kollektive Ordnung. In den Entscheidungsgründen macht der erkennende Senat deutlich, dass er eine Verdrängung noch nicht bei tarifnormwidrigen Regelungen in einzelnen Arbeitsverträgen oder bei fehlerhaften Anschlussregelungen auf der betrieblichen Ebene für gegeben hält. Voraussetzung für die Verdrängung einer Tarifnorm als kollektive Ordnung ist eine betriebliche Regelung, die einheitlich wirken und an die Stelle der Tarifnorm treten soll. Bei tarifnormwidrigen Betriebsvereinbarungen ist dies nach dem Beschluss im Zweifel der Fall. Im Hinblick auf vertragliche Einheitsregelungen stellt das Gericht fest, dass es sich auch bei diesen um bewährte Instrumente zur Gestaltung der betrieblichen Ordnung handele. Durch vertragliche Einheitsregelungen soll es nach dem Bundesarbeitsgericht offenkundig zur Verdrängung einer Tarifnorm als kollektive Ordnung kommen, wenn die Einheitsregelung auf einer Regelungsabrede beruht oder wenn die entsprechenden Vertragsangebote ausdrücklich vom Betriebsrat unterstützt werden.

413 Vgl. nur MüKo-Medicus § 1004 Rn. 80; Staudinger/Gursky § 1004 Rn. 206 f.

414 M. w. N. aus der höchstrichterlichen Rechtsprechung Palandt § 1004 Rn. 32.

415 So im Ergebnis ebenso Fischer, Anmerkung zu BAG vom 20.4.1999, EzA Nr. 65 zu Art. 9 GG; Trappehl/Lambrich, NJW 1999, S. 3217, S. 3221 f.

Die vom Bundesarbeitsgericht aufgeführten Voraussetzungen bedürfen noch weiterer Präzision. Nicht ganz verständlich ist der Verweis auf fehlerhafte Anschlussregelungen auf betrieblicher Ebene. Ebenfalls unklar ist die Frage, wo genau die Grenze zwischen der Verletzung nur einzelner Arbeitsverträge und der Verdrängung der Tarifnorm als kollektive Ordnung verlaufen soll. Schließlich gibt die Formulierung des Gerichts, wonach die Verdrängung einer Tarifnorm als kollektive Ordnung eine betriebliche Regelung voraussetzt, „die einheitlich wirken und an die Stelle der Tarifnorm treten soll", Anlass zu Überlegungen darüber, ob der Unterlassungsanspruch an das Vorliegen subjektiver Voraussetzungen geknüpft werden sollte.

*a) Fehlerhafte Anschlussregelung*

Nach dem Beschluss soll der Unterlassungsanspruch noch nicht durch fehlerhafte Anschlussregelungen auf der betrieblichen Ebene auszulösen sein. Auf ergänzende Ausführungen hierzu verzichtet der Senat vollkommen. Unter Anschlussregelungen sind wohl solche Regelungen zu verstehen, die den Betriebsparteien aufgrund tariflicher Vorgaben ausdrücklich gestattet sind. Der erkennende Senat scheint sich damit auf tarifliche Öffnungsklauseln nach § 77 Abs. 3 S. 2 BetrVG zu beziehen. Mit tariflichen Öffnungsklauseln hatte sich das Bundesarbeitsgericht bereits in zwei Entscheidungen zum Leber-Rüthers-Kompromiss auseinander zu setzen[416]. Damals sah es für einen Feststellungsantrag keinen Raum. Ebenso verhielt es sich im Jahre 1991[417]. Auch hier hatte das Gericht über eine Betriebsvereinbarung zu entscheiden, deren Abschluss im Tarifvertrag zwar als möglich vorgesehen war, deren fehlerhafte Umsetzung jedoch von den Tarifvertragsparteien gerügt wurde. Das Bundesarbeitsgericht lehnte im Anlassfall ebenfalls alle Anträge der Gewerkschaft ab. Das Bundesverfassungsgericht[418] billigte damals die Entscheidung des Bundesarbeitsgerichts mit der Begründung, dass Art. 9 Abs. 3 GG jedenfalls nicht zu entnehmen sei, dass Tarifverträge gegenüber einer Betriebsvereinbarung, die sich auf die Lage der Arbeitszeit beschränke, durch eine Klagebefugnis der Gewerkschaften gegen die Betriebsparteien rechtlich geschützt werden müssten, wenn ein solcher Tarifvertrag den Betriebsparteien eine gewisse Gestaltungsbefugnis ausdrücklich einräume.

Das Herausnehmen fehlerhafter Anschlussregelungen auf betrieblicher Ebene aus dem Anwendungsbereich des Unterlassungsanspruchs ließe sich danach mit dem Beschluss des Bundesverfassungsgerichts erklären, das in einem solchen Fall eine Beeinträchtigung der Gewährleistungen des Art. 9 Abs. 3 GG verneint hatte. Sollte das Gericht hier von einer umfassenden Einschränkung des Unter-

---

416 BAG vom 18.8.1987 – 1 ABR 65/86, AP Nr. 6 zu § 81 ArbGG 1979 u. BAG vom 18.8.1987 – 1 ABR 80/85, DB 1987, S. 2263 f.

417 BAG vom 20.8.1991, EzA Nr. 41 zu § 77 BetrVG 1972.

418 BVerfG vom 29.6.1993, AP Nr. 2a zu § 77 BetrVG 1972 (Tarifvorbehalt).

lassungsanspruchs ausgehen, so wäre dies im Ergebnis allerdings wenig überzeugend. Zu bedenken ist insbesondere, dass Betriebsrat und Arbeitgeber überhaupt erst aufgrund der im Tarifvertrag vorhandenen Öffnungsklausel tätig werden dürfen. Die Tarifpartner ermöglichen letztlich eine Regelung durch die Betriebspartner erst durch die Delegation ihre Regelungsbefugnisse. Den Betriebspartnern obliegt in einer solchen Konstellation damit die Aufgabe, den vorhandenen Tarifvertrag zu ergänzen. In diesem Fall nehmen die Betriebsparteien aber tarifliche Regelungsbefugnisse für sich in Anspruch[419]. Diese Regelungsbefugnisse sind jedoch begrenzt durch die Rahmenvorgaben im Tarifvertrag. Werden diese Vorgaben von den Betriebsparteien überschritten, wird damit in eine bestehende tarifliche Regelung eingegriffen, die von den Tarifparteien gerade nicht zur Disposition der Betriebspartner gestellt worden war. Die Situation stellt sich damit, soweit tarifliche Rahmenvorgaben missachtet werden, nicht anders dar, als bei einer Tarifnorm, die keiner Ergänzung mehr durch eine Betriebsvereinbarung bedarf. Der Unterlassungsanspruch muss daher grundsätzlich auch auf betriebliche Regelungen anwendbar sein, die eine Tarifnorm lediglich ergänzen sollen. Etwas anderes kann nur dort gelten, wo die betriebliche Anschlussregelung trotz ihrer Fehlerhaftigkeit zu keiner Verdrängung der Tarifnorm als kollektive Ordnung führt. Dies dürfte am ehesten bei Ergänzungen der Fall sein, die tarifliche Vorgaben nur in wenigen Punkten missachten, sie ansonsten aber im Sinne der Tarifparteien ausfüllen[420].

*b) Kollektive Rechtsverletzung*

Nach der Entscheidung des Bundesarbeitsgerichts wird sich in Zukunft die Frage stellen, wo genau die Grenze verlaufen soll zwischen der Verletzung nur einzelner Arbeitsverträge und einer kollektiven Rechtsverletzung, die zur Verdrängung der Tarifnorm als kollektive Ordnung führt. Das Bundesarbeitsgericht selbst hat nur wenige Hinweise gegeben. Eine kollektive Rechtsverletzung ist danach im Zweifel bei tarifnormwidrigen Betriebsvereinbarungen und auch bei vertraglichen Einheitsregelungen gegeben, wenn sie auf einer Regelungsabrede beruhen oder die entsprechenden Vertragsangebote ausdrücklich vom Betriebsrat unterstützt werden. Tarifnormwidrigen Regelungen in einzelnen Arbeitsverträgen soll hingegen der erforderliche kollektive Bezug fehlen. Der erkennende Senat stellt an anderer Stelle hierzu klar, dass der Unterlassungsanspruch nicht die Befugnis der Gewerkschaft einschließe, Individualansprüche ihrer Mitglieder einzuklagen. Er diene nur dem Schutz der kollektiven Koalitionsfreiheit. Diese sei nicht schon dadurch betroffen, dass ein Arbeitgeber Tarifansprüche nicht erfülle, ohne damit eine tarifwidrige Einheitsregelung zu konzipieren. Zweifelsfälle ergeben sich nach der Entscheidung dort, wo der Arbeitgeber nicht mit der gesamten Beleg-

419 Baumann, S. 167.

420 So auch Fischer, Anmerkung zu BAG vom 20.4.1999, EzA Nr. 65 zu Art. 9 GG.

schaft untertarifliche Arbeitsbedingungen vereinbart und/oder die Änderungsangebote nicht vom Betriebsrat unterstützt werden. Fraglich ist weiterhin, ob der Unterlassungsanspruch auch zum Tragen kommt, wenn nur ein kleiner Teil der Belegschaft tarifgebunden ist.

Rieble[421] hat in seiner Entscheidungsbesprechung in diesem Zusammenhang ausgeführt, der Tarifvertrag werde als kollektive Ordnung nur in Frage gestellt, wenn erhebliche Teile der tarifgebundenen Belegschaft betroffen seien. Er schlägt vor, wie bei der Betriebsänderung des § 111 BetrVG, auf die Beschäftigtenquoten des § 17 KSchG als Maßstab für die Wesentlichkeit zuzugreifen. Das hieße umgekehrt, dass einer Gewerkschaft, die in einem größeren Betrieb nur ganz wenige Mitglieder habe, kein Unterlassungsanspruch zukommen könne. Der Tarifbruch gegenüber wenigen Arbeitnehmern stelle die kollektive Ordnung des Tarifvertrags nicht in Frage, sondern sei als Störung nur einzelner Arbeitsverhältnisse individualrechtlich zu verfolgen.

Nach seiner Auffassung müssten – wie Rieble auch selbst einräumt – die tarifgebundenen Arbeitnehmer stets einen erheblichen Teil der Belegschaft stellen. Würde man den Charakter einer Tarifnorm als kollektive Ordnung vom Organisationsgrad der Belegschaft abhängig machen, so würde aber ein rein quantitativer Maßstab angelegt. Ein solches Vorgehen würde dem Begriff der Tarifnorm als kollektive Ordnung nicht gerecht werden. Der Geltungsbereich der Tarifnorm als kollektive Ordnung erstreckt sich auf diejenigen Arbeitgeber und Arbeitnehmer, die dem Tarifvertrag unterworfen sind. Für die nicht gewerkschaftlich organisierten Arbeitnehmer stellt die Tarifnorm keine kollektive Ordnung auf. Eine unmittelbare und zwingende Geltung der tariflichen Regelungen ist von ihnen nicht gewollt, wie ihre Entscheidung, keiner Gewerkschaft beizutreten, belegt. Die Tarifnorm als kollektive Ordnung besteht daher ohnehin nur für die tarifgebundenen Arbeitnehmer. Mit anderen Worten: Sobald es tarifgebundene Arbeitnehmer im Betrieb gibt, etabliert der Tarifvertrag eine kollektive Ordnung für sie. Die Anzahl der hiervon erfassten Arbeitnehmer spielt dabei keine Rolle[422]. Die kollektive Ordnung entsteht unter ihnen bereits dadurch, dass sie aufgrund der beiderseitigen Tarifbindung Teil eines durch den Tarifvertrag aufgestellten Gesamtgefüges werden. Dieser Vorgang findet aber unabhängig davon statt, ob ein Großteil der Belegschaft des Betriebs gewerkschaftlich organisiert ist. Es sollte demzufolge nicht auf den Organisationsgrad der Belegschaft abgestellt werden, wenn die Verdrängung der Tarifnorm als kollektive Ordnung beurteilt werden

---

421 Rieble, ZTR 1999, S. 483, S. 485.

422 A. A. Walker, ZfA, 2000, S. 29, S. 44, der allerdings nur für den Fall, dass im Hinblick auf die kollektive Ordnung auf den einzelnen Betrieb und nicht auf den Geltungsbereich des einzelnen Tarifvertrags abgestellt wird, die ordnende Wirkung vom Organisationsgrad der tarifgebundenen Arbeitnehmern abhängig machen will.

soll. Entscheidend muss vielmehr die verdrängende Wirkung der tarifwidrigen Vereinbarungen im Hinblick auf den tarifgebundenen Teil der Belegschaft sein.

Geht man dementsprechend davon aus, dass eine kollektive Ordnung immer dann besteht, wenn sich unter der Belegschaft tarifgebundene Arbeitnehmer befinden, so bleibt noch die Frage zu beantworten, wann von einer Verdrängung der Tarifnorm als kollektive Ordnung gesprochen werden kann.

Nach Auffassung von Walker[423] soll die Breitenwirkung der tarifwidrigen Vereinbarungen entscheidend dafür sein, ob der Tarifvertrag seine ordnende Wirkung verliert. Bei der Beurteilung der Breitenwirkung liege es bei Flächentarifverträgen nahe, auf die gesamte Fläche, also auf den Geltungsbereich des Tarifvertrags abzustellen und nicht auf jeden einzelnen Betrieb. Dafür spreche auch, dass der Tarifvertrag in einzelnen Betrieben mit möglicherweise geringem Organisationsgrad kaum eine ordnende Wirkung entfalte. Knüpfe man aber an den Geltungsbereich eines Tarifvertrags an, dürfte dessen ordnende Wirkung durch tarifwidrige Einheitsvereinbarungen in einzelnen Betrieben genauso wenig verloren gehen wie durch vereinzelte Individualvereinbarungen in mehreren Betrieben. Beruhe die Beseitigung der ordnenden Wirkung des Tarifvertrags aber darauf, dass in zahlreichen Betrieben innerhalb des Geltungsbereichs des Tarifvertrags tarifwidrige Vereinbarungen getroffen würden, könne die kollektive Ordnung des Tarifvertrags durch eine Unterlassungsklage gegen einen einzelnen Arbeitgeber auch nicht gesichert werden[424].

Walker geht hier ebenso wie Rieble davon aus, dass das Vorhandensein einer kollektiven Ordnung durch den Organisationsgrad der Arbeitnehmer bedingt wird. Dass eine solche Sichtweise dem Begriff der kollektiven Ordnung nicht gerecht wird, wurde bereits dargelegt. Von größerem Interesse sind hingegen die Ausführungen zur Breitenwirkung, für welche es auf den Geltungsbereich des Tarifvertrags ankommen soll. Walker bekennt selbst, dass der Unterlassungsanspruch bei Anwendung der von ihm aufgestellten Kriterien nur noch in einer begrenzten Zahl von Fällen zum Tragen kommt: Eine Verdrängung der Tarifnorm als kollektive Ordnung soll nicht stattfinden bei tarifwidrigen Einheitsvereinbarungen in einzelnen Betrieben und bei vereinzelten Individualvereinbarungen in mehreren Betrieben. Bei der einzig verbleibenden Alternative, nämlich der Vereinbarung tarifwidriger Bedingungen in mehreren Betrieben, greift der Unterlas-

---

423 Walker, ZfA 2000, S. 29, S. 43 f.

424 Vergleichbar argumentiert auch Bauer, NZA 1999, S. 957, S. 959, der ausführt, es sei nicht die tarifwidrige Regelung, die im Rahmen eines betrieblichen Bündnisses für Arbeit in einem einzelnen Betrieb umgesetzt werde, die die Tarifautonomie gefährde. Es sei vielmehr die Masse der betrieblichen Bündnisse, die in den letzten Jahren zu einer Erosion des Flächentarifvertrags geführt habe. Dieses Massenphänomen könne jedoch nicht mit dem Mittel des Unterlassungsanspruchs gegen einzelne Betriebsinhaber, sondern nur durch eine vernünftige, auf die betrieblichen Bedürfnisse Rücksicht nehmende Tarifpolitik bewältigt werden.

sungsanspruch nach Walker aber ebenfalls nicht. Denn in einem solchen Fall soll durch den Unterlassungsanspruch gegen einen einzelnen Arbeitgeber die kollektive Ordnung nicht zu sichern sein. Die von Walker befürworteten Kriterien erwecken so den Eindruck, von dem Wunsch getragen zu sein, den Anwendungsbereich des Unterlassungsanspruchs möglichst weitreichenden Restriktionen zu unterwerfen. Indes scheint das Abstellen auf den Geltungsbereich des Tarifvertrags zumindest nicht der Konzeption des Unterlassungsanspruchs im Sinne des Bundesarbeitsgerichts zu entsprechen. Das Gericht hat zwar in dem Beschluss die Frage nach der Tarifbindung auf Arbeitnehmerseite gestellt, diese betraf allerdings nur die Tarifbindung der Belegschaft des Gemeinschaftsbetriebs. Der Geltungsbereich des Tarifvertrags wurde jedenfalls nicht erkennbar als entscheidungserheblich dargetan[425]. Es wäre auch nicht einsichtig, warum nicht der einzelne Betrieb Maßstab für die Beurteilung der Verdrängung der Tarifnorm als kollektive Ordnung sein soll. Denn in diesem sollen die dem Tarifvertrag zuwiderlaufenden Bestimmungen zumeist in Form eines so genannten „betrieblichen Bündnisses für Arbeit" durchgesetzt werden. Dabei wird der Umstand, dass auch im einzelnen Betrieb eine kollektive tarifliche Ordnung besteht, gerade dadurch belegt, dass Arbeitgeber wie in der „Burda-Entscheidung" versuchen, die tarifwidrige Einheitsregelung im jeweiligen (Gemeinschafts-)Betrieb umzusetzen. Würde es hier keine kollektive Ordnung geben, bestünde aus der Sicht des Arbeitgebers gar nicht die Notwendigkeit sie durch eine eigene Regelung auf betrieblicher Ebene zu ersetzen. Dass die Geltung der Tarifnorm im Betrieb wesentlicher Bestandteil der kollektiven Ordnung ist, wird nicht zuletzt auch daran deutlich, dass zahlreiche Bestimmungen in Tarifverträgen nach Betriebsverfassungs- und Tarifvertragsgesetz an den Betrieb anknüpfen. So gelten gemäß § 3 Abs. 2 TVG Rechtsnormen des Tarifvertrags über betriebliche und betriebsverfassungsrechtliche Fragen für alle Betriebe, deren Arbeitgeber tarifgebunden sind. § 77 Abs. 3 S. 2 BetrVG sieht die Möglichkeit von Öffnungsklauseln in Tarifverträgen vor. Deren Umsetzung obliegt Betriebsrat und Arbeitgeber, erfolgt mithin im Betrieb. § 80 Abs. 1 Nr. 1 BetrVG bestimmt zudem, dass der Betriebsrat die Durchführung der Tarifverträge zu überwachen hat. Auch hierbei handelt es sich mithin um eine Aufgabe, die innerhalb des Betriebs zu bewältigen ist. Der Betrieb als Einheit spielt damit eine übergeordnete Rolle bei der Umsetzung und Durchführung von Tarifverträgen. Auch die gesetzlichen Bestimmungen sprechen also für die Auffassung, die Geltung der tariflichen Regelungen im Betrieb als maßgeblich für die Entstehung einer kollektiven Ordnung durch Tarifnormen anzusehen. Im Folgenden wird dementsprechend bei der Be-

425 Im Tatbestand wird festgestellt, dass die Arbeitgeberinnen in einem gemeinsamen Betrieb Druckerzeugnisse herstellen. In den Entscheidungsgründen heißt es, dass Feststellungen zum Anteil der tarifgebundenen Arbeitnehmer fehlten. Immerhin gingen jedoch alle Beteiligten ohne weiteres davon aus, dass jedenfalls ein Teil der betroffenen Belegschaft in der tarifschließenden Gewerkschaft organisiert sei.

urteilung der Frage, ob eine Verdrängung der Tarifnorm als kollektive Ordnung eingetreten ist, die Verdrängung innerhalb des einzelnen Betriebs als maßgeblich angesehen.

Zur Bestimmung der verdrängenden Wirkung im Betrieb erscheint es sinnvoll, auf die bereits im Rahmen des § 87 Abs. 1 BetrVG zur Mitbestimmung in sozialen Angelegenheiten entwickelten Kriterien zurückzugreifen. Zu § 87 Abs. 1 BetrVG wird im Schrifttum im Anschluss an die Rechtsprechung des Bundesarbeitsgerichts zum BetrVG 1952 vertreten, das Mitbestimmungsrecht des Betriebsrats in sozialen Angelegenheiten betreffe grundsätzlich nur kollektive Tatbestände, nicht aber Individualmaßnahmen[426]. Auch die Verdrängung der Tarifnorm als kollektive Ordnung setzt einen kollektiven Tatbestand voraus, damit der Unterlassungsanspruch zum Tragen kommen kann. Der Rückgriff auf die zu § 87 Abs. 1 BetrVG entwickelten Kriterien kann mithin hilfreich sein, die Verdrängung der Tarifnorm als kollektive Ordnung von der im Einzelfall zu unterscheiden.

Im Rahmen des § 87 Abs. 1 BetrVG wird das Vorliegen eines kollektiven Tatbestands anerkannt, wenn es um generelle Regelungen des Arbeitgebers geht, die sich abstrakt auf den ganzen Betrieb oder eine Gruppe von Arbeitnehmern oder einen Arbeitsplatz, nicht aber auf den Arbeitnehmer persönlich beziehen[427]. Für das Vorhandensein eines kollektiven Bezugs ist dabei nicht die Zahl der von der Maßnahme des Arbeitgebers betroffenen Arbeitnehmer entscheidend. Die Anzahl der betroffenen Arbeitnehmer soll allenfalls Indiz für das Vorliegen eines kollektiven Tatbestands sein[428].

Das Bundesarbeitsgericht hat einen kollektiven Tatbestand auch angenommen, wenn sich eine Regelungsfrage stellt, die kollektive Interessen der Arbeitnehmer des Betriebs berührt[429]. Die Regelungsfrage muss unabhängig von der Person und

---

426 Vgl. BAGE 3, S. 207, S. 214; BAGE 14, S. 164, S. 173; Beseler/Bopp/Rühle, S. 46; ErfK/Kania § 87 Rn. 6; FKHE § 87 Rn. 14; GK-Wiese § 87 Rn. 15 ff.; Hoß, NZA 1997, S. 1129, S. 1131; Raab, ZfA 2001, S. 31, S. 45 ff.; S/W § 87 Rn. 15; Wiese, ZfA 2000, S. 117, S. 125. Ob diese Auffassung zutreffend ist, ist allerdings umstritten: Der Auffassung, die Mitbestimmung nach § 87 Abs. 1 BetrVG beziehe sich nur auf kollektive Tatbestände, soweit das Gesetz ihr nicht ausnahmsweise – wie in Abs. 1 Nr. 5 u. Nr. 9 – einen Individualtatbestand unterwerfe, steht eine Ansicht gegenüber, nach der die Mitbestimmung auch auf einzelne Maßnahmen des Arbeitgebers zu erstrecken ist, vgl. zum Meinungsstand die ausführliche Darstellung bei Richardi/Richardi § 87 Rn. 15 ff. Da es im vorliegenden Zusammenhang jedoch nur darum geht, die bereits entwickelten Kriterien fruchtbar zu machen, kann an dieser Stelle dahin stehen, ob sie im Rahmen der Mitbestimmung zu Recht angewandt werden.

427 Beseler/Bopp/Rühle, S. 47; ErfK/Kania § 87 Rn. 6; FKHE § 87 Rn. 16.

428 BAGE 41, S. 200, S. 204; BAGE 52, S. 160, S. 169; BAG, Großer Senat vom 3.12.1991, AP Nr. 51 zu § 87 BetrVG 1972 Lohngestaltung; BAG NZA 2000, S. 1066, S. 1067; ErfK/Kania § 87 Rn. 6.

429 BAGE 41, S. 200, S. 204; BAGE 52, S. 160, S. 169.

den individuellen Wünschen des Arbeitnehmers bestehen[430]. Vereinbarungen, welche individuellen Besonderheiten des einzelnen Arbeitsverhältnisses Rechnung tragen und lediglich Auswirkungen auf das Arbeitsverhältnis dieses Arbeitnehmers haben, stellen keinen kollektiven Tatbestand dar[431]. Erfordern also ausschließlich die Besonderheiten des konkreten Arbeitsverhältnisses Maßnahmen im Hinblick auf gerade den einzelnen Arbeitnehmer betreffende Maßnahmen und könnte bei einander ähnlichen Maßnahmen gegenüber mehreren Arbeitnehmern weder ein innerer Zusammenhang noch eine präjudizielle Bedeutung für andere Arbeitsverhältnisse bejaht werden, so liegt kein kollektiver Tatbestand vor[432]. Als Beispiel für eine durch individuelle Besonderheiten bedingte Einzelfallregelung wird die Anpassung der Arbeitszeit eines einzelnen Arbeitnehmers an seine berechtigten persönlichen Bedürfnisse (z. B. Zugverbindung, Abholen eines Kindes vom Kindergarten) genannt[433].

Ebenso kann im Falle dem Tarifvertrag zuwiderlaufender betrieblicher Regelungen verfahren werden. Lassen sich solche Regelungen jeweils mit individuellen Besonderheiten des einzelnen Arbeitsverhältnisses erklären, so liegt keine Verdrängung der Tarifnorm als kollektive Ordnung vor und der Unterlassungsanspruch ist nicht gegeben. Handelt es sich hingegen um eine generelle betriebliche Regelung des Arbeitgebers, die für den gesamten Betrieb, bestimmte Teile eines Betriebs oder für bestimmte Gruppen von Arbeitnehmern (z. B. gewerbliche Arbeitnehmer) gelten soll, so ist hingegen von einer Verdrängung der Tarifnorm als kollektive Ordnung auszugehen und der Unterlassungsanspruch gegeben.

Zur Überprüfung von Zweifelsfällen ist hinsichtlich § 87 Abs. 1 BetrVG vorgeschlagen worden, die Kontrollfrage zu stellen, ob sich etwas am Regelungsbedürfnis und -inhalt ändert, wenn man die Person des betroffenen Arbeitnehmers austauschen würde[434]. Ändert sich nichts, so ist von einem kollektiven Tatbestand auszugehen. Diese Frage kann auch bei Zweifelsfällen hinsichtlich des Unterlassungsanspruchs zur Abgrenzung der Verdrängung der Tarifnorm als kollektive Ordnung von der Verdrängung im Einzelfall herangezogen werden. Hierfür ebenfalls geeignet erscheint der Vorschlag Thüsings[435], der die Verdrängung der Tarifnorm als kollektive Ordnung als gegeben ansieht, wenn die abweichende Behandlung einzelner Arbeitnehmer Ausdruck eines Willens ist, allgemein so verfahren zu wollen[436]. Auch das Bundesarbeitsgericht geht bei der Annahme eines kollektiven Tatbestands einen eher großzügigen Weg wie ein Fall

---

430 BAGE 41, S. 200, S. 204; BAGE 52, S. 160, S. 169.

431 BAGE 41, S. 200, S. 204.

432 Beseler/Bopp/Rühle, S. 48.

433 DKK-Klebe § 87 Rn. 16.

434 DKK-Klebe § 87 Rn. 16.

435 Thüsing, DB 1999, S. 1552, S. 1554.

436 Zustimmend auch Berg/Platow, DB 1999, S. 2362, S. 2364.

aus dem Jahre 1993[437] verdeutlicht. Das Gericht hat in seiner Entscheidung zum Mitbestimmungstatbestand des § 87 Abs. 1 Nr. 10 BetrVG angenommen, dass ein kollektiver Tatbestand gegeben sei, wenn die Arbeitgeberin eine Tariflohnerhöhung, ohne sie auf übertarifliche Zulagen anzurechnen, an alle Arbeitnehmer weitergibt, bis auf diejenigen, deren jetzige Tätigkeit nicht mehr ihrer durch eine tarifliche Alterssicherung geschützten Eingruppierung entspricht. Das Bundesarbeitsgericht sah hier die Aufstellung eines allgemeinen Entlohnungsgrundsatzes als gegeben an, weil die Anrechnung alle Arbeitnehmer betraf, deren Tätigkeit nicht mehr ihrer Tarifgruppe entsprach und die Arbeitgeberin selbst keine anderen Gründe für die Anrechnung gerade gegenüber diesem Personenkreis genannt hat[438]. Ist also eine bestimmte Gruppe von Arbeitnehmern von einer Regelung des Arbeitgebers betroffen und nennt der Arbeitgeber keine Gründe für die gesonderte Behandlung des entsprechenden Personenkreises, so scheint das Gericht im Zweifel von einem kollektiven Tatbestand auszugehen. Auch dies kann auf den Unterlassungsanspruch übertragen werden: Schließt der Arbeitgeber tarifwidrige betriebliche Regelungen nur mit einer bestimmten Gruppe von Arbeitnehmern ab und gibt keinerlei Gründe, die für eine individuelle, in den Besonderheiten des einzelnen Arbeitsverhältnisses zu suchende Behandlung sprechen, ist im Zweifel die Verdrängung der Tarifnorm als kollektive Ordnung anzunehmen.

Eine stets zuverlässige Abgrenzung kollektiver Sachverhalte von Einzelfällen bleibt zwar auch hiernach schwierig[439], allerdings werden Zweifelsfälle höchstwahrscheinlich die Ausnahme bleiben. Beim so genannten „Bündnis für Arbeit“ verzichtet der Arbeitgeber in der Regel auf betriebsbedingte Kündigungen, wenn sich die Arbeitnehmer im Gegenzug zu einer Arbeitszeiterhöhung bereit erklärten, die nur geringfügig vergütet wird. Eine solche Regelung ist jedoch nur praktikabel, solange sie einheitlich für die gesamte Belegschaft oder große Teile hiervon gilt. Der Arbeitgeber wird also im Hauptanwendungsfall des Unterlassungsanspruchs kaum eine seinen Interessen entsprechende Regelung entwickeln können, ohne wesentliche Teile der Belegschaft einzubinden. Die Frage nach der kollektiven Verdrängung dürfte in der Praxis daher von geringer Bedeutung sein[440].

437 BAGE 72, 376 ff.

438 BAGE, 72, S. 376, S. 381.

439 Richardi/Richardi § 87 Rn. 23 hat zur Problematik der Abgrenzung im Hinblick auf § 87 BetrVG erst kürzlich kritisch angemerkt, dass es bisher nicht gelungen sei, ein brauchbares Kriterium zu finden, um mitbestimmungsfreie Individualmaßnahmen von einem mitbestimmungspflichtigen kollektiv bestimmten Einzelfall abzugrenzen.

440 So auch Trappehl/Lambrich, NJW 1999, S. 3217, S. 3222.

*c) Subjektive Erfordernisse?*

Aufgrund der Formulierungen in den Entscheidungsgründen stellt sich schließlich die Frage, ob der Unterlassungsanspruch nur dann durchgesetzt werden kann, wenn bestimmte subjektive Kriterien erfüllt sind. So wird auch in einigen Entscheidungsbesprechungen darauf verwiesen, dass wohl kein Unterlassungsanspruch bestehe, wenn es an einem bewussten und gewollten Verstoß gegen eine Tarifnorm fehle[441]. Ferner wird die Entscheidung dahingehend verstanden, dass das Bundesarbeitsgericht für den Unterlassungsanspruch verlange, dass im Bewusstsein der Tarifwidrigkeit gehandelt worden sei[442].

Für das Erfordernis subjektiver Voraussetzungen beim Unterlassungsanspruch sprechen in der Tat die Formulierungen des Gerichts. So heißt es in den Entscheidungsgründen unter anderem, von einem Eingriff in die Tarifautonomie könne vielmehr nur dann gesprochen werden, wenn eine Tarifnorm als kollektive Ordnung verdrängt und damit ihrer zentralen Funktion beraubt werden solle. Dies setze eine betriebliche Regelung voraus, die einheitlich wirken und an die Stelle der Tarifnorm treten solle. Zuvor hatte das Gericht bereits im Rahmen der Koalitionsfreiheit zu Abreden oder Maßnahmen Stellung genommen, „die zwar nicht die Entstehung oder den rechtlichen Bestand eines Tarifvertrags betreffen, aber darauf gerichtet sind, dessen Wirkung zu vereiteln oder leer laufen zu lassen". Darüber hinaus ist in dem Beschluss auch die Rede von einer „bewussten Kollision" mit geltendem Tarifrecht.

Selbstverständlich dürfte sein, dass seitens des Arbeitgebers ein Handeln in dem Bewusstsein, die Tarifnorm als kollektive Ordnung zu verdrängen, erforderlich ist, falls noch nicht mit dem Vollzug der betrieblichen Konkurrenzordnung begonnen wurde und die Tarifnorm weiterhin uneingeschränkte Geltung beanspruchen kann. Anderenfalls wäre eine Inanspruchnahme des Arbeitgebers nicht zu rechtfertigen: Ist es noch zu keiner Verdrängung der Tarifnorm gekommen und wird diese vom Arbeitgeber bei seiner Planung auch gar nicht beabsichtigt, so ist ein rechtswidriges Verhalten nicht ersichtlich, an das der Unterlassungsanspruch anknüpfen könnte.

Im Hinblick auf betriebliche Regelungen, welche geltendes Tarifrecht bereits tatsächlich verdrängen, ist es fraglich, ob das Bundesarbeitsgericht das Eingreifen des Unterlassungsanspruchs auch hier vom Vorliegen bestimmter subjektiver Kriterien abhängig machen möchte. Hiergegen spricht jedenfalls der Anwendungsbereich des Art. 9 Abs. 3 GG, der vom erkennenden Senat zur Begründung des Unterlassungsanspruchs herangezogen wurde. Art. 9 Abs. 3 S. 2 GG schützt nicht nur vor der Absicht, die Koalitionsfreiheit einzuschränken, sondern auch vor jeder tatsächlichen Einschränkung[443]. Ein subjektives Erfordernis im Sinne

441 Hromodka, AuA 2000, S. 13, S. 16 und ZTR 2000, S. 253, S. 256.

442 Kocher, AuR 1999, S. 382, S. 384.

443 HStR VI/Scholz, § 151 Rn. 79; a. A. BK-Kemper Art. 9 Abs. 3 GG Rn. 284, der die Auffassung vertritt, dass für rechtswidrig nur solche Maßnahmen erklärt werden, die auf das

einer Verdrängungsabsicht oder zumindest eines Verdrängungsbewusstseins seitens des Arbeitgebers ist für Art. 9 Abs. 3 GG demnach nicht erforderlich. Auch der Unterlassungsanspruch analog § 1004 Abs. 1 S. 2 BGB setzt für seine Anwendung kein Verschulden voraus, so dass sich allein auf Grundlage der Entscheidungsgründe nicht zwangsläufig folgern lässt, das Bundesarbeitsgericht habe den Unterlassungsanspruch auch an subjektive Voraussetzungen knüpfen wollen[444]. Es ist gleichermaßen der Schluss zulässig, dass das Vorliegen einer betrieblichen Regelung, welche die Tarifnorm als kollektive Ordnung verdrängt, ausreicht, um den Unterlassungsanspruch zu bejahen. Dies wäre nach der hier vertretenen Auffassung schon allein deshalb geboten, um den Anwendungsbereich des Art. 9 Abs. 3 S. 2 GG nicht zu verkürzen.

### 2. Normative Geltung des Tarifvertrags

Neben der Verdrängung der Tarifnorm als kollektiver Ordnung benennt das Bundesarbeitsgericht als weitere Voraussetzung für den Unterlassungsanspruch die normative Geltung des betreffenden Tarifvertrags im Anwendungsbereich der betrieblichen Regelung. Soweit diese Voraussetzung fehle, bestehe nämlich kein Geltungsanspruch des Tarifvertrags, und der Arbeitgeber sei frei, mit seinen Arbeitnehmern untertarifliche Arbeitsbedingungen zu vereinbaren.

Die normative Geltung des Tarifvertrags ist gemäß § 3 Abs. 1 TVG für die Mitglieder der Tarifvertragsparteien gegeben. § 3 Abs. 3 TVG enthält darüber hinaus eine Regelung zur verlängerten Tarifbindung. Danach bleibt die Tarifbindung für Arbeitgeber und Arbeitnehmer trotz Austritts aus dem jeweiligen Verband bestehen, bis der Tarifvertrag endet. Auch in Fällen verlängerter Tarifbindung ist somit der Unterlassungsanspruch zu berücksichtigen. Keinen Erfolg kann der Unterlassungsanspruch hingegen bei Tarifverträgen haben, die sich im Stadium der Nachwirkung befinden. § 4 Abs. 5 TVG eröffnet gerade die Möglichkeit, die tariflichen Regelungen im Zeitpunkt der Nachwirkung durch eine andere Abmachung zu ersetzen. Eine Ausnahme von dem Erfordernis der beiderseitigen Tarifbindung zur Erzeugung der normativen Wirkung des Tarifvertrags kann aber bei Betriebs- und Betriebsverfassungsnormen gemacht werden. Diese gelten schon aufgrund der Tarifbindung des Arbeitgebers normativ, § 3 Abs. 2 TVG, so dass der Unterlassungsanspruch hier nicht von der beiderseitigen Tarifbindung abhängig gemacht werden kann[445].

Problematisch bleibt nach dem Beschluss allerdings die Frage, ob der Unterlassungsanspruch auch dann Platz greifen kann, wenn der Tarifvertrag gem. § 5

---

Ziel der Einschränkung oder Behinderung „gerichtet" sind. Der bloße Effekt einer tatsächlichen Einschränkung reiche nicht aus, diese tatsächliche Wirkung müsse vom Handelnden gewollt sein.

444 So auch Fischer, Anmerkung zu BAG vom 20.4.1999, EzA Nr. 65 zu Art. 9 GG.

445 Berg/Platow, DB 1999, S. 2362, S. 2365; Fischer, Anmerkung zu BAG vom 20.4.1999, EzA Nr. 65 zu Art. 9 GG.

TVG für allgemeinverbindlich erklärt worden ist. Ausführungen hierzu waren aufgrund des zu beurteilenden Sachverhalts nicht notwendig, das Bundesarbeitsgericht hat dementsprechend in den Entscheidungsgründen keinerlei Position bezogen. Im Schrifttum ist die Anwendung des Unterlassungsanspruchs bei allgemeinverbindlichen Tarifverträgen seit dem Beschluss umstritten. Während einige Autoren[446] im Wesentlichen auf das Kriterium der normativen Wirkung abstellen, um damit die Anwendung zu bejahen, wird von anderen darauf hingewiesen, dass ein Unterlassungsanspruch hier nicht bestehe, weil die Gewerkschaft kein eigenes Recht an der Allgemeinverbindlicherklärung habe[447] beziehungsweise es bei der Allgemeinverbindlicherklärung an der beiderseitigen Tarifbindung fehle[448].

Stellt man auf Sinn und Zweck der Allgemeinverbindlicherklärung ab, so sprechen die besseren Argumente dafür, die Anwendung des Unterlassungsanspruch nicht auf nur allgemeinverbindliche Tarifverträge auszuweiten. Nach § 5 Abs. 4 TVG erfassen die Rechtsnormen des Tarifvertrages mit der Allgemeinverbindlicherklärung zwar auch die bis dahin nichttarifgebundenen Arbeitnehmer und Arbeitgeber. Mit der Allgemeinverbindlicherklärung wird aber in erster Linie eine soziale Schutzfunktion verbunden: Es soll gewährleistet werden, dass die nichttarifgebundenen Arbeitnehmer dieselben Rechte erlangen wie die tarifgebundenen[449]. Außerdem werden mit der Allgemeinverbindlicherklärung die im Arbeitgeberverband organisierten Arbeitgeber vor den nichtorganisierten geschützt, die anderenfalls billiger arbeiten lassen könnten[450]. Zu einem Schutz der Koalitionen kommt es dabei allenfalls deswegen, weil tarifgebundene Arbeitgeber hierdurch von einem Verbandsaustritt abgehalten werden[451]. Im Vordergrund dürfte aber zweifelsfrei der Schutz des Arbeitnehmers stehen. Dies wird daran deutlich, dass die Allgemeinverbindlicherklärung nach § 5 Abs. 1 Nr. 2 TVG im öffentlichen Interesse geboten erscheinen muss. Das öffentliche Interesse wird aber immer dann vorliegen, wenn durch die Allgemeinverbindlicherklärung drohende wesentliche Nachteile für eine beachtliche Zahl von Arbeitnehmern abgewendet werden können[452]. Geht es mithin zuvorderst um den Schutz der nichttarifgebundenen Arbeitnehmer, so kann ein eigenes Recht an der Allgemeinverbindlicherklärung seitens der Koalitionen, die gerade Interessenvertreter ihrer Mitglieder, also der tarifgebundenen Arbeitnehmer sind, nicht begründet wer-

---

446 Berg/Platow, DB 1999, S. 2362, S. 2365 f.; Däubler, AiB 1999, S. 481, S. 484.

447 Bauer/Haußmann, Sonderbeilage zu NZA 24/2000, S. 42, S. 47; Rieble, ZTR 1999, S. 483, S. 485; Walker, ZfA 2000, S. 29, S. 42.

448 Annuß, RdA 2000, S. 287, S. 295; Kocher, AuR 1999, S. 382, S. 384.

449 BVerfGE NJW 1977, S. 2255, S. 2256; BVerwGE NZA 1989, S. 364, S. 367.

450 ErfK/Schaub § 5 TVG Rn. 2.

451 BVerwG NZA 1989, S. 364, S. 367.

452 ErfK/Schaub § 5 TVG Rn. 15.

den. Der Unterlassungsanspruch kann daher nach der hier vertretenen Ansicht nicht auf allgemeinverbindlich erklärte Tarifverträge erstreckt werden.

### *IV. Folgeprobleme der Anerkennung eines Unterlassungsanspruchs*

Nachdem das Bundesarbeitsgericht die Voraussetzungen für das Eingreifen des Unterlassungsanspruchs aufgestellt hat, bleibt die Klärung offener Einzelfragen weiterhin Aufgabe von Rechtsprechung und Literatur. Als unbeantwortet kann insbesondere die Frage nach Reichweite und Umfang des Unterlassungsanspruchs gelten.

#### **1. Umfang des Unterlassungsanspruchs**

Dem Beschluss des Bundesarbeitsgerichts sind selbst nur wenige Hinweise zum Inhalt des Unterlassungsanspruchs zu entnehmen. Das Gericht stellt lediglich klar, dass der Anspruch nicht die Befugnis der Gewerkschaft einschließt, Individualansprüche ihrer Mitglieder einzuklagen[453]. Der Unterlassungsanspruch ist nach der vom Gericht vorgenommenen Antragsauslegung bei Regelungsabreden darauf gerichtet, die Durchführung der zur Umsetzung der Regelungsabreden erforderlichen Individualvereinbarungen zu untersagen. Eine exakte Bestimmung des Anspruchsinhalts ist damit jedoch noch nicht erreicht. Als offen muss auch die Frage gelten, ob Gewerkschaften vom Arbeitgeber neben der Unterlassung auch Beseitigung nach § 1004 Abs. 1 S. 1 BGB verlangen können. Sodann wird bezüglich des persönlichen Geltungsbereichs des Unterlassungsanspruchs zu untersuchen sein, ob das vom Bundesarbeitsgericht gefundene Ergebnis, nach dem der Unterlassungsanspruch ausnahmsweise auch die nichtorganisierten Arbeitnehmer erfasst, Bestand haben kann.

##### *a)Inhalt des Unterlassungsanspruchs*

Ausgehend von den Ausführungen des Bundesarbeitsgerichts, wonach die Gewerkschaft nicht befugt ist, Individualansprüche ihrer Mitglieder einzuklagen, herrscht im Hinblick auf die inhaltliche Reichweite des Unterlassungsanspruchs ein ausgesprochen restriktives Verständnis: Da § 1004 BGB stets nur einen negativen, nie aber einen positiven Erfüllungsanspruch begründe, könne die obsiegende Gewerkschaft mitnichten reale Tariferfüllung verlangen[454]. Den gewerkschaftlichen Anspruch auf Unterlassung der Durchführung der vertraglichen Einheitsregelungen dürfe man nur in dem Sinne verstehen, dass es der Arbeitgeber zu unterlassen habe, sich gegenüber den Arbeitnehmern auf die tarifwidrige Regelung zu berufen. Er müsse ihnen freistellen, sich mit der Erbringung der tarif-

---

453 BAG SAE 1999, S. 253, S. 260.

454 Bauer/Haußmann, Sonderbeilage zu NZA 24/2000, S. 42, S. 46; Rieble, ZTR 1999, S. 483, S. 486.

lich vorgesehenen Leistung zu begnügen, und er müsse ihnen anheim geben, die tariflich vorgesehene Gegenleistung zu verlangen[455]. Wenn der Arbeitgeber und seine Arbeitnehmer den Tarifvertrag als schulderzeugende Regelung akzeptierten und sich lediglich darauf verständigten, dass die Schuld nicht vollständig erfüllt werde, so liege keine abwehrfähige Störung der tariflichen Ordnung vor. Dies sei nur Konsequenz des Umstands, dass die Gewerkschaft als Partei des Gesamtnormenvertrags auf die Regelung der Vertragsbedingungen beschränkt sei und keine Vollzugskompetenzen habe[456].

Nach dieser Auffassung vom Inhalt des Unterlassungsanspruchs besteht trotz des Obsiegens der Gewerkschaft im Prozess de facto kein Unterschied zur Ausgangssituation vor Klageerhebung: Auch nach geltendem Tarifrecht kann sich der Arbeitgeber nicht auf das tarifwidrige Bündnis für Arbeit berufen. Bereits § 4 Abs. 4 TVG erklärt den Verzicht auf tarifliche Rechte außerhalb eines von den Tarifvertragsparteien gebilligten Vergleichs für unzulässig. Weiß der Arbeitgeber um die Tarifwidrigkeit der getroffenen Vereinbarungen und unterstellt man, dass der einzelne Arbeitnehmer auch nach dem Prozess keine rechtlichen Schritte unternimmt, so würde die erfolgreiche Unterlassungsklage im Ergebnis dem Verzicht auf die Klage oder der Erhebung einer Feststellungsklage gleichkommen. In beiden Fällen stünde die weitere Durchführung der tarifwidrigen Regelungen unverändert zur Disposition des Arbeitgebers.

Nimmt man Bezug auf die in § 1004 Abs. 1 S.2 BGB verwandte Formulierung, nach welcher dem Bedrohten eine Klage auf Unterlassung weiterer Beeinträchtigungen offen steht, so erfüllt ein Unterlassungsanspruch, von dem letztlich keine Abhilfe zu erwarten ist, nicht seinen Zweck.

Die Formulierung in § 1004 Abs. 1 S. 2 BGB ist jedoch so zu verstehen, dass der Störer dafür sorgen soll, dass die zu erwartende Rechtsüberschreitung nicht eintritt[457]. Auf den gewerkschaftlichen Unterlassungsanspruch bezogen heißt das nach der hier vertretenen Ansicht, dass der Arbeitgeber in Zukunft die auf Regelungsabreden beruhenden vertraglichen Einheitsregelungen nicht weiter anwendet. Hat sich der Arbeitgeber der Durchführung der vertraglichen Einheitsregelungen zu enthalten, so lebt ohne weiteres Zutun der Zustand auf, der vor Eintritt des beeinträchtigenden Ereignisses bestanden hat. In dem Moment, in dem der Arbeitgeber also die Durchführung der Einheitsregelungen unterlässt, kommen wieder diejenigen Regelungen zum Tragen, die zuvor bereits maßgeblich waren. Die Gewerkschaft erhält damit kein Mehr gegenüber dem vorherigen Zustand. Hierin liegt auch der Unterschied zu einem Anspruch auf ordnungsgemäße Tariferfüllung: Bevor der Arbeitgeber die tarifwidrigen vertraglichen Einheitsrege-

455 Löwisch, BB 1999, S. 2080.

456 Bauer/Haußmann, Sonderbeilage zu NZA 24/2000, S. 42, S. 46; Rieble, ZTR 1999, S. 483, S. 486.

457 Staudinger-Gursky § 1004 Rn. 204.

lungen durchführte, war für ihn als Mitglied des Arbeitgeberverbands der Tarifvertrag maßgeblich. Mit der Unterlassung der vertraglichen Einheitsregelungen tritt die zuvor praktizierte Anwendung des Tarifvertrages wieder in den Vordergrund. Der Tarifvertrag kommt nun zwar erneut zum Tragen, hiermit ist jedoch kein Anspruch der Gewerkschaft verbunden, zu überprüfen, ob die Tarifanwendung auch im Einzelfall korrekt erfolgt. Der Arbeitgeber hat in Zukunft die mit der Unterlassungsklage erfolgreich gerügten Tarifverstöße zu unterlassen und den Tarifvertrag lediglich so durchzuführen, wie er es vor dem Abschluss der vertraglichen Einheitsregelungen getan hat. Ist es hierbei – etwa aufgrund fehlerhafter Eingruppierungen – gegenüber einzelnen Arbeitnehmern zu einem Tarifverstoß im Einzelfall gekommen, so steht der Gewerkschaft auch nach dem Unterlassungsanspruch kein Anspruch auf die korrekte Tariferfüllung zu. Klagen muss hier immer noch der betroffene Arbeitnehmer selbst, will er seines Anspruchs nicht verlustig gehen. Bei der Unterlassungsklage werden demnach keineswegs Individualansprüche der Gewerkschaftsmitglieder eingeklagt.

Dieses Ergebnis wird darüber hinaus auch durch die unterschiedliche Behandlung von gewerkschaftlichen Unterlassungsansprüchen und Individualansprüchen in der Zwangsvollstreckung deutlich[458]. Während die Vollstreckung des Unterlassungstitels nach § 85 Abs. 1 ArbGG i. V. m. § 890 ZPO unter Androhung und gegebenenfalls Vollzug von Beugemaßnahmen wie Ordnungsgeld beziehungsweise Ordnungshaft erfolgt, können Individualansprüche die auf Geldleistung gerichtet sind, nach § 62 Abs. 2 ArbGG i. V. m. §§ 803 ff. ZPO direkt durch den Eingriff in das Vermögen des Gläubigers vollstreckt werden.

*b) Anerkennung eines Beseitigungsanspruchs*

Fraglich ist, ob neben dem Anspruch auf Unterlassung auch ein Beseitigungsanspruch nach § 1004 Abs. 1 S. 1 BGB anzuerkennen ist. Seit Erlass der „Burda-Entscheidung“[459] im Jahre 1999 haben die Gewerkschaften auch auf diesem Gebiet erste prozessuale Gehversuche unternommen. In der Entscheidung vom 13.3.2001[460] hatte das Bundesarbeitsgericht nicht nur über die Frage der richtigen Verfahrensart für den Unterlassungsanspruch zu befinden[461], sondern ebenso darüber, ob der Arbeitgeber seinen Arbeitnehmern gegebenenfalls ein Angebot auf Abschluss einer Vereinbarung unterbreiten muss, mit der die Folgen einer tarifwidrigen Vorgehensweise für die Zukunft ausgeglichen werden sollen. Im Anlassfall ging es darum, den Beschäftigten anzubieten, die in der Vergangenheit geleisteten Überstunden durch Bezahlung oder in Freizeit abzugelten. Eine Entscheidung hierüber ist allerdings noch nicht ergangen, da der erkennende Senat

458 Vgl. auch Berg/Platow, DB 1999, S. 2362, S. 2366.

459 BAG SAE 1999, S. 253 ff.

460 BAG SAE 2002, S. 287 ff.

461 Vgl. hierzu im folgenden unter § 11 IV 2.

hinsichtlich des Antrags die Zulässigkeit des Beschlussverfahrens verneint hat[462]. Auch wenn es der Gewerkschaft hier erkennbar um eine Art „Folgenbeseitigung" ging, hat das Bundesarbeitsgericht eine mögliche Anspruchsgrundlage, die hier zu prüfen wäre, nicht genannt. In der arbeitsrechtlichen Literatur wurde jedoch schon nach der „Burda-Entscheidung" über den möglichen Umfang eines Beseitigungsanspruchs aus § 1004 Abs. 1 S. 1 BGB diskutiert[463].

Die Autoren kamen dabei freilich zu höchst unterschiedlichen Ergebnissen: So wird zum einen vertreten, bei Befürwortung eines Unterlassungsanspruchs müsse konsequenterweise auch ein Beseitigungsanspruch gemäß § 1004 Abs. 1 S. 1 BGB bejaht werden. Dieser Beseitigungsanspruch sei dann auf Wiederherstellung eines tarifkonformen Zustands auch für die Vergangenheit gerichtet[464]. Konkret könne die Gewerkschaft verlangen, dass die tariflich garantierten Leistungen nachträglich in voller Höhe erbracht würden – gleichgültig, ob diese im Verhältnis Arbeitgeber – Arbeitnehmer inzwischen verjährt oder wegen einer tariflichen Ausschlussfrist verfallen seien[465]. Von anderer Seite wird darauf hingewiesen, dass ein Beseitigungsanspruch zwar bestehe[466], der Anspruch seinem Inhalt nach aber nicht die Herstellung des früheren Zustands durch Beseitigung der Einwirkungsfolgen umfasse. Es sei daher zweifelhaft, ob eine Nachzahlung der nicht voll erbrachten tariflichen Leistungen für die Vergangenheit erfolgen müsse[467]. Auf dem Wege des Beseitigungsanspruchs sei es den Gewerkschaften nicht möglich, eine Rückgängigmachung von in der Vergangenheit liegenden und damit bereits abgeschlossenen Tarifverletzungen zu erreichen. Hierbei würde es sich nicht lediglich um einen Rückzug der Arbeitgeber aus dem den Gewerkschaften zugewiesenen Rechtskreis, sondern um dessen Restitution handeln[468]. Bei einem Anspruch für die Vergangenheit wäre ein Schadensersatzanspruch gegeben, für den erst ein Schaden nachzuweisen sei[469].

Dass ein Beseitigungsanspruch aus Art. 9 Abs. 3 GG i. V. m. §§ 1004 Abs. 1 S. 1, 823 Abs. 1 BGB grundsätzlich anzuerkennen ist, dürfte außer Streit stehen.

---

462 Vgl. hierzu Leipold, SAE 2002, S. 290, S. 292.

463 Annuß, RdA 2000, S. 287, S. 294; Berg/Platow 1999, S. 2362, S. 2366; Däubler, AiB 1999, S. 481, S. 483; Glaubitz, FA 2000, S. 276, S. 280; Walker, ZfA 2000, S. 29, S. 38 (Fn. 44).

464 Däubler, AiB 1999, S. 481, S. 483; Walker, ZfA 2000, S. 29, S. 38 (Fn. 44), der sich allerdings in der Sache selbst gegen die Anerkennung eines Unterlassungsanspruch aus §§ 1004 Abs. 1 S. 2, 823 Abs. 1 BGB i. V. m. Art. 9 Abs. 3 GG ausspricht.

465 Däubler, AiB 1999, S. 481, S. 483.

466 Berg/Platow, DB 1999, S. 2362, S. 2366; wohl auch Annuß, RdA 2000, 287, 294, der sich allerdings in der Sache selbst gegen die Anerkennung eines Unterlassungsanspruch aus §§ 1004 Abs. 1 S. 2, 823 Abs. 1 BGB i. V. m. Art. 9 Abs. 3 GG ausspricht.

467 Berg/Platow, DB 1999, S. 2362, S. 2366.

468 Annuß, RdA 2000, S. 287, S. 294.

469 Glaubitz, FA 2000, S. 276, S. 280.

Es wäre kaum nachvollziehbar, warum ein auf Art. 9 Abs. 3 GG i. V. m. §§ 1004 Abs. 1 S. 2, 823 Abs. 1 BGB gestützter Unterlassungsanspruch befürwortet werden kann, ein nahezu den gleichen Voraussetzungen unterliegender Beseitigungsanspruch hingegen nicht.

Als problematisch erweist sich mithin nur die Bestimmung des Umfangs eines solchen Anspruchs. Diese Schwierigkeit resultiert aus der nach wie vor nicht trennscharf möglichen Abgrenzung von Schadensersatz- und Beseitigungsansprüchen[470]. Im Hinblick auf die Abgrenzung herrscht allerdings darüber Einigkeit, dass § 249 BGB auf den negatorischen Anspruch nicht anwendbar ist. Kraft des negatorischen Anspruchs aus § 1004 Abs. 1 S. 1 BGB kann die Aufhebung der Beeinträchtigung verlangt werden, ein Anspruch auf Beseitigung der eingetretenen Einwirkungsfolgen ist hingegen zu verneinen. Die Beseitigung bezieht sich also lediglich auf die Ursache der Störungen, nicht auf deren Folgen. Der Ausgleich der eingetretenen Einwirkungsfolgen bleibt Aufgabe des Schadensersatzanspruchs, der ein Verschulden voraussetzt. Würde auch der Beseitigungsanspruch nach § 1004 BGB die Wiederherstellung des früheren Zustands durch Beseitigung der Einwirkungsfolgen umfassen, so würde er sich in einen verschuldensunabhängigen Schadensersatzanspruch wandeln[471].

Im Falle tarifwidriger Regelungen hat dieses Verständnis des Beseitigungsanspruchs zur Folge, dass der tarifwidrige Zustand mit Hilfe des Beseitigungsanspruchs nur für die Zukunft abgestellt werden kann. Ausgeschlossen bleibt jedoch die Wiederherstellung des vor der betrieblichen Beeinträchtigung bestehenden Zustands für die Vergangenheit, da auf diesem Wege Schadensersatz und nicht Beseitigung zu leisten wäre. Demzufolge könnte die klagende Gewerkschaft vom Arbeitgeber beispielsweise nicht verlangen, dass dieser in der Vergangenheit gekürzten Tariflohn nachträglich ausbezahlt oder eine in der Vergangenheit liegende Verlängerung der Arbeitszeit durch Freizeit abgilt. Auch ein aus Art. 9 Abs. 3 GG i. V. m. §§ 1004 Abs. 1 S. 1, 823 Abs. 1 BGB herzuleitender Beseitigungsanspruch stellt damit nicht die Erfüllung eines Individualanspruchs dar. Es besteht vielmehr auch in Zukunft Raum für eine vom Arbeitnehmer initiierte, individualrechtliche Klage.

### c) Persönlicher Geltungsbereich des Unterlassungsanspruchs

Das Bundesarbeitsgericht hat entschieden, dass der Unterlassungsanspruch seine Wirkung nicht nur gegenüber den tarifgebundenen Arbeitnehmern entfaltet, sondern ausnahmsweise auch die nichtorganisierten Arbeitnehmer erfassen soll. Dies ist nach dem Gericht dann anzunehmen, wenn der Arbeitgeber nach seiner Zielvorgabe entsprechende Vereinbarungen keinesfalls allein mit den Tarifaußenseitern habe treffen wollen, sondern nur zu einer Regelung bereit gewesen

470 Vgl. zur Abgrenzungsproblematik Soergel-Mühl § 1004 Rn. 112 f. und Staudinger/Gursky § 1004 Rn. 134 ff.

471 Palandt § 1004 Rn. 28; MüKo/Medicus § 1004 Rn. 59 ff.; Soergel-Mühl § 1004 Rn. 112.

sei, die sich unabhängig von der Tarifbindung auf die gesamte Belegschaft oder bestimmte Teile derselben erstrecke. In diesem Fall könne die angegriffene Regelung nur für alle betroffenen Arbeitnehmer oder gar nicht Bestand haben[472].

Das Bundesarbeitsgericht liefert in der Entscheidung indes keinerlei Begründung für seine Auffassung, dass der Unterlassungsanspruch in Ausnahmefällen auch die nichtorganisierten Arbeitnehmer erfassen kann. Die Argumente, mit denen sich das Gericht in Zukunft wird auseinandersetzen müssen, sind jedoch schnell gefunden: Die nichtorganisierten Arbeitnehmer haben in Wahrnehmung ihrer negativen Koalitionsfreiheit von einem Gewerkschaftsbeitritt abgesehen. Sie sind daher nicht an die tariflichen Vorgaben gebunden und können auch zu untertariflichen Bedingungen arbeiten. Die nichtorganisierten Arbeitnehmer werden nicht von der Normsetzung der Tarifparteien erfasst. Auch das Bundesverfassungsgericht[473] hat insofern festgestellt, dass sich die durch Art. 9 Abs. 3 GG gewährleistete Normsetzungsbefugnis der Koalitionen grundsätzlich nur auf die Mitglieder der tarifvertragschließenden Parteien erstrecke. Die Begrenzung der Tarifmacht entspreche der historisch gewachsenen und im Grundgesetz niedergelegten Bedeutung der Koalitionsfreiheit; auch im Selbstverständnis der Koalitionen finde sich kein tragfähiger Anhaltspunkt für einen weitergehenden Rechtsetzungsauftrag, der alle am Arbeitsleben beteiligten Personen ohne weiteres umgreife. Indem es die Tarifgebundenheit grundsätzlich auf die Mitglieder der Tarifparteien beschränke, trage das Tarifvertragsgesetz in seinem § 3 Abs. 1 dem Grundsatz Rechnung, dass der Staat seine Normsetzungsbefugnis nicht in beliebigem Umfang außerstaatlichen Stellen überlassen und den Bürger nicht schrankenlos der normsetzenden Gewalt autonomer Gremien ausliefern dürfe, die ihm gegenüber nicht demokratisch beziehungsweise mitgliedschaftlich legitimiert seien. Die Ausdehnung der Tarifgebundenheit auf Außenseiter bedürfe hiernach einer zusätzlichen Rechtfertigung.

Eine solche Rechtfertigung, wie sie das Bundesverfassungsgericht verlangt, ist im Falle des Unterlassungsanspruchs jedoch nicht ersichtlich: Würde man den Unterlassungsanspruch auf die nichtorganisierten Arbeitnehmer ausdehnen, so würde der Anspruch im Ergebnis weiter reichen als die Normsetzungsbefugnisse der Tarifparteien[474]. Die Gewerkschaften könnten dort, wo sie selbst – abgesehen von Betriebs- und Betriebsverfassungsnormen – keine verbindlichen Regelungen setzen könnten, eine freie Vereinbarung verhindern[475].

Auch § 139 BGB, nach dem grundsätzlich das ganze Rechtsgeschäft nichtig ist, wenn ein Teil davon nichtig ist, hilft hier nicht weiter: Die Bestimmung könn-

472 BAG SAE 1999, S. 253, S. 261.

473 BVerfGE 44, S. 322, S. 347 f.

474 Buchner, NZA 1999, S. 897, S. 900; Hromodka, AuA 2000, S. 13, S. 16; ders., ZTR, 2000, S. 253, S. 257; Thüsing, DB 1999, S. 1552, S. 1554.

475 Thüsing, DB 1999, S. 1552, S. 1554.

te zwar durchaus einschlägig sein, weil die mit dem Betriebsrat geschlossene Regelungsabrede die gesamte Belegschaft betrifft, hinsichtlich der Gewerkschaftsmitglieder aber gemäß Art. 9 Abs. 3 S. 2 GG keinen Bestand haben kann. Auch könnte durch die von der Gewerkschaft erzwungene Unterlassung für die Vereinbarungen mit den nichttarifgebundenen Arbeitnehmern die Geschäftsgrundlage entfallen[476]. Entscheidend bleibt jedoch die Frage, ob die Gewerkschaft überhaupt befugt wäre, sich hier gleichermaßen für die Nichtorganisierten prozessual einzusetzen.

Für eine solche Berechtigung lassen in Anbetracht der Tatsache, dass die Gewerkschaft hier nicht die Verletzung eigener Rechte rügen kann, nur schwerlich Argumente finden. Die in Art. 9 Abs. 3 GG geschützte Koalitionsbetätigungsfreiheit ist im Hinblick auf die nichtorganisierten Arbeitnehmer nicht verletzt[477] und einen Schutzauftrag haben die Gewerkschaften nur für die bei ihnen organisierten Arbeitnehmer[478]. Ein Grund, warum der Unterlassungsanspruch auch auf sie anwendbar sein sollte, ist nicht ersichtlich.

Nach der hier vertretenen Auffassung kann der Arbeitgeber daher mit den nichtorganisierten Arbeitnehmern die tariflichen Mindeststandards unterschreiten. Der Unterlassungsanspruch sollte sich auch dann nicht auf die Tarifaußenseiter erstrecken, wenn nach dem Willen des Arbeitgebers die gesamte Belegschaft von der tarifwidrigen Regelung umfasst sein sollte. Wollen die nichtorganisierten Arbeitnehmer rechtliche Mängel der mit ihnen getroffenen Vereinbarungen rügen, so haben sie von ihrer individuellen Klagemöglichkeit Gebrauch zu machen.

### 2. Urteils- oder Beschlußverfahren

Maßgeblich für die Bestimmung des Verfahrens vor den Arbeitsgerichten sind die §§ 2, 2a ArbGG. Für die in § 2 ArbGG genannten Arbeitssachen ist das Urteilsverfahren vorgesehen, während die Verfahren nach § 2 a ArbGG im Beschlussverfahren zu entscheiden sind. Nach § 2 Abs. 1 Nr. 2, Abs. 5 ArbGG sind dem Urteilsverfahren bürgerliche Streitigkeiten zwischen tariffähigen Parteien oder zwischen diesen und Dritten aus unerlaubten Handlungen zugewiesen, soweit es sich unter anderem um Fragen der Vereinigungsfreiheit einschließlich des hiermit im Zusammenhang stehenden Betätigungsrechts der Vereinigungen handelt. Das Beschlussverfahren nach § 2 a Abs. 1 Nr. 1, Abs. 2 ArbGG ist hingegen bei Angelegenheiten aus dem Betriebsverfassungsrecht eröffnet, soweit es nicht um strafbare Handlungen und Ordnungswidrigkeiten nach den §§ 119-121 BetrVG geht, für welche die Zuständigkeit eines anderen Gerichts gegeben ist. Das Beschlussverfahren beinhaltet gegenüber dem Urteilsverfahren einige Be-

476 So auch Hromodka, AuA 2000, S. 13, S. 16 f.; ders., ZTR 2000, S. 253, S. 257.

477 Bauer, NZA 1999, S. 957, S. 960; Bauer/Haußmann, Sonderbeilage zu NZA 24/2000, S. 42, S. 46.

478 Richardi, DB 2000, S. 42, S. 44.

sonderheiten, von denen die Ermittlung des Sachverhalts von Amts wegen (§ 83 Abs. 1 ArbGG) und die fehlende Kostenerstattung zugunsten der obsiegenden Partei[479] für die Geltendmachung des Unterlassungsanspruchs am Bedeutendsten sein dürften.

Das Bundesarbeitsgericht hat in seinem Beschluss vom 20.4.1999 in einem obiter dictum angenommen, das Beschlussverfahren nach § 2 a Abs. 1 Nr. 1 ArbGG sei die richtige Verfahrensart, wenn sich der auf Art. 9 Abs. 3 GG i. V. m. §§ 1004 Abs. 1 S. 2, 823 Abs. 1 BGB gestützte Unterlassungsanspruch gegen die Durchführung einer Betriebsvereinbarung oder einer Regelungsabrede und deren individualrechtlicher Umsetzung richte. Ein Urteilsverfahren nach § 2 Abs. 1 Nr. 2 ArbGG soll nach dem erkennenden Senat nur für Unterlassungsansprüche in Betracht kommen, mit denen Regelungen angegriffen werden, die allein auf entsprechenden Vereinbarungen des Arbeitgebers mit den Arbeitnehmern beruhen, ohne dass ein Betriebsrat mitgewirkt hätte beziehungsweise vorhanden wäre[480].

Die Frage nach der richtigen Verfahrensart wurde nach dem obiter dictum zwar in einem neuerlichen Beschluss des Bundesarbeitsgerichts zumindest für Betriebsvereinbarungen bestätigt[481], dennoch bleibt lebhaft umstritten, ob das Beschlussverfahren die richtige Verfahrensart ist, sobald ein gemeinsames Handeln der Betriebsparteien Ursprung einer dem Tarifvertrag zuwiderlaufenden betrieblichen Regelung ist[482].

Das Bundesarbeitsgericht erklärt seine Position damit, dass auch ein Anspruch, der aus Art. 9 Abs. 3 GG i. V. m. §§ 1004 Abs. 1 S. 2, 823 Abs. 1 BGB hergeleitet werde, eine betriebsverfassungsrechtliche Angelegenheit betreffen könne. Dies liege besonders dann nahe, wenn sich der Antrag gegen die Durch-

---

479 Für die Gerichtskosten ergibt sich dies aus § 12 Abs. 5 ArbGG. Hinsichtlich der außergerichtlichen Kosten wird dies aus der Tatsache gefolgert, dass § 80 Abs. 2 ArbGG nicht die §§ 91 ff. ZPO in Bezug nimmt. Vgl. hierzu auch BAG SAE 2000, S. 251, S. 254.

480 BAG SAE 1999, S. 253, S. 256.

481 BAG SAE 2002, S. 287 ff.

482 **Für das Beschlussverfahren als richtige Verfahrensart:** Berg/Platow, DB 1999, S. 2362, S. 2367; Kocher, AuR 1999, S. 382, S. 385; Küttner/Kreitner, Unterlassungsanspruch Rn. 20; Seifert, Anmerkung zu BAG vom 13.3.2001, EzA Nr. 4 zu § 2a ArbGG 1979; Wohlfarth, NZA 1999, S. 962, S. 963; vgl. auch Grunsky, DB 1990, S. 526, S. 532; **für das Urteilsverfahren:** Annuß, RdA 2000, S. 287, S. 297; Bauer, NZA 1999, S. 957, S. 958; Bauer/Haußmann, Sonderbeilage zu NZA 24/2000, S. 42, S. 48; Buchner, NZA 1999, S. 897, S. 899; Glaubitz, FA 2000, S. 276, S. 277; Hromodka, ZTR 2000, S. 253, S. 256; Kast/Stuhlmann, BB 2000, S. 614, S. 615; Kempen, AuR 1989, S. 261, S. 264; Leipold, SAE 2002, S. 290, S. 291 f.; Löwisch, BB 1999, S. 2080, S. 2081; Reuter, SAE 1999, S. 262, S. 264 f.; ders., Anmerkung zu BAG vom 13.3.2001, AP Nr. 17 zu § 2 a ArbGG 1979; Richardi, Anmerkung zu BAG vom 20.4.1999, AP Nr. 89 zu Art. 9 GG, ders., DB, 2000, S. 42, S. 46, S. 48; Rieble, ZTR 1999, S. 483, S. 486; Walker, ZfA 2000, S. 29, S. 49 f.

führung von Betriebsvereinbarungen richte. Verfahrensgegenstand seien nämlich normative Regelungen, für die das Betriebsverfassungsgesetz sowohl die rechtliche Grundlage biete wie auch den Vollzug durch den Arbeitgeber fordere. Kein wesentlicher Unterschied bestehe, wenn Regelungsabreden und deren individualrechtliche Umsetzung angegriffen würden. Zwar sei nicht zu verkennen, dass die von der Gewerkschaft bekämpfte Abweichung von den tariflichen Arbeitsbedingungen hier – anders als im Fall der abweichenden Betriebsvereinbarung – nicht bereits durch die Absprache mit dem Betriebsrat, sondern erst durch die arbeitsvertragliche Umsetzung bewirkt werde. Es sei aber zu berücksichtigen, dass auch insoweit die behauptete Rechtsverletzung von einem gemeinsamen Handeln der Betriebsparteien ausgehe.

Im darauffolgenden Beschluss vom 13.3.2001[483] ist das Gericht ersichtlich um die weitere Präzisierung der zuvor in seinem obiter dictum vorgenommenen Ausführungen bemüht. Es stellt unter Verweis auf der Entscheidung vorangehende Rechtsprechung[484] fest, dass eine Angelegenheit aus dem Betriebsverfassungsgesetz vorliege, wenn die durch das Betriebsverfassungsgesetz geregelte Ordnung des Betriebs und die gegenseitigen Rechte und Pflichten der Betriebsparteien als Träger dieser Ordnung im Streit seien. Dies gelte auch dann, wenn es um Rechte betriebsverfassungsrechtlicher Organe gehe, die sich nicht unmittelbar aus dem Betriebsverfassungsgesetz ergeben würden, sondern ihre Grundlage in Tarifverträgen oder in anderen Rechtsvorschriften hätten. Die Verfahrensart könne dagegen nicht durch das Benennen von Anspruchsgrundlagen bestimmt werden. Die Beteiligten eines Verfahrens seien nicht befugt, die Anspruchsgrundlagen festzulegen. Es sei allein dem Gericht vorbehalten darüber zu befinden, ob und gegebenenfalls welche Anspruchstatbestände aufgrund des festgelegten Sachverhalts erfüllt seien. Bestimmend für die Verfahrensart sei ausschließlich der Inhalt des geltend gemachten Anspruchs. Vor diesem Hintergrund kommt das Gericht anschließend zu dem Ergebnis, dass der Unterlassungsantrag einer Gewerkschaft, der sich gegen die Durchführung oder den Abschluss tarifwidriger Vereinbarungen der Betriebsparteien richte, im Beschlussverfahren geltend zu machen sei. Der Senat führt aus, auch wenn der Unterlassungsanspruch auf Art. 9 Abs. 3 GG i. V. m. §§ 1004 Abs. 1 S. 2, 823 Abs. 1 BGB gestützt werde, beziehe sich der Gegenstand des Antrags ausschließlich auf die betriebliche Ordnung, nämlich die Rechtsbeziehungen zwischen dem Arbeitgeber und dem Betriebsrat einerseits und die durch betriebsverfassungsrechtliche Normsetzung gestalteten Rechtsbeziehungen zwischen dem Arbeitgeber und den Arbeitnehmern andererseits.

Sodann nimmt das Gericht zu der im Anschluss an sein obiter dictum geäußerten Kritik Stellung: Dem Senat sei vorgeworfen worden, er habe die Verfahrens-

483 BAG SAE 2002, S. 287 ff.

484 BAGE 70, S. 281, S. 290 f.; BAGE 72, S. 29, S. 33.

zuweisung des Arbeitsgerichtsgesetzes verkannt. Deliktische Abwehransprüche seien unabhängig von einer Beteiligung der Betriebsparteien an der Verletzung eines von § 823 Abs. 1 BGB geschützten Rechtsguts wegen § 2 Abs. 1 Nr. 2 ArbGG ausschließlich im Urteilsverfahren zu klären. Ein Anspruch aus unerlaubter Handlung werde durch die Beteiligung des Betriebsrats nicht zu einer Angelegenheit aus dem Betriebsverfassungsgesetz. Voraussetzung und Rechtsfolgen eines zivilrechtlichen Unterlassungsbegehrens seien ausschließlich außerhalb des Betriebsverfassungsgesetzes geregelt[485]. Schließlich sei es sachlich nicht gerechtfertigt, einer Gewerkschaft für die Verfolgung eigener Rechte die Vorteile des Beschlussverfahrens wie Kostenfreiheit und Amtsermittlung zugute kommen zu lassen[486].

Das Bundesarbeitsgericht wendet gegen die erhobene Kritik ein, die auf die Anspruchsgrundlage und nicht auf den Inhalt des Anspruchs abstellende Zuordnung der Verfahrensarten werde der gesetzlichen Verfahrenszuweisung nicht gerecht. Während die Vorschriften über das Urteilsverfahren auf das Rechtsverhältnis der betroffenen Parteien abstellten, sei das Vorliegen eines solchen Rechtsverhältnisses für das Beschlussverfahren nicht maßgebend. Vielmehr gehe es in diesem Verfahren ausschließlich um die durch das Betriebsverfassungsgesetz gestaltete betriebliche Ordnung, die losgelöst von dem konkreten Rechtsverhältnis des Antragstellers zu den sonstigen Beteiligten als eine Angelegenheit aus dem Betriebsverfassungsgesetz zu klären sei. Der Antrag auf Unterlassen der Durchführung oder des Abschlusses einer Betriebsvereinbarung betreffe aber in allen Fällen unabhängig vom Anspruchsgrund den Geltungsanspruch einer betriebsverfassungsrechtlichen Norm und damit das Verhältnis der Betriebsparteien zueinander. Das Gericht betont hiernach nochmals das von ihm gefundene Ergebnis, dass es sich vorliegend nach dem Inhalt des Antrags um eine Frage der betrieblichen Ordnung handele, deren Klärung im Beschlussverfahren zu erfolgen habe.

Die Begründung des Bundesarbeitsgerichts überzeugt jedoch nicht vollkommen. Es ist zwar zutreffend, dass für die Bestimmung der zulässigen Verfahrensart auf den Verfahrensgegenstand und nicht auf die von Antragstellern oder Klägern vorgetragenen Anspruchsgrundlagen abzustellen ist[487]. Der Gegenstand von Verfahren, in denen die Durchführung einer tarifwidrigen Betriebsvereinbarung beziehungsweise die Anwendung einer Regelungsabrede und hierauf beru-

485 Der Senat verweist hierbei auf Annuß, RdA 2000, S. 287, S. 297; Bauer, NZA 1999, S. 957, S. 958; Buchner, NZA 1999, S. 897, S. 899; Glaubitz, FA 2000, S. 276, S. 277; Hromodka, ZTR 2000, S. 253, S. 256; Kast/Stuhlmann BB 2000, S. 614, S. 615; Reuter, SAE 1999, S. 262, S. 264; Richardi, DB, 2000, S. 42, S. 48; Rieble, ZTR 1999, S. 483, S. 486; Walker, ZfA 2000, S. 29, S. 49.

486 Der Senat verweist an dieser Stelle auf Bauer, NZA 1999, S. 957, S. 958 und Glaubitz, FA 2000, S. 276, S. 277.

487 Dies wird auch von den Kritikern der Entscheidung nicht in Abrede gestellt; vgl. Leipold, SAE 2002, S. 290, S. 291; Reuter, Anmerkung zu BAG vom 13.3.2001, AP Nr. 17 zu § 2 a ArbGG 1979.

hender vertraglicher Einheitsregelungen unterbunden werden soll, kann jedoch nicht ausschließlich auf eine betriebsverfassungsrechtliche Komponente reduziert werden[488]. Es geht hier im Falle von Betriebsvereinbarungen eben nicht nur um normative Regelungen, für die das Betriebsverfassungsgesetz sowohl die rechtliche Grundlage bietet wie auch den Vollzug durch den Arbeitgeber fordert. Ebenso wenig gilt dies für Regelungsabreden und deren individualrechtliche Umsetzung. Bei der Bestimmung der zulässigen Verfahrensart darf nicht aus dem Blick verloren gehen, dass es neben der Frage, was die Betriebsparteien nach dem Betriebsverfassungsgesetz für betriebsverfassungsrechtliche Normen abschließen dürfen, gleichermaßen darum geht, die Reichweite der Koalitionsbetätigungsfreiheit im Verhältnis zu den Betriebsparteien zu bestimmen.

Vor diesem Hintergrund können Unterlassungsansprüche der vorliegenden Art nicht kategorisch dem einen oder anderen Verfahren zugeordnet werden. Gegen das Beschlussverfahren wird allerdings angeführt, die antragstellende Gewerkschaft werde dadurch mit Vorteilen wie Kostenfreiheit und Amtsermittlung begünstigt[489]. Diese Einwände können jedoch ohne Not entkräftet werden: Abgesehen davon, dass die Kostenfreiheit gleichermaßen den Arbeitgeber begünstigt und die Amtsermittlung für das Arbeitsgericht nicht ohne aktive Mitwirkung der Beteiligten möglich ist[490], hätte die Zuweisung zum Urteilsverfahren auch zur Folge, dass eine gegen den Betriebsrat gerichtete Unterlassungsklage unzulässig wäre, da dieser dort keine Parteifähigkeit besitzt[491]. Für das Beschluss-

---

488 So auch Seifert, Anmerkung zu BAG vom 13.3.2001, EzA Nr. 4 zu § 2a ArbGG 1979.

489 So neben Bauer, NZA 1999, S. 957, S. 958 und Glaubitz, FA 2000, S. 276, S. 277 für die Amtsermittlung auch Bauer/Haußmann, Sonderbeilage zu NZA 24/2000, S. 42, S. 48 und Rieble, ZTR 1999, S. 483, S. 486. Im Gegensatz hierzu hält Seifert, Anmerkung zu BAG vom 13.3.2001, EzA Nr. 4 zu § 2 a ArbGG 1979, das Beschlussverfahren gerade wegen des Amtsermittlungsgrundsatzes für die richtige Verfahrensart. Die Verankerung des Untersuchungsgrundsatzes sei Ausfluss des Gedankens, dass in den unter § 2 a Abs. 1 ArbGG fallenden kollektivrechtlichen Streitigkeiten die Wirkung der begehrten arbeitsgerichtlichen Entscheidung über den Kreis der Verfahrensbeteiligten hinausgehe und regelmäßig die Rechtsstellung Dritter, insbesondere von Arbeitnehmern berühre. Die „Drittwirkung" dieser arbeitsgerichtlichen Entscheidung rechtfertige es, die Verantwortung für die Beibringung des verfahrensrelevanten Tatsachenstoffes nicht wie im Urteilsverfahren alleine den Verfahrensbeteiligten zu überlassen, sondern in die Verantwortung des Arbeitsgerichts zu stellen. Wegen der möglichen Auswirkungen der arbeitsgerichtlichen Entscheidung auf die Geltung der streitgegenständlichen Betriebs- beziehungsweise Gesamtbetriebsvereinbarungen für die Arbeitsverhältnisse im Betrieb und Unternehmen (§ 77 Abs. IV S. 1 BetrVG) entspreche es Sinn und Zweck des § 83 Abs. 1 S. 1 ArbGG, Streitigkeiten um einen gegen tarifwidrige Betriebsvereinbarungen gerichteten gewerkschaftlichen Unterlassungsanspruch als „betriebsverfassungsrechtliche Angelegenheit" iSd § 2a Abs. 1 Nr. 1 ArbGG zu qualifizieren.

490 BAGE SAE 2002, S. 287, S. 290.

491 Grunsky, DB 1990, S. 526, S. 532; Kocher, AuR 1999, S. 382, S. 385; Seifert, Anmerkung zu BAG vom 13.3.2001, EzA Nr. 4 zu § 2 a ArbGG 1979.

verfahren lassen sich, zumindest soweit Betriebsvereinbarungen in Rede stehen, darüber hinaus historische Erwägungen anführen[492]. § 2 a Abs. 1 Nr. 1 ArbGG ging die Regelung des § 2 Abs. 1 Nr. 4k ArbGG 1953 voraus. Nach dieser Vorschrift war das Beschlussverfahren die richtige Verfahrensart, wenn es sich um das Bestehen oder Nichtbestehen oder die Durchführung einer Betriebsvereinbarung handelte. Das Bundesarbeitsgericht entschied schon zu dieser Zeit, dass auch die Wirksamkeit einer Betriebsvereinbarung in Hinblick auf § 59 BetrVG 1952 (heute § 77 BetrVG) im Beschlussverfahren zu klären sei[493]. Da mit der Novellierung des Arbeitsgerichtsgesetzes im Jahre 1979 keine grundlegenden Änderungen der Zuständigkeit der Arbeitsgerichte einhergingen, die Generalklausel des § 2 a Abs. 1 Nr. 1 ArbGG nun vielmehr alle Rechtsstreitigkeiten umfasst, die zuvor in § 2 Abs. 1 Nr. 4 ArbGG 1953 enthalten waren[494], sprechen auch bezüglich der Wirksamkeit von Betriebsvereinbarungen gewichtige Argumente dafür, hierüber im Beschlussverfahren zu entscheiden.

Der Entscheidung des Bundesarbeitsgerichts, Unterlassungsansprüche, die auf §§ 1004 Abs. 1 S. 2, 823 Abs. 1 BGB i. V. m Art. 9 Abs. 3 GG gestützt werden, dem Beschlussverfahren zuzuordnen, soweit es um die Unterlassung der Durchführung von Betriebsvereinbarungen oder Regelungsabreden und deren individualrechtlicher Umsetzung geht, ist daher im Ergebnis beizupflichten. Bei arbeitsvertraglichen Einheitsregelungen, die ohne Zutun eines Betriebsrats zustande gekommen sind, dürfte wegen des fehlenden betriebsverfassungsrechtlichen Bezuges jedoch nur das Urteilsverfahren nach § 2 Abs. 1 Nr. 2 ArbGG in Betracht kommen[495].

### 3. Einstweiliger Rechtsschutz

Fraglich ist, ob der Unterlassungsanspruch aus Art. 9 Abs. 3 GG i. V. m. §§ 1004 Abs. 1 S. 2, 823 Abs. 1 BGB auch im Wege des vorläufigen Rechtsschutzes geltend gemacht werden kann[496]. Nach § 85 Abs. 2 ArbGG ist auch im Beschlussverfahren der Erlass einer einstweiligen Verfügung zulässig. Die Vorschriften der Zivilprozessordnung gelten hierbei bis auf wenige Ausnahmen entspre-

---

492 Seifert, Anmerkung zu BAG vom 13.3.2001, EzA Nr. 4 zu § 2 a ArbGG 1979.

493 BAG vom 16.9.1960, AP Nr. 1 zu § 2 ArbGG 1953; BAG vom 1.2.1963, AP Nr. 8 zu § 59 BetrVG 1952; BAG vom 21.2.1967, AP Nr. 25 zu § 59 BetrVG 1952; BAG vom 21.2.1967, AP Nr. 26 zu § 59 BetrVG 1952.

494 Germelmann/Matthes/Prütting § 2 a Rn. 6; BAG vom 24.2.1987, AP Nr. 21 zu § 77 BetrVG 1972.

495 So auch Küttner/Kreitner, Unterlassungsanspruch Rn. 20.

496 **Für** die Möglichkeit einstweiligen Rechtsschutzes haben sich ausgesprochen: Berg, AiB 1999, S. 304, S. 305; Berg/Platow, DB 1999, S. 2362, S. 2368; Däubler, AiB 1999, S. 481, S. 482; Küttner/Kreitner, Unterlassungsanspruch Rn. 21; **ablehnend**: Bauer, NZA 1999, S. 957, S. 961; Bauer/Haußmann, Sonderbeilage zu NZA 24/2000, S. 42, S. 48; Glaubitz, FA 2000, S. 276, S. 280.

chend[497]. Erforderlich für den Erlass einer einstweiligen Verfügung sind demgemäß Verfügungsanspruch und Verfügungsgrund. Verfügungsanspruch ist hier unproblematisch der materielle Unterlassungsanspruch aus Art. 9 Abs. 3 GG i. V. m. §§ 1004 Abs. 1 S. 2, 823 Abs. 1 BGB, dessen Vereitelung oder Gefährdung durch Zeitablauf mit der einstweiligen Verfügung verhindert werden soll. Schwieriger zu beantworten ist indes die Frage, ob auch ein Verfügungsgrund vorliegt. Ein Verfügungsgrund ist gegeben, wenn die Besorgnis besteht, dass die Verwirklichung eines Rechts ohne alsbaldige einstweilige Regelung vereitelt oder wesentlich erschwert wird[498].

Bauer[499] und Bauer/Haußmann[500] sind der Ansicht, ein Verfügungsgrund könne nicht bejaht werden. Eine möglichst schnelle Erfüllung des Verfügungsanspruchs und damit die Vorwegnahme des Hauptsacheverfahrens sei mit dem Sinn und Zweck der einstweiligen Verfügung nicht zu vereinbaren. Betriebliche Bündnisse für Arbeit reagierten regelmäßig auf akute wirtschaftliche Notlagen. Würden sie auf der Grundlage einer Unterlassungsverfügung bis zum Abschluss des Hauptsacheverfahrens einstweilen ausgesetzt, seien sie von vornherein zum Scheitern verurteilt. Damit würde die Gewerkschaft bereits im einstweiligen Rechtsschutzverfahren endgültig ihr Rechtsschutzziel, nämlich die dauerhafte Unterlassung untertariflicher Arbeitsbedingungen erreichen. Hierin soll die unzulässige Vorwegnahme des Hauptsacheverfahrens liegen. Seitens der Autoren wird deshalb eine Parallele zum Arbeitskampfrecht gezogen, wo eine umfassende Interessenabwägung stattzufinden habe, ob die Unterlassungsverfügung zur Abwehr wesentlicher Nachteile notwendig sei. Dabei seien auch die wirtschaftlichen Auswirkungen für beide Parteien zu berücksichtigen. Im Falle eines betrieblichen Bündnisses für Arbeit drohten dem Arbeitgeber erhebliche wirtschaftliche Schäden, wenn das unternehmerische Konzept, auf dem das Bündnis beruhe, nicht durchgesetzt werden könne. Daher soll eine Unterlassungsverfügung, die sich grundsätzlich gegen die Durchführung vertraglicher Einheitsregelungen gegenüber allen Mitarbeitern richte, egal, ob diese gewerkschaftlich organisiert seien oder nicht, nicht gerechtfertigt sein[501].

497 Vgl. § 85 Abs. 2 ArbGG sowie den Amtsermittlungsgrundsatz gem. § 83 Abs. 1 ArbGG.

498 ErfK/Eisemann § 85 ArbGG Rn. 6; Germelmann/Matthes/Prütting § 85 Rn. 35.

499 Bauer, NZA 1999, S. 957; S. 961.

500 Bauer/Haußmann, Sonderbeilage zu NZA 24/2000, S. 42, S. 48.

501 Eine von vornherein auf vertragliche Regelungen mit Gewerkschaftsmitgliedern beschränkte Unterlassungsverfügung hätte nach Ansicht von Bauer/Haußmann, a. a. O., hingegen wohl gute Erfolgsaussichten, soweit es sich um erhebliche Abweichungen vom Tarifvertrag handele, da insoweit die Rechtslage geklärt sei und in diesen Fällen die dem Arbeitgeber drohenden wirtschaftlichen Nachteile im Rahmen der Interessenabwägung gegenüber den Interessen der Gewerkschaft an der Durchsetzung ihrer verfassungsrechtlich verbürgten Rechte zurückträten.

Abgesehen davon, dass schon die prognostizierte Undurchführbarkeit des betrieblichen Bündnisses für Arbeit bis zum Abschluss des Hauptsacheverfahrens keineswegs gewiss ist, begegnen auch die hieraus gezogenen Schlussfolgerungen grundlegenden Bedenken. Wenn die vorangegangenen Ausführungen richtig wären, dann hieße das im Ergebnis, dass die Gewerkschaft nur deshalb keine einstweilige Verfügung beantragen könnte, weil dem Arbeitgeber nicht die Vorteile seines tarifwidrigen Handelns genommen werden sollen. Die einstweilige Verfügung dient aber nicht dem Schutz von Rechten des Arbeitgebers – diese finden allenfalls im Rahmen einer Interessenabwägung Berücksichtigung –, sondern wird deshalb erlassen, weil der Arbeitgeber in Rechte der Gewerkschaft eingreift. Sinn und Zweck der Unterlassungsverfügung bestehen darin, das rechtswidrige Handeln zu Lasten der betroffenen Gewerkschaft zu verhindern. Zwar führt auch die Unterlassungsverfügung praktisch zu einer Befriedigung des „gesicherten“ Anspruchs, andererseits haben Unterlassungsverfügungen abwehrenden Charakter und ähneln insoweit Sicherungsverfügungen[502]. Eine Vorwegnahme der Hauptsache kann unter diesen Umständen mit dem Erlass der einstweiligen Verfügung nicht einhergehen. Die Rechtsposition des Arbeitgebers ist bei Abschluss eines Bündnisses für Arbeit im übrigen auch nicht schützenswert, wenn die Gewerkschaft als eigentlicher Verhandlungspartner zum Abschluss eines Firmentarifvertrags bewusst umgangen wird: Ein Arbeitgeber, der direkt mit dem Betriebsrat oder den organisierten Arbeitnehmern verhandelt, obwohl sein Verhandlungspartner die Gewerkschaft wäre, handelt treuwidrig, wenn er sich im Rahmen eines einstweiligen Verfügungsverfahrens nunmehr darauf beruft, das von ihm geschlossene betriebliche Bündnis für Arbeit sei bei Erlass der Verfügung zum Scheitern verurteilt. Denn er hat den eigentlichen Verhandlungspartner bewusst übergangen und die Situation, in der sich die Gewerkschaft nur noch mit dem Unterlassungsanspruch zur Wehr setzen kann, überhaupt erst herbeigeführt.

Darüber hinaus ist zweifelhaft, ob die auf Seiten der Gewerkschaft eintretenden Nachteile bei Abwarten des Hauptsacheverfahrens wieder rückgängig zu machen sind. Dies zeigen auch zwei jüngst vom LAG Sachsen-Anhalt[503] und vom Sächsischen LAG[504] entschiedene Fälle: Die beklagte Arbeitgeberin war in beiden Fällen dasselbe ostdeutsche Metallunternehmen, welches Betriebe in mehreren ostdeutschen Städten unterhielt. Nach dem Austritt aus dem Arbeitgeberverband blieben die tarifvertraglichen Lohn- und Gehaltsbestimmungen nach § 4 Abs. 5 TVG in Nachwirkung, die Manteltarifverträge mit der tariflichen Wochenarbeitszeit von 38 Stunden und die Tarifverträge zur tariflichen Sonderzahlung nach § 3 Abs. 3 TVG wirksam. Die jeweils beklagte Arbeitgeberin

502 Zöller/Vollkommer § 940 Rn. 1.

503 LAG Sachsen-Anhalt, AuR 2002, S. 308 ff.; vgl. auch unter § 11 II.

504 Sächsisches LAG, AuR 2002, S. 310 ff.; Vgl. auch unter § 11 II.

strebte in der Folgezeit den Abschluss vertraglicher Einheitsregelungen mit ihren Arbeitnehmern an, mittels derer von den tariflichen Regelungen (nachteilig) abgewichen werden sollte. Im übrigen versuchte die Beklagte die vertraglichen Einheitsregelungen durch den Abschluss eines Tarifvertrages mit einer anderen Gewerkschaft, der diese Einheitsregelungen im wesentlichen beinhaltete, zusätzlich zu flankieren. Beide Landesarbeitsgerichte sahen die Voraussetzungen für eine gewerkschaftliche Unterlassungsklage als erfüllt an[505]. Die Realisierung des Unterlassungsanspruchs ist nach Beendigung des Hauptsacheverfahrens allerdings in weite Ferne gerückt: Das Betriebsvermögen wurde in der Zwischenzeit nach dem Umwandlungsgesetz auf eine neue GmbH übertragen, die nicht tarifgebunden ist. Die Arbeitsverhältnisse der im Betrieb beschäftigten Arbeitnehmer sind auf die neue GmbH übergegangen und die bisherige Beklagte wurde gleichzeitig mit der Umwandlung mit einer Vermögensverwaltungs-GmbH verschmolzen[506]. Die ursprüngliche Klage ist damit unzulässig, da es die alte Beklagte nicht mehr gibt. Andererseits ist die Klage gegen die neue Gesellschaft unbegründet, da die normative Wirkung des Tarifvertrags gemäß § 613 a Abs. 1 S. 2 BGB i. V. m. § 324 UmwG entfallen ist: Während der Jahresfrist des § 613 a Abs. 1 S. 2 BGB werden die die Arbeitsverhältnisse normativ gestaltenden Tarifnormen im Wege der Transformation zu schuldrechtlichen Bestandteilen des Arbeitsvertrags. Werden mit den vom Betriebsübergang betroffenen Arbeitnehmern vor Ablauf der Jahresfrist untertarifliche Arbeitsbedingungen abgeschlossen, so ist darin dann kein Verstoß gegen eine normativ wirkende Tarifnorm zu sehen[507]. In einem solchen Fall kann die Gewerkschaft den Unterlassungsanspruch bei Abwarten des Hauptsacheverfahrens nicht mehr durchsetzen.

Der Sachverhalt verdeutlicht, dass bei dem vom tarifwidrig handelnden Arbeitgeber in der Regel angestrebten Verbandsaustritt für die Gewerkschaft stets die Besorgnis besteht, dass die Verwirklichung ihrer Rechte vereitelt oder wesentlich erschwert wird. Ein Verfügungsgrund ist demnach zu bejahen.

Der auf Art. 9 Abs. 3 GG i. V. m. §§ 1004 Abs. 1 S. 2, 823 Abs. 1 BGB gestützte Unterlassungsanspruch kann daher auch im Wege der einstweiligen Verfügung geltend gemacht werden.

505 Die Entscheidung des Sächsischen Landesarbeitsgerichts wurde in der Zwischenzeit vom 4. Senat des Bundesarbeitsgericht als Revisionsinstanz überprüft. Die Revision der beklagten Arbeitgeberin war erfolgreich, da der von der Gewerkschaft gestellte Unterlassungsantrag nicht hinreichend bestimmt genug war; vgl. BAG NZA 2003, S. 1221 ff. und § 11 II.

506 Zur Sachverhaltsschilderung: Nauditt, AuR 2002, S. 288, S. 291.

507 Bauer/Haußmann, Sonderbeilage zu NZA 24/2000, S. 42, S. 49.

## § 12 Zusammenfassung der im 2. Teil gefundenen Ergebnisse und Ausblick

Mit der Anerkennung des Unterlassungsanspruchs aus Art. 9 Abs. 3 GG i. V. m. §§ 1004 Abs. 1 S. 2, 823 Abs. 1 BGB durch das Bundesarbeitsgericht haben die Gewerkschaften ein wirkungsvolles Rechtsschutzinstrument erhalten. Es besteht für sie nunmehr die Möglichkeit gegen tarifwidriges Arbeitgeberverhalten in Form von Betriebsvereinbarungen, Regelungsabreden und vertraglichen Einheitsregelungen auf dem Klagewege vorzugehen. Dieses Ergebnis hätte für Betriebsvereinbarungen und Regelungsabreden allerdings auch im Rahmen eines aus § 77 Abs. 3 BetrVG beziehungsweise §§ 77 Abs. 3, 87 Abs. 1 BetrVG abgeleiteten Unterlassungsanspruchs bejaht werden können. Diese Ansprüche hätten wegen des Anwendungsvorrangs des einfachen Rechts gegenüber dem Verfassungsrecht sogar herangezogen werden müssen. Das vom Bundesarbeitsgericht gefundene Ergebnis birgt indes den Vorteil, eine einheitliche Anspruchsgrundlage für alle kollektiven Konstellationen tarifwidrigen Arbeitgeberverhaltens zu bieten. Auf Grundlage von § 77 Abs. 3 BetrVG beziehungsweise §§ 77 Abs. 3, 87 Abs. 1 BetrVG hätte ein Anspruch auf Unterlassung vertraglicher Einheitsregelungen, welche nicht auf einer Regelungsabrede mit dem Betriebsrat beruhen, jedenfalls nicht begründet werden können. Die Frage, ob ein Unterlassungsanspruch aus Art. 9 Abs. 3 GG i. V. m. §§ 1004 Abs. 1 S. 2, 823 Abs. 1 BGB anzuerkennen ist, hätte also spätestens vor diesem Hintergrund Bedeutung erlangen müssen. Lässt man – das Faktum der Entscheidung des Bundesarbeitsgericht vor Augen – den hier aus § 77 Abs. 3 BetrVG bzw. §§ 77 Abs. 3, 87 Abs. 1 BetrVG befürworteten Unterlassungsanspruch außer Betracht, so ist die Anerkennung des Unterlassungsanspruchs aus Art. 9 Abs. 3 GG i. V. m. §§ 1004 Abs. 1 S. 2, 823 Abs. 1 BGB durchaus zu begrüßen. Die vorstehende Untersuchung hat ergeben, dass die verschiedentlich vorgetragenen dogmatischen Bedenken nicht geeignet sind, die Existenz des Unterlassungsanspruchs zu bestreiten: Wird die normative Wirkung von Tarifverträgen faktisch außer Kraft gesetzt, so wird auch das Recht der Gewerkschaften beeinträchtigt, Tarifverträge, die normativ wirken, abzuschließen. Stünde einer Gewerkschaft nicht das Recht zu, diese rechtswidrige (tatsächliche) Verdrängung prozessual zu verfolgen, so bliebe ihr Recht zur Normsetzung ein unvollkommenes.

Die vom Bundesarbeitsgericht für den Unterlassungsanspruch aufgestellten Hauptkriterien „Verdrängung der Tarifnorm als kollektive Ordnung“ und „Normative Geltung des Tarifvertrags“ sind in künftigen Entscheidungen jedoch weiter anspruchsspezifisch zu konkretisieren. Allerdings wären Einschränkungen des Unterlassungsanspruchs bei fehlerhaften Anschlussregelungen, unter denen hier betriebliche Regelungen als Folge von Öffnungsklauseln verstanden werden, nicht überzeugend. Denn es sind letztlich erst die Tarifpartner, die eine Regelung durch die Delegation ihrer Regelungsbefugnisse möglich machen. Werden diese Vorgaben überschritten, wird damit in eine bestehende tarifliche Regelung eingegriffen, die von den Tarifparteien nicht zur Disposition der Betriebsparteien gestellt wurde. Die ebenfalls noch offene Frage nach der Abgrenzung kollektiver, den Unterlassungsanspruch auslösender Rechtsverletzungen und einzelner, individueller Verstöße wird betriebsbezogen vorzunehmen sein. Zur Bestimmung der die Tarifnorm verdrängenden Wirkung erscheint es sinnvoll, auf die bereits im Rahmen des § 87 Abs. 1 BetrVG zur Mitbestimmung in sozialen Angelegenheiten entwickelten Kriterien zurückzugreifen. Wird die Tarifnorm als kollektive Ordnung verdrängt und gilt der Tarifvertrag normativ, bedarf es keines subjektiven Merkmals mehr, um den Unterlassungsanspruch auslösen. Den bisweilen in Stellungnahmen zu der Entscheidung als Voraussetzung für den Unterlassungsanspruch unterstellten subjektiven Kriterien wie das Handeln im Bewusstsein der Tarifwidrigkeit, ist eine Absage zu erteilen. Für subjektive Erfordernisse besteht nur Raum, wenn der Arbeitgeber noch nicht mit dem Vollzug der tariflichen Konkurrenzordnung begonnen hat. Nur dann ist erforderlich, dass die Schaffung einer faktisch wirkenden Konkurrenzordnung vom Arbeitgeber zumindest billigend in Kauf genommen wird.

Im Hinblick auf den konkreten Inhalt des Unterlassungsanspruchs ist auch mit der „Burda-Entscheidung" noch nicht das letzte Wort gesprochen. Tendenzen in der Literatur, den Anspruch dahingehend zu verstehen, dass es der Arbeitgeber zu unterlassen habe, sich gegenüber den Arbeitnehmern auf die tarifwidrige Regelung zu berufen, verkürzen den Anwendungsbereich des Unterlassungsanspruchs zu Unrecht. Der Arbeitgeber kann sich bereits nach geltendem Tarifrecht nicht auf das tarifwidrige Bündnis für Arbeit berufen. Aufgrund des Unterlassungsanspruchs darf der Arbeitgeber die auf Regelungsabreden beruhenden vertraglichen Einheitsregelungen vielmehr nicht weiter anwenden. Damit lebt der Zustand wieder auf, der vor Anwendung der tarifwidrigen Vereinbarungen bestanden hat; der Tarifvertrag tritt damit ohne weiteres Zutun wieder in den Vordergrund. Der so verstandene Unterlassungsanspruch ist im Beschlussverfahren geltend zu machen, es sei denn, er ist gegen die Unterlassung tarifwidriger vertraglicher Einheitsregelungen gerichtet, an denen der Betriebsrat in keinerlei Weise mitgewirkt hat. In einem solchen Fall greift das Urteilsverfahren Platz. Für den Unterlassungsanspruch ist das Verfahren des einstweiligen Rechtsschutzes ebenfalls eröffnet.

Keine Anwendung findet der Unterlassungsanspruch, wenn die verdrängte Tarifnorm nur kraft Allgemeinverbindlicherklärung gilt. Hiergegen spricht, dass die Allgemeinverbindlicherklärung in erster Linie dem Schutz der nichttarifgebundenen Arbeitnehmer gilt und nicht unmittelbar dem der Koalitionen. Entgegen dem Bundesarbeitsgericht sollte der Unterlassungsanspruch auch nicht ausnahmsweise auf die nichttarifgebundenen Arbeitnehmer Anwendung finden, wenn der Arbeitgeber nach seiner Zielvorgabe nur zu einer Vereinbarung bereit war, die sich unabhängig von der Tarifbindung auf die gesamte Belegschaft oder bestimmte Teil derselben erstreckt. Der Schutzauftrag der Gewerkschaften besteht nur hinsichtlich der tarifgebundenen Arbeitnehmer, so dass die Befugnis der Gewerkschaft, sich auch für nichtorganisierte Arbeitnehmer einzusetzen, stark angezweifelt werden muss. Mit seiner Entscheidung, ausnahmsweise auch die nichtorganisierten Arbeitnehmer vom Geltungsbereich des Unterlassungsanspruchs zu erfassen, mag das Bundesarbeitsgericht dem Bedürfnis Rechnung getragen haben, die organisierten Arbeitnehmer vor einem von Arbeitgeberseite als Folge des Unterlassungsanspruchs ausgeübten Austrittsdrucks aus ihrer Gewerkschaft zu bewahren. Um eine auch rechtlich überzeugende Begründung für diesen Schritt hat sich der erkennende Senat indes nicht bemüht.

Neben dem Unterlassungsanspruch ist ferner ein Anspruch auf Beseitigung aus Art. 9 Abs. 3 GG i. V. m. §§ 1004 Abs. 1 S. 1, 823 Abs. 1 BGB anzuerkennen. Da sich ein solcher Anspruch nicht auf die Beseitigung der eingetretenen Einwirkungsfolgen, sondern nur auf die Ursache der Störung bezieht, kann mit ihm lediglich das Abstellen des tarifwidrigen Zustands für die Zukunft verlangt werden und nicht die Wiederherstellung für die Vergangenheit.

Zusammenfassend lässt sich feststellen, dass mit der Anerkennung des Unterlassungsanspruchs aus Art. 9 Abs. 3 GG i. V. m. §§ 1004 Abs. 1 S. 2, 823 Abs. 1 BGB eine erhebliche Verbesserung des gewerkschaftlichen Rechtsschutzes eingetreten ist. Arbeitgeber, die von tariflichen Vorgaben abweichen wollen, müssen hierzu in Zukunft die Aufnahme von Verhandlungen mit der Gewerkschaft und nicht mit dem Betriebsrat anstreben. Dies bedeutet eine Rückkehr auf den Boden bestehenden Tarifrechts. Ein übermäßiger Gebrauch des Unterlassungsanspruchs, vor dem Kritiker nach Erlass des Beschlusses gewarnt haben[508], ist derzeit nicht ersichtlich. In den Medien finden sich vielmehr zunehmend Berichte über von Gewerkschaften mit Arbeitgebern geschlossene „Beschäftigungspakte", deren Inhalt den früher mit den Betriebsräten geschlossenen „Bündnissen für Arbeit" gleicht[509]. Die Diskussion um eine Anpassung des Tarifvertragssystems

---

508 Vgl. nur Hromodka, AuA 2000, S. 13, S. 17; ders., ZTR 2000, S. 253, S. 258; Kast/Stuhlmann, BB 2000, S. 614, S. 620; Trappehl/Lambrich, NJW 1999, S. 3217, S. 3224.

509 In der jüngeren Vergangenheit kam es beispielsweise zu einem Beschäftigungspakt der Deutschen Post AG mit der Gewerkschaft Verdi, worin betriebsbedingte Kündigungen bis 2008 ausgeschlossen werden, die Arbeitnehmer im Gegenzug unter anderem auf zwei freie Arbeitstage verzichten; vgl. hierzu Handelsblatt vom 7.7.2003 („Verdi und Post schließen Job-Bündnis"). Die Deutsche BA hat sich ebenfalls mit Verdi auf einen Beschäftigungspakt geeinigt: Die Arbeitnehmer verzichten auf 15 Prozent Gehalt und auf Zusatzleistungen und erhalten dafür eine Beschäftigungsgarantie; vgl. die Berichte in der SZ vom 7.7.2003 („Lohnverzicht bei DBA akzeptiert"), in der FAZ vom 7.7.2003 („Gehaltsverzicht bei der Deutschen BA") und vom 27.6.2003 („Wenig Widerspruch gegen Lohnverzicht bei der DBA"). Bei der Lufthansa kommt ebenfalls ein mit der Gewerkschaft Verdi geschnürtes Krisenpaket für Beschäftigte am Boden und Flugbegleiter zum Tragen: Der Tarifvertrag enthält eine Öffnungsklausel, welche in Krisenzeiten die Arbeitszeitverkürzung ohne Lohnausgleich ermöglicht, um betriebsbedingte Kündigungen zu vermeiden; vgl. den Bericht in der SZ vom 22.8.2003 („Krisenklausel für den Ernstfall").

und damit auch um den Unterlassungsanspruch bleibt dennoch im Fluss[510]. Die gesellschaftspolitische Akzeptanz von Gewerkschaften hat gelitten, nachdem in der IG-Metall mit der Wahl eines neuen Vorsitzenden eine Entscheidung über die künftige Gestaltung der Tarifpolitik verknüpft worden ist[511]. Der Richtungsstreit darüber, ob Tarifpolitik noch flexibler werden und den Betrieben mehr Handlungsspielräume eröffnen muss, hat auch deutliche Signale aus der Politik hervorgerufen: Während in der Koalitionsvereinbarung der rot-grünen Regierung 1998 noch eine Stärkung der Tarifautonomie durch ein Klagerecht der Verbände in Aussicht gestellt wurde, wird in der Regierungserklärung vom 14. März 2003 die Erwartung geäußert, dass sich die Tarifparteien in weit größerem Umfang als bisher auf betriebliche Bündnisse einigen. Für den Fall, dass dies nicht geschehen sollte, wird ein Handeln des Gesetzgebers angekündigt[512]. Ob und inwieweit eine gesetzliche Öffnungsklausel im Hinblick auf Art. 9 Abs. 3 GG überhaupt zulässig wäre, ist freilich noch nicht entschieden[513]. Fest steht, dass gesetzgeberische Maßnahmen, welche die Schaffung einer gesetzliche Öffnungsklausel zum Gegenstand haben, – auch wenn sie zuletzt sogar im Vermittlungsausschuss disku-

---

510 Dieser Entwicklung tragen auch die Gewerkschaften Rechnung, indem sie versuchen den Flächentarifvertrag an veränderte Rahmenbedingungen anzupassen; vgl. hierzu nur die ausführliche Darstellung zweistufiger Tarifvertragssysteme bei Wendeling-Schröder/ Schubert, NZA 2003, S. 772 ff.

511 Vgl. dazu nur die Berichte im Handelsblatt vom 17.7.2003 („Das Ende der Brechstangenpolitik"), vom 10.7.2003 („Zwickel hofft auf den Druck der Basis") und vom 8.7.2003 („Gelähmte Gewerkschaften").

512 Regierungserklärung von Bundeskanzler Schröder am 14. März 2003 vor dem deutschen Bundestag: *„In den Tarifverträgen muss durch geeignete Regelungen ein entsprechend flexibler Rahmen geschaffen werden. Das ist die Herausforderung für die Tarifpartner und es ist auch ihre Verantwortung. [...] Ich erwarte also, dass sich die Tarifparteien entlang dessen, was es bereits gibt -, aber in weit größerem Umfang -, auf betriebliche Bündnisse einigen, wie das in vielen Branchen bereits der Fall ist. Geschieht das nicht wird der Gesetzgeber zu handeln haben."* Vgl. auch Handelsblatt vom 30.6.2003 („Schröder droht weiter mit Öffnungsklausel"). Zu den Vorschlägen von den Unionsparteien und FDP, vgl. auch FAZ vom 26.6.2003 („Über Arbeit und Tarif steht ein hartes Ringen bevor") und vom 27.6.2003 („Opposition wirbt für Tarifreform") sowie den Bericht im Handelsblatt vom 10.7.2003 („Regierung macht ernst mit Bürokratieabbau"). Die Grünen haben bereits Ende 2000 eine gesetzliche Öffnungsklausel im Tarifrecht diskutiert; vgl. die Berichterstattung hierüber im Handelsblatt vom 20.11.2000 („Grüne für Öffnungsklausel im Tarifrecht") und vom 21.11.2000 („Grüne brechen Koalitionsstreit um liberale Tarifpolitik vom Zaun").

513 Dieterich, RdA 2002, S. 1 ff. und DB 2001, S. 2398 ff. hat bereits gegen Gesetzesinitiativen der FDP (BT-Drs. 14/6548 und 14/2612), welche eine Modifikation des Günstigkeitsprinzips und des § 77 Abs. 3 BetrVG zum Gegenstand haben, im Hinblick auf Art. 9 Abs. 3 GG Bedenken erhoben.

tiert wurden[514] – vorerst wohl nicht ergriffen werden. Der Unterlassungsanspruch wird in der Tariflandschaft demzufolge auch in Zukunft eine Rolle spielen, wenn Arbeitgeber mit oder ohne Unterstützung des Betriebsrats vom Flächentarifvertrag abweichen wollen. Die bisher von der Gewerkschaft in Abweichung von einem laufenden Tarifvertrag abgeschlossenen Firmentarifverträge verdeutlichen aber, dass allein schon die Existenz des Unterlassungsanspruchs dazu geeignet ist, Gewerkschaften in entsprechende Verhandlungen mit dem Arbeitgeber einzubinden. Die Öffnung von Flächentarifverträgen für einzelne Betriebe ist damit wieder Aufgabe der Gewerkschaften geworden. Mit anderen Worten: Die Anerkennung des Unterlassungsanspruchs hat seinen Gebrauch in vielen Fällen überflüssig gemacht.

514 Vgl. hierzu die Berichte in der FAZ vom 2.12.2003 („CDU-Parteitag mit großer Mehrheit für den Umbau der Sozialsysteme"), vom 4.12.2003 („Keine freiwillige Tarif-Öffnung – Vermittlungsausschuss vor dem Scheitern") und im Handelsblatt vom 1.12.2003 („CDU knüpft Umbau des Tarifrechts an Vorbehalt"), vom 4.12.2003 („ Streit der Tarifparteien gefährdet Reformkompromiss")

# 3. Teil
# Rechtsschutz für und durch Gewerkschaften in Frankreich

Der in Deutschland in der „Burda-Entscheidung“[515] entwickelte Unterlassungsanspruch kann nicht mit einem Verbandsklagerecht gleichgesetzt werden. Die Gewerkschaften sind nach der Entscheidung nur zur Geltendmachung eigener Rechte befugt. Diese sind jedoch nur dann betroffen, wenn es um Tarifverstöße mit kollektivrechtlichem Hintergrund geht. Tarifverstöße gegenüber dem einzelnen Arbeitnehmer können nach deutschem Recht derzeit von keiner Gewerkschaft vor Gericht anhängig gemacht werden.

Ob die Schaffung eines Verbandsklagerechts, mit dem einzelne Tarif- oder sogar Gesetzesverstöße gerügt werden könnten, sinnvoll ist, soll nach einem Blick auf die französische Rechtslage beurteilt werden. In Frankreich sind gewerkschaftliche (Verbands-)Klagerechte seit langem anerkannt. Mit der „Inspection du Travail“ existiert darüber hinaus eine staatliche Behörde, welche die Einhaltung von Arbeitsgesetzgebung und Tarifverträgen im Arbeitsleben überwacht[516].

Bevor im Besonderen auf die in Frankreich für Gewerkschaften vorhandenen Klagemöglichkeiten eingegangen wird, soll zunächst eine kurze Einführung in das französische Tarifvertragsrecht erfolgen.

## § 13 Überblick über das französische Tarifvertragsrecht[517]

Das französische Tarifvertragsrecht ist ebenso wie das Betriebsverfassungsrecht und das Individualarbeitsrecht nahezu vollständig im Code du Travail („C.T“.) geregelt. Bei dem Regelwerk handelt es sich allerdings um keine einheitliche, an einem Stück geschaffene Kodifikation, sondern um die Zusammenstellung einer Vielzahl arbeitsrechtlicher Vorschriften aus zum Teil unterschiedlichen Gesetzgebungszeiträumen. Umfassende Bestimmungen zum Tarifvertragsrecht finden sich im ersten Buch von Teil L („Législative“) des Code du Travail.

Die Koalitionsfreiheit selbst als gedankliche Voraussetzung der Tarifautonomie hat allerdings wie in Deutschland einen verfassungsrechtlichen Hintergrund. Die so genannte „liberté syndicale“ wurde erstmals in die Präambel zur Verfassung aus dem Jahre 1946 aufgenommen. Dort heißt es: *„Tout homme peut défendre ses droits et ses intérêts par l'action syndicale et adhérer aux syndicats de son choix.“* Die aktuelle Verfassung aus dem Jahre 1958 nimmt hierauf in einem Verweis Bezug. Wie in Deutschland werden auch in Frankreich individuelle und kollektive sowie negative und positive Aspekte der Koalitionsfreiheit unterschie-

515 BAG SAE 1999, S. 253 ff.

516 Vgl. Art. L. 611-1 C.T.

517 Zur geschichtlichen Entwicklung des französischen Tarifvertragsrechts, vgl. den kurzen Überblick bei Verdier/Coeuret/Souriac, S. 557 ff.

den[518]. Die einfachgesetzliche Umsetzung der Koalitionsfreiheit ist an zahlreichen Stellen im Code du Travail erfolgt. So bestimmt beispielsweise Art. L. 411-2 C.T., dass sich die „Syndicats“, das heißt die Vereinigungen von Arbeitgebern und Arbeitnehmern, frei gründen dürfen. Art. L. 412-2 C.T. enthält eine Regelung, nach der es dem Arbeitgeber verboten ist, die Mitgliedschaft in einer Gewerkschaft oder eine gewerkschaftliche Betätigung zum Anlass für Benachteiligungen unter anderem bei Einstellung, Beförderung, Entlohnung und Kündigung zu machen. Für den Fall der Zuwiderhandlung gegen die in der Vorschrift im einzelnen genannten Verbote ist der Arbeitgeber zum Schadensersatz verpflichtet.

Die französische Tariflandschaft ist, was die Art der Tarifabkommen betrifft, der deutschen durchaus vergleichbar. Nach Art. L. 132-1 C.T. können von den Tarifparteien sowohl „conventions collectives“ als auch „accords collectifs“ abgeschlossen werden. Der Unterschied der Übereinkünfte erschöpft sich lediglich darin, dass es sich bei den „conventions collectives“ um Tarifverträge handelt, welche die Gesamtheit der verhandlungsfähigen Fragen zum Gegenstand haben, während sich die „accords collectifs“ als Kollektivabkommen nur einem begrenzten Fragenkreis widmen[519]. Der Abschluß eines Tarifvertrags ist nach Art. L. 131-1 C.T. über alle Beschäftigungs- und Arbeitsbedingungen sowie Sozialgarantien möglich. Ein Tarifvertrag kann sich auf die Branche („convention collective de branche“), auf die Berufsgruppe („accords professionnels“) oder auf das Unternehmen („convention collective d'entreprise“) beziehen. Eine Sonderstellung nimmt der „accord national interprofessionnel“ ein, ein nationaler branchenübergreifender Tarifvertrag, der für alle Erwerbstätigkeiten auf dem gesamten Staatsgebiet gilt und daher gesetzesgleiche Wirkung hat. Es handelt sich hierbei nicht um einen Tarifvertrag im „klassischen“ Sinne, da der arbeitsrechtliche Bereich stricto senso häufig verlassen wird, indem beispielsweise eine neue Einrichtung zur Arbeitslosenversicherung geschaffen wird, deren Gründung die öffentliche Hand zuvor angeregt hat[520].

Der Branchentarifvertrag nach Art. L. 132-11 C.T. regelt die kollektiven Beziehungen zwischen Arbeitgebern und Arbeitnehmern des jeweils betroffenen Wirtschaftszweigs[521] und kann daher mit dem deutschen Verbandstarifvertrag

518 Zu den unterschiedlichen Aspekten, vgl. Krieger, S. 5 ff.; Marchand, S. 263 ff.; Pélissier/Supiot/Jeammaud Rn. 518 ff.; allgemein zum Gehalt der Koalitionsfreiheit, Mathieu/Dion-Loye, Dr. Soc. 1990, S. 525, S. 526 ff.

519 Art. L. 132-1 C.T. legt fest: *„La convention collective a vocation à traiter de l'ensemble des matières visées à l'article L. 131-1, pour toutes les catégories professionelles intéressées. L'accord collectif traite un ou des sujets déterminés dans cet ensemble.“* Zu den möglichen Regelungsmaterien Le Friant in Zachert, S. 116.

520 Krieger, S. 217 f.; Péllisier/Supiot/Jeammaud Rn. 86.

521 Ausführlich zur „Convention collective de branche“ Péllisier/Supiot/Jeammaud Rn. 783 ff.; Teyssié Rn. 627 ff.

verglichen werden. Das französische Pendant zum Firmentarifvertrag ist die in den Art. L. 132-18 ff. C.T. normierte „convention d'entreprise", die den Abschluss von Firmentarifverträgen auf Unternehmens- und Betriebsebene zum Gegenstand hat[522]. Anders als in Deutschland, wo der Grundsatz der Tarifeinheit[523] gilt, können in Frankreich jedoch gleich mehrere Tarifverträge auf Betrieb und Unternehmen anwendbar sein. Das Verhältnis der geltenden Tarifverträge war im Grundsatz lange Zeit in Art. L. 132-13 C.T. a.F. und in Art. L. 123-23 C.T. a.F. geregelt, wonach die Bestimmungen eines höherrangigen Tarifvertrags (derjenige mit dem weiteren Anwendungsbereich in geographischer und beruflicher Hinsicht) von denen eines Tarifvertrags niederer Ordnung nur verdrängt werden konnten, wenn sie für die Arbeitnehmer günstiger waren[524]. Dies hat sich mit der „Loi relative à la formation tout au long de la vie et au dialogue social"[525] geändert: Nunmehr kann nach Art. L. 132-13 C.T. n. F. ein niederrangiger Tarifvertrag auch zu Lasten des Arbeitnehmers von den Bestimmungen eines höherrangigen Tarifvertrags abweichen, wenn dieser die Abweichung gestattet. Eine Verschlechterung ist allerdings nicht bezüglich der in Art. L. 123-23 C.T. n. F. aufgeführten Materien (Mindestlohn, Eingruppierung, staatliche Vorsorge) möglich[526].

Verhandlungspartner des Tarifvertrages auf Branchenebene sind Arbeitgebervereinigungen oder Gruppen von Arbeitgebern sowie eine oder mehrere repräsentative Gewerkschaften, Art. L. 132-2 C.T. Das Kriterium der „Repräsentativität" auf Gewerkschaftsseite entspricht in etwa dem der Tariffähigkeit in Deutschland. Die Repräsentativität einer Gewerkschaft richtet sich nach Art. L. 133-2 C.T., der zwar in das Kapitel der allgemeinverbindlichen Tarifverträge aufgenommen wurde, aber hinsichtlich des dort beschriebenen Erfordernis der Reprä-

---

522 Art. L. 132-19 al. 2 C.T. nimmt ausdrücklich auch Tarifverträge auf Betriebsebene in Bezug: *„Une convention ou des accords peuvent être conclus au niveau d'un établissement ou d'un groupe des établissements dans les mêmes conditions."*

523 Vgl. ErfK/Schaub § 4 TVG Rn. 111 ff., der allerdings für den Fall, dass eine Tarifpluralität zwischen Tarifverträgen von DGB-Gewerkschaften mit solchen der früheren DAG oder des CGB erwächst, der Ansicht ist, dass nicht an der Rechtsprechung des BAG zur Tarifeinheit festgehalten werden kann. Hier soll ein Nebeneinander mehrerer Tarifverträge hinzunehmen sein, da andernfalls in die Tarifautonomie eingegriffen werde.

524 S. Pélissier/Supiot/Jeammaud Rn. 815 f.

525 Loi n° 2004-391 du 4 mai 2004 relative à la formation professionnelle tout au long de la vie et au dialogue social, J. O. n° 105 du 5 mai 2004, S. 7983.

526 Die „Loi relative à la formation tout au longue de la vie et au dialogue social" ist im Vorfeld für diese Änderung vom französischen Schrifttum und Gewerkschaften überwiegend als übereilt und gefährlich eingestuft worden, vgl. hierzu die Berichte in Le Monde vom 19.11.2003 („Après les syndicats, les experts critiquent le projet Fillon" und M. Bélier: „Ce texte contient des points très discutables" – M. Lyon-Caen: „La réforme aura des effets préoccupants").

sentativität für alle Tarifverträge Geltung erlangt[527]. Danach ist die Annahme der Repräsentativität einer Gewerkschaft an die folgenden Kriterien geknüpft: Mitgliederzahl, Unabhängigkeit, Beitragshöhe, Dauer des Bestehens und Erfahrung der Organisation sowie das mittlerweile zu vernachlässigende Merkmal der patriotischen Haltung während der Besatzungszeit[528]. Nach Art. L. 132-2 C.T. wird die Tariffähigkeit von Verbänden, die sich national als repräsentativ anerkannten Gewerkschaften angeschlossen haben, unwiderleglich vermutet. Fünf französische Gewerkschaften genießen im Hinblick auf die Repräsentativität allerdings einen Sonderstatus: Die C.F.D.T.[529], die C.F.T.C.[530], die C.F.E.-C.G.C.[531], die C.G.T.[532] sowie die F.O[533]. sind vom Gesetzgeber auf nationaler und branchenübergreifender Ebene als repräsentativ anerkannt worden und müssen den Nachweis nach Art. L. 133-2 C.T nicht mehr erbringen[534]. Es handelt sich um Richtungsgewerkschaften, die auf ein und demselben Gebiet tätig sind, was zu einer gewissen Zersplitterung der französischen Gewerkschaftsbewegung geführt hat[535].

Verhandlungspartner des Tarifvertrages auf Unternehmens- beziehungsweise Betriebsebene sind der jeweilige Arbeitgeber und die in Unternehmen und Betrieb repräsentativen Gewerkschaften. Als repräsentativ werden hierbei ebenfalls diejenigen Gewerkschaften erachtet, die sich einer der fünf auf nationaler Ebene als repräsentativ anerkannten Gewerkschaften angeschlossen haben[536]. Ebenso kommt Art. L. 133-2 C.T. zum Tragen, der allen anderen Gewerkschaft die Möglichkeit eröffnet, den Nachweis ihrer Repräsentativität zu führen[537]. Der Arbeitgeber ist verpflichtet, zu den Tarifverhandlungen alle repräsentativen Gewerkschaften einzuladen. Eröffnet er die Verhandlungen nur mit einigen von ihnen, so ist der geschlossene Tarifvertrag nichtig und der Tatbestand der gewerkschaft-

---

527 Pélissier/Supiot/Jeammaud Rn. 553.

528 Zu den einzelnen Kriterien und deren Gewichtung Pélissier/Supiot/Jeammaud Rn. 559 ff.; Teyssié Rn. 53 ff.; zur hieran verschiedentlich geäußerten Kritik Le Friant, BetrR 1996, S. 1, S. 5.

529 Confédération Française Démocratique du Travail.

530 Confédération Française des Travailleurs Chrétiens.

531 Confédération Française de l'Encadrement – Confédération Générale des Cadres.

532 Confédération Générale du Travail.

533 Force Ouvrière.

534 Le Friant in Zachert, S. 119; Marchand, S. 289.

535 Michel, AuA 1993, S. 366; zur Zielsetzung und historischen Entwicklung der fünf als repräsentativ anerkannten (Richtungs-)Gewerkschaften, vgl. Mouriaux, S. 27 ff.

536 Art. L. 132-19 C.T., der die „convention collective d'entreprise" regelt, verweist insoweit auf Art. L. 132-2 C.T., der die Parallelbestimmung für die „convention collective de branche" enthält.

537 Pélissier/Supiot/Jeammaud Rn. 840.

lichen Diskriminierung nach Art. L. 412-2 C.T. verwirklicht, der in Art. L. 481-3 C.T. mit Geld- und Gefängnisstrafe belegt ist[538].

Bisher konnte der Arbeitgeber bzw. der Arbeitgeberverband den Tarifvertrag rechtswirksam mit nur einer der fünf repräsentativen Gewerkschaften abschließen, selbst wenn die anderen Gewerkschaften die Einigung ablehnten. Dies wurde ebenfalls mit der „Loi relative à la formation tout au long de la vie et au dialogue social" geändert. Nunmehr sollen Tarifverträge nach Maßgabe des neu geschaffenen Art. L. 132-2-2 C.T. nur in Kraft treten können, wenn sie nicht von einer Mehrheit der jetzt nach Machtanteil gewichteten Gewerkschaften abgelehnt werden[539].

Das französische Tarifrecht kennt im Übrigen nicht nur die Verhandlungsmöglichkeit über einen Tarifvertrag, sondern auch eine Verhandlungspflicht. Der Gegenstand der Verhandlungspflicht, ist davon abhängig, ob auf Branchen- oder Unternehmensebene zu verhandeln ist. Auf Branchenebene statuieren Art. L. 132-12 C.T. und Art. L. 933-2 C.T. eine Verhandlungspflicht für die durch einen laufenden Tarifvertrag gebundenen Parteien. Danach ist jährlich über die Löhne und Gehälter zu verhandeln, alle drei Jahre über die Gleichberechtigung der Geschlechter im Beruf sowie mindestens alle fünf Jahre über die berufliche Weiterbildung. Art. L. 132-27 C.T. enthält die Parallelbestimmung auf Unternehmensebene. Hier ist jährlich ebenfalls über Löhne und Gehälter zu verhandeln. Weiterhin greift die jährliche Verhandlungspflicht im Hinblick auf Dauer und Lage der Arbeitszeit, die berufliche Weiterbildung sowie die Gleichberechtigung der Geschlechter im Beruf. Alle drei Jahre sind die Verhandlungen um Fragen des Zugangs und der Aufrechterhaltung der Beschäftigung und beruflichen Weiterbildung älterer Arbeitnehmer zu erweitern. Kommt der Arbeitgeber seiner Verhandlungspflicht auf Unternehmensebene nicht nach, so drohen ihm neben zivilrechtlichen Schadensersatzansprüchen anders als auf Branchenebene

---

538 M. w. N. Pélissier/Supiot/Jeammaud Rn. 840. Die Straf- und ordnungsrechtliche Bewehrung ist im französischen Recht kein ungewöhnlicher Vorgang. Der Code du Travail enthält zahlreiche Vorschriften, die derartige Sanktionen zum Gegenstand haben, vgl. neben Art. L. 481-3 C.T. nur Art. L. 481-1 C.T., Art. L. 481-2 C.T., Art. L. 482-1 C.T. Die große Bedeutung von straf- und ordnungsrechtlichen Normen wird nicht zuletzt daran deutlich, dass ihnen ein eigenes arbeitsrechtliches Lehrbuch gewidmet ist, vgl. Coeuret/Fortis, Le Droit Pénal du Travail.

539 Da durch das Mehrheitsprinzip die kleineren Gewerkschaften benachteiligt werden, haben diese die neue Regelung überwiegend abgelehnt. Aber auch die Arbeitgeberverbände sind unzufrieden. Sie spielten zuvor oftmals die verhandelnden Gewerkschaften gegeneinander aus und schlossen Tarifverträge im Bedarfsfall auch mit einer kleineren Organisation ab, vgl. hierzu die Berichte in Le Monde vom 25.10.2003 („François Fillon bouleverse les règles du dialogue social"), dem Handelsblatt vom 23.10.2003 („Frankreichs Gewerkschaften ändern Kurs"), der FAZ vom 24.10.2003 („Die französische Regierung will die kleinen Gewerkschaften entmachten") und der FR vom 27.10.2003 („Belegschaft soll Tarifvertrag kippen können" und „Fragwürdig").

zudem noch strafrechtliche Konsequenzen. Art. L. 153-2 C.T. enthält für diesen Fall einen Verweis auf Geld- und Gefängnisstrafen. Die jeweiligen Verhandlungspartner sind indes nur zur Aufnahme von Verhandlungen verpflichtet, eine Pflicht zum tatsächlichen Abschluss eines Tarifvertrags ist im Gesetz weder ausdrücklich geregelt noch wird sie aufgrund von Auslegung ermittelt[540].

Die Zielsetzung dieser durch die sog. „Loi Auroux“[541] im Jahre 1982 eingeführten Verhandlungspflicht war es, die Bedeutung des Tarifvertrags zu stärken[542]. Obwohl die Schaffung einer Verhandlungspflicht insbesondere dem Firmentarifvertrag zu größerem Gewicht verholfen hat[543], bleibt der gewerkschaftliche Organisationsgrad in Frankreich mit ca. 8 Prozent gering[544]. Der geringe Organisationsgrad kann allerdings auf eine weitere französische Besonderheit zurückgeführt werden: Die in Art. L. 135-2 C.T. normierte „erga omnes-Wirkung“ hat zur Folge, dass tarifliche Regelungen auf ein Arbeitsverhältnis bereits dann Anwendung finden, wenn die Tarifbindung des Arbeitgebers gegeben ist[545]. Ohne Bedeutung bleibt die Frage, ob der Arbeitnehmer seinerseits Mitglied der tarifschließenden Gewerkschaft oder überhaupt gewerkschaftlich organisiert ist[546]. Der Arbeitnehmer ist aufgrund der erga omnes-Wirkung mithin nicht gezwungen, einen Gewerkschaftsbeitritt in Erwägung zu ziehen, um tarifliche Rechte für sich in Anspruch nehmen zu können[547].

Die Normen des einschlägigen Tarifvertrags gelten in dem jeweiligen Arbeitsverhältnis zwingend („effet impératif“) sowie mit sofortiger und unmittelbarer Wirkung („effet immédiat“ und „effet automatique“)[548]. Ausnahme hiervon ist das Günstigkeitsprinzip, welches das Verhältnis Tarifvertrag – Arbeitsvertrag in

540 Kissler/Lasserre, S. 70; Le Friant, AuR 1984, S. 78, S. 80.

541 Loi N° 82-957, J.O. 14.11.1982, S. 3414 ff. Die Benennung des Gesetzes ist auf den damaligen sozialistischen Arbeitsminister Jean Auroux zurückzuführen.

542 Kessler, BlStSozArbR 1983, S. 369, S. 371; Le Friant, AuR 1984, S. 78, S. 80; kritisch gegenüber der Einführung einer Verhandlungspflicht Roudil, Dr. Soc. 1982, S. 607, S. 610 f.

543 Guéry, S. 41 äußert bezüglich der „Loi Auroux“: *„Quant à la négociation d'entreprise, si elle s'est généralement peu développée par rapport à la négociation de branche, elle a retrouvé un nouveau souffle depuis quelques années et en particulier depuis la promulgation de la loi du 13 novembre 1982 relative à la négociation collective.“*

544 Vgl. den Bericht im Handelsblatt vom 23.10.2003 („Frankreichs Gewerkschaften ändern Kurs“), wonach der französische Organisationsgrad der niedrigste in Europa ist.

545 Die Tarifbindung des Arbeitgebers ist in Art. L. 135-1 C.T. geregelt. Danach ist der Arbeitgeber als Unterzeichner des Tarifvertrags gebunden oder als Mitglied des tarifschließenden Verbands.

546 Mit Nachweisen aus der Rechtsprechung Pélissier/Supiot/Jeammaud Rn. 803; ausführlich zur erga omnes-Wirkung auch Rémy, S. 282 ff.

547 Die erga omnes-Wirkung steht wegen dieser für die Gewerkschaften nachteiligen Folgen immer wieder in der Kritik, vgl. hierzu Le Friant in Zachert, S. 135 f.

548 Krieger, S. 165 ff.; Verdier/Coeuret/Souriac, S. 572 ff.

Art. L. 135-2 C.T. wie folgt regelt: „*Lorsqu'un employeur est lié par les clauses d'une convention ou d'un accord collectif de travail, ces clauses s'appliquent aux contrats de travail conclus avec lui, sauf dispositions plus favorables.*" Das Verhältnis der gesetzlichen Bestimmungen des Code du Travail zu denen des Tarifvertrags wird in Art. L. 132-4 C.T. geregelt. Dort heißt es: „*La convention et l'accord collectif de travail peuvent comporter des dispositions plus favorables aux salariés que celles des lois et règlements en vigeur. Ils ne peuvent déroger aux dispositions d'ordre public de ces lois et règlements.*" Der Code du Travail ist grundsätzlich also nur dort tarifdispositiv, wo der Tarifvertrag eine günstigere Regelung für die Arbeitnehmer schafft[549].

Wie das deutsche Recht kennt auch die französische Arbeitsrechtsordnung die Allgemeinverbindlicherklärung von Tarifverträgen. Hierbei wird zwischen dem „élargissment" und der „extension" unterschieden. Während mit der „extension" die zwingende Geltung aller tariflichen Normen für alle Arbeitsverhältnisse im räumlichen und fachlichen Geltungsbereich eines Tarifvertrags unabhängig von der Mitgliedschaft im entsprechenden Arbeitgeberverband erreicht wird, kann aufgrund des weitergehenden „élargissment" der Geltungsbereich des Tarifvertrags über fachliche und räumliche Grenzen hinaus erweitert werden[550]. Eine weitere Möglichkeit ein Arbeitsverhältnis den Bestimmungen eines Tarifvertrags zu unterstellen, besteht in der „adhésion" nach Art. L. 132-9 C.T., dem Beitritt des Arbeitgebers zu einem Tarifabkommen. Ein Beitritt ist für den Arbeitgeber denkbar, wenn er dem tarifschließenden Arbeitgeberverband nicht angehört, oder wenn er zwar Mitglied eines Arbeitgeberverbands ist, sein Unternehmen aber nicht unter den räumlichen oder fachlichen Geltungsbereich des entsprechenden Tarifvertrags fällt[551].

Im Hinblick auf die jeweilige betriebliche Interessenvertretung sind zwischen deutscher und französischer Arbeitsrechtsordnung ganz erhebliche Unterschiede zu verzeichnen: Obwohl das Betriebsverfassungsgesetz das Zusammenwirken von Betriebsrat und im Betrieb vertretenen Gewerkschaften vorsieht (§ 2 Abs. 1 BetrVG), ein allgemeines Zutrittsrecht zum Betrieb der Gewerkschaftsbeauftragten regelt (§ 2 Abs. 2 BetrVG) und ein Teilnahmerecht für Gewerkschaftsbeauftragte an Betriebs- und oder Abteilungsversammlungen (§ 46 Abs. 1 BetrVG) kennt, ist in Deutschland die innerbetriebliche von der gewerkschaftlichen Interessenvertretung grundsätzlich getrennt[552]. In Frankreich kommt den repräsentativen Gewerkschaften in Betrieb und Unternehmen hingegen entscheidendes Gewicht zu. Die Vertretung der Arbeitnehmerinteressen im Betrieb kann hier im

549 Vgl. zur „ordre public" im einzelnen Krieger, S. 240 und S. 274 ff.

550 Gatumel, S. 353; Pélissier/Supiot/Jeammaud Rn. 863 ff.

551 Krieger, S. 158 f.; Marchand, S. 299.

552 Zum Verhältnis von Betriebsrat und Gewerkschaften, Däubler, WSI Arbeitsmaterialien Nr. 25, S. 22 f.; Wendeling-Schröder, WSI Arbeitsmaterialien Nr. 25, S. 27 f.

Wesentlichen von gleich drei Organen wahrgenommen werden: dem „comité d'entreprise“[553], dem „délégué du personnel“[554] und dem „délégué syndical“[555]. Bei der Wahl der „délegués du personnel“, der Belegschaftsdelegierten, und dem „comité d'entreprise“, dem Unternehmensausschuss, zeigt sich der große Einfluss der repräsentativen Gewerkschaften auf betrieblicher Ebene: Sie haben hier im Hinblick auf die möglichen Kandidaten ein Vorschlagsrecht für den ersten Wahlgang. Nur wenn im ersten Wahlgang das erforderliche Quorum von 50 Prozent der Stimmberechtigten nicht erreicht wurde, können in einem zweiten Wahlgang auch andere, nicht von der Gewerkschaft nominierte Kandidaten aufgestellt werden[556].

Die Bildung eines Unternehmensausschusses ist gem. Art. L. 431-1 C.T. in Unternehmen mit mindestens 50 Arbeitnehmern vorgesehen. Die Größe des Organs richtet sich nach der Anzahl der Beschäftigten[557]. Besteht ein Unternehmen aus mehreren, getrennten Betrieben können Ausschüsse auf Betriebsebene nach Maßgabe des Art. L. 435-2 C.T gebildet werden[558]. Die Aufgaben der Unternehmensausschüsse bestehen in der Betreuung der sozialen und kulturellen Einrichtungen im Unternehmen (z.B. Betrieb sozialer Einrichtungen wie Sportanlagen, Kantinen oder soziale Hilfsaktionen zugunsten einzelner Arbeitnehmer bei Unfall oder Krankheit etc.[559]) sowie der Interessenvertretung der Arbeitnehmer im wirtschaftlichen Bereich, wo die Tätigkeit des Ausschusses trotz umfangreicher Informationsrechte allerdings rein konsultativ bleibt[560]. Der Unternehmensausschuss setzt sich neben dem Arbeitgeber, der zugleich Vorsitzender ist, aus den von der Belegschaft gewählten Vertretern und aus Gewerkschaftsvertretern[561] zusammen, Art. L. 433-1 C.T.

Er ist das auf der Ebene der betrieblichen Interessenvertretung dem deutschen Betriebsrat am nächsten kommende Organ. Echte Mitbestimmungsrechte des Unternehmensausschusses, wie sie das deutsche Betriebsverfassungsgesetz kennt, suchte man bisher allerdings vergeblich, während die Informationsrechte

---

553 Art. L. 431-1 C.T. ff.

554 Art. L. 422-1 C.T. ff.

555 Art. L. 412-11 C.T. ff.

556 Vgl. Art. L. 423-14 C.T. für die délégués du personnel und Art. L. 433-2 C.T., Art. L. 433-10 C.T. für das comité d'entreprise.

557 Art. R. 433-1 C.T. sieht je nach Beschäftigtenzahl zwischen 3 bis 15 Mitglieder aus der Belegschaft vor.

558 Zur Zuständigkeitsverteilung von comité d'entreprise und comité d'établissement, Pélissier/Supiot/Jeammaud Rn. 676.

559 Zu den einzelnen Aufgaben, Ranke Rn. 306.

560 Vgl. Art. L. 432-10 C.T.

561 In Unternehmen mit weniger als 300 Arbeitnehmern handelt es sich nach Art. L. 412-17 C.T. beim Gewerkschaftsvertreter um den délégué syndical.

allenfalls durch das Desinteresse der gewählten Mitglieder des Ausschusses eingeschränkt wurden[562]. Durch die „Loi relative à la formation tout au long de la vie et au dialogue social“ ist dem Unternehmensausschuss indes eine neue Rolle zugedacht worden. Mit dem Gesetz wurde die nur als äußerst bedenklich zu bezeichnende Möglichkeit des Abschlusses von Tarifverträgen durch die Repräsentanten der Belegschaft („comité d'entreprise“ und „délégués du personnel“) für den Fall geschaffen, dass es in dem Unternehmen keine Gewerkschaftsvertreter („délégués syndicaux“) gibt, Art. L. 132-26 C.T. Diese Regelung wird in Frankreich heftig kritisiert, da hierdurch die Kluft zwischen Unternehmen mit gewerkschaftlicher Vertretung und solchen mit nur innerbetrieblichen Vertretungsorganen, welche die Arbeitnehmer nicht ausreichend schützen könnten, vergrößert werde[563].

Ist im Unternehmen oder Betrieb kein Unternehmensausschuss vorhanden, so wird ein großer Teil seiner Aufgaben vom „délégué du personnel“, dem Belegschaftsdelegierten übernommen, Art. L. 422-5 C.T. Der „délégué du personnel“ wird in Betrieben mit mindestens 11 regelmäßig beschäftigten Arbeitnehmern gewählt, Art. L. 421-1 C.T. Seine Funktion ist in Art. L. 422-1 C.T. geregelt. Hauptaufgabe ist hiernach das Vortragen von Beschwerden der Arbeitnehmer, gleich ob individueller oder kollektiver Natur, gegenüber dem Arbeitgeber und der „inspection du travail“, der Arbeitsinspektion. Aber auch dem „délégué du personnel“ kann nunmehr die Rolle des Verhandlungspartners für Tarifverträge zukommen, wenn er in einem Unternehmen tätig ist, in dem kein Unternehmensausschuss existiert, Art. L. 123-26 C.T.

Der „délégué syndical“, der Gewerkschaftsdelegierte, ist ebenfalls an der betrieblichen Interessenvertretung beteiligt. In Unternehmen und Betrieben mit mindestens 50 Arbeitnehmern kann jede dort repräsentative Gewerkschaft einen Gewerkschaftsdelegierten benennen[564]. In Unternehmen mit weniger als 50 Arbeitnehmern können die repräsentativen Gewerkschaften gemäß Art. L. 412-11 C.T. einen „délégué du personnel“ während seiner Amtszeit zum Gewerkschaftsdelegierten bestimmen. Die Aufgaben des Gewerkschaftsdelegierten sind gesetzlich nicht näher ausgestaltet, was dazu geführt hat, dass von einer allgemeinen Zuständigkeit, einer „compétence générale“, bei der Interessenvertretung von Mitgliedern und gesamter Belegschaft ausgegangen wird[565]. Den Gewerkschaftsdelegierten obliegt es in der Praxis, die kollektiven Interessen aller Arbeitnehmer

562 Dufour in Bispinck/Lecher, S. 114 f.

563 Vgl. die Berichte in Le Monde vom 19.11.2003 („Après les syndicats, les experts critiquent le projet Fillon“ und M. Bélier: „Ce texte contient des points très discutables“ – M. Lyon-Caen: „La réforme aura des effets préoccupants“).

564 Zu den einzelnen Konstellationen im Hinblick auf Anzahl und Zuständigkeit der Gewerkschaftsdelegierten in Betrieb und Unternehmen Pélissier/Supiot/Jeammaud Rn. 670.

565 Pélissier/Supiot/Jeammaud Rn. 671.

zu verteidigen, indem sie Beschwerden, Forderungen und geltend gemachte Ansprüche an die Geschäftsführung weitergeben[566]. Ihre wichtigste Aufgabe besteht jedoch zweifelsfrei darin, als Gewerkschaftsvertreter mit dem Arbeitgeber über den Abschluss von Firmentarifverträgen zu verhandeln[567]. Eine Aufgabe, die ihnen trotz der „Loi relative à la formation tout au long de la vie et au dialogue social" jedenfalls solange erhalten bleibt, wie sie im jeweiligen Betrieb oder Unternehmen vertreten sind.

Anders als in Deutschland, das mit dem Betriebsrat nur ein einheitliches Organ zur Vertretung der Belegschaftsinteressen kennt, ist die betriebliche Interessenvertretung in Frankreich damit vergleichsweise zersplittert. Die Gewerkschaften konnten in Frankreich durch die Vorschlagsrechte bei der Wahl zum Unternehmensausschuss und zum Belegschaftsdelegierten bisher allerdings erheblichen Einfluss auf Unternehmens- und Betriebsebene ausüben. Ob die „Loi relative à la formation tout au long de la vie et au dialogue social", mit der Unternehmensausschuss und Belegschaftsdelegierten bei Abwesenheit von Gewerkschaftsdelegierten die Möglichkeit zum Aushandeln von Tarifverträgen eingeräumt wird, das Verhältnis der Gewerkschaften zu ihnen belasten wird, lässt sich derzeit noch nicht absehen.

In diesem Zusammenhang darf jedoch nicht unberücksichtigt bleiben, dass es in Frankreich trotz der festen Verankerung der Gewerkschaften im Betrieb schon vor Erlass der „Loi relative à la formation tout au long de la vie et au dialogue social" zu einem Phänomen gekommen ist, welches der hierzulande häufig beobachteten tarifwidrigen Betriebsvereinbarung nicht unverwandt ist. Der so genannten „accord atypique", die atypische Übereinkunft zwischen Arbeitgeber und Belegschaftsdelegierten oder Unternehmensausschuss war immer eine feste Größe in der französischen Tariflandschaft[568]. Diese Übereinkünfte hatten beispielsweise Zulagen zum Arbeitsentgelt, den Verzicht auf betriebsbedingte Kündigungen für einen bestimmten Zeitraum oder auch die Gewährung zusätzlicher Urlaubstage zum Gegenstand[569]. Die Gründe für den Abschluss derartiger Übereinkommen waren – und sind es noch – vielfältig: Die Abwesenheit von Gewerkschaften in Betrieb und Unternehmen, das bisweilen künstliche Erfordernis der Repräsentativität, der große Einfluss der von der Belegschaft gewählten betrieblichen Interessenvertreter und deren Entscheidung, die Ergebnisse der mit dem Arbeitgeber in regelmäßigem Abstand geführten Gespräche vertraglich

566 Le Friant, BetrR 1996, S. 1, S. 6.

567 Michel, AuA 1993, S. 366, S. 369; Pélissier/Supiot/Jeammaud Rn. 67.

568 Vgl. nur Le Friant WSI, Arbeitsmaterialien Nr. 25, S. 14, die die in Frankreich diskutierten Vorschläge zur gesetzlichen Verankerung des „accord atypique" zusammengefasst hat.

569 Pélissier/Supiot/Jeammaud Rn. 92.

festzuhalten[570], aber selbstverständlich auch ein bewusstes Übergehen der „délégués syndicaux" im Betrieb oder im Unternehmen[571].

Die „accords atypiques" zwischen Arbeitgeber und Unternehmensausschuss oder Belegschaftsdelegierten genügten bisher schon deshalb nicht den an einen Tarifvertrag gestellten Anforderungen, weil das Gesetz nur dann von einem Tarifvertrag sprach, wenn dieser vom Arbeitgeber oder einem Arbeitgeberverband und einer oder mehrerer repräsentativer Gewerkschaften ausgehandelt wurde[572]. Da der Code du Travail keine dem § 77 Abs. 3 BetrVG vergleichbare Vorschrift enthielt, nach der derartige Vereinbarungen als unzulässig angesehen werden konnten und das Gesetz in Art. L. 132-2 C.T. nur die Nichtigkeit von Tarifverträgen vorsieht, die der Schriftform entbehren, und es sich bei den „accords atypiques" gerade nicht um solche handeln sollte, wurden diese Abkommen in Frankreich als wirksam erachtet[573]. Auf der Grundlage eines „accord atypique" war es allerdings nicht möglich, von zwingendem Gesetzesrecht oder einem Tarifvertrag abzuweichen, es sei denn, die darin getroffenen Regelungen brachte durch die Verbesserung der Arbeitsbedingungen das Günstigkeitsprinzip zum Tragen[574].

Die Rechtsprechung behandelte den „accord atypique" wie ein „engagement unilatéral", das heißt wie eine einseitige Verpflichtung des Arbeitgebers, vergleichbar einer Gesamtzusage[575]. Die Arbeitnehmer konnten sich demgemäß auf im Rahmen eines „accord atypique" erteilte Zusagen des Arbeitgebers berufen[576]. Der Unternehmensausschuss, der eine solche Zusage ausgehandelt hatte, konnte hingegen keine Klage zugunsten der Arbeitnehmer erheben[577].

In der Praxis drängten die französischen Gewerkschaften auch nicht immer auf ihre Vorrangstellung als Verhandlungspartner bei der Festlegung von Arbeitsbedingungen. Hatte der Unternehmensausschuss mit dem Arbeitgeber verhandelt,

---

570 Teyssié Rn. 523.

571 Krieger, S. 229.

572 Vgl. Art. L. 132-2 C.T. und Art. L. 132-19 C.T. sowie Art. L. 411-17 C.T., dessen S. 2 und S. 3 lauten: *„Sont seules admises à négocier les conventions et accords collectifs de travail les organisation des de salariés constituées en syndicats conformément au présent titre à l'exclusion des associations quel qu'en soit l'objet. Tout accord ou convention visant les conditions collectives du travails est passé dans les conditions déterminées par le titre III du livre Ier du présent code."*

573 Teyssié Rn. 523.

574 Le Friant in Zachert, S. 143; Pélissier/Supiot/Jeammaud Rn. 93; Teyssié Rn. 523; Cass. soc., 19.11.1997, Bull. V n° 387.

575 Vgl. Cass. soc., 18.3.1997, TPS 1997, 17 f.; w. N. aus der Rechtsprechung bei Pélissier/Supiot/Jeammaud Rn. 840.

576 Cass. soc., 27.3.1996, Bull. V n° 121.

577 Cass. soc., 18.3.1997, TPS 1997, S. 17, S. 18.

so wurde dies bisweilen akzeptiert[578]. Es war sogar zu beobachten, dass sich die Gewerkschaften auf dem Klagewege dafür einsetzen, dass die im „accord atypique“ enthaltenen Zusagen vom Arbeitgeber erfüllt wurden. So hat die Chambre Sociale des Cour de Cassation, deren Stellung der des Bundesarbeitsgerichts vergleichbar ist, einer Klage der Gewerkschaften, mit der die Durchsetzung einer derartigen Übereinkunft erreicht werden sollte, auf Grundlage des Art. L. 411-11 C.T. stattgegeben[579]. Allerdings waren die Gewerkschaften zu einem solchen Umgang mit atypischen Übereinkünften keineswegs verpflichtet[580]. Waren in einem Betrieb oder Unternehmen repräsentative Gewerkschaften vertreten, so stand für den Arbeitgeber gleichermaßen eine strafbewehrte Behinderung der Koalitionsfreiheit im Raum, wenn er den „accord atypique“ beispielsweise über eine Materie abschloss, die Gegenstand der gesetzlich vorgeschriebenen jährlichen Verhandlungspflicht ist[581].

Die französischen Gewerkschaften waren demnach gegen Eingriffe in ihre Vorrangstellung beim Abschluss kollektiver Abkommen durchaus geschützt. Dies stellte bisher einen gewichtigen Unterschied zur Rechtslage in Deutschland bis zum Erlass der „Burda-Entscheidung“ dar. Das Schutzniveau ist mit der „Loi relative à la formation tout au long de la vie et au dialogue social“ in Unternehmen und Betrieben, in denen keine Gewerkschaftsdelegierten vorhanden sind, zweifelsfrei gesunken. Anders als in Deutschland, wo (noch) daran festgehalten wird, dass sich die geänderten gesellschaftlichen Kräfteverhältnisse in den Tarifverträgen von Gewerkschaften und Arbeitgebern beziehungsweise Arbeitgeberverbänden niederschlagen sollen, werden die jüngsten Entwicklungen in Frankreich die dortige Tariflandschaft nachhaltig verändern. Auch das französische Tarifvertragssystem hat demzufolge erheblichem Druck standzuhalten. Die nachfolgende Darstellung wird allerdings zeigen, dass zumindest das System gewerkschaftlichen und tarifvertraglichen Rechtsschutzes in Frankreich derzeit noch umfassender ist als das deutsche.

Der Grund hierfür ist unter anderem auch darin zu sehen, dass neben den Gewerkschaften auch noch einer staatlichen Behörde eine Schlüsselrolle in Unternehmen und Betrieb zukommt. Die „inspection du travail“, die Arbeitsinspektion, untersteht dem Arbeitsministerium und hat gemäß Art. L. 611-11 C.T. die Einhaltung der Vorschriften des Code du Travail, der nichtkodifizierten Arbeitsvorschriften sowie von Tarifverträgen zu überwachen[582]. Das Zusammenwirken von Arbeitsinspektion und Gewerkschaften kann dem gemeinsamen Anliegen ent-

578 Vgl. Sellier, WSI Arbeitsmaterialien Nr. 25, S. 8 f.

579 Cass. soc., 14.6.1984, Bull. V, n° 251.

580 Die Gewerkschaften sind noch immer nicht zu einem solchen Umgang verpflichtet, solange die Gewerkschaftsdelegierten in Betrieb und Unternehmen vertreten sind.

581 Cass. crim., 18.11.1997, Bull. crim. n° 390; Hidalgo in Lecher/Platzer, S. 62.

582 Hierzu ausführlich § 17.

sprechend bei der Durchsetzung von Tarifverträgen und Arbeitsgesetzen beobachtet werden. Den Gewerkschaften obliegt es hier häufig, die Arbeitsinspektion über Verstöße zu informieren. Umgekehrt unterstützt die Arbeitsinspektion Aktionen der Gewerkschaften, die auf die Einhaltung von Tarifverträgen und Arbeitsgesetzen gerichtet sind[583]. Den Arbeitsinspektoren stehen zur Erfüllung ihrer Aufgaben diverse Zwangsmaßnahmen zur Verfügung, wie etwa die Protokollniederschrift bei Feststellung von Übertretungen, deren Strafbarkeit in zahlreichen arbeitsrechtlichen Vorschriften festgelegt ist[584].

Das Beispiel der Arbeitsinspektion zeigt, dass die Bereitschaft zu staatlicher Intervention im Bereich des Arbeitsrechts in Frankreich stark ausgeprägt ist. Anders als in Deutschland ist die Intervention des Staates im Hinblick auf die Arbeitsbedingungen oftmals auch Teil der Verhandlungsstrategie der Tarifparteien. Diese halten sich bei Verhandlungen bisweilen gezielt zurück, um den Staat zum Eingreifen, etwa durch Anhebung der Mindestlöhne, zu zwingen[585]. Dass ein staatlicher Eingriff den Gewerkschaften aber keineswegs immer zum Vorteil gereichen muß, verdeutlicht die „Loi relative à la formation tout au long de la vie et au dialogue social".

## § 14 Klagerechte französischer Gewerkschaften

Der französische Gesetzgeber hat für die Gewerkschaften Rechtsschutzinstrumente geschaffen, die es ihnen ermöglichen, sowohl die eigenen als auch die Interessen ihrer Mitglieder beziehungsweise einzelner nichtorganisierter Arbeitnehmer durchzusetzen. Der Code du Travail kennt eine Reihe von Klagerechten, deren Ausübung den „syndicats" anheimgegeben ist und die auf die kollektive Verfolgung von Individualansprüchen gerichtet sind. Es handelt sich hierbei vor allem um Klagerechte, mit denen den Rechten besonders schützenswerter Gruppen von Arbeitnehmern Geltung verschafft werden soll[586]. Hierunter fallen insbesondere Heimarbeiter, Leiharbeitnehmer, befristet beschäftigte und ausländische Arbeitnehmer. Im Code du Travail sind zugunsten dieser Arbeitnehmer gewerkschaftliche Klagerechte normiert, die es der jeweiligen Gewerkschaft erlauben, anstelle des betroffenen Arbeitnehmers zu klagen („droit de substitution")[587]. Ein anschauliches Beispiel für die Durchführung eines solchen Verfahrens zur Durchsetzung individueller Rechte durch die Gewerkschaften bietet der Fall Syndicat C.G.T. des Papeteries contre Papeteries de Lancey. Die klagende Ge-

583 Ramackers/Vilboeuf, S. 40.

584 Ramackers/Vilboeuf, S. 89 ff.; Jeammaud/Le Friant/Zumfelde, NZA 1995, S. 210, S. 216.

585 Dufour in Bispinck/Lecher, S. 116.

586 Supiot Rn. 524.

587 Vgl. Art. L 721-19 C.T. für Heimarbeiter, Art. L. 124-20 C.T. für Leiharbeitnehmer; Art. L. 122-3-16 C.T. für befristet beschäftige Arbeitnehmer; Art. L. 341-6-2 C.T. für ausländische Arbeitnehmer.

werkschaft konnte hier für die betroffenen Arbeitnehmer die Qualifikation ihrer befristeten Arbeitsverträge als unbefristete durchsetzen[588].

Weitere Klagerechte, die von den Gewerkschaften zugunsten des einzelnen Arbeitnehmers wahrgenommen werden können, bestehen beispielsweise gemäß Art. L. 321-15 C.T. bei betriebsbedingten Kündigungen[589] und gemäß Art. L. 123-6 C.T. bei Fragen der Gleichberechtigung von Mann und Frau.

Zu dieser Gruppe gewerkschaftlicher Klagerechte zur Geltendmachung von Individualansprüchen zählt auch die hier noch darzustellende Vorschrift des Art. L. 134-4 al. 1 C.T., die es den Gewerkschaften ermöglicht, eine Klage zur Durchsetzung der tariflichen Rechte eines Gewerkschaftsmitglieds zu erheben. Darüber hinaus kennt das französische Recht zur Durchsetzung von Tarifverträgen noch eine Klage, die eigene Rechte der Gewerkschaften zum Gegenstand hat. Art. L. 135-5 C.T., der ebenfalls Gegenstand der nachfolgenden Untersuchungen sein wird, enthält eine Klage, mit der die gerichtliche Verurteilung des Arbeitgebers zur Anwendung bzw. fehlerfreien Anwendung des Tarifvertrages erreicht werden kann. Andere Rechtsschutzinstrumente, deren Wurzeln im kollektiven Arbeitsrecht liegen, sind den im deutschen Arbeitsrecht verankerten Klagerechten durchaus vergleichbar. Die so genannte „action en interprétation“, die seit 1979 vom Cour de Cassation anerkannt wird[590] und auf die Auslegung eines Tarifvertrages gerichtet ist, ähnelt der Feststellungsklage nach § 9 TVG. Ebenfalls anerkannt ist die individuelle Rechtsverfolgung durch den einzelnen Arbeitnehmer[591].

Eine Besonderheit des französischen Arbeitsrechts ist indes die Klagemöglichkeit des Art. L. 135-6 C.T. Dort heißt es: *„Les personnes liées par une convention ou un accord collectif peuvent intenter toute action visant à obtenir l'exécution des engagements contractés et, le cas échéant, des dommages-intérêts contre les autres personnes ou les organisations ou groupements, liés par la convention ou l'accord, qui violeraient à leur égard ces engagements.“*

Auf Grundlage dieser Vorschrift kann der klagende Arbeitnehmer nicht nur gegen seinen Arbeitgeber wegen Tariferfüllung[592] beziehungsweise Schadensersatz[593] vorgehen, sondern auch gegen einen der tarifschließenden Verbände. Diese Konstellation ist denkbar, wenn etwa ein Arbeitgeberverband seine Mitglieder dazu auffordert, einen Tarifvertrag oder tarifliche Bestimmungen nicht zu beachten. Umgekehrt kann auch ein Arbeitgeber einen Arbeitnehmer aufgrund

588 Vgl. D.O. 1992, 219 f.

589 Hierzu kritisch Cottereau, La Sem. Soc. Lamy 1989, 560 ff.

590 Cass. soc., 6.12.1979, Bull. V n° 957.

591 M. w. N. Teyssié Rn. 578; Cass. Soc., 7.1.1997, Bull. V n° 1.

592 So beispielsweise geschehen in der Sache SA Jeanneau contre Ageneau et autres, Cass. soc., 7.1.1997, Bull. V n° 1.

593 Vgl. hierzu Cass. soc. 22.1.1998, RJS 1998, n° 337 und die Anmerkung hierzu von Couturier, Dr. Soc. 1998, 375 ff.

der Vorschrift des Art. L. 135-6 C.T. auf dem Klagewege in Anspruch nehmen. Dies kann beispielsweise in Betracht kommen, wenn der Tarifvertrag eine Bestimmung zu seinen Lasten enthält und der Arbeitnehmer dieser Bestimmung keinerlei Beachtung schenkt. Es sind aber auch Klagen eines tarifgebundenen Arbeitgebers gegen einen anderen tarifgebundenen Arbeitgeber möglich, wenn dieser seine Arbeitnehmer beispielsweise untertariflich entlohnt und sich so einen Kostenvorteil verschafft. Darüber hinaus kann es zu Klagen von Arbeitgeberverbänden oder einzelnen Arbeitgebern gegen Gewerkschaften kommen[594].

Um eine weitere französische Besonderheit handelt es sich bei dem Verbandsklagerecht des Art. L. 411-11 C.T. Aufgrund dieser Bestimmung können die Gewerkschaften (und im übrigen auch die Arbeitgeberverbände) vor allen Gerichten klagen, sobald die kollektiven Interessen des Berufsstands, den sie vertreten, mittelbar oder unmittelbar verletzt sind. Dieses Klagerecht hat in Frankreich eine lange Tradition und sichert Gewerkschaften und Arbeitgeberverbänden im Arbeitsleben einen erheblichen Einfluss[595].

Keine Regelung zu gewerkschaftlichen Klagerechten enthält schließlich Art. R. 516-5 C.T. Es handelt sich aber um eine der Vorschrift des § 11 Abs. 1, Abs. 2 ArbGG vergleichbare Bestimmung, wonach Gewerkschaftsvertreter zur Prozessvertretung eines Arbeitnehmers vor Gericht berechtigt sind und so ebenfalls eine Unterstützung ihres Mitglieds durch die Gewerkschaft ermöglichen[596].

### *I. Klagerechte aus Art. L. 135-5 C.T. und Art. L. 135-4 C.T.*

Soweit es um die Durchsetzung tariflicher Rechte geht, sind zweifelsfrei die in Art. L. 135-4 C.T. und Art. L. 135-5 C.T. enthaltenen Klagerechte von größter Bedeutung. Beide Vorschriften haben in Frankreich eine lange Tradition und einen gemeinsamen historischen Hintergrund. Vor allem aus deutscher Sicht am Bemerkenswertesten dürfte die Tatsache sein, dass das Gesetz, in dem sich diese Bestimmungen ursprünglich wiederfanden, bereits aus dem Jahre 1919 stammt.

Nachdem es nach dem ersten Weltkrieg in Frankreich zu einem sprunghaften Anstieg von Kollektivvereinbarungen gekommen war[597], erließ der französische

594 Vgl. hierzu die Entscheidung des Tribunal Civil de Lyon vom 5.5.1937, Gaz. Pal. 1937. L. 371. Hier hatten sich Gewerkschaft und Arbeitgeberverband im Tarifvertrag für den Streitfall auf ein Schiedsverfahren geeinigt. Das Gericht hat daher das Streikrecht der Arbeitnehmer für eingeschränkt erachtet. Der nichtsdestotrotz durchgeführte Streik führte zu Schadensersatzansprüchen des Arbeitgeberverbands und des Arbeitgebers gegenüber der Gewerkschaft.

595 S. hierzu sogleich unter § 14 II.

596 Zu Art. R. 516-5 C.T. Scheidt, RPDS 1995, S. 295, S. 297; Supiot Rn. 546 ff.; Villebrun/Quétant Rn. 1217 ff.

597 Laut Pirou, Rev. Int. Tr. 1922, S. 38, Fn. 4, hat sich die Anzahl der Tarifverträge im Nachkriegsfrankreich mehr als verdoppelt. Während es 1917 noch 134 Abschlüsse waren, waren 1919 schon 557 zu verzeichnen.

Gesetzgeber die „Loi du 25 Mars 1919[598]“, die Tarifverträge und hieran anknüpfende Klagerechte erstmals einer gesetzlichen Regelung zuführte. Eine umfassende Kodifikation war erforderlich geworden, da Tarifverträge bis zu diesem Zeitpunkt von den Gerichten zwar grundsätzlich als wirksam anerkannt wurden, über deren Rechtsnatur und Wirkung jedoch keine Einigkeit erzielt werden konnte[599]. Den Gerichten stellte sich insbesondere die Frage, ob vom Tarifvertrag abweichende Individualvereinbarungen an sich tarifgebundener Parteien zulässig sein sollten[600]. Rechtsunsicherheit herrschte auch im Hinblick auf die Zulässigkeit gewerkschaftlicher Klagen zur Erfüllung im Tarifvertrag eingegangener Verpflichtungen[601].

Das mit dem Aufkommen des Tarifvertrags entstandene gesetzliche Regelungsbedürfnis wurde in Frankreich bald erkannt. Bereits im Jahre 1906 hatte sich das französische Parlament mit einem Gesetzesvorhaben, dem sog. „projet de loi Domergue“, zu befassen, das neben weiteren arbeitsrechtlichen Bestimmungen auch die Regelung von Kollektivvereinbarungen zum Gegenstand hatte. Der Entwurf konnte sich zunächst wegen des Widerstands von Arbeitgeber- und Gewerkschaftsseite, die beide ihre Interessen nicht ausreichend berücksichtigt sahen, nicht durchsetzen. Ein neuerlicher Gesetzesentwurf wurde 1910 von den damaligen Ministern für Arbeit und Justiz, Viviani und Barthou vorgelegt. Dieser wurde nach weiteren Überarbeitungen durch den Arbeitsausschuss der „Chambre des députés“, dem Abgeordnetenhaus, im Jahre 1913 schließlich Grundlage für die „Loi du 25 Mars 1919“, welche als Art. 31-31 x in das I. Buch des damaligen Code du Travail eingefügt wurde[602].

Mit dem Gesetz wurden die mit dem Abschluss von Tarifverträgen verbundenen Rechtsunsicherheiten endgültig beseitigt. Der französische Gesetzgeber setzte den bestehenden Streitfragen unmissverständliche gesetzlichen Vorgaben entgegen. Der Tarifvertrag wurde nicht nur einer gesetzlichen Definition zugeführt[603], es wurde bei beiderseitiger Tarifbindung auch die zwingende Wirkung

598 Eine vollständige Wiedergabe des Gesetzestexts findet sich beispielsweise bei Yankovitch, La Convention collective de Travail et les Lois du 25 Mars 1919 et du 12 Mars 1920, S. 121 ff.

599 Jeweils m. N. aus der Rechtsprechung Capitant/Cuche, S. 133 ff.; Morel, RTD civ. 1919, S. 417, S. 420 ff.

600 M. N. aus der Rechtsprechung Lautaud, S. 24 ff.; Morel, RTD civ. 1919, S. 417, S. 420 ff.

601 Ausführliche Darstellung und Besprechung der Entwicklung der Rechtsprechung bei Crèpin, S. 46 ff.

602 Zum Verlauf des Gesetzgebungsverfahrens Lautaud, S. 47 ff.; Scelle, S. 193.

603 Art. 31 der „Loi du 25 Mars 1919“ lautet: *„La convention collective de travail est un contrat relatif aux conditions du travail, conclu entre, d'une part, les représentants d'un syndicat professionnel ou de tout autre groupement des employés et, d'autre part, les représentants d'un syndicat professionnel ou de tout autre groupement d'employeurs, ou plusieurs employeurs contractant à titre personnel ou même un seul employeur. Elle dé-*

eines Tarifvertrags gegenüber abweichenden Individualvereinbarungen festgeschrieben[604]. Das Gesetz enthielt darüber hinaus die gebotenen Klarstellungen im Hinblick auf die Klagerechte von Gewerkschaften. Art. 31 t und Art 31 v der „Loi du 25 Mars 1919" entsprechen fast wortwörtlich den heutigen Vorschriften der Art. L. 135-4 C.T., L. 135-5 C.T. So lautet Art. 31 t der „Loi du 25 Mars 1919": *„Les groupements capables d'ester en justice, liés par une convention collective de travail, peuvent, en leur nom propre, intenter une action en dommages-intérêts aux autres groupements parties à la convention, aux membres de ces groupements, à leurs propres membres ou à toutes personnes liées par la convention qui violeraient les engagements contractés."*

Art. 31 t der „Loi du 25 Mars 1919" spricht zwar nur von „dommages-intérêts", also von Schadensersatz, für den Fall, dass eine durch den Tarifvertrag gebundene Partei gegen die darin eingegangenen Verpflichtungen verstößt. Die Kommentatoren der „Loi du 25 Mars 1919" verstanden die Bestimmung jedoch so, dass dies eine Klage, die nur auf Erfüllung gerichtet sei, keineswegs ausschlösse. Es gebe keinen Hinweis darauf, dass von der früheren Rechtsprechung, welche eine solche Klage anerkannt habe, habe abgerückt werden sollen[605].

In der Tat war in großen Teilen der untergerichtlichen Judikatur schon vor Erlass der „Loi du 25 Mars 1919" die Zulässigkeit einer gewerkschaftlichen Klage auf Anwendung des Tarifvertrags anerkannt worden[606]. Die Annahme der Zulässigkeit wurde dabei auf die „Loi du 21 Mars 1884" gestützt, in deren Art. 6[607] die Prozessfähigkeit von Gewerkschaften und Arbeitgeberverbänden verankert war – allerdings ohne von diesen abgeschlossene Tarifverträge in Bezug zu nehmen[608]. Ob den Gewerkschaften daneben auch eine auf Schadensersatz gerichtete Klage zustehen sollte, war jedoch unter den Gerichten, welche die Klage auf

---

*termine les engagements pris par chacune des parties envers l'autre partie et, notamment, certaines conditions auxquelles doivent satisfaire les contrats de travail individuels ou d'équipe que les personnes liées par la convention passent, soit entre elles, soit avec des tiers, pour le genre de travail qui fait l'objet de ladite convention."*

604 Art. 31 q der „Loi du 25 Mars 1919" lautet: *„Lorsqu'un contrat intervient entre un employé et un employeur qui doivent, aux termes de l'article 31 k, être considérés comme soumis l'un et l'autre aux obligations résultant de la convention collective de travail, les règles déterminées en cette convention s'imposent, nonobstant toute stipulation contraire, aux rapports nés de ce contrat de travail."*

605 Lautaud, S. 93; Morel, RTD civ. 1919, S. 417, S. 453.

606 Vgl. nur Tribunal de commerce de Charolles vom 18.2.1890, Rev. Sociétés 1890, S. 318 ff.; Tribunal civil de Cholet vom 12.2.1897, D. 1903.2.25; Tribunal civil de Lyon vom 10.3.1908, S. 1910.2.49.

607 Art. 6 S. 1 lautet: *„Les syndicats professionnels de patrons ou d'ouvrier auront droit d'ester en justice."*

608 Grundlegend zur „Loi du 21 Mars 1884" Olszak, S. 61 ff. Eine vollständige Wiedergabe des Gesetzestexts findet sich ebenfalls bei Olszak, S. 72

Erfüllung des Tarifvertrags grundsätzlich für zulässig hielten, äußerst umstritten[609]. Der Cour de Cassation selbst hielt beide Arten von Klagen für unzulässig[610]. Dies überzeugte jedoch nicht alle untergeordneten Instanzen, die überwiegend dabei blieben, die Klage auf Erfüllung des Tarifvertrags für zulässig zu erachten[611]. Mit der Einführung von Art. 31 t beendete die „Loi du 25 Mars 1919“ diesen lang andauernden Streit endgültig zugunsten der auf Schadensersatz klagenden Gewerkschaften.

Der französische Gesetzgeber beließ es aber nicht bei einem Klagerecht, das lediglich auf die Durchsetzung eigener Rechte der Gewerkschaften gerichtet war. Er schuf darüber hinaus mit Art. 31 v eine Klage, die es den Gewerkschaften ermöglichte, Individualansprüche ihrer Mitglieder einzuklagen, soweit diese aus einem Tarifvertrag rührten. In Art 31 v al. 1 hieß es: *„Les groupements capables d'ester en justice qui sont parties à la convention collective de travail peuvent excercer toutes les actions qui naissent de cette convention en faveur de chacun de leurs membres, sans avoir à justifier d'un mandat de l'intéressé, pourvu que celui-ci ait été averti et n'ait pas déclaré s'y opposer. [...]“*

Die Einführung der beiden Vorschriften in den Code du Travail wurde im damaligen juristischen Schrifttum viel beachtet, wobei das in Art. 31 t enthaltene Klagerecht überwiegend als positiv oder gar selbstverständlich empfunden wurde[612]. Kritisiert wurde im Hinblick auf Art 31 v lediglich, dass es sich bei dieser Vorschrift letzten Endes um „lettre morte“ handeln werde, da das darin verankerte Widerspruchsrecht des Arbeitnehmers dazu führen würde, dass er hiervon aus denselben Gründen Gebrauch machen würde, welche ihn schon von der Erhebung einer eigenen Klage abhielten[613].

Gesetzesänderungen, die den Gehalt der beiden Vorschriften wesentlich berührt oder abgeschwächt hätten, hat es seitdem nicht gegeben[614]. Anders als im deutschen Recht haben gewerkschaftliche Klagerechte zur Durchsetzung tarifli-

---

609 Dafür Tribunal civil de Beauvais vom 20.10.1911 und 29.3.1912, D. 1912.2.294; dagegen Tribunal de commerce de la Seine vom 4.2.1892, Gaz. Pal., 1892.I.221.

610 Cass. civ. vom 1.2.1893, S. 1896.I.329.

611 Vgl. Tribunal civil de Cholet vom 12.2.1897, D. 1903.2.25; Tribunal civil de Lyon vom 10.3.1908, S. 1910.2.49; Tribunal civil de Beauvais vom 20.10.1911 und 29.3.1912, D. 1912.2.294.

612 Crépin, S. 46 merkt zu Art. 31 t an: *„N'est-il pas logique dès lors, puisque la loi de 1884 a reconnu expressément au syndicat le droit d'ester en justice, de lui reconnaître le droit de poursuivre devant les tribunaux l'exécution de la convention collective qu'il a lui-même passée?“*; Louis-Lucas, RTD civ. 1919, S. 65, S. 82 führt im Hinblick auf Art. 31 t aus: *„L'intérêt professionnel est ici évident et actuel. Le syndicat peut agir, c'est absolument normal.“*

613 Morel, RTD civ. 1919, S. 417, S. 456.

614 Gaudillière, Syndicalisme vom 4.1.1973, S. 12; Villebrun/Quétant, S. 707.

cher Vorgaben in Frankreich mithin eine lange Tradition und sind dementsprechend fest in der dortigen Tariflandschaft verwurzelt.

Nachdem damit der historische Ausgangspunkt der Art. L. 135-4 C.T. und Art. L. 135-5 C.T. dargelegt ist, sollen nunmehr Inhalt, Tragweite und Aufnahme der Vorschriften im heutigen Frankreich erläutert werden.

### 1. Die Klage zur Geltendmachung der Verletzung eigener Rechte der Gewerkschaften gemäß Art. L. 135-5 C.T.

Die Vorschrift des Art. L. 135-5 C.T. enthält nicht nur eine einzige, ausschließlich den Gewerkschaften zugewiesene Klagemöglichkeit, sondern eine ganze Reihe denkbarer Konstellationen, die einem Prozess zugrunde liegen können. So bestimmt das Gesetz in Art. L. 135-5 C.T., dass alle prozessfähigen Organisationen oder Gruppierungen, die tarifgebunden sind, im eigenen Namen Klagen auf Anwendung des Tarifvertrags und gegebenenfalls Schadensersatz erheben können gegen alle anderen tarifgebundenen Organisationen und Gruppierungen, ihre eigenen Mitglieder sowie jede andere tarifgebundene Person.

Auf Grundlage von Art. L. 135-5 C.T. kann demnach eine Gewerkschaft gegen einen Arbeitgeberverband klagen, wenn dieser eine Bestimmung des Tarifvertrags falsch auslegt. Umgekehrt ist die Klage eines Arbeitgeberverbands gegen eine Gewerkschaft ebenfalls zulässig[615]. Schließlich ermöglicht die Vorschrift die Klage einer Gewerkschaft oder eines Arbeitgeberverbands gegen das eigene Mitglied[616].

Im Hinblick auf die nunmehr in Deutschland aus Art. 9 Abs. 3 GG i. V. m. §§ 823 Abs. 1, 1004 Abs. 1 S. 2 BGB abgeleitete Unterlassungsklage ist allerdings aus rechtsvergleichender Sicht die Klage einer Gewerkschaft gegen einen tarifwidrig handelnden Arbeitgeber am Bedeutsamsten. Diesem Fall widmet sich daher auch die nachfolgende Darstellung.

#### *a) Klageziel und Rechtsfolgen*

Anders als noch bei Erlass der Vorschrift im Jahre 1919, als sich im Gesetzestext nur der Hinweis auf Schadensersatz fand, beinhaltet die Vorschrift des Art. L 135-5 C.T. als Rechtsfolgen nunmehr ausdrücklich Schadensersatz und „exécution“, also Anwendung des maßgeblichen Tarifvertrags[617].

In der Praxis wird mit der Klage häufig die Frage nach der Auslegung des streitgegenständlichen Tarifvertrags verbunden sein, etwa wenn der Arbeitgeber einer bestimmten Klausel eine andere Bedeutung beimisst als die Gewerkschaften und hiervon ein großer Teil der Belegschaft betroffen ist[618]. Diese „action en

---

615 M. w. N. aus der Rechtsprechung Pélissier/Supiot/Jeammaud Rn. 826.

616 Tribunal civil de Lyon vom 5.5.1937, Gaz. Pal. 1937.2.371.

617 Vgl. hierzu § 14 I.

618 Brichet, S. 535; Lanquetin, action juridique No. 97 (November 1992), S. 3, S. 8.

interprétation“ wird dann mit der Klage auf fehlerfreie Anwendung des Tarifvertrags oder der Forderung von Schadensersatz verknüpft[619]. Ebenfalls können Streitfragen im Hinblick auf die Tarifbindung des Arbeitgebers bestehen. Bestreitet er, von dem Tarifvertrag erfasst zu sein, so kann die Gewerkschaft auch hier die Feststellung der Tarifbindung, mit der Klage auf Schadensersatz oder Anwendung des Tarifvertrags verbinden[620].

Die auf Schadensersatz gerichtete Klage wird für die Gewerkschaften in Betracht kommen, wenn die „exécution“ nicht möglich ist. Die Wiederherstellung kann dabei zunächst durch Naturalrestitution verlangt werden, beispielsweise durch die Aufhebung der dem Tarifvertrag zuwiderlaufenden Handlung. Ist die Naturalrestitution nicht zu erlangen, wird Schadensersatz in Geld geleistet[621]. Zumeist wird es sich hierbei allerdings um den in Frankreich üblichen Schadensersatz von einem symbolischen Francs beziehungsweise Euro handeln, den die Gewerkschaften lediglich beanspruchen[622].

Das für die gemäß Art. L .135-5 C.T. erhobene Klage zuständige Gericht ist das „Tribunal de Grande Instance“, das über alle arbeitsrechtlichen Streitigkeiten verhandelt, deren Ursprung nicht im Arbeitsvertrag liegt oder für die eine besondere Zuständigkeit des „Tribunal d'Instance“ besteht[623].

*b) Klagebefugnis*

Klagebefugt können nach dem eindeutigen Wortlaut des Art. L. 135-5 C.T. nur die Gewerkschaften sein, die durch den Tarifvertrag gebunden sind. Dies sind nur diejenigen, die den Tarifvertrag unterzeichnet haben, die so genannten „syndicats signataires“, oder die dem Tarifvertrag beigetreten sind, die so genannten „syndicats adhérents“[624].

Nach einer neueren, in Frankreich viel beachteten Entscheidung der Chambre Sociale des Cour de Cassation[625] können alle anderen Gewerkschaften zwar keine Klagerechte gemäß Art. L. 135-5 C.T. und Art. L. 135-4 C.T. wahrnehmen, sie können jedoch die gleichen Ziele über Art. L. 411-11 C.T. verfolgen, der die Gewerkschaften berechtigt, das kollektive Interesse des Berufsstands gegen Beeinträchtigungen zu verteidigen. Die Nichtbeachtung tariflicher Vorgaben soll nach der Rechtsprechung stets einen Schaden für das kollektive Interesse des

619 Pélissier/Supiot/Jeammaud Rn. 825; Cass. soc., 6.12.1979, Bull. V n° 957.

620 Pélissier/Supiot/Jeammaud Rn. 825.

621 Durand/Vitu, S. 607.

622 Vgl. hierzu schon Savatier, JCP 1939.I.90 sowie Cass. soc., 25.10.1961, Bull. IV n° 894, wo der Arbeitgeber zu einem Franc Schadensersatz verurteilt wurde und der Cour de Cassation die Entscheidung der Vorinstanz bestätigte.

623 Vgl. Art. R. 321-1 und Art. R. 311-1 des Code de l'Organisation judiciaire.

624 Cass. soc., 10.5.1994, RJS 1994, n° 736; vgl. auch Cass. soc., 3.3.1998, RJS 1998, n° 498.

625 Cass. soc., 12.6.2001, Dr. Soc. 2001, S. 1019.

Berufsstands darstellen, mit der Folge, dass der eingetretene Schaden unabhängig von den Voraussetzungen der Art. L. 135-5 C.T. und Art. L. 135-4 C.T. geltend gemacht werden kann. Der Cour de Cassation hatte in dem zu entscheidenden Fall allerdings nur über einen für allgemeinverbindlich erklärten Tarifvertrag zu befinden. Ob das Gericht auch im Falle eines gewöhnlichen Tarifvertrags die gleichen Maßstäbe anlegen würde, bleibt offen. Das Gericht hat die auf Anwendung des Tarifvertrags gerichtete Klage, die sich auf Art. L. 411-11 C.T. stützt jedenfalls eindeutig als Ausnahmeregelung zu Art. L. 135-5 C.T. im Falle eines allgemeinverbindlichen Tarifvertrags formuliert[626].

In der Literatur wurde die Entscheidung eingehend diskutiert, wobei sich die Mehrzahl der Kommentatoren dafür ausspricht, auch im Falle nicht für allgemeinverbindlich erklärter Tarifverträge, ein Klagerecht der „syndicats non signataires" beziehungsweise „syndicats non adhérents" aus Art. L. 411-11 C.T. anzuerkennen[627]. Ob sich der Cour de Cassation dieser Sichtweise anschließen wird, bleibt abzuwarten. Allerdings dürfte eine anders lautende Entscheidung nur schwer zu begründen sein: Art. L. 135-2 C.T. lässt es für die normative Wirkung des Tarifvertrags genügen, dass der Arbeitgeber tarifgebunden ist. Der Tarifvertrag findet also auch auf die nicht tarifgebundenen Arbeitnehmer beziehungsweise die einer anderen als der tarifschließenden Gewerkschaft angehörenden Arbeitnehmer Anwendung. Könnten die nicht tarifschließenden Gewerkschaften nicht auf der Grundlage von Art. L. 411-11 C.T. klagen, so hätte dies zur Folge, dass ihren Mitgliedern die Möglichkeit der Durchsetzung ihrer tariflichen Rechte durch ihre Gewerkschaft genommen würde[628].

Eine Entscheidung, welche die Klagen der nicht tarifschließenden Gewerkschaften grundsätzlich auf Grundlage von Art. L. 411-11 C.T. zulassen würde, könnte somit nicht als überraschend bezeichnet werden. Bislang hat der Cour de Cassation das Klagerecht jedoch nur für den Fall allgemeinverbindlicher Tarifverträge bestätigt[629].

### *c) Bindungswirkung des Urteils*

Mit der Klage nach Art. L. 135-5 C.T. macht die Gewerkschaft eigene Rechte geltend[630]. Im Gegensatz zur „action de substitution" des Art. L. 135-4 al. 1 C.T. kommt sie dem einzelnen Arbeitnehmer daher allenfalls mittelbar zu Gute. Die Entscheidung entfaltet ihm gegenüber keinerlei Bindungswirkung. Gerade bei Auslegungsfragen ist es durchaus möglich, dass ein tarifgebundener Arbeitgeber,

---

626 Antonmattei, Dr. Soc. 2001, S. 1019.

627 Vgl. Nasom-Tissandier/Rémy, D.2002, jur., S. 361, S. 362 f.; Petit, JCP 2002.II.10049, S. 561, S. 564; Verdier, D.2002, chr., S. 503, S. 506.

628 So Petit, JCP 2002.II.10049, S. 561, S. 564.

629 Cass. soc., 18.2.2003, Bull. V n° 60.

630 Brichet, S. 534; Cass. soc., 23.3.1982, Bull. V n° 214.

der nicht Partei des Vorprozesses war, die Anwendung des Tarifvertrages in der von der Gewerkschaft geforderten Weise trotz der vorangegangenen Gerichtsentscheidung verweigert. In Ermangelung einer umfassenden Bindungswirkung, kann daher die Erhebung einer neuerlichen Klage nach Art. L. 135-5 C.T. in solchen Fällen geboten sein[631].

Will der Arbeitnehmer verhindern, dass seine Ansprüche verfallen, so muss er selbst Klage erheben, um die Verjährung zu unterbrechen[632]: Der Cour de Cassation hat bereits in zwei Urteilen darauf hingewiesen, dass die Klagen aus Art. L. 135-5 C.T. und Art. L. 135-4 C.T. strikt voneinander zu trennen sind[633]. Auf Grundlage von Art. L. 135-5 C.T. hat es die Chambre Sociale des Gerichts nicht für zulässig erachtet, einen Arbeitgeber zur Nachzahlung des bezahlten Erholungsurlaubs an seine Arbeitnehmer zu verurteilen. Eine anders lautende Entscheidung hat das Gericht aufgehoben[634]. Art. L. 135-5 C.T. gewährt den Gewerkschaften lediglich das Recht, die Anwendung der eingegangenen Verpflichtungen oder Schadensersatz zu verlangen[635]. Ein unmittelbarer Vorteil für die betroffenen Arbeitnehmer selbst ist mit der Klage dementsprechend nur dann verbunden, wenn sich der Arbeitgeber dem Urteil beugt oder unter Umständen auch ohne Partei des Vorprozesses gewesen zu sein, freiwillig die tariflichen Leistungen erbringt.

*d) Kritische Würdigung*

Gerade die Frage der Bindungswirkung zeigt, dass auch in Frankreich das Klagerecht des Art. L. 135-5 C.T. keinen umfassenden Schutz vor tarifwidrigem Arbeitgeberverhalten bietet. Da hier nur ein eigenes Recht der Gewerkschaften eingeklagt wird, profitieren die Arbeitnehmer nur dann von der Entscheidung, wenn sich der Arbeitgeber daran auch ihnen gegenüber für gebunden erachtet und beispielsweise Leistungen, die er der Belegschaft in der Vergangenheit vorenthalten hat, im Nachhinein freiwillig gewährt. Klagt der Arbeitnehmer selbst, so kann er sich nicht auf das Urteil berufen, das zuvor im Verhältnis Gewerkschaft – Arbeitgeber ergangen ist. Von Gewerkschaftsseite wird diese Schwäche denn auch bemängelt und das Nichtvorhandensein einer Gruppenklage, mit der eine echte Bindungswirkung geschaffen würde, kritisiert[636]. Fraglich ist aber, ob die aufgezeigte Unvollkommenheit nicht durch das Klagerecht aus Art. L. 135-4 al. 1 C.T. kompensiert wird, da mit diesem gezielt tarifliche Individualansprüche

631 Lanquetin, action juridique No. 97 (November 1992), S. 3, S. 8.

632 Lanquetin, action juridique No. 98 (janvier 1993), S. 3, S. 5.

633 Cass. soc., 20.6.1990, JCP 1990, S. 318; Cass. soc., 12.1.1994, Dr. Soc. 1994, S. 281 f.

634 Cass. soc., 12.1.1994, Dr. Soc. 1994, S. 281 f.

635 Cass. soc., 20.6.1990, JCP 1990, S. 318.

636 Vgl. Lanquetin, action juridique n° 97 (November 1992), S. 3, S. 8.

der Arbeitnehmer geltend gemacht werden können. Dieser Frage soll daher im Rahmen der folgenden Betrachtung nachgegangen werden.

### 2. Die Klage zur Geltendmachung fremder Mitgliederrechte durch die Gewerkschaften gemäß Art. L. 135-4 C.T.

Bei der Vorschrift des Art. L. 135-4 C.T. ist zwischen den in al. 1 und al. 2 enthaltenen Rechten zu unterscheiden. Art. L. 135-4 al. 2 C.T.[637] gewährt ein weit reichendes Interventionsrecht, von dem auch die Gewerkschaften Gebrauch machen können, wenn ein beispielsweise zwischen Arbeitnehmer und Arbeitgeber anhängiger Rechtsstreit Auswirkungen auf das kollektive Interesse ihrer Mitglieder haben kann. Die Klage der dem Streit beitretenden Gewerkschaft bleibt in dieser Konstellation klar von der des einzelnen Arbeitnehmers getrennt. Die Gewerkschaft kann den Prozess folglich selbst dann zu Ende führen, wenn es zur Klagerücknahme des Arbeitnehmers gekommen ist[638]. Aufgrund der weiten Fassung des Art. L. 135-4 al. 2 C.T. steht einer Gewerkschaft das Eintrittsrecht aber auch dann offen, falls ein andere Gewerkschaft auf Grundlage des Art. L. 135-5 C.T. klagt[639]. Bei der Klage nach Art. L. 135-4 al. 2 C.T. steht mithin nicht die Verfolgung tariflicher Rechte des einzelnen Arbeitnehmers im Blickpunkt.

Tarifliche Rechte eines einzelnen Arbeitnehmers können die Gewerkschaften in Frankreich im Rahmen des Art. L. 135-4 al. 1 C.T. verfolgen. Hierbei handelt es sich um eine „action individuelle exercée collectivement", also um die kollektive Geltendmachung von Individualansprüchen. Eine solche Klage ist dem deutschen Arbeitsrecht vollkommen fremd. Bedeutung und Besonderheiten des Klagerechts sollen daher an dieser Stelle herausgearbeitet werden.

#### *a) Normzweck*

Die Klage nach Art. L. 135-4 al. 1 C.T. durchbricht gleich drei tragende Grundsätzen des französischen Rechts: Nach der in Frankreich geltenden Regel „Nul ne plaide par procureur" wäre eine Gewerkschaft an sich nicht befugt, anstelle eines ihrer Mitglieder zu klagen[640]. Eine weitere Abweichung vom geltenden Recht besteht darin, dass keine ausdrückliche Vollmacht des Berechtigten zur Wahrnehmung seiner Rechte erforderlich ist[641]. Die dritte Besonderheit der Klage ist

637 Art. L. 135-4 al. 2 lautet: *„Lorsqu'une action née de la convention ou de l'accord collectif de travail est intentée soit par une personne, soit par une organisation ou groupement, toute organisation ou groupement ayant la capacité d'ester en justice, dont les mebres sont liés par la convention ou l'accord, peut toujours intervenir à l'instance engagée, à raison de l'intérêt collectif que la solution du litige peut présenter pour ses membres."*

638 Cass. soc., 25.10.1961, Bull. VI n° 894; Cass. soc., 9.6.1971, Bull. V n° 429.

639 Lanquetin, action juridique n° 97 (November 1992), S. 3, S. 8.

640 Verdier, S. 586.

641 Boitel, D.O. 1960, S. 369, S. 374.

schließlich darin zu erblicken, dass vor den Arbeitsgerichten, dem „Conseil de Prud'hommes" geklagt wird, obwohl das Tribunal de Grande Instance grundsätzlich für Streitigkeiten über Tarifverträge zuständig ist[642].

Insbesondere die Durchbrechung der ersten beiden Grundsätze, an denen Klagen für gewöhnlich zu messen sind, kann letztlich nur mit dem Normzweck des Art. L. 135-4 al. 1 C.T. erklärt werden. Mit der Regelung soll die Einhaltung von Tarifverträgen gefördert werden. Der französische Gesetzgeber hat befürchtet, dass die betroffenen Arbeitnehmer selbst zögern würden, ihre tariflichen Rechte vom Arbeitgeber auf dem Klagewege einzufordern. Die Gründe hierfür wurden nicht nur in der Angst der Arbeitnehmer vor möglichen Vergeltungsmaßnahmen des Arbeitgebers gesehen, sondern auch in der mangelnden Kenntnis der ihnen zustehenden Rechte[643]. Die Geltung des Tarifvertrags wäre jedes Mal in Frage gestellt, könnte der Arbeitgeber seine Bestimmungen missachten, ohne sich Sanktionen ausgesetzt zu sehen[644]. Die Absicht, den Tarifvertrag und die hiervon begünstigten Arbeitnehmer zu schützen, hat demzufolge die in Art. L 135-4 al. 1 C.T. enthaltene Regelung hervorgebracht.

*b) Klageziel und Rechtsfolgen*

Da die Gewerkschaft mit der Klage Individualansprüche verfolgt, kommen alle hiermit verbundene Vorteile ausschließlich dem Arbeitnehmer zu Gute[645].

So kann die klagende Gewerkschaft auf Grundlage der Bestimmung des Art. L. 135-4 al. 1 C.T. beispielsweise verlangen, dass der den Tarifvertrag missachtende Arbeitgeber zur Zahlung einer Geldsumme an den Arbeitnehmer verurteilt wird, die er ihm nach dem Tarifvertrag schuldet[646]. Der betroffene Arbeitnehmer kann sich dann, ohne selbst einen Prozess anstrengen zu müssen, auf die Entscheidung berufen[647].

Nach der Rechtsprechung kann der Arbeitnehmer, dessen tariflich verbürgte Rechte durch die Gewerkschaft geltend gemacht werden, in der Sache keine eigenständige Klage mehr erheben[648]. Prozesspartei ist die Gewerkschaft: Alle Prozesshandlungen ergehen in ihrem Namen, sie trifft alle Entscheidungen, wel-

642 Diese Besonderheit erklärt sich jedoch damit, dass die Tarifbestimmungen bei Tarifbindung des Arbeitgebers Bestandteil des Einzelarbeitsvertrag werden, über den die „Prud' hommes" zu befinden haben; vgl. Boitel, D.O. 1960, S. 369, S. 374.

643 Verdier, S. 589.

644 Durand/Vitu, S. 604.

645 Supiot, S. 494.

646 Cass. soc., 20.6.1990, JCP 1990, S. 318.

647 Cass. soc., 17.4.1953, Dr. Soc. 1953, S. 407.

648 Cass. soc., 2.3.1960, Bull. IV n° 247.

che die Prozessführung betreffen. Die Gewerkschaft hat daher auch die Kosten des Verfahrens zu tragen[649].

Wenn der Arbeitnehmer auch selbst nicht mehr klagen kann, so steht ihm doch ein Interventionsrecht zu[650]. Darüber hinaus obliegt es ihm, ein Rechtsmittel einzulegen, falls die klagende Gewerkschaft hiervon Abstand nimmt[651].

Gegenstand der Klage können nur Rechte sein, die dem Arbeitnehmer in dem Tarifvertrag gewährt werden. Auf Grundlage von Art. L. 135-4 al .1 C.T. ist es mithin nicht zulässig, eine Klage zu erheben, die der Erfüllung rein individualvertraglicher Verpflichtungen dient[652]. Eine weitere Einschränkung des Anwendungsbereichs von Art. L. 135-4 al. 1 C.T. besteht darin, dass die Vorschrift eine Klage der Gewerkschaft nicht zu stützen vermag, wenn der Tarifvertrag lediglich den Gesetzestext oder Bestimmungen einer Rechtsverordnung wiedergibt[653].

Hatte die Klage gemäß Art. L. 135-4 al .1 C.T. Erfolg und hat der Arbeitnehmer seine in dem Urteil zugesprochenen Ansprüche gegenüber dem Arbeitgeber geltend gemacht, so besteht die Gefahr von Vergeltungsmaßnahmen seitens des Arbeitgebers[654]. Dieser Gefahr ist der Cour de Cassation durch ein weites Verständnis gewerkschaftlicher Betätigung, auf die sich der Arbeitnehmer berufen kann, entgegengetreten[655]: Der Arbeitnehmer kann gemäß Art. L. 412-2 C.T. gegebenenfalls Schutz gegen Diskriminierung wegen gewerkschaftlicher Betätigung verlangen, was auch die Nichtigkeit einer arbeitgeberseitigen Kündigung nach sich ziehen würde, Art. L. 122-45 C.T.

*c) Klagebefugnis*

Ebenso wie die Klage aus Art. L. 135-5 C.T. kommt die Klage aus Art. L. 135-4 al. 1 C.T. an sich nur den tarifschließenden Gewerkschaften zu[656]. Allerdings ist auch im Rahmen des Art. L. 135-4 al. 1 C.T. die neue Rechtsprechung der Chambre Sociale des Court de Cassation beachtlich, wonach alle anderen Gewerkschaften – zumindest bei Vorliegen eines allgemeinverbindlichen Tarifvertrages – die gleichen Ziele über Art. L. 411-11 C.T. verfolgen können[657].

---

649 Supiot, S. 493.

650 Lanquetin, action juridique n° 97 (November 1992), S. 3, S. 7; Verdier, S. 593.

651 Verdier, S. 594.

652 Scheidt, RPDS 1995, S. 295, S. 298; Cass. soc., 21.10.1981, Bull. V n° 811; Cass. soc., 2.2.1977, Bull. V n° 80.

653 Supiot, Dr. Soc. 1985, S. 774, S. 776; Verdier, S. 590; Cass. soc., 12.3.1969, Bull V n° 178

654 Peschaud, D.O. 2000, S. 478.

655 Cass. soc., 4.5.1994, Hilario et a. c/ SARL WIM Vos France.

656 Pélissier/Supiot/Jeammaud Rn. 573.

657 Cass. soc., 12.6.2001, Dr. Soc. 2001, S. 1019; vgl. hierzu § 14 I. 1. (b).

Kurze Zeit zuvor hatte der Cour de Cassation bereits in dem Fall „Moulinex[658]" entschieden, dass auch die „syndicats non signataires" das in Art. L. 135-4 al. 2 C.T. verankerte Interventionsrecht wahrnehmen können, wenn nur eines ihrer Mitglieder an den streitgegenständlichen Tarifvertrag gebunden ist.

Eine Entscheidung, die sich, abgesehen vom Sonderfall des allgemeinverbindlichen Tarifvertrags, unmittelbar mit der Klagebefugnis nicht tarifschließender Gewerkschaften aus Art. L. 135-4 al. 1 C.T. auseinandersetzt, steht indes noch aus. Es spricht jedoch ebenso wie bei Art. L. 135-5 viel dafür, dass diese Klagemöglichkeit in Zukunft auch den „syndicats non signataires" offen steht[659].

*d) Formelle Voraussetzungen der Klage*

Die Klage des Art. L. 135-4 al. 1 C.T. steht der Gewerkschaft nur offen, wenn sie bei Erhebung der Klage die im Gesetzestext verankerten und von der Rechtsprechung geforderten formellen Voraussetzungen beachtet hat. Hierzu gehört insbesondere die Unterrichtung des betroffenen Arbeitnehmers. Es wird im Folgenden zu zeigen sein, dass die Ausgestaltung des Informationsrechts und der weiteren Voraussetzungen wesentlich durch die Rechtsprechung bestimmt worden sind.

(aa) Information und Widerspruchsrecht des betroffenen Arbeitnehmers

Art. L. 135-4 al. 1 C.T. verlangt für die Klage einer Gewerkschaft zwar keine förmliche Bevollmächtigung, das Gesetz setzt aber zwingend die Benachrichtigung des betroffenen Arbeitnehmers voraus.

Die Rechtsprechung hat im Laufe der Zeit unterschiedliche Anforderungen an die Benachrichtigung gestellt. In einer Entscheidung aus dem Jahre 1953 hat der Cour de Cassation nicht beanstandet, dass das Tribunal civil in dem angefochtenen Urteil unerwähnt ließ, ob die betroffenen Arbeitnehmer überhaupt benachrichtigt wurden[660]. In zwei späteren Entscheidungen aus den Jahren 1972[661] und 1980[662] ließ das Gericht die Klagen unter anderem daran scheitern, dass die Gewerkschaft die Benachrichtigung des betroffenen Arbeitnehmers nicht bewiesen hatte beziehungsweise der Klageschrift nicht entnommen werden konnte, ob die Unterrichtung erfolgt war. Welche Maßstäbe an die Benachrichtigung anzulegen sind, hat schließlich der „Conseil Constitutionnel", der französische Verfassungsrat, in seiner Entscheidung aus dem Jahre 1989 dargelegt[663]. Hierbei war zwar nicht das „droit de substitution" des Art. L. 135-4 al. 1 C.T. Gegenstand der Un-

658 Cass. soc., 14.2.2001, Dr. Soc. 2001, S. 572.

659 Vgl. hierzu § 14 I. 1. b).

660 Cass. soc., 17.4.1953, Dr. Soc. 1953, S. 407.

661 Cass. soc., 3.11.1972, Bull. V n° 595.

662 Cass. soc., 17.12.1980, Bull. V n° 915.

663 CC, 25.7.1989, Dr. Soc. 1989, S. 627, S. 629.

tersuchung, sondern Art. L. 321-15 C.T., der ein gewerkschaftliches Klagerecht bei betriebsbedingten Kündigungen vorsieht. Die Grundsätze, die in dieser Entscheidung aufgestellt wurden, können aber unproblematisch auf alle zu diesem Zeitpunkt bereits bestehenden Klagerechte, die von den Gewerkschaften anstelle des Arbeitnehmers ausgeübt werden können, übertragen werden[664].

Der Conseil Constitutionnel sieht danach in der Wahrnehmung von Klagerechten durch die Gewerkschaften keinen Verstoß gegen Grundrechte des Arbeitnehmers, vorausgesetzt, dass der betroffenen Arbeitnehmer hierzu in voller Kenntnis des Streitgrunds sein Einverständnis erteilt hat und ihm die Freiheit erhalten bleibt, den Prozess selbst zu führen beziehungsweise einen solchen Prozess zu beenden.

Das Gericht führt hierzu weiter aus, dass das Benachrichtigungsschreiben, welches dem Arbeitnehmer zu übermitteln ist, alle erforderlichen Klarstellungen enthalten muss im Hinblick auf Natur und Gegenstand der ausgeübten Klage, die Tragweite des erteilten Einverständnis und das Recht des betroffenen Arbeitnehmers, das Klageverfahren jederzeit zu beenden. Das stillschweigende Einverständnis des Arbeitnehmers könne ferner erst dann als erteilt angesehen werden, soweit die Gewerkschaft anlässlich der Klageerhebung beweise, dass der Arbeitnehmer persönliche Kenntnis von dem Benachrichtigungsschreiben gehabt habe.

Der Verfassungsrat hat damit die Möglichkeit des „droit de substitution", die Klage einer Gewerkschaft anstelle des Arbeitnehmers, grundsätzlich anerkannt. Ebenso hat die Rechtsprechung des Cour de Cassation Bestätigung erfahren, soweit sie das Schweigen des Arbeitnehmers auf das Benachrichtigungsschreiben als stillschweigendes Einverständnis betrachtet[665]. Die Anforderungen an das dem Arbeitnehmer zu übermittelnde Benachrichtigungsschreiben hat der Conseil Constitutionnel mit seiner Entscheidung gleichermaßen dargelegt.

Allerdings hat sich der Cour de Cassation nunmehr mit zwei Entscheidungen im Jahre 2000 in Widerspruch zum Conseil Constitutionnel gesetzt[666]. Während der Verfassungsrat für die Zulässigkeit der Klage verlangt hat, dass das Einverständnis des Arbeitnehmers im Zeitpunkt der Klageerhebung vorliegt, ist der Cour de Cassation für den Fall einer gewerkschaftlichen Klage zur befristeten Beschäftigung zu dem Ergebnis gekommen, dass es ausreichend sei, wenn das Benachrichtigungsschreiben am Tage der Klageerhebung an den Arbeitnehmer übermittelt worden sei, falls zwischen dem Erhalt der Benachrichtigung und der Urteilsverkündung mehr als 15 Tage lägen.

Die Frist von 15 Tagen erklärt sich damit, dass das Gesetz in Art. L. 122-3-16 C.T., der den Gewerkschaften ein „droit de substitution" für befristet Be-

---

664 So auch Lanquetin, action juridique n° 97 (November 1992), S. 3, S. 7 und Peschaud, D. O. 2000, S. 478, S. 479.

665 Vgl. beispielsweise Cass. soc., 29.4.1960, Bull. IV n° 434.

666 Cass. soc., 1.2.2000, RJS 2000, n° 381.

schäftigte einräumt, die Einräumung einer solchen Überlegungsfrist gegenüber dem befristet beschäftigten Arbeitnehmer vorsieht. Da Art. L. 135-4 al. 1 C.T. gar keine Frist enthält, müsste es nach dem Cour de Cassation im Falle dieser Klage ausreichen, wenn die Gewerkschaft das Benachrichtigungsschreiben an den betroffenen Arbeitnehmer spätestens am Tage der Klageerhebung übermittelt[667]. Ob die anderen Gerichtszweige wie die Verwaltungs- oder Strafgerichtsbarkeit, die von dieser Fragestellung ebenfalls betroffen sein können, den Feststellungen des Cour de Cassation folgen, ist derzeit allerdings noch ungewiss[668]. Im Schrifttum wurde das Ergebnis bereits als nicht überzeugend abgelehnt[669], so dass klagende Gewerkschaften, die Gewissheit über die Zulässigkeit ihrer Klage haben wollen, gut daran tun, die Einzelheiten des Verfahrens schon vor Erhebung der Klage mit dem Arbeitnehmer abzustimmen.

Darüber, dass bei Einlegung eines Rechtsmittels keine weitere Benachrichtigung zu erfolgen braucht, besteht jedoch Einigkeit[670].

(bb) Offenlegung der Identität des betroffenen Arbeitnehmers in der Klageschrift?

Ebenso wechselhaft wie die Rechtsprechung zur ordnungsgemäßen Benachrichtigung ist die zur Frage der Offenlegung der Identität des betroffenen Arbeitnehmers. Schon nach dem Wortlaut des Art. L. 135-4 al. 1 C.T. ist es erforderlich, dass der Arbeitnehmer, dessen Rechte von der Gewerkschaft geltend gemacht werden, Gewerkschaftsmitglied ist. Fraglich ist allerdings, ob in der Klageschrift auch sein Name angegeben werden muss.

Der Cour de Cassation nahm im Hinblick auf diese Frage zunächst eine sehr großzügige Haltung ein: Das Gericht ging davon aus, dass keinerlei Verpflichtung bestehe, die Arbeitnehmer genau zu bezeichnen und sie in der Klageschrift aufzuzählen. Dies ergebe sich daraus, dass die Vorschrift ausdrücklich auf eine förmliche Bevollmächtigung verzichte[671]. Später nahm es eine abweichende Position ein. Im Jahre 1969[672] hob es die Entscheidung eines Cour d'appel auf, weil in ihr die Klage vor den Arbeitsgerichten für zulässig erachtet worden sei, ohne zu überprüfen, ob die Klage auch im Namen der Gewerkschaftsmitglieder erfolgt sei. Drei Jahre darauf hielt es die Klage einer Gewerkschaft für unzulässig, da die Gewerkschaft nicht die Namen ihrer Mitglieder bezeichnet habe[673].

667 Boulmier, JCP 2000, S. 761, S. 762.

668 Boulmier, JCP 2000, S. 761, S. 762.

669 Vgl. Roy-Loustaunau, Dr. Soc. 2000, S. 516, S. 517 („*La motivation est subtile, elle surprend plus qu'elle ne convainc.*").

670 Cass. soc., 25.2.1970, Bull. V n° 148; Supiot, Dr. Soc. 1985, S. 774, S. 776.

671 Cass. soc., 17.4.1953, Dr. Soc. 1953, S. 407.

672 Cass. soc., 12.3.1969, Bull. V n° 178.

673 Cass. soc., 3.11.1972, Bull. V n° 595.

Diese Rechtsprechung sah sich in der Literatur heftiger Kritik ausgesetzt. Bemängelt wurde vor allem, dass durch die Preisgabe des Namens des betroffenen Arbeitnehmers nichts vom Gehalt des Art. L. 135-4 al. 1 C.T. bliebe, der sich danach nicht von einer Klage nach Art. L. 135-4 al. 2 C.T. unterschiede[674]. Zugunsten dieser Rechtsprechung wurde lediglich angemerkt, dass die Offenlegung der Identität der betroffenen Arbeitnehmer erforderlich sei, um die Begünstigten der Klage bestimmen zu können, anderenfalls erhalte die Klage einen kollektiven Charakter[675].

Im Anschluss an die Kritik spricht das Gericht im Jahre 1980 wieder etwas zurückhaltender von Gewerkschaftsmitgliedern, deren Identität festgestellt oder feststellbar sei. Eine Namensnennung fordert das Gericht indes nicht mehr[676]. In seiner Entscheidung aus dem Jahre 2000[677], in der das Gericht auch die Übermittlung der Benachrichtigung an den Arbeitnehmer am Tage der Klageerhebung für ausreichend erachtet, stellt der Cour de Cassation schließlich fest, dass die Gewerkschaft bei Einlegung eines Rechtsmittels weder Vor- und Nachname noch Beruf und Wohnsitz des betroffenen Arbeitnehmers angeben müsse. Begründet wird dieses Ergebnis mit der Eigenart der Klage, die keine Klage in Form der Repräsentation von Mitgliedern, sondern der Gewerkschaft zu eigen sei.

Indem das Gericht nunmehr auf die Namensnennung des betroffenen Arbeitnehmers verzichten will, hat es endlich Klarheit in diesem lange Zeit umstrittenen Punkt geschaffen.

Es entkräftet damit zumindest auch die Kritik, die auf die Gefahren der Preisgabe der Identität des Arbeitnehmers in der Klageschrift, wie Repressalien seitens des Arbeitgebers und der deswegen erhobene Widerspruch gegen die Klage seitens des Arbeitnehmers, hinweist[678].

*e) Bedeutung des Klagerechts aus Art. L. 135-4 al. 1 C.T. in der Praxis*

In Anbetracht der Tatsache, dass der Tarifvertrag eine der bedeutendsten Rechtsquellen im Arbeitsrecht ist, wird in Frankreich vom Klagerecht des Art. L. 135-4 al. 1 C.T. nicht übermäßig Gebrauch gemacht[679]. Dies gilt im übrigen auch für die anderen „droits de substitution", die den Gewerkschaften das Recht gewähren, anstelle der betroffenen Arbeitnehmer zu klagen[680]. Der Grund hierfür dürfte da-

---

674 Gaudillière, Syndicalisme vom 4.1.1973, S. 12; vgl. auch Caballero, RTD civ. 1985, S. 247, S. 261

675 Supiot, Dr. Soc. 1985, S. 774, S. 776.

676 Cass. soc., 17.12.1980, Bull. V n° 915.

677 Cass. soc., 1.2.2000, RJS 2000, n° 381.

678 Vgl. Gaudillière, Syndicalisme vom 4.1.1973, S. 12; Verdier, S. 591.

679 Supiot, S. 488.

680 Coeuret/Fortis, S. 99; Cohen, Dr. Soc. 1990, S. 790, S. 792; Supiot, RFAS 1993, S. 97, S. 101.

rin liegen, dass in der französischen Arbeitsrechtsordnung genügend Rechtsschutzinstrumente vorhanden sind, die es den Gewerkschaften ermöglichen in einer Situation, in der etwa die Geltung des Tarifvertrags in Gefahr ist, die Verletzung eigener Rechte geltend zu machen[681]. Gegenüber diesen Klagerechten und auch der Klage des einzelnen Arbeitnehmers birgt die Klage nach Art. L. 135-4 al. 1 C.T. keinen entscheidenden Vorteil: Mit ihr können nur Ansprüche geltend gemacht werden, die aus einem Tarifvertrag rühren, während im Rahmen eines Prozesses anlässlich der Beendigung des Arbeitsverhältnisses, der vom Arbeitnehmer selbst angestrengt wird, eine ganze Reihe von Ansprüchen unterschiedlichster Natur eingeklagt werden können[682]. Zudem muss die auf Grundlage des Art. L. 135-4 al. 1 C.T. klagende Gewerkschaft stets befürchten, dass der betroffene Arbeitnehmer im Laufe der Zeit nach und nach das Interesse am Prozess verliert, da er weder mit dessen Führung noch mit der Finanzierung belastet ist[683]. Deshalb wird eine Gewerkschaft eine Klage nach Art. L. 135-4 al. 1 C.T. nur in Erwägung ziehen, wenn diese Bedenken nicht zum Tragen kommen, insbesondere, wenn es sich bei den betroffenen Arbeitnehmern um eine homogene Gruppe handelt, deren Mitglieder der Gewerkschaft eng verbunden sind[684].

Die Durchführung einer solchen Klage erfordert dementsprechend das gezielte Zusammenwirken von Arbeitnehmern und Gewerkschaft, so dass in der Praxis das bloß stillschweigende Einverständnis des Arbeitnehmers selten zu beobachten ist. Der Arbeitnehmer wird zumeist an der Vorbereitung des Prozesses beteiligt sein[685].

Ein Beispiel für die tatsächliche Durchführung eines solchen Verfahrens nach Art. L. 135-4 al. 1 C.T. zeigt die Klage der Gewerkschaft „Stic-Cfdt" gegen das Unternehmen „Les Plastiques Industriels de Viarmes"[686]. In diesem Fall hatte sich die Beklagte geweigert, für allgemeinverbindlich erklärte Tarifverträge anzuwenden, die eine Verkürzung der Arbeitszeit sowie die Abmilderung der sich hieran anschließenden Gehaltskürzungen zum Inhalt hatten. Die betroffenen Arbeitnehmer traten daraufhin in die Gewerkschaft ein, die nunmehr an ihrer Stelle klagen konnte. Der Cour d'appel, der hier in letzter Instanz zu entscheiden hatte, stellte die Nichtanwendung des Tarifvertrags durch die Beklagte fest und verurteilte sie zur Zahlung des geschuldeten Betrags an die Gewerkschaft zugunsten der einzelnen Arbeitnehmer. Der Arbeitgeber beugte sich schließlich der Entscheidung und zahlte jedem der betroffenen Arbeitnehmer, den ihm zustehenden Betrag aus.

---

681 Vgl. Lanquetin, action juridique n° 98 (Januar 1993), S. 3, S. 5.

682 Lanquetin, action juridique n° 98 (Januar 1993), S. 3, S. 5.

683 Lanquetin, action juridique n° 98 (Januar 1993), S. 3, S. 5.

684 Lanquetin, action juridique n° 98 (Januar 1993), S. 3, S. 5.

685 Lanquetin, action juridique n° 97 (November 1992), S. 3, S. 8.

686 Darstellung bei Rendu, Syndicalisme vom 21.5.1992, S. 14.

Der Sachverhalt verdeutlicht, dass in der Praxis von Seiten der Gewerkschaften großer Wert darauf gelegt wird, dass bei einer Klage nach Art. L. 135-4 al. 1 C.T. eine in sich geschlossene Gruppe von Arbeitnehmern gegeben ist, die von sich aus an sie herangetreten ist. Die Vorteile einer solchen Vorgehensweise liegen auf der Hand: Die Gewerkschaft kann sicher sein, dass sie den Prozess zu Ende führen kann und die Kosten nicht umsonst übernommen hat, während die Arbeitnehmer eine kompetente Vertretung erhalten, ohne vor der Kostenlast zurückschrecken zu müssen[687].

*f) Kritik*

Das Klagerecht des Art. L. 135-4 al. 1 C.T. wird in Frankreich ausgesprochen selten in Frage gestellt, was sicherlich mit der langen Tradition dieser Vorschrift erklärt werden kann. Die Kritik, die vorgebracht wird, gilt häufig dem Institut des „droit de substitution" als solchem. Da auch Art. L. 135-4 al. 1 C.T. ein „droit de substitution" darstellt, ist das Klagerecht zwangsläufig von dieser Kritik betroffen, auch wenn der Anlass der Kritik im Regelfall ein neu hinzutretendes „droit de substitution" ist, dessen Sinnhaftigkeit angezweifelt wird. In diesem Zusammenhang ist auch der in Deutschland oftmals als Beleg für die mangelnde Akzeptanz des Art. L. 135-4 al. 1 C.T. ins Feld geführte Aufsatz von Maurice Cohen[688] zu sehen[689]. Die dort geäußerte – ausgesprochen heftige – Kritik richtet sich keineswegs allein und unmittelbar gegen Art. L. 135-4 al. 1 C.T., sondern gegen die Ausweitung der „droits de substitution" durch den Gesetzgeber. Initialzündung für die Auseinandersetzung war hier das im Jahre 1989 vom französischen Gesetzgeber mit Art. L. 321-15 C.T. eingeführte Klagerecht der Gewerkschaften bei Ausspruch einer betriebsbedingten Kündigung durch den Arbeitgeber[690].

Cohen nimmt dies zum Anlass, vom „droit de substitution" als vergiftetem Geschenk an die Gewerkschaften zu sprechen, da es ihnen großen Schaden zufüge, indem es ein falsches Bild erzeuge: *„Ledit cadeau est en effet empoisonné. Car il contribue à donner des syndicats une image fausse, bureaucratique, figée, inhumaine, l'image de gens qui veulent faire le bonheur des salariés contre leur gré [...]"*[691]. Er vertritt daher die Auffassung, dass die Gewerkschaften keine

687 Da im Beispielsfall die den Arbeitnehmer geschuldeten Beträge durch einen Sachverständigen errechnet werden mussten, dürfte die Kostenlast hier besonders hoch ausgefallen sein.

688 Dr. Soc. 1990, S. 790.

689 Vgl. Thüsing, DB 1999, S. 1552, S. 1553.

690 Über den Sinn und Zweck dieses „droit de substitution" lässt sich in der Tat streiten, da hier das Arbeitsverhältnis beendet werden soll und es m.E. nicht nachvollziehbar ist, warum der Arbeitnehmer sich davor scheuen soll, in dieser Situation selbst einen Prozess zu führen.

691 Cohen, Dr. Soc. 1990, S. 790, S. 791.

falschen Privilegien benötigten und auch keinerlei Interesse daran hätten, von diesen Rechten Gebrauch zu machen[692].

Die Diskussion ist im Hinblick auf Art. L. 135-4 al. 1 C.T. aber weit weniger scharf als die von Cohen geäußerte Kritik den Anschein gibt. Zu Art. L. 135-4 al. 1 C.T. existiert vergleichsweise wenig Literatur. Aufmerksamkeit hat in den letzten Jahren hauptsächlich das hier bereits erwähnte „droit de substitution" bei betriebsbedingten Kündigungen erregt. Dieses wurde als gesetzliches Institut gewerkschaftlicher Einmischung und Bevormundung bezeichnet[693], aber auch als Verstärkung des Schutzes derjenigen Arbeitnehmer, die oft nur schlecht über ihre Rechte informiert seien oder von der Aussicht abgeschreckt würden, allein einen Prozess gegen ihren Arbeitgeber führen zu müssen[694]. Überhaupt kann die Zahl der Fürsprecher gewerkschaftlicher Klagerechte in Frankreich nicht als gering bezeichnet werden. Im Schrifttum, das sich mit den Klagerechten auseinandersetzt, wird nicht selten ein Bedauern darüber zum Ausdruck gebracht, dass die „droits de substitution" keine größere Rolle spielen und nicht besser geschützt seien[695]. Als Beleg für die Angst vor Vergeltungsmaßnahmen des Arbeitnehmers wird angeführt, dass in neun von zehn Fällen erst nach Beendigung des Arbeitsverhältnisses geklagt wird[696].

Will man die Effektivität des Klagerechts beurteilen, so bleibt in der Tat festzustellen, dass der Normzweck, soweit er auf den Schutz des Arbeitnehmers zielt, der sich nicht vor dem Arbeitgeber exponieren soll, mit Art. L. 135-4 al. 1 C.T. nur teilweise zu verwirklichen ist. Zwar muss die Gewerkschaft in der Klageschrift nach der neuesten Rechtsprechung des Cour de Cassation nicht mehr den Namen des betroffenen Arbeitnehmers preisgeben. Der Arbeitnehmer muss sich spätestens jedoch dann zu erkennen geben, wenn er sich gegenüber dem Arbeitgeber auf die von der Gewerkschaft an seiner Stelle erstrittene Entscheidung beruft, um das dort Zugesprochene für sich in Anspruch zu nehmen[697].

Bedeutung erlangt daher zwangsläufig die Tatsache, dass die Klage auf Grundlage von Art. L. 135-4 al. 1 C.T. gegenüber Klagen aus Art. L. 135-5 C.T. und Art. L. 411-11 C.T. keinen entscheidenden Vorteil birgt, was auch die Tatsache der mäßigen Anwendung durch die Gewerkschaften erklären dürfte. Der Vorwurf, die Gewerkschaften handelten bei der Wahrnehmung eines „droit de substitution" gewissermaßen über den Kopf der Betroffenen hinweg, kann insofern auch keinen Bestand haben. Gerade weil die Gewerkschaften noch andere

692 Cohen, Dr. Soc. 1990, S. 790, S. 793.

693 Cottereau, La Sem. Soc. Lamy 1989, S. 560.

694 Verdier, RJS 1990, S. 3, S. 5.

695 Gaudillière, Syndicalisme vom 4.1.1973, S. 12; Pélissier/Supiot/Jeammaud Rn. 569; Wagner, D.O. 1990, S. 291, S. 293.

696 Supiot, Dr. Soc. 1985, S. 774.

697 Peschaud, D.O. 2000, S. 478.

Möglichkeiten haben, den tariflichen Bestimmungen Geltung zu verschaffen, werden sie sich nur für eine Klage nach Art. L. 135-4 al. 1 C.T. entscheiden, wenn der betroffene Arbeitnehmer das Vorgehen aktiv unterstützt und sich kaum mit einem stillschweigenden Einverständnis begnügen. Die Klage wird dann aber, was die tatsächliche Durchführung betrifft, keine großen Unterschiede mehr zu einer eigenen Klage des Arbeitnehmers unter Hinzuziehung eines Gewerkschaftsvertreters als Prozessvertreter (Art. R. 516-5 C.T.) aufweisen. Deshalb ergänzen sich die Klagerechte aus Art. L. 135-4 al. 1 C.T. und aus Art. L. 135-5 C.T. nur bedingt: Im Gegensatz zu Art. L. 135-5 C.T. entfaltet zwar Art. L. 135-4 al. 1 C.T. Bindungswirkung im Verhältnis Arbeitgeber – Arbeitnehmer, allerdings oftmals zu dem Preis, dass spätestens im Anschluss an den Prozess die Anonymität des Arbeitnehmers aufgehoben wird. In kleineren Betrieben dürfte es ohnehin schon schwierig sein, die Identität des betroffenen Arbeitnehmers während des Prozesses geheim zu halten. Art. L-135-5 C.T. sichert hingegen die Anwendung des Tarifvertrages als solchem, ohne dass die Belegschaft exponiert wird, hilft aber dem Arbeitnehmer im Einzelfall nicht weiter, wenn sich der Arbeitgeber in seinem Fall weigert, die tariflich verbürgten Rechte zu gewähren. Das Klagerecht des Art. L. 135-4 al. 1 C.T. kann in der Praxis mithin nur zur Entfaltung gelangen, wenn der Arbeitnehmer oder eine Gruppe von Arbeitnehmern bereit ist, das Risiko der Enthüllung der Identität in Kauf zu nehmen. Damit kann das Klagerecht seinem Zweck, nämlich dem Schutz der betroffenen Arbeitnehmer vor Repressalien des Arbeitgebers, nicht voll gerecht werden. Auch in Frankreich müssen daher Überlegungen angestellt werden, ob dieser Schutz verbessert werden sollte.

### *II. Klagerecht aus Art. L. 411-11 C.T.*

Art. L. 411-11 C.T. enthält zweifelsfrei eines der bedeutsamsten Klagerechte des französischen Arbeitsrechts. In der Vorschrift heißt es im Hinblick auf Gewerkschaften und Arbeitgeberverbände: *„Ils ont le droit d'ester en justice. Ils peuvent devant toutes les juridictions exercer tous les droits réservés à la partie civile relativement aux faits portant un préjudice direct ou indirect à l'intérêt collectif de la profession qu'ils représentent."*

Die französischen Gewerkschaften können anders als die deutschen damit gleich dreierlei Interessen vertreten. Zunächst können sie als juristische Personen ihre eigenen Rechte gerichtlich geltend machen. Zu denken ist hier beispielsweise an Rechte als Eigentümerin, aber auch an Rechte gegenüber den eigenen Mitgliedern wie die Geltendmachung ausstehender Beiträge oder gegenüber Dritten, welche gewerkschaftsdiskriminierende Maßnahmen ergreifen[698]. Darüber hinaus können die Gewerkschaften Individualinteressen ihrer Mitglieder verfolgen, sei

698 Verdier, S. 585.

es, dass sie durch diese hierzu bevollmächtigt worden sind, sei es, dass sie von einem „droit de substitution“ Gebrauch machen[699]. Neben der Wahrnehmung eigener Interessen und solcher der Mitglieder obliegt es den französischen Gewerkschaften schließlich die Kollektivinteressen eines ganzen Berufszweigs zu verteidigen. Hierin ist die Besonderheit von Art. L. 411-11 C.T. zu sehen, der die Vertretung von Interessen und nicht von Personen zum Gegenstand hat[700].

Die Vorschrift verschafft Gewerkschaften und Arbeitgeberverbänden einen erheblichen Einfluss auf das französische Arbeitsleben. Sie hat ebenso wie die Klagerechte aus Art. L. 135-5 und Art. L. 135-4 C.T. eine lange Tradition. Daher sollen zunächst Entstehung und Entwicklung der Vorschrift aufgezeigt werden.

### 1. Historischer Hintergrund

Die Geschichte der Wahrnehmung kollektiver Interessen des gesamten Berufsstands durch Arbeitgeberverbände und Gewerkschaften reicht bis zum Ende des 19. Jahrhunderts zurück. Zum damaligen Zeitpunkt waren es erstaunlicherweise in erster Linie Arbeitgebervereinigungen, welche die Entwicklung des Klagerechts bis zum Erlass des Gesetzes im Jahre 1920 vorantrieben[701]. Die „Loi du 21 Mars 1884“ spielt hierbei wie auch im Rahmen der Entwicklung des Klagerechts aus Art. L. 135-5 C.T. eine entscheidende Rolle. Art. 3 des Gesetzes bestimmte, dass Gewerkschaften und Arbeitgeberverbände die Verteidigung wirtschaftlicher, industrieller, kaufmännischer und landwirtschaftlicher Interessen zum Ziel haben sollten, Art. 6 regelte ihre Prozessfähigkeit[702]. Schon bald kam vor dem Hintergrund von Art. 3 der „Loi du 21 Mars 1884“ der Gedanke auf, dass die Prozessfähigkeit von Arbeitgeberverbänden und Gewerkschaften nicht nur auf ihr Vermögen beschränkt sein könne[703]. Die Arbeitgeberverbände klagten dementsprechend, um wirtschaftliche und kaufmännische Interessen ihres Berufsstands zu wahren, den sie nach ihrem Dafürhalten zu repräsentieren hatten[704].

Die allseitige Anerkennung des Klagerechts zur Geltendmachung kollektiver Interessen durch Rechtsprechung, Schrifttum und Gesetzgeber erfolgte jedoch erst nach einigem Zögern. Besonders im Schrifttum herrschte lange Zeit eine individualistische Sichtweise vor, nach der Arbeitgeberverbände und Gewerkschaften nur dazu bestimmt waren, die individuellen Interessen ihrer Mitglieder zu repräsentieren. In der Klage der Verbände wurde die bloße Summation dieser Individualinteressen gesehen. Die Idee eines in seinem Bestand hiervon losgelöstem

699 Verdier, Dr. Soc. 1963, S. 235, S. 236 f.; Boitel, D. O. 1960, S. 369.

700 Petit, S. 334.

701 Verdier, S. 599.

702 Grundlegend zur „Loi du 21 Mars 1884“ Olszak, S. 61 ff. Eine vollständige Wiedergabe des Gesetzestexts findet sich ebenfalls bei Olszak, S. 72.

703 Dupeyron, D.1952, chr. 153.

704 Rémy, S. 87 f.; Verdier, S. 600.

kollektiven Interesse wurde abgelehnt[705]. Es gab allerdings auch Stimmen, die das kollektive vom Individualinteresse unterscheiden wollten. Für sie konnte die Klage von Gewerkschaften und Arbeitgeberverbänden sowohl allein für sich Bestand haben als sich auch mit den individuellen Klagen der Mitglieder vereinigen[706]. Die Rechtsprechung war anfänglich unentschlossen. Zunächst hielt sie Klagen für zulässig, mit denen berufsständische Interessen geltend gemacht wurden. Als berufsständische Interessen wurden dabei diejenigen angesehen, die einer Mehrheit der jeweiligen Mitglieder gemein waren. Berufsständische Interessen und Individualinteressen wurden demnach häufig vermischt, eine Unterscheidung war kaum möglich[707].

Das Jahr 1907 bedeutete jedoch eine Zäsur in dieser Entwicklung. Es kam zum Bruch zwischen den Zivil- und Strafsenaten des Cour de Cassation. Während die Zivilsenate weiterhin großzügig in der Anerkennung der Klagen verfuhren, handelte die „Chambre criminelle" von diesem Zeitpunkt an restriktiv und erklärte die Klagen im Regelfall für unzulässig. Nach der Rechtsprechung des Strafsenats waren für klagende Gewerkschaften und Arbeitgeberverbände gleich zwei Hürden zu überwinden: Zum einen sollte nicht mehr genügen, dass den Interessen einer großen Zahl der Mitglieder geschadet wurde, es wurde vielmehr der Nachweis gefordert, dass der Berufsstand selbst durch die schädigende Handlung getroffen wurde. Zum anderen mussten sie den Beweis erbringen, dass den kollektiven Interessen des Berufsstands unmittelbar geschadet wurde[708].

Die Rechtsunsicherheit war infolge der unterschiedlichen Jurisdiktion des Cour de Cassation groß. Der Konflikt konnte erst im Jahre 1913 durch eine Entscheidung des großen Senats beigelegt werden. In der in Frankreich bekannten Entscheidung vom 5. April 1913[709] setzte sich schließlich die Linie der Zivilrichter durch. In dem Fall hatte der Arbeitgeberverband der Winzer von seinem Interventionsrecht Gebrauch gemacht, nachdem ein Weingroßhändler Wasser mit Wein gemischt hatte, um das Produkt zu strecken. In den Entscheidungsgründen stellte der große Senat fest, dass hierdurch ein unmittelbarer Schaden für den Weinbau im allgemeinen und die Gemeinschaft der Weinbauern entstehen könne. Der Arbeitgeberverband habe nach seinen Statuten diese zu repräsentieren und zu verteidigen, so dass mit der vom Verband angestrengten Klage, nicht die Individualinteressen einiger oder mehrerer Verbandsmitglieder befriedigt würden, sondern die kollektiven Interessen des gesamten Berufsstands. Das Gericht hatte damit die Rolle von Arbeitgeberverbänden und Gewerkschaften als Repräsentant des Berufsstands sowie die Existenz kollektiver Interessen anerkannt. Die Reso-

705 M.w.N. Verdier, S. 600.

706 Durand/Vitu, S. 312.

707 M. N. aus der Rechtsprechung Durand/Vitu, S. 312; Nadal, S. 128.

708 M. N. aus der Rechtsprechung Durand/Vitu, 313 f.

709 Cass. réun., 5.4.1913, S. 1920.1.49.

nanz auf die schon bald als bedeutsam erkannte Entscheidung war überwiegend positiv[710].

Mit der „Loi du 12 Mars 1920“ hat der Gesetzgeber das von der Rechtsprechung entwickelte Institut schließlich nur noch gesetzlich verankert[711], der Anstoß hierzu kam aber allein – wie auch im Rahmen des Art. L. 135-5 C.T. – aus der Rechtsprechung.

### 2. Voraussetzungen für die Ausübung des Klagerechts durch die Gewerkschaften

Das Klagerecht des Art. L. 411-11 C.T. steht den Gewerkschaften offen, wenn das kollektive Interesse des Berufsstands unmittelbar oder mittelbar verletzt wird. Für die erfolgreiche Ausübung des Klagerechts ist mithin das Verständnis des Begriffs des kollektiven Interesses maßgeblich. Des weiteren ist die Bestimmung des eingetretenen Schadens erforderlich.

#### *a) Kollektives Interesse*

Unter dem kollektiven Interesse ist das besondere Interesse einer berufsständischen Gemeinschaft zu verstehen[712]. Im Falle der Gewerkschaften handelt es sich um das besondere Interesse der Arbeitnehmer eines bestimmten Berufszweigs[713]. Quantitative Kriterien müssen bei der Bestimmung des kollektiven Interesses nicht angelegt werden. Es ist ausreichend, wenn nur ein Teil der Arbeitnehmer betroffen ist und nicht etwa die gesamte Belegschaft eines Unternehmens[714].

Besteht Streit darüber, ob ein kollektives Interesse gegeben ist, so ist es Aufgabe der klagenden Gewerkschaft dessen Vorliegen darzulegen[715]. Es ist dabei vom Individualinteresse des einzelnen Arbeitnehmers und dem Allgemeininteresse, dessen Wahrung der öffentlichen Hand obliegt, abzugrenzen[716]. Zwischen den verschiedenen Interessen besteht allerdings kein Verhältnis der Exklusivität. Das Vorliegen des kollektiven Interesses wird nicht notwendig durch das gleichermaßen betroffene Individual- oder Allgemeininteresse ausgeschlossen[717]. Das kollektive Interesse wird insbesondere dann gegeben sein, wenn der Sachverhalt eine Grundsatzfrage, „une question de principe“ oder ein Frage von allgemeiner Geltung, „une question de portée générale“, aufwirft, deren Beantwor-

---

710 Vgl. Mestre, Note zu Cass. réun., 5.4.1913, S. 1920.1.49.

711 Vgl. zur „Loi du 12 mars 1920“ Nadal, S. 133 ff.

712 Verdier, S. 628.

713 Verdier, S. 627.

714 Scheidt, RPDS 1995, S. 295, S. 299; Cohen, RPDS 1995, S. 223, S. 226.

715 Lanquetin, action juridique n° 97 (November 1992), S. 3, S. 4; Cass. soc., 21.10.1981, Bull. V n° 811.

716 Vgl. hierzu die ausführliche Darstellung bei Boré Rn. 8 ff.

717 Cohen, RPDS 1990, S. 177, S. 178; Mayaud, Dr. Soc. 1987, S. 510, S. 518.

tung möglicherweise Auswirkungen auf die Gesamtheit aller Unternehmen oder Mitglieder des Berufsstands hat[718].

Unter Berücksichtigung der Rechtsprechung des Cour de Cassation lassen sich zur Veranschaulichung der Tragweite des Art. L. 411-11 C.T. folgende Fallkategorien bilden, in denen das kollektive Interesses bejaht wird:

Die Verletzung der Arbeits- und Sozialgesetzgebung durch den Arbeitgeber zum Nachteil der Arbeitnehmer betrifft das kollektive Interesse der Arbeitnehmer des entsprechenden Berufszweigs und berechtigt die Gewerkschaften hiergegen auf Grundlage des Art. L. 411-11 C.T. zu klagen. So hat der Cour de Cassation beispielsweise entschieden, dass die Gewerkschaften Arbeitgeber, die Arbeitnehmer ohne Genehmigung an Sonntagen beschäftigen und damit Art. L. 221-5 C.T. missachten, gemäß Art. L. 411-11 C.T. auf Schadensersatz in Anspruch nehmen können[719]. Im Hinblick auf die Vorschrift sind die Gewerkschaften ebenso berechtigt, den Arbeitgeber zu verklagen, der unter Umgehung der Art. L. 124-2 und Art. L. 124-4-2 C.T. einen Leiharbeitnehmer zu Arbeiten heranzieht, die nicht nur vorübergehender Natur sind und diesen dafür geringer entlohnt als die bei ihm beschäftigten Arbeitnehmer[720]. Art. L. 411-11 C.T. kommt aber nicht nur bei Übertretung der Bestimmungen des Code du Travail zum Tragen, sondern auch, wenn der Arbeitgeber zum Nachteil der Arbeitnehmer von seinen einseitigen Verpflichtungserklärungen abweicht: Die Gewerkschaften sind nach der Rechtsprechung des Cour de Cassation berechtigt, gegen eine Dienstanweisung des Arbeitgebers vorzugehen, mit der ein Bereitschaftsdienst an einem Tag eingerichtet werden soll, an dem zuvor aufgrund eines „engagement unilatéral", einer Zusage des Arbeitgebers, wegen eines lokalen Feiertags überhaupt keinerlei Arbeitsverpflichtung bestand[721].

Das Zusammenspiel von Individualinteresse, Allgemeininteresse und kollektivem Interesse wird bei der Missachtung von Arbeitsschutzvorschriften deutlich. Kommt es infolge eines Arbeitsunfalls zu Verletzungen oder gar zum Tod von Arbeitnehmern, ist nicht nur das Individualinteresse des oder der Verletzten betroffen, sondern auch das Allgemeininteresse wegen der im Raum stehenden Straftatbestände der fahrlässigen Körperverletzung und der fahrlässigen Tötung. Daneben ist die Rechtsprechung aber gleichermaßen von der Beeinträchtigung des kollektiven Interesses ausgegangen. So hat die Chambre Criminelle im Falle einer fahrlässigen Brandstiftung mit Todesfolge entschieden, dass auch das kollektive Interesse gegeben sei, wenn die Gewerkschaft in ihrer Klage geltend mache, der Brand im Betrieb könne auf die Verletzung von Arbeitschutzvorschriften

---

718 Scheidt, RPDS 1995, S. 295, S. 299; Verdier, S. 629; Cass. soc., 2.6.1983, Bull. V n° 305; Cass. soc., 20.11.1974, Bull. V n° 555.

719 Cass. ass. plén., 7.5.1993, JCP.1993.II.22083.

720 Cass. crim., 15.11.1983, D.O. 1984, 477 f.

721 Cass. soc., 25.3.1985, Bull. V n° 204.

zurückgeführt werden[722]. Im Zusammenhang mit tödlichen Arbeitsunfällen hat der Cour de Cassation aber nicht ausschließlich auf die Verletzung von Arbeitsschutzvorschriften abgestellt. Das Gericht hat es zur Bejahung des kollektiven Interesses genügen lassen, wenn die Sicherheit der anderen Arbeitnehmer durch das nachlässige Verhalten des Arbeitgebers im selben Maße aufs Spiel gesetzt wurde wie jene der verunglückten[723].

Allerdings bedeutet die Verwirklichung eines Straftatbestands im Rahmen eines Arbeitsverhältnisses nicht notwendigerweise eine Beeinträchtigung des kollektiven Interesses. In einem Fall von sexueller Belästigung und Vergewaltigung einer Arbeitnehmerin durch den Vorgesetzten hat die Chambre Criminelle des Cour de Cassation das Bestehen eines kollektiven Interesses neben dem Individualinteresse des Opfers und dem durch die Strafverfolgungsbehörden wahrgenommenen Allgemeininteresse verneint[724]. Ebenso restriktiv urteilt das Gericht bei Gewalttätigkeiten, die sich von dritter Seite gegen Mitglieder des Berufsstands richten. Der Cour de Cassation hat dementsprechend Klagen gemäß Art. L. 411-11 C.T. aufgrund des Fehlens des kollektiven Interesses für unzulässig erklärt, die wegen des Todes eines Juweliers anlässlich eines Überfalls[725] und wegen des Raubüberfalls auf Taxifahrer anhängig gemacht wurden[726].

Geltend gemacht werden kann die Verletzung des kollektiven Interesses des Berufsstands aber in Fällen, welche die Behinderung von Belegschaftsrepräsentanten oder Streitigkeiten bei deren Wahl zum Gegenstand haben. Der Cour de Cassation verzichtet hier praktisch auf den Nachweis der Beeinträchtigung des kollektiven Interesses durch die Gewerkschaften, da das Gericht davon ausgeht, dass das Interesse hier ohne weiteres betroffen sei[727]. So hat die Chambre Criminelle bereits im Jahre 1959 entschieden, dass die Behinderung des „comité d'entreprise“, des Unternehmensausschusses, als solche schon einen Schaden für die berufsständische Gemeinschaft begründe und die Gewerkschaften hierfür Wiedergutmachung verlangen könnten[728]. Diese Rechtsprechung hat das Gericht auch in jüngere Zeit beibehalten. Nachdem der Unternehmensausschuss vom Arbeitgeber nicht hinzugezogen wurde, als er eine Stelle strich, hat die Chambre Criminelle in ihrer Entscheidung aus dem Jahre 1994 bestätigt, dass eine Behinderung der Tätigkeit des Unternehmensausschusses an sich schon geeignet sei, einen Schaden des gesamten Berufsstands zu verursachen[729]. Ebenso ist das Ge-

722 Cass. crim., 20.3.1972, Bull. crim. n° 111.

723 Cass. crim., 3.12.1981, Bull. crim. n° 323; Cass. crim., 23.11.1982, Bull. crim. n° 264.

724 Cass. crim., 23.1.2002, RJS 2002 n° 592.

725 Cass. crim., 29.1.1986, Bull. crim. n° 39.

726 Cass. crim., 20.1.1972, Bull. crim. n° 30

727 Cohen, RPDS 1990, S. 177, S. 179.

728 Cass. crim., 7.10.1959, JCP.1961.II.12170.

729 Cass. crim., 27.9.1994, N° de pourvoi: 92-83156.

richt im Jahre 1996 verfahren, als der Unternehmensausschuss vor einer geplanten Massenentlassung nicht einberufen wurde. Auch hiergegen konnte die Gewerkschaft erfolgreich auf Grundlage des Art. L. 411-11 C.T. klagen[730].

Eine vergleichbare Vorgehensweise des Cour de Cassation ist bei einer weiteren Fallkategorie zu beobachten, der gewerkschaftlichen Diskriminierung. Behindert der Arbeitnehmer die gewerkschaftliche Betätigung eines Arbeitnehmers, so ist die Verwirklichung dieses Umstands schon als solche geeignet, einen Schaden für den gesamten Berufsstand zu verursachen. Dies hat die Chambre Sociale zuletzt im Jahre 1999 entschieden, als zwei Nachtschwestern, die beide als Gewerkschaftsdelegierte tätig waren, vom Krankenhaus so in Schichten eingeteilt wurden, dass sie sich während der Arbeitszeit nicht mehr begegneten[731].

Keine Verletzung des kollektiven Interesses wird schließlich angenommen, wenn der Arbeitgeber seine aus dem Gesellschaftsrecht rührenden Pflichten verletzt hat, wie etwa durch das Aufstellen einer falschen Bilanz. Die Chambre Criminelle des Cour de Cassation geht entgegen der Rechtsprechung einiger Untergerichte in diesen Fällen davon aus, dass die Verfolgung derartiger Verpflichtungen Sache der Aktionäre sei[732].

Abgesehen von diesen Fällen zeichnet sich die Rechtsprechung jedoch, wie die obige Darstellung gezeigt hat, durch einen großzügigen Umgang mit der Annahme eines kollektiven Interesses aus. Schon die Tatsache, dass Gewerkschaften gegen die Verletzung der Arbeits- und Sozialgesetzgebung auf Grundlage des Art. L. 411-11 C.T. vorgehen dürfen, verdeutlicht, dass in Frankreich dem Begriff des kollektiven Interesses ein weiter Anwendungsbereich zukommt.

*b) Schaden*

Aufgrund der Vorschrift des Art. L. 411-11 C.T. können die Gewerkschaften bei Beeinträchtigung des kollektiven Interesses Schadensersatz verlangen, wenn dem Berufsstand ein Schaden entstanden ist. Den Schaden hat demzufolge nicht die Gewerkschaft als solche zu erleiden[733]. Ihr obliegt es aber den eingetretenen Schaden und den Zusammenhang zwischen Verletzung und Beeinträchtigung des kollektiven Interesses darzulegen[734].

Vom Schadensbegriff des Art. L. 411-11 C.T. sind sowohl die unmittelbaren als auch die mittelbaren Schäden umfasst[735]. Ein unmittelbarer Schaden des Berufsstands ist beispielsweise gegeben, wenn es zu diffamierenden Äußerungen

---

730 Cass. crim., 3.12.1996, Bull. crim. n° 441.

731 Cass. soc., 19.10.1999, RJS 1999 n° 1476.

732 Kritisch hierzu und m. N. aus der Rechtsprechung Pélissier/Supiot/Jeammaud Rn. 574.

733 Dupeyron, D.1952, chr. 153, 154.

734 Cohen, RPDS 1990, S. 177, S. 180; Durand/Vitu , S. 319.

735 Art. L. 411-11 C.T. spricht von „*préjudice direct ou indirect*".

im Hinblick auf den ganzen Berufsstand kommt[736]. Von einem mittelbaren Schaden ist hingegen auszugehen, wenn der Berufsstand von einem Schaden betroffen wird, der bei seinen Mitgliedern eingetreten ist[737]. Die Verletzungshandlung hat in diesem Fall also nicht nur beim Arbeitnehmer selbst zu einem Schaden geführt, sondern hat darüber hinaus noch weitere Personen in Mitleidenschaft gezogen[738].

Unabhängig davon, ob durch die Verletzungshandlung ein unmittelbarer oder ein mittelbarer Schaden für den Berufsstand eingetreten ist, werden auf Grundlage von Art. L. 411-11 C.T. alle materiellen und immaterielle Schäden ersetzt[739]. Ein materieller Schaden kann den Gewerkschaften etwa durch den Verlust von Mitgliedern entstehen. Ein immaterieller Schaden ist beispielsweise der Schaden, der durch diffamierende Äußerungen oder durch die Missachtung der Arbeits- und Sozialgesetzgebung durch den Arbeitgeber entsteht[740].

Immaterielle Schäden berechtigen zum Erhalt eines symbolischen Francs beziehungsweise Euros Schadensersatz[741]. Eine solche Verurteilung liegt im Rahmen der Klagemöglichkeit des Art. L. 411-11 C.T. häufig Entscheidungen des Cour de Cassation zugrunde. So hat die Chambres Sociale in einem Fall, in dem zwei Gewerkschaften von ihrem Interventionsrecht Gebrauch gemacht haben, um Arbeitnehmer bei ihren Klagen gegen den Arbeitgeber wegen ihrer beruflichen Qualifikation zu unterstützen, den Arbeitgeber zu einem Francs Schadensersatz verurteilt. Der Arbeitgeber hatte die Forderungen der Arbeitnehmer im Laufe des Prozesses freiwillig erfüllt, so dass die Grundlage der Intervention der Gewerkschaften an sich entfallen war. Die Rechtsprechung sah in der Tatsache, dass Arbeitnehmer und Gewerkschaften wegen der zu Anfang abwehrenden Haltung des Arbeitgebers gezwungen waren, den Prozess anzustrengen, einen zumindest immateriellen Schaden, der zu ersetzen sei[742].

Die Klage gemäß Art. L 411-11 C.T. hat sowohl vorbeugende als auch wiederherstellende Funktion[743]. Sie ist im Regelfall bereits dann zulässig, wenn im Hinblick auf das unzulässige Verhalten Wiederholungsgefahr besteht, das heißt andere Arbeitnehmer in einer vergleichbaren Situation Gefahr laufen, denselben Schaden zu erleiden[744].

---

736 Durand/Vitu, S. 330.

737 Cohen, RPDS 1990, S. 177, S. 180; Verdier, S. 643 f.

738 Durand/Vitu, S. 329.

739 Pélissier/Supiot/Jeammaud Rn. 571.

740 Verdier, S. 638 f.

741 Durand/Vitu, S. 330; Verdier, S. 639.

742 Cass. Soc., 25.10.1961, RPDS 1995, 232.

743 Lanquetin, action juridique n°. 97 (November 1992), S. 3, S. 4.

744 Lanquetin, action juridique n° 97 (November 1992), S. 3, S. 4 f.

Der Schaden muss demnach nicht notwendigerweise schon eingetreten sein[745]. Er kann sich insbesondere auch aus der für die Arbeitnehmer bestehenden Gefahr einer zu restiktiven Auslegung gesetzlicher Bestimmungen durch die Rechtsprechung ergeben[746]. In Frankreich ist vor diesem Hintergrund der Sonderfall einer gewerkschaftlichen Klage auf Grundlage von Art. L. 411-11 C.T. anerkannt, kraft derer die Bildung einer nachteiligen ständigen Rechtsprechung verhindert werden soll. So konnte beispielsweise eine nicht an einem Streik beteiligte Gewerkschaft einem Rechtsstreit beitreten, der sich mit der Zulässigkeit des angekündigten Streiks auseinander zu setzen hatte, da mit dem Ausgang des Prozesses Auswirkungen auf das gesamte Personal des bestreikten Betriebs verbunden waren[747]. Durch ihren Beitritt konnte die Gewerkschaft Einfluss auf den weiteren Rechtsstreit nehmen und damit eine nachteilige Rechtsprechung für den Berufsstand verhindern.

Ebenso wie der Begriff des kollektiven Interesses wird demzufolge auch der Schadensbegriff des Art. L. 411-11 C.T. nicht restriktiv ausgelegt . Insbesondere die Einbeziehung immaterieller Schäden verschafft der Vorschrift einen weiten Anwendungsbereich, so dass sie im Arbeitsleben häufig zum Tragen kommt.

### 3. Praktische Durchführung

Die Klage nach Art. L. 411-11 C.T. kann sowohl von repräsentativen als auch von nicht repräsentativen Gewerkschaften sowie Arbeitgeberverbänden wahrgenommen werden[748]. Wird die Beeinträchtigung des kollektiven Interesses geltend gemacht, weil ein Arbeitnehmer als Mitglied des Berufsstands geschädigt wurde, so ist es für die Zulässigkeit der Klage nicht erforderlich, dass der unmittelbar Verletzte Mitglied der klagenden oder überhaupt einer Gewerkschaft ist[749]. Die Klage kann anders als im Rahmen des Art. L. 135-4 C.T. auch nicht durch den einzelnen Arbeitnehmer verhindert werden[750].

In der Praxis ist es auch nicht unüblich, dass verschiedene Gewerkschaften gleichzeitig in derselben Sache klagen[751]. Dies ist möglich, wenn es innerhalb einer Branche oder eines Berufsbildes mehrere Gewerkschaften gibt, welche die Interessenvertretung wahrnehmen. Die Möglichkeit dieser Konkurrenz bei der Interessenvertretung des Berufsstands folgt unmittelbar aus dem Individual-

745 Cohen, RPDS 1995, S. 223, S. 229 f.

746 Lanquetin, action juridique n° 97 (November 1992), S. 3, S. 5.

747 Cour d'appel de Paris, 27.1.1988, Dr. Soc. 1988, S. 248.

748 Boré, Note zu Cass. com., 1.12.1998 und 19.1.1999, D.1999, jur. 332, 333; Cohen RPDS 1990, S. 177.

749 Boitel, D.O. 1960, S. 369, S. 371; Boré Rn. 30.

750 Peschaud, D.O. 2000, S. 478, S. 480.

751 Vgl. nur Cour d'appel de Paris, 27.1.1988, Dr. Soc. 1988, 248 sowie Cass. soc., 2.2.1994, Bull. V n° 40 als Beispiel für mehrere klagende Arbeitgeberverbände.

grundrecht, sich seine Gewerkschaft frei wählen zu können[752]. Allerdings ist die Klage einer Gewerkschaft eines fremden Berufsstands unzulässig: So ist es beispielsweise nicht möglich, dass eine Gewerkschaft der metallverarbeitenden Industrie eine Beeinträchtigung des kollektiven Interesses durch einen Arbeitgeber, welcher der holzverarbeitenden Industrie zuzurechnen ist, geltend macht[753].

Zulässige Klagen können in jedem Gerichtszweig erhoben werden. Solange nur das kollektive Interesse betroffen ist, kommen Klagen vor der ordentlichen Gerichtsbarkeit ebenso in Betracht wie vor den Arbeits-, Verwaltungs-, Sozial- und Handelsgerichten[754]. Die Gewerkschaften können dabei auf dem Zivilrechtsweg eine eigene Klage erheben oder von ihrem Interventionsrecht Gebrauch machen und mit einem eigenen Anspruch in einen bereits anhängigen Prozess eintreten. Geht eine Gewerkschaft den Weg über das Interventionsrecht, so wird sie neben dem klagenden Arbeitnehmer selbst Partei des Prozesses. Die Intervention ist jederzeit statthaft, auch erst zum Zeitpunkt des Berufungsverfahrens. Sie ermöglicht es den Gewerkschaften einen Prozess in erster Instanz oder im Rechtsmittelverfahren auch dann fortzuführen, wenn der klagende Arbeitnehmer hierauf verzichtet hat[755]. Im Strafverfahren muss das Interventionsrecht jedoch spätestens in der Gerichtsverhandlung vor Antragstellung der Staatsanwaltschaft geltend gemacht worden sein[756].

Hat eine Gewerkschaft Klage erhoben, ohne hierzu von den Mitgliedern ihres Berufsstands ermächtigt worden zu sein und erging das Urteil dementsprechend nur ihr gegenüber, so erstreckt sich die Rechtskraft des Urteils auch nur auf die Gewerkschaft. Klagen die Mitglieder anschließend selbst, steht der Klage nicht die Rechtskraft des Urteils entgegen, da die Parteien des Rechtsstreits nicht identisch sind[757].

Die Vorschrift des Art. L. 411-11 C.T. steht im übrigen nicht zusammenhangslos neben Art. L. 135-5 C.T. und Art. L. 135-4 C.T. In der Missachtung eines Tarifvertrags liegt ebenfalls eine Verletzung des kollektiven Interesses[758]. Bei Art. L. 135-5 C.T. und Art. L. 135-4 C.T. handelt es sich mithin nur um

---

752 Nadal, S. 133.

753 M. N. aus der Rechtssprechung Boitel, D.O. 1960, S. 369, S. 371 und Verdier, S. 658.

754 Cohen, RPDS 1990, S. 177, S. 178; mit Beispielsfällen Cohen, RPDS 1995, S. 223, S. 228 f. und Lanquetin, action juridique n° 97 (November 1992), S. 3, S. 5 f.

755 Lanquetin, action juridique n° 97 (November 1992), S. 3, S. 6 f.; Cohen, RPDS 1995, S. 223, S. 225.

756 Lanquetin, action juridique n° 97 (November 1992), S. 3, S. 7

757 Cass. soc., 20.5.1985, Bull. V n° 297.

758 Lanquetin, action juridique n° 97 (November 1992), S. 3, S. 6.

Spezialfälle der Norm[759]. Diese Sichtweise wird auch durch die jüngste Rechtsprechung des Court de Cassation gestützt, der auch die Klagen nicht tarifschließender Gewerkschaften bei Nichtanwendung eines für allgemeinverbindlich erklärten Tarifvertrags auf Grundlage von Art. L. 411-11 C.T. für zulässig erachtet hat, obwohl sie es nach Art. L. 135-5 C.T. und Art. L. 135-4 C.T. mangels eigenem Tarifabschluss nicht gewesen wären[760].

### 4. Gesamtwürdigung und Kritik

Das Klagerecht des Art. L. 411-11 C.T., das – es sei nochmals hervorgehoben – Gewerkschaften und Arbeitgeberverbänden offen steht, ist in Frankreich allgemein anerkannt. Wenn Kritik laut wird, dann allenfalls um zu bemängeln, dass von der Vorschrift nicht häufig genug Gebrauch gemacht werde[761]. Es ist sogar gefordert worden, ein vergleichbares Klagerecht für alle Vereinigungen des Privatrechts zu schaffen[762].

Anders als noch zu Beginn des 20. Jahrhunderts nehmen die Gewerkschaften das Klagerecht häufiger wahr als die Arbeitgeberverbände. Dies ist insofern nicht verwunderlich, als das Arbeitsrecht auch in Frankreich als Arbeitnehmerschutzrecht konzipiert ist und den einzelnen, dem Arbeitgeber unterlegenen Arbeitnehmer schützen soll. Die Gewerkschaften sind daher zumeist gezwungen, diese in der Natur der Sache liegende Unterlegenheit auf dem Klagewege zu kompensieren[763]. Während die Gewerkschaften dementsprechend auf Grundlage von Art. L. 411-11 C.T. vornehmlich darum bemüht sind, die Arbeits- und Sozialgesetzgebung sowie das ungehinderte Arbeiten der Belegschaftsorgane und -repräsentanten zu sichern, bemühen Arbeitgeberverbände die Vorschrift in erster Linie, um die Einhaltung von Berufsstandsregeln sicherzustellen und wirtschaftliche Interessen durchzusetzen[764]. Das Klagerecht aus Art. L. 411-11 C.T. ist folglich auch für sie von großer Bedeutung und beschert ihnen erheblichen Einfluss.

Allerdings hat die Anerkennung eines derart weitreichenden Klagerechts auch nachteilige Auswirkungen auf die Verbände. Dadurch, dass Gewerkschaften und auch Arbeitgeberverbände ohne weiteres Zutun ihrerseits als Interessenverwalter des kollektiven Interesses eingesetzt sind, bleibt ihnen kaum Veranlassung, sich

---

759 Vgl. zum Verhältnis der Art. L. 135-4 und Art. L. 135-5 C.T. zu Art. L. 411-11 C.T. auch Nasom-Tissandier/Rémy, D.2002, jur., S. 361 ff.; Petit, JCP 2002.II.10049, S. 561 ff.; Verdier, D.2002, chr., 503 ff.

760 Cass. soc., 12.6.2001, Dr. Soc. 2001, S. 1019.

761 Boitel, D.O. 1960, S. 369; Cohen, RPDS 1995, S. 223.

762 Boré, Note zu Cass. com., 1.12.1998 und 19.1.1999, D.1999, jur. S. 332, S. 334; Boré Rn. 1.

763 Verdier, S. 627.

764 Verdier, S. 627 und 653 f.

um das Anwachsen ihrer Mitgliederzahl zu kümmern[765]. Ebenso wie die an anderer Stelle bereits beschriebene erga omnes-Wirkung[766] vermindert sich die Attraktivität eines Gewerkschaftsbeitritts für den Arbeitnehmer, wenn die Gewerkschaft unabhängig vom jeweiligen Mitgliederbestand klagen kann. Die mit der Klage verbundene Vorteile überwiegen jedoch nach der hier vertretenen Ansicht bei weitem den beschriebenen Nachteil. Durch die Klage nach Art. L. 411-11 C.T. tritt neben die öffentliche Hand eine weitere kompetente Stelle, welche für die Überwachung arbeitsrechtlicher Standards sorgt. Eine Gewerkschaft ist anders als eine Gruppe von Arbeitnehmern auch in der Lage, das kollektive Interesse des Berufsstands durchzusetzen. Als vom Arbeitgeber unabhängige Einheit kann sie die Interessen des Berufsstands pflegen, ohne Sorge tragen zu müssen, Repressalien ausgesetzt zu sein. Die Idee der Wahrnehmung kollektiver Interessen durch die sozialen Gegenspieler lässt es ferner zu, dem Gedanken Rechnung zu tragen, dass es Interessen gibt, in denen mehr als nur die Anhäufung bloßer Individualinteressen zu sehen ist. Der natürliche Verfechter dieser Interessen können aber nur die Gewerkschaften bzw. die Arbeitgeberverbände sein. Das Klagerecht stellt demzufolge eine sinnvolle Ergänzung der auf eine rein tarifrechtliche Sicht beschränkten Klagerechte der Art. L. 135-4 al. 1 C.T. und Art. L. 135-5 C.T. dar.

## § 15 Die Inspection du Travail

Neben den Klagerechten französischer Gewerkschaften soll an dieser Stelle noch ein weiterer Schutzmechanismus vorgestellt werden, der die Einhaltung von Tarif- und Gesetzesrecht in Frankreich gewährleisten soll. Es handelt sich um die Kontrolle durch die französische Arbeitsinspektion, die „inspection du travail".

Wie bei den französischen Klagerechten reichen auch die Wurzeln der Inspection du Travail bis ins 19. Jahrhundert zurück. Sie wurde im Jahre 1892 gegründet, sogar noch vor dem französischen Arbeitsministerium, bei dem sie seit 1906 angesiedelt ist[767]. Der Gedanke an die Schaffung einer solchen Institution ging Hand in Hand mit der Entwicklung eines Arbeitnehmerschutzrechts[768]. Die Gründung fiel in die Zeit nahezu uneingeschränkter Freiheiten der Fabrikbesitzer, einer großen Zahl von Unfällen von Arbeitern bei der Nutzung der noch neuen Industriemaschinen und des Aufkommens der Gewerkschaftsbewegung. Die neue Behörde trug den damaligen Umständen Rechnung, indem sie zunächst in den Betrieben die Einhaltung der zulässigen Arbeitszeit von Frauen und Kindern, des Mindestarbeitsalters für Kinder sowie der Sicherheits- und Hygienevor-

765 Rémy, S. 94.

766 Vgl. hierzu unter § 13.

767 Gatumel, S. 403.

768 Ramackers/Vilboeuf, S. 6.

schriften überwachte[769]. Wegen der erfolgreichen Bewältigung dieser Pflichten wurde der Aufgabenbereich der Inspection du Travail im Laufe der Zeit beständig erweitert. Gegenwärtig fasst Art. L. 611-1 C.T. die Funktion der Inspection du Travail generalklauselartig wie folgt zusammen: *„Les inspecteurs du travail sont chargés de veiller à l'application des dispositions du Code du travail et des lois et règlements non codifiés relatifs au régime du travail, ainsi qu'à celles des conventions et accords collectifs de travail répondant aux conditions fixées au titre III du livre Ier dudit code. Ils ont également chargés, concurrements avec les agents et officiers de police judiciaire, de constater, s'il y échet, les infractions à ces dispositions. Ils constatent, en outre, les infractions aux dispositions des articles L. 422-1 et L. 422-2, L. 441-2 et L. 441-5 du code de la sécurité sociale [...], ainsi que les infractions définies au 3o et au 6o de l'article 225-2 du code pénal et les infractions prévues par les articles 225-13 à 225-15-1 du même code."*

Der französischen Arbeitsinspektion ist in Hinblick auf die im Code du Travail enthaltenen Regelungsgegenstände mithin kein bestimmter Wirkungskreis vorgegeben. Sie kommt nahezu mit dem gesamten Normengefüge des Arbeitsrechts in Berührung – unabhängig davon, ob Arbeitsschutzbestimmungen, Tarifverträge oder Arbeitsordnungen in Rede stehen. Dies unterscheidet sie erheblich von den in Deutschland zuständigen staatlichen Verwaltungsbehörden, deren Aufgabenbereich auf die Überwachung des Arbeitsschutzrechts beschränkt ist[770].

### *I. Aufgaben, Befugnisse und Maßnahmen der Inspection du Travail*

Die Tätigkeit der Inspection du Travail ist aufgrund der Bestimmung des Art. L. 611-1 C.T. weit gefächert. Die Wahrnehmung der Aufgaben erfolgt durch den „Inspecteur du Travail", den Arbeitsinspektor, sowie den „Contrôleur du Travail", den Arbeitsprüfer, der den Arbeitsinspektor unterstützt und in kleineren Unternehmen auch selbständig tätig werden kann[771]. Für bestimmte Branchen wie etwa die Landwirtschaft[772] oder den Transport[773] gibt es eigene Inspektionen, die nicht beim Arbeitsministerium angesiedelt sind. Eine Zusammenlegung aller Abteilungen wird zwar schon seit dem Beginn der neunziger Jahre diskutiert, ist aber bislang nicht erfolgt[774].

---

769 Ramackers/Vilboeuf, S. 14 ff.

770 Vgl. zur Systematik des deutschen Arbeitsschutzrechts: Landmann/Rohmer-Kollmer Vorb. ArbSchG Rn. 6 ff.

771 Le Goff, S. 929 f.

772 Vgl. Art. L. 611-6 C.T.

773 Vgl. Art. L. 611-4 C.T.

774 Ramackers/Vilboeuf, S. 115 f.

Zunächst soll ein Blick auf die zu bewältigenden Aufgaben der dem Arbeitsministerium zugehörigen Arbeitsinspektion erfolgen. Anschließend werden die ihr zur Aufgabenerfüllung eingeräumten Befugnisse und Handlungsmöglichkeiten dargestellt und erläutert.

### 1. Die Aufgaben und Befugnisse der Inspection du Travail

Der Inspection du Travail obliegt es, die Einhaltung der Vorschriften des Code du Travail, der Arbeitsordnung und der Tarifverträge zu überwachen. Daneben nennt Art. L. 611-1 al. 2 C.T. noch einige Vorschriften des französischen Straf- und Sozialgesetzbuches. Der Wirkungskreis der Arbeitsinspektion ist hier im Vergleich zum Code du Travail äußerst gering. Zu ihren Aufgaben gehört beispielsweise die Kontrolle darüber, ob die Krankenversicherungsträger ihrer Pflicht nachkommen, in ihrem Bezirk Informationen zu Anzahl, Ursachen und Folgen von Arbeitsunfällen und Berufskrankheiten zu sammeln, oder ob der Arbeitgeber im Hinblick auf das im Code pénal verankerte Diskriminierungsverbot Arbeitnehmer bei der Einstellung benachteiligt hat.

Da sich Art. L. 611-1 al. 1 C.T. auf den gesamten Code du Travail und die Arbeitsordnung bezieht, verfügen die Arbeitsinspektoren über eine Grundzuständigkeit, die es nicht erforderlich macht, ihr Einschreiten auf eine Spezialvorschrift zu stützen[775]. Anders als es der Wortlaut der Vorschrift nahe legt, beschränken sich die Beamten der Inspection du Travail dabei aber nicht nur auf die Wahrnehmung einer reinen Kontrollfunktion. Sie werden vielmehr auch beratend, schlichtend und entscheidend tätig[776].

Um die ungehinderte Ausübung der Kontrollfunktion zu gewährleisten, stehen den zuständigen Beamten besondere Rechte zu, die es ihnen ermöglichen sollen, die zur Erfüllung ihrer Aufgaben erforderlichen Informationen zu erlangen. Hierzu gehören Einsichts- und Zutrittsrechte, aber auch das Recht zur Entnahme der vom Arbeitgeber verwandten Materialien und Produkte.

Art. L. 611-8 C.T. und Art. L. 611-12 C.T. räumen den Arbeitsinspektoren und -prüfern das Recht ein, einen Betrieb jederzeit zur Durchführung einer Untersuchung zu betreten. Der Arbeitgeber hat den Zutritt auch zu gestatten, wenn der Arbeitsinspektor unangekündigt erscheint[777]. Die einzige Beschränkung seines Zutritts betrifft bewohnte Betriebsräume. Hier kann die Arbeitsinspektion erst

---

775 Gaudemet, Dr. Soc. 1984, S. 446, S. 452.

776 S. Gatumel, S. 404 ff.

777 Die dem Arbeitgeber nicht angekündigte Kontrolle ist zwar erforderlich, Auvergnon, Dr. Soc. 1996, 598, 601 weist jedoch darauf hin, wie wenig die Mehrzahl der Arbeitgeber dieses Vorgehen billigt: „*[...] les inspecteurs ont un droit d'entrée dans l'entreprise, loin encore aujourd'hui d'apparaître normal à la majorité des employeurs. Les plus réticents de ces derniers manifestent, en commettant lors d'un contrôle un délit d'obstacle, leurs refus de pénétration d'un représentant de l'État dans la sphère privée de l'entreprise ainsi que le rejet de toute norme élaborée à l'extérieur de la communauté qu'il dirige.*“

mit ihrer Untersuchung beginnen, wenn die Bewohner zugestimmt haben[778]. Während der Inaugenscheinnahme des Betriebs kann der Arbeitsinspektor vom Belegschaftsdelegierten begleitet werden. Art. L. 422-1 C.T. stellt es dem Belegschaftsdelegierten anheim, von dieser Möglichkeit Gebrauch zu machen. Der Arbeitsinspektor kann im Rahmen seiner Untersuchung auch Mitarbeiter als Zeugen befragen. Der Arbeitgeber ist nicht berechtigt, ein solches Vorgehen zu unterbinden[779]. Art. L. 611-9 C.T. und Art. L. 611-12 C.T. gewährt Arbeitsinspektoren und -prüfern das Recht, Einsicht in alle Bücher, Register und sonstigen Dokumente zu nehmen, die nach der Arbeitsgesetzgebung vom Arbeitgeber zu führen beziehungsweise aufzubewahren sind. Hierzu gehören beispielsweise das Personalverzeichnis gemäß Art. L. 620-3 C.T., das Verzeichnis mit Forderungen der Belegschaftsdelegierten gemäß Art. L. 424-5 C.T. und das im Hinblick auf Sicherheit- und Hygiene im Unternehmen geführte Verzeichnis nach Art. L. 620-6 C.T. Die Einsichtnahme muss grundsätzlich unverzüglich erfolgen können[780]. Schließlich enthält Art. L. 611-8 al. 4 C.T. nur für die Arbeitsinspektoren das Recht, Proben der vom Arbeitgeber verwandten Materialien und Produkte zu Untersuchungszwecken zu entnehmen. Die Kontrolle eines Betriebs durch die Arbeitsinspektion kann auf die eigene Initiative des Inspecteurs oder Contrôleurs zurückgehen, aber auch aufgrund von Hinweisen oder Beschwerden durch Arbeitnehmer oder Repräsentanten der Belegschaft erfolgen[781]. Geht die Kontrolle eines Betriebs auf einen einzelnen Arbeitnehmer zurück, so muss die Arbeitsinspektion dafür Sorge tragen, dass dessen Anonymität gewahrt bleibt[782].

Werden die Beamten der Inspection du Travail an der Durchführung ihrer Untersuchungen vom Arbeitgeber gehindert, so kommt die Verhängung von Geld- und/oder Gefängnisstrafen gemäß Art. L. 631-1 C.T. in Betracht[783]. Die Chambre Criminelle hat vor diesem Hintergrund etwa die Verurteilung eines Arbeitgebers zu einer Geldstrafe von 10 000 Francs wegen Erteilung falscher Auskünfte gegenüber einem Arbeitsinspektor nicht beanstandet[784]. Ebenso wenig hat das Gericht die Verhängung einer Geldstrafe von 20 000 Francs und einer Gefängnisstrafe von zwei Monaten auf Bewährung gegen einen Arbeitgeber aufgehoben, der auf den Gehaltsstreifen entgegen Art. R. 143-2 C.T. nicht die exakte Anzahl

778 Vgl. Art. L. 611-8 al. 3 C.T.

779 Cass. crim., 22.7.1981, Bull. crim. n° 237.

780 Gatumel, S. 405.

781 Zum Verhältnis der Arbeitsinspektion und Arbeitnehmern und Belegschaftsrepräsentanten Ramackers/Vilboeuf, S. 34 u. S. 42.

782 Ramackers/Vilboeuf, S. 35.

783 Art. L. 631-1 C.T. sieht zunächst eine Geldstrafe bis zu 3.750 Euro beziehungsweise eine Gefängnisstrafe von höchstens einem Jahr vor. Im Wiederholungsfall können sich beide Strafen sogar verdoppeln.

784 Cass. crim., 28.9.1993, Bull. crim. n° 269.

der vom jeweiligen Arbeitnehmer geleisteten Überstunden kenntlich machen wollte, und es der Inspection du Travail damit unmöglich machte, die Vergütung der Überstunden, die tatsächliche Arbeitszeit und die Erholungspausen zu bestimmen[785]. Die Behinderung des Arbeitsinspektors stellt nach der Rechtsprechung des Cour de Cassation zudem eine Verletzung des kollektiven Interesses des Berufsstands dar. Die Gewerkschaften sind berechtigt, hiergegen auf Grundlage von Art. L. 411-11 C.T. zu klagen[786].

Neben der Kontrollfunktion nimmt die Inspection du Travail darüber hinaus noch weitere Aufgaben war. Hierzu gehört auch eine beratende und vermittelnde Tätigkeit gegenüber Arbeitgebern, Arbeitnehmern und den Repräsentanten der Belegschaft. In Art. 8 der Rechtsverordnung zur „Organisation des services déconcentrés du ministère du travail, de l'emploi et de la formation professionnelle" vom 28.11.1994 heißt es im Hinblick auf den Beamten der Arbeitsinspektion: *„Il assure un rôle de conseil et de conciliation en vue de la prévention et du règlement des conflits."*[787] Obwohl die Beratung auch Arbeitgebern offen steht, wird sie weitaus häufiger von einzelnen Arbeitnehmern in Anspruch genommen[788]. Beiden Seiten werden vor allem Auskünfte zu Urlaubs- und Entgeltansprüchen erteilt, aber auch Fragen anlässlich der Beendigung des Arbeitsverhältnisses beantwortet[789]. Daneben haben sich die Arbeitsinspektoren nach und nach auch als Vermittler zwischen den am Arbeitsleben beteiligten Personen etabliert. Die Schlichtung umfasst dabei sowohl individualrechtliche Streitigkeiten als auch solche mit kollektivrechtlichem Hintergrund. Im Code du Travail findet die „Conciliation" durch den Arbeitsinspektor jedoch nur an wenigen Stellen Erwähnung. Art. L. 931-6 C.T. sieht die Möglichkeit vor, den Arbeitsinspektor anlässlich einer Streitigkeit zwischen Arbeitgeber und Arbeitnehmer über die Gewährung von Bildungsurlaub als Schiedsrichter anzurufen. In Art. R. 523-1 C.T. heißt es im Hinblick auf kollektivrechtliche Streitigkeiten: *„Tout conflit collectif de travail est immédiatement notifié par la partie la plus diligente, au préfet qui, en liaison avec l'inspecteur du travail compétent intervient en vue de rechercher une solution aimable."* In der Praxis geht die vermittelnde Tätigkeit der Inspection du Travail aber weit über die im Gesetz genannten Fälle hinaus[790]. Unabhängig davon, ob die Beamten der Inspection du Travail ihrer Tätigkeit als Vermittler in den gesetzlich vorgesehenen Fällen oder informell nachgehen, sind

785 Cass. crim., 7.6.1994, N° de pourvoi: 93-82026.

786 Cass. crim., 4.10.1988, Bull. crim. n° 328.

787 Décret n° 94-1166 vom 28.11.1994.

788 Vgl. hierzu die Untersuchung von Salvi, Dr. Soc. 1987, 488, nach der nur 10 bis 15 Prozent der Anfragen von Arbeitgeberseite kommen.

789 Salvi, Dr. Soc. 1987, S. 489.

790 Gaudemet, Dr. Soc. 1984, S. 446, S. 457.

sie allerdings nicht berechtigt, den Konflikt gegen den Willen der Parteien zu beenden[791].

Echte Entscheidungsbefugnisse stehen der Inspection du Travail nur in den gesetzlich geregelten Fällen zu, wobei an dieser Stelle nur auf die bedeutsamsten eingegangen werden kann[792]. Eine besonders wichtige Rolle kommt dem Arbeitsinspektor bei der Kündigung von Arbeitnehmern zu, die einen besonderen Kündigungsschutz genießen wie Belegschaftsdelegierte gemäß Art. L. 425-1 C.T., Mitglieder des Unternehmensausschusses gemäß Art. L. 436-1 C.T. und Gewerkschaftsdelegierte gemäß Art. L. 412-18 C.T. Der Arbeitgeber muss zunächst die Zustimmung des zuständigen Beamten der Inspection du Travail einholen, bevor er die Kündigung aussprechen darf[793].

Daneben gehört es auch zu den Aufgaben der Inspection du Travail, zu überprüfen, ob die Schwellenwerte zur Errichtung der diversen Belegschaftsvertretungen erreicht sind[794]. Ist eine Vertretung zu errichten und können sich Arbeitgeber und die beteiligten Gewerkschaften vor der Wahl des Unternehmensausschusses nicht gemäß Art. L. 433-2 al. 6 C.T. auf die Einteilung der Arbeitnehmer in die unterschiedlichen Wahlgruppen und die Sitzverteilung einigen, so entscheidet hierüber auf Grundlage von Art. L. 433-2 al. 7 C.T. der Arbeitsinspektor. Eine ebensolche Entscheidungsbefugnis steht ihm nach Art. L. 423-3 al. 4 C.T. bei der Wahl der Belegschaftsdelegierten zu. Dem Arbeitsinspektor obliegt es ferner, festzustellen, ob der Arbeitgeber im Betrieb eine Arbeitsordnung, ein „règlement intérieur“, aufgestellt hat. Die Arbeitsordnung muss den in Art. L. 122-34 C.T. vorgesehenen Inhalt haben, d.h. unter anderem die im Betrieb anwendbaren Sicherheits- und Hygienevorschriften benennen sowie die allgemeinen Dienstpflichten und deren Sanktionierung bei Nichteinhaltung. Art. L. 122-35 C.T. bestimmt, dass die aufgestellte Arbeitsordnung nicht dem geltenden Recht sowie den einschlägigen Tarifverträgen widersprechen darf. Stellt der Inspecteur du Travail einen Verstoß gegen die Vorschriften der Art. L. 122-34 C.T. und Art. L. 122-35 C.T. fest, so berechtigt ihn Art. L. 122-37 C.T. dazu, vom Arbeitgeber die Entfernung oder Abänderung der Regelung zu verlangen. Eine weitere echte Entscheidungsbefugnis steht den Beamten der Inspection du Travail im Bereich Arbeitszeit zu. Art. L. 212-6 C.T. enthält eine Bestimmung, nach der ein Arbeitgeber jährlich nur eine bestimmte Anzahl von Überstunden von seinen Arbeitnehmern leisten lassen kann. Art. L. 212-7 C.T. ermöglicht es dem Arbeitgeber, der die zulässige Anzahl von Überstunden überschritten hat, den Arbeitsinspektor um Zustimmung zur Anordnung weiterer Überstunden zu

791 Jeammaud, D.1987, chr. 27.

792 Eine ausführliche Übersicht über die Entscheidungsbefugnisse der Inspection die Travail findet sich bei Ramackers/Vilboeuf, S. 98.

793 Zum Ablauf des Zustimmungsverfahrens Pélissier/Supiot/Jeammaud Rn. 634.

794 Ramackers/Vilboeuf, S. 41.

ersuchen. Art. L. 212-1 al. 2 C.T. enthält eine Regelung zur täglichen Höchstarbeitszeit von zehn Stunden, wovon nur in durch Rechtsverordnung erlaubten Rahmen abgewichen werden darf. Die entsprechenden Verordnungen finden sich in den Art. D. 212-13 ff. C.T. wieder, wonach der Arbeitsinspektor über die Verlängerung der täglichen Arbeitszeit zu entscheiden hat.

Bei allen vom Arbeitsinspektor getroffenen Entscheidungen handelt es sich um Verwaltungsakte, gegen die ein Widerspruchsverfahren zulässig ist[795].

### 2. Maßnahmen der Inspection du Travail

Um den Arbeitgeber zur Behebung der anlässlich einer Kontrolle in seinem Betrieb festgestellten Missstände anzuhalten, kann die Inspection du Travail Maßnahmen unterschiedlichster Qualität ergreifen. Charakteristisch für die Vorgehensweise der Arbeitsinspektoren ist es, dass der Arbeitgeber im Regelfall zunächst durch die bloße Konfrontation mit den gesetzes- oder tarifwidrigen Zuständen im Betrieb in Form von niedergeschriebenen „observations" vom vorhandenen Handlungsbedarf zu überzeugen versucht wird[796]. Bei diesen „observations" handelt es sich um Beanstandungen, die den Arbeitgeber lediglich an die Vorschriften erinnern und ihn dazu bewegen sollen, diese auch einzuhalten[797]. Die „observations" haben im Code du Travail allerdings keinen Niederschlag gefunden[798], weswegen die Anwendung dieser Maßnahme in Frankreich immer wieder in Streit steht[799]. Die Befürworter dieser Form der Beanstandung stützen sich auf Art. 17 des ILO-Abkommens n° 81, das von Frankreich im Jahre 1950 ratifiziert wurde[800]. Danach bleibt es bei Gesetzesverletzungen der freien Entscheidung der Arbeitsinspektoren überlassen, ob sie anstatt ein Ermittlungsverfahren zu empfehlen benachrichtigen oder beraten. Gegner der „observations" weisen auf Art. 40 des Code de Procédure pénale hin, der jeden Beamten verpflichtet, die Staatsanwaltschaft zu unterrichten, falls er im Dienst Kenntnis von einer strafbewehrten Gesetzesübertretung erlangt[801]. In der Praxis spielt diese Auseinandersetzung keine Rolle. Hier bleiben die „observations" die von der Inspection am häufigsten ergriffene Maßnahme in Anbetracht einer strafbewehrten Übertretung der Bestimmungen des Code du Travail[802]. Trotz des überwältigen-

795 Ramackers/Vilboeuf, S. 100; zu den Einzelheiten des Widerspruchsverfahrens bei Kündigung eines Repräsentanten der Belegschaft Pélissier/Supiot/Jeammaud Rn. 635.

796 Le Goff, S. 950 f.

797 Le Goff, S. 951.

798 Gaudemet, Dr. Soc. 1984, S. 446, S. 456.

799 Silhol, Dr. Soc. 2000, S. 959, S. 960.

800 So beispielsweise Chetcuti, Dr. Soc. 1984, S. 464, S. 465 und Ramackers/Vilboeuf, S. 86.

801 So beispielsweise Cohen, Dr. Soc. 1984, S. 473.

802 Silhol, Dr. Soc. 2000, S. 959, S. 960 weist darauf hin, dass es im Jahre 1994 800.000 Beanstandungen gegeben habe gegenüber 23.000 Protokollniederschriften und 11.000 Beseitigungsaufforderungen.

den Gebrauchs der „observations“ seitens der Inspection du Travail kommt der Maßnahme jedoch nicht die rechtliche Wirkung eines Verwaltungsakts zu, sie bleibt – in Ermangelung einer gesetzlichen Ausgestaltung – eine einfache Erinnerung des Arbeitgebers an die von ihm missachteten Vorschriften[803].

Eine einschneidendere Maßnahme als die bloße Beanstandung stellt die „mise en demeure“, die Aufforderung zur Beseitigung eines rechtswidrigen Zustands, dar. Es handelt sich hierbei um einen Verwaltungsakt, der dem Arbeitgeber eine Frist einräumt, den gesetzeskonformen Zustand herzustellen[804]. Die Aufforderung ist nur dann zulässig, wenn sie im Gesetz ausdrücklich vorgesehenen ist. Die „mise en demeure“ ist unter anderem gemäß Art. L. 124-13-1 C.T. bei Zeitarbeitsunternehmen möglich, falls der Arbeitgeber nicht die nach Art. L. 124-8 C.T. und Art. L. 124-10 C.T. erforderlichen Finanzgarantien beigebracht hat und deshalb ein erhöhtes Schadensrisiko für den Arbeitnehmer (Lohnausfall, ausbleibende Beiträge gegenüber den Sozialkassen) besteht. Nach Art. L. 231-4 C.T. kommt die Aufforderung des weiteren in Betracht, wenn der Arbeitgeber die in Art. L 231-2 C.T. und Art. L. 233-5-1 C.T. enthaltenen Sicherheits- und Hygienevorschriften missachtet hat.

Eine in strafrechtlicher Hinsicht relevante Maßnahme, die von der Inspection du Travail ergriffen werden kann, ist das Erstellen eines „procès-verbal“, einer Protokollniederschrift, die der Staatsanwaltschaft vorgelegt wird. In Art. L. 611-10 al. 1 C.T. heißt es hierzu: *„Les inspecteurs du travail, les contrôleurs du travail et les fonctionnaires de contrôle assimilés constatent les infractions par les procès-verbaux qui font foi jusqu'à preuve du contraire."* Nach einer Entscheidung des Conseil d'État, dem obersten französischen Verwaltungsgericht aus dem Jahre 1997[805] ist der Arbeitsinspektor aber nicht verpflichtet, ein solches Protokoll aufzunehmen. In der Tat wird in Frankreich, gemessen an den festgestellten Gesetzesübertretungen, hiervon nur wenig Gebrauch gemacht. Die Aufnahme eines Protokolls steht in der Hauptsache in zwei Fällen im Raum: Zum einen bei schwerwiegenden Gesetzesverletzungen wie etwa der Nichtbeachtung der Hygiene- und Sicherheitsvorschriften, die zu einem Arbeitsunfall geführt hat, der Schwarzarbeit oder der Kündigung eines Belegschaftsvertreters ohne Einholung der Zustimmung des Inspecteur du Travail[806]. Zum anderen kommt die Erstellung eines „procès-verbal“ bei wiederholten Verletzungen der maßgeblichen Gesetzgebung in Betracht, etwa wenn der Arbeitgeber schon mehrere „observations“ oder „mises en demeure“ erhalten hat und diesen nicht nachgekommen ist[807]. Entscheiden sich die Beamten der Arbeitsinspektion für die Auf-

803 Chetcuti, Dr. Soc. 1984, S. 464, S. 470; Gaudemet, Dr. Soc. 1984, S. 446, S. 459 f.

804 Gaudemet, Dr. Soc. 1984, S. 446, S. 460; Ramackers/Vilboeuf, S. 87 f.

805 C.E., 3.10.1997, N° 161520.

806 Silhol, Dr. Soc. 2000, S. 959, S. 960.

807 Silhol, Dr. Soc. 2000, S. 959, S. 960.

nahme eines Protokolls, so werden diese nicht auf direktem Wege an die Staatsanwaltschaft weitergeleitet, sondern erst nachdem der Dienstweg innerhalb der Inspection du Travail durchlaufen wurde. Dies hat zur Folge, dass das Protokoll letztlich der „Directeur départemental du travail", der Leiter der örtlichen Inspection du Travail, an die Staatsanwaltschaft übermittelt, so dass einige Zeit bis hierhin verstreicht[808]. Allerdings hat die Chambre Criminelle des Cour de Cassation im Jahre 1997 entschieden, dass die Nichteinhaltung des Dienstwegs durch den Arbeitsinspektor der Rechtswirksamkeit des Protokolls nicht schadet[809]. Das unter Umgehung des Dienstwegs unmittelbar an die Staatsanwaltschaft gesandte Protokoll kann demnach gleichermaßen in einem sich anschließenden Ermittlungsverfahren verwandt werden. Die Beweiskraft der im Protokoll festgestellten Tatsachen ist nach Art. L. 611-10 C.T. zwar nur schwer zu erschüttern, der Staatsanwalt ist ungeachtet dessen jedoch nicht verpflichtet, ein Ermittlungsverfahren einzuleiten. Die Zahl der Verfahrenseinstellungen durch die Staatsanwaltschaft ist in der Praxis mit circa 75 Prozent auch sehr hoch[810]. Für die beträchtliche Zahl der Einstellungsbeschlüsse werden viele Gründe geltend gemacht: Die besonders in Zeiten hoher Arbeitslosigkeit geringe Neigung der Staatsanwälte gegen den Inhaber eines Unternehmens vorzugehen, die Wertung der Strafvorschriften des Code du Travail als eher förmliche Bestimmungen und schließlich unzureichende Kenntnis des Arbeitsrechts[811]. Zu einer Strafverfolgung durch die Staatsanwaltschaft und zu einer anschließenden Verurteilung kommt es in erster Linie in Fällen, in denen der Arbeitgeber Hygiene- und Sicherheitsvorschriften missachtet hat und in Fällen der Schwarzarbeit sowie der Behinderung des Inspecteur du Travail[812].

Neben dem „procès-verbal" kann der Arbeitsinspektor dem Staatsanwalt auch nur einen Bericht gemäß Art. 40 al. 2 des Code du Procédure pénale, der französischen Strafprozessordnung, erstatten. Hierauf kommen die Beamten der Inspection du Travail vor allem dann zurück, wenn es sich bei den Gesetzesverletzungen um Straftaten im Sinne des Strafgesetzbuches handelt, zum Beispiel bei Arbeitsunfällen fahrlässige Körperverletzung. Ein Bericht kann darüber hinaus in Betracht gezogen werden, wenn kein Protokoll erstellt werden kann, weil es zwar Anhaltspunkte für die Gesetzesübertretung gibt, diese aber noch nicht erwiesen ist[813].

Schließlich können die Arbeitsinspektoren als weitere Maßnahme in den gesetzlich vorgesehenen Fällen noch den „Juge des référés", den beim Tribunal de

808 Auvergnon, Dr. Soc. 1996, S. 598, S. 603; Gaudemet, Dr. Soc. 1984, S. 446, S. 455.

809 Cass. crim., 28.1.1997, N° 95-84257.

810 Vgl. Le Goff, S. 958.

811 Silhol, Dr. Soc. 2000, S. 959, S. 962.

812 Ramackers/Vilboeuf, S. 91.

813 Ramackers/Vilboeuf, S. 93.

Grande Instance für einstweilige Verfügungen zuständigen Richter, anrufen. Der Erlass einer einstweiligen Verfügung kommt beispielsweise bei Verletzung der Bestimmungen zur Sonntagsruhe zum Tragen. Auf Grundlage von Art. L. 221-16-1 C.T. kann der Arbeitsinspektor beim „Juge des référés" verlangen, dass die Arbeit der entgegen der gesetzlichen Vorgaben beschäftigten Arbeitnehmer eingestellt wird. Weiterhin kann eine einstweilige Verfügung durch den Arbeitsinspektor beantragt werden, wenn eine ernsthafte Gefahr für die körperliche Unversehrtheit der Arbeitnehmer besteht, Art. L. 263-1 C.T. Der „Juge des référés" kann in einem solchen Fall gemäß Art. L. 263-1 C.T. weitreichende Schutzmaßnahmen anordnen wie die vorläufige Schließung eines Betriebs oder einer Baustelle sowie die Beschlagnahme von Materialien und Maschinen.

### *II. Die Stellung der Inspection du Travail im französischen Arbeitsleben*

Die Existenz der Inspection du Travail ist kennzeichend für das französische Arbeitsrecht: Die Überwachung der in Art. L. 611-1 C.T. genannten Bestimmungen, die keineswegs alle strafbewehrt sind, wird nicht der Initiative Dritter überlassen, denen es freisteht, gerichtlichen Rechtsschutz in Anspruch zu nehmen, stattdessen greift der Staat ordnend ein[814]. Wenn die Inspection du Travail zuweilen auch schwere Zeiten erlebt, in denen sie massiver Kritik ausgesetzt ist, so wird die Notwendigkeit ihrer Existenz und damit auch die staatlicher Intervention in Frankreich nicht ernsthaft angezweifelt[815]. Die gegenüber der Behörde geäußerte Kritik richtet sich nicht gegen die Institution als solche, vielmehr werden immer wieder Vorwürfe bezüglich ihre rechtlichen Befugnisse, ihrer personellen Besetzung und ihrer Ausstattung laut.

Besonders im Hinblick auf die Praxis bei der Anfertigung der „procès-verbaux" wird Kritik geäußert. Während einerseits bemängelt wird, es würden zu selten Protokolle erstellt und an die Staatsanwaltschaft weitergeleitet, wird von anderer Seite ein zu exzessiver Gebrauch des Strafrechts gerügt[816]. Wie zuvor dargestellt, ist der Prozentsatz der Einstellungsbeschlüsse bei der Staatsanwaltschaft mit 75 Prozent allerdings tatsächlich äußerst hoch. Dies hat nach vielfach vertretener Ansicht zu einem als „autocensure" bezeichneten Verhalten der Beamten der Inspection du Travail geführt: Sie erstellen weniger Protokolle, da die von ihnen festgestellten Verstöße von der Staatsanwaltschaft in den meisten Fällen ohnehin nicht angeklagt werden, sei es aus Unkenntnis des Arbeitsrechts, sei

814 Pélissier/Supiot/Jeammaud Rn. 39; Le Goff, S. 939.

815 Hidalgo, Dr. Soc. 1992, S. 849, S. 854; Le Goff, S. 958.

816 Silhol, Dr. Soc. 2000, S. 959; vgl. auch Gaumé, Dr. Soc. 1984, S. 472, der geltend macht, dass die Arbeitgeber in 99 % der Fälle bei Rechtsverletzungen straflos blieben und damit eine „Quasi-Immunität" genießen würden. Kein Recht würde aber angewandt und respektiert, wenn keine angemessenen strafrechtlichen Sanktionen bestünden.

es, weil die Verstöße in ihren Augen als „banal“ eingestuft werden. Von den betroffenen Inspektoren aber wird ein Protokoll, dem eine Einstellung oder eine nur unbedeutende Verurteilung folgt, als Fehlschlag und als Anreiz für den Arbeitgeber zur Gesetzesübertretung empfunden. Dies führt dazu, dass die Protokolle, obwohl in Art. L. 611-10 C.T. als Maßnahme vorgesehen, in nur geringem Maße erstellt werden[817].

Die mit der Behandlung der „procès-verbaux“ durch die Staatsanwaltschaft verbundenen Probleme sind aber nicht die einzigen Widrigkeiten, mit denen sich die Inspection du Travail im Arbeitsalltag auseinandersetzen muss. Der Aufgabenbereich der Arbeitsinspektion ist im Laufe der Zeit zwar beständig erweitert worden, der Personalbestand ist aber nicht im gleichen Maße mitgewachsen, auch die der Inspection zur Verfügung stehenden rechtlichen Mittel bleiben begrenzt[818]. Hinzu kommt, dass sich die Beamten der Inspection du Travail aufgrund ihrer vielfältigen Aufgabenstellung bisweilen in einer widersprüchlichen Situation wiederfinden: Sie sind dafür verantwortlich zu schlichten und zu vermitteln und sollen doch gleichzeitig überwachen und gegebenenfalls Zwangsmaßnahmen ergreifen[819]. Von Seiten der Arbeitsinspektoren selbst wird ihre Aufgabe dementsprechend einem „Seiltanz“ gleichgesetzt[820]. In den Augen der am Arbeitsleben Beteiligten handelt es sich bei den Inspektoren je nach Sichtweise zuweilen um „agents des patrons“ oder „super-délégués syndicaux“[821]. Auvergnon[822] spricht in Anbetracht all dieser Schwierigkeiten davon, dass die zu bewältigende Aufgabe immens, um nicht zu sagen aussichtslos sei. Was die Inspection du Travail dennoch leistet, ist allerdings beachtlich. Der Bericht des Arbeitsministeriums über die von der Behörde im Jahre 1996 wahrgenommenen Tätigkeiten zeigt, dass trotz des vergleichsweise geringen Personalbestands nicht ergebnislos gearbeitet wurde: Nur ein Arbeitsinspektor und 1,66 Arbeitskontrolleure waren für rund 30 000 Arbeitnehmer und 3 240 Betriebe zuständig[823]. Von den etwa 1,3 Millionen Betrieben, die in dem Jahr unter den Geltungsbereich des Code du Travail fielen, konnten immerhin 292 388 kontrolliert werden[824]. Hierbei wurden von den Beamten 805 568 Rechtsverletzungen (u. a. Verletzung von Sicherheits- und Hygienevorschriften, Schwarzarbeit, Verstöße gegen den gesetzlichen Mindestlohn, Behinderung der Belegschaftsvertretungen) festgestellt[825]. Die Inspection

817 Auvergnon, Dr. Soc. 1996, S. 598, S. 604; Le Goff, S. 958.

818 Auvergnon, Dr. Soc. 1996, S. 598; Silhol, Dr. Soc. 2000, S. 959, S. 961.

819 Gaudemet, Dr. Soc. 1984, S. 446, S. 454.

820 Butaud/Perin/Thery, Dr. Soc. 1985, S. 271.

821 Butaud/Perin/Thery, Dr. Soc. 1985, S. 271, S. 272.

822 Auvergnon, Dr. Soc. 1996, S. 598.

823 Rapports BIT 1996, S. 50.

824 Rapports BIT 1996, S. 33.

825 Rapports BIT 1996, S. 35 und S. 50 ff.

konnte zwar bei weitem nicht jeden Betrieb aufsuchen, gemessen an den zur Verfügung stehenden Kräften, konnte sie aber bemerkenswert viele Übertretungen feststellen. Sie wird damit nicht nur ihrer Kontrollfunktion gerecht, sondern fungiert auch als Bindeglied zwischen Arbeitsgesetzgeber und Arbeitspraxis[826].

Trotz der derzeit noch vorhandenen Schwächen wie die verbesserungswürdige Zusammenarbeit mit der Staatsanwaltschaft erweist sich das französische Modell der Inspection du Travail damit als wertvolles Beispiel für eine staatliche Aufsicht, die sich nicht nur auf einem Gebiet wie der Arbeitssicherheit spezialisiert hat, sondern allgemein für das Arbeitsrecht zuständig ist.

## § 16 Zusammenfassung der im 3. Teil gefundenen Ergebnisse unter Berücksichtigung rechtsvergleichender Gesichtspunkte

Die vorliegende Untersuchung hat verdeutlicht, dass die deutsche und die französische Rechtsordnung in unterschiedlichen Traditionen stehen: Während der deutsche Gesetzgeber im Hinblick auf die Tarifpolitik – trotz lebhafter Diskussionen und deutlicher Mahnungen[827] – bislang noch zurückhaltend reagiert, kann in Frankreich eine konstante Intervention des Staates, der die arbeitsrechtlichen Probleme lieber selbst regelt, beobachtet werden. Die französischen Gewerkschaften gelten wegen ihrer Zersplitterung und des geringen Organisationsgrades zwar als schwach, sie können aber durch die ihnen vom Gesetzgeber eingeräumten Klagerechte, zuvorderst durch das aus Art. L. 411-11 C.T., erheblichen Einfluss auf das Arbeitsleben ausüben.

Bei der Beurteilung der Frage, ob die französische Arbeitsrechtsordnung Modell oder zumindest Denkanstoß für das deutsche Recht sein kann, sollen dem Aufbau dieser Arbeit entsprechend folgende Gegenüberstellungen vorgenommen werden: Die Klagerechte aus Art. L. 135-4 al. 1 C.T. und Art. L. 135-5 C.T. im Vergleich zu dem in der „Burda-Entscheidung" entwickelten Klagerecht aus Art. 9 Abs. 3 GG i. V. m. §§ 1004 Abs. 1 S. 2, 823 Abs. 1 BGB (I.), das Klagerecht des Art. L. 411-11 C.T. und die im deutschen Recht vorhandenen Verbandsklagerechte (II.) und schließlich die Arbeitsinspektion und der deutsche Arbeitsschutz (III.).

826 Hidalgo, Dr. Soc. 1992, S. 849, S. 854.

827 Vgl. zur rechtspolitischen Entwicklung die Berichte in der SZ vom 28.11.2003 („Wissenschaftler gegen Tarifautonomie"), vom 29./30.11.2003 („Den Staat draußen halten"), vom 2.12.2003 („Frohe Botschaft"), vom 13./14.12.2003 („Mehr Autonomie für Metallbetriebe"), vom 16.12.2003 („Seid froh, dass wir die Tarifautonomie gerettet haben") und in der FR vom 4.12.2003 („Kein Konsens über Tarifautonomie", vom 16.12.2003 („Gemischte Gefühle").

*I. Die Klagerechte aus Art. L. 135-4 al. 1 C.T. und Art. L. 135-5 C.T. und das Klagerecht aus Art. 9 Abs. 3 GG i. V. m. §§ 1004 Abs. 1 S. 2, 823 Abs. 1 BGB*

Der in Frankreich in Art. L. 135-5 C.T. verankerte Anspruch auf Anwendung des maßgeblichen Tarifvertrags beziehungsweise auf Schadensersatz wegen der Nichtanwendung kann im Hinblick auf seine Auswirkungen in der Praxis durchaus mit dem vom Bundesarbeitsgericht auf Grundlage von Art. 9 Abs. 3 GG i. V. m. §§ 1004 Abs. 1 S. 2, 823 Abs. 1 BGB anerkannten Unterlassungsanspruch verglichen werden. Mit beiden werden nicht Individualansprüche der Arbeitnehmer eingeklagt, sondern jeweils eigene Rechte der tarifschließenden Gewerkschaften. Beide Ansprüche dienen mithin nicht der Erfüllung individueller Interessen der betroffenen Arbeitnehmer. Der einzelne Arbeitnehmer muss, will er seinen Anspruch nicht durch Verjährung verlieren, eine eigene Klage erheben. Das im Verhältnis Arbeitgeber – Gewerkschaft ergangene Urteil kann nur eine faktische Besserstellung des Arbeitnehmers, dem tarifliche Leistungen vorenthalten werden, zur Folge haben: Hält sich der Arbeitgeber an die Entscheidung des Gerichts, so profitiert der betroffene Arbeitnehmer hiervon mittelbar dadurch, dass der Arbeitgeber von seinem tarifwidrigen Verhalten absieht und für die Zukunft wieder der Zustand eintritt, der vor Anwendung der tarifwidrigen Regelung herrschte. Missachtet der Arbeitgeber das Urteil hingegen oder sind in der Vergangenheit liegende Ansprüche betroffen, so geht der Arbeitnehmer leer aus, wenn er nicht selbst klagt.

Das Klagerecht aus Art. L. 135-4 al. 1 C.T., mit dem Individualansprüche des einzelnen Arbeitnehmers eingeklagt werden können, wenn dieser dem Vorgehen nicht widerspricht, vervollständigt das französische Rechtsschutzsystem allerdings nicht. Im Rahmen einer Klage nach Art. L. 135-4 al. 1 C.T. ist in der Klageschrift nach der neuesten Rechtsprechung des Cour de Cassation zwar nicht der Name des Arbeitnehmers anzugeben, dessen Rechte eingeklagt werden, ihren Schutzzweck kann die Norm nach hier vertretener Auffassung dennoch nicht erfüllen. Der Grund hierfür ist darin zu sehen, dass sich der Arbeitnehmer, wenn es überhaupt gelingt, seine Identität während der Dauer des Prozesses verborgen zu halten, spätestens in dem Moment exponieren muss, in dem er die von der Gewerkschaft für ihn eingeklagten Leistungen verlangt. Spätestens zu diesem Zeitpunkt dürfte der mit Art. L. 135-4 al. 1 C.T. bezweckte Schutz des Arbeitnehmers entfallen, da dem Arbeitgeber damit die Person des Arbeitnehmers bekannt ist und die Gefahr von Repressalien nunmehr im gleichen Maße besteht wie bei einer eigenen Klage. Gegenüber der im eigenen Namen erhobenen Klage, die von einem Vertreter der Gewerkschaft als Prozessvertreter begleitet wird, ist daher kaum ein qualitativer Unterschied im Rechtsschutzniveau feststellbar. Demzufolge sollte die Vorschrift auch nicht als Grundlage für eine Regelung des deutschen Gesetzgebers herangezogen werden. Nicht haltbar sind allerdings die Bedenken, es werde bei der Klage über den Kopf des Arbeitnehmers hinweggehandelt. Dem Arbeitnehmer steht nicht nur ein Widerspruchsrecht zu, in der Praxis ist eine Klage ohne Unterstützung seinerseits auch schwerlich durchzuführen.

Da das Klagerecht des Art. L. 135-4 al. 1 C.T. keine wesentliche Verbesserung des gewerkschaftlichen Rechtsschutzes bietet, muss über andere Wege der Effektivierung nachgedacht werden. Hier erscheint es für den deutschen Gesetzgeber zweckmäßig, sich in Zukunft der Frage der Bindungswirkung eines zwischen Arbeitgeber und Gewerkschaft ergangen Urteils auseinander zu setzen. Grundsätzlich wirkt die Rechtskraft nur zwischen den Parteien des rechtskräftig entschiedenen Prozesses[828]. Im Falle eines Urteils, welches die Unterlassung der Anwendung tarifwidriger Regelungen zum Gegenstand hat, ist der Ausgang des Prozesses aber auch für die Arbeitnehmer von großer Bedeutung. Zur Vermeidung neuer Rechtsstreitigkeiten bietet sich an, die Regelung des § 9 TVG auf Unterlassungsklagen zu übertragen[829]. Die Bestimmung enthält eine Bindungswirkung für alle Gerichte und ermöglicht es den von Individualstreitigkeiten betroffenen Parteien, ihre Ansprüche auf die Entscheidung zu stützen[830]. Denkbar wäre aber auch die Anerkennung einer einseitigen „halbseitigen" Bindungswirkung[831], wie sie das Bundesarbeitsgericht schon einmal für das Verhältnis des Beschlussverfahrens zum Individualverfahren angenommen hat[832]. Danach konnte der Arbeitnehmer seinen Entgeltanspruch unmittelbar auf diejenige gerichtliche Entscheidung stützen, welche im Zustimmungsersetzungsverfahren nach § 99 Abs. 4 BetrVG ergangen war und eine bestimmte Entgeltgruppe als zutreffend ermittelt beziehungsweise als unzutreffend ausgeschlossen hatte. Der Arbeitnehmer war nach der Entscheidung nicht gehindert, gegenüber dem Arbeitgeber eine günstigere als die im Beschlussverfahren angenommene Eingruppierung geltend zu machen.

Unabhängig davon, ob eine Lösung auf Grundlage von § 9 TVG oder im Hinblick auf die Entscheidung des Bundesarbeitsgerichts im Zusammenhang mit dem Zustimmungsersetzungsverfahren angestrebt würde, hätte die Entwicklung einer Bindungswirkung in jedem Fall eine für den Arbeitnehmer sinnvolle Verfahrenserleichterung zur Folge.

---

828 Zöller/Vollkommer § 325 Rn. 2.

829 Hiergegen spricht sich Kocher, AuR 1999, S. 382, S. 386 f. aus, da die Beteiligten des Verfahrens über den Unterlassungsanspruch nicht die Tarifparteien seien, denen die Normsetzungskompetenz zustehe. Dies sei aber Hauptargument der Rechtskrafterstreckung.

830 ErfK/Schaub § 9 TVG Rn. 31 f.

831 So Kocher, AuR 1999, S. 382, S. 386.

832 BAG vom 3.5.1994, EzA Nr. 122 zu § 99 BetrVG.

### *II. Das Klagerecht aus Art. L. 411-11 C.T. und die Verbandsklage im deutschen Recht*

Das Klagerecht des Art. L. 411-11 C.T. gehört zweifelsfrei zu den großen Errungenschaften des französischen Arbeitsrechts. Mit seiner Hilfe können sowohl Gewerkschaften als auch Arbeitgebervereinigungen kollektive Interessen ihres Berufsstands verteidigen. Unter dem kollektiven Interesse wird dabei nicht die bloße Summation von Einzelinteressen verstanden. Das kollektive Interesse ist stets verletzt, wenn sich Grundsatzfragen stellen, deren Beantwortung Auswirkungen Klagerecht aus Art. L. 411-11 C.T. und die Verbandsklage im deutschen Recht auf alle Mitglieder des Berufsstands haben kann. Das kollektive Interesse der Arbeitnehmer kann durch die Gewerkschaften insbesondere bei Missachtung der Arbeits- und Sozialgesetzgebung durch den Arbeitgeber zum Nachteil der Arbeitnehmer gewahrt werden. Von großer Bedeutung ist das Klagerecht des Art. L. 411-11 C.T. aber auch, wenn es um die Behinderung der Tätigkeit von Belegschaftsrepräsentanten geht. Die Geltendmachung der Verletzung kollektiver Interessen ist unabhängig davon möglich, ob der im Einzelfall geschädigte Arbeitnehmer Mitglied der klagenden oder überhaupt einer Gewerkschaft ist.

Das Klagerecht des Art. L. 411-11 C.T. ist in Frankreich seit langem anerkannt und wird in seiner Existenz nicht in Frage gestellt. Anders als das in der „Burda-Entscheidung" vom Bundesarbeitsgericht entwickelte Klagerecht aus Art. 9 Abs. 3 GG i. V. m. §§ 823 Abs. 1, 1004 Abs. 1 S. 2 BGB, das auf die Abwehr tarifwidriger Regelungen beschränkt ist, handelt es sich bei Art. L. 411-11 C.T. um ein echtes Verbandsklagerecht, mit dem erfolgreich überindividuelle Interessen des Berufsstands geltend gemacht werden können. Ein umfassendes gewerkschaftliches Verbandsklagerecht existiert in Deutschland derzeit zwar nicht, es wurde aber zuweilen auch hierzulande angedacht – etwa in der Koalitionsvereinbarung der rot-grünen Regierung 1998, in der eine Stärkung der Tarifautonomie durch ein Klagerecht der Verbände in Aussicht gestellt wurde. Im Hinblick auf die französische Rechtslage soll der Gedanke eines Verbandsklagerechts für Gewerkschaften an dieser Stelle wiederaufgegriffen werden.

Der deutschen Rechtsordnung sind Verbandsklagerechte keineswegs fremd. Rechte zur Geltendmachung überindividueller Interessen finden sich zum Beispiel im Verbraucherrecht, für das seit dem 1.1.2002 die im Unterlassungsklagengesetz geregelten Verbandsklagen maßgeblich sind, und vor allem im Kartell- und Wettbewerbsrecht.

§ 13 Abs. 1 UWG enthält einen wettbewerbsrechtlichen Unterlassungsanspruch, der dazu bestimmt ist, Wettbewerbsverfälschungen und Schäden bei Mitbewerbern und insbesondere auch Verbrauchern zu verhindern[833]. Nach § 13 Abs. 2 UWG sind zur Geltendmachung des Anspruchs aber nicht nur der unmit-

833 Köhler/Piper Vor § 13 Rn. 1.

telbar verletzte Gewerbetreibende befugt, sondern darüber hinaus auch der Mitbewerber nach Maßgabe des § 13 Abs. 2 Nr. 1 UWG, rechtsfähige Verbände zur Förderung gewerblicher Interessen nach Maßgabe des § 13 Abs. 2 Nr. 2 UWG, Verbraucherverbände nach Maßgabe des § 13 Abs. 2 Nr. 3 UWG sowie Industrie- und Handelskammern oder Handwerkskammern. Der Vorschrift liegt der Gedanke zugrunde, dass ein Wettbewerbsverstoß für gewöhnlich nicht nur den unmittelbar Verletzten trifft, sondern auch die Interessen der Mitbewerber, des Verbrauchers und der Allgemeinheit[834]. Abgesehen von Straftaten ist die Ahndung von Wettbewerbsverstößen damit der Initiative Privater, insbesondere Verbänden, überlassen und keiner Behörde übertragen. Ein Vorgehen, welches sich im deutschen Recht bewährt hat[835].

Ein weiteres Verbandsklagerecht findet sich im deutschen Kartellrecht. § 33 S. 1 GWB gewährt einen zivilrechtlichen Schadensersatz-, Beseitigungs- und Unterlassungsanspruch für Marktteilnehmer, die von einem Verstoß gegen Schutzvorschriften des GWB oder eines Verstoßes gegen eine Verfügung der Kartellbehörde betroffen sind. Satz 2 der Vorschrift eröffnet Verbänden zur Förderung gewerblicher Interessen die Möglichkeit, den Unterlassungsanspruch geltend zu machen. Das Gesetz stellt damit den Schutz durch die Marktbeteiligten neben die im Wege des Verwaltungs- beziehungsweise Ordnungswidrigkeitsverfahrens auszuübende Aufsicht der Kartellbehörden[836]. Mit den Klagerechten aus dem Wettbewerbs- und Kartellrecht stehen Verbänden in Deutschland damit durchaus Klagebefugnisse zur Durchsetzung von Berufsstandsregeln und wirtschaftlichen Interessen zur Seite, die denen aus Art. L. 411-11 C.T. für Arbeitgebervereinigungen vergleichbar sind.

Auf Arbeitnehmerseite sind im Arbeitsrecht hingegen nur wenige Klagerechte vorhanden, die Züge eines Verbandsklagerechts tragen. Zu denken ist hier in erster Linie an § 9 TVG, wonach Urteile in Verfahren zwischen den Tarifvertragsparteien über den Inhalt oder das Bestehen eines Tarifvertrags auch in Rechtstreitigkeiten zwischen tarifgebundenen Parteien sowie zwischen diesen und Dritten für die Gerichte bindend sind[837]. Daneben können nach §§ 23 Abs. 3, 19 Abs. 2 BetrVG noch Klagen durch die Gewerkschaften erhoben werden, die der Repräsentation von Interessen dienen, welche über die eigenen Rechte der Koalition hinausgehen[838]: Nach § 23 Abs. 3 BetrVG sind die im Betrieb vertretenen Gewerkschaften berechtigt bei groben Verstößen des Arbeitgebers gegen seine Verpflichtungen aus dem Betriebsverfassungsgesetz beim Arbeitsgericht zu beantragen, dem Arbeitgeber aufzugeben, eine Handlung zu unterlassen, die

834 Baumbach/Hefermehl § 13 UWG Rn. 1.

835 Köhler/Piper § 13 Rn. 3.

836 FK/Roth § 33 GWB 1999 Rn. 2.

837 Vgl. hierzu Rieble, NZA 1992, S. 250 ff.

838 Ausführlich hierzu Pfarr/Kocher, S. 71 ff.

Vornahme einer Handlung zu dulden oder eine Handlung vorzunehmen. § 19 Abs. 2 BetrVG gestattet der im Betrieb vertretenen Gewerkschaft, eine rechtsfehlerhafte Betriebsratswahl anzufechten. Ein umfassendes Verbandsklagerecht, das es den Gewerkschaften ermöglichen würde, die kollektiven Interessen des von ihnen vertretenen Berufsstands zu wahren, findet sich gegenwärtig jedoch nicht im deutschen Recht.

Für die Einführung eines Verbandsklagerechts zur Wahrnehmung kollektiver Interessen des Berufsstands zugunsten der Gewerkschaften sprechen nicht zuletzt die positiven Erfahrungen, die in Frankreich mit der Einführung eines solchen Klagerechts gemacht wurden. Das kollektive Interesse ist dort in seinem Bestand unabhängig von Allgemein- und Individualinteresse, wobei die Beeinträchtigung aller drei Interessen durch ein und dieselbe Handlung jedoch nicht ausgeschlossen ist[839]. Die überragende Bedeutung des Klagerechts wird insbesondere in den Fällen deutlich, welche eine Verletzung der Arbeits- und Sozialgesetzgebung durch den Arbeitgeber zu Lasten der Arbeitnehmer zum Gegenstand haben. Hier kann die Gewerkschaft als vom Arbeitgeber unabhängige Einheit die Interessen der Arbeitnehmer weit wirkungsvoller schützen als eine Klage des Einzelnen. Gerade im Bereich des Arbeitsschutzes ist auch in Deutschland schon die Wahrnehmung von kollektiven neben Individualinteressen vorgeschlagen worden: Für die Anerkennung eines Gruppeninteresses der in einem Betrieb beschäftigten Arbeitnehmergruppe spreche, dass durch den gefahrvollen Zustand regelmäßig eine unbestimmte Mehrheit von Arbeitnehmern bedroht werde, die in den Bereich des gefahrvollen Zustands gelange. Dabei seien gerade auch die unbestimmten Arbeitnehmer schutzwürdig, die nicht an dem betreffenden Arbeitsplatz arbeiteten, sondern nur gelegentlich in dessen Bereich gelangten. Sie könnten sich, da ihnen die Gefahr weniger bewusst sein werde, oft noch weniger schützen, als der an diesem Arbeitsplatz beschäftigte Arbeitnehmer[840]. Eine Gewerkschaft erscheint als die ideale Verfechterin derartiger Klagen. Gewerkschaften verfügen über eine große Sachkompetenz im Hinblick auf alle arbeits- und sozialrechtliche Fragestellungen und könnten mit ihrer Prozessführung eine Breitenwirkung erzielen, die durch Individualklagen nicht erreicht werden kann. Für die Einräumung eines Klagerechts kann zudem angeführt werden, dass auch die Legitimation der Gewerkschaften wegen ihrer Mitgliederstruktur größer ist als etwa die der Verbraucherverbände, welchen im Unterlassungsklagengesetz und

---

839 Man denke nur an den Arbeitsunfall, der sich wegen der Missachtung von Arbeitsschutzvorschriften ereignen konnte. Hier ist nicht nur das Interesse des unmittelbar verletzten Arbeitnehmers betroffen, sondern auch das Allgemeininteresse wegen der im Raum stehenden Straf- und Ordnungswidrigkeiten sowie das kollektive Interesse, da wegen der Missachtung der Vorschriften auch andere Arbeitnehmer vergleichbaren Gefahren ausgesetzt sind.

840 Wolf, S. 45.

im UWG ebenfalls Verbandsklagerechte eingeräumt werden[841]. Mit einem Verbandsklagerecht zur Wahrnehmung der Interessen des Berufsstands wäre auch kein bedenklicher Machtzuwachs zugunsten der Gewerkschaften verbunden, da die Ausübung des Klagerechts nur der Herstellung eines gesetzeskonformen Zustands beziehungsweise der Überprüfung der Rechtslage dienen würde. Im Übrigen wurde bereits von Wolf[842] darauf hingewiesen, dass es die Verbandsklage ermöglicht, die Verbände als Wahrer der Rechtsordnung in die staatliche und gesellschaftliche Ordnung einzugliedern. Die Zusammenschau der Argumente spricht mithin für eine Verankerung eines Verbandsklagerechts auch im deutschen Recht. Als Vorbild für ein solches Klagerecht kann das französische Recht herangezogen werden, wo sich Art. L. 411-11 C.T. seit seiner Einführung durch den Gesetzgeber im Jahre 1920 bewährt hat und hierfür allgemeine Anerkennung erfährt.

### *III. Die Arbeitsinspektion und der deutsche Arbeitsschutz*

Die französische Arbeitsinspektion nimmt im Gegensatz zu den in Deutschland vorhandenen Aufsichtsämtern eine umfassende Kontrollfunktion wahr. Die Beamten der Inspection du Travail überwachen nicht nur die Einhaltung sämtlicher Bestimmungen des Code du Travail, sondern beispielsweise auch die der Tarifverträge. Neben dieser Überwachungsaufgabe obliegt es der Behörde aber noch beratend und schlichtend bei Konflikten der am Arbeitsleben beteiligten Parteien tätig zu werden sowie Entscheidungsbefugnisse auszuüben, wenn es etwa um die Kündigung eines Belegschaftsdelegierten geht. Hinzu tritt die Möglichkeit, den Arbeitgeber in den gesetzlich vorgesehenen Fällen zur Beseitigung eines rechtswidrigen Zustands aufzufordern sowie gegebenenfalls eine an die Staatsanwaltschaft zu übermittelnde Protokollniederschrift anzufertigen, die Auslöser eines Ermittlungsverfahrens gegen den Arbeitgeber sein kann. Die französische Arbeitsinspektion ist, was ihren Personalbestand betrifft, zwar fachlich gut ausgestattet, da die Tätigkeit überwiegend von Juristen ausgeübt wird. Aufgrund des geringen Mitarbeiterstabs kann jedoch bei weitem nicht jeder Betrieb überprüft werden. Diese Feststellung sollte aber nicht darüber hinwegtäuschen, dass die Arbeitsinspektion ihre Aufgaben, gemessen an den zur Verfügung stehenden Mitteln, durchaus erfolgreich bewältigt.

In Deutschland steht eine solche Institution nicht zur Verfügung. Die öffentliche Hand ist hier auf die Überwachung der öffentlich-rechtlichen Arbeitsschutzvorschriften beschränkt. Das öffentlich-rechtliche Arbeitsschutzrecht umfasst unter anderem Arbeitsschutzgesetz, Arbeitszeitgesetz, Mutterschutzgesetz und Jugendarbeitsschutzgesetz sowie die auf Grundlage von Arbeitsschutzgesetzen er-

841 Pfarr/Kocher, S. 128.

842 Wolf, S. 67.

gangenen Verordnungen wie die Arbeitsstätten- oder Bildschirmarbeitsverordnung[843]. Der Gesetzgeber sichert die Einhaltung der Arbeitsschutzvorschriften durch die Staatlichen Ämter für Arbeitsschutz beziehungsweise die Gewerbeaufsichtsämter der Länder[844]. Daneben existiert noch das ebenfalls öffentlichrechtliche autonome Arbeitsschutzrecht, welches von den Unfallversicherungsträgern und den Berufsgenossenschaften auf Grundlage des SGB VII erlassen und vollzogen wird[845]. Das deutsche Arbeitsschutzsystem ist mithin von einem dualen Aufbau geprägt[846]. Durch die Sparpolitik der Länder bleibt die Effizienz der Aufsichtsbehörden in Zukunft allerdings weiter bedroht[847]. Die finanzielle Mehrbelastung in Zeiten einer ohnehin angespannten Haushaltslage erscheint denn auch das einzige gegen eine Ausweitung der Aufgaben der Aufsichtsbehörden sprechende Argument zu sein. Gründe, die sich in der Sache gegen die Einführung einer umfassenden Zuständigkeit der Aufsichtsbehörden anführen ließen, sind nicht ersichtlich. Die von der französischen Arbeitsinspektion wahrzunehmenden Aufgaben sind zwar ausgesprochen umfangreich, von der Tätigkeit der Beamten gehen jedoch überwiegend positive Impulse für das Arbeitsleben aus. Die Inspektoren treten nicht nur durch Überwachungstätigkeiten in Erscheinung, sondern können durch Beratung und Schlichtung auch Konflikte bereinigen. Zudem würde durch die Überwachung der gesamten Arbeitsgesetzgebung durch staatliche Stellen ein Bindeglied zwischen Gesetzgeber und Gesetzesanwender geschaffen. Die Arbeitsinspektion kann durch ihr Tun beurteilen, welche Wirkungen gesetzgeberische Vorgaben nach sich ziehen beziehungsweise ob sie sich im Arbeitsleben überhaupt als praktikabel erweisen. Hierdurch wird in jeder Hinsicht gewährleistet, dass nicht nur ein virtuelles Recht geschaffen wird, sondern eines dessen tatsächliche Anwendung auch erfolgen kann. Mit der Überwachung der Einhaltung von Arbeitsgesetzgebung und Tarifverträgen auch von staatlicher Seite aus ginge auch eine Erhöhung des arbeitsrechtlichen Rechtsschutzniveaus einher. Gerade das Beispiel der tarifwidrigen Betriebsvereinbarungen verdeutlicht, dass der Betriebsrat, dem es nach § 80 Abs. 1 Nr. 1 BetrVG auch obliegt, die Einhaltung der Tarifverträge zu überwachen, dieser Aufgabe oftmals nicht gewachsen beziehungsweise nicht gewillt ist, sie zu erfüllen. Eine staatliche Stelle könnte hier zweifelsohne unabhängig agieren und die Durchsetzung gesetzlicher und tariflicher Standards zusätzlich sichern. Zu bedenken ist weiterhin, dass die staatlichen Aufsichtsbehörden bei der Bewältigung der Überwachung von Arbeitsgesetzgebung und Tarifverträgen nicht ausschließlich auf

843 Kittner/Pieper Einl. Rn. 27 f.

844 Kittner/Pieper Einl. Rn. 27.

845 Landmann/Rohmer-Kollmer Vorb. ArbSchG Rn. 8.

846 Kittner/Pieper Einl. Rn. 26.

847 Vgl. für Hessen Bericht der FR vom 4.12.2003 („Einschnitte beim Arbeitsschutz") und den Kommentar vom selben Tag („Alibi").

ihr eigenes Wirken angewiesen wären. So würde die Einführung eines gewerkschaftlichen Verbandsklagerechts dazu führen, dass auch die Gewerkschaften noch tiefer in die Wahrung arbeitsrechtlicher Standards eingebunden würden und ebenfalls für die Beseitigung rechtswidriger Zustände Sorge tragen könnten. Das Zusammenspiel zwischen Gewerkschaften und staatlichen Stellen würde damit die Aufsicht über die Einhaltung von Arbeitsgesetzgebung und Tarifverträge vervollständigen. Die Schaffung eines der Arbeitsinspektion vergleichbaren Behördenapparats oder die Erweiterung der Zuständigkeiten der bisher nur für den öffentlich-rechtlichen Arbeitsschutz zuständigen Aufsichtsbehörden kann daher nur als empfehlenswert bezeichnet werden.

# 4. Teil
# Ergebnisse

Die vorstehende Untersuchung war der Frage gewerkschaftlichen Rechtsschutzes bei tarifwidrigem Arbeitgeberverhalten in Deutschland und Frankreich gewidmet. Der Rechtsschutz für Gewerkschaften in Deutschland wird derzeit durch die „Burda-Entscheidung“ bestimmt, in der das Bundesarbeitsgericht erstmals einen Unterlassungsanspruchs aus Art. 9 Abs. 3 GG i. V. m. §§ 1004 Abs. 1 S. 2, 823 Abs. 1 BGB anerkannt hat. Hiermit können Gewerkschaften in Zukunft gegen tarifwidriges Arbeitgeberverhalten in Form von Betriebsvereinbarungen, Regelungsabreden und vertraglichen Einheitsregelungen vorgehen. Die vorliegende Untersuchung hat allerdings ergeben, dass als Rechtsgrundlagen eines Unterlassungsanspruchs gegen Regelungsabreden und Betriebsvereinbarungen auch § 77 Abs. 3 BetrVG bzw. §§ 77 Abs. 3, 87 Abs. 1 BetrVG hätten herangezogen werden können. Ein solches Ergebnis wäre unter dem Gesichtspunkt des Anwendungsvorrangs des einfachen Rechts vor dem Verfassungsrecht sogar geboten gewesen. Der Rückgriff auf Art. 9 Abs. 3 GG i. V. m. §§ 1004 Abs. 1 S. 2, 823 Abs. 1 BGB birgt allerdings den Vorteil, dass nunmehr für alle Fälle tarifwidrigen Arbeitgeberverhaltens mit kollektivem Hintergrund eine einheitliche Anspruchsgrundlage geschaffen wurde. Die im Schrifttum vorgetragenen dogmatischen Bedenken gegenüber der Bejahung eines Unterlassungsanspruchs aus Art. 9 Abs. 3 GG i. V. m. §§ 1004 Abs. 1 S. 2, 823 Abs. 1 BGB vermochten nicht zu überzeugen: Wird die normative Wirkung von Tarifverträgen faktisch außer Kraft gesetzt, so wird auch das Recht der Gewerkschaften beeinträchtigt, Tarifverträge, die normativ wirken, abzuschließen. Stünde einer Gewerkschaft nicht das Recht zu, die rechtswidrige (tatsächliche) Verdrängung prozessual zu verfolgen, bliebe ihr Recht zur Normsetzung ein unvollkommenes.

Die Anerkennung des Unterlassungsanspruchs aus Art. 9 Abs. 3 GG i. V. m. §§ 1004 Abs. 1 S. 2, 823 Abs. 1 BGB durch das Bundesarbeitsgericht ist nicht nur aus rechtswissenschaftlicher Sicht zu begrüßen, sondern auch in ihren tatsächlichen Auswirkungen auf das Arbeitsleben. Arbeitgeber, die von einem Verbandstarifvertrag abweichen wollen, sind nunmehr aufgrund der Existenz des Anspruchs geneigt, in Tarifverhandlungen über einen Firmentarifvertrag mit Gewerkschaften einzutreten, anstatt sie zu übergehen. So erfreulich die Kehrtwende des Bundesarbeitsgerichts im Hinblick auf den für und durch Gewerkschaften gewährten Rechtsschutz auch sein mag, es darf nicht außer acht gelassen werden, wie lange das Gericht Rechtsschutz zu Unrecht verweigert hat. Die Arbeit hat neben den aktuellen Klagerechten auch eine Untersuchung der in der Vergangenheit vom Bundesarbeitsgericht erlassenen Entscheidungen umfasst. In diesen wurden die Antragsrechte von Gewerkschaften erheblich verkürzt. Sowohl ein Feststellungsantrag gem. § 256 ZPO als auch gem. § 77 Abs. 3 BetrVG hätte bei

Tarifwidrigkeit der Betriebsvereinbarung Erfolg haben müssen. Des weiteren hätte der Anwendungsbereich des § 23 Abs. 3 BetrVG nicht auf Verstöße gegen § 77 Abs. 3 BetrVG beschränkt werden dürfen. Auch Verstöße gegen § 87 Abs. 1 Einls. BetrVG hätten von der Vorschrift erfasst werden müssen, da es sich auch bei dieser um eine Grundnorm der betriebsverfassungsrechtlichen Ordnung handelt. Im übrigen wäre auch eine Klage der Gewerkschaften in gewillkürter Prozessstandschaft vorbehaltlich einer Ermächtigung durch das Mitglied zulässig. Kein effektiver Rechtsschutz für und durch Gewerkschaften ist im Hinblick auf tarifwidriges Arbeitgeberverhalten durch die vom Bundesarbeitsgericht anerkannten Rechtsbehelfe der Feststellungsklage nach § 9 TVG und der Einwirkungsklage gegenüber dem Arbeitgeberverband zu erlangen.

Wendet man – das Faktum der Entscheidung vom 20.4.1999 vor Augen – den Blick wieder in die Zukunft, wird schnell deutlich, dass allein mit der Anerkennung des Unterlassungsanspruchs noch nicht alle offenen Fragen beantwortet wurden. In der hier vorliegenden Arbeit wurde daher insbesondere zu den mit der Anerkennung verbundenen Folgeproblemen Stellung genommen: So wird nach hier vertretener Ansicht die Abgrenzung kollektiver, den Unterlassungsanspruch auslösender Rechtsverletzungen von einzelnen, individuellen Verstöße betriebsbezogen vorzunehmen sein. Zur Bestimmung der die Tarifnorm verdrängenden Wirkung erscheint es sinnvoll, auf die bereits im Rahmen des § 87 Abs. 1 BetrVG zur Mitbestimmung in sozialen Angelegenheiten entwickelten Kriterien zurückzugreifen. Im Hinblick auf den konkreten Inhalt des Unterlassungsanspruchs ist auch mit der „Burda-Entscheidung“ noch nicht das letzte Wort gesprochen. Tendenzen in der Literatur, den Anspruch nur dahingehend zu verstehen, dass es der Arbeitgeber zu unterlassen habe, sich gegenüber den Arbeitnehmern auf die tarifwidrige Regelung zu berufen, ist eine Absage zu erteilen. Der Arbeitgeber kann sich bereits nach geltendem Tarifrecht nicht auf das tarifwidrige Bündnis für Arbeit berufen. Aufgrund des Unterlassungsanspruchs darf der Arbeitgeber die auf Regelungsabreden beruhenden vertraglichen Einheitsregelungen vielmehr nicht weiter anwenden. Damit lebt der Zustand wieder auf, der vor Anwendung der tarifwidrigen Vereinbarungen bestanden hat; der Tarifvertrag tritt damit ohne weiteres Zutun wieder in den Vordergrund. Der so verstandene Unterlassungsanspruch ist im Beschlussverfahren geltend zu machen, es sei denn, er ist gegen die Unterlassung tarifwidriger vertraglicher Einheitsregelungen gerichtet, an denen der Betriebsrat in keinerlei Weise mitgewirkt hat. In einem solchen Fall greift das Urteilsverfahren Platz. Für den Unterlassungsanspruch ist das Verfahren des einstweiligen Rechtsschutzes ebenfalls eröffnet. Keine Anwendung findet der Unterlassungsanspruch, wenn die verdrängte Tarifnorm nur Kraft Allgemeinverbindlicherklärung gilt. Hiergegen spricht, dass die Allgemeinverbindlicherklärung in erster Linie dem Schutz der nichttarifgebundenen Arbeitnehmer gilt und nicht unmittelbar dem der Koalitionen. Neben dem Unterlassungsanspruch ist aber ein Anspruch auf Beseitigung aus Art. 9 Abs. 3 GG

i. V. m. §§ 1004 Abs. 1 S. 1, 823 Abs. 1 BGB anzuerkennen. Da sich ein solcher Anspruch nicht auf die Beseitigung der eingetretenen Einwirkungsfolgen, sondern nur auf die Ursache der Störung bezieht, kann mit ihm lediglich das Abstellen des tarifwidrigen Zustands für die Zukunft verlangt werden und nicht die Wiederherstellung für die Vergangenheit.

Ein Blick nach Frankreich hat gezeigt, dass gewerkschaftlicher Rechtsschutz nicht mit der Anerkennung eines Unterlassungsanspruchs beendet sein muss. Die Schaffung eines Klagerechts in Deutschland nach Muster des Art. L. 135-4 al. 1 C.T., mit dem die Gewerkschaft tarifliche Rechte des einzelnen Arbeitnehmers im eigenen Namen einklagen darf, ist allerdings abzulehnen. Gegenüber der Individualklage des einzelnen Arbeitnehmers, die von einem Vertreter der Gewerkschaft als Prozessvertreter begleitet wird, ist kaum ein qualitativer Unterschied im Rechtsschutzniveau feststellbar. Die Bedenken, es werde bei einer solchen Klage über den Kopf des Arbeitnehmers hinweggehandelt, sind allerdings nicht haltbar, da dem Arbeitnehmer im französischen Recht ein Widerspruchsrecht zusteht, mit dem er die Klage der Gewerkschaften verhindern kann.

Vorbildcharakter kann dem französischen Arbeitsrecht im Hinblick auf das dort in Art. L- 411-11 C.T. seit 1920 verankerte Verbandsklagerecht zukommen. Mit Hilfe von Art. L. 411-11 C.T. können sowohl Gewerkschaften als auch Arbeitgebervereinigungen kollektive Interessen ihres Berufsstands verteidigen. Unter dem kollektiven Interesse wird dabei nicht die bloße Summation von Einzelinteressen verstanden. Das kollektive Interesse ist stets verletzt, wenn sich Grundsatzfragen stellen, deren Beantwortung Auswirkungen auf alle Mitglieder des Berufsstands haben kann. Das kollektive Interesse der Arbeitnehmer kann durch die Gewerkschaften insbesondere bei Missachtung der Arbeits- und Sozialgesetzgebung durch den Arbeitgeber zum Nachteil der Arbeitnehmer gewahrt werden. Hier kann die Gewerkschaft als vom Arbeitgeber unabhängige Einheit die Interessen der Arbeitnehmer weit wirkungsvoller schützen als eine Klage des Einzelnen. Die Einführung einer solchen Klagemöglichkeit wäre auch für das deutsche Recht wünschenswert. Gewerkschaften erscheinen als ideale Verfechter derartiger Klagen, da sie über eine große Sachkompetenz im Hinblick auf alle arbeits- und sozialrechtlichen Fragestellungen verfügen und mit ihrer Prozessführung eine Breitenwirkung erzielen könnten, die durch Individualklagen nicht erreicht werden kann.

Neben dem Klagerecht aus Art. L. 411-11 C.T. kann das französische Recht aber auch in anderer Hinsicht als Vorbild für die deutsche Rechtsordnung dienen. In Frankreich existiert eine Arbeitsinspektion, die, im Gegensatz zu den in Deutschland vorhandenen Aufsichtsämtern, eine umfassende Kontrollfunktion wahrnimmt. Die Beamten der Inspection du Travail überwachen nicht nur die Einhaltung sämtlicher Bestimmungen des Code du Travail, sondern beispielsweise auch die der Tarifverträge. In Deutschland steht eine solche Institution nicht zur Verfügung. Die öffentliche Hand ist hier auf die Überwachung der öffentlich-rechtlichen Arbeitsschutzvorschriften beschränkt. Die Schaffung einer Behörde nach dem Vorbild der Inspection du Travail würde aber auch in Deutschland für eine bessere Aufsicht über die Einhaltung von Arbeitsgesetzgebung und Tarifverträgen sorgen. Würden die Gewerkschaften mit einem Art. L. 411-11 C.T. vergleichbaren Verbandsklagerecht ausgestattet, so könnten sie im Zusammenwirken mit den staatlichen Stellen die Aufsicht vervollständigen. Die Schaffung eines der Arbeitsinspektion vergleichbaren Behördenapparats oder die Erweiterung der Zuständigkeiten der bisher nur für den öffentlich-rechtlichen Arbeitsschutz zuständigen Aufsichtsbehörden kann daher nur als empfehlenswert bezeichnet werden.

# Literaturverzeichnis


**Adomeit**, Klaus — Der Betriebsrat – ein Volkstribun?, NJW 1995, S. 1004-1006

**Annuß**, Georg — Schutz der Gewerkschaften vor tarifwidrigem Handeln der Betriebsparteien?, RdA 2000, S. 287-297

**Antonmattei**, P.-H. — Observations zu Cass. soc., 12.06.2001, Dr. Soc. 2001, S. 1019-1020

**Ascheid**, Reiner/ **Bader**, Peter — Gemeinschaftskommentar zum Arbeitsgerichtsgesetz, Band 1, München/Unterschleißheim, Stand Oktober 2003 zitiert als: *Bearbeiter in GK-ArbGG*

**Auffarth**, Fritz — Anmerkung zu BAG vom 16.9.1960 – 1 ABR 5/59, AP Nr. 1 zu § 2 ArbGG 1953

**Auvergnon**, Philippe — Contrôle étatique, effectivité et ineffectivité du droit du travail, Dr. Soc. 1996, S. 598-607

**Bauer**, J.-H. — Betriebliche Bündnisse für Arbeit vor dem Aus?, NZA 1999, S. 957-962

**Bauer**, J.-H./ **Haußmann**, Katrin — Betriebliche Bündnisse für Arbeit und gewerkschaftlicher Unterlassungsanspruch, Sonderbeilage NZA 24/2000, S. 42-50

**Baumann**, Thomas — Die Delegation tariflicher Rechtsetzungsbefugnisse, Berlin 1992

**Baumbach**, Adolf/ **Hefermehl**, Wolfgang — Wettbewerbsrecht, 22. Aufl., München 2001 zitiert als: *Baumbach/Hefermehl*

**Baumbach**, Adolf/ **Lauterbach**, W./ **Albers**, Jan/ **Hartmann**, Peter — Zivilprozeßordnung mit Gerichtsverfassungsgesetz und anderen Nebengesetzen, 62. Aufl., München 2004 zitiert als: *BLAH/Bearbeiter*

**Belling**, Detlev W./ **Hartmann**, Christian — Die Rechtswirkungen einer gegen § 77 III BetrVG verstoßenden Betriebsvereinbarung, NZA 1998, S. 673-680

**Benda**, Ernst/ **Maihofer**, Werner/ **Vogel**, Hans-Jochen — Handbuch des Verfassungsrechts der Bundesrepublik Deutschland, 2. Aufl., Berlin/New York 1994 zitiert als: *HVerfR/Bearbeiter*

**Berg**, Peter — Unterlassungsanspruch gegen tarifwidrige betriebliche Regelungen, AiB 1999, S. 304-305

**Berg**, Peter/ **Platow**, Helmut — Unterlassungsanspruch der Gewerkschaften gegen tarifwidrige, betriebliche Regelungen – Anmerkung zum BAG-Beschluß vom 20.4.1999 – 1 ABR 72/98, DB 1999, S. 1555-, DB 1999, S. 2362-2368

**Beseler**, L./ **Bopp**, P./ **Rühle**, G. — Betriebsrat und soziale Angelegenheiten, Münster 2002 zitiert als: *Beseler/Bopp/Rühle*

**Bichler**, Hubert — Nochmals: Zur Zulässigkeit von Betriebsvereinbarungen über Arbeitsbedingungen für AT-Angestellte, DB 1979, S. 1939-1942

**Boemke**, Burkhard — Anmerkung zu BAG vom 20.4.1999 – 1 ABR 72/98, JuS 2000, S. 306-307

**Boitel**, Maurice — Les Actions en Justice des Syndicats Professionnel, D. O. 1960, S. 369-377

**Boré**, Louis — Note zu Cass. com., 01.12.1998 und 19.1.1999, D.1999, jur. S. 332-334

**ders.** — La défense des intérêts collectifs par les associations devant les juridictions administratives et judiciaires, Paris 1997

**Boulmier**, Daniel — Note zu Cass. soc., 1.2.2000, JCP 2000, S. 761-763

**Brichet**, Robert — Associations et syndicats, 6. Aufl., Paris 1992

**Bucher**, Eugen — Das subjektive Recht als Normsetzungsbefugnis, Tübingen 1965

**Buchner**, Herbert — Der Unterlassungsanspruch der Gewerkschaft – Stabilisierung oder Ende des Verbandstarifvertrages?, NZA 1999, S. 897-902

**ders.** — Betriebsräte auf schwierigem Terrain – die Viessmann-Entscheidungen des Arbeitsgericht Marburg; NZA 1996, S. 1304-1306

**ders.** — Abschied von der Einwirkungspflicht der Tarifvertragsparteien, DB 1992, S. 572-583

**Buschmann**, R. — Zum Unterlassungsanspruch der Gewerkschaften bei tarifwidrigen betrieblichen Regelungen, PerR 1999, S. 531-533

**Butaud**, Gilles/ **Perin**, Frédéric/ **Thery**, Michel — Les funambules du travail: pratiques de l'inspection du travail, Dr. Soc. 1985, S. 271-280

| | |
|---|---|
| **Caballero**, Francis | Plaidons par procureur! De l'archaisme procédural à l'action de groupe, RTD civ. 1985, S. 247-276 |
| **Capitant**, Henri/ **Cuche**, Paul | Prècis de Législation industrielle, 5. Aufl., Paris 1939 zitiert als: *Capitant/Cuche* |
| **Chetcuti**, Claude | Brefs propos sur les modalités d'intervention de l'inspection du travail, Dr. Soc. 1984, S. 464-472 |
| **Coeuret**, Alain/ **Fortis**, Elisabeth | Droit Pénal du Travail, 2. Aufl., Paris 2000 zitiert als: *Coeuret/Fortis* |
| **Cohen**, Maurice | L'intervention des syndicats en qualité de partie civile devant les Conseils de Prud'Hommes et les autres juridictions civiles, RPDS 1995, S. 223-231 |
| **ders.** | Le droit de substitution, cadeau empoisonné aux syndicats, Dr. Soc. 1990, S. 790-793 |
| **ders.** | La notion d'intérêts collectifs de la profession et l'action judiciaire des syndicats, RPDS 1990, S. 177-180 |
| **ders.** | Les procès-verbaux des inspecteurs du travail et la convention internationale de 1947, Dr. Soc. 1984, S. 473 |
| **Cottereau**, Vincent | Une innovation: la tutelle syndicale instituée par le nouvel article L. 321-15 du Code du travail, La Semaine Sociale Lamy 1989, S. 560-562 |
| **Couturier**, Gérard | La méconnaissance d'un engagement de maintien de l'emploi (À propos de l'arrêt Briou, Cass. soc. 22 janvier 1998), Dr. Soc. 1998, S. 375-379 |
| **Crèpin**, Henry | La convention collective du travail, sa nature et son évolution historique, Loi du 25 mars 1919, Paris 1919 |
| **Däubler**, Wolfgang | Kommentar zum Tarifvertragsgesetz mit Kommentierung des Arbeitnehmerentsendegesetzes, 1. Aufl., Baden-Baden 2003 zitiert als: *Däubler/Bearbeiter* |
| **ders.** | Das neue Klagerecht der Gewerkschaften bei Tarifbruch des Arbeitgebers, AiB 1999, S. 481-485 |
| **ders.** | Kollektive Durchsetzung individueller Rechte?, AuR 1995, S. 305-312 |
| **ders.** | Gewerkschaftliches Klagerecht gegen tarifwidrige Betriebsvereinbarungen?, BB 1990, S. 2256-2262 |
| **ders.** | Der Betriebsrat im Regelungssystem der bundesdeutschen Arbeitsbeziehungen, S. 22-26, in WSI Arbeitsmaterialien |

Nr. 25: Betriebliche Interessenvertretungsstrukuren in Europa – Bundesrepublik Deutschland und Frankreich, Düsseldorf 1990

**Däubler**, Wolfgang/ **Kittner**, Michael/ **Klebe**, Thomas — Betriebsverfassungsgesetz mit Wahlordnung, §§ 121-128 InsO und EBR-Gesetz, 8. Aufl., Frankfurt am Main 2002
zitiert als: *DKK-Bearbeiter*

**Denninger**, Erhard/ **Hoffmann-Riem**, W./ **Schneider**, H.-P./ **Stein**, Ekkehart — Kommentar zum Grundgesetz für die Bundesrepublik Deutschland (AK-GG), Band 2, Art. 18-80 a, 3. Aufl., Neuwied, Kriftel 2001
zitiert als: *AK-Bearbeiter*

**Dieterich**, Thomas — Flexibilisiertes Tarifrecht und Grundgesetz, RdA 2002, S. 1-17

**ders.** — Betriebliche Bündnisse für Arbeit und Tarifautonomie, DB 2001, S. 2398-2403

**ders.** — Zur Pflicht der Gerichte, das Recht fortzubilden, RdA 1993, S. 67-72

**Dieterich**, Thomas/ **Müller-Glöge**, Rudi/ **Preis**, Ulrich/ **Schaub**, Günter — Erfurter Kommentar zum Arbeitsrecht, 4. Aufl., München 2004
zitiert als: *ErfK/Bearbeiter*

**Dietz**, Rolf — Das Monopol der Sozialpartner und die Betriebsvereinbarung, RdA 1955, S. 241-244

**Dobberahn**, Peter — Unterlassungsanspruch des Betriebsrats, NJW 1995, S. 1333-1334

**Dufour**, Christian — Frankreich, in Bispinck, Reinhard; Lecher, Wolfgang: Tarifpolitik und Tarifsysteme in Europa: ein Handbuch über 14 europäische Länder, Köln 1993
zitiert als: *Dufour in Bispink/Lecher*

**Dupeyron**, Henry — L'action collective, D. 1952, chr. 153-156

**Durand**, Paul/ **Vitu**, André — Traité de droit du travail, Tome III, Paris 1956
zitiert als: *Durand/Vitu*

**Dütz**, Wilhelm — Anmerkung zu BAG vom 21.12.1982 – 1 AZR 411/80, EzA Nr. 1 zu § 1 TVG (Friedenspflicht)

**Ehmann**, Horst/ **Schmidt**, Thomas B. — Betriebsvereinbarungen und Tarifverträge, NZA 1995, S. 193-203

**Ermann** — Bürgerliches Gesetzbuch, Bd. II., 10. Aufl. Köln 2000
zitiert als: *Erman-Bearbeiter*

**Feudner**, Bernd — Die Durchsetzung von Tarifverträgen, DB 1991, S. 1118-1120

**Fikentscher**, W. — Schuldrecht, 9. Aufl., Berlin, New York, 1997
zitiert als: *Fikentscher*

**ders.** — Methoden des Rechts in vergleichender Darstellung, Band III, Mitteleuropäischer Rechtskreis, 1. Aufl., Tübingen 1976
zitiert als: *Fikentscher, Methoden des Rechts*

**Fischer**, Christian — Anmerkung zu BAG vom 20.04.1999 – 1 ABR 72/98, EzA Nr. 65 zu Art. 9 GG, S. 25-67

**ders.** — Die tarifwidrigen Betriebsvereinbarungen, München 1998

**Fischer**, Martin — Die neue Rechtsprechung des Bundesarbeitsgerichts zum Unterlassungsanspruch des Betriebsrats bei Verstößen des Arbeitgebers gegen Beteiligungsrechte aus § 87 I BetrVG – BAG NZA 1995, 40, JA 1995, S. 712-717

**Fitting**, Karl/ **Auffarth**, Fritz — Betriebsverfassungsgesetz nebst Wahlordnung, 7. Aufl., Berlin, Frankfurt, 1966
zitiert als: *Fitting/Kraegeloh/Auffarth*

**Fitting**, Karl/ **Kaiser**, Heinrich/ **Heither**, Friedrich/ **Engels**, Gerd/ **Schmidt**, Ingrid — Betriebsverfassungsgesetz, 21. Aufl., München 2002
zitiert als: *FKHE*

**Friauf**, K. H./ **Höfling**, Wolfgang — Berliner Kommentar zum Grundgesetz, Band 1, 8. Ergänzungslieferung, Berlin 2003
zitiert als: *BK-Bearbeiter*

**Friese**, Birgit — Kollektive Koalitionsfreiheit und Betriebsverfassung, Berlin 2000

**Gamillscheg**, Franz — Kollektives Arbeitsrecht Bd. I: Grundlagen/Koalitionsfreiheit/Tarifvertrag/Arbeitskampf und Schlichtung, München 1997
zitiert als: *Gamillscheg*

**ders.** — Die Durchsetzung tariflicher Ansprüche, Festschrift für Wolfram Henckel zum 70. Geburtstag am 21. April 1995, S. 215-233, Berlin, New York 1995
zitiert als: *Gamillscheg in FS Henckel*

**ders.** — Überlegungen zum Verhältnis von Gewerkschaft und Betriebsrat, Arbeitsgesetzgebung und Arbeitsrechtspre-

chung, Festschrift zum 70. Geburtstag von Eugen Stahlhacke, S. 129-148, Neuwied, Kriftel, Berlin 1995
zitiert als: *Gamillscheg in FS Stahlhacke*

**Gatumel**, Denis — Le droit du travail en France – Principe et approche pratique du droit du travail, 13. Aufl., Paris 2002

**Gaudemet**, Yves — Les limites des pouvoirs des inspecteurs du travail, Dr. Soc. 1984, S. 446-462

**Gaudillière**, E. — Feu l'article 31 t, Syndicalisme 1973, S. 12

**Gaul**, Björn; **Otto**, Björn — Bündnis für Arbeit – Durchsetzung eines gewerkschaftlichen Unterlassungsanspruchs, ArbRB 2003, S. 222-224

**Gaumé**, Gérard — Déclaration, Dr. Soc. 1984, S. 472

**Gellings**, Claudia — Die Rechtsschutzmöglichkeiten der Tarifvertragsparteien gegen tarifwidrige Betriebsvereinbarungen, Marburg 2000

**Gentz**, Manfred — Werden die geltenden Tarifverträge der betrieblichen Praxis gerecht?, Festschrift für Günter Schaub, S. 205-217, München 1998

**Germelmann**, C.- H./ **Matthes**, H. – C./ **Müller-Glöge**, Rudi/ **Prütting**, Hans — Arbeitsgerichtsgesetz, 4. Aufl., München 2002
zitiert als: *Germelmann/Matthes/Prütting*

**Glasen**, Helmut; **v. Hahn**, Helmuth; **Kersten**, H.-C.; **Rieger**, Harald — Frankfurter Kommentar zum Kartellrecht, Band III, §§ 21-80, GWB n. F., Köln 2001
zitiert als: *FK/Bearbeiter*

**Gragert**, Nicola — Möglichkeiten und Grenzen der Flexibilisierung von Tarifverträgen zugunsten betrieblicher Regelungen, Hamburg 1997

**Grunsky**, Wolfgang — Antragsbefugnis der Gewerkschaft zur Feststellung der Tarifvertragswidrigkeit einer Betriebsvereinbarung, DB 1990, S. 526-533

**Guéry**, Gabriel — Pratique du Droit du Travail, 10. Aufl., Paris 2001

**Haase**, Richard; **Keller**, Rolf — Grundlagen und Grundformen des Rechts, 10. Aufl. Stuttgart, Berlin, Köln 1995
zitiert als: *Haase/Keller*

**Hanau**, Peter — Betriebsvereinbarung – Regelungsabrede als Instrumente zur Gestaltung der Arbeitsbedingungen, Betriebsverein-

barung, Münster 1995, S. 69-116
zitiert als: *Hanau in Betriebsvereinbarung*

**ders.** Aktuelle Probleme der Mitbestimmung über das Arbeitsentgelt gem. § 87 Abs. 1 Nr. 10 BetrVG, BB 1977, S. 350-356

**Haug**, Ulrich Tarifvorrang und innerbetriebliche Regelungsmechanismen, BB 1986, S. 1921-1931

**Heinze**, Meinhard Kollektive Arbeitsbedingungen im Spannungsfeld zwischen Tarif- und Betriebsautonomie, NZA 1995, S. 5-8

**ders.** Anmerkung zu BAG vom 21.12.1982 – 1 AZR 411/80, SAE 1983, S. 224-229

**Heither**, Friedrich Der Tarifvorrang des § 77 Abs. 3 BetrVG und seine Durchsetzung, Festschrift für Thomas Dietrich, München 1999, S. 231-249

**Hess**, Harald/ **Schlochauer**, Ursula/ **Worzalla**, Michael/ **Glock**, Dirk Kommentar zu Betriebsverfassungsgesetz, 6. Aufl., München/Unterschleißheim 2003
zitiert als: *HSWG*

**Hidalgo**, Anne Aspekte der Kollektivverhandlung in Frankreich, in Lecher, Wolfgang; Platzer, Hans-Wolfgang: Europäische Union – Europäische Arbeitsbeziehungen? Nationale Voraussetzungen und internationaler Rahmen, Köln 1994
zitiert als: *Hidalgo in Lecher/Platzer*

**dies.** Inspection du Travail: crise d'identité et tranches de vie, Dr. Soc. 1992, S. 849-854

**Hoß**, Axel Neue Rechtsprechung zur Anrechnung der Tariflohnerhöhung, NZA 2001, S. 1129-1138

**Hromodka**, W. Zum Unterlassungsanspruch gegen tarifwidrige Bündnisse für Arbeit, ZTR 2000, S. 253-258

**ders.** Betriebliche Bündnisse für Arbeit vor dem „Aus"?, AuA 2000, S. 13-17

**ders.** Betriebsvereinbarungen über mitbestimmungspflichtige soziale Angelegenheiten bei Tarifüblichkeit: Zwei-Schranken-Theorie ade?, DB 1987, S. 1991-1994

**Hueck**, Götz Gemeinsame Anmerkung zu BAG vom 21.02.1967 – 1 ABR 2/66 und – 1 ABR 9/66 AP Nr. 25, 26 zu § 59 BetrVG 1952

**Isensee**, Josef/ **Kirchhof**, Paul — Handbuch des Staatsrechts der Bundesrepublik Deutschland, Band 9: Die Einheit Deutschlands – Festigung und Übergang, Heidelberg 1997
zitiert als: *HStR-Bearbeiter*

**dies.** — Handbuch des Staatsrechts der Bundesrepublik Deutschland, Band 6. Freiheitsrechte, Heidelberg 1989
zitiert als: *HStR-Bearbeiter*

**Jahnke**, Volker — Tarifautonomie und Mitbestimmung, München 1984

**Jauernig**, Othmar — Bürgerliches Gesetzbuch, 10. Aufl., München 2003
zitiert als: *Jauernig*

**Jeammaud**, Antoine — Du pouvoir de l'inspection du travail de trancher certains différends, D.1987, chr. 27-34

**Jeammaud**, Antoine/ **Le Friant**, Martine/ **Zumfelde**, Meinhard — Das System des Arbeitsrechts in Frankreich, NZA 1995, S. 210-216

**Kasper**, Franz — Durchbrechung des prozessualen Erkenntnisverfahrens bei der sog. Einwirkungsklage der Tarifvertragsparteien? – Ein Beitrag zur Abgrenzung des Erkenntnis vom Vollstreckungsverfahren nach dem Urteil des BAG vom 29.4.1992, DB 1992, S. 1684-, DB 1993, 682-687

**Kast**, Matthias/ **Freihube**, Dirk — Neue Hoffnung für betriebliche „Bündnisse für Arbeit" nach dem Urteil des BAG vom 19.3.2002?, BB 2003, S. 2569-2574

**Kast**, Matthias/ **Stuhlmann**, Christian — Sind betriebliche Bündnisse für Arbeit noch durchführbar?, BB 2000, S. 614-621

**Kempen**, Otto Ernst — Zur Rechtsschutzgewähr für die Tarifvertragsparteien im neuen tariflichen Arbeitszeitrecht, AuR 1989, S. 261-271

**Kempen**, Otto Ernst/ **Zachert**, Ulrich — Tarifvertragsgesetz: Kommentar für die Praxis, 3. Aufl., Köln 1997
zitiert als: *Kempen/Zachert*

**Kessler**, Francis — Das neue französische Tarifvertragsgesetz vom 13. November 1982, BlStSozArbR 1983, S. 369-372

**Kissler**, Leo/ **Lasserre**, René — Tarifpolitik: Ein deutsch-französischer Vergleich, Frankfurt am Main, New York 1987
zitiert als: *Kissler/Lasserre*

**Kittner**, Michael/ **Pieper**, Ralf — Arbeitsschutzgesetz, 3. Aufl., Frankfurt am Main 2003
zitiert als: *Kittner/Pieper*

| | |
|---|---|
| **Kittner**, Michael | Rechtsschutz für Tarifverträge, Arbeitsgesetzgebung und Arbeitsrechtsprechung. Festschrift zum 70. Geburtstag von Eugen Stahlhacke, S. 247-259, Neuwied, Kriftel, Berlin 1995<br>zitiert als: *Kittner in FS Stahlhacke* |
| **Klasen**, Klaus | Tarifvorrang und Mitbestimmung in sozialen Angelegenheiten, Münster 1982 |
| **Koch**, Harald | Über die Entbehrlichkeit der „gewillkürten Prozessstandschaft“ – Alternativen der Prozessführung durch Rechtsfremde, JZ 1984, S. 809-815 |
| **Kocher**, Eva | Materiell-rechtliche und prozessuale Fragen des Unterlassungsanspruchs aus Art. 9 Abs. 3 GG, AuR 1999, S. 382-387 |
| **Köhler**, Helmut/<br>**Piper**, Henning | Gesetz gegen den unlauteren Wettbewerb, 2. Aufl., München 2001<br>zitiert als: *Köhler/Piper* |
| **Konzen**, Horst | Grundlagen und Grenzen des vorbeugenden Rechtsschutzes unter Tarifparteien. Festschrift für Otto Rudolf Kissel, München 1994, S. 571-609<br>zitiert als: *Konzen in FS Kissel* |
| **Körnich**, J.-H. | Das arbeitsgerichtliche Beschlussverfahren in Betriebsverfassungssachen, Berlin 1978 |
| **Kraft**, Alfons/<br>**Wiese**, Günther/<br>**Kreutz**, Peter/<br>**Oetker**, Hartmut | Betriebsverfassungsgesetz Band I: §§ 1-73 b mit Wahlordnungen, Gemeinschaftskommentar, 7. Aufl., Neuwied, Kriftel 2002<br>zitiert als: *GK-Bearbeiter* |
| **Kraft**, Alfons/<br>**Wiese**, Günther/<br>**Kreutz**, Peter/<br>**Oetker**, Hartmut | Betriebsverfassungsgesetz Band II: §§ 74-132 mit Kommentierung des BetrVG 1952, Gemeinschaftskommentar, 7. Aufl., Neuwied, Kriftel 2002<br>zitiert als: *GK-Bearbeiter* |
| **Kreutz**, Peter | Grenzen der Betriebsautonomie, München 1979 |
| **Krieger**, Gabriel | Das französische Tarifvertragsrecht, Heidelberg 1991 |
| **Küttner**, Wolfdieter | Personalbuch 2002: Arbeitsrecht, Lohnsteuerrecht, Sozialversicherungsrecht, 9. Aufl., München 2002<br>zitiert als: *Küttner/Bearbeiter* |
| **Landmann/Rohmer** | Gewerbeordnung und ergänzende Vorschriften, Band II – Ergänzende Vorschriften, München, Stand: 1. Mai 2003<br>zitiert als: *Landmann/Rohmer-Bearbeiter* |

**Lanquetin**, Pierre	Les actions du syndicat devant les juridictions judiciaires, action juridique No. 98 (janvier 1993), S. 3-6

**ders.**	Les actions du syndicat devant les juridictions judiciaires, action juridique No. 97 (November 1992), S. 3-8

**Larenz**, Karl	Methodenlehre der Rechtswissenschaft, 6. Aufl., Berlin, Heidelberg, New York 1991
zitiert als: *Larenz*

**ders.**	Zur Struktur „subjektiver Rechte", Festschrift für Johannes Sontis, München 1977
zitiert als: *Larenz in FS Sontis*

**Larenz**, Karl/
**Wolf**, Manfred	Allgemeiner Teil des Bürgerlichen Rechts, 8. Aufl. München 1997
zitiert als: *Larenz/Wolf*

**Lautaud**, Camille	Les conventions collectives de travail et la loi du 25 mars 1919, Paris 1924

**Laux**, Helga	Die Antrags- und Beteiligungsbefugnis im arbeitsgerichtlichen Beschlussverfahren, Darmstadt, Neuwied 1985

**Le Friant**, Martine	Die französische Gewerkschaftsbewegung, BetrR 1996, S. 1-6

**dies.**	Die Wirkung des Tarifvertrages in der Krise: das Beispiel Frankreich in Zachert, Ulrich: Die Wirkung des Tarifvertrages in der Krise: ein Vergleich des Verhältnisses von autonomen Tarifrecht mit staatlichem Recht und anderen arbeitsrechtlichen Schutzebenen in verschiedenen europäischen Ländern, 1. Aufl., Baden-Baden 1991
zitiert als: *Le Friant in Zachert*

**dies.**	Frankreichs erneuertes Arbeitsrecht, AuR 1984, S. 78-81

**Le Goff**, Jacques	Droit du travail et société, Tome I, Les relations individuelles de travail, Rennes 2001

**Leipold**, Dieter	Anmerkung zu BAG vom 13.3.2001 – 1 AZB 19/00, SAE 2002, S. 290-292

**ders.**	Anmerkung zu BAG vom 30.10.1986 – 6 ABR 52/83, SAE 1988, S. 3-4

**Lepke**, Achim	Die Antragsbefugnis im arbeitsgerichtlichen Beschlussverfahren, JZ 1973, S. 107-114

**Lethert**, Reinhard	Ist der in § 77 Abs. 3 BetrVG 1972 normierte Tarifvorbehalt nur noch ein „law in the book"?, Frankfurt am Main, Berlin, Bern 2001

**Lieb**, Manfred — Skandal oder Signal? Zur Problematik tarifwidriger Betriebsvereinbarungen, Festschrift für Alfons Kraft, Neuwied, Kriftel 1998, S. 343-357
zitiert als: *Lieb in FS Kraft*

**ders.** — Die Regelungszuständigkeit des Betriebsrats für die Vergütung von AT-Angestellten, ZfA 1978, S. 179-213

**Linnenkohl**, Karl — Lean law – die „ingeniöse“ Nichtanwendung von Arbeitsrecht, AuA 1997, S. 300-303

**Looschelders**, Dirk; **Roth**, Wolfgang — Juristische Methodik im Prozeß der Rechtsanwendung, Berlin 1996
zitiert als: *Looschelders/Roth*

**Loritz**, Karl-Georg — Das Bundesarbeitsgericht und die „Neue Beweglichkeit“ – Eine Stellungnahme zu arbeitsrechtlichen, verfassungsrechtlichen und prozessualen Problemen des BAG-Urteils vom 12. September 1984 – 1 AZR 342/83 –, ZfA 1985, S. 185-212

**Louis-Lucas**, Pierre — Les conventions collectives de travail, RTD civ. 1919, S. 65-83

**Löwisch**, Manfred — Deliktsschutz gegen abtrünnige Mitglieder?, BB 1999, S. 2080-2083

**ders.** — Neuabgrenzung von Tarifvertragssystem und Betriebsverfassung, JZ 1996, S. 812-821

**Löwisch**, Manfred; **Kaiser**, Dagmar — Betriebsverfassungsrecht, 5. Aufl., Heidelberg 2002
zitiert als: *Löwisch/Kaiser*

**Marchand**, Daniel — Le droit du travail en practique, 14. Aufl., Paris 2001

**Marotzke**, Wolfgang — Von der schutzgesetzlichen Unterlassungsklage zur Verbandsklage, Tübingen 1992

**Matthießen**, Volker — Antragsbefugnisse der Tarifvertragsparteien im arbeitsgerichtlichen Beschlussverfahren – Bemerkungen zu den Beschlüssen des BAG vom 18.08.1987 – 1 ABR 80/85 und 1 ABR 65/86 –, DB 1988, S. 285-290

**Matthieu**, Bertrand/ **Dion-Loye**, Sophie — Le syndicat, le travailleur et l’individu: trois personnages en quête d’un rôle constitutionnellement défini, Dr. Soc. 1990, S. 525-533

**Maunz**, Theodor/ **Dürig**, Günter — Kommentar zum Grundgesetz, Band I, Art. 1-11, 40. Ergänzungslieferung, München 2002
zitiert als: *MD-Bearbeiter*

**dies.** Kommentar zum Grundgesetz, Band II, Art. 12-20, 41. Ergänzungslieferung, München 2002
zitiert als: *MD-Bearbeiter*

**Mayaud**, Yves Les recours au juge répressif, Dr. Soc. 1987, S. 510-518

**Medicus**, Dieter Allgemeiner Teil des BGB, 8. Aufl., Heidelberg 2002
zitiert als: *Medicus*

**Mestre**, Achille Note zu Chambre réun. vom 5.4.1913, S.1920.1.49

**Michaelis**, Karl Der materielle Gehalt des rechtlichen Interesses bei der Feststellungsklage und bei der gewillkürten Prozessstandschaft, Festschrift für Karl Larenz, München 1983, S. 443-485
zitiert als: *Michaelis in FS Larenz*

**Michel**, Bertram Französisches Arbeitsrecht, AuA 1993, S. 366-370

**Ministère de l'emploi et de la solidarité** L'inspection du travail en France en 1996, Les chiffres clès, l'application de la Convention N° 81, Rapports au Bureau International du Travail, La Documentation française, Paris 1998
zitiert als: *„Rapports BIT 1996"*

**Moll**, Wilhelm Der Tarifvorrang im Betriebsverfassungsgesetz – Zur Abstimmung betrieblicher und tarifvertraglicher Regelungsmechanismen, Münster 1980

**Morel**, René Les conventions collectives de travail et la loi du 25 mars 1919, RTD civ. 1919, S. 417-467

**Mouriaux**, René Le Syndicalisme en France, 3. Aufl., Paris 1997

**Müller**, Friedrich Richterrecht, Berlin 1986
zitiert als: *Müller*

**ders.** Richterrecht – rechtstheoretisch formuliert, Richterliche Rechtsfortbildung: Erscheinungsformen, Auftrag und Grenzen, Festschrift der Juristischen Fakultät zur 600-Jahr-Feier der Ruprechts-Karls-Universität Heidelberg, Heidelberg 1986, S. 65-84
zitiert als: *Müller in Richterliche Rechtsfortbildung*

**Müller**, H.-P. Privatautonomie gegen Kollektivgewalt – Anmerkung um BAG-Beschluß vom 20.4.1999 – 1 ABR 72/98, DB 1999, S. 1555 zum Unterlassungsanspruch gegen tarifwidrige betriebliche Vereinbarungen -, DB 1999, S. 2310-2315

| | |
|---|---|
| **Musielak**, H.-J. | Kommentar zur Zivilprozeßordnung mit Gerichtsverfassungsgesetz, 3. Aufl., München 2002<br>zitiert als: *Musielak* |
| **Nadal**, Sophie | La Profession et la Branche : Leur rôle dans la conception française de la convention collective, Paris-X-Nanterre 1996 |
| **Nasom-Tissandier**, H./<br>**Rémy**, Patrick | L'action en exécution d'une convention collective par un syndicat non signataire, D.2002, jur., S. 361-364 |
| **Nauditt**, Barbara | Tarifrechtliche Entwicklungen unter besonderer Berücksichtigung der neuen Bundesländer, AuR 2002, S. 288-291 |
| **Oetker**, Hartmut | Anmerkung zu BAG vom 20.08.1991 – 1 ABR 85/90 in SAE 1992, S. 158-163 |
| **Palandt**, Otto | Bürgerliches Gesetzbuch, Kommentar, 63. Aufl., München 2004<br>zitiert als: *Palandt* |
| **Pélissier**, Jean/<br>**Supiot**, Alain/<br>**Jeammaud**, Antoine | Droit du travail, 21. Aufl., Paris 2002<br>zitiert als: *Pélissier/Supiot/Jeammaud* |
| **Peschaud**, Henri | Le droit de substitution et les garanties des salariés, D.O. 2000, S. 478-486 |
| **Petit**, Franck | La notion de représentation dans les relations collectives du travail, Paris 1997 |
| **ders.** | Note zu Cass. soc., 12.06.2001, JCP 2002.II.10049, S. 561-564 |
| **Pfarr**, Heide;<br>**Kocher**, Eva | Kollektivverfahren im Arbeitsrecht: Arbeitnehmerschutz und Gleichberechtigung durch Verfahren, 1. Aufl., Baden-Baden 1998 |
| **Picker**, Eduard | Tarifautonomie – Betriebsautonomie – Privatautonomie, NZA 2002, S. 761-770 |
| **ders.** | Die Tarifautonomie in der deutschen Arbeitsverfassung, Köln 2000<br>zitiert als: *Picker, Tarifautonomie* |
| **ders.** | Der negatorische Beseitigungsanspruch, Bonn 1972<br>zitiert als: *Picker, Beseitigungsanspruch* |

**Pirou**, Gaetan — Le problème du contrat collectif de travail en France, Rev. Int. Tr. 1922, S. 37-53

**Raab**, Thomas — Der kollektive Tatbestand als Voraussetzung der Mitbestimmung des Betriebsrats in sozialen Angelegenheiten, ZfA 2001, S. 31-66

**Ramackers**, Paul/ **Vilboeuf**, Laurent — L'inspection du travail, 1. Aufl., Paris 1997
zitiert als: *Ramackers/Vilboeuf*

**Ramm**, Thilo — Zur Bedeutung der Rechtssoziologie für das Arbeitsrecht, KJ 1970, S. 175-184

**Ranke**, Fritz — Arbeitsrecht in Frankreich, 1. Aufl., München 1995

**Rebmann**, Kurt; **Säcker**, Jürgen; **Rixecker**, Roland — Münchener Kommentar zum Bürgerlichen Gesetzbuch, Band 6., Sachenrecht (§§ 854-1296), 3. Aufl., München 1997
zitiert als: *MüKo-Bearbeiter*

**Rémy**, Patrick — Effet normatif des accords collectifs et représentation des salariés à la lumière des droits français et allemand de la négociation collective, Paris 1998

**Rendu**, Geneviève — L'application des conventions et accords et l'action en justice des syndicats, Syndicalisme, 21.5.1992, S. 14

**Reuter**, Dieter — Anmerkung zu BAG vom 13.3.2001 –1 AZB 19/00, AP Nr. 17 zu § 2 a ArbGG 1979

**ders.** — Anmerkung zu BAG vom 20.4.1999 – 1 ABR 72/98, SAE 1999, S. 262-267

**Richardi**, Reinhard — Betriebsverfassungsgesetz mit Wahlordnung, 8. Aufl., München 2002
zitiert als: *Richardi/Bearbeiter*

**ders.** — Tarifautonomie und Betriebsautonomie als Formen wesensverschiedener Gruppenautonomie im Arbeitsrecht, DB 2000, S. 42-48

**ders.** — Anmerkung zu BAG vom 20.04.1999 – 1 ABR 72/98, AP Nr. 89 zu Art 9 GG

**ders.** — Kehrtwende des BAG zum betriebsverfassungsrechtlichen Unterlassungsanspruch des Betriebsrats, NZA 1995, S. 8-12

**Richardi**, Reinhard; **Wlotzke**, Otfried — Münchener Handbuch zum Arbeitsrecht, Band 3, Kollektives Arbeitsrecht, 2. Aufl. München 2000
zitiert als: *MünchArbR-Bearbeiter*

**Rieble**, Volker — Die Burda-Entscheidung des BAG, ZTR 1999, S. 483-488

**ders.** — Anmerkung zu BAG vom 29.04.1992, 4 AZR 432/91 EzA Nr. 2 zu § 1 TVG (Durchführungspflicht)

**ders.** — Tarifnormkontrolle durch Verbandsklage, NZA 1992, S. 250-257

**Riesenhuber**, Karl — Tarifbindung und Ausgliederung von Unternehmensteilen, BB 1993, S. 1001-1007

**Röhl**, Klaus F. — Allgemeine Rechtslehre, 2. Aufl., Köln, Berlin, Bonn, München 2001

**Roudil**, Albert — A propos de réformes: le droit du travail, pourquoi faire?, Dr. Soc. 1982, S. 607-617

**Roy-Loustaunau**, C. — L'action de substitution des syndicats en matière de requalification de contrat à durée déterminée: l'information du „salarié substitué" (Cour cass. ch. soc. 1er février 2000, société Servair), Dr. Soc. 2000, S. 516-519

**Rüthers**, Bernd — Rechtstheorie, München 1999

**ders.** — Betriebsvereinbarung und Tarifvertrag, RdA 1994, S. 176-177

**Sachs**, Michael — Kommentar zum Grundgesetz, 3. Aufl., München 2003 zitiert als: *Sachs/Bearbeiter*

**Säcker**, F.-J. — Tarifvorrang und Mitbestimmung des Betriebsrats beim Arbeitsentgelt, BB 1979, S. 1201-1204

**ders.** — Die Regelung sozialer Angelegenheiten im Spannungsfeld zwischen tariflicher und betriebsverfassungsrechtlicher Normsetzungsbefugnis, ZfA Sonderheft 1972, S. 41-70

**Salvi**, Joseph — Les recours informels à l'administration du Travail, Dr. Soc. 1987, S. 488-491

**Savatier**, René — L'action en dommages-intérêts des syndicats professionnels, JCP 1939.I.90

**Scelle**, Georges — Prècis élémentaire de législation industrielle, Paris 1927

**Schaub**, Günter — Rechtliche Hindernisse der tarifvertragsfreien Gestaltung von Arbeitsbedingungen, ZTR 2000, S. 10-14

**Scheidt**, Michel — L'action syndicale devant les tribunaux, RPDS 1995, S. 295-302

**Schirrmacher**, Onno — Anmerkung zu BAG vom 16.09.1960 – 1 ABR 5/59, SAE 1962, S. 68-69

**Schmidt**, Jürgen — Nochmals: Zur „Formalen Struktur" der „subjektiven Rechte", Rechtstheorie 1979, S. 70-79

**Schmidt-Bleibtreu**, B./ **Klein**, Franz — Kommentar zum Grundgesetz, 9. Aufl., Neuwied, Kriftel 1999
zitiert als: *Schmidt-Bleibtreu/Klein*

**Schoch**, Friedrich; **Schmidt-Aßmann**, Eberhard/ **Pietzner**, Rainer — Verwaltungsgerichtsordnung, Kommentar, Band I, München, Stand: 9/2003
zitiert als: *Schoch/Schmidt-Aßmann/Pietzner*

**Schwarze**, Roland — Anmerkung zu BAG vom 22.06.1993 – 1 ABR 62/92, SAE 1994, S. 141-147

**ders.** — Die Einwirkungsklage als Mittel zur Beseitigung tarifwidriger Betriebsvereinbarungen? – Besprechung des Urteils des BAG v. 29. April 1992, ZTR 1992, 419 - ZTR 1993, S. 229-234

**ders.** — Der Betriebsrat im Dienst der Tarifvertragsparteien, Berlin 1991

**Seifert**, Achim — Anmerkung zu BAG vom 13.03.2001 – 1 AZB 19/00, EzA Nr. 4 zu § 2a ArbGG 1979

**ders.** — Umfang und Grenzen der Zulässigkeit von tarifabweichenden Betriebsvereinbarungen, 1. Aufl., Baden-Baden 2000

**Sellier**, François — Die Stellung der Betriebsräte im französischen System der Arbeitsbeziehungen, S. 6-10, in: WSI Arbeitsmaterialien Nr. 25: Betriebliche Interessenvertretungsstrukuren in Europa – Bundesrepublik Deutschland und Frankreich, Düsseldorf 1990

**Silhol**, Bruno — L'inspection du travail et le choix de l'action pénale, Dr. Soc. 2000, S. 959-963

**Simitis**, Spiros; **Weiss**, Manfred — Zur Mitbestimmung des Betriebsrats bei Kurzarbeit, DB 1973, S. 1240-1252

**Sinzheimer**, Hugo — Arbeitsrecht und Rechtssoziologie, Bd. 1, Frankfurt am Main, Köln 1976

**Soergel** — Bürgerliches Gesetzbuch mit Einführungsgesetz und Nebengesetzen, Bd. 6. Sachenrecht (§§ 854-1296),

12. Aufl. Stuttgart, Berlin, Köln 1990
zitiert als: *Soergel-Bearbeiter*

**Staudinger** Kommentar zum Bürgerlichen Gesetzbuch mit Einführungsgesetz und Nebengesetzen, Buch 3., Sachenrecht §§ 985-1011, Berlin, Neubearbeitung 1999
zitiert als: *Staudinger/Bearbeiter*

**Stein**, Friedrich Kommentar zur Zivilprozeßordnung Bd. 3 §§ 253-299 a, 21. Aufl., Tübingen 1997
zitiert als: *Stein/Jonas-Bearbeiter*

**Straßner**, Matthias Regelungsabreden – Voraussetzungen, Wirkung und Rechtsprobleme formfreier Vereinbarungen zwischen Arbeitgeber und Betriebsrat, Würzburg 1998

**Supiot**, Alain L'impossible réforme des juridictions sociales, RFAS 1993, S. 97-117

**ders.** Les juridictions du travail, tome 9, Paris 1987
zitiert als: *Supiot*

**ders.** La protection du droit d'agir en justice, Dr. Soc. 1985, S. 774-780

**Teyssié**, Bernard Droit du Travail – Relations Collectives, 3. Aufl., Paris 2002

**Thomas**, Heinz/ **Putzo**, Hans Zivilprozessordnung: mit Gerichtsverfassungsgesetz, den Einführungsgesetzen und europarechtlichen Vorschriften (EuGVVO, EheVO, ZustellungsVO, ZustDG, AVAG), 24. Aufl., München 2002
zitiert als: *T/P*

**Thüsing**, Gregor Vom Wandel in Tarifrecht und -politik, Tarifautonomie im Wandel, Beiträge zum Tarif-, Arbeitskampf- und Koalitionsrecht, Band 1, Köln, Berlin, Bonn, München 2003, S. 1- 6
Zitiert als: *Thüsing in Tarifautonomie im Wandel*

**ders.** Der Schutz des Tarifvertrags vor den tarifvertraglich Geschützten – Zum Unterlassungsanspruch der Gewerkschaften gegen tarifwidrige Regelungsabreden –, DB 1999, S. 1552-1555

**Tilch**, Horst/ **Arloth**, Frank Deutsches Rechts-Lexikon, Band 3, 3. Aufl., München 2001
zitiert als: *Deutsches Rechts-Lexikon Band 3*

| | |
|---|---|
| **Trappehl**, Bernhard/ **Lambrich**, Thomas | Unterlassungsanspruch der Gewerkschaft – das Ende für betriebliche „Bündnisse für Arbeit"?, NJW 1999, S. 3217-3288 |
| **Umbach**, Dieter C./ **Clemens**, Thomas | Grundgesetz – Mitarbeiterkommentar und Handbuch, Band I, Art. 1-37 GG, Heidelberg 2002 zitiert als: *Mitarbeiterkommentar/Bearbeiter* |
| **Unterhinninghofen** | Anmerkung zu ArbG Marburg, Beschluß vom 7.8.1996 – 1 BV 6/96, AiB 1997, S. 50-52 |
| **Veit**, Barbara/ **Waas**, Bernd | Die Umdeutung einer kompetenzwidrigen Betriebsvereinbarung, BB 1991, S. 1329-1337 |
| **Verdier**, J.-M. | Accords collectifs et action „syndicale" en justice: le rôle fondateur de l'article 411-11 du code du travail (réflexions à partir de l'arrêt Euro Disney du 12 juin 2001), D. 2002, chr., 503-506 |
| **ders.** | Licenciement économique: droit des syndicats d'ester en justice au lieu et place du salarié, RJS 1990, S. 3-8 |
| **ders.** | Syndicats et droit syndical, tome 5, 2.Aufl., Paris 1987 zitiert als: *Verdier* |
| **ders.** | Securité sociale, intérêt collectif de la profession et action syndicale, Dr. Soc. 1963, S. 235-238 |
| **Verdier**, J.-M./ **Coeuret**, Alain/ **Souriac**, M.-A. | Droit du travail, 12. Aufl., Paris 2002 zitiert als: *Verdier/Coeuret/Souriac* |
| **Villebrun**, Jacques/ **Quétant**, G.-P. | Traité de la juridiction Prud'homale, 3. Aufl., Paris 1998 zitiert als: *Villebrun/Quétant* |
| v. **Hoyningen-Huene**, G. | Anmerkung zu BAG vom 22.02.1983 – 1 ABR 27/81, AP Nr. 2 zu § G. 23 BetrVG 1972 |
| v. **Hoyningen-Huene**, G./ **Meyer-Krenz**, U. | Mitbestimmung trotz Tarifvertrages?, NZA 1987, S. 793-799 |
| v. **Langen**, Johannes Dieter | Von der Tarif- zur Betriebsautonomie: Tendenzen der Rechtsentwicklung, gebremst durch den Tarifvorrang, Frankfurt am Main, Berlin, Bern 1994 |
| v. **Mangoldt**, H.; **Klein**, Friedrich | Das Bonner Grundgesetz, Band 1: Präambel Art. 1-19, 4. Aufl., München 1999 zitiert als: *BK-Bearbeiter* |

**v. Münch**, Ingo; **Kunig**, Philip — Grundgesetz Bd. 1 (Präambel bis Art. 19), 5. Aufl., München 2000
zitiert als: *v. Münch/Kunig-Bearbeiter*

**Wagner**, Emmanuel — Le rôle des syndicats et des associations dans la défense des droits et l'accès à la justice des salariés, D.O. 1990, S. 291-295

**Walker**, W.-D. — Rechtsschutz der Gewerkschaft gegen tarifwidrige Vereinbarungen, ZfA 2000, S. 29-51

**ders.** — Der tarifvertragliche Einwirkungsanspruch, - Tarifautonomie für ein neues Jahrhundert. Festschrift für Günter Schaub, München 1998, S. 743-760

**Waltermann**, R. — Zuständigkeiten und Regelungsbefugnisse im Spannungsfeld von Tarifautonomie und Betriebsautonomie, RdA 1996, S. 129-139

**Wank**, Rolf — Empfiehlt es sich, die Regelungsbefugnisse der Tarifparteien im Verhältnis zu den Betriebsparteien neu zu ordnen?, NJW 1996, S. 2273-2282

**ders.** — Tarifautonomie oder betriebliche Mitbestimmung?, RdA 1991, S. 129-136

**Weber**, Ingrid — Anmerkung zu BAG vom 20.04.1999 – 1 ABR 72/98, NJ 1999, S. 664-665

**Weber**, Klaus — Das Erzwingungsverfahren gegen den Arbeitgeber nach § 23 Abs. 3 BetrVG, Frankfurt 1979

**Weiss**, Manfred — Zum Verhältnis von Individuum und Kollektiv im Arbeitsrecht, Zur Autonomie des Individuums, Liber Amicorum Spiros Simitis, 1. Aufl., Baden-Baden 2000, S. 467-482
zitiert als: *Weiss*

**Weiss**, Manfred/ **Weyand**, Joachim — Betriebsverfassungsgesetz, 3 Aufl., Baden-Baden 1994
zitiert als: *W/W*

**Wendeling-Schröder**, Ulrike — Verhandlungen des einundsechzigsten Deutschen Juristentages Karlsruhe 1996, Band II/1 (Sitzungsberichte – Referate und Beschlüsse), München 1996, K 9-K 26

**dies.** — Handlungsbedingungen des Betriebsrats im Schnittpunkt divergierender betrieblicher Interessen, S. 27-29, in: WSI Arbeitsmaterialien Nr. 25: Betriebliche Interessenvertretungsstrukturen in Europa – Bundesrepublik Deutschland und Frankreich, Düsseldorf 1990

**Wendeling-Schröder**, Ulrike/ **Schubert**, J.M. — Rechtsprobleme zweistufiger Tarifvertragssysteme, NZA 2003, S. 772-777

**Weth**, Stephan — Das arbeitsgerichtliche Beschlussverfahren, München 1995

**Weyand**, Joachim — Möglichkeiten und Grenzen der Verlagerung tariflicher Regelungskompetenzen auf die Betriebsebene, AuR 1989, S. 193-203

**Wiedemann**, H. — Anmerkung zu BAG vom 20.4.1999 – 1 ABR 72/98, RdA 2000, S. 169-173

**Wiedemann**, H./ **Oetker**, Hartmut/ **Wank**, Rolf — Tarifvertragsgesetz mit Durchführungs- und Nebenvorschriften, 6. Aufl., München 1999
zitiert als: *Wiedemann*

**Wiese**, Günther — Schutz und Teilhabe als Zwecke notwendiger Mitbestimmung in sozialen Angelegenheiten und deren Rangverhältnis, ZfA 2000, S. 117-148

**ders.** — Zum Zweck des Betriebsverfassungsrechts im Rahmen der Entwicklung des Arbeitsrechts, Arbeitsrecht in der Bewährung, Festschrift für Otto Rudolf Kissel zum 65. Geburtstag, 1994, S. 1269-1285
zitiert als: *Wiese in FS Kissel*

**ders.** — Zum Gesetzes- und Tarifvorbehalt nach § 87 Abs. 1 BetrVG, 25 Jahre Bundesarbeitsgericht, 1979, S. 661-680
zitiert als: *Wiese in 25 Jahre Bundesarbeitsgericht*

**Wlotzke**, Otfried — Anmerkung zu BAG vom 01.02.1963 – 1 ABR 6/61 in AP Nr. 8 zu § 59 BetrVG 1952

**Wohlfarth**, H.-D. — Stärkung der Koalitionsfreiheit durch das BAG, NZA 1999, S. 962-964

**Wolf**, Manfred — Die Klagebefugnis der Verbände – Ausnahme oder allgemeines Prinzip?, Tübingen 1971

**Wolter**, Henner — Standortsicherung, Beschäftigungssicherung, Unternehmensautonomie, Tarifautonomie, RdA 2002, S. 218-226

**Yankovitch**, D. — La Convention collective de Travail et les Lois du 25 Mars 1919 et du 12 Mars 1920, Lyon-Villeurbanne 1920

**Zachert**, Ulrich — Krise des Flächentarifvertrages?, RdA 1996, S. 140-151

**Zöllner**, Wolfgang — Flexibilisierung des Arbeitsrechts, ZfA 1988, S. 265-291

**Zöller**, Richard | Zivilprozessordnung mit Gerichtsverfassungsgesetz und den Einführungsgesetzen, mit Internationalem Zivilprozessrecht, EG-Verordnungen, Kostenanmerkungen, 24. Aufl., Köln 2004
zitiert als: *Zöller/Bearbeiter*

**Studien zum Arbeitsrecht und zur Arbeitsrechtsvergleichung**

Herausgegeben von Manfred Weiss und Spiros Simitis

Band 1 Sebastian Fritzsche: Die Vereinbarkeit des Arbeitnehmer-Entsendegesetzes sowie der erfassten Tarifverträge mit höherrangigem Recht. 2001.

Band 2 Arnd Hermann: Outplacement. Eine Untersuchung der individualvertraglichen Gestaltung und kollektivarbeitsrechtlichen Aspekte eines neuen Instruments des Personalabbaus. 2001.

Band 3 Christoph Schmid: Das Personalrecht der Europäischen Zentralbank. Grundlagen und Grenzen der rechtlichen Bindungen der Europäischen Zentralbank unter besonderer Berücksichtigung der Bereiche Arbeitnehmervertretung, Kündigungsschutz und Datenschutz. 2002.

Band 4 Charis Chaldoupis: Auswirkungen neuer Technologien auf die Tarifautonomie. Funktionsfähigkeit und Legitimität qualitativer Tarifpolitik anhand der Rationalisierungsentwicklungen im industriellen Produktionsbereich. 2003.

Band 5 Robert Kretzschmar: Die Rolle der Koalitionsfreiheit für Beschäftigungsverhältnisse jenseits des Arbeitnehmerbegriffs. Zur Abgrenzung abhängiger von selbständiger Beschäftigung und zur Eröffnung kollektiver Handlungsformen für selbständig Beschäftigte durch Art. 9 Abs. 3 GG. 2003.

Band 6 Thilo Mahnhold: Compliance und Arbeitsrecht. Insiderrechtliche Verhaltenskonzepte im nationalen und multinationalen Unternehmen. 2004.

Band 7 Nicole Löblich: Transformation des kollektiven Arbeitsrechts in der Tschechischen Republik. 2004.

Band 8 Lena Huth: Voraussetzungen und Grenzen nachträglicher Sozialplanänderungen. 2004.

Band 9 Nisha Biswas: Vertrauensarbeitszeit und Arbeitszeitfreiheit im arbeitszeitrechtlichen und betriebsverfassungsrechtlichen Kontext. 2004.

Band 10 Dirk Schäfer: Der europäische Rahmen für Arbeitnehmermitwirkung. 2005.

Band 11 Jochen A. Keilich: Die Auswirkungen der Grundrechte / Menschenrechte für das Arbeitsrecht in Deutschland und England. 2004.

Band 12 Boris Kaehler: Rechtsprobleme betrieblicher Personalauswahl. Die Zulässigkeit eignungsdiagnostischer Maßnahmen im arbeitsvertraglichen Anbahnungsverhältnis. 2005.

Band 13 Natascha Ahmad: Rechtsschutz für und durch Gewerkschaften bei tarifwidrigem Arbeitgeberverhalten in Deutschland und Frankreich. 2005.

Kolibri 360 GmbH
Ferdinand-Jühlke-Straße 7
99095 Erfurt, Deutschland
produktsicherheit@kolibri360.de

Druck:
CPI Druckdienstleistungen GmbH
im Auftrag der
Kolibri 360 GmbH
Ferdinand-Jühlke-Str. 7
99095 Erfurt